MBA

MPA

MPACC

MEM

联考数学高分密钥

（管理类）

莫修明——主编

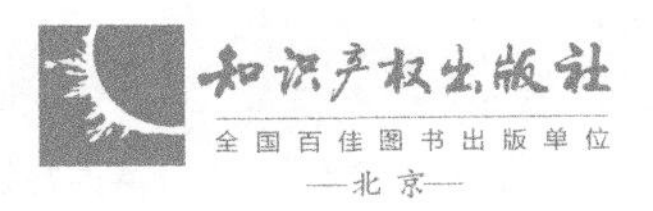

知识产权出版社
全国百佳图书出版单位
—北京—

图书在版编目（CIP）数据

联考数学高分密钥．管理类 / 莫修明主编．-- 北京：知识产权出版社，2024.6
ISBN 978-7-5130-8755-1

Ⅰ．①联…　Ⅱ．①莫…　Ⅲ．①高等数学－研究生－入学考试－自学参考资料　Ⅳ．①O13

中国国家版本馆CIP数据核字（2024）第101095号

内容提要

本书是针对全国硕士研究生入学统一考试管理类专业硕士学位联考的指导用书，其读者对象为参加管理类联考的考生。管理类联考综合能力是中国部分高等院校和科研院所为招收管理类硕士研究生而设定的全国性联考科目，其科目编号为199。从2011年1月起，工商管理硕士（MBA）、公共管理硕士（MPA）、会计硕士（MPACC）、旅游管理硕士（MTA）、工程管理硕士（MEM）、图书情报硕士（MLIS）、审计硕士（MAud）七个专业硕士学位入学统一考试采用管理类专业学位联考。本书系作者根据多年授课经验为报考管理类研究的考生准备的自学指导书。

责任编辑：郑涵语　　　　**责任印制**：孙婷婷

联考数学高分秘钥（管理类）
LIANKAO SHUXUE GAOFEN MIYAO（GUANLILEI）
莫修明　主编

出版发行：知识产权出版社有限责任公司	**网　　址**：http://www.ipph.cn
电　　话：010-82004826	http://www.laichushu.com
社　　址：北京市海淀区气象路50号院	**邮　　编**：100081
责编电话：010-82000860转8569	**责编邮箱**：laichushu@cnipr.com
发行电话：010-82000860转8101	**发行传真**：010-82000893
印　　刷：北京中献拓方科技发展有限公司	**经　　销**：新华书店、各大网上书店及相关专业书店
开　　本：787mm×1092mm　1/16	**印　　张**：26.75
版　　次：2024年6月第1版	**印　　次**：2024年6月第1次印刷
字　　数：488千字	**定　　价**：65.00元

ISBN 978-7-5130-8755-1

前　言

管理类联考综合能力是中国大陆（部分）高等院校和科研院所为招收管理类硕士研究生而设定的全国性联考科目，其科目编号为199。从2011年1月起，工商管理硕士（MBA）、公共管理硕士（MPA）、会计硕士（MPACC）、旅游管理硕士（MTA）、工程管理硕士（MEM）、图书情报硕士（MLIS）、审计硕士（MAud）七个专业硕士学位入学统一考试采用管理类专业学位联考。

199考试总分200分，其中数学75分，逻辑60分，写作65分。数学有25题，每题3分，都是五选一的选择题。共有两种题型：问题求解和条件充分性判断，前者15题，后者10题。条件充分性判断是新题型，绝大多数考生首次遇到，颇具挑战性。

了解条件充分性判断题型，必须了解充分条件。两个命题A和B，若由命题A成立，就可以推出命题B成立，则称A是B的充分条件，即A具备了使B成立的充分性。例如，A表示命题“$x>0$，$y>0$”，B表示命题“$xy>0$”。显然当$x>0$，$y>0$时，必有$xy>0$，即A成立必然导致B成立，故A是B的充分条件。反之，B成立，则A不一定成立，故B不是A成立的充分条件。

条件充分性判断题目由两部分组成，第一部分是题干，它是待推出的结论，写在题目最开始。第二部分由两个条件组成，分别是条件（1）和条件（2），根据条件是否能推出题干，共有以下五种情况：

若条件（1）充分，但条件（2）不充分，规定选项为A；

若条件（2）充分，但条件（1）不充分，规定选项为B；

若条件（1）和（2）单独都不充分，但条件（1）和（2）联合起来充分，规定选项为C；

若条件（1）充分，条件（2）也充分，规定选项为D；

若条件（1）和（2）单独都不充分，条件（1）和（2）联合起来也不充分，规定选为E。

考生可以将D理解为DouDui的首字母，将E理解为Error的首字母，这样可以快速记住5个选项。我们看个例子：

（2024-17）已知n是正整数，则n^2除以3余1.

（1）n除以3余1　　　　（2）n除以3余2

解：由条件（1）知，$n=3k+1$，所以$n^2=9k^2+6k+1$，所以n^2除以3余1，充分；同理，条件（2）也充分，所以根据规则选D。

199大纲规定的考点都是中学数学的知识点，相对简单，但是考生普遍反映数学很难，原因一般有以下四点：

（1）在职考生脱离数学多年，知识点和题型生疏，解题能力下降；

（2）部分在校同学基础薄弱，甚至有些同学表示对数学无感；

（3）不能迅速适应条件充分性判断这个新题型；

（4）时间不够用，很多考生表示题目会做就是速度上不去。

可见，一本好的教材就要以真题为基础并针对考生的痛点而精心设计的，帮助考生形成整体认识，培养解题思路。本书相对于市面众多教材而言，有以下几个特点：

（1）自成体系。本书对所需要的知识点都详细讲解，这使得考生不需要再单独学习中学的知识点。如解析几何中直线的五种形式这个知识点，本书不仅给出五种形式，还给出各种形式的推导过程，各种形式的关系及使用情况，从而帮助考生深刻理解直线方程。

（2）精准归纳。在对历年真题深入研究的基础上，笔者结合20多年授课经验，详细归纳总结了考过的所有问题并给出可能的变形。如应用题中的最不利原则问题，这种问题表现形式是最值，一般教材也将其归为最值问题，这就导致对其本质理解不够深刻，不知如何下手。

（3）一题多解。同一个题目从多个角度入手会有不同的解法，一题多解有助于帮助考生形成多角度思考问题的习惯，从而形成正确的解题思路，而且能打通不同题型之间的关系，如应用题中追及问题、牛吃草问题与时间中分针时针夹角问题可以用同一种思路解决，这样考生的思路就开阔了。

（4）适合自学。本书的所有例题和习题都有答案，每一步的思路都给出解释，如同有位老师当面指导一样，对难点更如庖丁解牛一样细致，确保考生看得懂记得牢。另外，解题过程也给出指导，传授经验和技巧，帮助考生提高运算速度。

（5）学有所获。本书内容按照“知识点讲解、题型归纳与技巧总结、综合练习”思路设计，其中综合练习分为基础练习和拔高突破，基础弱的考生通过知识点讲解能迅速夯实基础，基础好的同学通过题型归纳与技巧总结能迅速从整体上加以把握，形成解题套路。能独立应对基础练习的考生有把握考45分以上，能独立应对拔高突破题的考生有希望得60分以上。总之，不论考生学情如何，都能从本书受益。

本书是笔者20年授课经验的总结，编写过程中得到了很多友人的支持，特别感谢爱人秦雯女士，在写书期间，正是她悉心照顾老人和孩子，才让我安心投入工作。在编写本书时，笔者参考了历年真题、市面优秀教材和有关著作，引用了其中的一些例子，恕不一一指出，在此一并向有关作者致谢。

由于笔者水平有限，书中疏漏之处在所难免，恳请读者批评指正。

莫修明

2023年10月

目 录

第一章 算 术

第一节 实 数

一、实数分类

实数分为有理数与无理数，有理数就是分数，它对四则运算是封闭的，即两个有理数加减乘除的结果仍是有理数；无理数是不能表示为分数的数，两个无理数加减乘除的结果可能是有理数。有理数可以化成有限小数或者无限循环小数，无理数只能化为无限不循环小数。有理数加减无理数是无理数，非0有理数乘除无理数是无理数。

（一）数的概念与性质

自然数：形如0，1，2，3，…这样的数叫自然数，用字母N表示。它对加法和乘法是封闭的，即任何两个自然数相加或者相乘的结果仍然是自然数，但它对减法和除法不封闭。一个数n为自然数常被描述为$n \in N$。

整数：形如…，−3，−2，−1，0，1，2，3，…这样的数叫整数，用字母Z表示。整数包括正整数、负整数和0，它对加法、减法和乘法是封闭的，但是对除法不封闭。

有理数：有理数即分数，用字母Q表示。从小数角度看，有理数一定能化成有限小数或者无限循环小数。有理数对四则运算是封闭的。

无理数：不能表示为分数的数叫无理数。从小数角度来看，无理数都是无限不循环小数。例如，$\sqrt{2}$，π，e，$\log_2 3$…都是无理数，无理数对四则运算不封闭。

实数：实数包括有理数和无理数，用字母R表示。实数对四则运算是封闭的。

二、整除与余数

（一）整除

定义：若整数b除以非零整数a，商为整数k，且余数为零，即$b=ak$，我们就说b能被a整除（或说a能整除b）。b为被除数，a为除数，记为$a|b$，读作“a整除b”或“b能被a整除”。a叫作b的约数（或因作数），b叫作a的倍数。例如，$6=2\times3$，所以6能被2和3整除，2和3都是6的约数，6是2和3作的倍数。

整除是两个整数之间的关系，它有两条基本性质：

（1）如果$a|b$，$b|c$，则$a|c$。

证明：因为$a|b$，设$b=ka$，又因为$b|c$，设$c=mb$，则$c=mb=mka$，所以$a|c$。

（2）如果$a|b$，$a|c$，则对任意k，$m\in Z$都有$a|(kb+mc)$。

证明：设$b=la$，$c=na$，则$kb+mc=kla+mna=(kl+mn)a$，所以$a|(kb+mc)$。

管理类联考中经常出现被以下几个数字整除的情况，考生要理解并牢记：

能被2整除：个位是0、2、4、6、8的数；

能被5整除：个位是0或者5的数；

能被10整除：个位是0的数；

能被4或25整除：末两位能被4或25整除的数；

能被8或125整除：末三位能被8或125整除的数；

能被3整除：各位数字之和能被3整除的数；

能被9整除：各位数字之和能被9整除的数；

能被6整除：既能被2又能被3整除的数。

上述几种情况共分三类：①尾数系：即2、5、10，4、25，8、125，能被这些数字整除只要看末一位、末两位或末三位是否被它们整除即可；②和系：即3、9，只要各位数字之和能被3或9整除，则整个数字就能被3或9整除；③分解系：即以6为代表的情况，因为$6=2\times3$，所以能被6整除必须同时满足能被2整除和能被3整除的共同特点。例如，102既是偶数而且各位数字之和是3，所以一定能被6整除。

例1（2017-23）某机构向12位教师征题，共征集到5种题型的试题52道，则能确定供题教师的人数。

（1）每位供题教师提供试题数相同　（2）每位供题教师提供的题型不超过2种

答案：C

解：条件（1），因为$52 = 2 \times 26 = 4 \times 13$，可以理解为有两个老师供题，每人供26题，也可以理解为4个老师供题，每人供13题，不充分。条件（2）显然不充分，考察联合情况，因为每位教师供题型不超过2种，所以不可能只有2个教师供题（因为收到5种题型），所以只能是4个教师，每人供13题，充分。

（二）公倍数

定义：两个或多个正整数公有的倍数被叫作它们的公倍数，其中除0以外最小的那个公倍数被叫作它们的最小公倍数。正整数a,b的最小公倍数记为$[a,b]$，同样，a,b,c的最小公倍数记为$[a,b,c]$。例如，$[12,18] = 36$，$[2,3,5] = 30$。

易知，两个或多个正整数的任意一个公倍数一定是它们的最小公倍数的倍数。

（三）最大公约数

定义：两个正整数a,b的公有的约数中最大的被称为它们的最大公约数，记为(a,b)。易知，两个或多个正整数的任意一个公约数是它们的最大公约数的约数。另外，最小公倍数与最大公约数满足关系：$(a,b) \times [a,b] = ab$。

例2（2017-5）将长、宽、高分别为12、9、6的长方体切割为正方体，且切割后无剩余，则能切割成相同正方体的最少个数为（　　）。

（A）3　（B）6　（C）24　（D）96　（E）648

答案：C

解：要求切割后无剩余，所以必须按照12，9，6的公约数切割，又要求切割成的正方体个数最少，所以必须按照12，9，6的最大公约数切割，故切割成的小正方体的棱长是3，从而切成$\frac{12 \times 9 \times 6}{3 \times 3 \times 3} = 24$块。

（四）带余除法

设$a,b \in Z$，且$b > 0$，则必存在唯一的整数$m,r \in Z$，使得$a = mb + r$且$0 \leq r < b$。其中a称为被除数，b称为除数，m,r分别称为商和余数。特别地，如果$r = 0$，则称b整除a或a能被b整除。

带余除法有两个作用：一个作用是把整数换个表达形式，另一个作用是把整数分类。例如，16除以3，商5余1，这样16就被改写为$16 = 3 \times 5 + 1$的形式，这是常用的解题方法。任意整数除以3，从余数的角度分类只有三种结果：要么余数为0，要么余数为1，要么余数为2，这样就把整数分成了三类，这三类可写成$3k,3k+1,3k+2$的形式。

（五）奇数与偶数

能被2整除的数被称为偶数，不能被2整除的数被称为奇数，偶数可表示为$2k,k\in Z$，奇数可表示为$2k+1,k\in Z$。由定义可知，0是偶数。关于整数的奇偶性要注意以下几个结论：

（1）相邻的两个整数必有一个奇数一个偶数。

（2）相差为偶数的两个整数的奇偶性相同。

（3）奇数个奇数之和是奇数，偶数个奇数之和是偶数。

（4）任意个奇数之积为奇数，偶数与任意整数之积为偶数。

三、质数与合数

（一）质数与合数

定义：如果一个大于1的正整数，只能被1和它本身整除，那么这个正整数就叫质数，也叫素数。如果除了1和自身之外还有约数，则被称为合数，也叫复合数。2是最小的质数，也是唯一的偶数质数，4是最小的合数。

（二）质数分解

任意一个正整数一定能表示成一系列质数之积，而且分解方式唯一。即任意正整数$a,a>1$，必存在不同的质数$q_1,q_2,\cdots,q_m$，使得$a=q_1^{r_1}q_2^{r_2}\cdots q_m^{r_m}$，其中$r_1,r_2,\cdots,r_m$是正整数。例如，$36=2^2\times3^2,210=2\times3\times5\times7$。

（三）约数的个数

正整数$a=q_1^{r_1}q_2^{r_2}\cdots q_m^{r_m}$，其中$q_1,q_2,\cdots,q_m$为不同的质数，且$r_1,r_2,\cdots,r_m$是正整数，则$a$的约数的个数为$(r_1+1)(r_2+1)\cdots(r_m+1)$。例如，$18=2\times3^2$，所以18共有$(1+1)\times(2+1)=6$个约数，分别是1、2、3、6、9、18。

（四）最大公约数和最小公倍数的求法

两个正整数的最大公约数是它们相同的质约数的最小次幂之积，最小公倍数是所有质因子的最大次幂之积。例如，$12 = 2^2 \times 3, 18 = 2 \times 3^2$，它们的相同的质约数为2和3，12中2的次数是2，18中2的次数是1，12中3的次数是1，18中3的次数是2。所以求它们最大公约数时，取2的1次幂和3的1次幂，即$(12,18) = 2 \times 3 = 6$；求最小公倍数时，取2的2次幂和3的2次幂，即$[12,18] = 2^2 \times 3^2 = 36$。

由上述算法可知，两个正整数的乘积等于其最大公约数和最小公倍数之积，即$a,b > 0, a,b \in Z$，则$ab = (ab)[a,b]$。

求最小公倍数还可以使用既约分数法，如$\frac{12}{18} = \frac{2}{3}$，则$12 \times 2 = 18 \times 2 = [12,18]$。

（五）互质

定义：如果整数a,b的公约数只有1，即$(a,b) = 1$，则称它们为互质数。两个不同的质数一定互质，一个质数一个合数或者两个合数也可能互质，关键是看它们有没有相同的质约数。例如，$(2,3) = 1, (3,8) = 1, (15,22) = 1$。

（六）互质整除定理

定理：已知$a,b,c \in Z$，若$a | bc, (a,b) = 1$，则$a | c$。

证明：因为$(a,b) = 1$，由辗转相除定理知，存在整数x,y使得$ax + by = 1$，故$c = c(ax + by) = acx + bcy$，又因为$a | ac, a | bc$，所以$a | (acx + bcy)$，故$a | c$。

注：这个证明比较难懂，可以换个思路理解。因为$a|bc$，所以b,c共同包含了a的所有质因子，又因为$(a,b) = 1$，故b不含a的质因子，所以a的质因子都在c中，故$a|c$。

例3（2008-10-23）$\frac{n}{14}$是一个整数。

（1）n是一个整数，且$\frac{3n}{14}$也是一个整数

（2）n是一个整数，且$\frac{n}{7}$也是一个整数

答案：A

解：条件（1），因为$(3,14) = 1$且$14|3n$，所以$14|n$，从而$\frac{n}{14} \in Z$，充分。条件（2），当$\frac{n}{7}$为奇数时，$\frac{n}{14}$不是整数，不充分。

四、分数、小数与百分数

（一）分数

定义：把单位“1”平均分成n份，表示这样一份的数为$\frac{1}{n}$，表示一份或多份的数称为分数，如$\frac{m}{n}$表示m份$\frac{1}{n}$。

分子小于分母的数叫真分数，分子大于或等于分母的数叫假分数，假分数写成整数与真分数之和的形式叫带分数，如$\frac{9}{5}=1\frac{4}{5}$。

对于分数$\frac{b}{a}$，如果$(a,b)=1$，则称$\frac{b}{a}$为既约分数，也称为分数的最简形式。将一个分数化成最简形式的过程称为约分，如$\frac{12}{18}=\frac{2\times2\times3}{2\times3\times3}=\frac{2}{3}$。

（二）百分数

百分数表示一个数是另一个数的百分之几，也叫百分率或百分比。百分数通常不会被写成分数的形式，而采用符号“%”（百分号）来表示。

百分数与一般分数的不同之处在于，一般分数可以带单位，而百分数只表示比例关系，不能带单位。例如，可以说一条绳子长度为$\frac{3}{4}$米，不能说一条绳子的长度是75%米，但是可以说一条绳子的长度是另一条绳子长度的75%。

（三）小数

小数由整数部分、小数点和小数部分构成。例如，$0.3,0.05,1.3,2.\dot{5}\dot{8},3.1415926\cdots$，都是小数。任何一个小数$a$都可表示为整数部分和小数部分的和，如$1.79=1+0.79$。小数$a$的整数部分是不超过$a$的最大整数，记为$[a]$，小数部分是小于1的非负数，即$a-[a]$。例如，$[3.1]=3,[3.9]=3$，对于正小数，其整数部分就是舍去小数点后的部分之后的整数，而负小数的整数部分要严格按照定义计算，如$[-1.1]=-2,[-1.9]=-2$。

按照小数点后的位数，小数可分为有限小数和无限小数。按照整数部分是否为0可分为纯小数和带小数，整数部分为0的小数被称为纯小数，如0.17；整数部分非0的小数被称为带小数，如3.14。

无限小数按照是否循环又分为无限循环小数和无限不循环小数，其中无限循环小数是指从小数部分的某一位起，一个或几个数字依次不断地重复出现的小数，重复出现的数字被称为循环节。例如，0.666… 是循环小数，循环节是“6”，记为$0.\dot{6}$；0.0301301301… 也是循环小数，记为$0.0\dot{3}0\dot{1}$。

从小数部分第一位开始循环的小数叫纯循环小数，如$0.\dot{6}$。循环节不是从小数部分第一位开始的，叫混循环小数，如$0.0\dot{3}0\dot{1}$。循环小数共分四类：纯循环纯小数（如$0.\dot{6}$）、纯循环带小数（如$1.\dot{6}$）、混循环纯小数（如$0.10\dot{6}$）、混循环带小数（$1.10\dot{6}$）。因为循环小数都是有理数，而有理数就是分数，所以循环小数可以转化为分数形式，考生只要会纯循环纯小数的转化即可。

例如，将$0.\dot{6}1\dot{8}$转化为分数，结果是$\frac{618}{999}$，其规则是：循环节做分子，等量个数的9做分母。

证明：设$x = 0.\dot{6}1\dot{8} = 0.618618618\cdots$，则$1000x = 618.618618\cdots$，故$999x = 618$，所以$x = 0.\dot{6}1\dot{8} = \frac{618}{999}$。

其他类型的循环小数可转化为纯循环纯小数处理。

例如，将$0.0\dot{6}1\dot{8}$转化为分数，结果是$\frac{618}{9990}$，将$1.\dot{6}1\dot{8}$转化为分数，结果是$\frac{1617}{9991}$。

证明：$0.0\dot{6}1\dot{8} = 0.\dot{6}1\dot{8} \times \frac{1}{10} = \frac{618}{9990}, 1.\dot{6}1\dot{8} = 0.\dot{6}1\dot{8} + 1 = \frac{618}{999} + 1 = \frac{1617}{999}$。

五、余数问题

近几年对余数问题的考察明显增多，而余数问题技巧性比较强，所以在此单独作为一个专题讲解。

（一）基本知识

1.乘积的余数等于余数的乘积的余数

设$a = kx + m, b = hx + n\left(0 < m, n < x\right)$，即$a, b$被$x$除，余数分别为$m, n$，则$ab$被$x$除的余数相当于$mn$被$x$除的余数。

证明：因为$ab = (kx + m)(hx + n) = khx^2 + (kn + mh)x + mn$，且$x|\left[khx^2 + (kn + mh)x\right]$，所以$ab$被$x$除的余数相当于$mn$被$x$除的余数。

例如，19除以7余5，11除以7余4，所以19×11除以7的余数，相当于5×4除以7的余数，余数是6。

2.和的余数等于余数的和的余数

设$a=kx+m,b=hx+n(0<m,n<x)$，即a,b被x除，余数分别为m,n，则$a+b$被x除的余数相当于$m+n$被x除的余数。

证明：因为$a+b=(kx+m)+(hx+n)=(k+h)x+(m+n)$，而$x|(k+h)x$，所以$a+b$被$x$除的余数相当于$m+n$被$x$除的余数。

例如，19除以7余5，11除以7余4，所以30除以7的余数，相当于9除以7的余数，余数是2。

3.差的余数等于余数的差的余数，如果最终余数是负数，则加上除数

设$a=kx+m,b=hx+n(0<m,n<x)$，即a,b被x除，余数分别为m,n，则当$m>n$时，$a-b$被x除的余数等于$m-n$被x除的余数；当$m<n$时，$a-b$被x除的余数等于$m-n$被x除的余数与x的和。

证明：因为$a-b=(kx+m)-(hx+n)=(k-h)x+(m-n)$，而$x|(k-h)x$，所以当$m>n$时，$a-b$被$x$除的余数相当于$m-n$被$x$除的余数；当$m<n$时，$a-b=(k-h)x-x+(m-n)+x$，故$a-b$被$x$除的余数等于$m-n+x$。

例如，$19-11$除以7的余数是$5-4=1$，而$19-11$除以6的余数为$1-5+6=2$。

例4　某个整数除58余4，除89余8，那么这个整数最小是（　　）。

（A）3　（B）4　（C）5　（D）9　（E）11

答案：D

解：由题意得$x|(58-4),x|(89-8)$，即$x|54,x|81$，所以$x|(54,81)$，即$x|27$，所以$x=1,3,9,27$，又因为余数为8，所以除数最小是9。

（二）常见类型

1.余同加余

用一个数除以几个不同的数，得到的余数相同，此时反求这个数，可以选除数的最小公倍数，加上这个相同的余数，称为“余同加余”。例如，“一个数除以4余1，除以5余1，除以6余1”，因为余数都是1，所以这个数可表示为$60t+1$。

证明：设$x=4k+1=5m+1=6n+1$，所以$x-1=4k=5m=6n$，即$x-1$是4,5,6的公倍数，所以$x-1=60t$，故$x=60t+1$。

例5　一个盒子装有不多于200颗糖，每次2颗、3颗、4颗或6颗地取出，最终盒内都只剩下1颗糖，如果每次以11颗取出，那么正好取完，设盒子内共有m颗糖，则m各个数位数字之和为（　　）。

（A）8　（B）10　（C）4　（D）12　（E）6

答案：C

解：这是同余问题，所以$m = [2,3,4,6]n + 1 = 12n + 1$，又因为$11|m$且$m \leqslant 200$，故$n = 10, m = 121$。

2.和同加和

用一个数除以几个不同的数，如果每个除数与相应余数的和都相同，此时反求这个数，可以选除数的最小公倍数，加上这个相同的和数，称为"和同加和"。例如，"一个数除以4余3，除以5余2，除以6余1"，因为$4 + 3 = 5 + 2 = 6 + 1 = 7$，所以这个数可表示为$60n + 7$。

证明：设$x = 4k + 3 = 5m + 2 = 6n + 1$，所以也可以表示为$x = 4(k - 1) + 4 + 3 = 5(m - 1) + 5 + 2 = 6(n - 1) + 6 + 1$，即统一表示为$x = 4k' + 7 = 5m' + 7 = 6n' + 7$的形式，所以$x - 7$是4,5,6的公倍数，所以由同余问题知$x = 60n + 7$。

例6　设n为自然数，被4除余数为3，被5除余数为2，被6除余数为1，若$100 < n < 300$，则这样的数共有（　　）个。

（A）1　（B）2　（C）3　（D）4　（E）5

答案：C

解：这是和同问题，故$n = [4,5,6]m + 7 = 60m + 7$，由$100 < 60m + 7 < 300$得$m = 2,3,4$。

3.差同减差

用一个数除以几个不同的数，如果每个除数与相应余数的差都相同，此时反求这个数，可以选除数的最小公倍数，减去这个相同的差数，称为"差同减差"。例如，"一个数除以4余1，除以5余2，除以6余3"，因为$4 - 1 = 5 - 2 = 6 - 3 = 3$，所以这个数可表示为$60n - 3$。

证明：设$x = 4k + 1 = 5m + 2 = 6n + 3$，将其变形为设$x = 4(k + 1) - 4 + 1 = 5(m + 1) - 5 + 2 = 6(n + 1) - 6 + 3$，从而$x = 4k' - 3 = 5m' - 3 = 6n' - 3$，故$x + 3$是4,5,6的公倍数，所以由同余问题知$x = 60n - 3$。

例7 设n为自然数，被5除余数为2，被6除余数为3，被7除余数为4，若$100 < n < 800$，则这样的数共有（　　）个。

（A）1　（B）2　（C）3　（D）4　（E）5

答案：C

解：这是差同问题，故$n = [5,6,7]m - 3 = 210m - 3$，由$100 < 210m - 3 < 800$得$m = 1,2,3$。

4.不同余问题

若一个数除以两个数的余数无规律，则将其中较大的除数拆分成较小的除数加上一个数的形式，再利用商和余数分别相等列方程求解，简单题目可以枚举求解。

例8 有一个四位数，它被121除余2，被122除余109，则此数字的各位数字之和为（　　）。

（A）12　（B）13　（C）14　（D）16　（E）17

答案：E

解：设$n = 122a + 109 = 121b + 2$，则$n = 122a + 109 = 121a + a + 109 = 121b + 2$，所以$121(b - a) = a + 107$，故$b - a = 1, a = 14$，所以$n = 122 \times 14 + 109 = 1817$，其各位数字之和为17。

例9 自然数n的各位数字积是6。

（1）n是除以5余3且除以7余2的最小自然数

（2）n是形如$2^{4m}(m \in Z^{+})$的最小正整数

答案：D

解：条件（1），设$n = 5m + 3 = 7k + 2 = 5k + 2k + 2$，所以$5m - 5k = 2k + 2 - 3 = 2k - 1$，所以$5|(2k - 1)$，故$k = 3$，从而$7k + 2 = 23$，所以$n$的各位数字之积为6，充分。条件（2），令$m = 1$得$n = 16$，所以$n$的各位数字之积为6，充分。

例10（2022-8）某公司有甲、乙、丙三个部门。若从甲部门调26人到丙部门，则丙部门的人数是甲部门人数的6倍，若从乙部门调5人到丙部门，则丙部门的人数与乙部门人数相等。则甲乙两部门人数之差除以5的余数为（　　）。

（A）0　（B）1　（C）2　（D）3　（E）4

答案：C

解：设甲乙丙三部门人数分别为x,y,z，则$\begin{cases} 6(x - 26) = z + 26 \\ y - 5 = z + 5 \end{cases}$，两式相减得$6x - y = 172$，所以$x - y = 172 - 5x$，故$x - y$除以5的余数等于172除以5的余数，余数为2。

题型归纳与方法技巧

题型一：实数性质

例1 已知a为有理数，b、c为无理数，下列各数：$a-b$、ab、$b+c$、bc中一定是无理数的有（　　）。

（A）1个　（B）2个　（C）3个　（D）4个　（E）0个

答案：A

解：因为a为有理数，b、c为无理数，所以$a-b$一定是无理数；ab不一定是无理数，例如$0\times\sqrt{3}=0$；$b+c$不一定是无理数，例如$2\sqrt{2}+\left(-2\sqrt{2}\right)=0$；$bc$不一定是无理数，例如$3\sqrt{2}\times2\sqrt{2}=12$。

例2（2009-10-6）若x,y是有理数，且满足$\left(1+2\sqrt{3}\right)x+\left(1-\sqrt{3}\right)y-2+5\sqrt{3}=0$，则$x,y$的值分别为（　　）。

（A）1，3　（B）-1，2　（C）-1，3　（D）1，2　（E）以上结论都不正确

答案：C

解：由题意得$\sqrt{3}\left(2x-y+5\right)+\left(x+y-2\right)=0$，则必有$\left(2x-y+5\right)=0$。否则$\sqrt{3}\left(2x-y+5\right)$是无理数，所以$\sqrt{3}\left(2x-y+5\right)+\left(x+y-2\right)$是无理数与有理数之和，必为无理数，与$\sqrt{3}\left(2x-y+5\right)+\left(x+y-2\right)=0$矛盾，从而$\begin{cases}x+y-2=0\\2x-y+5=0\end{cases}$，解得$\begin{cases}x=-1\\y=3\end{cases}$。

题型二：实数运算

例3（2008-10-4）一个大于1的自然数的算术平方根为a，则与该自然数左右相邻的两个自然数的算术平方根分别为（　　）。

（A）$\sqrt{a}-1,\sqrt{a}+1$　（B）$a-1,a+1$　（C）$\sqrt{a-1},\sqrt{a+1}$

（D）$\sqrt{a^2-1},\sqrt{a^2+1}$　（E）a^2-1,a^2+1

答案：D

解：设$\sqrt{n}=a$，则$n=a^2$，所以其左右相邻的两个自然数分别为a^2-1,a^2+1，故它们的算术平方根分别为$\sqrt{a^2-1},\sqrt{a^2+1}$。

例4（2011-1-2）若实数a,b,c满足$|a-3|+\sqrt{3b+5}+(5c-4)^2=0$，则$abc=$（　　）。

（A）-4　（B）$-\frac{5}{3}$　（C）$-\frac{4}{3}$　（D）$\frac{4}{5}$　（E）3

答案：A

解：依题意得：$\begin{cases}a-3=0\\3b+5=0\\5c-4=0\end{cases}$，解得$\begin{cases}a=3\\b=-\frac{5}{3}\\c=\frac{4}{5}\end{cases}$，所以$abc=-4$。

例5（2023-4）$\sqrt{5+2\sqrt{6}}-\sqrt{3}=$（　　）。

（A）$\sqrt{2}$　（B）$\sqrt{3}$　（C）$\sqrt{6}$　（D）$2\sqrt{2}$　（E）$2\sqrt{3}$

答案：A

解：因为$5+2\sqrt{6}=2+3+2\sqrt{6}=\left(\sqrt{2}\right)^2+2\sqrt{2}\cdot\sqrt{3}+\left(\sqrt{3}\right)^2=\left(\sqrt{2}+\sqrt{3}\right)^2$，所以$\sqrt{5+2\sqrt{6}}-\sqrt{3}=\left(\sqrt{2}+\sqrt{3}\right)-\sqrt{3}=\sqrt{2}$。

例6　若实数$5+\sqrt{5}$的小数部分为a，$5-\sqrt{5}$的小数部分为b，则$a-b$的值为（　　）。

（A）$\sqrt{5}$　（B）$\sqrt{5}-1$　（C）$\sqrt{5}-2$　（D）$2\sqrt{5}-5$　（E）$2\sqrt{5}+5$

答案：D

解：因为$2<\sqrt{5}<3$，所以$7<5+\sqrt{5}<8$，$2<5-\sqrt{5}<3$，所以$5+\sqrt{5}$的整数部分是7，小数部分是$a=5+\sqrt{5}-7=\sqrt{5}-2$，$5-\sqrt{5}$的整数部分是2，小数部分是$5-\sqrt{5}-2=3-\sqrt{5}$，所以$a-b=\left(\sqrt{5}-2\right)-\left(3-\sqrt{5}\right)=2\sqrt{5}-5$。

例7　如果$y=\frac{\sqrt{x^2-4}+\sqrt{4-x^2}}{x+2}+3$，则$2x-y$的平方根是（　　）。

（A）-7　（B）1　（C）7　（D）±1　（E）±7

答案：D

解：由题意得$x^2-4=0,x+2\neq0$，故$x=2,y=3$，所以$2x-y=1$，故$2x-y$的平方根是±1。

例8（2021-3）$\frac{1}{1+\sqrt{2}}+\frac{1}{\sqrt{2}+\sqrt{3}}\cdots+\frac{1}{\sqrt{99}+\sqrt{100}}=$（　　）。

（A）9　（B）10　（C）11　（D）$3\sqrt{11}-1$　（E）$3\sqrt{11}$

答案：A

解：由题意知 $\frac{1}{1+\sqrt{2}}=\frac{1-\sqrt{2}}{(1+\sqrt{2})(1-\sqrt{2})}=\sqrt{2}-1$，同理知 $\frac{1}{\sqrt{n}+\sqrt{n+1}}=\sqrt{n+1}-\sqrt{n}$，故原式 $=\sqrt{2}-1+\sqrt{3}-\sqrt{2}+\cdots+\sqrt{100}-\sqrt{99}=\sqrt{100}-1=9$。

例9 $\frac{(1+3)(1+3^2)(1+3^4)(1+3^8)\cdots(1+3^{32})+\frac{1}{2}}{3\times3^2\times3^3\times3^4\times\cdots\times3^{10}}=$（　　）。

（A）$\frac{1}{2}\times3^{10}+3^{19}$　（B）$\frac{1}{2}+3^{19}$　（C）$\frac{1}{2}\times3^{19}$　（D）$\frac{1}{2}\times3^{9}$　（E）$\frac{1}{2}\times3^{10}$

答案：D

解：原式 $=\frac{(1-3)\left[(1+3)(1+3^2)\cdots(1+3^{32})+\frac{1}{2}\right]}{(1-3)\times3^{1+2+3+4+\cdots+10}}=\frac{(1-3^2)(1+3^2)\cdots(1+3^{32})-1}{-2\times3^{55}}=$

$\cdots=\frac{1-3^{64}-1}{-2\times3^{55}}=\frac{1}{2}\times3^{9}$。

例10 可以确定 $m>0$。

（1）$m=1\frac{5}{6}-2\frac{7}{12}+3\frac{9}{20}-4\frac{11}{30}+5\frac{13}{42}-6\frac{15}{56}$

（2）$m=\left(\frac{1}{5}+\frac{1}{7}+\frac{1}{9}+\frac{1}{11}\right)\left(\frac{1}{7}+\frac{1}{9}+\frac{1}{11}+\frac{1}{13}\right)-\left(\frac{1}{5}+\frac{1}{7}+\frac{1}{9}+\frac{1}{11}+\frac{1}{13}\right)\left(\frac{1}{7}+\frac{1}{9}+\frac{1}{11}\right)$

答案：B

解：条件（1），$m=1\frac{5}{6}-2\frac{7}{12}+3\frac{9}{20}-4\frac{11}{30}+5\frac{13}{42}-6\frac{15}{56}=(1-2+3-4+5-6)+\left(\frac{5}{6}-\frac{7}{12}+\frac{9}{20}-\frac{11}{30}+\frac{13}{42}-\frac{15}{56}\right)=-3+\left(\frac{2+3}{2\times3}-\frac{3+4}{3\times4}+\frac{4+5}{4\times5}-\frac{5+6}{5\times6}+\frac{6+7}{6\times7}-\frac{7+8}{7\times8}\right)=-3+\left(\frac{1}{2}+\frac{1}{3}-\frac{1}{3}-\frac{1}{4}+\frac{1}{4}+\frac{1}{5}-\frac{1}{5}-\frac{1}{6}+\frac{1}{6}+\frac{1}{7}-\frac{1}{7}-\frac{1}{8}\right)=-3+\frac{1}{2}-\frac{1}{8}<0$。不充分。

条件（2），设 $a=\frac{1}{7}+\frac{1}{9}+\frac{1}{11}+\frac{1}{13}$，$b=\frac{1}{7}+\frac{1}{9}+\frac{1}{11}$，则 $m=\left(\frac{1}{5}+b\right)a-\left(\frac{1}{5}+a\right)b=\frac{a}{5}+ab-\frac{b}{5}-ab=\frac{1}{5}(a-b)=\frac{1}{5}\times\frac{1}{13}=\frac{1}{65}$。

注：条件（2）采取的方法叫整体代换法，也可设所有因式的交集为整体。令 $a=\frac{1}{7}+\frac{1}{9}+\frac{1}{11}$，则原式为 $\left(\frac{1}{5}+a\right)\left(a+\frac{1}{13}\right)-\left(\frac{1}{5}+a+\frac{1}{13}\right)a=\frac{a}{5}+\frac{1}{65}+a^2+\frac{a}{13}-\frac{a}{5}-a^2-\frac{a}{13}=\frac{1}{65}$。

题型三：质数与合数

例11（2022-10）一个自然数的各位数字都是105的质因数，且每个质因数最多出现一次，这样的自然数有（　　）个。

（A）6　（B）9　（C）12　（D）15　（E）27

答案：D

解：因为$105 = 3 \times 5 \times 7$。若只含1位因数，有3、5、7共3个；若含2位因数，枚举可知有35、53、37、73、57、75共6个；若含3个因数也有6个。所以共15个。

注：用排列组合表达为$C_3^1 + A_3^2 + A_3^3 = 15$个。

例12（2021-4）设p,q是小于10的质数，则满足条件$1 < \frac{q}{p} < 2$的p,q有（　　）组。

（A）2　（B）3　（C）4　（D）5　（E）6

答案：B

解：枚举可知满足要求的质数对(p,q)有$(2,3)(3,5)(5,7)$，共计3组。

例13（2011-1-12）设a,b,c是小于12的三个不同的质数，且$|a-b|+|b-c|+|c-a|=8$，则$a+b+c=$（　　）。

（A）10　（B）12　（C）14　（D）15　（E）19

答案：D

解：不妨设$a<b<c$，则$|a-b|+|b-c|+|c-a|=b-a+c-b+c-a=2c-2a=8$，所以$c-a=4$，枚举可知$a=3,b=5,c=7$，故$a+b+c=15$。

例14（2013-1-17）$p=mq+1$为质数。

（1）m为正整数，q为质数　（2）m,q均为质数

答案：E

解：条件（1），取$m=1,q=5$，则$p=6$是合数，不充分。条件（2），取$m=3,q=7$，则$p=22$是合数，不充分。取$m=2,q=7$，则$p=15$是合数，这说明联合条件（1）、（2）也不充分。

例15（2014-10-1）两个相邻的正整数都是合数，则这两个数的乘积的最小值是（　）。

（A）420　（B）240　（C）210　（D）90　（E）72

答案：E

解：枚举可知，$8 \times 9 = 72$符合题意。

例16（2015-1-3）设m,n是小于20的质数，则满足条件$|m-n|=2$的$\{m,n\}$共有（　　）。

（A）2组　（B）3组　（C）4组　（D）5组　（E）6组

答案：C

解：20以内的质数有2，3，5，7，11，13，17，19，其中相差为2的质数共有4组，分别是$\{3,5\},\{5,7\},\{11,13\},\{17,19\}$。

例17　三个质数的和是80，这三个质数的积最大是（　　）。

（A）3034　（B）2074　（C）1474　（D）994　（E）730

答案：A

解：设三个质数分别为a,b,c且$a \leqslant b \leqslant c$，因为$a+b+c=80$，由奇偶性知其中一个质数是2，故$a=2,b+c=78$。欲使$abc$最大，由均值不等式知，应使$|b-c|$最小，故$b=37,c=41$，从而$abc=2\times37\times41=3034$。

例18　若x,y是质数，则$8x+666y=2014$。

（1）$3x+4y$是偶数　（2）$3x-4y$是6的倍数

答案：B

解：条件（1），因为$3x+4y$是偶数，所以$3x$是偶数，所以x是偶数，又因为x是质数，所以$x=2$，而y为任何质数皆可，如$x=2,y=7$构成反例，不充分。

条件（2），因为$3x-4y$是6的倍数，且$4y$是偶数，所以$3x$是偶数，所以$x=2$。故$3x-4y=6-4y$是6的倍数，所以$4y$是6的倍数，所以y是3的倍数，又因为y是质数，所以$y=3$。从而$8x+666y=2014$，充分。

题型四：奇偶性

例19（2010-1-17）有偶数位来宾。

（1）聚会时所有来宾都被安排坐在一张圆桌周围，且每位来宾与其邻座性别不同

（2）聚会时男宾人数是女宾人数的两倍

答案：A

解：设男宾人数为x，女宾人数为y。条件（1），圆桌就座且每位来宾与其邻座性别不同，所以男来宾和女来宾间隔就座，故$x=y$，因此$x+y=2x$为偶数，充分。条件（2），取$x=2,y=1$构成反例，不充分。

例20（2013-10-16）m^2n^2-1能被2整除。

（1）m是奇数　（2）n是奇数

答案：C

解：条件（1），令$m=3,n=2$构成反例，不充分。条件（2），令$m=2,n=3$构成反例，不充分。联合条件（1）、（2），当m,n都是奇数时，m^2n^2也是奇数，所以m^2n^2-1是偶数，充分。

例21（2014-10-22）m^2-n^2是4的倍数。

（1）m,n都是偶数　（2）m,n都是奇数

答案：D

解：条件（1），易知$m+n$与$m-n$都是偶数，所以$m^2-n^2=(m+n)(m-n)$是4的倍数，充分。条件（2），易知$m+n$与$m-n$都是偶数，由（1）知充分。

例22（2022-7）桌上放有8只杯子，将其中的3只杯子翻转（杯口朝上与朝下互换）作为一次操作，8只杯口朝上的杯子经n次操作后，杯口全部朝下，则n的最小值为（　）。

（A）3　（B）4　（C）5　（D）6　（E）8

答案：B

解：设杯口向上为1，杯口向下为0。我们引入状态码的概念，称杯子状态之和为状态码，例如，8只杯子杯口向上，则其状态码是8。状态码和杯子的状态成一一对应关系，所以可以用状态码表达杯子的状态，例如，状态码是4说明4只杯子杯口向上，4只杯子杯口向下。

因为每次操作只可能是4种之一：使3只向上的杯子翻转，使2上1下翻转，使1上2下翻转，使3只向下的杯子翻转，分别使得状态码少3，少1，多1，多3。反之，只要状态码少3，那一定是进行了“三个向上的杯子转成三个向下的杯子”这一操作，所以可将4种操作分别表示为-3，-1，1，3。

本题初始状态的状态码为8，最终状态码为0，问题转化为8经过几次操作变成0，而且每次操作只能使得状态码+1，-1，+3，-3。实现方式不唯一，如8-3=5，5+1=6，6-3=3，3-3=0是一个可行的方式，所以4次可以实现目的。又因为每次翻转都使得状态码的奇偶性对换，所以由8到0需要翻偶数次，显然两次无法实现，所以最少4次。

例23　已知整数a,b,c的和为奇数，那么代数式$a^2+b^2-c^2+2ab$一定表示（　）。

（A）奇数　（B）偶数　（C）质数　（D）奇数偶数都有可能　（E）可能是偶数

答案：A

解：由 $a^2+b^2-c^2+2ab=(a+b)^2-c^2=(a+b+c)(a+b-c)=(a+b+c)(a+b+c-2c)$。因为整数 $a+b+c$ 为奇数，$2c$ 为偶数，所以 $(a+b+c)-2c$ 是奇数，所以 $(a+b+c)(a+b+c-2c)$ 是奇数，从而代数式 $a^2+b^2-c^2+2ab$ 表示奇数。

题型五：约数与倍数

例24 所有4位数中，有（　　）个数能同时被2、3、5、7和11整除。

（A）1　（B）2　（C）3　（D）4　（E）5

答案：D

解：因为2、3、5、7和11都是质数，其最小公倍数是 $2\times3\times5\times7\times11=2310$，故符合题意的四位数能被2310整除。因为 $10000\div2310=4\cdots760$，所以所有的4位数中，有4个数能同时被2、3、5、7和11整除。

例25 加工某种机器零件，要经过三道工序，第一道工序每名工人每小时可完成6个零件，第二道工序每名工人每小时可完成10个零件，第三道工序每名工人每小时可完成15个零件。要使加工生产均衡，三道工序最少需要（　　）名工人。（假设这三道工序可以同时进行）

（A）5　（B）8　（C）10　（D）20　（E）30

答案：C

解：均衡生产是指三道工序在相同的时间内加工的零件数相同，设第一、二、三道工序上分别有 a、b、c 个工人，则 $6a=10b=15c=k$，那么 k 的最小值为 $[6,10,15]=30$。所以 $a=5,b=3,c=2$，所以三道工序最少需要10名工人。

例26 有336个苹果，252个桔子，210个梨，用这些水果最多可以分成（　　）份同样的礼物。

（A）8　（B）12　（C）24　（D）42　（E）48

答案：D

解：假设每份礼物中分别有苹果、橘子、梨 x、y、z 个，共分成 n 份，则 $nx=336$，$ny=252$，$nz=210$，所以 n 是336、252、210的公约数，所以 n 的最大值是 $(336,252,210)=42$，此时每份礼物中有苹果8个，橘子6个，梨5个。

例27 一次考试，参加的学生中有 $\frac{1}{7}$ 得A、$\frac{1}{3}$ 得B、$\frac{1}{2}$ 得C，其余的得D，已知参加考试的学生不满50人，那么得D的学生有（　　）人。

（A）1　（B）2　（C）3　（D）4　（E）5

答案：A

解：由题意知，参加考试的学生人数是7、3、2的公倍数，因为$[7,3,2]=42$，且参加考试的学生不满50人，所以参加的学生总数为42人，故得D的学生有$42\times\left(1-\frac{1}{7}-\frac{1}{3}-\frac{1}{2}\right)=1$人。

例28　设a,b是整数，则$3a(2a+1)+b(1-7a-3b)$是10的倍数。

（1）$3a+b$是5的倍数　（2）b是奇数

答案：C

解：令$b=0,a=5$，否定条件（1），令$a=0,b=1$，否定条件（2）。联合条件（1）、（2），$3a(2a+1)+b(1-7a-3b)=6a^2-7ab-3b^2+3a+b=(3a+b)(2a-3b)+3a+b=(3a+b)(2a-3b+1)$，其中$3a+b$是5的倍数，$2a-3b+1$是偶数，所以$(3a+b)(2a-3b+1)$是10的倍数，充分。

例29　秦老师和全班同学去植树，秦老师和每位同学植树都一样多，已知全班同学不到百人，则能确定全班学生人数。

（1）一共植树148棵，每人植树10棵以内

（2）全班同学正好能站成3路纵队

答案：C

解：条件（1），因为$148=1\times148=2\times74=4\times37$，可能是74人每人植树2棵，也可能是37人每人植树4棵，所以不能确定全班人数，不充分。条件（2），说明全班学生人数为3的倍数，无法确定具体人数，不充分。联合条件（1）、（2）可知，$148=2\times74=4\times37$，只有理解为37人每人植树4棵才满足题意，此时全班有学生36人，充分。

题型六：整除与余数

例30　已知$m=\frac{p}{q}$，则m是一个整数。

（1）若$m=\frac{p}{q}$，其中p、q为非零整数，且m^2是一个整数

（2）若$m=\frac{p}{q}$，其中p、q为非零整数，且$\frac{2m+4}{3}$是一个整数

答案：A

解：条件（1），设$m^2 = 1,2,3,4,5,6,7,8,9,\cdots$，观察可知，若$m^2$不是完全平方数，则$m$是无理数，与$m = \frac{p}{q}$矛盾；若$m^2$是完全平方数，则$m$是整数。充分。条件（2），当$p = 5,q = 2$时，$m$不是整数，但$\frac{2m+4}{3}$是整数。不充分。

例31 各位数字都不是1的四位数$\overline{abcd}$的四个数字之积为210，则a的值可以确定。

（1）$bc = 15$ （2）这个四位数是偶数

答案：B

解：条件（1），由$abcd = 210, bc = 15$得$ad = 14$，故$a = 7,d = 2$或$a = 2,d = 7$，不充分。条件（2），因为$210 = 2\times3\times5\times7 = 1\times5\times6\times7$，又因为各位数字都不是1，所以$210 = 2\times3\times5\times7$，所以当其为偶数时$a = 2$，充分。

例32（2017-11）在1到100之间，能被9整除的整数的平均值是（ ）。

（A）27 （B）36 （C）45 （D）54 （E）63

答案：D

解：设1到100之间能被9整除的整数为$9kk(= 1,2,\cdots11)$，共11个整数，形成等差数列，所以它们的平均数是$\frac{9(1+2+\cdots+11)}{11} = 54$。

注：等差数列的中位数等于所有项的平均数，11个数的中间位置是第6个数，所以它们的中位数是$9\times6 = 54$。

例33（2019-22）设n为正整数，则能确定n除以5的余数。

（1）已知n除以2的余数 （2）已知n除以3的余数

答案：E

解：条件（1），令$n = 1$、3，除以2的余数都是1，但除以5的余数分别为1、3，不充分。条件（2），令$n = 1$、4，除以3的余数都是1，但除以5的余数分别为1、4，不充分。联合条件（1）、(2)，如n除以2和3的余数为1，则$n = 6k+1 = 1,7,13,19,\cdots$，它们除以5的余数为1，2，3，4…，不充分。

第二节　比和比例

一、比和比例的定义

两个数a和b相除又被叫作它们的比，它用于表达a和b的数量关系，记为$a:b$或$\frac{a}{b}$，其中a被叫作比的前项，b被叫作比的后项，$\frac{a}{b}$作为一个分数叫比的值，简称比值。

如果两个比$a:b$和$c:d$的比值相等，则称a、b、c、d成比例，记为$\frac{a}{b}=\frac{c}{d}$或$a:b=c:d$，在后一个表达形式中，a和d在外侧，被称为比例外项，b和c在内侧，被称为比例内项。

二、比和比例的性质

对于非0实数a,b,c,d，关于比和比例有以下常用性质：

（1）若$a:b=k$，则$a=kb$，且$\forall m\in R,m\neq 0$，都有$a:b=ma:mb$。其中“$\forall$”表示“任意”。

（2）$a:b=c:d\Leftrightarrow ad=bc$。

证明：$\frac{a}{b}=\frac{c}{d}\Leftrightarrow\frac{ad}{bd}=\frac{bc}{bd}\Leftrightarrow ad=bc$。

（3）$a:b=c:d\Leftrightarrow d:b=c:a\Leftrightarrow a:c=b:d$。

说明：该性质是性质（2）的运用，因为乘法满足交换律，所以交换比例外项或者交换比内项或者同时交换比例外项和比例内项依然成比例。

（4）合比性质：$\frac{a}{b}=\frac{c}{d}\Leftrightarrow\frac{a+b}{b}=\frac{c+d}{d}$。

证明：因为$\frac{a}{b}=\frac{c}{d}$，所以$\frac{a}{b}+1=\frac{c}{d}+1$，故$\frac{a+b}{b}=\frac{c+d}{d}$。

（5）分比性质：$\frac{a}{b}=\frac{c}{d}\Leftrightarrow\frac{a-b}{b}=\frac{c-d}{d}$。

证明：因为$\frac{a}{b}=\frac{c}{d}$，所以$\frac{a}{b}-1=\frac{c}{d}-1$，故$\frac{a-b}{b}=\frac{c-d}{d}$。

（6）合分比性质：$\frac{a}{b}=\frac{c}{d}\Leftrightarrow\frac{a-b}{a+b}=\frac{c-d}{c+d}$。

证明：因为$\frac{a}{b}=\frac{c}{d}$，由合比性质知$\frac{a+b}{b}=\frac{c+d}{d}$，由分比性质知$\frac{a-b}{b}=\frac{c-d}{d}$，两式

相除即得 $\frac{a-b}{a+b}=\frac{c-d}{c+d}$。反之，若 $\frac{a-b}{a+b}=\frac{c-d}{c+d}$，由合比性质得 $\frac{2a}{a+b}=\frac{2c}{c+d}$，故 $\frac{a+b}{a}=\frac{c+d}{c}$，由分比性质得 $\frac{b}{a}=\frac{d}{c}$，故 $\frac{a}{b}=\frac{c}{d}$。

（7）等比性质：$\frac{a}{b}=\frac{c}{d}=\frac{e}{f}=\frac{a+c+e}{b+d+f}$。

证明：设 $\frac{a}{b}=\frac{c}{d}=\frac{e}{f}=k$，则 $a=bk,c=dk,e=fk$，三式相加得 $a+c+e=k(b+d+f)$，故 $\frac{a+c+e}{b+d+f}=k=\frac{a}{b}=\frac{c}{d}=\frac{e}{f}$。

注：这个方法叫“设 k 法”。

（8）设 $a,b,k>0$，则当 $0<\frac{b}{a}<1$ 时，$\frac{b}{a}<\frac{b+k}{a+k}$；当 $\frac{b}{a}>1$ 时，$\frac{b+k}{a+k}<\frac{b}{a}$。

证明：当 $0<\frac{b}{a}<1$，即 $0<b<a$ 时，$\frac{b}{a}-\frac{b+k}{a+k}=\frac{b(a+k)-a(b+k)}{a(a+k)}=\frac{k(b-a)}{a(a+k)}<0$，所以 $\frac{b}{a}<\frac{b+k}{a+k}$。同理可证，$a,b,k>0$ 且 $\frac{b}{a}>1$ 时，$\frac{b+k}{a+k}<\frac{b}{a}$。

三、正比和反比

若 $y=kx$（$k\neq0,k$ 为常数），则称 y 与 x 成正比，k 为比例系数。例如，$y=2x,y=-3x,x=5y$ 都是正比例函数。y 与 x 成正比，则两个变量是特殊的线性关系，其图像是过原点的直线。

若 $y=\frac{k}{x}$（$k\neq0,k$ 为常数），则称 y 与 x 成反比，k 为比例系数。例如，$y=\frac{1}{x},y=-\frac{2}{x},xy=3$ 都是反比例函数。变量 y 与 x 成反比，其图像是双曲线。

题型归纳与方法技巧

题型一：比和比例计算

例 1（2015-1-1）若实数 a,b,c 满足 $a:b:c=1:2:5$，且 $a+b+c=24$，则 $a^2+b^2+c^2=$（　　）。

（A）30　（B）90　（C）120　（D）240　（E）270

答案：E

解：设 $a=k, b=2k, c=5k$，代入 $a+b+c=24$ 得 $k=3$，所以 $a^2+b^2+c^2=k^2+(2k)^2+(5k)^2=30k^2=270$。

例2（2023-2）已知甲、乙两公司的利润之比为3∶4，甲、丙两公司的利润之比为1∶2，若乙公司的利润为3000万元，则丙公司的利润为（　　）。

（A）5000万元　（B）4500万元　（C）4000万元　（D）3500万元　（E）2500万元

答案：B

解：甲、乙利润比为3∶4，甲、丙利润比为1∶2=3∶6，所以甲、乙、丙利润比为3∶4∶6，所以丙的利润为$3000\times\frac{6}{4}=4500$万元。

例3（2023-3）一个分数的分子与分母之和为38，其分子分母都减去15，约分后得到$\frac{1}{3}$，则这个分数的分母与分子之差为（　　）。

（A）1　（B）2　（C）3　（D）4　（E）5

答案：D

解：设分数为$\frac{a}{b}$，则$\begin{cases}a+b=38\\ \frac{a-15}{b-15}=\frac{1}{3}\end{cases}$，解得$a=17, b=21$，所以$b-a=4$。

例4　若$(x+y):(z+y):(x+z)=4:2:3$，则$\left(\frac{1}{x}+\frac{1}{y}\right):\left(\frac{1}{z}+\frac{1}{y}\right):\left(\frac{1}{x}+\frac{1}{z}\right)=$（　　）。

（A）4∶2∶3　（B）4∶3∶2　（C）4∶8∶9　（D）4∶9∶10　（E）4∶10∶9

答案：E

解：令$\begin{cases}x+y=4k\\ y+z=2k\\ z+x=3k\end{cases}$，三式相加得$x+y+z=4.5k$，故$x=2.5k, y=1.5k, z=0.5k$。所以

$$\left(\frac{1}{x}+\frac{1}{y}\right):\left(\frac{1}{z}+\frac{1}{y}\right):\left(\frac{1}{x}+\frac{1}{z}\right)=\frac{x+y}{xy}:\frac{y+z}{yz}:\frac{z+x}{xz}=\frac{z(x+y)}{xyz}:\frac{x(y+z)}{xyz}:\frac{y(z+x)}{xyz}=$$

$4z:2x:3y=2:5:4.5=4:10:9$。

例5（2009-1-2）某国参加北京奥运会的男女运动员比例原为19∶12，由于先增加若干名女运动员，使男女运动员比例变为20∶13，后又增加了若干名男运动员，于是男

女运动员比例最终变为30：19。如果后增加的男运动员比先增加的女运动员多3人，则最后运动员的总人数为（　　）。

（A）686　（B）637　（C）700　（D）661　（E）600

答案：B

解：因为第一次增加女运动员，男运动员不变，故将原来的男女运动员比例及增加女运动员后的男女运动员比例调整为 $19:12=19\times 20:12\times 20, 20:13=20\times 19:13\times 19$，可见女运动员增加了 $13\times 19-12\times 20=7$ 份。同理，后增加男运动员，女运动员数量不变，将男女比例调整为 $30:19=30\times 13:19\times 13$，可见男运动员增加了 $30\times 13-20\times 19=10$ 份，所以后增加的男运动员比先增加的女运动员多3份，所以每份是1人，因此最后运动员有 $30\times 13+19\times 13=637$ 名。

例6　某超市销售A、B两种品牌洗衣粉，其中A洗衣粉的利润是成本的15%，B洗衣粉的利润是成本的10%。则销售A洗衣粉获得的利润高。

（1）A洗衣粉的批发价比B高10%

（2）A洗衣粉的销量比B洗衣粉多25%

答案：C

解：要想比较利润就要比较成本与利润率之积，已知A的利润率是15%，B的利润率是10%，还需要成本和销售量两个数据。条件（1），只知道A的价格比B高，不知道数量，无法比较利润，不充分。条件（2），只知道A和B的销量关系，不知道成本关系，无法比较，不充分。联合条件（1）和条件（2）可知，A的价格、数量和利润率都比B高，所以销售利润也比B高。

例7　若 y 与 $x-1$ 成正比，比例系数为 k_1，y 又与 $x+1$ 成反比，比例系数为 k_2，且 $k_1:k_2=2:3$，则 x 的值为（　　）。

（A）$\pm\frac{\sqrt{15}}{3}$　（B）$\frac{\sqrt{15}}{3}$　（C）$-\frac{\sqrt{15}}{3}$　（D）$\pm\frac{\sqrt{10}}{2}$　（E）$-\frac{\sqrt{10}}{2}$

答案：D

解：由题意知 $\begin{cases} y=k_1(x-1) \\ y=\dfrac{k_2}{x+1} \end{cases}$，两式相除得 $1=\frac{k_1}{k_2}(x-1)(x+1)$，即 $x^2-1=\frac{3}{2}$，所以 $x^2=\frac{5}{2}$，解得 $x=\pm\frac{\sqrt{10}}{2}$。

题型二：比和比例的性质

例8 如果实数$m \neq n$且$\frac{8m+n}{8n+m}=\frac{m+1}{n+1}$，则$m+n=$（ ）。

（A）7 （B）8 （C）9 （D）10 （E）11

答案：A

解1：由合分比性质得$\frac{(8m+n)+(8n+m)}{(8m+n)-(8n+m)}=\frac{(m+1)+(n+1)}{(m+1)-(n+1)}$，所以$\frac{9(m+n)}{7(m-n)}=\frac{m+n+2}{m-n}$，所以$\frac{9(m+n)}{7}=m+n+2$，令$m+n=x$，则$\frac{9x}{7}=x+2$，解得$x=7$。

解2：特殊值法，令$m=0$，解得$n=7$，则$m+n=7$。

例9 已知a,b,c,d均为正数，且$\frac{a}{b}=\frac{c}{d}$，则$\frac{\sqrt{a^2+b^2}}{\sqrt{c^2+d^2}}$的值为（ ）。

（A）$\frac{a^2}{d^2}$ （B）$\frac{c^2}{b^2}$ （C）$\frac{a+b}{c+d}$ （D）$\frac{d}{b}$ （E）$\frac{c}{a}$

答案：C

解：由$\frac{a}{b}=\frac{c}{d}$得$\frac{a^2}{b^2}=\frac{c^2}{d^2}$，由合比性质得$\frac{a^2+b^2}{b^2}=\frac{c^2+d^2}{d^2}$，再由更比性质得$\frac{a^2+b^2}{c^2+d^2}=\frac{b^2}{d^2}$，因为$a,b,c,d$均为正数，所以$\frac{\sqrt{a^2+b^2}}{\sqrt{c^2+d^2}}=\frac{b}{d}=\frac{a}{c}=\frac{a+b}{c+d}$。

例10 若非零实数a,b,c,d满足等式$\frac{a}{b+c+d}=\frac{b}{a+c+d}=\frac{c}{a+b+d}=\frac{d}{a+b+c}=n$，则$n$的值为（ ）。

（A）-1或$\frac{1}{4}$ （B）$\frac{1}{3}$ （C）$\frac{1}{4}$ （D）-1 （E）-1或$\frac{1}{3}$

答案：E

解：由题意知$\frac{a}{b+c+d}+1=\frac{b}{a+c+d}+1=\frac{c}{a+b+d}+1=\frac{d}{a+b+c}+1$，故$\frac{a+b+c+d}{b+c+d}=\frac{a+b+c+d}{a+c+d}=\frac{a+b+c+d}{a+b+d}=\frac{a+b+c+d}{a+b+c}$。若$a+b+c+d\neq 0$，则$a=b=c=d$，所以$n=\frac{1}{3}$；若$a+b+c+d=0$，则$a=-(b+c+d)$，所以$n=-1$。

第三节　数轴和绝对值

一、数轴

规定了原点、正方向和单位长度的直线叫数轴，所有的实数都可以用数轴上的点来表示。数轴上右边的数总比左边的数大，如两个负数相比较，离原点近得大。

例1　如图1-1所示，数轴上标出若干个点，相邻两点相距1个单位，点A、B、C、D对应的数分别是整数a、b、c、d，且$c-2a=7$，那么数轴的原点是（　　）。

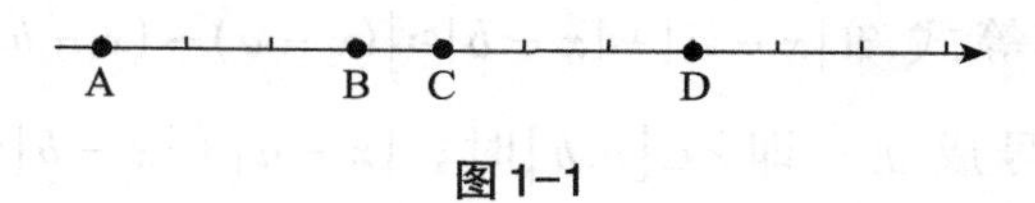

图1-1

（A）A点　（B）B点　（C）C点　（D）D点　（E）以上都不是

答案：B

解：根据题意知$c-a=4$，即$c=a+4$，将其代入$c-2a=7$得$a+4-2a=7$，解得$a=-3$，所以A点表示的数是-3，所以B点表示原点。

二、绝对值

实数a的绝对值就是它到原点的距离，用$|a|$表示，即$|a|=\begin{cases}a, a>0\\0, a=0\\-a, a<0\end{cases}$。

三、绝对值的性质

（1）对称性：$|-a|=|a|$，即互为相反数的两个数的绝对值相等。

（2）等价性：$\sqrt{a^2}=|a|$，$|a|^2=a^2$。若题目中既有$|x|$又有x^2，常用该性质简化运算。

（3）非负性：$|a|\geqslant 0$，任何实数的绝对值非负。

（4）自比性：因为$-|a|\leqslant a\leqslant|a|$，所以$\frac{|a|}{a}=\frac{a}{|a|}=\begin{cases}1,\ a>0,\\-1, a<0。\end{cases}$

（5）$-|a|\leqslant a\leqslant|a|$。

（6）$|ab|=|a||b|$，$\frac{|a|}{|b|}=\left|\frac{a}{b}\right|(b\neq 0)$。

四、绝对值不等式

（1）$|x|\leqslant a\Leftrightarrow -a\leqslant x\leqslant a(a\geqslant 0)$。

（2）$|x|\geqslant a\Leftrightarrow x\geqslant a$ 或 $x\leqslant -a(a\geqslant 0)$。

（3）$||a|-|b||\leqslant|a+b|\leqslant|a|+|b|$，当且仅当 $ab\geqslant 0$ 时，$|a+b|=|a|+|b|$。

（4）$||a|-|b||\leqslant|a-b|\leqslant|a|+|b|$，当且仅当 $ab\leqslant 0$ 时，$|a-b|=|a|+|b|$。

其中性质（3）和性质（4）被称为三角不等式，由该性质可得重要结论：当 $a<b$ 时，$|x-a|+|x-b|\geqslant|a-b|$，当且仅当 $x\in[a,b]$ 时，等号成立。

证明：由三角不等式知 $|x-a|+|x-b|\geqslant|(x-a)-(x-b)|=|a-b|$，当且仅当 $(x-a)(x-b)\leqslant 0$ 时等号成立，即 $x\in[a,b]$ 时，$|x-a|+|x-b|=|a-b|$；其他情况下 $|x-a|+|x-b|>|a-b|$。

另外，由 $||a|-|b||\leqslant|a\pm b|$ 可知 $-|a\pm b|\leqslant|a|-|b|\leqslant|a\pm b|$。

例2 已知 $|x|\leqslant 3,|y|\leqslant 1,|z|\leqslant 4$，且 $|x-2y+z|=9$，则求 $x^2y^6z^2$ 的值为（　　）。

（A）12　（B）36　（C）27　（D）144　（E）169

答案：D

解：因为 $|x-2y+z|\leqslant|x|+|2y|+|z|\leqslant 3+2+4=9$，又因为 $|x-2y+z|=9$，所以 $|x|+|2y|+|z|=9$，所以 $|x|=3,|y|=1,|z|=4$，故 $x^2y^6z^4=|x|^2|y|^6|z|^2=144$。

五、绝对值函数的图像

绝对值和差函数的图像都是折线，可以通过三步做图法绘制图像，下面以 $f(x)=|x-1|+|x-2|-|2x-6|$ 为例介绍绘图步骤。

第一步：求0点。0点是使得每个绝对值为0的 x 值，即 $x_1=1,x_2=2,x_3=3$，它们是图像的分界点。

第二步：相邻的零点直接连接。这里的零点是指 x 取第一步的0点时图像经过的点，即 $A(1,-3),B(2,-1),C(3,3)$，连接 AB 与 BC。

第三步：去掉每个绝对值式子中的常数看 $|x|$ 的系数。若系数为正，则两端向外向上延伸；若系数为负，则两端向外向下延伸；若系数为0，则两端向外水平延伸。

由此得$f(x)=|x-1|+|x-2|-|2x-6|$的图像，如图1–2所示。

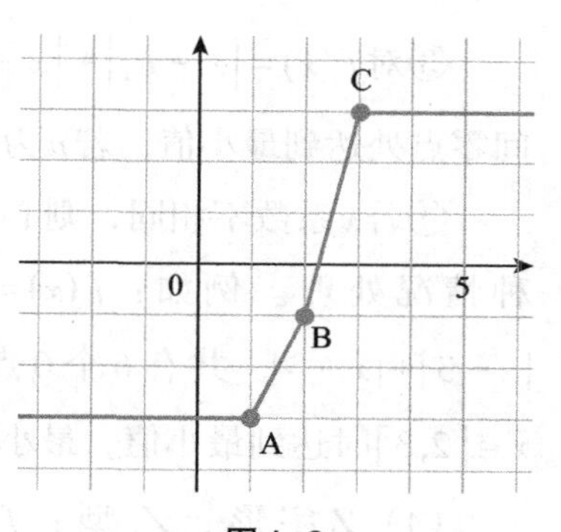

图1–2

常见的绝对值函数有以下几种情况：

（1）平底锅：$f(x)=|x-a|+|x-b|$。

例如，$f(x)=|x-1|+|x-3|$的图像如图1–3所示。

一般地，当$|a|=|b|$时，$|ax-c|+|bx-d|$的图像都是平底锅，具有以下性质：

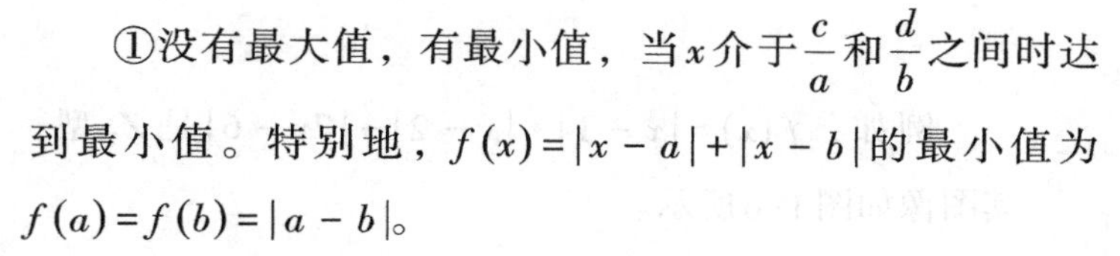

①没有最大值，有最小值，当x介于$\frac{c}{a}$和$\frac{d}{b}$之间时达到最小值。特别地，$f(x)=|x-a|+|x-b|$的最小值为$f(a)=f(b)=|a-b|$。

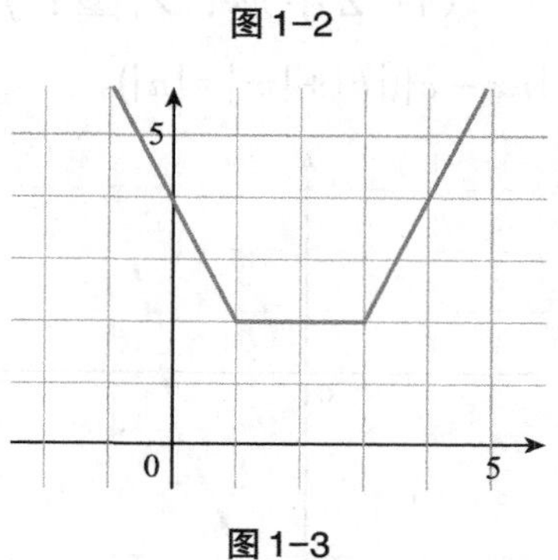

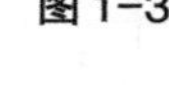

图1–3

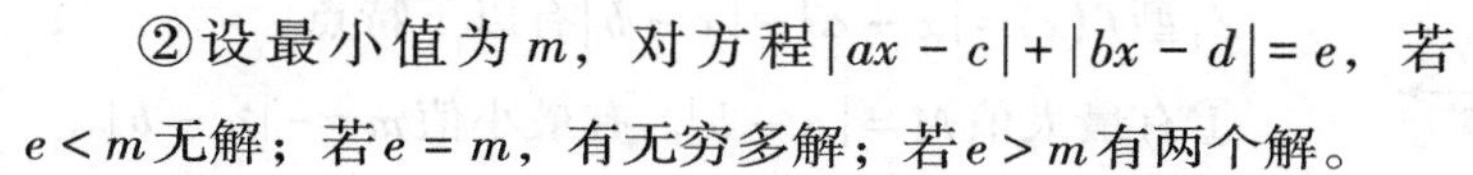

②设最小值为m，对方程$|ax-c|+|bx-d|=e$，若$e<m$无解；若$e=m$，有无穷多解；若$e>m$有两个解。

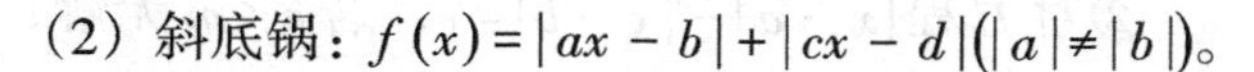

（2）斜底锅：$f(x)=|ax-b|+|cx-d|\left(|a|\neq|b|\right)$。

例如，$f(x)=|x-1|+|2x-6|$的图像如图1–4所示。

一般地，$f(x)=|ax-b|+|cx-d|\left(|a|\neq|b|\right)$具有以下性质：

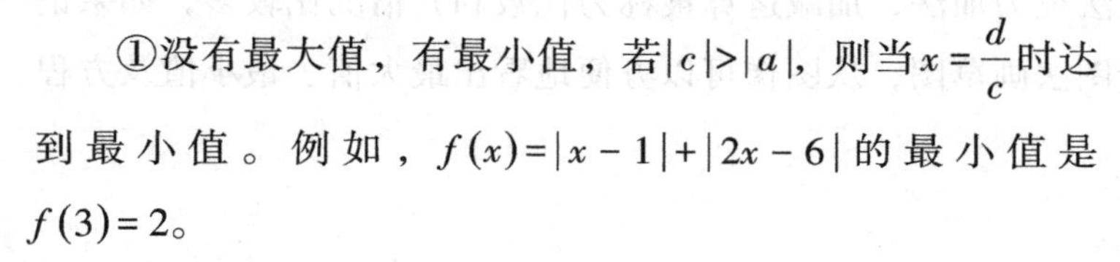

①没有最大值，有最小值，若$|c|>|a|$，则当$x=\frac{d}{c}$时达到最小值。例如，$f(x)=|x-1|+|2x-6|$的最小值是$f(3)=2$。

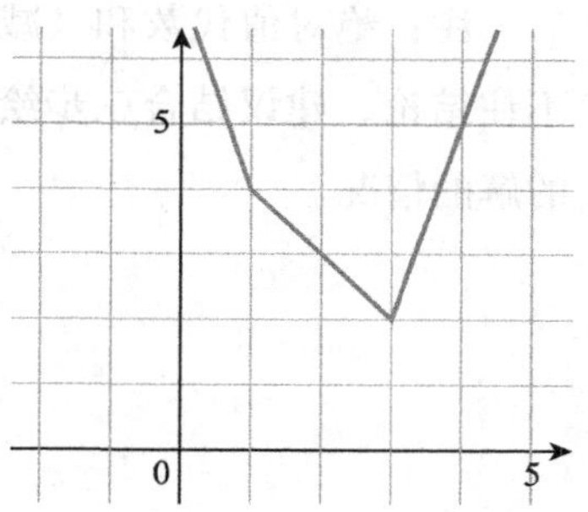

图1–4

②设最小值为m，对方程$|ax-b|+|cx-d|=e$，若$e<m$无解；若$e=m$，有唯一解；若$e>m$有两个解。

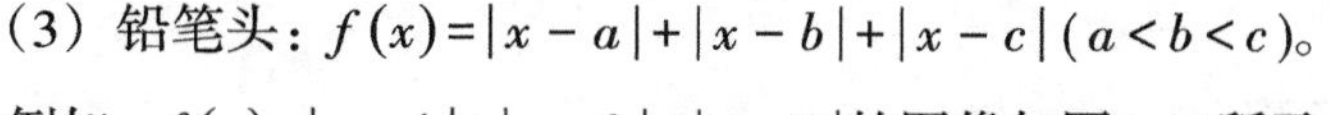

（3）铅笔头：$f(x)=|x-a|+|x-b|+|x-c|\ (a<b<c)$。

例如，$f(x)=|x-1|+|x-2|+|x-3|$的图像如图1–5所示。

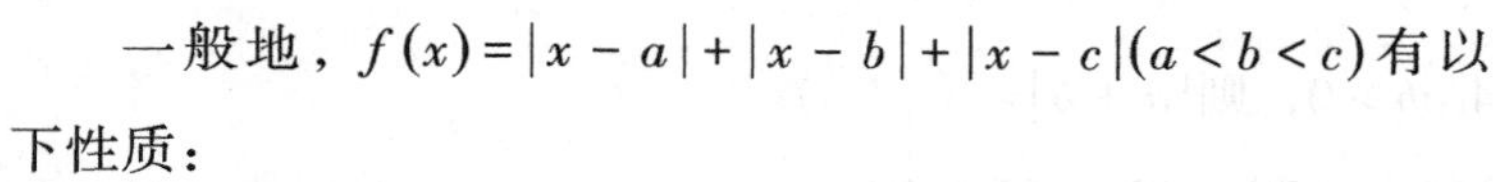

一般地，$f(x)=|x-a|+|x-b|+|x-c|(a<b<c)$有以下性质：

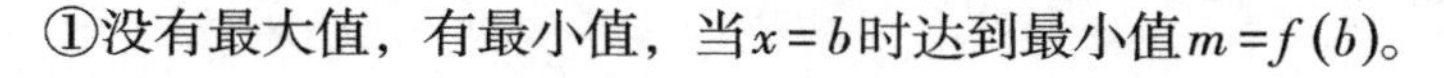

①没有最大值，有最小值，当$x=b$时达到最小值$m=f(b)$。

②设最小值为m，对方程$|x-a|+|x-b|+|x-c|=e$，若$e<m$无解；若$e=m$，有唯一解；若$e>m$有两个解。

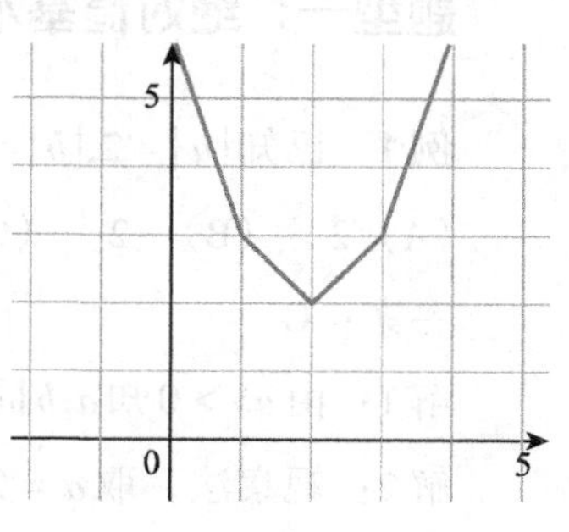

图1–5

③对$f(x)=\left|x-a_1\right|+\left|x-a_2\right|+\cdots+\left|x-a_n\right|\left(a_1\leqslant a_2\leqslant\cdots\leqslant a_n\right)$，若$n$为奇数，则在中间零点处达到最小值；若$n$为偶数，则在中间两个零点构成的闭区间内达到最小值。

④若x系数不相同，则必在某个0点处达到最小值，或者拆分成系数相同再按照第③种情况处理。例如：$f(x)=|x-1|+|2x-4|+|3x-9|=|x-1|+|x-2|+|x-2|+|x-3|+|x-3|+|x-3|$，共有6个0点，按从小到大的顺序，中间两个0点是2、3，所以当$x\in[2,3]$时达到最小值，最小值是$f(2)=|2-1|+|2\times2-4|+|3\times2-9|=4$。

（4）Z字形：Z_1型：$f(x)=|x-a|-|x-b|$或Z_2型：$f(x)=|kx-a|+|mx-b|-|nx-c|(|k|+|m|=|n|)$。

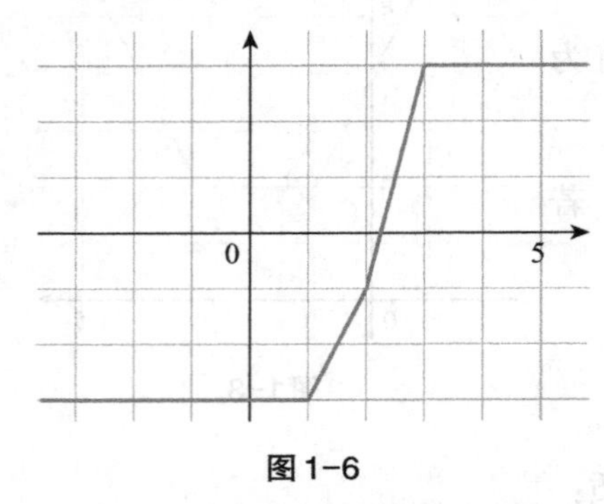

图1-6

例如，$f(x)=|x-1|+|x-2|-|2x-6|$是Z_2型，其图像如图1-6所示。

Z_1型$f(x)=|x-a|-|x-b|$有以下特点：

①有最大值$M=|a-b|$，有最小值$m=-|a-b|$。

②对方程$|x-a|-|x-b|=e$，若$e<m$无解；若$e=m$或$e=M$，有无穷多解；若$e>M$无解；$m<e<M$有唯一解。

注：绝对值代数和（减法视为加法，加减运算被称为代数和）情况比较多，如果记不住结论，建议结合三步绘图法画草图，从图像可以方便地看出最大值、最小值及方程的解的情况。

题型归纳与方法技巧

题型一：绝对值基本运算

例1 已知$|a|=2,|b|=4,ab>0$，则$|a+b|=$（　　）。

（A）2　（B）−2　（C）6　（D）−12　（E）10

答案：C

解1：由$ab>0$知a,b同号，所以由三角不等式知$|a+b|=|a|+|b|=6$。

解2：观察法，取$a=2,b=4$满足题目要求，故$|a+b|=6$。

例2 $|x-y|\leqslant 5$。

（1）$|x+3|\leqslant 4, |y+3|\leqslant 1$ （2）$|x-3|\leqslant 1, |y-3|\leqslant 4$

答案：D

解1：由三角不等式知$|(x+3)-(y+3)|\leqslant|x+3|+|y+3|\leqslant 5$，充分。同理条件（2）也充分。

解2：条件（1），由$|x+3|\leqslant 4, |y+3|\leqslant 1$得$-4\leqslant x+3\leqslant 4, -1\leqslant y+3\leqslant 1$，所以$-1\leqslant -(y+3)\leqslant 1$，将$-4\leqslant x+3\leqslant 4$与$-1\leqslant -(y+3)\leqslant 1$两式相加得$-5\leqslant x-y\leqslant 5$，所以$|x-y|\leqslant 5$，充分。同理可证条件（2）也充分。

例3（2018-5）设实数a,b满足$|a-b|=2, |a^3-b^3|=26$，则$|a^2+b^2|=$（ ）。

（A）30 （B）22 （C）15 （D）13 （E）10

答案：E

解1：观察可知$a=3, b=1$满足条件，代入得$a^2+b^2=10$。

解2：因为$|a-b|=2$，所以$|a-b|^2=(a-b)^2=a^2+b^2-2ab=4$，故$2ab=a^2+b^2-4$。又因为$|a^3-b^3|=|(a-b)(a^2+b^2+ab)|=26$，所以$\left|2\left((a^2+b^2)+\dfrac{(a^2+b^2)-4}{2}\right)\right|=26$，故$|3(a^2+b^2)-4|=26$，所以$3(a^2+b^2)=30$或$3(a^2+b^2)=-22$（舍去），故$a^2+b^2=10$。

例4（2019-4）设实数a,b满足$ab=6, |a+b|+|a-b|=6$，则$a^2+b^2=$（ ）。

（A）10 （B）11 （C）12 （D）13 （E）14

答案：D

解1：观察法，$a=2, b=3$满足题干，故$a^2+b^2=2^2+3^2=13$。

解2：因为$ab=6$，所以a,b同号。若$a>0, b>0$，不妨设$a\geqslant b$，则$a+b+a-b=6$，解得$a=3, b=2$。同理，若$a<0, b<0$，不妨设$a\geqslant b$，则$-a-b+a-b=6$，解得$b=-3$，$a=-2$。综上，$a^2+b^2=13$。

例5（2021-19）设a、b为实数，则能确定$|a|+|b|$的值。

（1）已知$|a+b|$的值 （2）已知$|a-b|$的值

答案：C

解：条件（1），当$a=b=0$或$a=1, b=-1$时，$|a+b|=0$，但$|a|+|b|=0$或2，不充分。同理，条件（2）也不充分。联合条件（1）、（2）考察，设$|a+b|=m, |a-b|=n$，

则$\begin{cases}(a+b)^2=m^2\\(a-b)^2=n^2\end{cases}$，即$\begin{cases}a^2+2ab+b^2=m^2\\a^2-2ab+b^2=n^2\end{cases}$，两式加减得$\begin{cases}a^2+b^2=\frac{1}{2}(m^2+n^2)\\ab=\frac{1}{4}(m^2-n^2)\end{cases}$，所以

$(|a|+|b|)^2=a^2+2|ab|+b^2=\frac{1}{2}(m^2+n^2+|m^2-n^2|)$确定，从而$|a|+|b|$确定，充分。

题型二：绝对值的性质

例6（2009-1-15）已知实数a,b,x,y满足$y+\left|\sqrt{x}-\sqrt{2}\right|=1-a^2,|x-2|=y-1-b^2$，则$3^{x+y}+3^{a+b}=$（　　）。

（A）25　（B）26　（C）27　（D）28　（E）29

答案：D

解：将两个式子相加得$y+\left|\sqrt{x}-\sqrt{2}\right|+|x-2|=1-a^2+y-1-b^2$，化简得$\left|\sqrt{x}-\sqrt{2}\right|+|x-2|=-a^2-b^2$，移项得$\left|\sqrt{x}-\sqrt{2}\right|+|x-2|+a^2+b^2=0$，所以$x=2,a=b=0$，代入原式得$y=1$，所以$3^{x+y}+3^{a+b}=28$。

例7（2009-10-18）$2^{x+y}+2^{a+b}=17$。

（1）a,b,x,y满足$y+\left|\sqrt{x}-\sqrt{3}\right|=1-a^2+\sqrt{3}b$

（2）a,b,x,y满足$|x-3|+\sqrt{3}b=y-1-b^2$

答案：C

解：条件（1），令$\sqrt{x}=1+\sqrt{3},a=b=0,y=0$构成反例，不充分。同理，条件（2）不充分。联合两个条件，将两式相加并化简得$\left|\sqrt{x}-\sqrt{3}\right|+|x-3|+a^2+b^2=0$，所以$x=3,a=b=0$，代入条件（1）得$y=1$，所以$2^{x+y}+2^{a+b}=17$。

例8（2008-1-30）$\frac{b+c}{|a|}+\frac{c+a}{|b|}+\frac{a+b}{|c|}=1$。

（1）实数a，b，c：$a+b+c=0$　（2）a，b，c：$abc>0$

答案：C

解：条件（1），由$a+b+c=0$得$\frac{b+c}{|a|}+\frac{c+a}{|b|}+\frac{a+b}{|c|}=\frac{-a}{|a|}+\frac{-b}{|b|}+\frac{-c}{|c|}$，令$a=b=1,c=-2$，则$\frac{-a}{|a|}+\frac{-b}{|b|}+\frac{-c}{|c|}=-1$，不充分。条件（2），令$a=b=c=1$，则$\frac{b+c}{|a|}+$

$\frac{c+a}{|b|}+\frac{a+b}{|c|}=6$，不充分。联合考察，由$a+b+c=0$知$a,b,c$不可同号，由$abc>0$知$a,b,c$全正或者一正两负，故$a,b,c$一正两负，不妨设$a>0,b<0,c<0$，故$\frac{b+c}{|a|}+\frac{c+a}{|b|}+\frac{a+b}{|c|}=\frac{-a}{|a|}+\frac{-b}{|b|}+\frac{-c}{|c|}=-\left(\frac{a}{|a|}+\frac{b}{|b|}+\frac{c}{|c|}\right)=1$，充分。

题型三：三角不等式

例9 $|a-b|<|a|+|b|$。

（1）$ab>0$　（2）$ab<0$

答案：A

解：由三角不等式知，当$ab\leqslant 0$时，$|a-b|=|a|+|b|$，故要使得$|a-b|<|a|+|b|$，必有$ab>0$，所以条件（1）充分，条件（2）不充分。

例10（2022-25）设实数a,b满足$|a-2b|\leqslant 1$，则$|a|>|b|$。

（1）$|b|>1$　（2）$|b|<1$

答案：A

解：条件（1），由三角不等式知，$|2b|-|a|\leqslant|a-2b|\leqslant 1<|b|$，所以$|2b|-|a|<|b|$，所以$|b|<|a|$，充分。条件（2）中，令$a=b=0$，构成反例，不充分。

例11（2022-17）设实数x满足$|x-2|-|x-3|=a$，则能确定x的值。

（1）$0<a\leqslant\frac{1}{2}$　（2）$\frac{1}{2}<a\leqslant 1$

答案：A

解：由绝对值绘图法知$f(x)=|x-2|-|x-3|$的图像如图1-7所示。

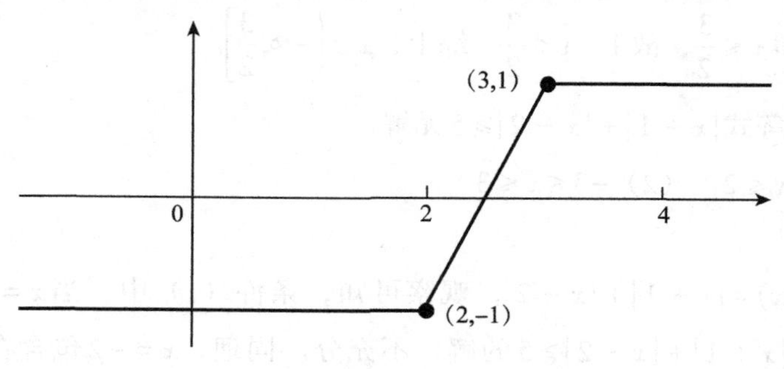

图1-7

可见$f(x)$的最大值是1，且当$x \geqslant 3$时$f(x)=1$；最小值是-1，且$x \leqslant 2$时$f(x)=-1$；而对于介于$(-1,1)$之间的任意一个数，只有一个x与其对应，故条件（1）充分，条件（2）不充分。

例12 已知不等式$\left|2x-\log_2 x\right|<2x+\left|\log_2 x\right|$成立，则（　　）。

（A）$1<x<2$　（B）$0<x<1$　（C）$x>1$　（D）$x>2$　（E）$x<1$

答案：C

解：由$\log_2 x$知$x>0$。因为$\left|2x-\log_2 x\right|<|2x|+\left|\log_2 x\right|$，由三角不等式知$2x$与$\log_2 x$同号，所以$\log_2 x>0$，解得$x>1$。

题型四：绝对值方程或不等式求解

例13（2012-10-25）$x^2-x-5>|2x-1|$。

（1）$x>4$　（2）$x<-1$

答案：A

解：当$x \geqslant \frac{1}{2}$时，原不等式化为$x^2-x-5>2x-1$，解得$x>4$或$x<-1$（舍去），故$x>4$。当$x<\frac{1}{2}$时，原不等式化为$x^2-x-5>1-2x$，解得$x<-3$或$x>2$（舍去），故$x<-3$。所以不等式的解为$x>4$或$x<-3$，所以条件（1）充分，条件（2）不充分。

例14 不等式$|x-1|+x \leqslant 2$的解集为（　　）。

（A）$(-\infty,1]$　（B）$\left(-\infty,\frac{3}{2}\right]$　（C）$\left[1,\frac{3}{2}\right]$　（D）$[1,+\infty)$　（E）$\left[\frac{3}{2},+\infty\right)$

答案：B

解：当$x<1$时，$|x-1|+x=1-x+x=1 \leqslant 2$恒成立；当$x \geqslant 1$时，$|x-1|+x=x-1+x=2x-1 \leqslant 2$，解得$x \leqslant \frac{3}{2}$，故$1 \leqslant x \leqslant \frac{3}{2}$。综上，$x \in \left(-\infty,\frac{3}{2}\right]$。

例15 不等式$|x+1|+|x-2| \geqslant 5$无解。

（1）$-2 \leqslant x \leqslant 2$　（2）$-3 \leqslant x \leqslant 3$

答案：E

解：令$f(x)=|x+1|+|x-2|$，观察可知，条件（1）中，当$x=-2$时，$f(-2)=5$，所以$x=-2$是$|x+1|+|x-2| \geqslant 5$的解，不充分。同理，$x=-2$包含在条件（2）中，故条件（2）也不充分。联合条件（1）、（2）得$-2 \leqslant x \leqslant 2$，也不充分。

例 16 若$\sqrt{(x-5)y^2}+|y-2023|=5-x$，则$x+y=$（　　）。

（A）0　（B）-1　（C）1　（D）2023　（E）2028

答案：E

解：由$\sqrt{(x-5)y^2}$知$x\geqslant5$，又因为$0\leqslant\sqrt{(x-5)y^2}+|y-2023|=5-x$，所以$x\leqslant5$，从而$x=5$，所以$y=2023$，$x+y=2028$。

例 17（2013-10-25）方程$|x+1|+|x+3|+|x-5|=9$存在唯一解。

（1）$|x-2|\leqslant3$　（2）$|x-2|\geqslant2$

答案：A

解：易知函数$f(x)=|x+1|+|x+3|+|x-5|$的图像如图 1-8 所示。

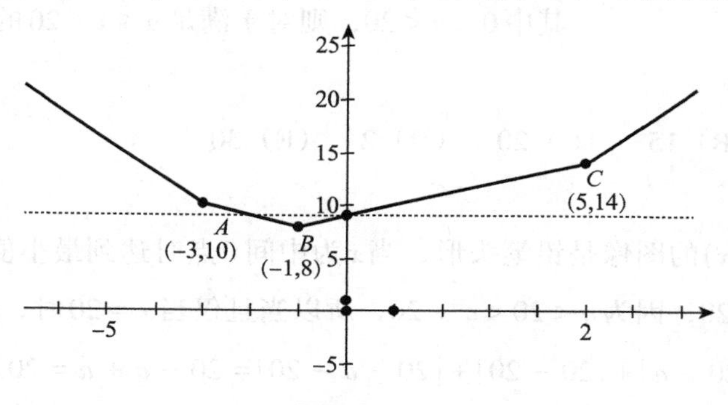

图 1-8

条件（1），由$|x-2|\leqslant3$得$-1\leqslant x\leqslant5$，图像可知$f(x)=9$有唯一解，充分。条件（2），由$|x-2|\geqslant2$得$x\leqslant0$或$x\geqslant4$。当$x\geqslant4$时，观察知$f(x)=9$无解；当$x\leqslant0$时观察知$f(x)=9$有两个解，不充分。

题型五：绝对值最值问题

例 18　$f(x)=|x-1|+|2x-1|+|3x-1|$的最小值为（　　）。

（A）$\frac{1}{2}$　（B）$\frac{1}{3}$　（C）$\frac{2}{3}$　（D）1　（E）$\frac{3}{2}$

答案：D

解 1：$f(x)=|x-1|+|2x-1|+|3x-1|=|x-1|+\left|x-\frac{1}{2}\right|+\left|x-\frac{1}{2}\right|+\left|x-\frac{1}{3}\right|+\left|x-\frac{1}{3}\right|+\left|x-\frac{1}{3}\right|$，此时$f(x)$变为$|x|$系数为1的6个绝对值式子之和，其0点的横坐标从小到大为

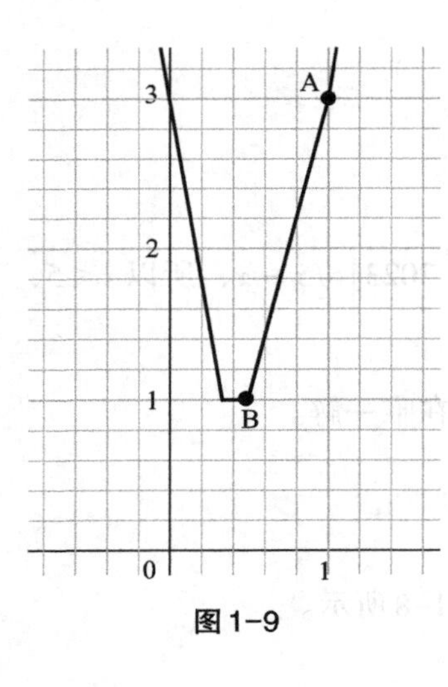

图1-9

$\frac{1}{3},\frac{1}{3},\frac{1}{3},\frac{1}{2},\frac{1}{2},1$，所以当$\frac{1}{3}\leqslant x\leqslant\frac{1}{2}$时，$f(x)$取到最小值，最小值为$f\left(\frac{1}{2}\right)=1$。

解2：由三步作图法知$f(x)=|x-1|+|2x-1|+|3x-1|$的图像如图1-9所示，所以最小值为1。

解3：$f(x)$的最值必在某个0点处产生，比较三个0点处的函数值得$f(1)=4,f\left(\frac{1}{2}\right)=1,f\left(\frac{1}{3}\right)=1$，故最小值是1。

例19（2009-10-8）设$f(x)=|x-a|+|x-20|+|x-a-20|$，其中$0<a<20$，则对于满足$a\leqslant x\leqslant 20$的$x$值，$f(x)$的最小值是（　　）。

（A）10　（B）15　（C）20　（D）2　（E）30

答案：C

解：易知$f(x)$的图像是铅笔头形，当x为中间0点时达到最小值，3个0点的横坐标分别为$a,20,a+20$，因为$a<20<a+20$，所以当且仅当$x=20$时，$f(x)$取得最小值，最小值是$f(20)=|20-a|+|20-20|+|20-a-20|=20-a+a=20$。

例20　关于x的不等式$|x-1|+|x-2|\leqslant a^2+a+1$的解集为空集，则实数$a$的取值范围是（　　）。

（A）$(-1,0)$　（B）$(-1,2)$　（C）$[-1,0]$　（D）$[-1,2]$　（E）$(-1,-2)$

答案：A

解：由题意知$|x-1|+|x-2|>a^2+a+1$恒成立，故$|x-1|+|x-2|$的最小值大于a^2+a+1，由三角不等式知$|x-1|+|x-2|$的最小值为1，所以$a^2+a+1<1$，解得$-1<a<0$。

第四节　均值不等式

一、均值不等式

一组正数$x_1,x_2,\cdots,x_n$，称$H_n=\frac{n}{\sum_{i=1}^{n}\frac{1}{x_i}}=\frac{n}{\frac{1}{x_1}+\frac{1}{x_2}+\cdots+\frac{1}{x_n}}$为调和平均数，$G_n=\sqrt[n]{\prod_{i=1}^{n}x_i}=$

$\sqrt[n]{x_1x_2\cdots x_n}$为几何平均数，$A_n=\frac{\sum_{i=1}^{n}x_i}{n}=\frac{x_1+x_2+\cdots+x_n}{n}$为算术平均数，$Q_n=\sqrt{\frac{\sum_{i=1}^{n}x_i^2}{n}}=\sqrt{\frac{x_1^2+x_2^2+\cdots+x_n^2}{n}}$为平方平均数，则$H_n\leqslant G_n\leqslant A_n\leqslant Q_n$，这就是均值不等式。

特别地，对正数a,b有$\frac{2}{\frac{1}{a}+\frac{1}{b}}\leqslant\sqrt{ab}\leqslant\frac{a+b}{2}\leqslant\sqrt{\frac{a^2+b^2}{2}}$。

二、算术-几何均值不等式

一组正数$x_1,x_2,\cdots,x_n$，由均值不等式知：$G_n\leqslant A_n$，即$\sqrt[n]{x_1x_2\cdots x_n}\leqslant\frac{x_1+x_2+\cdots+x_n}{n}$。这是均值不等式中最常见的形式，称为算术—几何均值不等式，一般情况说均值不等式就是这个结论，也是199管理类综合能力考试中的一个高频考点。

特别地，对正实数a,b,c，有以下结论：

（1）$\frac{a+b}{2}\geqslant\sqrt{ab}$或$a+b\geqslant2\sqrt{ab}$，当且仅当$a=b$时等号成立。

（2）$a+\frac{1}{a}\geqslant2,\frac{a}{b}+\frac{b}{a}\geqslant2$。

（3）$\frac{a+b+c}{3}\geqslant\sqrt[3]{abc}$或$a+b+c\geqslant3\sqrt[3]{abc}$，当且仅当$a=b=c$时等号成立。特别地，$a^3+b^3+c^3\geqslant3abc$，当且仅当$a=b=c$时等号成立。

对任意实数a,b,c，有以下结论：

（1）$a^2+b^2\geqslant2|ab|\geqslant2ab$。

（2）$a^2+b^2\geqslant\frac{(a+b)^2}{2}\geqslant2ab$。

（3）$a^2+b^2+c^2\geqslant\frac{(a+b+c)^2}{3}$。

三、均值不等式解题方法

均值不等式是重要考点，要记住三个要求：一正二定三相等。常见标准题型有两个：积定的情况下求和的最小值或者和定的情况下求积的最大值。常见方法有以下几种。

（一）公式法

例1 已知直角三角形的两直边之和为8，求其面积的最大值。

解：设一条直角边为x，则另一条边为$8-x$，其面积$s=\frac{1}{2}x(8-x)$。因为$x,8-x$都是正数且其和是定值，故由均值不等式得$s=\frac{1}{2}x(8-x)\leqslant\frac{1}{2}\left(\frac{x+8-x}{2}\right)^2=8$，当且仅当$x=8-x$，即$x=4$时达到最大值。

（二）拆项法

例2（2019–2）设函数$f(x)=2x+\frac{a}{x^2}\ (a>0)$，在$(0,+\infty)$内的最小值$f(x_0)=12$，则$x_0=$（　　）。

（A）5　（B）4　（C）3　（D）2　（E）1

答案：B

解：由题意知$2x,\frac{a}{x^2}$均为正数，又因为$2x\cdot\frac{a}{x^2}=\frac{2a}{x}$与$x$有关，不是常数，故变形为$f(x)=2x+\frac{a}{x^2}=x+x+\frac{a}{x^2}\geqslant3\sqrt[3]{x\cdot x\cdot\frac{a}{x^2}}=3\sqrt[3]{a}$，当且仅当$x=\frac{a}{x^2}$，即$x=\sqrt[3]{a}$时达到最小值$3\sqrt[3]{a}=12$，所以$\sqrt[3]{a}=4$。

（三）凑系数法

例3 若一个矩形的一边与另一边2倍之和为8，求其面积的最大值。

解：设矩形边长分别为x,y，由题意知$y+2x=8$，所以$y=8-2x$，故面积为$s=xy=x(8-2x)$。因为$x+8-2x=8-x$不是定值，故将s变形为$s=x(8-2x)=\frac{1}{2}\cdot2x\cdot(8-2x)\leqslant\frac{1}{2}\cdot\left(\frac{2x+8-2x}{2}\right)^2=8$，当且仅当$2x=8-2x$，即$x=2$时达到最大值。

（四）分离法

例4（2023–13）设x为正实数，则$\frac{x}{8x^3+5x+2}$的最大值为（　　）。

（A）$\frac{1}{15}$　（B）$\frac{1}{11}$　（C）$\frac{1}{9}$　（D）$\frac{1}{6}$　（E）$\frac{1}{5}$

答案：B

解：当分子是多项而分母是一项时，经常倒置处理。将$\frac{x}{8x^3+5x+2}$取倒数得$\frac{8x^3+5x+2}{x}$，再将其分离得$\frac{8x^3+5x+2}{x}=8x^2+5+\frac{2}{x}$，因为$8x^2\cdot\frac{2}{x}$不是定值，故将$\frac{2}{x}$拆分得$8x^2+5+\frac{2}{x}=8x^2+5+\frac{1}{x}+\frac{1}{x}\geqslant 5+3\sqrt[3]{8}=11$，所以$\frac{x}{8x^3+5x+2}\leqslant\frac{1}{11}$，当且仅当$8x^2=\frac{1}{x}$，即$x=\frac{1}{2}$时取到最大值。

（五）换元法

例5 当$x>-1$时求$f(x)=\frac{x^2+5x+6}{x+1}$的最小值。

解1：令$t=x+1$，则$f(x)=\frac{(t-1)^2+5(t-1)+6}{t}=\frac{t^2+3t+2}{t}=t+\frac{2}{t}+3\geqslant 3+2\sqrt{2}$，当且仅当$t=\frac{2}{t}$，即$t=\sqrt{2}$时取到最小值，此时$x=\sqrt{2}-1$。

解2：因为$f(x)$是假分式，故先分离。$f(x)=\frac{x^2+5x+6}{x+1}=\frac{x^2+x+4x+4+2}{x+1}=x+4+\frac{2}{x+1}$，然后再变形为$x+1+\frac{2}{x+1}+3\geqslant 3+2\sqrt{2}$。当且仅当$x+1=\frac{2}{x+1}$时，即$x=\sqrt{2}-1$时等号成立。

（六）整体代换法

若两个正实数的和为定值，求其倒数的最小值，或者倒数和为定值，求其和的最小值，这两种情况常用整体代换法。其形式为：已知$a_1x+b_1y=m$，求$\frac{c_1}{a_2x+d_1}+\frac{c_2}{b_2y+d_2}$的最小值，或者已知$\frac{c_1}{a_2x+d_1}+\frac{c_2}{b_2y+d_2}=n$，求$a_1x+b_1y$的最小值。方便起见，我们称该题型为倒数型。

例6 已知$x>0,y>0$，且$\frac{1}{x}+\frac{4}{y}=1$，求$x+y$的最小值。

解：$x+y=(x+y)\times 1=(x+y)\left(\frac{1}{x}+\frac{4}{y}\right)=1+\frac{4x}{y}+\frac{y}{x}+4\geqslant 5+2\sqrt{4}=9$，当且仅当$\frac{4x}{y}=\frac{y}{x}$，即$y=2x>0$时达到最小值。

例7 已知$x,y\in R^{+}$且$2x+y=2$，求$\dfrac{1}{x-1}+\dfrac{1}{y+1}$的最小值。

解：由 $2x+y=2$ 得 $2(x-1)+(y+1)=2x-2+y+1=1$，故 $\dfrac{1}{x-1}+\dfrac{1}{y+1}=\left(\dfrac{1}{x-1}+\dfrac{1}{y+1}\right)\times\left[2(x-1)+(y+1)\right]=2+\dfrac{y+1}{x-1}+\dfrac{2(x-1)}{y+1}+1\geqslant 3+2\sqrt{2}$，当且仅当 $\dfrac{y+1}{x-1}=\dfrac{2(x-1)}{y+1}$且$2x+y=2$时达到最小值。

题型归纳与方法技巧

题型一：基本型

例1 若$-1<x<1$，则$y=\dfrac{x^{2}-2x+2}{2x-2}$有（　　）。

（A）最大值-1　（B）最小值-1　（C）最大值1　（D）最小值1　（E）以上都不对

答案：A

解：因为$-1<x<1$，所以$-2<x-1<0$，故$0<1-x<2$，所以$y=\dfrac{x^{2}-2x+2}{2x-2}=\dfrac{(x-1)^{2}+1}{2(x-1)}=-\dfrac{1}{2}\left[(1-x)+\dfrac{1}{1-x}\right]\leqslant-\dfrac{1}{2}\cdot 2\sqrt{(1-x)\cdot\dfrac{1}{1-x}}=-1$，当且仅当 $1-x=\dfrac{1}{1-x}$，即$x=0$时，等号成立。

题型二：倒数型

例2 已知正实数a,b满足$2a+b=4$，则$\dfrac{2}{a+2}+\dfrac{2}{b}$的最小值是（　　）。

（A）$\dfrac{9}{4}+\sqrt{2}$　（B）4　（C）$\dfrac{9}{2}$　（D）$\dfrac{3}{4}+\dfrac{\sqrt{2}}{2}$　（E）$\dfrac{9}{2}+\sqrt{2}$

答案：D

解：由 $2a+b=4$ 得 $2(a+2)+b=2a+4+b=8$，所以 $\dfrac{2}{a+2}+\dfrac{2}{b}=\dfrac{4}{2a+4}+\dfrac{2}{b}=\dfrac{1}{8}\cdot\left(\dfrac{4}{2a+4}+\dfrac{2}{b}\right)\cdot 8=\dfrac{1}{8}\cdot\left(\dfrac{4}{2a+4}+\dfrac{2}{b}\right)\cdot\left[(2a+4)+b\right]=\dfrac{1}{8}\left[4+\dfrac{4b}{2a+4}+\dfrac{2(2a+4)}{b}+2\right]\geqslant$

$\frac{1}{8}\left[6+2\sqrt{\frac{4b}{2a+4}\times\frac{2(2a+4)}{b}}\right]=\frac{3+2\sqrt{2}}{4}$，当且仅当$2a+4=\sqrt{2}b$时等号成立。

题型三：恒成立型

例3 已知$x,y>0$且$x+3y=1$，若$\frac{3}{x}+\frac{1}{y}>m^2+2m+4$恒成立，则实数$m$的取值范围是（　　）。

(A) $\{m|-2<m<4\}$　(B) $\{m|-4<m<2\}$　(C) $\{m|m<-4$或$m>2\}$

(D) $\{m|m<-2$或$m>4\}$　(E) 以上都不对

答案：B

解：$\frac{3}{x}+\frac{1}{y}=\left(\frac{3}{x}+\frac{1}{y}\right)(x+3y)=6+\frac{9y}{x}+\frac{x}{y}\geqslant 2\sqrt{\frac{9y}{x}\cdot\frac{x}{y}}+6=12$，当且仅当$\frac{9y}{x}=\frac{x}{y}$，即$x=3y=\frac{1}{2}$时取等号。又因为$\frac{3}{x}+\frac{1}{y}>m^2+2m+4$恒成立，所以$m^2+2m+4<12$，解得$-4<m<2$。

注：令$f(x,y)=\frac{3}{x}+\frac{1}{y}$,$g(m)=m^2+2m+4$，则$f(x,y)>g(m)$，故无论$x,y,m$是多少，$g(m)<f(x,y)$都成立，所以$g(m)$小于$f(x,y)$的最小值。笔者在一次授课时，有位考生说感觉有点儿像“瘦死的骆驼比马大”，这个说法非常形象，我们可将这种题称为“骆驼题”。

例4（2008-10-15）若$y^2-2\left(\sqrt{x}+\frac{1}{\sqrt{x}}\right)y+3<0$对一切正实数$x$恒成立，则$y$的取值范围是（　　）。

(A) $1<y<3$　(B) $2<y<4$　(C) $1<y<4$　(D) $3<y<5$　(E) $2<y<5$

答案：A

解：因为$\sqrt{x}+\frac{1}{\sqrt{x}}\geqslant 2$，所以当$y\leqslant 0$时，$y^2-2\left(\sqrt{x}+\frac{1}{\sqrt{x}}\right)y+3<0$不成立，故$y>0$。两端除以$y$得$y-2\left(\sqrt{x}+\frac{1}{\sqrt{x}}\right)+\frac{3}{y}<0$，再变形为骆驼型，$y+\frac{3}{y}<2\left(\sqrt{x}+\frac{1}{\sqrt{x}}\right)$，又因为$\sqrt{x}+\frac{1}{\sqrt{x}}\geqslant 2$，故$y+\frac{3}{y}<4$，解得$1<y<3$。

题型四：反向型

这种类型的特点是反向使用等号成立的条件，即积定时数据越分散则和越大，反之和定时数据越分散则积越小。

例5　$abcde$的最小值为256。

（1）a,b,c,d,e是大于1的自然数，且$a+b+c+d+e=24$

（2）a,b,c,d,e是大于1的自然数，且$a+b+c+d+e=23$

答案：A

解：由均值不等式知，和定的前提下，当且仅当数字相等时积有最大值，故数据越分散则乘积越小。因为两个条件都是和定，所以当其中4个数字相等且尽可能小的时候，第5个数字尽可能大，产生极端值，因此方差最大，此时数组最分散。

条件（1），因为$a+b+c+d+e=24$，且a,b,c,d,e是大于1的自然数，故当$a=b=c=d=2$，$e=16$时数据最分散，此时$abcde=256$，达到积的最小值。充分。

条件（2），同理可知，当$a=b=c=d=2,e=15$时$abcde=240$，达到积的最小值。不充分。

例6（2009-10）$a+b+c+d+e$的最大值为133。

（1）a,b,c,d,e是大于1的自然数，且$abcde=2700$

（2）a,b,c,d,e是大于1的自然数，且$abcde=2000$

答案：B

解析：由均值不等式知，当积定时数组越分散则和越大。条件（1），易知$2700=2\times2\times3\times3\times75$，故和最大为85，不充分。条件（2），因为$2000=2\times2\times2\times2\times125$，故和最大为133，充分。

第五节　柯西不等式与权方和不等式

一、柯西不等式

柯西不等式是法国数学家柯西（Cauchy Augustin-Louis，1789—1857）在研究数学分析中的“流数”问题时得到的。它的应用范围很广，管综考试偶尔涉及，截至2023年只考过一次，属于极冷僻考点，其二维形式是：

$\forall a,b,c,d \in R$，$(a^2+b^2)(c^2+d^2) \geqslant (ac+bd)^2$，当且仅当$\frac{a}{c}=\frac{b}{d}$时等号成立。

证明：因为$(a^2+b^2)(c^2+d^2)-(ac+bd)^2=a^2c^2+a^2d^2+b^2c^2+b^2d^2-a^2c^2-b^2d^2-2abcd=a^2d^2+b^2c^2-2abcd=(ad-bc)^2 \geqslant 0$，故$(a^2+b^2)(c^2+d^2) \geqslant (ac+bd)^2$，当且仅当$ad=bc$，即$\frac{a}{c}=\frac{b}{d}$时等号成立。

例1（2011-1-22）已知实数a,b,c,d满足$a^2+b^2=1,c^2+d^2=1$，则$|ac+bd|<1$。

（1）直线$ax+by=1$与$cx+dy=1$仅有一个交点

（2）$a \neq c$，$b \neq d$

答案：A

解：条件（1），因为$a^2+b^2=1,c^2+d^2=1$，由柯西不等式知$(a^2+b^2)(c^2+d^2) \geqslant (ac+bd)^2$，当且仅当$\frac{a}{c}=\frac{b}{d}$时等号成立。因为直线$ax+by=1$与$cx+dy=1$仅有一个交点，说明$\frac{a}{c} \neq \frac{b}{d}$，故等号不成立，所以$1=(a^2+b^2)(c^2+d^2)>(ac+bd)^2$，即$|ac+bd|<1$，充分。

条件（2），令$a=b=\frac{\sqrt{2}}{2},c=d=-\frac{\sqrt{2}}{2}$，则$ac+bd=-1$，构成反例，不充分。

例2 设$a,b \in R^+,a+b=12$，则$\sqrt{a^2+4}+\sqrt{b^2+9}$的最小值为（　　）。

（A）$\sqrt{10}$　（B）$\sqrt{13}$　（C）13　（D）$2\sqrt{13}$　（E）36

答案：C

解1：设$x=\sqrt{a^2+4}+\sqrt{b^2+9}$，则$x^2=a^2+4+b^2+9+2\sqrt{(a^2+4)(b^2+9)}=(a+b)^2-2ab+13+2\sqrt{(a^2+4)(b^2+9)}=157-2ab+2\sqrt{(a^2+4)(b^2+9)}$，由柯西不等式知$(a^2+4)(b^2+9)=(a^2+2^2)(b^2+3^2) \geqslant (ab+6)^2$，所以$x^2 \geqslant 157-2ab+2(ab+6)=169$，所以$x \geqslant 13$。

解2：几何法。如图1-10所示，$AD \perp AB,BC \perp AB,AB=12,AD=2,BC=3$。令$AE'=a$，则$\sqrt{a^2+4}=DE',\sqrt{b^2+9}=CE'$，于是当且仅当$C$、$D$、$E'$共线，即$E=E'$时，$DE+CD$最小，最小值为$DC$。否则，$DE'+CE'>DC$。易知$DC^2=12^2+5^2$，所以$DC=13$。

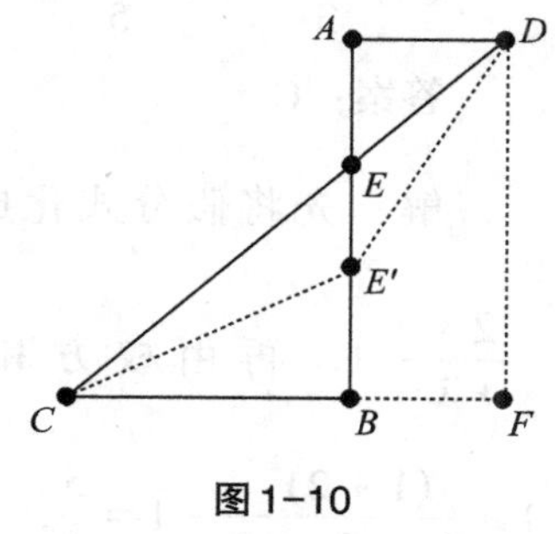

图1-10

二、权方和不等式

权方和不等式并非必须掌握，该知识点建议考生根据个人情况选修。在考试中它是对均值不等式的补充，能快速求倒数型最值问题，它的二维形式为：已知$a,b,x,y>0$，则$\frac{x^2}{a}+\frac{y^2}{b}\geqslant\frac{(x+y)^2}{a+b}$，当且仅当$\frac{x}{a}=\frac{y}{b}$时等号成立。

证明：因为$(a+b)\left(\frac{x^2}{a}+\frac{y^2}{b}\right)=x^2+\frac{ay^2}{b}+\frac{bx^2}{a}+y^2$，由均值不等式得，$x^2+\frac{ay^2}{b}+\frac{bx^2}{a}+y^2\geqslant x^2+y^2+2\sqrt{\frac{ay^2}{b}\cdot\frac{bx^2}{a}}=(x+y)^2$，故$\frac{x^2}{a}+\frac{y^2}{b}\geqslant\frac{(x+y)^2}{a+b}$。当且仅当$\frac{ay^2}{b}=\frac{bx^2}{a}$，即$\frac{x}{a}=\frac{y}{b}$时，等号成立。

例3　已知$x,y\in R^+$，且$\frac{1}{x}+\frac{1}{y}=1$，则$x+2y$的最小值为（　　）。

（A）$2+\sqrt{3}$　（B）$3+\sqrt{2}$　（C）$3+2\sqrt{2}$　（D）$2+3\sqrt{3}$　（E）7

答案：C

解1：$x+2y=(x+2y)\left(\frac{1}{x}+\frac{1}{y}\right)=1+\frac{x}{y}+\frac{2y}{x}+2\geqslant3+2\sqrt{\frac{x}{y}\cdot\frac{2y}{x}}=3+2\sqrt{2}$，当且仅当$\frac{x}{y}=\frac{2y}{x}$时等号成立。

解2：$1=\frac{1}{x}+\frac{1}{y}=\frac{1^2}{x}+\frac{(\sqrt{2})^2}{2y}\geqslant\frac{(1+\sqrt{2})^2}{x+2y}$，故$x+2y\geqslant(1+\sqrt{2})^2=3+2\sqrt{2}$，当且仅当$\frac{1}{x}=\frac{\sqrt{2}}{2y},\frac{1}{x}+\frac{1}{y}=1$即$x=1+\sqrt{2},y=1+\frac{\sqrt{2}}{2}$时取得最小值$3+2\sqrt{2}$。

例4　已知$x+y=1,y>0,x>0$，则$\frac{1}{2x}+\frac{x}{y+1}$的最小值为（　　）。

（A）$\frac{2}{3}$　（B）$\frac{4}{5}$　（C）$\frac{5}{4}$　（D）3　（E）4

答案：C

解：先将假分式化成真分式得$\frac{1}{2x}+\frac{x}{y+1}=\frac{1}{2x}+\frac{1-y}{y+1}=\frac{1}{2x}+\frac{-1-y+2}{y+1}=\frac{1}{2x}+\frac{2}{y+1}-1$，再由权方和不等式得$\frac{1}{2x}+\frac{2}{y+1}-1=\frac{1}{2x}+\frac{4}{2y+2}-1=\frac{1^2}{2x}+\frac{2^2}{2y+2}-1\geqslant\frac{(1+2)^2}{2x+2y+2}-1=\frac{5}{4}$，当且仅当$\frac{1}{2x}=\frac{1}{y+1},x+y=1$时等号成立，故$\frac{1}{2x}+\frac{x}{y+1}$最小值为$\frac{5}{4}$。

第六节 基础通关

1.下列命题正确的有（　　）个。

（1）有理数可分为正有理数和负有理数两类

（2）有限小数都是有理数，无限小数都是无理数

（3）面积为0.9的正方形的边长是有理数

（4）分数中有有理数，也有无理数，如$\frac{11}{17}$就是无理数

（A）0　（B）1　（C）2　（D）3　（E）4

答案：A

解：有理数包括0，0没有符号，命题（1）错误；无限循环小数是有理数，命题（2）错误；$\sqrt{0.9}=\frac{3\sqrt{10}}{10}$是无理数；$\frac{11}{17}$是分数，它是有理数。

2.$\frac{2016\times75\%}{2015^2-2014\times2016}=$（　　）。

（A）1510　（B）1511　（C）1512　（D）1513　（E）1514

答案：C

解：$2016\times75\%=2016\times\frac{3}{4}=\frac{2016}{4}\times3=504\times3=1512$，由平方差公式得$2015^2-2014\times2016=2015^2-(2015-1)(2015+1)=1$，所以$\frac{2016\times75\%}{2015^2-2014\times2016}=1512$。

3.设$4-\sqrt{2}$的整数部分为a，小整数部分为b，则$a-\frac{1}{b}$的值为（　　）。

（A）$-\sqrt{2}$　（B）$\sqrt{2}$　（C）$1+\frac{\sqrt{2}}{2}$　（D）$1-\frac{\sqrt{2}}{2}$　（E）以上都不对

答案：D

解：因为$1<\sqrt{2}<2$，所以$4-\sqrt{2}$的整数部分为$a=2$，小数部分$b=4-\sqrt{2}-2=2-\sqrt{2}$，所以$a-\frac{1}{b}=2-\frac{1}{2-\sqrt{2}}=2-\frac{2+\sqrt{2}}{2}=1-\frac{\sqrt{2}}{2}$。

4.将数字颠倒后所得的数比原数大18的两位数有（　　）个。

（A）5　（B）6　（C）7　（D）8　（E）9

答案：C

解：设$n = \overline{ab} = 10a + b$，将其颠倒后得$m = \overline{ba} = 10b + a$，故$10b + a = 10a + b + 18$，所以$b - a = 2$，枚举可知有7个。

5.设$x*y = ax + xy$，若$1*2 = 2*3$，则$3*4 =$（　　）。

（A）−1　（B）0　（C）1　（D）2　（E）3

答案：B

解：因为$x*y = ax + xy = x\cdot(a + y)$，所以$1*2 = 1\cdot(a + 2)$，$2*3 = 2\cdot(a + 3)$，所以$a + 2 = 2\cdot(a + 3)$，解得$a =- 4$，所以$3*4 = 3(- 4 + 4) = 0$。

6.已知p,q都是质数，以x为未知数的方程$px^2 + 5q = 97$的根是1，则$40p + 101q + 24=$（　　）。

（A）2023　（B）2024　（C）2025　（D）2026　（E）2027

答案：A

解：将$x = 1$代入方程得$p + 5q = 97$，因为97是奇数，所以p,q并非都是奇数，所以p,q之一为偶数，故p,q之一为2。设$q = 2$，则$p = 87$是合数，矛盾，所以$p = 2$，解得$q = 19$，从而$40p + 101q + 24 = 2023$。

7.一个两位质数，将它的十位数字与个位数字对调后仍是一个两位质数，我们称它为“无暇质数”，则50以内的所有“无暇质数”之和等于（　　）。

（A）87　（B）89　（C）99　（D）109　（E）119

答案：D

解：枚举可知50以内的两位无暇质数是11，13，17，31，37，其和为109。

8.质数$n = ab$，其中a和b为正整数，则$a + b$不可能是下列（　　）项。

（A）8　（B）12　（C）16　（D）18　（E）208

答案：C

解：因为n是质数，所以$n = 1\cdot n$，故$a + b = 1 + n$，若$a + b = 16$，则$n = 15$，与n为质数矛盾。

9.一个自然数被2除余1，被3除余2，被5除余4，满足此条件的介于100~200的自然数有（　　）个。

（A）2　（B）3　（C）4　（D）5　（E）6

答案：B

解：这是差同问题，所以该数为$n = [2,3,5]k - 1 = 30k - 1$，由$100 \leqslant 30k - 1 \leqslant 200$得$k = 4,5,6$，共有3个。

10.教师节那天，某校工会买了320个苹果、240个橘子、200个鸭梨，用来慰问退休的教职工，用这些果品分成同样的礼物，则每份礼物最少有（　）个水果。

（A）40　（B）32　（C）26　（D）19　（E）12

答案：D

解：假设每份礼物中分别有苹果、橘子、鸭梨x,y,z个，共分成n份，则$nx=320$，$ny=240$，$nz=200$，所以n是320、240、200的公约数，所以n的最大值是$(320,240,200)=40$。因此每份水果最少有$(320+240+200)\div 40=19$个。

11.三根铁丝，长度分别是120厘米、180厘米、300厘米，现在要把它们截成相等的小段，每段都不能有剩余，那么最少可截成（　）段。

（A）8　（B）9　（C）10　（D）11　（E）12

答案：C

解：由题意知，每小段的长度是$(120,180,300)=60$，所以至少可以截成$2+3+5=10$段。

12.已知$\frac{x}{3}=\frac{y}{4}=\frac{z}{5},x+y+z=48$那么$x=$（　）。

（A）12　（B）16　（C）20　（D）24　（E）28

答案：A

解：设$\frac{x}{3}=\frac{y}{4}=\frac{z}{5}=k$，则$x=3k,y=4k,z=5k$，$x:y:z=3:4:5$，所以$x=\frac{3}{3+4+5}\times(x+y+z)=12$。

13.若$a:b=\frac{1}{3}:\frac{1}{4}$，则$\frac{12a+16b}{12a-8b}=$（　）。

（A）2　（B）3　（C）4　（D）−3　（E）−2

答案：C

解：令$a=4,b=3$代入即可。

14.某公司生产的一批产品中，一级品与二级品比是5∶2，二级品与次品的比是5∶1，则该批产品的次品率为（　）。

（A）5%　（B）5.4%　（C）4.6%　（D）4.2%　（E）3.8%

答案：B

解：一级品∶二级品∶次品$=25:10:2$，故次品率$=\frac{2}{25+10+2}\approx 5.4\%$。

15.三位运动员跨台阶，台阶总数正在100~150，第一位运动员每次跨3个台阶，最后还剩2个台阶，第二位运动员每次跨4个台阶，最后一步还剩3个台阶，第三位运动员每次跨5个台阶，最后一步还剩4个台阶。则这些台阶总共有（　　）级。

（A）119　（B）121　（C）129　（D）131　（E）145

答案：A

解：这是差同问题，所以台阶数$n=[3,4,5]m-1=60m-1$，又因为$100\leqslant n=60m-1\leqslant 150$，所以$m=2,n=119$。

16.三位数$\overline{bcd}$是4的倍数。

（1）四位数$\overline{abcd}$是8的倍数　（2）$b+c+d$是4的倍数

答案：A

解：条件（1），因为四位数$\overline{abcd}$是8的倍数，所以$\overline{bcd}$是8的倍数，也是4的倍数，充分。条件（2），211即是反例。不充分。

17.a和b都是正整数，则a是偶数。

（1）ab是偶数　（2）$(a-5)(b+8)$是奇数

答案：B

解：条件（1），$a=2,b=1$构成反例，不充分。条件（2），$(a-5)(b+8)$是奇数，所以$a-5$是奇数，所以a是偶数。

18.能确定$\frac{2n}{5}$是整数。

（1）$m=\sqrt{5}+2,m+\frac{1}{m}$的整数部分是$n$　（2）n为整数，且$\frac{13n}{10}$是整数

答案：D

解：条件（1），$m+\frac{1}{m}=\sqrt{5}+2+\frac{1}{\sqrt{5}+2}=\sqrt{5}+2+\sqrt{5}-2=2\sqrt{5}$，因为$4<2\sqrt{5}<6$，所以其整数部分$n=5$，所以$\frac{2n}{5}$是整数，充分。条件（2），因为$n$为整数，且$\frac{13n}{10}$是整数，又因为$(10,13)=1$，所以$10|n$，所以所以$\frac{2n}{5}$是整数，充分。

19.整数x的个位数不是1，可以确定x的个位数字。

（1）x^2的个位数是1　（2）x^3的个位与x的个位相同

答案：A

解：条件（1），因为整数x的个位数不是1，且x^2的个位数是1，所以x的个位数是

9。条件（2），如果x的个位数是5或6，则x^3的个位与x的个位相同，不充分。

20. $f(x)$的最小值是3。

（1）$f(x)=|x-2|+|x-1|+|x-3|$

（2）$f(x)=|2x-6|-|x-1|-|2-x|$

答案：E

解：条件（1），$f(x)$的中间0点是2，故最小值是$f(2)=2$。条件（2），由三步作图法知其图像如图1-11所示，故最小值为-3。

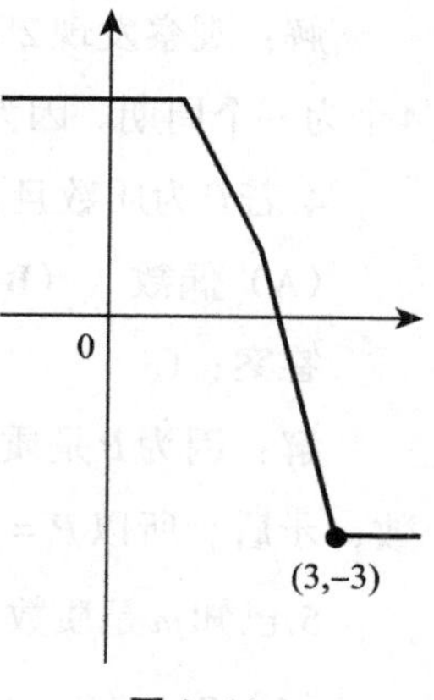

图1-11

第七节 高分突破

1. 我们把形如$a\sqrt{x}+b$（a,b为有理数，$\sqrt{x}$为最简二次根式）的数叫作$\sqrt{x}$型无理数，如$3\sqrt{3}+1$是$\sqrt{3}$型无理数，则$\left(\sqrt{3}+\sqrt{15}\right)^2$是（　　）。

（A）$\sqrt{3}$型无理数　　（B）$\sqrt{5}$型无理数　　（C）$\sqrt{15}$型无理数

（D）$\sqrt{45}$型无理数　　（E）$3\sqrt{5}$型无理数

答案：B

解：$\left(\sqrt{3}+\sqrt{15}\right)^2=3+15+6\sqrt{5}=18+6\sqrt{5}$，是$\sqrt{5}$型无理数。

2. 若直角三角形的三边a,b,c满足$a^2-2ab+b^2+\sqrt{2a^2-c^2}=0$，那么这个三角形是（　　）。

（A）等边三角形　（B）有一角是36°的等腰三角形　（C）等腰直角三角形

（D）有一个角是30°的直角三角形　（E）以上都不对

答案：C

解：因为$a^2-2ab+b^2+\sqrt{2a^2-c^2}=(a-b)^2+\sqrt{2a^2-c^2}=0$，所以$a-b=0,2a^2-c^2=0$，解得$a=b,c=\sqrt{2}a$，所这个三角形是等腰直角三角形。

3. 2^{2021}的个位数字是（　　）。

（A）2　（B）4　（C）6　（D）8　（E）9

答案：A

解：观察发现2^1、2^2、2^3、2^4、2^5…的个位数字分别为2、4、8、6、2、4、8、6…，每4个为一个周期。因为$2021\div4=505\cdots\cdots1$，所以$2^{2021}$个位数与$2^1$个位数相同，所以是2。

4.若P为质数且P^3+3也是质数，则P^2+1是（　　）。

（A）偶数　（B）合数　（C）质数　（D）3的倍数　（E）不能确定

答案：C

解：因为P是质数，若$P\neq2$，则P是奇数，故$P^3+3>3$且为偶数，从而P^3+3是合数，矛盾。所以$P=2$，故$P^2+1=2^2+1=5$。

5.已知m是质数，x、y均为整数，则方程$|x+y|+\sqrt{x-y}=m$的解的个数是（　　）。

（A）2（B）4　（C）5　（D）6　（E）无数个

答案：C

解：因为$|x+y|$和m是整数，所以$\sqrt{x-y}=m-|x+y|$是整数，又因为$x+y$与$x-y$的奇偶性相同，所以m是偶数，又因为m是质数，所以$m=2$。而$2=0+2=1+1=2+0$，故有$\begin{cases}x+y=0\\x-y=4\end{cases}$，$\begin{cases}x+y=1\\x-y=1\end{cases}$，$\begin{cases}x+y=-1\\x-y=1\end{cases}$，$\begin{cases}x+y=2\\x-y=0\end{cases}$，$\begin{cases}x+y=-2\\x-y=0\end{cases}$共5种情况，易知这5个方程组均有整数解，所以有5组解。

6.若不等式$|x+3|-|x-6|>a$有解，则a的取值范围是（　　）。

（A）$a>-9$　（B）$a\leqslant-9$　（C）$a\leqslant9$　（D）$a<9$　（E）$a>9$

答案：D

解：令$f(x)=|x+3|-|x-6|$，由于$|x+3|-|x-6|>a$有解，所以只要a小于$f(x)$的最大值即可，由三步做图法知$-9\leqslant f(x)\leqslant9$，所以$a<9$。

7.$|x+1|+|x-2|+|x-3|\geqslant s$恒成立，则$s$的取值范围是（　　）。

（A）$s\leqslant4$　（B）$s\leqslant5$　（C）$s<4$　（D）$s<5$　（E）$s\leqslant3$

答案：A

解：令$f(x)=|x-a_1|+|x-a_2|+\cdots+|x-a_n|$，其中$a_1\leqslant a_2\leqslant a_3\leqslant\cdots\leqslant a_n$，当$n$是奇数时，在$x=a_{\frac{n+1}{2}}$时，$f(x)$取到最小值；当$n$是偶数时，在$a_{\frac{n}{2}}\leqslant x\leqslant a_{\frac{n+2}{2}}$时，$f(x)$取到最小值。故$x=2$时，$f(x)$的最小值为4，所以$s\leqslant4$。

8.$a,b\in R$，若$|a|+|b|+|a-1|+|b-1|\leqslant2$，则$a+b$的取值范围为（　　）。

（A）$(1,2]$　（B）$[1,2]$　（C）$[0,2)$　（D）$(0,2]$　（E）$[0,2]$

答案：E

解1：由三角不等式知$|a|+|a-1|\geqslant 1$，当且仅当$0\leqslant a\leqslant 1$时$|a|+|a-1|=1$，$|b|+|b-1|\geqslant 1$，当且仅当$0\leqslant b\leqslant 1$时$|b|+|b-1|=1$，所以$|a|+|b|+|a-1|+|b-1|\geqslant 2$，又因为$|a|+|b|+|a-1|+|b-1|\leqslant 2$，所以$|a|+|b|+|a-1|+|b-1|=2$，此时，$0\leqslant a\leqslant 1,0\leqslant b\leqslant 1$，所以$0\leqslant a+b\leqslant 2$。

解2：观察可知当$a=b=0$或$a=b=1$时均成立，结合答案知$0\leqslant a+b\leqslant 2$。

9.已知$y=y_1-y_2$，且y_1与$\frac{1}{2x^2}$成反比例，y_2与$\frac{3}{x+2}$成正比例。当$x=0$时，$y=-3$，又当$x=1$时，$y=1$，那么y关于x的函数是（ ）。

（A）$y=\frac{3x^2}{2}-\frac{6}{x+2}$ （B）$y=3x^2-\frac{6}{x+2}$ （C）$y=3x^2+\frac{6}{x+2}$

（D）$y=-\frac{3x^2}{2}+\frac{3}{x+2}$ （E）$y=-3x^2-\frac{6}{x+2}$

答案：B

解：设$y_1=\frac{k_1}{\frac{1}{2x^2}}=2k_1x^2,y_2=\frac{3k_2}{x+2}$，所以$y=2k_1x^2-\frac{3k_2}{x+2}$，将$(0,-3)$、$(1,1)$代入$y$的表达式得$\begin{cases}-3=-\frac{3}{2}k_2\\1=2k_1-k_2\end{cases}$，解得$k_1=\frac{3}{2},k_2=2$，故$y=3x^2-\frac{6}{x+2}$。

10.对于一个不小于2的自然数n，关于x的一元二次方程$x^2-(n+2)x-2n^2=0$的两个根记作a_n，$b_n(n\geqslant 2)$，则$\frac{1}{(a_2-2)(b_2-2)}+\frac{1}{(a_3-2)(b_3-2)}+\cdots+\frac{1}{(a_{2024}-2)(b_{2024}-2)}=$（ ）。

（A）$-\frac{1}{2}\times\frac{2023}{2024}$ （B）$\frac{1}{2}\times\frac{2023}{2024}$ （C）$-\frac{1}{2}\times\frac{2023}{2025}$

（D）$\frac{1}{2}\times\frac{2023}{2025}$ （E）$-\frac{1}{4}\times\frac{2023}{2025}$

答案：E

解：由韦达定理知$\begin{cases}a_n+b_n=n+2\\a_nb_n=-2n^2\end{cases}$，所以$\frac{1}{(a_n-2)(b_n-2)}=\frac{1}{a_nb_n-2(a_n+b_n)+4}=\frac{1}{-2n^2-2(n+2)+4}=-\frac{1}{2n(n+1)}=-\frac{1}{2}\left(\frac{1}{n}-\frac{1}{n+1}\right)$，所以原式$=-\frac{1}{2}\left[\left(\frac{1}{2}-\frac{1}{3}\right)+\left(\frac{1}{3}-\frac{1}{4}\right)+\cdots+\left(\frac{1}{2024}-\frac{1}{2025}\right)\right]=-\frac{1}{2}\left(\frac{1}{2}-\frac{1}{2025}\right)=-\frac{1}{4}\times\frac{2023}{2025}$。

11. 甲、乙、丙三个人在操场跑道上步行，甲每分钟走80米，乙每分钟走120米，丙每分钟走70米。已知操场跑道周长为400米，如果三个人同时同向从同一地点出发，则（　　）分钟后，三个人可以首次相遇。

（A）30　（B）40　（C）48　（D）84　（E）96

答案：B

解1：由题意知甲、乙、丙相遇时他们两两路程之差恰是400米的倍数，甲和乙每分钟差40米，至少需要10分钟才相遇；同理乙丙每分钟相差50米，至少需要8分钟才相遇，甲丙每分钟相差10米，至少需要40分钟才能相遇。所以要想三人同时相遇，所需的时间为10，8，40的公倍数，因为$[10,8,40]=40$，所以三人相遇至少需要40分钟。

解2：甲乙丙的速度之比为8 ∶ 12 ∶ 7，所以当乙走12圈时，甲走了8圈，丙走了7圈，此时甲比丙刚好多走一圈，因此甲丙相遇，乙比甲多走4圈，比丙多走5圈，也跟甲丙相遇，所以所需时间为$\frac{12\times400}{120}=40$分钟。

12. 某公司把20个平板和25部手机作为年终奖品平均分发给销售部的员工，分完后平板剩下2个，而手机还缺2个，则销售部最多有（　　）个员工。

（A）3　（B）5　（C）8　（D）9　（E）11

答案：D

解：设销售部有x名员工，每人分m个平板n部手机，则$20-2=mx, 25+2=nx$，所以x是18和27的公约数，因为$(18,27)=9$，所以$x\leqslant9$，故最多9个员工。

13. 如图1-12所示，一只电子跳蚤在一个圆标有数字的五个点上跳跃。若它停在奇数点上时，则下一次沿顺时针方向跳两个点；若停在偶数点上时，则下一次沿逆时针方向跳一个点。若这只跳蚤从1点开始跳，则经过2021次跳跃后它所停在的点对应的数为（　　）。

（A）1　（B）2　（C）3　（D）4　（E）5

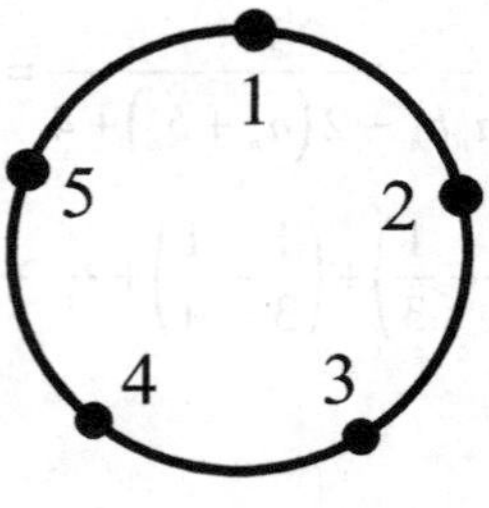

答案：C

解：这只跳蚤从1点开始跳，按照规则沿顺时针方向跳2个点，第1次停在3点，同理第2次停在5点，第3次停在2点，第4次停在1点；之后重复该过程，可见每跳4次又回到表示起点。因为$2021=505\times4+1$，所以经过2021次跳跃后它所停在的位置与第一次跳之后停在的位置相同，即停在3点。

图1-12

14. 已知$x>0$，函数$y=\frac{2}{x}+3x^2$的最小值是（　　）。

（A）$2\sqrt{6}$　（B）$3\sqrt[3]{3}$　（C）$4\sqrt{2}$　（D）6　（E）$6\sqrt{2}$

答案：B

解：$y=\frac{2}{x}+3x^2=\frac{1}{x}+\frac{1}{x}+3x^2\geqslant 3\sqrt[3]{\frac{1}{x}\cdot\frac{1}{x}\cdot 3x^2}=3\sqrt[3]{3}$，当且仅当$\frac{1}{x}=3x^2$时等号成立。

15. 水池中插了甲、乙、丙三根竖直的柱子，刚开始甲、乙、丙三根柱子露在水面上的部分长度之比为5∶8∶9，水面上升一定高度后，甲、乙两根柱子水面上长度之比变为3∶5，如果水面再上升相同的高度，三根柱子水面上长度之比变为（　　）。

（A）4∶6∶7　（B）4∶7∶8　（C）4∶7∶9　（D）3∶5∶9　（E）3∶6∶7

答案：B

解：设开始甲乙丙露出水面部分的长度分别为$5x$、$8x$、$9x$，第一次水面上升了y，则$\frac{5x-y}{8x-y}=\frac{3}{5}$，解得$y=\frac{1}{2}x$。所以水面在上升相同高度之后，甲乙丙露出水面部分的长度分别为$4x$、$7x$、$8x$，故长度之比为4∶7∶8。

16. 若方程$|x+1|+|x+2|+|x+3|=C$恰有两个实数解，则实数C的取值范围为（　　）。

（A）$C\geqslant 2$　（B）$C\leqslant 2$　（C）$C>2$　（D）$C<2$　（E）以上答案均不正确

答案：C

解：由三步绘图法知$f(x)=|x+1|+|x+2|+|x+3|$的图像是铅笔头型，如图1-13所示。

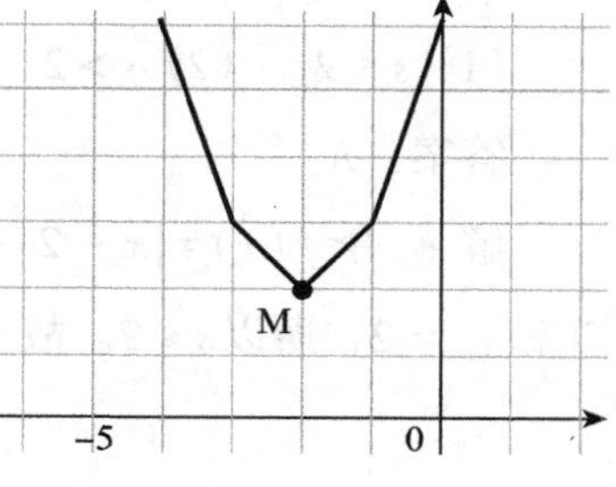

图1-13

可见，$f(x)$的最小值是2，所以当$C<2$时无解，当$C=2$时有唯一解，当$C>2$时有两个解。

注：图像法是解决绝对值和差函数的最值问题或者解的存在性、唯一性等问题的高效的方法。

17. 若$|x+1|+|2x-a|\geqslant -y^2+2y+2$（$a>0$），对于任意的$x,y\in R$恒成立，则实数$a$的取值范围是（　　）。

（A）$[4,+\infty]$　（B）$[-4,+\infty]$　（C）$(4,+\infty)$　（D）$[2,+\infty]$　（E）$(2,+\infty)$

答案：A

解：设$f(x)=|x+1|+|2x-a|,g(y)=-y^2+2y+2$，因为$f(x)\geqslant g(y)$对于任意的

$x,y\in R$恒成立，所以$f(x)$的最小值不小于$g(y)$的最大值。因为$g(y)=-y^2+2y+2=-(y-1)^2+3\leqslant 3$，所以$g(y)$的最大值是3，所以$f(x)$的最小值不小于3。因为$f(x)$的图像是开口向上的斜底锅，所以最小值一定在$x$的系数大的0点处达到，即$f(x)$的最小值是$f\left(\frac{a}{2}\right)$，故$f\left(\frac{a}{2}\right)\geqslant 3$，所以$f\left(\frac{a}{2}\right)=\left|\frac{a}{2}+1\right|=\frac{a}{2}+1\geqslant 3$，解得$a\geqslant 4$。

18. 函数$y=\sqrt{12-2x}+\sqrt{x-1}$的最大值为（　　）。

（A）$2\sqrt{3}$　（B）$3\sqrt{2}$　（C）$\sqrt{15}$　（D）5　（E）11

答案：C

解：函数$y=\sqrt{12-2x}+\sqrt{x-1}$的自变量$x$的取值范围为$1\leqslant x\leqslant 6$，平方并结合柯西不等式得 $y^2=\left(\sqrt{12-2x}+\sqrt{x-1}\right)^2=\left(\sqrt{2}\times\sqrt{6-x}+1\times\sqrt{x-1}\right)^2\leqslant\left(\sqrt{2}^2+1^2\right)\left(\sqrt{6-x}^2+\sqrt{x-1}^2\right)=15$。所以$y\leqslant\sqrt{15}$，当且仅当$\sqrt{2}\times\sqrt{x-1}=1\times\sqrt{6-x}$，即$x=\frac{8}{3}$时等号成立。

19. 能确定整数m的值。

（1）m加6之后为完全平方数　（2）m减5之后为完全平方数

答案：C

解1：显然单独均不充分，联合考察，枚举可知，当$m=30$时满足要求。

解2：设$\begin{cases}m+6=a^2\\m-5=b^2\end{cases}$，两式相减得$a^2-b^2=(a+b)(a-b)=11$，所以$\begin{cases}a-b=1\\a+b=11\end{cases}$，解得$a=6$，所以$m=30$。

20. 不等式$|x-2|+|4-x|<s$无解。

（1）$s\leqslant 2$　（2）$s>2$

答案：A

解：令$f(x)=|x-2|+|4-x|$，由于$f(x)\geqslant s$恒成立，故$f(x)_{\min}\geqslant s$，又因为$f(x)_{\min}=2$，所以$s\leqslant 2$。故条件（1）充分，条件（2）不充分。

第二章　代数式与函数

第一节　整　　式

一、整式的概念

（一）单项式

由数字或字母乘积组成的式子叫单项式，如$5a^2bc^3$是单项式，其中常数5被称为单项式的系数，所有字母的次数之和被称为这个单项式的次数，$5a^2bc^3$是6次单项式。根据定义，单个数字或字母也是单项式，如3、a、π都是单项式。

（二）多项式

由若干个单项式相加减组成的式子叫作多项式，多项式中的每个单项式叫作多项式的项，不含字母的项叫作常数项。每个项都有自己的次数，常数项是0次的，最高项的次数，叫作这个多项式的次数。多项式的每个项都有系数，但是多项式没有系数。例如，$a^3+3a^2b+3ab^2+b^3+3$是三次五项式，其中除常数项外，每项都是3次的。

（三）一元多项式

只有一个字母的多项式被称为一元多项式，如$a_0x^n+a_1x^{n-1}+\cdots+a_{n-1}x+a_n$，当$a_0\neq 0$时，它是关于$x$的一元$n$次多项式。

关于x的一元n次多项式是一元函数，常用$f(x),g(x),h(x)$表示。例如，$f(x)=x^2-3x+2$是一元二次多项式，$g(x)=x^5-1$是一元五次多项式。系数全为0的多项式被称为零多项式，记为$f(x)\equiv 0$，零多项式不规定次数。两个多项式相等的充分必要条件是对应项的系数相等。

（四）多元多项式

含有两个或两个以上变量的多项式被称为多元多项式，各个项的最高次数被称为该多元多项式的次数。例如，$f(x,y)=x^2+6xy+10y^2+2y+3$是二元二次五项式。

（五）整式与代数式

单项式和多项式统称为整式。由数或者表示数的字母经过有限次的代数运算得到的式子叫代数式，其中代数运算是指加、减、乘、除、乘方和开方这六种。例如，$a-\frac{1}{b}+\sqrt{c}+x^2-6$是代数式。显然整式一定是代数式，但代数式不一定是整式。

二、整式的运算

（一）整式相等

如果两个整式对应项的次数和系数都相等，则称这两个整式相等。例如，$ax^2y+3xy^3+b=3x^2y+cxy^3+6$，则$a=3,b=6,c=3$。

例1 已知$a(x^2+x-c)+b(2x^2-x-2)=7x^2+4x+3$，求$a$、$b$、$c$的值。

解：因为$a(x^2+x-c)+b(2x^2-x-2)=7x^2+4x+3$，所以$(a+2b)x^2+(a-b)x-(ac+2b)=7x^2+4x+3$，所以$a+2b=7,a-b=4,-(ac+2b)=3$，解得$a=5,b=1,c=-1$。

（二）整式的加减

几个整式相加减，有括号的先去括号，然后合并同类项。同类项是指字母和系数相同的项。例如，如果$3a^3b$与$2a^mb$是同类项，那么$m=3$。

（三）整式乘法

单项式乘以单项式时，系数与系数相乘做系数，同底数的幂相乘，底数不变指数相加。例如：$3a^2b\cdot 2ab^3=6a^3b^4$。

单项式与多项式相乘时，单项式乘以多项式的每一项。例如，$2a^2(3ab+2b^2)=6a^3b+4a^2b^2$。

多项式乘以多项式时，用一个多项式的每一项乘以另一个多项式中的每一项，然后合并同类项。例如，$(2a+3b)(3a-2b)=6a^2-4ab+9ab-6b^2=6a^2+5ab-6b^2$。

例2 对于任何实数a,b,c,d，我们规定$\begin{vmatrix} a & b \\ c & d \end{vmatrix} = ad - bc$，请按照这个规定计算：当$x^2 - 3x + 1 = 0$时，$\begin{vmatrix} x+1 & 3x \\ x-2 & x-1 \end{vmatrix}$的值。

解：$\begin{vmatrix} x+1 & 3x \\ x-2 & x-1 \end{vmatrix} = (x+1)(x-1) - 3x(x-2) = x^2 - 1 - 3x^2 + 6x = -2x^2 + 6x - 1$，因为$x^2 - 3x + 1 = 0$，所以$x^2 - 3x = -1$，所以$-2x^2 + 6x - 1 = -2(x^2 - 3x) - 1 = 1$。

由整式乘法得以下常用基本公式：

平方差公式：$(a+b)(a-b) = a^2 - b^2$；

完全平方公式：$(a \pm b)^2 = a^2 \pm 2ab + b^2$；

完全立方公式：$(a+b)^3 = a^3 + 3a^2b + 3ab^2 + b^3$，$(a-b)^3 = a^3 - 3a^2b + 3ab^2 - b^3$；

立方和公式：$a^3 + b^3 = (a+b)(a^2 - ab + b^2)$，特别地，$a^3 + 1 = (a+1)(a^2 - a + 1)$；

立方差公式：$a^3 - b^3 = (a-b)(a^2 + ab + b^2)$，特别地，$a^3 - 1 = (a-1)(a^2 + a + 1)$；

一般地，$a^n - b^n = (a-b)(a^{n-1} + a^{n-2}b + \cdots + ab^{n-2} + b^{n-1})$。

（四）整式的除法

单项式除以单项式，则系数相除做系数，同底数幂相除，底数不变指数相减。例如，$\frac{6a^2bc^3}{3abc^4} = \frac{2a}{c}$。

定理1：任意两个非零多项式$f(x)$，$g(x)$且$f(x)$的次数不小于$g(x)$的次数，则必存在$q(x)$和$r(x)$使得$f(x) = q(x)g(x) + r(x)$成立，其中$r(x)$为零多项式或者次数比$g(x)$低。这时$q(x)$称为$f(x)$除以$g(x)$的商式，$r(x)$称为$f(x)$除以$g(x)$的余式，或$q(x)$称为$g(x)$除$f(x)$的商式，$r(x)$称为$g(x)$除$f(x)$的余式，而且$q(x)$和$r(x)$是唯一的。特别地，当$r(x) = 0$时，$f(x) = q(x)g(x)$，则$f(x)$能被$g(x)$整除，记为$g(x) \mid f(x)$，否则记为$g(x) \nmid f(x)$。

求多项式$f(x)$除以$g(x)$的商式和余式的运算叫作带余除法。

例3 求$(2x^4 + 3x^3 + 4x^2 + x - 2) \div (x^2 - x + 1)$的商式和余式。

解：因为被除式是4次式，除式是2次式，所以商式是2次式，余式为1次或0次，故设$(2x^4 + 3x^3 + 4x^2 + x - 2) \div (x^2 - x + 1)$的商式为$ax^2 + bx + c$，余式为$dx + e$，即$2x^4 + 3x^3 + 4x^2 + x - 2 = (x^2 - x + 1)(ax^2 + bx + c) + (dx + e) = ax^4 + (b-a)x^3 + (a-b+c)x^2 +$

$(b-c+d)x+c+e$，所以$\begin{cases}a=2\\b-a=3\\a-b+c=4\\b-c+d=1\\c+e=-2\end{cases}$，解得$\begin{cases}a=2\\b=5\\c=7\\d=3\\e=-9\end{cases}$。从而$2x^4+3x^3+4x^2+x-2=(2x^2+5x+7)(x^2-x+1)+(3x-9)$。

因为两个多项式恒等的充要条件是同类项的系数相等，故可由此求出商式和余式，这个方法称为待定系数法。

（五）余数定理

定理2：设$f(x)=a_0x^n+a_1x^{n-1}+\cdots+a_n$，则$f(x)$除以一次因式$x-a$所得的余数是$f(a)$。

证明：假设$f(x)=(x-a)q(x)+r$，该式对$\forall x\in R$都成立，特别地当$x=a$时也成立，故$f(a)=r$。证毕。

例4　求$x+2$除$f(x)=x^3-3x^2+5x-1$的余数。

解：由余数定理知，余数$r=f(-2)=(-2)^3-3\times(-2)^2+5\times(-2)-1=-31$。

由余数定理可知，$ax-b$除$f(x)$所得余数为$f\left(\frac{b}{a}\right)$。例如，$f(x)=2x^3-3x^2+5$除以$2x-4$的余数是$r=f(2)=9$。

（六）因式定理

定理3：$f(x)$被$(x-a)$整除的充分必要条件是$f(a)=0$。

证明：由余数定理知，$f(x)$被$(x-a)$除的余数是$f(a)$，所以当$f(a)=0$时，$f(x)$被$(x-a)$整除。证毕。

注：$f(a)=0\Leftrightarrow(x-a)\mid f(x)\Leftrightarrow$多项式$f(x)$含有因式$(x-a)\Leftrightarrow x=a$是方程$f(x)=0$的根$\Leftrightarrow x=a$是函数$f(x)$的零点。

例5（2021-6-23）$f(x)=x^2+ax+b$，则$0\leqslant f(1)\leqslant 1$。

（1）$f(x)$在区间$[0,1]$中有两个零点

（2）$f(x)$在区间$[1,2]$中有两个零点

答案：D

解：设函数$f(x)=x^2+ax+b$与x轴的两个交点分别为$(x_1,0)$与$(x_2,0)$，由因式定理

知$(x-x_1)$,$(x-x_2)$是$f(x)$的两个因式，故$f(x)=k(x-x_1)(x-x_2)$，比较x^2系数知$k=1$，所以$f(x)=(x-x_1)(x-x_2)$，所以$f(1)=(1-x_1)(1-x_2)$。

条件（1），因为$0\leqslant x_1\leqslant 1,0\leqslant x_2\leqslant 1$，所以$-1\leqslant -x_1\leqslant 0,-1\leqslant -x_2\leqslant 0$，所以$0\leqslant 1-x_1\leqslant 1$，$0\leqslant 1-x_2\leqslant 1$，所以$0\leqslant f(1)=(1-x_1)(1-x_2)\leqslant 1$，充分。同理，条件（2）也充分。

三、多项式的因式分解

把一个多项式表示成几个整式之积的形式，叫作多项式的因式分解。在指定数集内进行因式分解时，通常要求最后结果中的每一个因式均不能在该数集内继续分解。例如，在整数集内分解x^2-9得$x^2-9=(x+3)(x-3)$，在实数集内需要将$x-3$继续分解，$x^2-9=(x+3)(x-3)=(x+3)(x+\sqrt{3})(x-\sqrt{3})$。

（一）提取公因式法

公因式是指多项式中各项都含有的相同的因式，即各项中系数的最大公约数与相同字母的最低次幂的乘积。

例6 将$-x^3y+xy^4$因式分解。

解：原式$=-xy(x^2-y^3)$。

（二）公式法

常用的有平方差公式和完全平方公式及立方和与立方差公式。

例7 因式分解$(a^2+4)^2-8a(a^2+4)+16a^2$。

解：原式$=(a^2+4-4a)^2=(a-2)^4$。

例8 $(a^2+1)^2-4a^2$。

解：原式$=(a^2+1+2a)(a^2+1-2a)=(a+1)^2(a-1)^2$。

（三）十字相乘法

该方法适用于二次三项式，因为x^2+px+q若能因式分解，必分解为两个一次函数之积，即$x^2+px+q=(x+a)(x+b)$，比较同类项系数可知：$p=a+b,q=ab$，利用这个特点可得$ax^2+bx+c=(a_1x+c_1)(a_2x+c_2)$，其中$a=a_1a_2,c=c_1c_2$，并且$b=a_1c_2+a_2c_1$，这就

是十字相乘法。例如，$x^2+3x-10=(x+5)(x-2)$，$5x^2+6xy-8y^2=(5x-4y)(x+2y)$。

（四）双十字相乘法

对$Ax^2+Bxy+Cy^2+Dx+Ey+F$型二元二次多项式的因式分解要用双十字相乘法。若 ① $A=a_1a_2,C=c_1c_2,F=f_1f_2$； ② $a_1c_2+a_2c_1=B,c_1f_2+c_2f_1=E,a_1f_2+a_2f_1=D$，则 $Ax^2+Bxy+Cy^2+Dx+Ey+F=\left(a_1x+c_1y+f_1\right)\left(a_2x+c_2y+f_2\right)$。

双十字相乘法相对难掌握，1997—2023年只考过一次，是极冷僻的考点，请考生根据个人情况选修。

例9 将$4x^2-4xy-3y^2-4x+10y-3$分解因式。

首先分解二元二次部分$4x^2-4xy-3y^2=\left(2x+y\right)\left(2x-3y\right)$，其次分解关于$x$的一元二次部分$4x^2-4x-3=(2x+1)(2x-3)$，最后分解关于$y$的一元二次部分$-3y^2+10y-3=\left(y-3\right)\left(-3y+1\right)$，故$4x^2-4xy-3y^2=\left(2x+y-3\right)\left(2x-3y+1\right)$。

如果暂时无法掌握双十字相乘法，可结合单十字相乘和待定系数来解决。首先分解二元二次部分$4x^2-4xy-3y^2=\left(2x+y\right)\left(2x-3y\right)$，则$4x^2-4xy-3y^2-4x+10y-3=\left(2x+y+a\right)\left(2x-3y+b\right)=\left(2x+y\right)\left(2x-3y\right)+b\left(2x+y\right)+a\left(2x-3y\right)+ab$，所以$-4x+10y-3=b\left(2x+y\right)+a\left(2x-3y\right)+ab$，对比系数得$a=-3,b=1$。

例10（2008-10-25）方程$x^2+mxy+6y^2-10y-4=0$的图形是两条直线。

（1）$m=7$　　（2）$m=-7$

答案：D

解1：条件（1），先分解二元二次部分$x^2+7xy+6y^2=\left(x+y\right)\left(x+6y\right)$，再分解关于$y$的一元二次部分$6y^2-10y-4=\left(y-2\right)\left(6y+2\right)$，故$x^2+7xy+6y^2-10y-4=\left(x+y-2\right)\left(x+6y+2\right)=0$，所以$x+y-1=0$或$x+6y-4=0$，所以表示两条直线，充分。同理，条件（2）也充分。

解2：单十字相乘与待定系数法。条件（1），当$m=7$时，$x^2+7xy+6y^2-10y-4=0$，先分解二元二次部分$x^2+7xy+6y^2=\left(x+y\right)\left(x+6y\right)$，故设$x^2+7xy+6y^2-10y-4=\left(x+y+m\right)\left(x+6y+n\right)$，显然$mn=-4$，且由$x$系数知$m+n=0$，由$y$系数知$6m+n=-10$，所以$m=-2,n=2$，从而$x^2+7xy+6y^2-10y-4=\left(x+y-2\right)\left(x+6y+2\right)=0$，所以表示两条直线，充分。同理可证条件（2）也充分。

例11　分解因式$8x^2+2xy+8xz-3y^2+11yz-6z^2$。

解：把z当作常数，先分解x,y的二次部分$8x^2+2xy-3y^2=(4x+3y)(2x-y)$，再用待定系数法，设$8x^2+2xy+8xz-3y^2+11yz-6z^2=(4x+3y+m)(2x-y+n)$。解得$n=3z,m=-2z$，所以$8x^2+2xy+8xz-3y^2+11yz-6z^2=(4x+3y-2z)(2x-y+3z)$。

（五）分组分解法

当被分解的多项式不少于三项时，一般可考虑该方法。分组分解法主要有两种形式，一种是某三项合并成完全平方，然后与第四项形成平方差；另一种是两两组合之后再提取公因式，如$ab+db+ac+dc=b(a+d)+c(a+d)=(a+d)(b+c)$。也可以综合使用分组、公式法和十字相乘法进行因式分解。

例12　因式分解$|xy|-|x|-|y|+1$。

解：使用前两项提取公因式，后两项合并，然后再提取公因式得：$|xy|-|x|-|y|+1=|x||y|-|x|-|y|+1=|x|(|y|-1)-(|y|-1)=(|x|-1)(|y|-1)$。

（六）待定系数法

该法常结合因式定理使用，先用观察法得出一个根再进行分解。

例13　将x^3-2x+4因式分解。

解：因为常数是4，所以$x^3-2x+4=0$有一个解是$\pm1,\pm2,\pm4$之一，观察知$x=-2$是方程的解，故由因式定理知x^3-2x+4必有因式$x+2$，所以设$x^3-2x+4=(x+2)(x^2+ax+b)$。由待定系数法，比较等式两边同类项的系数得$\begin{cases}4=2b\\b+2a=-2\end{cases}$，解得$a=-2,b=2$，所以$x^3-2x+4=(x+2)(x^2-2x+2)$。

例14　在实数范围内分解x^3+x+2。

解1：设$f(x)=x^3+x+2$，经验算知$f(-1)=0$，所以$x+1$是$f(x)$的一个因式。故设$x^3+x+2=(x+1)(x^2+ax+2)$，比较x的系数得$a=-1$，故$x^3+x+2=(x+1)(x^2-x+2)$。

解2：设$f(x)=x^3+x+2$，经验算知$f(-1)=0$，所以$x+1$是$f(x)$的一个因式。$x^3+x+2=x^3+x^2-x^2-x+2x+2=x^2(x+1)-x(x+1)+2(x+1)=(x+1)(x^2-x+2)$。

注：方法2的目的性比较明确，因为$x+1$是$f(x)$的一个因式，所以通过添加项的方法凑出$x+1$。

题型归纳与方法技巧

题型一：整式运算

例1（2002-1-8）已知a,b,c是不完全相等的实数，若$x=a^2-bc,y=b^2-ac,z=c^2-ab$，则$x,y,z$（　　）。

（A）都大于0　（B）至少一个大于0　（C）至少有一个小于0

（D）都不小于0　（E）以上都不正确

答案：B

解：因为$x+y+z=a^2-bc+b^2-ac+c^2-ab=\frac{1}{2}\left[(a-b)^2+(b-c)^2+(a-c)^2\right]\geqslant 0$，又因为$a,b,c$不完全相等，所以$x+y+z>0$。设$x\leqslant 0,y\leqslant 0,z\leqslant 0$，则$x+y+z\leqslant 0$，矛盾，所以$x,y,z$至少之一大于0。

例2　若$M=3x^2-8xy+9y^2-4x+6y+13(x,y\in R)$，则$M$一定（　　）。

（A）正数　（B）非正数　（C）零　（D）负数　（E）以上都不对

答案：A

解：$3x^2-8xy+9y^2-4x+6y+13=\left(2x^2-8xy+8y^2\right)+\left(x^2-4x+4\right)+\left(y^2+6y+9\right)=2\left(x-2y\right)^2+(x-2)^2+\left(y+3\right)^2\geqslant 0$，当且仅当$x=2,y=-3,x=2y$时结果为0，但三个条件不可能同时成立，故$M>0$。

例3　$\sqrt{7+2\sqrt{10}}-\sqrt{5}=$（　　）。

（A）$\sqrt{2}$　（B）$\sqrt{5}$　（C）$\sqrt{10}$　（D）$2\sqrt{2}$　（E）$2\sqrt{5}$

答案：A

解：由完全平方公式知$(a+b)^2=a^2+2ab+b^2$，$7+2\sqrt{10}$变形为$2+5+2\sqrt{2}\cdot\sqrt{5}=\sqrt{2}^2+2\sqrt{2}\cdot\sqrt{5}+\sqrt{5}^2=\left(\sqrt{2}+\sqrt{5}\right)^2$，所以$\sqrt{7+2\sqrt{10}}-\sqrt{5}=\sqrt{2}+\sqrt{5}-\sqrt{5}=\sqrt{2}$。

例4　$(1+x)+(1+x)^2+\cdots+(1+x)^n=a_0+a_1(x-1)+2a_2(x-1)^2+\cdots+na_n(x-1)^n$，则$a_0+a_1+2a_2+3a_3+\cdots+na_n=$（　　）。

（A）$\frac{3^n-1}{2}$　（B）$\frac{3^{n+1}-1}{2}$　（C）$\frac{3^{n+1}-3}{2}$　（D）$\frac{3^n-3}{2}$　（E）$\frac{3^n-3}{4}$

答案：C

解：设 $f(x)=(1+x)+(1+x)^2+\cdots+(1+x)^n, g(x)=a_0+a_1(x-1)+2a_2(x-1)^2+\cdots+na_n(x-1)^n$，则 $f(x)=g(x)$，由赋值法得 $g(2)=a_0+a_1+2a_2+3a_3+\cdots+na_n=f(2)=3+3^2+\cdots+3^n=\frac{3(1-3^n)}{1-3}=\frac{3^{n+1}-3}{2}$。

例5（2011-10-22）已知 $x(1-kx)^3=a_1x+a_2x^2+a_3x^3+a_4x^4$ 对所有实数 x 都成立，则 $a_1+a_2+a_3+a_4=-8$。

（1）$a_2=-9$　（2）$a_3=27$

答案：A

解：令 $f(x)=x(1-kx)^3$，$g(x)=a_1x+a_2x^2+a_3x^3+a_4x^4$，则 $f(x)=g(x)$。故 $a_1+a_2+a_3+a_4=g(1)=f(1)$，欲使得 $g(1)=-8$，只要 $f(1)=(1-k)^3=-8$，即 $k=3$。由已知条件 $f(x)=x(1-kx)^3=x(1-3kx+3k^2x^2-k^3x^3)=x-3kx^2+3k^2x^3-k^3x^4=a_1x+a_2x^2+a_3x^3+a_4x^4$，对比系数得 $a_2=-3k, a_3=3k^2$。条件（1），$a_2=-3k=-9$ 得 $k=3$，充分。条件（2），$a_3=3k^2=27$ 得 $k=\pm3$，不充分。

例6（2015-1-22）已知 $M=(a_1+a_2+\cdots+a_{n-1})(a_2+a_3+\cdots+a_n)$，$N=(a_1+a_2+\cdots+a_n)(a_2+a_3+\cdots+a_{n-1})$，则 $M>N$。

（1）$a_1>0$　（2）$a_1a_n>0$

答案：B

解：设 $a_2+a_3+\cdots+a_{n-1}=x$，则 $M=(a_1+x)(x+a_n)=a_1x+a_1a_n+x^2+a_nx$，$N=(a_1+x+a_n)x=a_1x+a_nx+x^2$，所以 $M-N=a_1a_n$，所以 $M>N$ 等价于 $a_1a_n>0$，所以条件（2）充分，条件（1）不充分。

例7　如果 $3x^3-x=1$，那么 $9x^4+12x^3-3x^2-7x+2021$ 的值等于（　　）。

（A）2018　（B）2019　（C）2021　（D）2023　（E）2025

答案：E

解1：降幂法。由 $3x^3-x=1$ 得 $3x^3=1+x$，所以 $9x^4=3x(1+x)=3x+3x^2, 12x^3=4+4x$，故 $9x^4+12x^3-3x^2-7x+2021=3x+3x^2+4+4x-3x^2-7x+2021=2025$。

解2：整体代换法。原式 $=3x(3x^3-x-1)+4(3x^3-x-1)+2025$，因为 $3x^3-x=1$，所以 $3x^3-x-1=0$，所以原式值为2025。

解3：带余除法。由 $3x^3-x=1$ 得 $3x^3-x-1=0$，由带余除法知，$9x^4+12x^3-3x^2-7x+2021$ 除以 $3x^3-x-1$，商式为 $3x+4$，余数为2025，即 $f(x)=9x^4+12x^3-$

$3x^2-7x+2021=(3x^3-x-1)(3x+4)+2025$恒成立，故对于满足$3x^3-x=1$的$x$而言，对应的$f(x)=2025$。

例8 若$x^3+x^2+x+1=0$，则$x^{97}+x^{98}+\cdots+x^{103}$的值是（　　）。

（A）-1　（B）0　（C）1　（D）2　（E）3

答案：A

解：因为$x^3+x^2+x+1=0$，所以$x^k(x^3+x^2+x+1)=x^k+x^{k+1}+x^{k+2}+x^{k+3}=0$，即任意相邻的4项之和为0，故$x^{97}+x^{98}+\cdots+x^{103}=x^{101}+x^{102}+x^{103}=x^{100}(x+x^2+x^3)$。由$x^3+x^2+x+1=0$得$(x-1)(x^3+x^2+x+1)=x^4-1=0$，所以$x^4=1,x^{100}=(x^4)^{25}=1$，所以$x^{100}(x+x^2+x^3)=x+x^2+x^3=-1$。

题型二：余数定理与因式定理

例9 将多项式$(17x^2-3x+4)-(ax^2+bx+c)$除以$5x+6$后，得商式为$2x+1$，余式为0，则$a-b-c=$（　　）。

（A）3　（B）23　（C）25　（D）29　（E）31

答案：D

解：依题意得$(17x^2-3x+4)-(ax^2+bx+c)=(5x+6)(2x+1)$，所以$(17-a)x^2+(-3-b)x+(4-c)=10x^2+17x+6$，所以$17-a=10,-3-b=17,4-c=6$，解得$a=7$，$b=-20$，$c=-2$，所以$a-b-c=7+20+2=29$。

例10（2007-10-13）若多项式$f(x)=x^3+a^2x^2+x-3a$能被$x-1$整除，则实数$a=$（　　）。

（A）0　（B）1　（C）0或1　（D）2或-1　（E）1或2

答案：E

解：由因式定理知$f(1)=1+a^2+1-3a=a^2-3a+2=0$，解得$a=1,2$。

例11（2009-10-17）二次三项式x^2+x-6是多项式$2x^4+x^3-ax^2+bx+a+b-1$的因式。

（1）$a=16$　（2）$b=2$

答案：E

解：因为$x^2+x-6=(x-2)(x+3)$，所以$x-2$和$x+3$是$f(x)=2x^4+x^3-ax^2+$

$bx+a+b-1$的因式，故$\begin{cases}f(2)=32+8-4a+2b+a+b-1=0\\f(-3)=162-27-9a-3b+a+b-1=0\end{cases}$，解得$a=16,b=3$，不充分。

注：方程组求解比较困难，本题显然单独不成立，只要看当$a=16,b=2$时两个方程是否同时成立即可，将$a=16,b=2$代入$f(2)$，则$f(2)$必为奇数，所以$f(2)\neq 0$，故联合也不充分。

例 12　设多项式$f(x)$被x^2-1除后的余式为$3x+4$，并且已知$f(x)$有因式x，若$f(x)$被$x(x^2-1)$除后的余式为px^2+qx+r，则$p^2-q^2+r^2=$（　　）。

（A）2　（B）3　（C）4　（D）5　（E）7

答案：E

解：由$f(x)$被x^2-1除后的余式为$3x+4$得$f(x)=(x^2-1)p(x)+3x+4$，记为式（1）；由$f(x)$有因式x得$f(x)=xg(x)$，记为式（2）；由$f(x)$被$x(x^2-1)$除后的余式为px^2+qx+r得$f(x)=x(x^2-1)g(x)+px^2+qx+r$，记为式（3）。由式（1）得$f(1)=7$，$f(-1)=1$，由式（2）得$f(0)=0$，将$x=-1,0,1$代入式（3）得$p=4,q=3$，所以$p^2-q^2+r^2=7$。

例 13　多项式$f(x)$除以$(x^2-1)(x^2+3)$的余式为$2x^2+2x+5$。

（1）多项式$f(x)$除以x^2-1的余式为$2x+7$

（2）多项式$f(x)$除以x^2+3的余式为$2x-1$

答案：C

解：易知两个条件单独都不成立，联合条件（1）（2），设$f(x)=(x^2-1)(x^2+3)q(x)+ax^3+bx^2+cx+d$，而$ax^3+bx^2+cx+d=(x^2-1)(ax+b)+(c+a)x+b+d, ax^3+bx^2+cx+d=(x^2+3)(ax+b)+(c-3a)x+d-3b$。故由条件（1）知$ax^3+bx^2+cx+d$除以$x^2-1$的余式为$2x+7$，故$(c+a)x+b+d=2x+7$，所以$c+a=2,b+d=7$。由条件（2）知$ax^3+bx^2+cx+d$除以$x^2+3$的余式为$2x-1$，因此$(c-3a)x+d-3b=2x-1$，所以$c-3a=2,d-3b=-1$。解得$a=0,b=2,c=2,d=5$，所以$f(x)$除以$(x^2-1)(x^2+3)$的余式为$2x^2+2x+5$。

题型三：因式分解

例 14　要使多项式$(x-1)(x+3)(x-4)(x-8)+m$为一个完全平方式，则m等于（　　）。

（A）12　（B）24　（C）98　（D）196　（E）392

答案：D

解：原式变形为 $(x-1)(x+3)(x-4)(x-8)+m=(x-1)(x-4)(x+3)(x-8)+m=\left(x^2-5x+4\right)\left(x^2-5x-24\right)+m$。设 $x^2-5x=y$，则 $\left(y+4\right)\left(y-24\right)+m$ 为完全平方式，故 $y^2-20y+m-96$ 为完全平方式，即为 $\left(y-10\right)^2$，故 $m-96=100$，所以 $m=100+96=196$。

注：$y^2-20y+m-96$ 为完全平方式，则其判别式 $\Delta=400-4(m-96)=0$，解得 $m=196$。

例 15　若 a 为整数，且 $\dfrac{\left(a^2-4a+4\right)\left(a^3-2\right)}{a^3-6a^2+12a-8}-\dfrac{(a+1)\left(a^2-a+1\right)}{a-2}$ 的值是正整数，则 $a=$（　　）。

（A）±1　（B）−1　（C）0　（D）±2　（E）±3

答案：A

解：由待定系数法知 $a^3-6a^2+12a-8=(a-2)\left(a^2-4a+4\right)$，故原式变形为 $\dfrac{a^3-2}{a-2}-\dfrac{a^3+1}{a-2}=-\dfrac{3}{a-2}$，它是正整数，所以 $a-2$ 是3的约数，故 $a-2=\pm1,\pm3$，经验证 $a-2=-1,-3$ 满足题意，所以 $a=\pm1$。

例 16（2009-1-20）$\dfrac{a^2-b^2}{19a^2+96b^2}=\dfrac{1}{134}$。

（1）a,b 均为实数，且 $\left|a^2-2\right|+\left(a^2-b^2-1\right)^2=0$

（2）a,b 均为实数，且 $\dfrac{a^2b^2}{a^4-2b^4}=1$

答案：D

解：题干要求推出 $134a^2-134b^2=19a^2+96b^2$，即 $a^2=2b^2$。

条件（1），$a^2=2,a^2-b^2-1=0$，可知 $a^2=2,b^2=1$，代入验证知充分。

条件（2），由 $\dfrac{a^2b^2}{a^4-2b^4}=1$ 得 $a^2b^2=a^4-2b^4$，故 $a^4-a^2b^2-2b^4=0$，因式分解得 $\left(a^2+b^2\right)\left(a^2-2b^2\right)=0$，又因为 $a^2+b^2\neq0$，所以 $a^2=2b^2$，也充分。

注：$a^2b^2=a^4-2b^4$ 是4次齐次方程，也可以同除以 a^4 求解，得到 a,b 之间的关系。

例 17（2011-1-20）已知三角形 ABC 的三条边为 a,b,c，则三角形是等腰直角三角形。

（1）$(a-b)\left(c^2-a^2-b^2\right)=0$　（2）$c=\sqrt{2}\,b$

答案：C

解：条件（1），可推出$a=b$或$c^2=a^2+b^2$，所以三角形ABC为等腰三角形或直角三角形，不充分。条件（2），未陈述a的信息，不充分。联合条件（1）（2）得$\begin{cases}a=b\\c=\sqrt{2}b\end{cases}$或$\begin{cases}c^2-a^2-b^2=0\\c=\sqrt{2}b\end{cases}$，故$c^2=2b^2,a=b$，所以三角形$ABC$是等腰直角三角形，充分。

例18（2018-18）设m,n是正整数，则能确定$m+n$的值。

（1）$\frac{1}{m}+\frac{3}{n}=1$　（2）$\frac{1}{m}+\frac{2}{n}=1$

答案：D

解1：条件（1），由$\frac{1}{m}+\frac{3}{n}=1$得$n+3m=mn$，故$mn-n-3m=0$，所以$m(n-3)-(n-3)=3$，即$(m-1)(n-3)=3$，所以$\begin{cases}m-1=1\\n-3=3\end{cases}$或$\begin{cases}m-1=3\\n-3=1\end{cases}$，总之$m+n=8$。同理，条件（2）也充分。

解2：条件（1），由$\frac{1}{m}+\frac{3}{n}=1$得$m=\frac{n}{n-3}=\frac{n-3+3}{n-3}=1+\frac{3}{n-3}$，所以$n-3=1$或$n-3=3$，故$\begin{cases}m=4\\n=4\end{cases}$或$\begin{cases}m=2\\n=6\end{cases}$，所以$m+n=8$，充分。同理，条件（2）也充分。

例19（2019-19）能确定小明的年龄。

（1）小明的年龄是完全平方数

（2）20年后小明的年龄是完全平方数

答案：C

解：两个条件单独均不充分，考察联合情况。设小明的年龄为x，则$\begin{cases}x=m^2\\x+20=n^2\end{cases}$，两式相减得$n^2-m^2=20=1\times20=2\times10=4\times5$，易知只有$n^2-m^2=(n+m)(n-m)=2\times10$有整数解，解得$n=6,m=4$，故$x=16$，充分。

例20　设x^2+ax+b是$x^n-x^3+5x^2+x+1$与$3x^n-3x^3+14x^2+13x+12$的公因式，则$a+b=$（　　）。

（A）18　（B）19　（C）-18　（D）-19　（E）0

答案：D

解：设$h(x)=x^2+ax+b,f(x)=x^n-x^3+5x^2+x+1,g(x)=3x^n-3x^3+14x^2+13x+12$，因为$h(x)$是$f(x)$、$g(x)$的公因式，所以$h(x)$是$f(x)$与$g(x)$的线性组合的公因式，所以$h(x)\mid(g(x)-3f(x))$，即$h(x)\mid(-x^2+10x+9)$，故$a=-10,b=-9$，所以$a+b=-19$。

第二节　分　　式

一、分式的定义及基本性质

（一）分式

分式即整式除以整式，如$\frac{x^3+2x^2-3x+6}{x^3-3x+5}$，其中$x^3+2x^2-3x+6$叫分式的分子，$x^3-3x+5$叫分式的分母，且$x^3-3x+5\neq 0$。

（二）有理式

整式与分式统称有理式。

（三）分式的基本性质

分式的分子与分母同时乘以（或除以）一个不等于0的整式，分式的值不变，即$\frac{a}{b}=\frac{am}{bm},\frac{a}{b}=\frac{a\div m}{b\div m}(m\neq 0)$。

例1　把分式$\frac{2x+2y}{x-y}$中的x,y都扩大2倍，则分式的值（　　）。

（A）不变　（B）扩大了2倍　（C）扩大到2倍　（D）扩大到4倍　（E）缩小2倍

答案：A

解：因为分子分母同比例放大，所以比值不变。

例2　不改变分式$\frac{2x-\frac{5}{2}y}{\frac{2}{3}x+y}$的值，把分子、分母中各项系数化为整数，结果是（　　）。

（A）$\frac{2x-15y}{4x+y}$　（B）$\frac{4x-5y}{2x+3y}$　（C）$\frac{6x-15y}{4x+2y}$　（D）$\frac{12x-15y}{4x+6y}$　（E）$\frac{8x-15y}{4x+2y}$

答案：D

解：将$\frac{2x-\frac{5}{2}y}{\frac{2}{3}x+y}$的分子分母同乘6得$\frac{12x-15y}{4x+6y}$。

（四）约分

把一个分式的分子和分母的公因式约去，这种变形被称为分式的约分。如果分式的分子和分母都是单项式或者是几个因式乘积的形式，将它们的公因式约去即可；如果分式的分子和分母都是多项式，将分子和分母分别分解因式，再将公因式约去。例如，$\frac{x^2-9}{x^2-6x+9}=\frac{(x+3)(x-3)}{(x-3)^2}=\frac{x+3}{x-3}$。

（五）通分

把几个异分母分式分别化为与原分式值相等的同分母分式，叫做分式的通分。通分时，先求出所有分式的分母的最简公分母，再将所有分式的分母变为最简公分母，同时各分式按照分母所扩大的倍数，相应扩大各自的分子。

（六）最简分式

一个分式的分子和分母没有公因式时，这个分式被称为最简分式，也称既约分式。约分时，一般将一个分式化为最简分式。

例 3　下列分式中，$\frac{a^3}{3x^2}$，$\frac{x-y}{x^2+y^2}$，$\frac{m^2+n^2}{m^2-n^2}$，$\frac{m+1}{m^2-1}$，$\frac{a^2-2ab+b^2}{a^2-2ab-b^2}$，最简分式有（　　）。

（A）1个　（B）2个　（C）3个　（D）4个　（E）5个

答案：D

解：$\frac{m+1}{m^2-1}=\frac{m+1}{(m+1)(m-1)}=\frac{1}{m-1}$，其余分式都是最简分式。

二、分式的运算

（一）分式的加减法

同分母的几个分式相加减，分母不变，分子相加减；不同分母的几个分式相加减，先通分化为同分母后，再把分子相加减。例如，$\frac{1}{x-1}+\frac{x}{x-1}=\frac{x+1}{x-1}$，$\frac{1}{x-1}+\frac{x}{x+1}=\frac{x+1}{x^2-1}+\frac{x(x-1)}{x^2-1}=\frac{x^2+1}{x^2-1}$。

（二）分式的乘法

几个分式相乘，分子相乘做分子，分母相乘做分母，然后化简为最简形式。即设A,B,C,D是四个分式，则$\frac{A}{B}\cdot\frac{C}{D}=\frac{A\cdot C}{B\cdot D}$。

（三）分式的除法

两个分式相除，将除式的分子与分母交换位置再与被除式相乘。即设A,B,C,D是四个分式，则$\frac{A}{B}\div\frac{C}{D}=\frac{A}{B}\cdot\frac{D}{C}=\frac{A\cdot D}{B\cdot C}$。

（四）分式的乘方

分式乘方，分子的乘方做分子，分母的乘方做分母。例如，$\left(\frac{2x-y}{x+y}\right)^n=\frac{(2x-y)^n}{(x+y)^n}$。

题型归纳与方法技巧

题型一：分式运算

例1 已知$\frac{1}{a}-\frac{1}{b}=3$，求$\frac{2a-3ab-2b}{a-2ab-b}$的值等于（　　）。

（A）$\frac{1}{2}$　（B）$\frac{2}{3}$　（C）$\frac{9}{5}$　（D）4　（E）$\frac{9}{4}$

答案：C

解：因为$\frac{1}{a}-\frac{1}{b}=3$，所以$\frac{1}{b}-\frac{1}{a}=-3$，将分母和分子都除以$ab$，得$\frac{2a-3ab-2b}{a-2ab-b}=$ $\frac{\frac{2}{b}-\frac{2}{a}-3}{\frac{1}{b}-\frac{1}{a}-2}=\frac{2\times(-3)-3}{-3-2}=\frac{9}{5}$。

例2 若x取整数，则使分式$\frac{6x+3}{2x-1}$的值为整数的x值有（　　）。

（A）3个　（B）4个　（C）6个　（D）8个　（E）9个

答案：B

解：将假分式$\frac{6x+3}{2x-1}$化真分式得$\frac{6x+3}{2x-1}=\frac{6x-3+6}{2x-1}=3+\frac{6}{2x-1}$，故$\frac{6}{2x-1}$是整数，所以$2x-1=\pm1,\pm2,\pm3,\pm6$，只有$2x-1=\pm1,\pm3$时有整数解，故整数$x$有4个。

例3（2010-10-1）若$x+\frac{1}{x}=3$，则$\frac{x^2}{x^4+x^2+1}=$（　　）。

（A）$-\frac{1}{8}$　（B）$\frac{1}{6}$　（C）$\frac{1}{4}$　（D）$-\frac{1}{4}$　（E）$\frac{1}{8}$

答案：E

解：将$x+\frac{1}{x}=3$平方得$x^2+\frac{1}{x^2}=7$，故$\frac{x^4+x^2+1}{x^2}=x^2+\frac{1}{x^2}+1=8$，所以$\frac{x^2}{x^4+x^2+1}=\frac{1}{8}$。

例4（2020-6）已知实数x满足$x^2+\frac{1}{x^2}-3x-\frac{3}{x}+2=0$，则$x^3+\frac{1}{x^3}=$（　　）。

（A）12　（B）15　（C）18　（D）24　（E）27

答案：C

解：原式可化简为$\left(x+\frac{1}{x}\right)^2-3\left(x+\frac{1}{x}\right)=0$，故$\left(x+\frac{1}{x}\right)\cdot\left(x+\frac{1}{x}-3\right)=0$，解得$x+\frac{1}{x}=0$（舍去）或$x+\frac{1}{x}=3$，所以$x^3+\frac{1}{x^3}=\left(x+\frac{1}{x}\right)\cdot\left(x^2-1+\frac{1}{x^2}\right)=3\cdot\left[\left(x+\frac{1}{x}\right)^2-3\right]=3\cdot6=18$。

例5（2011-1-15）已知$x^2+y^2=9,xy=4$，则$\frac{x+y}{x^3+y^3+x+y}=$（　　）。

（A）$\frac{1}{2}$　（B）$\frac{1}{5}$　（C）$\frac{1}{6}$　（D）$\frac{1}{13}$　（E）$\frac{1}{14}$

答案：C

解：由立方和公式得$\frac{x+y}{x^3+y^3+x+y}=\frac{x+y}{(x+y)(x^2-xy+y^2)+x+y}=\frac{x+y}{(x+y)(x^2-xy+y^2+1)}=\frac{1}{x^2-xy+y^2+1}=\frac{1}{6}$。

例6　已知$\frac{x}{a}+\frac{y}{b}+\frac{z}{c}=3,\frac{a}{x}+\frac{b}{y}+\frac{c}{z}=0$，那么$\left(\frac{x}{a}\right)^2+\left(\frac{y}{b}\right)^2+\left(\frac{z}{c}\right)^2=$（　　）。

（A）0　（B）1　（C）3　（D）9　（E）16

答案：D

解：设 $\frac{x}{a}=r,\frac{y}{b}=s,\frac{z}{c}=t$，则 $r+s+t=3,\frac{1}{r}+\frac{1}{s}+\frac{1}{t}=0$，故 $rs+st+tr=0$，所以 $(r+s+t)^2=r^2+s^2+t^2+2(rs+st+tr)=r^2+s^2+t^2=9$。

例7（2009-1-19）对于使$\frac{ax+7}{bx+11}$有意义的一切x的值，这个分式为一个定值。

（1）$7a-11b=0$　　（2）$11a-7b=0$

答案：B

解1：设$f(x)=\frac{ax+7}{bx+11}$，依题意得$f(0)=f(1)=f(2)=\cdots$，故$f(0)=\frac{7}{11}=f(1)=\frac{a+7}{b+1}$，从而得$11a=7b$，所以条件（2）充分。

解2：设$\frac{ax+7}{bx+11}=k$，则$ax+7=bkx+11k$，所以$a=bk,7=11k$，故$k=\frac{7}{11}$，代入得$7b=11a$。

例8（2014-1-19）设x为实数，则$x^3+\frac{1}{x^3}=18$。

（1）$x+\frac{1}{x}=3$　（2）$x^2+\frac{1}{x^2}=7$

答案：A

解：题干中$x^3+\frac{1}{x^3}=\left(x+\frac{1}{x}\right)\left(x^2-1+\frac{1}{x^2}\right)$。条件（1），由$x+\frac{1}{x}=3$得$\left(x+\frac{1}{x}\right)^2=9$，故$x^2+\frac{1}{x^2}=7$，从而$x^3+\frac{1}{x^3}=18$，充分。条件（2），$\left(x+\frac{1}{x}\right)^2=x^2+\frac{1}{x^2}+2=9$，所以$x+\frac{1}{x}=\pm3$，故$x^3+\frac{1}{x^3}$的值有两种可能，不充分。

例9（2015-1-17）已知p,q为非零实数，则能确定$\frac{p}{q(p-1)}$的值。

（1）$p+q=1$　（2）$\frac{1}{p}+\frac{1}{q}=1$

答案：B

解：条件（1），由$p+q=1$得$q=1-p$，故$\frac{p}{q(p-1)}=\frac{p}{(1-p)(p-1)}=-\frac{p}{(p-1)^2}$，因为$p$值不确定，所以不充分。条件（2），由$\frac{1}{p}+\frac{1}{q}=1$得$\frac{p+q}{pq}=1$，故$p=pq-q$，从而

$\frac{p}{q(p-1)}=\frac{p}{pq-q}=\frac{p}{p}=1$，充分。

题型二：分式方程求解与增根

例 10　若关于x的方程$\frac{m-1}{x-1}-\frac{x}{x-1}=0$有增根，则$m$的值是（　　）。

（A）3　（B）2　（C）1　（D）-1　（E）0

答案：B

解：方程两端同乘以$x-1$得$m-1=x$，因为增根使得分母为0，故增根是$x=1$，所以$m=2$。

例 11　若关于x的分式方程$\frac{kx}{x^2-4}=\frac{3}{x+2}-\frac{2}{x-2}$无解，则$k$的值为（　）。

（A）1或4或-6　（B）1或-4或6　（C）-4或6　（D）4或-6　（E）1或6

答案：B

解：原方程两边同乘$(x+2)(x-2)$得$kx=3(x-2)-2(x+2)$，化简得$(k-1)x=-10$。若$k=1$，则方程无解；若$k\neq1$，则$x=-\frac{10}{k-1}$，因为原方程无解，所以此时得到的解是原方程的增根，而增根都使得分母为0，故增根可能是2或-2。若$-\frac{10}{k-1}=2$，则$k=-4$；若$-\frac{10}{k-1}=-2$，则$k=6$。

例 12（2009-10-20）关于x的方程$\frac{1}{x-2}+3=\frac{1-x}{2-x}$与$\frac{x+1}{x-|a|}=2-\frac{3}{|a|-x}$有相同的增根。

（1）$a=2$　（2）$a=-2$

答案：D

解：方程$\frac{1}{x-2}+3=\frac{1-x}{2-x}$去分母化简得$x=2$，故$x=2$为原方程的增根。条件（1），方程$\frac{x+1}{x-|a|}=2-\frac{3}{|a|-x}$变为$\frac{x+1}{x-2}=2-\frac{3}{2-x}$，去分母化简得方程有增根$x=2$，充分的。同理可知条件（2）也是充分的。

第三节　基础通关

1.设$x=\frac{1}{\sqrt{2}-1}$，a是x的小数部分，b是$4-x$的小数部分，则$a^3+b^3+3ab(a+b)=$（　　）。

（A）4　（B）2　（C）3　（D）1　（E）0

答案：D

解：$x=\frac{1}{\sqrt{2}-1}=\sqrt{2}+1$，因为$2<\sqrt{2}+1<3$，所以$a=x-2=\sqrt{2}-1$。$4-x=3-\sqrt{2}$，因为$1<3-\sqrt{2}<2$，所以$b=3-\sqrt{2}-1=2-\sqrt{2}$。故$a^3+b^3+3ab(a+b)=a^3+b^3+3a^2b+3ab^2=(a+b)^3=1$。

2.已知$\sqrt{a}+\frac{1}{\sqrt{a}}=3$，则$\frac{\left(a\sqrt{a}+\frac{1}{a\sqrt{a}}+2\right)\left(a^2+\frac{1}{a^2}+3\right)}{\sqrt[4]{a}+\frac{1}{\sqrt[4]{a}}}=$（　　）。

（A）$200\sqrt{11}$　（B）$100\sqrt{7}$　（C）$100\sqrt{5}$　（D）$200\sqrt{3}$　（E）$200\sqrt{5}$

答案：E

解：令$\sqrt{a}=a^{\frac{1}{2}}=t$，则$\frac{1}{\sqrt{a}}=a^{-\frac{1}{2}}=\frac{1}{t}$，$a\sqrt{a}=a^{\frac{3}{2}}=t^3$，$\frac{1}{a\sqrt{a}}=t^{-3}$，$a^2=t^4$，$a^{-2}=t^{-4}$，$\sqrt[4]{a}=\sqrt{t}$，$\frac{1}{\sqrt[4]{a}}=\frac{1}{\sqrt{t}}$。由$t+\frac{1}{t}=3$得$t^2+\frac{1}{t^2}=7$，$t^4+\frac{1}{t^4}=47$，故$t^3+t^{-3}=\left(t+\frac{1}{t}\right)\left(t^2-1-\frac{1}{t^2}\right)=18$，$\sqrt{t}+\frac{1}{\sqrt{t}}=\sqrt{\left(\sqrt{t}+\frac{1}{\sqrt{t}}\right)^2}=\sqrt{t+2+\frac{1}{t}}=\sqrt{5}$。故原式$=\frac{(18+2)\times(47+3)}{\sqrt{5}}=\frac{20\times 50}{\sqrt{5}}=200\sqrt{5}$。

3.已知a,b,c,d是不全相等的任意实数，若$x_1=a^2-bc,x_2=b^2-cd,x_3=c^2-da,x_4=d^2-ab$，则$x_1,x_2,x_3,x_4$四个数（　　）。

（A）都大于零　（B）至少有一个大于零　（C）至少有一个小于零

（D）都不小于零　（E）以上都不对

答案：B

解：因为 $x_1+x_2+x_3+x_4=a^2+b^2+c^2+d^2-ab-bc-cd-da=\frac{1}{2}\left[(a-b)^2+(b-c)^2+(c-d)^2+(d-a)^2\right]\geqslant 0$，且 a,b,c,d 不全相等，所以 $x_1+x_2+x_3+x_4>0$，从而 x_1,x_2,x_3,x_4 至少有一个是正数。

4. 已知 $a-b=3$，$a-c=5$，则 $(c-b)\left[(a-b)^2+(a-c)(a-b)+(a-c)^2\right]$ 等于（　　）。

（A）15　（B）−15　（C）98　（D）−98　（E）106

答案：D

解 1：由 $a-b=3, a-c=5$ 两式相减得 $c-b=-2$。$(a-b)^2+(a-c)(a-b)+(a-c)^2=9+15+25=49$，故原式值为−98。

解2：特殊值法，令 $a=5, b=2, c=0$ 代入即可。

5.若 $a^2+a=-1$，则 $a^4+2a^3-3a^2-4a+3$ 的值为（　　）。

（A）7　（B）8　（C）9　（D）10　（E）12

答案：B

解 1：降幂法。由 $a^2+a=-1$ 得 $a^2=-1-a$，所以 $a^3=a^2\cdot a=-a-a^2=-a-(-a-1)=1, a^4=a^3\cdot a=a$。故 $a^4+2a^3-3a^2-4a+3=a+2-3(-1-a)-4a+3=8$。

解 2：整体代换法。由 $a^2+a=-1$ 得 $a^2+a+1=0$，所以 $a^4+2a^3-3a^2-4a+3=a^4+a^3+a^2-a^3-a^2+2a^3-3a^2-4a+3=a^2\left(a^2+a+1\right)+a^3-4a^2-4a+3=a^3+a^2+a-5a^2-5a+3=a\left(a^2+a+1\right)-5a^2-5a+3=-5a^2-5a+3=8$。

解3：带余除法。由带余除法知，$a^4+2a^3-3a^2-4a+3=\left(a^2+a+1\right)\left(a^2+a-5\right)+8$，余数为8，所以原式值为8。

注：一般而言，带余除法解决这类问题比较有优势。

6. 已知 a、b、c、d 为互不相等的非零实数，且 $ac+bd=0$，则 $ab\left(c^2+d^2\right)+cd\left(a^2+b^2\right)=$（　　）。

（A）1　（B）2　（C）3　（D）4　（E）0

答案：E

解 1：$ab\left(c^2+d^2\right)+cd\left(a^2+b^2\right)=abc^2+abd^2+cda^2+cdb^2=ac(bc+ad)+bd(ad+bc)=(ad+bc)(ac+bd)=0$。

解2：特殊值法，令 $a=1, c=4, b=2, d=-2$，代入即可。

7.若$x+y=-1$，则$x^4+5x^3y+x^2y+8x^2y^2+xy^2+5xy^3+y^4$的值等于（　　）。

（A）0　（B）-1　（C）1　（D）3　（E）6

答案：C

解：特殊值法，令$x=-1,y=0$，代入即可。

8.已知多项式$3x^3+ax^2+bx+42$能被x^2-5x+6整除，那么$a+b=$（　　）。

（A）-25　（B）-9　（C）9　（D）-31　（E）25

答案：A

解：设$f(x)=3x^3+ax^2+bx+42$，因为$x^2-5x+6=(x-2)(x-3)$，由因式定理知$f(2)=0,f(3)=0$，解得$a=-8,b=-17$，所以$a+b=-25$。

9.已知$2x^2+3xy-2y^2+5y-2=(x+2y+2m)(2x-y+n)$，则$m+n=$（　　）。

（A）$\frac{1}{2}$　（B）1　（C）2　（D）$\frac{3}{2}$　（E）3

答案：D

解：比较x项得$0=n+4m$，比较y项得$5=2n-2m$，故$m=-\frac{1}{2},n=2$，所以$m+n=\frac{3}{2}$。

10.已知a,b,c是ΔABC的三边长，且满足$a^2+c^2=2b(a+c-b)$，则此三角形是（　　）。

（A）等边三角形　（B）等腰三角形　（C）直角三角形　（D）等腰直角三角形

（E）无法确定

答案：A

解：因为$a^2+c^2=2b(a+c-b)$，所以$a^2+c^2+b^2+b^2-2ba-2bc=0$，所以$(a-b)^2+(b-c)^2=0$，所以$a=b=c$，所以$\Delta ABC$是等边三角形。

11.当代数式$\frac{1}{a^2-1}+\frac{1}{a+1}+\frac{1}{a-1}$的值等于零时，$a$的值是（　　）。

（A）3　（B）1　（C）-1　（D）$-\frac{1}{2}$　（E）1或$-\frac{1}{2}$

答案：D

解：由$\frac{1}{a^2-1}+\frac{1}{a+1}+\frac{1}{a-1}=\frac{1+a-1+a+1}{a^2-1}=0$得$a=-\frac{1}{2}$。

12.$\frac{(a^2-4a+4)(a^3-2)}{a^3-6a^2+12a-8}-\frac{(a+1)(a^2-a+1)}{a-2}$的值是正整数。

（1）$a=1$　（2）$a=-1$

答案：A

解：$\frac{(a^2-4a+4)(a^3-2)}{a^3-6a^2+12a-8}-\frac{(a+1)(a^2-a+1)}{a-2}=\frac{(a-2)^2(a^3-2)}{(a-2)^3}-\frac{a^3-1}{a-2}=\frac{a^3-2}{a-2}-\frac{a^3-1}{a-2}=$ $-\frac{1}{a-2}$。条件（1），将$a=1$代入得，原式值为1，充分；条件（2），将$a=-1$代入得，原式值为$\frac{1}{3}$，不充分。

13. 对于一切有意义的x实数取值，分式$\frac{ax^2+9x+6}{3x^2+bx+2}$为定值。

（1）$a=3b$　（2）$a=9,b=3$

答案：B

解：设$\frac{ax^2+9x+6}{3x^2+bx+2}=k$，则$ax^2+9x+6=k(3x^2+bx+2)$，故$a=3k,kb=9,6=2k$，所以$k=3,a=9,b=3$，故选项（2）充分，选项（1）不充分。

14. 已知$xyz\neq 0$，则$\frac{xy+1}{y}=1$。

（1）$y+\frac{1}{z}=1$　（2）$z+\frac{1}{x}=1$

答案：C

解：条件（1）、（2）中参数z可以任意变化，导致x,y取任意值，故不可能$\frac{xy+1}{y}=1$，即单独都不充分。联合考察，由（1）得$y=1-\frac{1}{z}$，由（2）得$x=\frac{1}{1-z}$，故$\frac{xy+1}{y}=x+\frac{1}{y}=\frac{1}{1-z}+\frac{z}{z-1}=1$，充分。

第四节　高分突破

1. 已知实数x,y满足$x^2-\frac{1}{x}+2=0,y^2-\frac{1}{y}+2=0$，则$2022^{|x-y|}$的值为（　　）。

（A）$\frac{1}{2022}$　（B）1　（C）2022　（D）2022^2　（E）$\frac{1}{2022^2}$

答案：B

解：因为$x^2-\frac{1}{x}+2=0, y^2-\frac{1}{y}+2=0$，所以$x^3+2x=1, y^3+2y=1$，故$x^3+2x=y^3+2y$，从而$x^3-y^3=2(y-x)$，所以$(x-y)(x^2+xy+y^2)=2(y-x)$，所以$(x-y)(x^2+xy+y^2+2)=0$，因为$x^2+xy+y^2+2=\left(x+\frac{y}{2}\right)^2+\frac{3y^2}{4}+2>0$，所以$x-y=0$，即$x=y$，所以$2022^{|x-y|}=1$。

注：利用单调性效率更高。因为$f(x)=x^3+2x$单调递增，所以由$x^3+2x=y^3+2y$得$x=y$。

2. a,b为有理数，且满足等式$a+b\sqrt{3}=\sqrt{6}\times\sqrt{1+\sqrt{4+2\sqrt{3}}}$，则$a+b$的值为（　　）。

（A）2　（B）4　（C）6　（D）8　（E）10

答案：B

解：两边平方得$a^2+3b^2+2\sqrt{3}ab=6+6\sqrt{4+2\sqrt{3}}$，因为$\sqrt{4+2\sqrt{3}}=\sqrt{\left(1+\sqrt{3}\right)^2}=1+\sqrt{3}$，所以$a^2+3b^2+2ab\sqrt{3}=12+6\sqrt{3}$，故$\begin{cases}a^2+3b^2=12\\2ab\sqrt{3}=6\sqrt{3}\end{cases}$，观察得$a=3,b=1$，所以$a+b=4$。

3. 化简$\left(x+\frac{1}{x}\right)^2-\left(x+\frac{1}{x}-\frac{1}{1-\frac{1}{x}-x}\right)^2\div\frac{x^2+\frac{1}{x^2}-x-\frac{1}{x}+3}{x^2+\frac{1}{x^2}-2x-\frac{2}{x}+3}=$（　　）。

（A）$x-\frac{1}{x}-1$　（B）$x+\frac{1}{x}-1$　（C）$x+\frac{1}{x}+1$（D）$x-\frac{1}{x}+1$　（E）$x+\frac{1}{x}$

答案：B

解：令$x+\frac{1}{x}=t$，则$x^2+\frac{1}{x^2}=t^2-2$，故原式$=t^2-\left(t-\frac{1}{1-t}\right)^2\div\frac{t^2-2-t+3}{t^2-2-2t+3}=t^2-\left(\frac{t^2-t+1}{1-t}\right)^2\times\frac{t^2-2t+1}{t^2-t+1}=t^2-\frac{(t^2-t+1)^2}{(1-t)^2}\times\frac{(t-1)^2}{t^2-t+1}=t^2-(t^2-t+1)=t-1=x+\frac{1}{x}-1$。

4. 如果一个三角形的三边a、b、c满足$a^2+b^2+c^2+338=10a+24b+26c$，则这个三角形一定是（　　）。

（A）锐角三角形　（B）直角三角形　（C）钝角三角形

（D）等腰三角形　（E）等边三角形

答案：B

解：因为$a^2+b^2+c^2+338=10a+24b+26c$，所以$a^2+b^2+c^2+338-10a-24b-$

$26c=0$，配方得 $(a-5)^2+(b-12)^2+(c-13)^2=0$，所以 $a=5,b=12,c=13$，所以 ΔABC 是直角三角形。

5. $2^{48}-1$ 能被60~70的某两个整数整除，则这两个数是（　　）。

（A）61和63　（B）63和65　（C）65和67　（D）64和67　（E）65和69

答案：B

解：连续使用平方差公式得 $2^{48}-1=(2^{24}+1)(2^{24}-1)=(2^{24}+1)(2^{12}+1)(2^{12}-1)=(2^{24}+1)(2^{12}+1)(2^{6}+1)(2^{6}-1)=(2^{24}+1)(2^{12}+1)\times 65\times 63$，故 $2^{48}-1$ 能被63和65整除。

6. 设 $4x+y+10z=169$，$3x+y+7z=126$，则 $x+y+z$ 的值是（　　）。

（A）40　（B）30　（C）20　（D）50　（E）以上都不对

答案：A

解1：$\begin{cases}4x+y+10z=169\\3x+y+7z=126\end{cases}$，两式相减得 $x+3z=43$，所以 $x=43-3z$，将其代入第二个方程得 $y=-3+2z$，从而 $x+y+z=40$。

解2：$\begin{cases}4x+y+10z=169\\3x+y+7z=126\end{cases}$，两式相减得 $x+3z=43$，又因为 $3x+y+7z=126$，所以 $x+y+z+2(x+3z)=126$，所以 $x+y+z=40$。

解3：令 $z=0$，则 $\begin{cases}4x+y=169\\3x+y=126\end{cases}$，解得 $x=43,y=-3$，所以 $x+y+z=40$。

7. 若 $a^2+3a+1=0$，代数式 $a^4+3a^3-a^2-5a+\frac{1}{a}-2$ 的值为（　　）。

（A）0　（B）a　（C）$3a$　（D）-3　（E）以上都不对

答案：D

解：由 $a^2+3a+1=0$ 得 $a^2=-3a-1$，所以 $a^3=a^2\cdot a=(-3a-1)a=-3a^2-a=8a+3$，$a^4=a^3\cdot a=8a^2+3a=-21a-8$，故原式 $=-21a-8+24a+9-(-3a-1)-5a+\frac{1}{a}-2=a+\frac{1}{a}$，又因为 $a^2+3a+1=0$，所以 $a+\frac{1}{a}=-3$。

8. 已知 $f(x)$ 是二次多项式，且 $f(2004)=1,f(2005)=2,f(2006)=7$，则 $f(2008)=$（　　）。

（A）29　（B）26　（C）28　（D）27　（E）39

答案：A

解：令$g(x)=f(x+2004)$，从函数图像的角度理解，$g(x)$图像由$f(x)$向左移动2004个单位而来，故$g(x)$也是二次函数，设$g(x)=ax^2+bx+c$，则$g(0)=f(2004)=1, g(1)=2$，$g(2)=7$，故$\begin{cases} g(0)=c=1 \\ g(1)=a+b+c=2 \\ g(2)=4a+2b+c=7 \end{cases}$，解得$a=2, b=-1, c=1$，所以$f(2008)=g(4)=29$。

9.若实数x,y,z满足$x+\frac{1}{y}=4, y+\frac{1}{z}=1, z+\frac{1}{x}=\frac{7}{3}$，则$xyz$的值为（　　）。

（A）1　（B）$\frac{1}{3}$　（C）$-\frac{1}{3}$　（D）$\frac{1}{2}$　（E）0

答案：A

解：三式相加，得$x+y+z+\frac{1}{x}+\frac{1}{y}+\frac{1}{z}=\frac{22}{3}$；三式相乘，得$xyz+\frac{1}{xyz}+x+y+z+\frac{1}{x}+\frac{1}{y}+\frac{1}{z}=\frac{28}{3}$；两式相减，得$xyz+\frac{1}{xyz}=2$，则$xyz=1$。

10.已知$\frac{x}{y+z+t}=\frac{y}{z+t+x}=\frac{z}{t+x+y}=\frac{t}{x+y+z}$，则$\frac{x+y}{z+t}+\frac{y+z}{t+x}+\frac{z+t}{x+y}+\frac{t+x}{y+z}=$（　　）。

（A）2　（B）−2　（C）4　（D）−4　（E）4或−4

答案：E

解：将$\frac{x}{y+z+t}=\frac{y}{z+t+x}=\frac{z}{t+x+y}=\frac{t}{x+y+z}$两端加1得$\frac{x+y+z+t}{y+z+t}=\frac{x+y+z+t}{z+t+x}=\frac{x+y+z+t}{t+x+y}=\frac{x+y+z+t}{x+y+z}$，若$x+y+z+t\neq0$，则$x=y=z=t$，$\frac{x+y}{z+t}+\frac{y+z}{t+x}+\frac{z+t}{x+y}+\frac{t+x}{y+z}=4$；若$x+y+z+t=0$，则$\frac{x+y}{z+t}+\frac{y+z}{t+x}+\frac{z+t}{x+y}+\frac{t+x}{y+z}=-4$。

11.已知a、b、c为实数，且$\frac{ab}{a+b}=\frac{1}{3}, \frac{bc}{b+c}=\frac{1}{4}, \frac{ac}{a+c}=\frac{1}{5}$，则$\frac{abc}{ab+bc+ac}$的值为（　　）。

（A）0　（B）6　（C）12　（D）$\frac{1}{6}$　（E）$\frac{1}{12}$

答案：D

解：将已知条件取倒数得$\frac{1}{a}+\frac{1}{b}=3, \frac{1}{c}+\frac{1}{b}=4, \frac{1}{a}+\frac{1}{c}=5$，三式相加得$\frac{1}{a}+\frac{1}{b}+\frac{1}{c}=6$，所以$\frac{bc+ac+ab}{abc}=6$，从而$\frac{abc}{ab+bc+ac}=\frac{1}{6}$。

12.关于x的方程$\frac{1}{x+2}-\frac{k}{x-2}+\frac{4x}{x^2-4}=1$的增根为$m$。

（1）$m=-2$　（2）$m=2$

答案：B

解：去分母整理得：$x^2+(k-5)x+2k-2=0\cdots(*)$。因为原分式方程有增根，所以其增根可能是2或−2，令$x=2$，代入方程（*）得$k=2$；令$x=-2$，代入方程（*）得$12=0$矛盾，所以$x=-2$不可能是方程的根，即原分式方程不可能产生增根$x=-2$。

13.若x,y,z是正整数，则$3x+4y+12z$是11的倍数。

（1）$7x+2y-5z$是11的倍数　（2）$7x-9y+6z$是11的倍数

答案：D

解：条件（1），设$7x+2y-5z=11k$，则$2y=11k+5z-7x$，所以$3x+4y+12z=3x+22k+10z-14x+12z=-11x+22k+22z=11(-x+2k+2z)$是11的倍数，充分。条件（2），设$7x-9y+6z=11k$，则$6z=11k-7x+9y$，所以$3x+4y+12z=3x+4y+22k-14x+18y=-11x+22y+22k=11(-x+2y+2k)$是11的倍数，充分。

14.规定$F(n)$是正整数n的最佳分解值，即n的所有正约数中绝对值之差最小的两个两个约数的不超过1的比值，则$F(n)=1$。

（1）x^2+6x+n是完全平方　（2）n是最小的合数

答案：D

解：由定义可知，如果n为完全平方数，则$F(n)=1$。条件（1），x^2+6x+n是完全平方，所以$\Delta=36-4n=0$，解得$n=9$，充分。条件（2），n是最小的合数，所以$n=4$，充分。

15.已知$x,y,z\in R$，则$x+y+z=0$。

（1）$\frac{x}{a+b}=\frac{y}{b+c}=\frac{z}{a+c}$　（2）$\frac{x}{a-b}=\frac{y}{b-c}=\frac{z}{c-a}$

答案：B

解：条件（1），设$\frac{x}{a+b}=\frac{y}{b+c}=\frac{z}{a+c}=t$，则$x=(a+b)t,y=(b+c)t,z=(c+a)t$，三式相加得$x+y+z=2(a+b+c)t$。令$x=y=z=1,a=b=c=1$，构成反例，不充分。

条件（2），设$\frac{x}{a-b}=\frac{y}{b-c}=\frac{z}{c-a}=t$，则$x=(a-b)t,y=(b-c)t,z=(c-a)t$，三式相加得$x+y+z=0$，充分。

第三章　集合与函数

第一节　集　　合

一、集合的定义和性质

（一）集合

我们把研究对象称为元素，一些元素组成的总体叫作集合，一般用大写字母 $A,B,C\cdots$ 表示集合，集合中的元素一般用小写字母 $a,b,c\cdots$ 表示。例如，N 表示全体自然数构成的集合，Z 表示所有整数构成的集合，Q 表示有理数集，R 表示实数集。

若集合 A 中不含有任何元素，则称 A 为空集，记为 ϕ。

（二）集合中元素的性质

集合中的元素具有三个特征，即确定性、互异性、无序性。

（三）集合的表示方法

集合的表示有两种：列举法和描述法。列举法即把集合的元素一一列举出来，并用花括号“{}”括起来，基本形式为 $\{a_1,a_2,a_3,\cdots,a_n\}$，适用于有限集或元素间存在规律的无限集，如 $N=\{0,1,2,3,\cdots\}$。描述法，即用集合所含元素的共同特征来表示集合，基本形式为 $A=\{x|P(x)\}$，其中 x 表示集合中的元素，$P(x)$ 表示 x 的属性，比如 $A=\{x|x\in R,|x-3|>0\}$ 表示除3以外的所有实数。

（四）元素和集合的关系

元素和集合的关系只有两种：属于或不属于。若元素a在集合A中，则称元素a属于集合A，记为$a \in A$，否则称元素a不属于集合A，记为$a \notin A$。

二、集合的运算

（一）集合间的关系

对于集合A,B，如果$\forall x \in A$，总有$x \in B$，则称集合A包含于集合B，或集合B包含集合A，记为$A \subseteq B$，此时称A为B的子集。若$A \subseteq B$且$B \subseteq A$，则称A和B相等，记为$A = B$。根据定义，任何集合A都是自身的子集。

如果$A \subseteq B$且B中至少存在一个元素不属于A，即$\forall x \in A$必有$x \in B$且$\exists x_0 \in B$但是$x_0 \notin A$，则称A是B的真子集，记为$A \subset B$。规定空集ϕ是任何非空集合的真子集。

注：有些学者用$A \subset B$表示A包含于B，用$A \subsetneq B$表示A真包含于B。2020年第2题采取后者。

定理：若集合$A = \{a_1, a_2, \cdots, a_n\}$，则$A$的子集共有$2^n$个，真子集有$2^n - 1$个，非空真子集有$2^n - 2$个。

证明：假设$B \subseteq A$，$\forall a_i, i = 1,2,3,\cdots,n$，要么$a_i \in B$，要么$a_i \notin B$，故由乘法原理知共有$\underbrace{2 \times 2 \times \cdots \times 2}_{n} = 2^n$种情况，即$A$的子集有$2^n$个。

（二）集合的运算

集合间的运算有交、并、补三种，运算的结果是集合。

交集：由既属于A又属于B的元素构成的集合，称为A和B的交集，记为$A \cap B$或AB，即$A \cap B = \{x \mid x \in A, x \in B\}$。$A \cap B$是$A$和$B$的子集。

并集：由属于A或属于B的元素构成的集合，称为A和B的并集，记为$A \cup B$，即$A \cup B = \{x \mid x \in A或者x \in B\}$。$A$和$B$是$A \cup B$的子集。

补集：在集合论和数学的其他分支中，存在补集的两种定义——相对补集和绝对补集。

（1）相对补集：若A和B是集合，则A在B中的相对补集是这样一个集合，其元素属于B但不属于A，记为$B - A$。即$B - A = \{x \mid x \in B且x \notin A\}$。

（2）绝对补集：若给定全集U，且$A \subseteq U$，则A的绝对补集（或简称补集）是由所有的属于U但不属于A的元素组成的集合，记为C_UA或$\overline{A}$，即$C_UA=\{x\mid x\in U,x\notin A\}$。可见$A$的绝对补集就是$A$在$U$中的相对补集。

摩根定律（De Morgan定律），又叫反演律，文字叙述为：两个集合的交集的补集等于它们各自补集的并集，两个集合的并集的补集等于它们各自补集的交集。即若集合A、B是全集U的两个子集，则$C_U(A\cap B)=(C_UA)\cup(C_UB)$，$C_{\cup}(A\cap B)=(C_{\cup}A)\cup(C_{\cup}B)$或$\overline{A\cap B}=\overline{A}\cup\overline{B}$，$\overline{A\cup B}=\overline{A}\cap\overline{B}$。

题型归纳与方法技巧

题型一：集合基本概念

例1 下列关于集合的命题正确的有（ ）。

①很小的整数可以构成集合

②集合$\{y\mid y=2x^2+1\}$与集合$\{(x,y)\mid y=2x^2+1\}$是同一个集合

③$1,2,\left|-\frac{1}{2}\right|,0.5,\frac{1}{2}$这些数组成的集合有5个元素

④空集是任何集合的子集

（A）0个 （B）1个 （C）2个 （D）3个 （E）4个

答案：B

解：①“很小的整数”不具确定性，从而不能构成集合，该命题错误；②集合$\{y\}$表示函数$y=2x^2+1$的值域，集合$\{(x,y)\mid y=2x^2+1\}$表示曲线$y=2x^2+1$上的点形成的集合，不是同一集合，该命题错误；③因为$\left|-\frac{1}{2}\right|=\frac{1}{2}=0.5$，所以$1,2,\left|-\frac{1}{2}\right|,0.5,\frac{1}{2}$这些数组成的集合有3个元素，该命题错误；④空集是任何集合的子集，该命题正确。

题型二：集合间的关系

例2（2020-2）设$A=\{x\mid |x-a|<1,x\in R\}$，$B=\{x\mid |x-b|<2,x\in R\}$，则$A\subseteq B$的充分必要条件是（ ）。

（A）$|a-b|\leqslant 1$　（B）$|a-b|\geqslant 1$　（C）$|a-b|<1$　（D）$|a-b|>1$　（E）$|a-b|=1$

答案：A

解：由$|x-a|<1$得$a-1<x<a+1$，由$|x-b|<2$得$b-2<x<b+2$。因为$A\subseteq B$的充分必要条件是A的下界不小于B的下界，A的上界不大于B的上界，所以$\begin{cases}b-2\leqslant a-1\\a+1\leqslant b+2\end{cases}$，解得$\begin{cases}a-b\geqslant -1\\a-b\leqslant 1\end{cases}$，所以$|a-b|\leqslant 1$。

例3　已知集合$M=\{a,2,3+a\}$，集合$N=\{3,2,a^2\}$，若集合$M=N$，则$a=$（　　）。

（A）1　（B）3　（C）0　（D）0或1　（E）-1或2

答案：C

解：由$M=N$得$\begin{cases}a=3\\a^2=3+a\end{cases}$或$\begin{cases}a=a^2\\3+a=3\end{cases}$。易知$\begin{cases}a=3\\a^2=3+a\end{cases}$解集为空，解$\begin{cases}a=a^2\\3+a=3\end{cases}$得$a=0$，此时$M=\{0,2,3\},N=\{0,2,3\}$。

例4　设集合$M=[-2,2]$，集合$N=(-\infty,m]$，$M\cap N=\phi$，则实数m的取值范围是（　　）。

（A）$[-2,+\infty)$　（B）$[2,+\infty)$　（C）$(-2,+\infty)$　（D）$(-\infty,-2)$　（E）$(-\infty,2]$

答案：D

解：因为$M=[-2,2]$，$N=(-\infty,m]$，$M\cap N=\phi$，所以$m<-2$。

注：在数轴上表示集合易于理解，集合N与集合M交集为空，在数轴上是二者“保持距离”的意思，故N的右边界小于M的左边界。

例5　已知$U=\{1,2,3,4,5,6\},A=\{2,3,5,6\},B=\{1,3,4,6\}$，则集合$A\cap\left(C_UB\right)=$（　　）。

（A）$\{2,5\}$　（B）$\{3,6\}$　（C）$\{2,5,6\}$　（D）$\{2,3,5,6\}$　（E）$\{2,3,5\}$

答案：A

解：因为$C_UB=\{2,5\}$，所以$A\cap\left(C_UB\right)=\{2,5\}$。

题型三：元素或子集的个数

例6　已知集合$A=\{1,2\}$，集合B满足$A\cup B=\{1,2\}$，则这样的集合B的个数为（　　）。

（A）0　（B）1　（C）2　（D）3　（E）4

答案：E

解：集合$A=\{1,2\}$，集合B满足$A\cup B=A$，所以$B\subseteq A$，所以$B=\phi,B=\{1\},B=\{2\}$,

$B=\{1,2\}$。即满足条件的集合B有4个。

例7 设集合$A=\{0,1,2\},B=\{-1,1,3\}$，若集合$P=\{(x,y)|x\in A,y\in B,且x\neq y\}$，则集合$P$中元素个数为（　　）。

（A）3个　（B）5个　（C）7个　（D）8个　（E）9个

答案：D

解：$\forall x\in A$，在B中都有3个y与之对应，构成一个有序数对，而A中含有3个元素，因此共有$3\times3=9$个不同的有序数对。又因为$x\neq y$，所以$x=y=1$不合题意，舍去。因此，集合P中元素个数共有8个。

例8 从集合$\{a,b,c,d,e\}$的所有子集中任取一个，所取集合恰是集合$\{a,b,c\}$子集的概率是（　　）。

（A）$\frac{3}{5}$　（B）$\frac{2}{5}$　（C）$\frac{1}{4}$　（D）$\frac{1}{8}$　（E）$\frac{3}{8}$

答案：C

解：集合$\{a,b,c,d,e\}$含有5个元素，所以它的子集共有$n=2^5=32$个。集合$\{a,b,c\}$有3个元素，它的子集共有$m=2^3=8$个。所以所取集合恰是集合$\{a,b,c\}$子集的概率是$p=\frac{m}{n}=\frac{1}{4}$。

题型四：新定义题型

例9 定义集合$A=\{x_1,x_2,\cdots,x_n\},B=\{y_1,y_2,\cdots,y_m\},(n,m\in N^+)$，若$x_1+x_2+\cdots+x_n=y_1+y_2+\cdots+y_m$则称集合$A$、$B$为等和集合。已知以正整数为元素的集合$M,N$是等和集合，其中集合$M=\{1,2,3\}$，则集合$N$的个数有（　　）。

（A）3　（B）4　（C）5　（D）6　（E）8

答案：B

解：集合$M=\{1,2,3\}$，其元素之和为6，以正整数为元素的集合N与M是等和集合，所以N中元素之和也为6。按照N中元素个数分类讨论可知，集合N可能为：$\{6\},\{2,4\},\{1,5\},\{1,2,3\}$，故集合$N$的个数为4。

例10 集合$S=\{0,1,2,3,4,5\}$，A是S的一个子集，当$x\in A$时，若有$x-1\notin A$且$x+1\notin A$，则称x为A的一个“孤立元素”，则S中所有无“孤立元素”的4元子集有（　　）个。

（A）3　（B）4　（C）5　（D）6　（E）7

答案：D

解：依题意可知，如果将集合中的元素从小到大排序，如果数字不连续，则产生孤立元素。如$S=\{0,2,5\}$，则0、2、5都是“孤立元素x”，因此只有数字连续或者每个数字左侧或右侧有连续数字的集合才没有“孤立元素”。因此所求问题的集合可分成如下两类：

（1）4个元素连续的，有3个：$\{0,1,2,3\},\{1,2,3,4\},\{2,3,4,5\}$。

（2）4个元素分两组，每组两个连续的，有3个：$\{0,1,3,4\},\{0,1,4,5\},\{1,2,4,5\}$。

第二节　函　　数

一、函数的定义和性质

（一）函数

设集合A是一个非空的数集，对A中的任意数x，按照确定的法则f，都有唯一确定的数y与它对应，则这种对应关系叫作集合A上的一个函数，记作$y=f(x),x\in A$。其中x叫作自变量，数集A叫作函数的定义域，象集$C=\{f(x)|x\in A\}$叫作值域。例如，$y=|x|,x\in R$是一个函数，它的定义域是全体实数，值域是所有的非负数。当函数的定义域为全体实数时，可以不注明，即$y=|x|$与$y=|x|,x\in R$意义相同。

（二）奇偶性

如果对于函数$f(x)$的定义域内的任意一个x，都有$f(x)=f(-x)$，那么称函数$f(x)$为偶函数，其图像关于y轴对称，如$f(x)=x^2$是偶函数。如果对于函数$f(x)$定义域内的任意一个x，都有$f(-x)=-f(x)$，那么称函数$f(x)$为奇函数，其图像关于原点对称，如$g(x)=x^3$是奇函数。特别地，$f(x)=0$既是奇函数又是偶函数。

如果函数$f(x)$的定义域内存在一个a，使得$f(a)\neq f(-a)$，存在一个b，使得$f(-b)\neq -f(b)$，那么函数$f(x)$既不是奇函数又不是偶函数，称为非奇非偶函数。

两个函数和、差、积的奇偶性判断类似于正数和负数的运算：奇函数+奇函数=奇函数，偶函数+偶函数=偶函数，奇函数×偶函数=奇函数，偶函数×偶函数=偶函数，奇函数×奇函数=偶函数。

（三）单调性

如果对于属于定义域D内某个区间I上的任意两个自变量的值$x_1,x_2\in I$且$x_1>x_2$，都有$f\left(x_1\right)>f\left(x_2\right)$，则称$f(x)$在区间$I$上单调递增。相反地，如果对于属于定义域$D$内某个区间$I$上的任意两个自变量的值$x_1,x_2\in I$且$x_1>x_2$，都有$f\left(x_1\right)<f\left(x_2\right)$，则称$f(x)$在区间$I$上单调递减。

例如，$y=x^3$在其定义域R上单调递增；$y=\log_{\frac{1}{2}}x$在$(0,+\infty)$上单调递减；$y=x^2+6x-5$在其定义内不单调，但是它在$(-\infty,-3)$上单调递减，在$(-3,+\infty)$上单调递增。

若一个函数$f(x)$在区间I上单调，则$\forall x_1,x_2\in I$，只要$x_1\neq x_2$，则$f\left(x_1\right)\neq f\left(x_2\right)$，反之亦然，在充分性判断题中常用该知识点判断解的唯一性。

（四）图像平移

函数图像平移之后得到的图像的解析式遵循“左加右减，下加上减”的原则，设$a>0$，则函数$y=f(x)$向左移动a个单位，函数变成$f(x+a)$，向右移动a个单位，函数变成$f(x-a)$，向上平移a个单位变成$y-a=f(x)$，向下平移a个单位变成$y+a=f(x)$。例如，$y=f(x)=2x^2+3x-1$向左移动1个单位变成$y=f(x+1)=2(x+1)^2+3(x+1)-1$；向右移动1个单位变成$y=f(x-1)=2(x-1)^2+3(x-1)-1$；向下移动1个单位变成$y+1=2x^2+3x-1$，即$y=2x^2+3x-1-1=2x^2+3x-2$；向上移动1个单位变成$y-1=2x^2+3x-1$，即$y=2x^2+3x-1+1=2x^2+3x$。

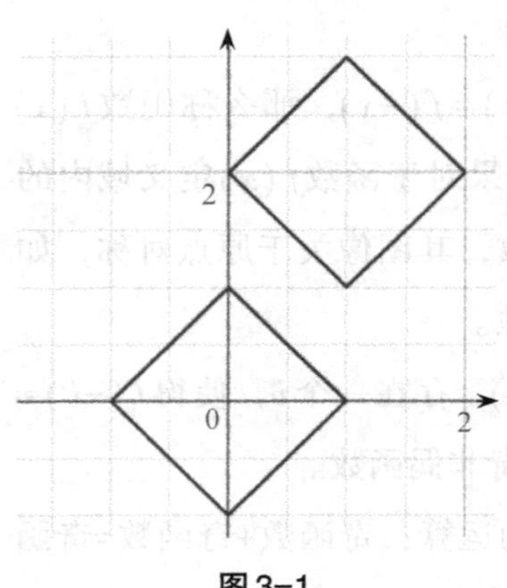

图3-1

一般地，$f(x,y)=0$的图像向左移动$a(a>0)$个单位，向下移动$b(b>0)$个单位，解析式变为$f(x+a,y+b)=0$。例如：$|x|+|y|=1$的图像是中心在原点、边长为$\sqrt{2}$、对角线在对称轴上的正方形，而$|x-2|+|y-2|=1$，则是向右移动2个单位，再向上移动2个单位得到的正方形，两个函数的图像如图3-1所示。

二、一次函数

形如$y = kx + b$（k,b为常数，且$k \neq 0$）的函数叫作一次函数，其中k叫直线的斜率，b叫直线在y轴的截距。斜率决定函数的单调性，截距决定直线与y轴在什么位置相交。具体来说：

$k>0$时，y随x的增大而增大；$k<0$时，y随x的增大而减小。当$k>0,b>0$时，图像经过一、二、三象限；当$k<0,b>0$时，图像经过一、二、四象限；当$k>0,b<0$时，图像经过一、三、四象限；当$k<0,b<0$时，图像经过二、三、四象限。

特别地，当$b=0$时，$y=kx$被称为正比例函数，其图像经过原点。

例1　一次函数$y=kx+b$的图像交x轴于点$A(-2,0)$，交y轴于点B，与两坐标轴所围成的三角形的面积为8，求该函数的表达式。

解：设B点坐标为$(0,t)$，因为ΔAOB面积为8，所以$\frac{1}{2}\cdot 2\cdot|t|=8$，解得$t=8$或$-8$，所以$B$点坐标为$(0,8)$或$(0,-8)$。当直线$y=kx+b$经过$A(-2,0),B(0,8)$时，则$\begin{cases}-2k+b=0\\ b=8\end{cases}$，解得$\begin{cases}k=4\\ b=8\end{cases}$，此时直线为$y=4x+8$；当直线$y=kx+b$经过$A(-2,0),B(0,-8)$时，则$\begin{cases}-2k+b=0\\ b=-8\end{cases}$，解得$\begin{cases}k=-4\\ b=-8\end{cases}$，此时直线为$y=-4x-8$。综上$y=4x+8$或$y=-4x-8$。

注：点$P(a,b)$到x轴距离是$|b|$，到y轴距离是$|a|$，不是b和a。

三、一元二次函数

（一）定义

一般地，形如$y=ax^2+bx+c$（a,b,c是常数，$a\neq 0$）的函数叫一元二次函数，其中x是自变量，a,b,c分别是函数解析式的二次项系数、一次项系数和常数项。例如，$y=ax^2,y=ax^2+c,y=ax^2+bx,y=ax^2+bx+c(a\neq 0)$都是二次函数，唯一的要求是二次项系数非0。

（二）一元二次函数$y=ax^2+bx+c(a\neq 0)$图像的性质

图像形状：其图像是一条抛物线，当$a>0$时开口向上，当$a<0$时开口向下；

对称轴和顶点：$y=ax^2+bx+c$可通过配方化成$y=a\left(x+\frac{b}{2a}\right)^2+\frac{4ac-b^2}{4a}$，所以抛物线的对称轴是竖直线$x=-\frac{b}{2a}$，顶点是$\left(-\frac{b}{2a},\frac{4ac-b^2}{4a}\right)$。

单调性和最值：当$a>0$时，若$x<-\frac{b}{2a}$，y随x的增大而减小，若$x>-\frac{b}{2a}$，y随x的增大而增大；当$a<0$时，若$x<-\frac{b}{2a}$，y随x的增大而增大，若$x>-\frac{b}{2a}$时，y随x的增大而减小。当$a>0$时，值域为$\left\{y\middle|y\geqslant\frac{4ac-b^2}{4a}\right\}$；当$a<0$时，值域为$\left\{y\middle|y\leqslant\frac{4ac-b^2}{4a}\right\}$。当$x=-\frac{b}{2a}$时，函数取到最值$\frac{4ac-b^2}{4a}$，由图像对称性知，离对称轴越近的点的函数值越接近最值。

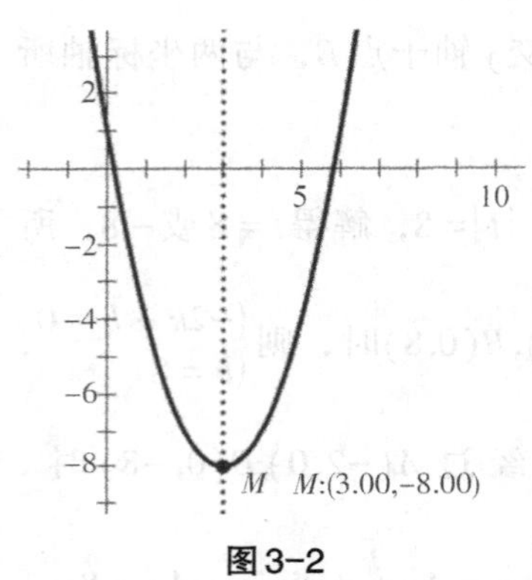

图3-2

例2 求x^2-6x+1的最小值。

解：因为$x^2-6x+1=(x-3)^2-9+1=(x-3)^2-8\geqslant-8$，当且仅当$x=3$时取到$-8$，故$x^2-6x+1$的最小值是$-8$。其中$x=3$是图像的对称轴，$M(3,-8)$是图像的顶点，其图像如图3-2所示。

例3 已知抛物线$y=x^2-2mx+3m+4$。

（1）抛物线经过原点时，求m的值；（2）顶点在x轴上时，求m的值。

解：（1）因为抛物线$y=x^2-2mx+3m+4$经过原点，所以$3m+4=0$，解得$m=-\frac{4}{3}$。

（2）因为抛物线$y=x^2-2mx+3m+4$顶点在x轴上，所以顶点纵坐标为0，由顶点坐标公式$\left(-\frac{b}{2a},\frac{4ac-b^2}{4a}\right)$知$\frac{4ac-b^2}{4a}=0$，解得$m_1=4,m_2=-1$。

例4 点$P_1(-1,y_1),P_2(2,y_2),P_3(5,y_3)$均在二次函数$y=-x^2+2x+c$的图像上，求$y_1,y_2,y_3$的大小关系。

解：二次函数$y=-x^2+2x+c$的对称轴为直线$x=-\frac{2}{2\times(-1)}=1$，按照与$x=1$的距离从大到小分别是5，−1，2，所以由图像可知，越接近对称轴的点对应的函数值越大，故$y_2>y_1>y_3$。

四、指数函数

（一）定义

形如$y=a^x$（a为常数$a>0,a\neq 1$）的函数叫作指数函数，a被称为底数。指数函数的定义域是R，对于一切指数函数，其值域均为$(0,+\infty)$。指数函数中a^x前面的系数为1，例如：$y=3^x,y=\pi^x,\cdots$，都是指数函数，但是$y=2\cdot 3^x$不是指数函数，因为3^x前的系数为2。

例5　函数$f(x)=(a^2-3a+3)a^x$是指数函数，则a的值为（　　）。

（A）1　（B）3　（C）2　（D）1或3　（E）2或3

答案：C

解：由题意得：$\begin{cases}a^2-3a+3=1\\a>0,a\neq 1\end{cases}$，解得$a=2$。

（二）指数的运算性质

（1）$a^r\cdot a^s=a^{r+s}$。

（2）$a^r\div a^s=a^{r-s}$。

（3）$(a^r)^s=a^{rs}$，由此得$(a^r)^s=(a^s)^r$，如$4^x=(2^2)^x=(2^x)^2$。

（4）$(ab)^m=a^mb^m$；$\left(\dfrac{a}{b}\right)^m=\dfrac{a^m}{b^m}$；$\sqrt[m]{\dfrac{a}{b}}=\dfrac{\sqrt[m]{a}}{\sqrt[m]{b}}(a\geqslant 0,b>0)$。

（5）规定$a^0=1,a^{-p}=\dfrac{1}{a^p}(a\neq 0),a^{\frac{1}{n}}=\sqrt[n]{a}$，如$a^{-2}=\dfrac{1}{a^2},a^{\frac{1}{2}}=\sqrt{a},a^{\frac{1}{3}}=\sqrt[3]{a},8^{\frac{1}{3}}=2$。

（三）指数函数图像的特点

（1）指数函数恒过$(0,1)$点。

（2）当$a>1$时，a^x单调递增；当$0<a<1$时，a^x单调递减（图3-3）。

例6　指数函数$y=f(x)$的图像经过点$\left(-2,\dfrac{1}{4}\right)$，那么$f(4)f(2)=$（　　）。

（A）8　（B）16　（C）32　（D）64　（E）16或32

答案：D

解：由$y=f(x)=a^x$的图像经过点$\left(-2,\dfrac{1}{4}\right)$，可得$a^{-2}=\dfrac{1}{4}$，解得$a=2$，所以函数的解析式为$y=2^x$，所以$f(4)f(2)=2^4\cdot 2^2=64$。

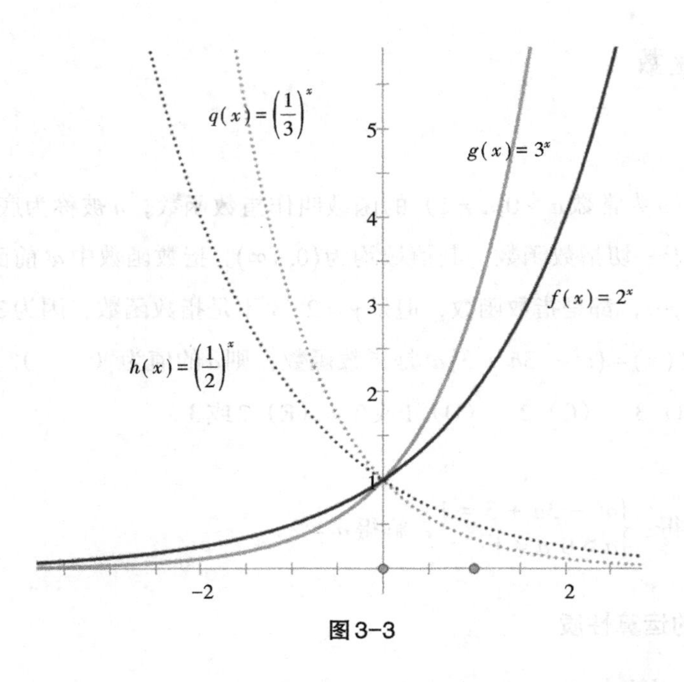

图3-3

例7 函数$y=a^{x-3}+2$（$a>0$且$a\neq1$）的图像一定经过点P，则P点的坐标为（　　）。

（A）$(-2,-3)$　（B）$(3,3)$　（C）$(3,2)$　（D）$(-3,-2)$　（E）$(-3,3)$

答案：B

解：函数$y=a^x$的图像恒过点$P(m,n)$是指m能消除a的影响，故当$x=3$时，$y=a^{x-3}+2=3$，只有此时与a无关，所以函数$y=a^{x-3}+2$的图像过定点$P(3,3)$。

注：$y=a^x$实际是含参数a的指数函数，当a变化时，$y=a^x$表示不同的指数函数，故$y=a^x$被称为曲线系，具体而言是指数函数系。

例8 函数$y=4^x+2^{x+1}+5,x\in[1,2]$的最大值为（　　）。

（A）20　（B）25　（C）29　（D）31　（E）32

答案：C

解：因为$x\in[1,2]$时，4^x和2^{x+1}都是单调递增的，所以$y=4^x+2^{x+1}+5$单调递增，故$x=2$时达到最大值，最大值为$y(2)=4^2+2^3+5=29$。

五、对数函数

（一）定义

一般地，如果$a^b=N(a>0,a\neq1)$，那么b叫作以a为底的N的对数，记作$\log_a N=b$，

读作以a为底N的对数，其中a叫作底数，N叫作真数。

形如$y=\log_a x$的函数叫对数函数$(a>0,a\neq 1,x>0)$。

（二）对数函数的性质

当$a>0$且$a\neq 1$时，若$M>0,N>0$，那么：

（1）$\log_a(MN)=\log_a M+\log_a N$。

（2）$\log_a\frac{M}{N}=\log_a M-\log_a N$。

（3）$\log_a M^N=N\cdot\log_a M,(N\in R)$。

（4）$\log_a 1=0,\log_a a=1,\log_{a^N}(b^M)=\frac{M}{N}\log_a b$。

（5）$\log_a b=\frac{\log_M b}{\log_M a}$，由此得$\log_b a=\frac{\log_M a}{\log_M b}=\frac{1}{\log_a b}$。

（三）对数函数图像的特点

（1）对数函数恒过$(1,0)$点。

（2）当$a>1$时，$\log_a^x$单调递增；当$0<a<1$时，$\log_a^x$单调递减（图3-4）。

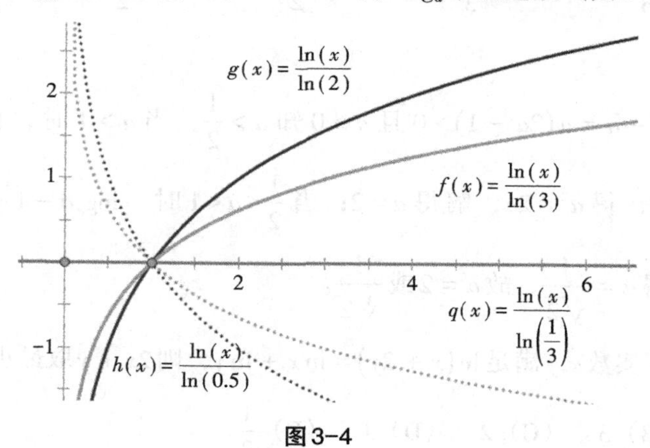

图3-4

（四）常用对数与自然对数

以10为底的对数被称为常用对数，记为$\lg x$，以$e(e\approx 2.71828127459045\cdots)$为底的对数被称为自然对数，记为$\ln x$。

例9　已知$2^a=5,\log_8 3=b$，则$4^{a-3b}=$（　　）。

（A）25　（B）5　（C）$\frac{25}{9}$　（D）$\frac{5}{3}$　（E）$\frac{9}{25}$

答案：C

解：由$\log_8 3=b$得$8^b=3$，故$4^{a-3b}=\frac{4^a}{4^{3b}}=\frac{(2^a)^2}{(2^{3b})^2}=\frac{5^2}{\left((2^3)^b\right)^2}=\frac{25}{(8^b)^2}=\frac{25}{9}$。

例10　已知符号$[x]$表示“不超过x的最大整数”，如$[-2]=-2,[-1.5]=-2,[2.5]=2$，则$\left[\log_2\frac{1}{4}\right]+\left[\log_2\frac{1}{3}\right]+\left[\log_2\frac{1}{2}\right]+\left[\log_2{}^1\right]+\left[\log_2{}^2\right]+\left[\log_2{}^3\right]+\left[\log_2{}^4\right]$的值为（　）。

（A）-1　（B）-2　（C）0　（D）1　（E）2

答案：A

解：因为$\log_2\frac{1}{4}<\log_2\frac{1}{3}<\log_2\frac{1}{2}$，所以$-2<\log_2\frac{1}{3}<-1$，故$\left[\log_2\frac{1}{3}\right]=-2$，同理$\left[\log_2{}^3\right]=1$，所以原式$=-2+(-2)+(-1)+0+1+1+2=-1$。

例11　若函数$f(x)=\log_a x$（$a>0$且$a\neq1$）在区间$[a,2a^2]$上的最大值比最小值多2，则$a=$（　）。

（A）2或$\frac{1}{\sqrt[3]{2}}$（B）3或$\frac{1}{3}$（C）4或$\frac{1}{2}$（D）2或$\frac{1}{2}$（E）$\frac{1}{2}$或$\frac{1}{\sqrt[3]{2}}$

答案：A

解：由$2a^2-a=a(2a-1)>0$且$a>0$知$a>\frac{1}{2}$。当$a>1$时，由题意得$\log_a(2a^2)-\log_a a=\log_a 2a=2$，得$a^2=2a$，解得$a=2$；当$\frac{1}{2}<a<1$时，$\log_a a-\log_a(2a^2)=\log_a\frac{1}{2a}=2$，得$a^2=\frac{1}{2a}$，解得$a=\frac{1}{\sqrt[3]{2}}$，故$a=2$或$\frac{1}{\sqrt[3]{2}}$。

例12　若正实数x,y满足$\ln(x+2y)=\ln x+\ln y$，则$2x+y$取最小值时，$x=$（　）。

（A）5　（B）3　（C）2　（D）1　（E）$\frac{1}{2}$

答案：B

解：因为$\ln(x+2y)=\ln x+\ln y$，所以$x+2y=xy$且$x>0,y>0$，故$\frac{2}{x}+\frac{1}{y}=1$。所以$2x+y=(2x+y)\left(\frac{2}{x}+\frac{1}{y}\right)=4+\frac{2x}{y}+\frac{2y}{x}+1\geqslant4+2\sqrt{\frac{2x}{y}\cdot\frac{2y}{x}}+1=9$，当且仅当$\frac{2x}{y}=\frac{2y}{x}$，即$x=y=3$时取等号。

六、分段函数

分段函数是指对于自变量x的不同取值范围有不同解析式的函数，如$|x|=\begin{cases}x,x\geqslant 0\\-x,x<0\end{cases}$就是分段函数。分段函数是一个函数，而不是几个函数，它的定义域是各段函数定义域的并集，值域也是各段函数值域的并集。

例13　若函数$f(x)=\begin{cases}x+1,x\geqslant 0\\f(x+2),x<0\end{cases}$，则$f(-3)$的值为（　　）。

（A）5　（B）−1　（C）−7　（D）2　（E）3

答案：D

解：因为$-3<0$，根据定义可知$f(-3)=f(-3+2)=f(-1)$，由$-1<0$得$f(-1)=f(-1+2)=f(1)$，由$1>0$得$f(1)=1+1=2$。

例14　已知函数$f(x)=\begin{cases}x+2,x\leqslant -2\\x^2,-2<x<2\\2x,x\geqslant 2\end{cases}$，若$f(a)=8$，则$a$等于（　　）。

（A）6　（B）$\pm 2\sqrt{2}$　（C）4　（D）−6　（E）−4

答案：C

解：若$a\geqslant 2$，则$f(a)=2a=8$，故$a=4$；若$-2<a<2$，则$f(a)=a^2=8$，解得$a=\pm 2\sqrt{2}$（舍去）；若$a\leqslant -2$，则$f(a)=a+2=8$，解得$a=6$（舍去）。综上可得$a=4$。

七、对勾函数

形如$y=ax+\frac{b}{x}(ab>0)$的函数被称为对勾函数，其图像类似于反比例函数的双曲线，酷似“√”，故名对勾函数，又被称为“双勾函数”“勾函数”“对号函数”或“双飞燕函数”等。例如，$y=x+\frac{1}{x}$是$a=b=1$的情况。

当$a>0,b>0$时，图像在第一、三象限，其图像如图3-5所示。由均值不等式知$a|x|+\frac{b}{|x|}\geqslant 2\sqrt{ab}$，当且仅当$a|x|=\frac{b}{|x|}$，即$x=\pm\sqrt{\frac{b}{a}}$时达到最小值，故第一象限内顶点为$A\left(\sqrt{\frac{b}{a}},2\sqrt{ab}\right)$，第三象限内，图像顶点为$B\left(-\sqrt{\frac{b}{a}},-2\sqrt{ab}\right)$。

同理，当$a<0,b<0$时，图像在第二、四象限。第二象限内顶点为$C\left(-\sqrt{\frac{b}{a}},2\sqrt{ab}\right)$，第四象限内，图像顶点为$D\left(\sqrt{\frac{b}{a}},-2\sqrt{ab}\right)$。

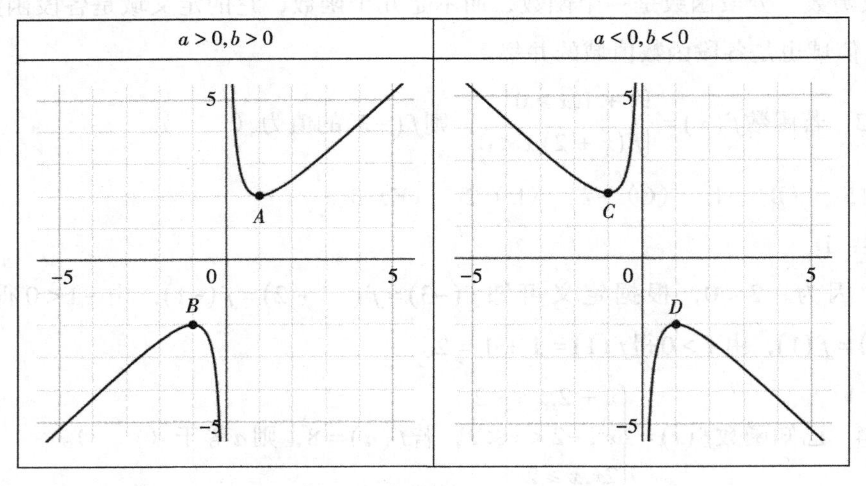

图3–5

例15 对于函数$y=x+\frac{4}{x}$，当$x\in\left[\frac{1}{3},4\right]$时，$y$的取值范围是（　　）。

（A）$\left\{y\middle|4<y<\frac{37}{3}\right\}$　（B）$\left\{y\middle|5\leqslant y\leqslant\frac{37}{3}\right\}$　（C）$\left\{y\middle|4\leqslant y\leqslant\frac{37}{3}\right\}$

（D）$\left\{y\middle|4\leqslant y\leqslant 5\right\}$　（E）$\left\{y\middle|5<y\leqslant\frac{37}{3}\right\}$

答案：C

解：由题意$x>0$，故$y=x+\frac{4}{x}\geqslant 2\sqrt{x\cdot\frac{4}{x}}=4$，当且仅当$x=2$时等号成立。根据对勾函数的性质知$f(x)$在$\left[\frac{1}{3},2\right)$递减，在$(2,4]$递增，又因为$f\left(\frac{1}{3}\right)=\frac{37}{3}$，$f(4)=5$，所以当$x\in\left[\frac{1}{3},4\right]$时函数的值域是$\left[4,\frac{37}{3}\right]$。

例16 已知函数$y=\frac{12}{x}+3x(x>0)$，当$x=a$时，y取最小值b，则$a+b=$（　　）。

（A）10　（B）12　（C）14　（D）$12\sqrt{3}$　（E）15

答案：C

解：因为$x>0$，所以$y=\frac{12}{x}+3x\geqslant 2\sqrt{\frac{12}{x}\cdot 3x}=12$，当且仅当$\frac{12}{x}=3x$，即$x=2$时等号成立，故$a=2,b=12,a+b=14$。

八、最值中的最值

这里的最值中的最值指最大值中的最小值或者最小值中的最大值，一般有两种情况，一种是多个函数的最大值函数构成的函数的最小值，或者多个函数的最小值函数构成的函数的最大值，一般通过分类讨论并结合图像解决；另一种是多个变量满足一定条件，求这些变量的最大值的最小值或者最小值的最大值。

例 17　已知整数x满足$-5\leqslant x\leqslant 5, y_1=x+1, y_2=2x+4$，对于任意一个$x$，$m$都取$y_1$、$y_2$中的最小值，则$m$的最大值是（　　）。

（A）-4　（B）-6　（C）14　（D）6　（E）0

答案：D

解：联立两函数的解析式$\begin{cases}y=x+1\\y=2x+4\end{cases}$，解得$\begin{cases}x=-3\\y=-2\end{cases}$，即两函数图像交点为$A(-3,-2)$。由图3-6可知，当$x<-3$时，$2x+4<x+1$；当$x\geqslant -3$时，$2x+4\geqslant x+1$，所以$f(x)=\min\{x+1,2x+4\}=\begin{cases}2x+3, x<-3\\x+1, x\geqslant -3\end{cases}$，其图像是图3-6中实线部分。因为当$-5\leqslant x\leqslant 5$时，$y_1$和$y_2$都是单调递增的，因此当$x=5$时，$f(x)$达到最大值，最大值为$f(5)=5+1=6$。

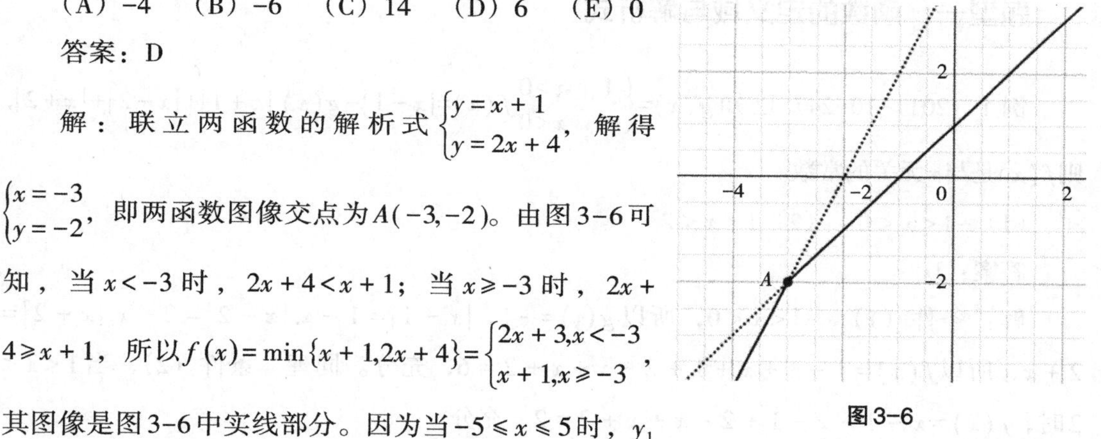

图3-6

九、复合函数

设y是u的函数$y=f(u)$，u是x的函数$u=\varphi(x)$，如果$\varphi(x)$的值全部或部分在$f(u)$的定义域内，则y通过u成为x的函数，记作$y=f[\varphi(x)]$，称为由函数$y=f(u)$与$u=\varphi(x)$复合而成的复合函数。简单来说，复合函数的函数值就是一个变量被两个或两个以上函数连续变化的结果。

例如，$y=\sqrt{x^2+2}$是由$y=f(u)=\sqrt{u}$和$u=x^2+2$复合而成的，这里变量x先被变成

x^2+2，再被变成$\sqrt{x^2+2}$。

例18 $f(x)=\begin{cases}x^2,x>0\\ \pi,x\leqslant 0\end{cases}$，则$f\{f[f(-3)]\}$等于（　　）。

（A）0　（B）π^2　（C）π^4　（D）9　（E）π^3

答案：C

解：因为$-3<0$，所以$f(-3)=\pi, f[f(-3)]=f(\pi)=\pi^2>0$，所以$f\{f[f(-3)]\}=f(\pi^2)=\pi^4$。

题型归纳与方法技巧

题型一：函数的定义域与解析式

例1（2011-10-24）已知$g(x)=\begin{cases}1 & x>0\\ -1 & x<0\end{cases}, f(x)=|x-1|-g(x)|x+1|+|x-2|+|x+2|$，则$f(x)$是与$x$无关的常数。

（1）$-1<x<0$　（2）$1<x<2$

答案：D

解：条件（1），$-1<x<0$，所以$g(x)=-1$，$|x-1|=1-x, |x-2|=2-x, |x+2|=2+x$，所以$f(x)=1-x+x+1+2-x+x+2=6$，充分。同理，条件（2），当$1<x<2$时，$f(x)=x-1-x-1+2-x+x+2=2$，充分。

例2（2013-10-19）已知$f(x,y)=x^2-y^2-x+y+1$，则$f(x,y)=1$。

（1）$x=y$　（2）$x+y=1$

答案：D

解：条件（1），当$x=y$时，代入得$f(x,y)=1$，充分。条件（2），当$x+y=1$时，$f(x,y)=x^2-y^2-x+y+1=(x+y)(x-y)-(x-y)+1=1$，充分。

例3　设函数$f(x)=a_0(1+r)^x$，且$f(3)=20, f(4)=22$，则$f(5)=$（　　）。

（A）24　（B）24.2　（C）26　（D）26.5　（E）42

答案：B

解：根据题意知$\frac{f(4)}{f(3)}=\frac{a_0(1+r)^4}{a_0(1+r)^3}=1+r=\frac{11}{10}$，又因为$\frac{f(5)}{f(4)}=\frac{a_0(1+r)^5}{a_0(1+r)^4}=1+r=\frac{11}{10}$，所以$f(5)=22\times\frac{11}{10}=24.2$。

例4　已知函数$f\left(x-\frac{1}{x}\right)=x^2+\frac{1}{x^2}$，则$f\left(\frac{3}{2}\right)=$（　　）。

（A）$\frac{17}{4}$　（B）4　（C）$\frac{7}{2}$　（D）$\frac{13}{4}$　（E）$\frac{13}{2}$

答案：A

解1：根据题意，函数$f\left(x-\frac{1}{x}\right)=x^2+\frac{1}{x^2}$，令$x=2$可得：$f\left(\frac{3}{2}\right)=4+\frac{1}{4}=\frac{17}{4}$。

解2：因为$x^2+\frac{1}{x^2}=\left(x-\frac{1}{x}\right)^2+2$，所以$f\left(x-\frac{1}{x}\right)=\left(x-\frac{1}{x}\right)^2+2$，令$x-\frac{1}{x}=t$，则$f(t)=t^2+2$，故$f\left(\frac{3}{2}\right)=\left(\frac{3}{2}\right)^2+2=\frac{17}{4}$。

题型二：函数图像性质与基本运算

例5（2020-23）设函数$f(x)=(ax-1)\cdot(x-4)$，则在$x=4$左侧附近有$f(x)<0$。

（1）$a>\frac{1}{4}$　（2）$a<4$

答案：A

解：$f(x)=(ax-1)\cdot(x-4)$的两个零点分别为$x=4$和$x=\frac{1}{a}$。条件（1），$a>\frac{1}{4}$，所以该抛物线开口向上，它的两个零点是$\left(\frac{1}{a},0\right)$、$(4,0)$，又因为$\frac{1}{a}<4$，故由二次函数图像可知，在$x=4$左侧附近有$f(x)<0$，充分；条件（2），不妨令$a=0$，此时$f(x)=(ax-1)\cdot(x-4)=-x+4$，当$x<4$时$-x>-4$，所以$f(x)>0$，故不充分。

例6（2009-1-18）$|\log_a x|>1$。

（1）$x\in[2,4],\frac{1}{2}<a<1$　　（2）$x\in[4,6],1<a<2$

答案：D

解1：（1）当$\frac{1}{2}<a<1$时，$\log_a x$单调递减，$2\leqslant x\leqslant 4$，故$\log_a x\leqslant\log_a 2$，又因为$\frac{1}{2}<a$，

由对数函数单调性及图像可知，$\log_a 2 \leqslant \log_{\frac{1}{2}} 2 = -1$（见图3-7），故$\left|\log_a x\right| > 1$。同理可证，条件（2）也充分。

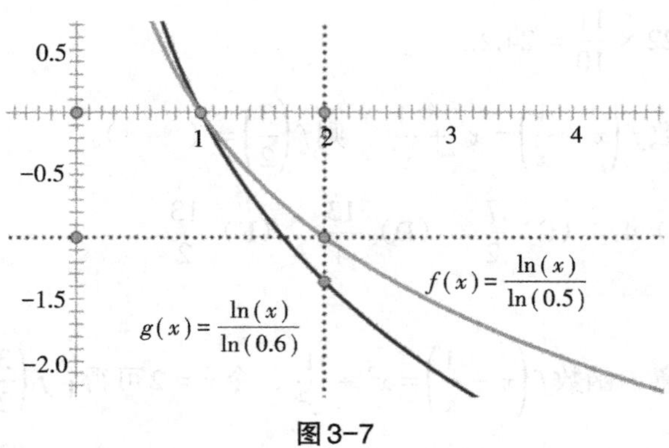

图3-7

解2：条件（1），当$\dfrac{1}{2} < a < 1$时，$\log_a x$单调递减，$2 \leqslant x \leqslant 4$，故$\log_a x \leqslant \log_a 2$。又因为$\dfrac{1}{2} < a < 1$，所以$0 > \log_2 a > \log_2 \dfrac{1}{2} =- 1$，所以$\log_a 2 = \dfrac{1}{\log_2 a} < -1$，故$\left|\log_a x\right| > 1$。同理可证，条件（2）也充分。

例7 已知不等式$2^x - \log_a x < 0$，当$x \in \left(0, \dfrac{1}{2}\right)$时恒成立，则实数$a$的取值范围为（　　）。

（A）$\left(\dfrac{1}{2}\right)^{\frac{\sqrt{2}}{2}} < a < 2$　（B）$0 < a < 1$　（C）$\dfrac{1}{2} < a < 1$　（D）$\left(\dfrac{1}{2}\right)^{\frac{\sqrt{2}}{2}} < a < 1$

（E）以上答案均不正确

答案：D

解：由题意知$x = \dfrac{1}{2}$是$2^x - \log_a x = 0$的解，故$2^{\frac{1}{2}} = \log_a^{\frac{1}{2}}$，两端取以$a$为底的指数得$a^{2^{\frac{1}{2}}} = a^{\log_a^{\frac{1}{2}}}$，即$a^{\sqrt{2}} = \dfrac{1}{2}$，所以$\left(a^{\sqrt{2}}\right)^{\frac{\sqrt{2}}{2}} = \left(\dfrac{1}{2}\right)^{\frac{\sqrt{2}}{2}}$，即$a = \left(\dfrac{1}{2}\right)^{\frac{\sqrt{2}}{2}}$。令$a_0 = \left(\dfrac{1}{2}\right)^{\frac{\sqrt{2}}{2}}$，如图3-8所示，虚线对应$\log_{a_0} x$的图像，欲使$x \in \left(0, \dfrac{1}{2}\right)$时，$2^x < \log_a x$，则在第一象限内$\log_a x$的图像在$\log_{a_0} x$的右侧，由对数函数图像性质知，$a > \left(\dfrac{1}{2}\right)^{\frac{\sqrt{2}}{2}}$，又因为$\log_a x$递减，所以$a < 1$。故$\left(\dfrac{1}{2}\right)^{\frac{\sqrt{2}}{2}} < a < 1$。

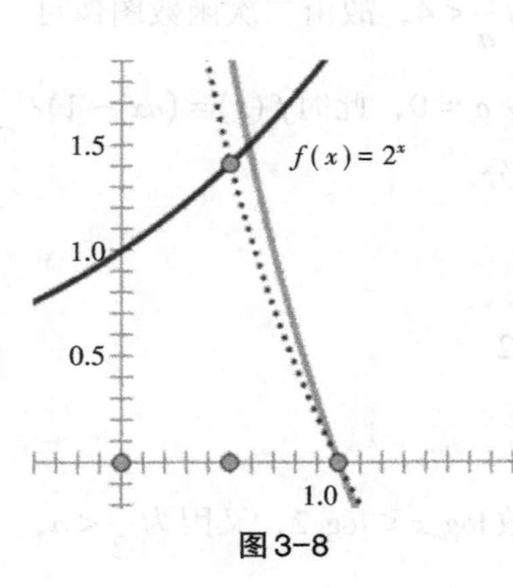

图3-8

例 8（2021-5）设二次函数$f(x)=ax^2+bx+c$，且$f(2)=f(0)$，则$\dfrac{f(3)-f(2)}{f(2)-f(1)}=$（　　）。

（A）2　（B）3　（C）4　（D）5　（E）6

答案：B

解 1：由$f(2)=f(0)$得$f(x)$的对称轴为$-\dfrac{b}{2a}=1$，故$b=-2a$，所以$f(x)=ax^2-2ax+c$，故$\dfrac{f(3)-f(2)}{f(2)-f(1)}=\dfrac{(9a-6a+c)-(4a-4a+c)}{(4a-4a+c)-(a-2a+c)}=\dfrac{3a}{a}=3$。

解 2：特殊值法。令$f(x)=x(x-2)$或者$f(x)=(x-1)^2$即可。

例 9　设a,b,c都是正数，且$3^a=4^b=6^c$，那么（　　）。

（A）$\dfrac{1}{c}=\dfrac{1}{a}+\dfrac{1}{b}$　（B）$\dfrac{2}{c}=\dfrac{2}{a}+\dfrac{1}{b}$　（C）$\dfrac{1}{c}=\dfrac{2}{a}+\dfrac{2}{b}$

（D）$\dfrac{2}{c}=\dfrac{1}{a}+\dfrac{2}{b}$　（E）$\dfrac{2}{c}=\dfrac{1}{a}+\dfrac{1}{b}$

答案：B

解 1：因为a,b,c都是正数，且$3^a=4^b=6^c=M$，则$a=\log_3 M,b=\log_4 M,c=\log_6 M$，将其代入答案 B 中，左边$=\dfrac{2}{c}=\dfrac{2}{\log_6 M}=\dfrac{\lg 36}{\lg M}$，而右边$=\dfrac{2}{a}+\dfrac{1}{b}=\dfrac{2\lg 3}{\lg M}+\dfrac{\lg 4}{\lg M}=\dfrac{\lg 3^2\times 4}{\lg M}=\dfrac{\lg 36}{\lg M}$，左边等于右边。

解 2：因为a,b,c都是正数，且$3^a=4^b=6^c=M$，则$a=\log_3 M,b=\log_4 M,c=\log_6 M$，由换底公式得，$\dfrac{1}{a}=\log_M 3,\dfrac{1}{b}=\log_M 4=2\log_M 2,\dfrac{1}{c}=\log_M 6=\log_M 2+\log_M 3$，故 B 正确。

例 10　已知$0<a<1,b>1$，且$ab>1$，则下列正确的是（　　）。

（A）$\log_a\dfrac{1}{b}<\log_a b<\log_b\dfrac{1}{b}$　（B）$\log_a b<\log_b\dfrac{1}{b}<\log_a\dfrac{1}{b}$　（C）$\log_a b<\log_a\dfrac{1}{b}<\log_b\dfrac{1}{b}$

（D）$\log_b\dfrac{1}{b}<\log_a\dfrac{1}{b}<\log_a b$　（E）$\log_a\dfrac{1}{b}<\log_b\dfrac{1}{b}<\log_a b$

答案：B

解 1：因为$b>1,\dfrac{1}{b}<1$，$0<a<1$，所以$\log_a\dfrac{1}{b}>\log_a b$，排除 A，D。$\log_b\dfrac{1}{b}=-1=\log_a\dfrac{1}{a}$，而$\dfrac{1}{a}>1,\dfrac{1}{b}<1$，故$\log_a\dfrac{1}{b}>\log_a\dfrac{1}{a}=-1$，排除C，E。

解2：特殊值法，令$b=4,a=\frac{1}{2}$即可。

例11 若$x,y,z\in R$，则$x+y+z=0$。

（1）$a^xb^yc^z=a^yb^zc^x=a^zb^xc^y=1$ （2）$a>1,b>1,c>1$

答案：C

解析：条件（1），三式连乘得$(abc)^{x+y+z}=1$，故$abc=1$或$x+y+z=0$。所以不充分。条件（2），未陈述x,y,z，故不充分。联合考察，排除$abc=1$，故$x+y+z=0$。

题型三：函数的应用

例12 一个容器有进水管和出水管，每分钟的进水量和出水量是两个常数。从某时刻开始4 min内只进水不出水，从第4 min到第24 min内既进水又出水，从第24 min开始只出水不进水，容器内水量y（单位：L）与时间x（单位：min）之间的关系如图3-9所示，则图中a的值是（ ）。

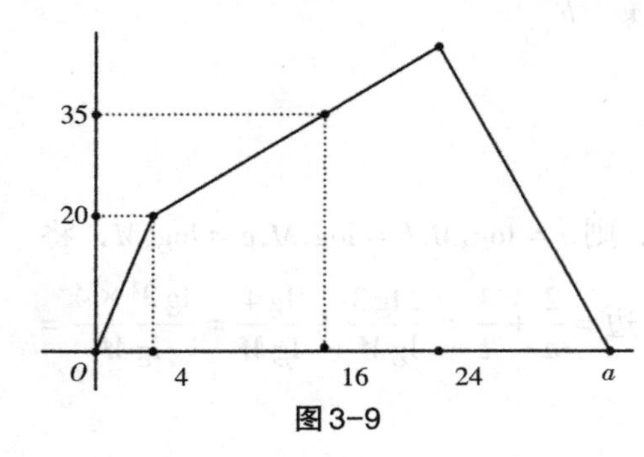

图3-9

（A）32 （B）34 （C）36

（D）38 （E）40

答案：C

解：由图像可知，进水的速度为每分钟$20\div 4=5$L，从第4min到第16min共进水15L，每分钟净进水$\frac{5}{4}$L，所以出水的速度为每分钟$5-\frac{5}{4}=\frac{15}{4}$L，第24min时的水量为$20+\frac{5}{4}\times(24-4)=45$L，所以需要$45\div\frac{15}{4}=12$min放完，故$a=36$。

例13 某快递公司每天上午9:00~10:00为集中揽件和派件时段，甲仓库用来揽收快件，乙仓库用来派发快件，该时段内甲、乙两仓库的快件数量y（件）与时间x（分）之间的函数图像如图3-10所示，图中$A(0,240),B(60,0)$。那么当两仓库快递件数相同时，此刻的时间为（ ）。

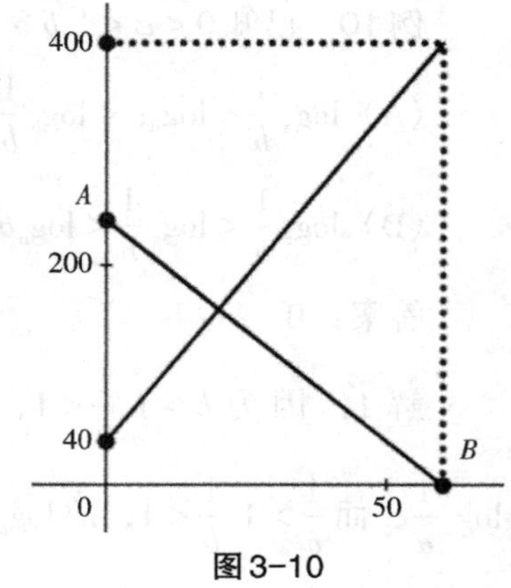

图3-10

（A）9:15 （B）9:20 （C）9:25

（D）9:30 （E）9:35

答案：B

解：设甲乙仓库的快件数量与时间之间的函数关系式分别为$y_1=k_1x+40$，$y_2=k_2x+240$。由题意得$60k_1+40=400$，解得$k_1=6$，所以$y_1=6x+40$。$60k_2+240=0$，解得$k_2=-4$，所以$y_2=-4x+240$，联立$\begin{cases}y=6x+40\\y=-4x+240\end{cases}$，解得$\begin{cases}x=20\\y=160\end{cases}$，所以9:20时两仓库快递数量相等。

例14　飞机着陆后滑行的距离s（单位：m）与滑行的时间t（单位：s）的函数解析式是$s=60t-1.5t^2$，那么飞机着陆后滑行（　　）才能停下来。

（A）10s　（B）20s　（C）30s　（D）40s　（E）45s

答案：B

解：因为滑行过程中，滑行距离随着速度的降低而增加，当速度为0时停止滑行，此时滑行距离最长。故当s取到最大值，即$t=-\frac{b}{2a}=-\frac{60}{2\times(-15)}=20$（秒）时飞机停下来。

例15　一件工艺品进价为100元，按标价135元售出，每天可售出100件。若每降价1元出售，则每天可多售出4件，要使每天获得的利润最大，每件需降价（　　）元。

（A）5　（B）10　（C）15　（D）16　（E）18

答案：A

解：设每件降价x元，则每件的利润为$135-100-x$元，每天售出的件数为$100+4x$件，故利润$y=(135-100-x)(100+4x)=-4x^2+40x+3500=-4(x-5)^2+3600$，所以$x=5$时利润最大。

题型四：函数的最值问题

例16（2012-10-14）若不等式$\frac{(x-a)^2+(x+a)^2}{x}>4$对$x\in(0,+\infty)$恒成立，则常数$a$的取值范围（　　）。

（A）$(-\infty,-1)$　（B）$(1,+\infty)$　（C）$(-1,1)$　（D）$(-1,+\infty)$

（E）$(-\infty,-1)\cup(1,+\infty)$

答案：E

解：由题意知，当$x>0$时，$\frac{(x-a)^2+(x+a)^2}{x}>4$，故$x+\frac{a^2}{x}>2$，所以$x+\frac{a^2}{x}$的最小值大于2。由均值不等式知$x+\frac{a^2}{x}\geqslant 2\cdot\sqrt{x\cdot\frac{a^2}{x}}=2|a|$，故$2|a|>2$，解得$a<-1$或$a>1$。

例17（2021-13）函数$f(x)=x^2-4x-2|x-2|$的最小值为（　）。

（A）−4　（B）−5　（C）−6　（D）−7　（E）−8

答案：B

解：令$|x-2|=t$，则$x^2-4x=(x-2)^2-4=t^2-4$，所以$f(x)=t^2-4-2t=(t-1)^2-5\geqslant-5$，当且仅当$t=1$，即$|x-2|=1$时等号成立。

例18（2022-3）设x,y为实数，则$f(x,y)=x^2+4xy+5y^2-2y+2$的最小值是（　）。

（A）1　（B）$\frac{1}{2}$　（C）2　（D）$\frac{3}{2}$　（E）3

答案：A

解：因为$f(x,y)=x^2+4xy+5y^2-2y+2=(x+2y)^2+(y-1)^2+1$，所以只有当$x+2y=0,y=1$，即$y=1,x=-2$时有最小值，最小值为$f(-2,1)=1$。

例19　$|x-2|-|x-14|\leqslant m^2-13m$的解集是空集。

（1）$1<m<13$　（2）$0<m<12$

答案：C

解：由题意知$|x-2|-|x-14|>m^2-13m$对任意$x,m\in R$恒成立，故$f(m)=m^2-13m$的最大值小于$g(x)=|x-2|-|x-14|$的最小值，而$g(x)$的最小值是−12，故$m^2-13m<-12$，所以$m^2-13m+12<0$，解得$1<m<12$。

例20（2018-15）函数$f(x)=\max\{x^2,-x^2+8\}$的最小值为（　）。

（A）8　（B）7　（C）6　（D）5　（E）4

答案：E

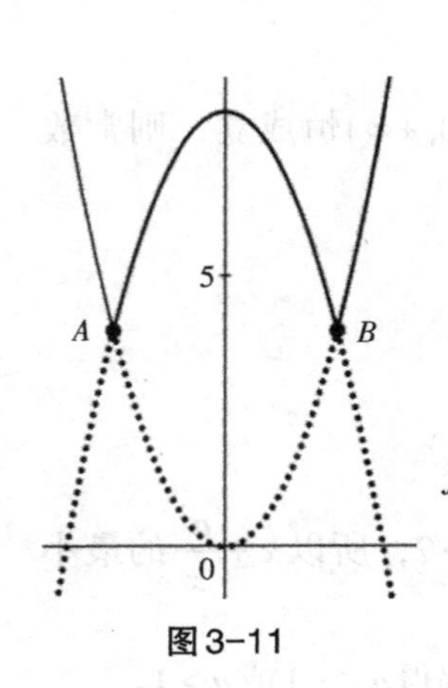

图3-11

解：联立两条抛物线$\begin{cases}y=x^2\\y=-x^2+8\end{cases}$得交点$A(-2,4),B(2,4)$。由图3-11可知，$\max\{x^2,-x^2+8\}=\begin{cases}y=x^2,x\notin[-2,2]\\y=-x^2+8,x\in[-2,2]\end{cases}$，其图像是图3-11中实线部分，所以最小值为4。

例21（2018-25）设函数$f(x)=x^2+ax$，则$f(x)$的最小值与$f(f(x))$的最小值相等。

（1）$a\geqslant2$　（2）$a\leqslant0$

答案：D

解：$f(x)$ 的最小值为 $-\frac{a^2}{4}$，$f(f(x))=f^2(x)+af(x)=(x^2+ax)^2+a(x^2+ax)=\left(x^2+ax+\frac{a}{2}\right)^2-\frac{a^2}{4}$，可见只有$x^2+ax+\frac{a}{2}=0$有解时，$f(f(x))$的最小值才是$-\frac{a^2}{4}$，故方程$x^2+ax+\frac{a}{2}=0$的判别式$\Delta=a^2-2a\geqslant 0$，解得$a\leqslant 0$或$a\geqslant 2$，所以各条件都充分。

例22　在一条笔直的公路上每隔100千米有一个仓库，共有五个仓库。1号仓库存有10吨货物，2号仓库存有20吨货物，5号仓库存有40吨货物，其余两个仓库是空的。现在想把所有的货物集中存放在一个仓库里，如果每吨货物运输1千米需要0.5元的运费，那么最少要花（　　）元运费。

（A）5000　（B）5500　（C）6000　（D）6500　（E）7000

解：设把所有的货物集中存放在x号仓库，需要运费为w元。当$x\leqslant 2$时，$w=10\times(x-1)\times 100\times 0.5+20\times(2-x)\times 100\times 0.5+40\times(5-x)\times 100\times 0.5=-2500x+11500$，单调递减，故当$x=2$时，$w$取得最小值6500；当$2<x\leqslant 5$时，$w=10\times(x-1)\times 100\times 0.5+20\times(x-2)\times 100\times 0.5+40\times(5-x)\times 100\times 0.5=-500x+7500$，单调递减，故当$x=5$时，$w$取得最小值5000。故将所有货物都存放在5号仓库时，运费最少，最少为5000元。

第三节　基础通关

1.已知关于x的二次函数$y=x^2-4x+m$在$-1\leqslant x\leqslant 3$的取值范围内最大值是7，则该二次函数的最小值是（　　）。

（A）-2　（B）-1　（C）0　（D）1　（E）2

答案：A

解：因为$y=x^2-4x+m=(x-2)^2+m-4$，所以对称轴为$x=2$，又因为抛物线开口向上，所以离对称轴越远的点的函数值越大，离对称轴越近的点的函数值越小，故当$x=-1$时取到最大值，最大值是$y(-1)=1+4+m=7$，解得$m=2$，所以当$x=2$时取最小值，最小值为$y(2)=-2$。

2.某种细菌在培养过程中，每15分钟分裂一次（由一个分裂成两个），这种细菌由1个繁殖成4096个需经过（　　）。

（A）12小时　（B）4小时　（C）3小时　（D）2小时　（E）1.5小时

答案：C

解：设共分裂了x次，则有$2^x = 4096 = 2^{12}$，所以$x = 12$，又因为每次为15分钟，所以共180分钟，即3个小时。

3.已知$\lg(x+y) + \lg(2x+3y) - \lg 3 = \lg 4 + \lg x + \lg y$，则$\frac{x}{y}=$（　　）。

（A）$\frac{1}{2}$　（B）3　（C）$\frac{1}{3}$　（D）$\frac{1}{2}$或3　（E）$\frac{1}{3}$或3

答案：D

解：由题意得$\begin{cases} x>0 \\ y>0 \\ \frac{(x+y)(2x+3y)}{3}=4xy \end{cases}$，化简得$2x^2-7xy+3y^2=0$，故$(2x-y)(x-3y)=0$，所以$y=2x$或$y=\frac{x}{3}$，故$\frac{x}{y}=\frac{1}{2}$或3。

4.已知$10^a = 20, 100^b = 50$，则$2a + 4b - 1 =$（　　）。

（A）1　（B）2　（C）3　（D）4　（E）5

答案：E

解1：因为$100^b = 50$，所以$10^{2b} = 50$，故$10^a \cdot 10^{2b} = 10^{a+2b} = 1000$，所以$a + 2b = 3$，故$2a + 4b - 1 = 2(a+2b) - 1 = 5$。

解2：因为$10^a = 20, 100^b = 50$，所以$a = \log_{10}20, b = \log_{100}50$，所以$2a + 4b = 2\log_{10}20 + 4\log_{100}50 = \log_{10}20^2 + \log_{100}50^4 = \log_{10^2}(20^2)^2 + \log_{100}50^4 = \log_{100}20^4 \cdot 50^4 = \log_{100}1000^4 = 6$，所以$2a + 4b - 1 = 5$。

5.若函数$y = \frac{\sqrt[3]{x^2 - 8x - 20}}{\sqrt[4]{mx^2 + 2(m+1)x + 9m + 4}}$的定义域为$R$，则实数$m$的取值范围是（　　）。

（A）$\left(0, \frac{1}{4}\right)$　（B）$\left[0, \frac{1}{4}\right]$　（C）$\left(\frac{1}{4}, +\infty\right)$　（D）$\left(-\infty, \frac{1}{4}\right)$　（E）$(0, +\infty)$

答案：C

解：由题意知$mx^2 + 2(m+1)x + 9m + 4 > 0$恒成立。若$m = 0$，$mx^2 + 2(m+1)x + 9m + 4 = 2x + 4 > 0$并非恒正；若$m \neq 0$，则$\begin{cases} m > 0 \\ 4(m+1)^2 - 4m(9m+4) < 0 \end{cases}$，化简得

$\begin{cases}m>0\\8m^2+2m-1>0\end{cases}$，解得$\begin{cases}m>0\\m<-\dfrac{1}{2}或m>\dfrac{1}{4}\end{cases}$，即$m>\dfrac{1}{4}$。所以实数$m$的取值范围是$\left(\dfrac{1}{4},+\infty\right)$。

6.某烟花厂设计制作了一种新型礼炮，这种礼炮的升空高度h(m)与飞行时间t(s)的关系式是$h=-\dfrac{5}{2}t^2+20t+1$，若这种礼炮在点火升空到最高点处引爆，则从点火升空到引爆需要的时间为（　　）。

（A）3s　（B）4s　（C）5s　（D）6s　（E）8s

答案：B

解：因为$h=-\dfrac{5}{2}t^2+20t+1=-\dfrac{5}{2}(t-4)^2+41$，所以当$t=4$时升到最高点。

7.已知$x>0$，则函数$y=\dfrac{x^2+5}{\sqrt{x^2+4}}$的最小值为（　　）。

（A）1　（B）2　（C）$\dfrac{5}{2}$　（D）3　（E）$\sqrt{3}$

答案：C

解：$y=\dfrac{x^2+5}{\sqrt{x^2+4}}=\sqrt{x^2+4}+\dfrac{1}{\sqrt{x^2+4}}$，令$t=\sqrt{x^2+4}$（$t\geqslant 2$），则$y=t+\dfrac{1}{t}$，因为当$t\geqslant 2$时，$t+\dfrac{1}{t}$是单调递增函数，所以当$t=2$时，$t+\dfrac{1}{t}$取最小值$\dfrac{5}{2}$。

8.已知$x\in[-3,2]$，则$f(x)=\dfrac{1}{4^x}-\dfrac{1}{2^x}+1$的最大值与最小值之差为（　　）。

（A）$56\dfrac{1}{2}$　（B）$56\dfrac{1}{4}$　（C）$55\dfrac{1}{4}$　（D）$55\dfrac{3}{4}$　（E）$53\dfrac{1}{2}$

答案：B

解：$f(x)=\dfrac{1}{4^x}-\dfrac{1}{2^x}+1=4^{-x}-2^{-x}+1=2^{-2x}-2^{-x}+1=\left(2^{-x}-\dfrac{1}{2}\right)^2+\dfrac{3}{4}$，因为$x\in[-3,2]$，所以$\dfrac{1}{4}\leqslant 2^{-x}\leqslant 8$，故当$2^{-x}=\dfrac{1}{2}$，即$x=1$时，$f(x)$有最小值$\dfrac{3}{4}$；当$2^{-x}=8$，即$x=-3$时，有最大值57。

9.若$\dfrac{\lg x+\lg y}{\lg x}+\dfrac{\lg x+\lg y}{\lg y}+\dfrac{\lg(x-y)^2}{\lg x\lg y}=0$，则$\log_5(x+y)=$（　　）。

（A）0　（B）2　（C）4　（D）8　（E）0.5

答案：E

解：通分化简得$(\lg x+\lg y)^2+\lg(x-y)^2=0$，所以$xy=1, x-y=1$，故$x-y=x-\frac{1}{x}=1$，所以$(x+y)^2=\left(x+\frac{1}{x}\right)^2=\left(x-\frac{1}{x}\right)^2+4=5$，又因为$x>0, y>0$，所以$x+y=\sqrt{5}$，故$\log_5(x+y)=\log_5\sqrt{5}=\frac{1}{2}$。

10. 已知函数$f(x)=\begin{cases}|2^x-1|, x<2\\ \dfrac{3}{x-1}, x\geqslant 2\end{cases}$，若方程$f(x)-a=0$有三个不同的实数根，则实数$a$的取值范围是（　　）。

（A）$(1,3)$　（B）$(0,3)$　（C）$(0,2)$　（D）$(0,1)$　（E）$(1,3)$

答案：D

解：方程$f(x)=a$有三个不同的实数解，从图像角度就是直线$y=a$与$f(x)$的图像有三个交点。函数$f(x)$的图像如图3-12所示，故由图像可知当实数$a\in(0,1)$时$y=a$与$f(x)$的图像有三个交点，即$f(x)-a=0$有三个不同的实数根。

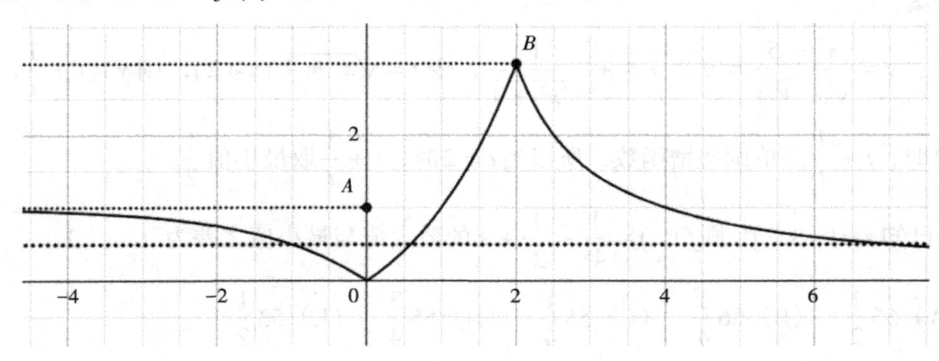

图3-12

11. 四边形$ABCD$的两条对角线互相垂直且和为16，则四边形$ABCD$的面积最大值是（　　）。

（A）64　（B）36　（C）32　（D）24　（E）16

答案：C

解：设$AC=x$，则$BD=16-x$，因为$AC\perp BD$，所以四边形$ABCD$面积$S=\frac{1}{2}AC\cdot BD=\frac{1}{2}x(16-x)=-\frac{1}{2}(x-8)^2+32$，所以当$x=8$时，$S$达到最大32。

12.设$a>0$，若关于x的不等式$x+\frac{a}{x}\geqslant 6$对$x\in(0,+\infty)$恒成立，则a的最小值是（　）。

（A）1　（B）4　（C）9　（D）16

答案：C

解：因为$a>0$，所以$x+\frac{a}{x}\geqslant 2\sqrt{x\cdot\frac{a}{x}}=2\sqrt{a}$，当且仅当$x=\frac{a}{x}$，即$x=\sqrt{a}$时等号成立，又因为$x+\frac{a}{x}\geqslant 6$对$x\in(0,+\infty)$恒成立，所以$2\sqrt{a}\geqslant 6$，解得$a\geqslant 9$，故$a$的最小值为9。

13.关于x的不等式$x^2+|x|\geqslant a|x|-1$对任意$x\in R$恒成立，则实数a的取值范围是（　）。

（A）$[-1,3]$　（B）$(-\infty,3]$　（C）$(-\infty,1]$　（D）$[3,+\infty)$　（D）$(-\infty,1]\cup[3,+\infty)$

答案：B

解：$\forall x\in R$，$x^2+|x|\geqslant a|x|-1$恒成立。若$x=0$时，$0\geqslant -1$恒成立，故$a\in R$；若$x\neq 0$时，两端除以$|x|$得$a\leqslant |x|+\frac{1}{|x|}+1$恒成立，因为$|x|+\frac{1}{|x|}+1\geqslant 2\sqrt{|x|\cdot\frac{1}{|x|}}+1=3$，故$a\leqslant 3$。

14.如图3–13所示，在RtΔABC中，$\angle C=90°,AC=6\text{cm},BC=2\text{cm}$，点$P$在边$AC$上，从点$A$向点$C$移动，点$Q$在边$CB$上，从点$C$向点$B$移动，若点$P,Q$均以1cm/s的速度同时出发，且当一点移动到终点时，另一点也随之停止，连接PQ，则线段PQ最短。

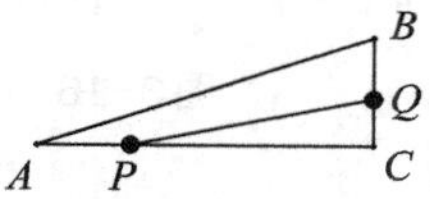

图3–13

（1）从出发开始运动1秒　（2）从出发开始运动2秒

答案：B

解：因为$AP=CQ=t$，所以$CP=6-t,PQ^2=PC^2+CQ^2=(6-t)^2+t^2=2(t-3)^2+18$，因为$0\leqslant t\leqslant 2$，所以当$t=2$时，$PQ^2$达到最小值。

15.如图3–14所示，矩形$DEFG$的边EF在ΔABC的边BC上，顶点D,G分别在边AB,AC上，$AH\perp BC$，垂足为H,AH交DG于点P，已知$BC=6,AH=4$。则矩形$DEFG$面积最大。

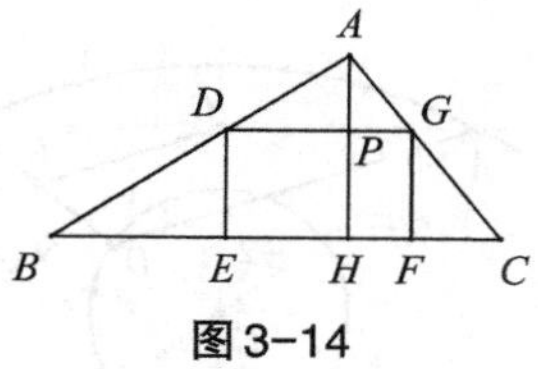

图3–14

（1）$HP=2$　（2）$DG=3$

答案：D

解：设$HP=x$，因为四边形$DEFG$是矩形，所以$DG=EF,DE=GF=HP=x$。因为$DG\parallel BC$，所以$\Delta ADG\backsim\Delta ABC$，故$\frac{DG}{BC}=\frac{AP}{AH}$，即$\frac{DG}{6}=\frac{4-x}{4}$，

解得 $DG=6-\frac{3}{2}x$。所以矩形 $DEFG$ 的面积 $S=DG\times DE=\left(6-\frac{3}{2}x\right)x=-\frac{3}{2}x^2-6x=-\frac{3}{2}(x-2)^2+6$，所以当 $x=2$ 时，S 的最大值是6，$DG=6-\frac{3}{2}x=3$。

第四节　高分突破

1. 正方形 $ABCD$ 中（图3-15），$AB=4$，P 为对角线 BD 上一动点，F 为射线 AD 上一点，若 $AP=PF$，则 ΔAPF 的面积最大值为（　　）。

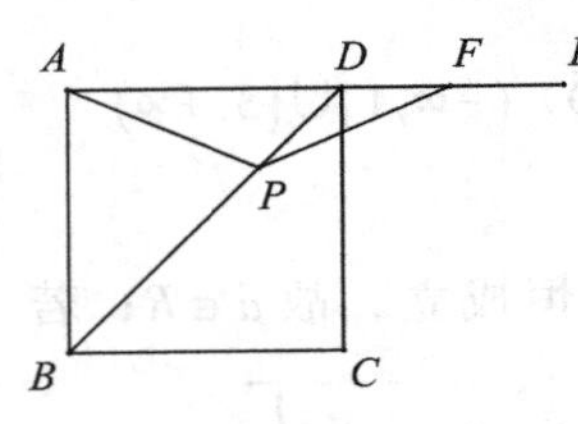

图3-15

（A）8　（B）6　（C）4　（D）2　（E）$2\sqrt{2}$

答案：C

解：作 $PM\perp AD$ 与 M，因为 BD 是正方形 $ABCD$ 的对角线，所以 $\angle ADB=45°$，故 ΔPDM 是等腰直角三角形，所以 $PM=DM$，设 $PM=DM=x$，则 $AM=4-x$，因为 $AP=PF$，所以 $AM=FM=4-x$，所以 $AF=2(4-x)$，所以 $S_{\Delta APF}=\frac{1}{2}\times 2(4-x)x=-x^2+4x=-(x-2)^2+4$，所以当 $x=2$ 时，$S_{\Delta APF}$ 有最大值4（图3-16）。

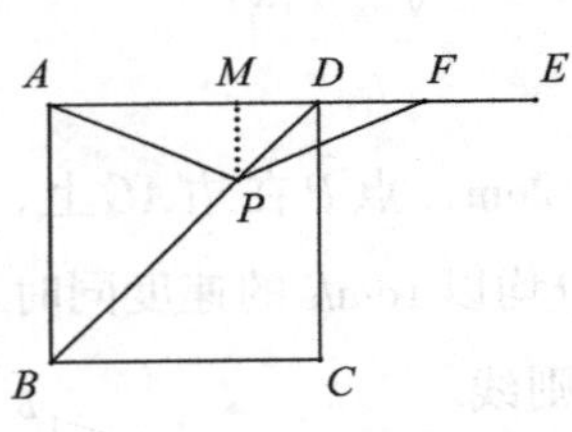

图3-16

2. 如图3-17所示，抛物线 $y=-\frac{1}{16}x^2+1$ 与 x 轴交于 A、B 两点，D 是以点 $C(0,-3)$ 为圆心，2为半径的圆上的动点，E 是线段 BD 的中点，连接 OE，则线段 OE 的最大值是（　　）。

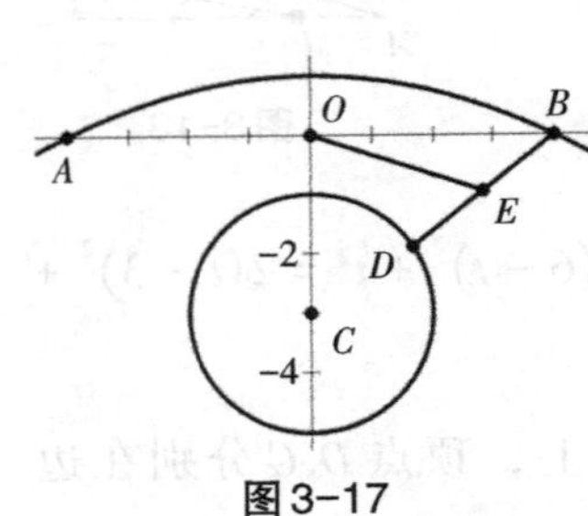

图3-17

（A）2　（B）$\frac{5}{2}$　（C）3　（D）$\frac{7}{2}$　（E）4

答案：D

解：将 $y=0$ 代入 $y=-\frac{1}{16}x^2+1$ 得 A、B 坐标为 $A(-4,0)$、$B(4,0)$，连接 AD，因为 E 是线段 BD 的中点，所以 OE 为 ΔABD 的中位线，所以 $OE=\frac{1}{2}AD$，所以当 AD 最大时 OE 最大。当 D 处于 AC 的延长线与圆的交点时 AD 最长，此时 $AD'=AC+CD'=7$，所以线段 OE 的最大值是 $\frac{7}{2}$（图3-18）。

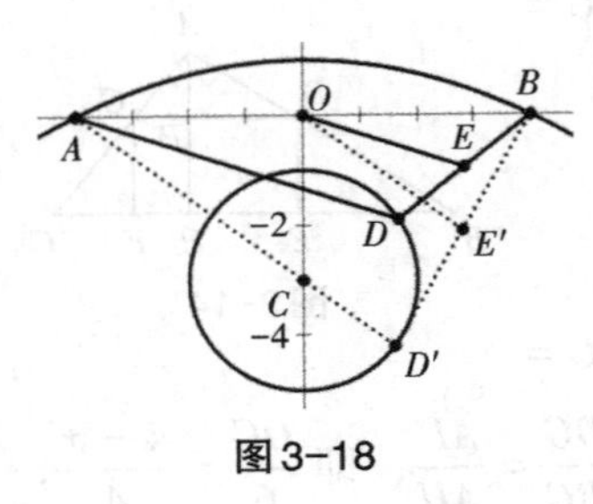

图3-18

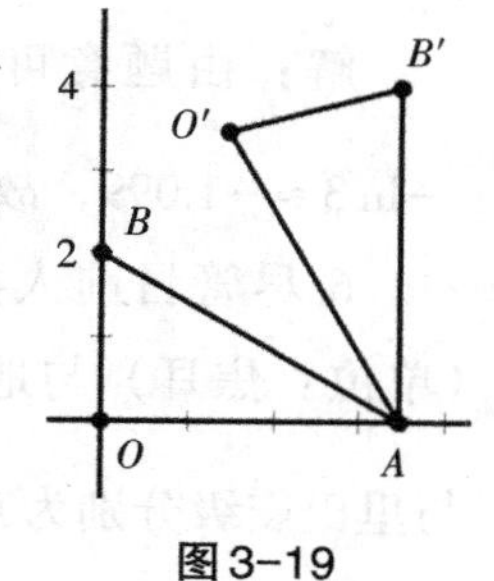

图3-19

3. 如图3-19所示，直线$y=-\frac{\sqrt{3}}{3}x+2$与x轴、y轴分别交于A、B两点，把ΔAOB绕点A顺时针旋转60°后得到$\Delta AO'B'$，则点B'的坐标是（　　）。

（A）$\left(4,2\sqrt{3}\right)$　（B）$\left(2\sqrt{3},4\right)$　（C）$\left(\sqrt{3},3\right)$

（D）$\left(2\sqrt{3}+2,2\sqrt{3}\right)$　　（E）$\left(4,2\sqrt{3}\right)$

答案：B

解：在$y=-\frac{\sqrt{3}}{3}x+2$中令$x=0$，解得$y=2$，令$y=0$，解得$x=2\sqrt{3}$。所以$OA=2\sqrt{3},OB=2$，所以在直角ΔABO中，$AB=\sqrt{OA^2+OB^2}=4,\angle BAO=30°$，又因为旋转角$\angle BAB'=60°$，所以$\angle OAB'=90°$，所以$B'$的坐标是$\left(2\sqrt{3},4\right)$。

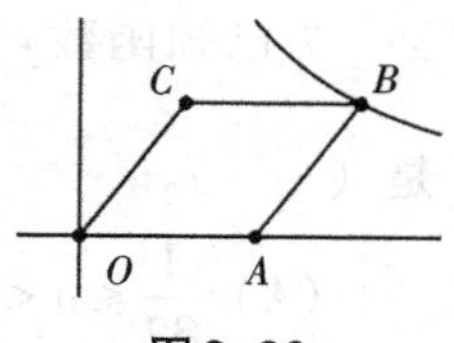

图3-20

4. 如图3-20所示，菱形$OABC$的顶点C的坐标为$(3,4)$，顶点A在x轴的正半轴上，反比例函数$y=\frac{k}{x}(x>0)$的图像经过顶点B，则k的值为（　　）。

（A）12　（B）20　（C）24　（D）32　（E）35

答案：D

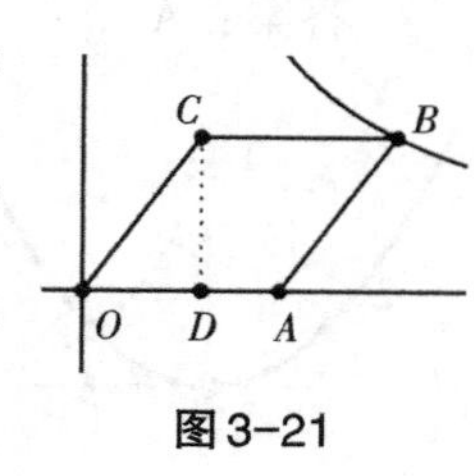

图3-21

解：过C点作$CD\perp x$轴，垂足为D，因为点C的坐标为$(3,4)$，所以$OD=3,CD=4$，因为$OC=\sqrt{OD^2+CD^2}=\sqrt{3^2+4^2}=5$且$BC=OC=5$，所以点$B$坐标为$(8,4)$，将$B(8,4)$代入反比例函数$y=\frac{k}{x}$的解析式得$4=\frac{k}{8}$，解得$k=32$（图3-21）。

5. 把物体放在冷空气中冷却，如果物体原来的温度是θ_1℃，空气的温度是θ_0℃，t分钟后物体的温度θ℃可由公式$\theta=\theta_0+\left(\theta_1-\theta_0\right)e^{-0.24t}$求得。把温度是100℃的物体，放在10℃的空气中冷却T分钟后，物体的温度是40℃，那么T的值约等于（　　）。（参考数据：$\ln 3\approx 1.099,\ln 2\approx 0.693$）

（A）6.61　（B）4.58　（C）2.89　（D）1.69　（E）1.58

答案：B

解：由题意可得 $40=10+(100-10)e^{-0.24t}$，化简得 $e^{-0.24t}=\frac{1}{3}$，所以 $-0.24t=\ln\frac{1}{3}=-\ln 3\approx -1.099$，故 $t\approx 4.58$。

6. 尽管目前人类还无法准确预报地震，但科学研究表明，地震时释放出的能量 E（单位：焦耳）与地震里氏震级 M 之间的关系为 $\lg E=4.8+1.5M$。已知两次地震的能量与里氏震级分别为 E_i 与 $M_i(i=1,2)$，若 $M_2-M_1=2$，则 $\frac{E_2}{E_1}=$（　　）。

（A）30　（B）300　（C）$\lg 3$　（D）10^{-3}　（E）10^3

答案：E

解：由题意得 $\lg E_1=4.8+1.5M_1,\lg E_2=4.8+1.5M_2$，两式相减得：$\lg\frac{E_2}{E_1}=1.5(M_2-M_1)$，因为 $M_2-M_1=2$，所以 $\frac{E_2}{E_1}=10^3$。

7. 已知函数 $y=\log_a(-x^2+\log_{2a}x)$ 对任意 $x\in\left(0,\frac{1}{2}\right)$ 时都有意义，则实数 a 的取值范围是（　　）。

（A）$\frac{1}{32}\leqslant a<\frac{1}{2}$　（B）$0<a<1$　（C）$\frac{1}{2}<a<1$　（D）$\frac{1}{32}\leqslant a\leqslant 1$

（E）以上都不对

答案：A

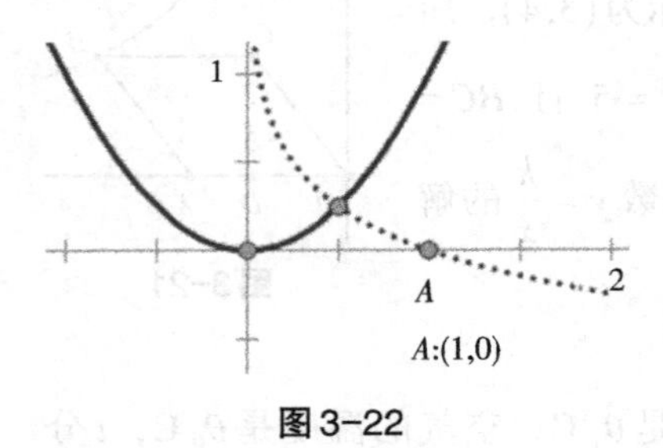

图 3-22

解：由题意有 $-x^2+\log_{2a}x>0$ 对任意 $x\in\left(0,\frac{1}{2}\right)$ 恒成立，即 $\log_{2a}x>x^2$ 对任意 $x\in\left(0,\frac{1}{2}\right)$ 恒成立，即当 $x\in\left(0,\frac{1}{2}\right)$ 时，函数 $y=\log_{2a}x$ 的图像始终在函数 $y=x^2$ 的图像上方。由 $y=x^2,y=\log_{2a}x$ 的图像可知 $\begin{cases}0<2a<1,\\ \log_{2a}\frac{1}{2}\geqslant\left(\frac{1}{2}\right)^2,\end{cases}$ 解得 $\frac{1}{32}\leqslant a<\frac{1}{2}$（图 3-22）。

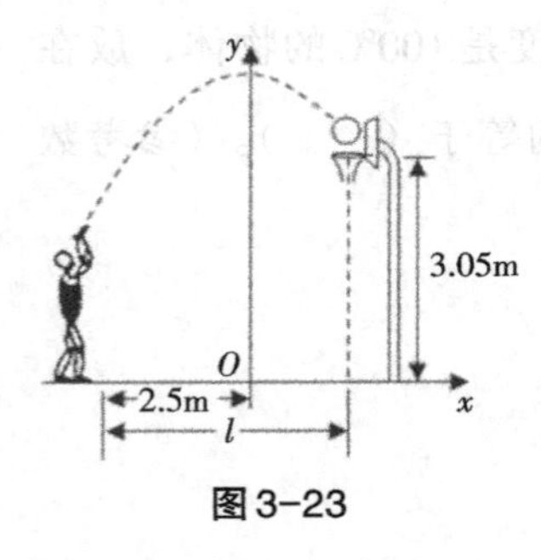

图 3-23

8. 小敏在某次投篮中，球的运动路线是抛物线 $y=-\frac{1}{5}x^2+3.5$ 的一部分（图 3-23），若命中篮圈中心，则他与篮底的距离 L 是（　　）m。

（A）3.5　（B）4　（C）4.5　（D）4.6　（E）5

答案：B

解：设篮筐中心在球场的投影为B，篮筐中心为C，把C点纵坐标$y = 3.05$代入$y = -\frac{1}{5}x^2 + 3.5$中得$x = \pm 1.5$（舍去负值），故$OB = 1.5$，所以$L = AB = 2.5 + 1.5 = 4$m。

9.已知函数$y = a^x (a > 0$且$a \neq 1)$在$[1,2]$的最大值与最小值之差等于$\frac{a}{2}$，则实数a的值为（　　）。

（A）$\frac{3}{2}$　（B）1　（C）$\frac{3}{2}$或$\frac{1}{2}$　（D）$\frac{2}{3}$或$\frac{1}{2}$　（E）$\frac{3}{2}$或$\frac{2}{3}$

答案：C

解：若$a > 1$，则函数$y = a^x$在$[1,2]$上为增函数，则$y_{max} - y_{min} = a^2 - a = \frac{a}{2}$，解得$a = \frac{3}{2}$；若$0 < a < 1$，则函数$y = a^x$在$[1,2]$上为减函数，则$y_{max} - y_{min} = a - a^2 = \frac{a}{2}$，解得$a = \frac{1}{2}$。

10.已知函数$f\left(\sqrt{x} + 2\right) = x + 2\sqrt{x} + 2$，则$f(x)$的最小值是（　　）。

（A）-1　（B）2　（C）1　（D）0　（E）3

答案：B

解：令$\sqrt{x} + 2 = t$，则$t \geqslant 2$，$\sqrt{x} = t - 2, x = (t - 2)^2$，所以$f(t) = (t - 2)^2 + 2(t - 2) + 2 = t^2 - 2t + 2$，故$f(x)$的解析式为$f(x) = x^2 - 2x + 2, x \geqslant 2$，$f(x)$在$[2, +\infty)$上单调递增，所以当$x = 2$时，$f(x)$取得最小值$f(2) = 2$。

11.函数$y = \frac{x^2 + 2x + 4}{\sqrt{x^2 + 2x + 3}}$的最小值是（　　）。

（A）2　（B）$\sqrt{2}$　（C）$\frac{2\sqrt{2}}{3}$　（D）$\frac{3\sqrt{2}}{2}$　（E）$\sqrt{3}$

答案：D

解：令$t = \sqrt{x^2 + 2x + 3}$，则$t = \sqrt{(x + 1)^2 + 2} \geqslant \sqrt{2}$，$y = \frac{t^2 + 1}{t} = t + \frac{1}{t}$，因为对勾函数$y = t + \frac{1}{t}$在$(1, +\infty)$上是单调递增且$t \geqslant \sqrt{2}$，所以当$t = \sqrt{2}$时$y$有最小值$\frac{3\sqrt{2}}{2}$。此时$x = -1$。

12.如图3-24所示，利用一个直角墙角修建一个梯形储料场

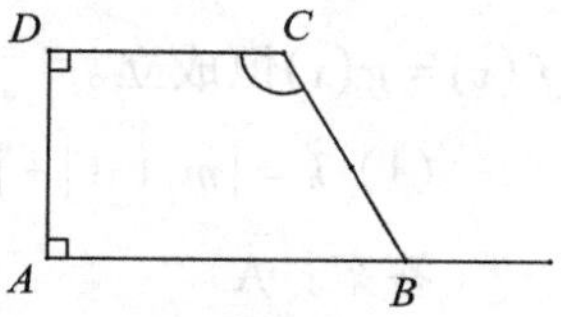

D　C　A　B

图3-24

$ABCD$，其中$\angle C=120°$，若新建墙BC与CD总长为12m，则该梯形储料场$ABCD$的最大面积是（　　）m^2。

（A）18　（B）$18\sqrt{3}$　（C）$24\sqrt{3}$　（D）$\frac{45\sqrt{3}}{2}$　（E）$25\sqrt{3}$

答案：C

解：如图3-25所示，过点C作$CE\perp AB$于E，则四边形$ADCE$为矩形，所以$CD=AE,\angle DCE=\angle CEB=90°$，$\angle BCE=\angle BCD-\angle DCE=30°$。设$CD=AE=x$，则$BC=12-x$。因为$\angle BCE=30°$，所以$BE=\frac{1}{2}BC$，故$CE=\sqrt{BC^2-BE^2}=\sqrt{BC^2-\frac{1}{4}BC^2}=\frac{\sqrt{3}}{2}BC=6\sqrt{3}-\frac{\sqrt{3}}{2}x$，

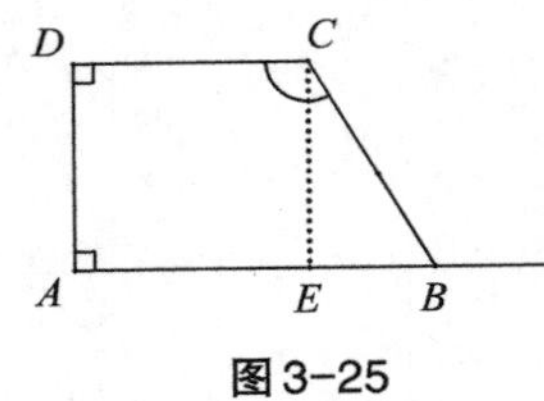

图3-25

所以$AB=AE+BE=x+6-\frac{1}{2}x=\frac{1}{2}x+6$，所以梯形$ABCD$面积$S=\frac{1}{2}(CD+AB)\cdot CE=\frac{1}{2}\left(x+\frac{1}{2}x+6\right)\cdot\left(6\sqrt{3}-\frac{\sqrt{3}}{2}x\right)=-\frac{3\sqrt{3}}{8}x^2+3\sqrt{3}x+18\sqrt{3}=-\frac{3\sqrt{3}}{8}(x-4)^2+24\sqrt{3}$，所以当$x=4$时，$S$取到最大值$24\sqrt{3}$。

13.已知$x,y>0$，则$\max\left\{x,\frac{1}{y},\frac{1}{x}+y\right\}$的最小值是（　　）。

（A）1　（B）$\sqrt{2}$　（C）2　（D）$\sqrt{3}$　（E）$2+\sqrt{2}$

答案：B

解：设$M=\max\left\{x,\frac{1}{y},\frac{1}{x}+y\right\}$，则$\begin{cases}M\geqslant x\\M\geqslant\frac{1}{y}\\M\geqslant\frac{1}{x}+y\end{cases}$，所以$\begin{cases}\frac{1}{x}\geqslant\frac{1}{M}\\y\geqslant\frac{1}{M}\end{cases}$，所以$M\geqslant\frac{1}{x}+y\geqslant\frac{2}{M}$，解得$M\geqslant\sqrt{2}$或$M\leqslant-\sqrt{2}$（舍去）。

14.已知函数$f(x)=2^x-4^{x-\frac{1}{2}}$的定义域为全体实数，函数$g(x)=\begin{cases}f(x),f(x)\leqslant k\\k,f(x)>k\end{cases}$，则$f(x)=g(x)$恒成立。

（1）$k=|m+1|+|m+2|,m\in R$　（2）$k^2>1$

答案：A

解：令 $2^x = t > 0$，则 $f(x) = 2^x - 4^{x-\frac{1}{2}} = -\frac{1}{2}t^2 + t \leqslant \frac{1}{2}$。条件（1），$k = |m+1| + |m+2| \geqslant 1$，所以 $f(x) \leqslant \frac{1}{2} \leqslant 1 \leqslant k$，故 $g(x) = f(x)$。充分。条件（2），由 $k^2 > 1$ 得 $k > 1$ 或 $k < -1$，当 $k > 1$ 时，$f(x) \leqslant k$，故 $g(x) = f(x)$；当 $k < -1$ 时，$f(x) \leqslant k$ 不成立，此时 $g(x) \neq f(x)$。不充分。

15. 已知函数 $f(x) = \lg(ax^2 - 2x + a)$ 的值域为 R，则实数 a 的取值范围为（　　）。

（A）$[-1,1]$　（B）$[0,1]$　（C）$(-\infty,-1) \cup (1,+\infty)$　（D）$(1,+\infty)$　（E）$(-\infty,-1)$

答案：B

解：函数 $f(x) = \lg(ax^2 - 2x + a)$ 的值域为 R，设 $g(x) = ax^2 - 2x + a$，则 $g(x)$ 能取遍所有的正数，即 $(0,+\infty)$ 是 $g(x)$ 值域的子集。当 $a = 0$ 时，$g(x) = -2x$ 的值域为 R，满足条件。当 $a \neq 0$ 时，要使 $(0,+\infty)$ 是 $g(x)$ 值域的子集，则满足 $\begin{cases} a > 0 \\ \Delta = 4 - 4a^2 \geqslant 0 \end{cases}$，解得 $\begin{cases} a > 0 \\ -1 \leqslant a \leqslant 1 \end{cases}$，此时 $0 < a \leqslant 1$。综上所述，$0 \leqslant a \leqslant 1$。

第四章 方程与不等式

第一节 代数方程

一、基本定义

（一）方程

方程式简称方程，是含有未知数的等式，这个等式就是未知数满足的约束条件，方程的目的是通过这个约束条件确定未知数的值。例如，$x^2-1=0$是一个方程，在实数范围内$x=\pm1$都满足这个方程。使得方程左右两端相等的未知数的值叫作方程的解，显然$x=\pm1$都是方程$x^2-1=0$的解。方程不一定都有解，如实数范围内$x^2+1=0$无解，求方程的解或者确定方程无解的过程称为解方程。

方程中的未知数通常用x、y、z表示，也可以用其他字母表示，一般用小写字母。如果有多个未知数，也可以通过下标表示，如$x_1,x_2,x_3,\cdots$。未知数也称变量。

方程中未知数的次数最高的项的次数被称为方程的次数，如$x^3-100x^2+20x=3$是三次方程。

如果两个方程的解相同，那么这两个方程叫作同解方程。求方程时经常使用同解原理进行变形，即方程的两边都加或减同一个数或同一个等式所得的方程与原方程是同解方程；方程的两边同乘或同除同一个不为0的数或式子所得的方程与原方程是同解方程。

（二）方程组

方程组，又称联立方程，是两个或两个以上含有两个及以上未知数的方程联立而成，即一组未知数同时满足每个方程，同时满足所有方程的未知数的值，被称为方程组的解。

二、一元一次方程

（一）定义

只含有一个未知数，并且未知数的次数是一次的整式方程叫一元一次方程，其一般形式是$ax+b=0(a\neq 0)$。

（二）一元一次方程求解

一元一次方程$ax+b=0(a\neq 0)$的解是唯一的，两端除以a，解得$x=-\frac{b}{a}$。

此外还有两种情况要引起注意：①当$a=0,b=0$时，有无穷多个实数满足$ax+b=0$；②当$a=0,b\neq 0$时，任何实数都不能使得$ax+b=0$成立。其中①常被表述为“方程$ax+b=0$有无穷多解”；②常被表述为“方程$ax+b=0$无解”。

例1　方程$\frac{x}{1\times 3}+\frac{x}{3\times 5}+\frac{x}{5\times 7}+\cdots+\frac{x}{2021\times 2023}=2022$的解为（　　）。

（A）2021　（B）2022　（C）2023　（D）4042　（E）4046

答案：E

解：因为$\frac{1}{n(n+2)}=\frac{1}{2}\left(\frac{1}{n}-\frac{1}{n+2}\right)$，所以方程化为$\frac{1}{2}\left(1-\frac{1}{3}\right)x+\frac{1}{2}\left(\frac{1}{3}-\frac{1}{5}\right)x+\cdots+\frac{1}{2}\left(\frac{1}{2021}-\frac{1}{2023}\right)x=2012$，故$\frac{1}{2}\left(1-\frac{1}{3}+\frac{1}{3}-\frac{1}{5}+\cdots+\frac{1}{2021}-\frac{1}{2023}\right)x=2022$，所以$\frac{1}{2}\left(1-\frac{1}{2023}\right)x=2022$，故$\frac{2022}{4046}x=2022$，解得$x=4046$。

三、二元一次方程组

（一）定义

由两个一次方程组成，并含有两个未知数的方程组叫作二元一次方程组。其一般形式为$\begin{cases}a_1x+b_1y=c_1\\a_2x+b_2y=c_2\end{cases}$，其中$a_1,b_1$不能同时为零，$a_2,b_2$不能同时为零。二元一次方程组的两个二元一次方程的公共解，叫作二元一次方程组的解。

（二）二元一次方程组解的情况

对于二元一次方程组$\begin{cases}a_1x+b_1y=c_1\\a_2x+b_2y=c_2\end{cases}$，其解有以下三种情况：

（1）若$\frac{a_1}{a_2}\neq\frac{b_1}{b_2}$，方程组有唯一解，此时相当于两条直线相交，有唯一交点。

（2）若$\frac{a_1}{a_2}=\frac{b_1}{b_2}\neq\frac{c_1}{c_2}$，方程组无解，此时相当于两条平行直线，没有交点。

（3）若$\frac{a_1}{a_2}=\frac{b_1}{b_2}=\frac{c_1}{c_2}$，方程组有无穷多解，此时相当于两条直线重合。

（三）二元一次方程组求解

二元一次方程组求解常用消元法，包括代入消元法和加减消元法，其目的都是将二元一次方程组求解转化为一元一次方程求解。

1.代入消元法

代入消元法的一般步骤是：

（1）选一个系数比较简单的方程进行变形，变成$y=ax+b$（用x表示y）或$x=ay+b$（用y表示x）的形式。

（2）将$y=ax+b$或$x=ay+b$代入另一个方程，消去一个未知数，从而将另一个方程变成一元一次方程。

（3）解这个一元一次方程，求出x或y值。

（4）将已求出的x或y值代入方程组中的任意一个方程，求出另一个未知数。

（5）把求得的两个未知数的值用大括号联立起来，这就是二元一次方程的解。

例2　用代入消元法解方程组$\begin{cases}x+y=7\\3x+y=17\end{cases}$。

解：由$x+y=7$得$y=7-x$，代入$3x+y=17$得，$3x+7-x=17$，解得$x=5$，把$x=5$代入$x+y=7$得$5+y=7$，解得$y=2$。故此方程组的解为$\begin{cases}x=5\\y=2\end{cases}$。

2.加减消元法

二元一次方程组中，若有同一个未知数的系数相同或互为相反数，则可直接相减（或相加），消去一个未知数；若两个变量的系数都不相同也不互为相反数，可选择一个适当的数去乘方程的两边，使其中一个未知数的系数相同或互为相反数，再把方程两边分别相减或相加，消去一个未知数，得到一元一次方程，进而求解。这个方法叫作二元一次方程组的加减消元法。

例3 用加减消元法解方程组$\begin{cases}2x+5y=11\\5x+2y=-4\end{cases}$。

解：分别将两个方程相加减得$\begin{cases}7x+7y=7\\-3x+3y=15\end{cases}$，化简得$\begin{cases}x+y=1\\-x+y=5\end{cases}$，再将两个方程相加减，解得$\begin{cases}x=-2\\y=3\end{cases}$。

四、一元二次方程

（一）定义

形如$ax^2+bx+c=0(a\neq0)$的整式方程为一元二次方程，其特点是只含有一个未知数，并且未知数的最高次数是二次。例如，$4x^2=9, x^2+3x=0, 3y^2-5y=7-y$都是一元二次方程。

一元二次方程$ax^2+bx+c=0(a\neq0)$中，ax^2是二次项，a是二次项系数；bx是一次项，b是一次项系数；c是常数项。

一元二次方程等式左边按照降幂排列，此时右边必须整理为0。

（二）一元二次方程解的存在性判定

对于关于x的一元二次方程$ax^2+bx+c=0(a\neq0)$，两端除以a得：$x^2+\frac{b}{a}x=-\frac{c}{a}$，再将其配方得：$x^2+\frac{b}{a}x+\left(\frac{b}{2a}\right)^2=-\frac{c}{a}+\left(\frac{b}{2a}\right)^2$，即$\left(x+\frac{b}{2a}\right)^2=\frac{b^2-4ac}{4a^2}$。可见：

（1）当$b^2-4ac>0$时，两边开方得：$x+\frac{b}{2a}=\pm\frac{\sqrt{b^2-4ac}}{2a}$，解得$x_1=\frac{-b+\sqrt{b^2-4ac}}{2a}$，$x_2=\frac{-b-\sqrt{b^2-4ac}}{2a}$。

（2）当$b^2-4ac=0$时，$x_1=x_2=-\frac{b}{2a}$。

（3）当$b^2-4ac<0$时，方程无解。

由此可见，表达式b^2-4ac的符号可判断一元二次方程$ax^2+bx+c=0(a\neq 0)$解的情况，于是称其为该方程的根的判别式，记为$\Delta=b^2-4ac$。一元二次方程$ax^2+bx+c=0(a\neq 0)$解的情况共有三种：

（1）当$\Delta>0$时，方程有两个不相等的实根，$x_1,x_2=\dfrac{-b\pm\sqrt{\Delta}}{2a}$。

（2）当$\Delta=0$时，方程有两个相等的实根，$x_1,x_2=-\dfrac{b}{2a}$。

（3）当$\Delta<0$时，方程没有实根。

（三）一元二次方程的解与函数图像的关系

记$f(x)=ax^2+bx+c(a\neq 0)$，则关于x的一元二次方程$ax^2+bx+c=0(a\neq 0)$的解就是函数$f(x)$的零点。

（1）当$\Delta>0$时，函数$f(x)$的图像与x轴相交，它的两个交点的横坐标即为方程$ax^2+bx+c=0(a\neq 0)$的两个不相等的实根。

（2）当$\Delta=0$时，函数$f(x)$的图像与x轴相交于一点，此时称函数$f(x)$的图像与x轴相切，切点的横坐标即为方程$ax^2+bx+c=0(a\neq 0)$的两个相等的实根。

（3）当$\Delta<0$时，函数$f(x)$与x轴不相交，此时称函数$f(x)$的图像与x轴相离，对应的方程$ax^2+bx+c=0(a\neq 0)$没有实根。当$\Delta<0$，且$a>0$时，$ax^2+bx+c>0$恒成立；当$\Delta<0$，且$a<0$时，$ax^2+bx+c<0$恒成立。

（四）一元二次方程求解方法

一元二次方程求解常用因式分解法或配方法或求根公式法，比较简单的情况一般通过十字相乘分解因式，比较复杂的情况一般用求根公式法。

（1）因式分解法。

若方程$ax^2+bx+c=0(a\neq 0)$中ax^2+bx+c可以利用二次三项式的十字交叉法分解因式变成$a(x+p)(x+q)=0$的形式，则$x+p=0$或$x+q=0$，故$x_1=-p,x_2=-q$即为方程的解。

例4 已知长方形的长、宽分别为x、y，周长为16cm，且满足$x-y-x^2+2xy-y^2+2=0$，则长方形的面积为（　　）。

（A）$\dfrac{63}{4}$cm²　（B）$\dfrac{63}{6}$cm²　（C）15cm²　（D）15cm²或$\dfrac{63}{4}$cm²

（E）15cm²或$\dfrac{63}{6}$cm²

答案：D

解：因为$x-y-x^2+2xy-y^2+2=0$，所以$(x^2-2xy+y^2)-(x-y)-2=0$，故$(x-y)^2-(x-y)-2=0$，令$x-y=t$，原式化简为$t^2-t-2=0$，由十字相乘法得$(t+1)(t-2)=0$，即$(x-y-2)(x-y+1)=0$，所以$x-y-2=0$或$x-y+1=0$，故$\begin{cases}x-y-2=0\\x+y=8\end{cases}$或$\begin{cases}x-y+1=0\\x+y=8\end{cases}$，解得$\begin{cases}x=5\\y=3\end{cases}$或$\begin{cases}x=3.5\\y=4.5\end{cases}$，所以长方形的面积为$15\text{cm}^2$或$\frac{63}{4}\text{cm}^2$。

（2）配方法。

如果一元二次方程不能使用十字相乘法分解求解，可以通过配方求解。

例5 已知实数x满足$(x^2-1)^2-6(x^2-1)+3=0$，则所有满足要求的x的和是（　　）。

（A）0　（B）$4+\sqrt{6}$　（C）$4-\sqrt{6}$　（D）$\sqrt{4\pm\sqrt{6}}$　（E）$\pm\sqrt{4\pm\sqrt{6}}$

答案：A

解：令$x^2-1=t$，则原方程化为$t^2-6t+3=0$，配方变形为$(t-3)^2-6=0$，所以$t-3=\pm\sqrt{6}, t=\pm\sqrt{6}+3$，故$x^2-1=\pm\sqrt{6}+3$，所以$x^2=4\pm\sqrt{6}$，解得$x=\pm\sqrt{4\pm\sqrt{6}}$共有4个根，其和为0。

注：注意到令$x^2=y$，如果$y<0$，对应的x无解；如果$y=0$，对应的$x=0$；如果$y>0$，对应的x有两个，且互为相反数。故无论什么情况，原关于x的方程的所有根之和为0。

（3）求根公式法。

由配方法知，当$\Delta=b^2-4ac\geqslant0$时，方程$ax^2+bx+c=0(a\neq0)$的解为$x_{1,2}=\frac{-b\pm\sqrt{b^2-4ac}}{2a}$。

例6 若$a^2+ab-b^2=0$且$ab\neq0$，则$\frac{b}{a}$的值为（　　）。

（A）$\sqrt{5}$　（B）$-\sqrt{5}$　（C）$\frac{1+\sqrt{5}}{2}$　（D）$\frac{1-\sqrt{5}}{2}$　（E）$\frac{1\pm\sqrt{5}}{2}$

答案：E

解：两端同除以a^2整理得$1+\frac{b}{a}-\left(\frac{b}{a}\right)^2=0$，所以$\left(\frac{b}{a}\right)^2-\frac{b}{a}-1=0$。令$t=\frac{b}{a}$，则$t^2-t-1=0, \Delta=1+4=5$，所以$t=\frac{1\pm\sqrt{5}}{2}$，即$\frac{b}{a}=\frac{1\pm\sqrt{5}}{2}$。

注：形如a^2+ab-b^2的式子叫二次齐次式，经常通过十字相乘因式分解或者同除以a^2化成$\frac{b}{a}$的一元二次方程解决。

（五）一元二次方程根与系数的关系（韦达定理）

定理：设方程$ax^2+bx+c=0(a\neq0)$的两个根为x_1,x_2，则有$x_1+x_2=-\frac{b}{a}$，$x_1\cdot x_2=\frac{c}{a}$。

证明：由求根公式得方程的两个实数根为$x_1=\frac{-b+\sqrt{b^2-4ac}}{2a},x_2=\frac{-b-\sqrt{b^2-4ac}}{2a}$，故$x_1+x_2=-\frac{b}{a},x_1\cdot x_2=\frac{c}{a}$。

关于韦达定理，要熟悉以下变形：

（1）$x_1^2+x_2^2=\left(x_1+x_2\right)^2-2x_1x_2$。

（2）$\left(x_1-x_2\right)^2=\left(x_1+x_2\right)^2-4x_1x_2$。

（3）$\left(x_1+k\right)\left(x_2+k\right)=x_1x_2+k\left(x_1+x_2\right)+k^2$。

（4）$\frac{1}{x_1}+\frac{1}{x_2}=\frac{x_1+x_2}{x_1x_2}=-\frac{b}{c}$。

（5）$\frac{1}{x_1^2}+\frac{1}{x_2^2}=\frac{\left(x_1+x_2\right)^2-2x_1x_2}{\left(x_1x_2\right)^2}=\frac{b^2-2ac}{c^2}$。

（6）$\frac{x_2}{x_1}+\frac{x_1}{x_2}=\frac{x_1^2+x_2^2}{x_1x_2}=\frac{\left(x_1+x_2\right)^2-2x_1x_2}{x_1x_2}$。

（7）$\left|x_1-x_2\right|=\sqrt{\left(x_1-x_2\right)^2}=\sqrt{\left(x_1+x_2\right)^2-4x_1x_2}=\frac{\sqrt{\Delta}}{|a|}$。

（8）$x_1^3+x_2^3=\left(x_1+x_2\right)\left(x_1^2-x_1x_2+x_2^2\right)$，$x_1^3-x_2^3=\left(x_1-x_2\right)\left(x_1^2+x_1x_2+x_2^2\right)$。

（9）$x_1^4+x_2^4=\left(x_1^2+x_2^2\right)^2-2\left(x_1x_2\right)^2$。

（六）一元二次方程根的分布

一元二次方程$ax^2+bx+c=0(a\neq0)$的根的取值情况，主要有两种：一种是两根的符号；另一种是根分别在哪个区间，前者一般用韦达定理法，后者一般用数形结合法。

（1）两根的符号问题。

两根的符号分为有两个正根、一正根一负根及两个负根三种情况。

①两个正根。此时需要$\Delta \geqslant 0$以保证有两个实根；还需要两根之积为正数，保证两根同号；最后还需要两根之和为正数，它与两根之积为正数，共同保证两根为正数。即

$\begin{cases}\Delta \geqslant 0\\ x_1x_2>0\\ x_1+x_2>0\end{cases}$ 或者 $\begin{cases}\Delta \geqslant 0\\ \dfrac{c}{a}>0\\ -\dfrac{b}{a}>0\end{cases}$ 或者 $\begin{cases}\Delta \geqslant 0\\ ac>0\\ ab<0\end{cases}$。

②两个负根。

此时需要$\Delta \geqslant 0$以保证有两个实根；还需要两根之积为正数，保证两根同号；最后两根之和为负数，与两根之积为正数，共同保证两根为负数。即$\begin{cases}\Delta \geqslant 0\\ x_1x_2>0\\ x_1+x_2<0\end{cases}$ 或者 $\begin{cases}\Delta \geqslant 0\\ \dfrac{c}{a}>0\\ -\dfrac{b}{a}<0\end{cases}$

或者$\begin{cases}\Delta \geqslant 0\\ ac>0\\ ab>0\end{cases}$。

③一个正根一个负根。

此时需要$\Delta>0$保证有两个不等的实根，其次两根之积为负数，保证两根异号。即$\begin{cases}\Delta>0\\ x_1x_2<0\end{cases}$ 或者 $\begin{cases}\Delta>0\\ \dfrac{c}{a}<0\end{cases}$ 或者 $\begin{cases}\Delta>0\\ ac<0\end{cases}$。又因为若$ac<0$，则$\Delta=b^2-4ac>0$，故实际只要求$ac<0$即可。此时，如果要求$x_2>0>\left|x_1\right|$，则$\begin{cases}\Delta>0\\ x_2<0\\ x_1+x_2>0\end{cases}$；如果要求$x_2<0<x_1, x_1<|x_2|$，则$\begin{cases}\Delta>0\\ x_2<0\\ x_1+x_2<0\end{cases}$。

例7　关于x的方程$x^2-x+a(1-a)=0$有两个不相等的正根，则实数a的取值范围是（　　）。

（A）$0<a<1$　（B）$a<\dfrac{1}{2}$　（C）$a\neq\dfrac{1}{2}$　（D）$0<a\leqslant 1$　（E）$0<a<1$且$a\neq\dfrac{1}{2}$

答案：E

解：由题意知$\begin{cases}\Delta>0\\x_1x_2>0\\x_1+x_2>0\end{cases}$，即$\begin{cases}1-4a(1-a)>0\\a(1-a)>0\\1>0\end{cases}$，解得$0<a<1$且$a\neq\frac{1}{2}$。

（2）两根的区间问题。

两根落在哪个区间的问题，分为两种情况：一种是两根分别在两个不同的区间，一种是两根在同一个区间，两种情况都用数形结合法，前者相对简单，后者相对复杂。

①两个根处于两个区间。这种情况只需要考察区间端点函数值的符号即可，不需要考虑对称轴和判别式。

例8 方程$x^2+(m-2)x+5-m=0$的一根在区间$(2,3)$内，另一根在区间$(3,4)$内，则m的取值范围是（ ）。

（A）$(-5,-4)$ （B）$\left(-\frac{13}{3},-2\right)$ （C）$\left(-\frac{13}{3},-4\right)$ （D）$(-5,-2)$

（E）以上都不对

答案：C

解：欲满足题干要求，由函数$f(x)=x^2+(m-2)x+5-m$的图像可知，只要$\begin{cases}f(2)>0\\f(3)<0\\f(4)>0\end{cases}$即可，即$\begin{cases}4+2(m-2)+5-m>0\\9+3(m-2)+5-m<0\\16+4(m-2)+5-m>0\end{cases}$，解得$-\frac{13}{3}<m<-4$。

注：一元二次方程$f(x)=0$的一个根在区间$(2,3)$内，另一个根在区间$(3,4)$内，由图像可知，其充分必要条件是$f(2)$与$f(3)$异号，$f(3)$与$f(4)$异号，即$\begin{cases}f(2)f(3)<0\\f(3)f(4)<0\end{cases}$。这个方法好处是只有两个不等式，比较简练。

根在两个区间的一种特殊情况是：一元二次方程$f(x)=ax^2+bx+c=0$的两个根$x_1<k<x_2$，即两根在k的两侧，由图像可知，其充分必要条件是$af(k)<0$。特别地，$f(x)=ax^2+bx+c=0$有一个正根一个负根的充分必要条件是$af(0)<0$，即$ac<0$。

例9（2023-17）关于x方程$x^2-px+q=0$有两个实根a和b，则$p-q>1$。

（1）$a>1$ （2）$b<1$

答案：C

解1：易知两个条件单独均不充分，联合条件（1）、（2）。由题意知$x^2-px+q=0$的两个根$b<1<a$，其充分必要条件是$f(1)<0$，即$1-p+q<0$，故$p-q>1$，充分。

解2：由韦达定理知$a+b=p,ab=q$，所以$p-q-1=a+b-ab-1=(1-b)(a-1)>0$。充分。

解3：由韦达定理知$a+b=p,ab=q$，所以$p-q=a+b-ab=a-b(a-1)$，因为$a>1$，所以$a-b(a-1)$是关于b的单调递减的函数，所以当$b<1$时，$a-b(a-1)>a-(a-1)=1$。

②两个根处于同一个区间。这种情况既要考察区间端点函数值的符号，又要考察对称轴和判别式。

例10（2016-25）已知$f(x)=x^2+ax+b$，则$0\leqslant f(1)\leqslant 1$。

（1）$f(x)$在区间$[0,1]$中有两个零点

（2）$f(x)$在区间$[1,2]$中有两个零点

答案：D

解：$f(x)$在区间$[0,1]$中有两个零点，所以$x^2+ax+b=0$在区间$[0,1]$中有两个实根，所以$\begin{cases} f(0)\geqslant 0 \\ f(1)\geqslant 0 \\ 0\leqslant -\dfrac{a}{2}\leqslant 1 \\ \Delta=a^2-4b\geqslant 0 \end{cases}$。因为$f(1)\geqslant 0$，只证$f(1)=1+a+b\leqslant 0$即可，由$a^2-4b\geqslant 0$知$b\leqslant \dfrac{a^2}{4}$，所以$1+a+b\leqslant 1+a+\dfrac{a^2}{4}=\left(1+\dfrac{a}{2}\right)^2$，由$0\leqslant -\dfrac{a}{2}\leqslant 1$知$-1\leqslant \dfrac{a}{2}\leqslant 0$，所以$0\leqslant \dfrac{a}{2}+1\leqslant 1$，所以$0\leqslant f(1)=\left(1+\dfrac{a}{2}\right)^2\leqslant 1$。所以条件（1）充分，同理可证条件（2）充分。

五、绝对值方程

绝对值方程求解主要方法是分类讨论，必要时进行验根。

例11 解方程：$|2x-3|=1-3x$。

解1：当$2x-3\geqslant 0$，即$x\geqslant \dfrac{3}{2}$时，原方程化为$2x-3=1-3x$，解得$x=\dfrac{4}{5}$，因为$\dfrac{4}{5}<\dfrac{3}{2}$，故舍去；当$2x-3<0$，即$x<\dfrac{3}{2}$时，原方程化为$-(2x-3)=1-3x$，解得$x=-2$。

解2：由$|2x-3|=1-3x$得$2x-3=1-3x$或$2x-3=-(1-3x)$，解得$x=\dfrac{4}{5}$或$x=-2$。

经检验：当$x=\frac{4}{5}$时，$1-3x=1-3\times\frac{4}{5}=-\frac{7}{5}<0$，不合题意，舍去；当$x=-2$时，$1-3x=1+6=7>0$，符合题意。所以原方程的解为$x=-2$。

例12 解方程：$|3x+1|-|1-x|=2$。

解：当$x\geqslant 1$时，原方程化为$3x+1+1-x=2$，解得$x=0$，不符合$x\geqslant 1$，舍去；当$-\frac{1}{3}\leqslant x<1$时，原方程化为$3x+1+x-1=2$，解得$x=\frac{1}{2}$；当$x<-\frac{1}{3}$时，$-3x-1-1+x=2$，解得$x=-2$。所以原方程的解为$x=\frac{1}{2}$或$x=-2$。

六、分式方程

（一）定义

分母中含有未知数的整式的方程叫作分式方程，如$\frac{2}{x}=\frac{3}{1-x}$是分式方程，$\frac{1}{\sqrt{x}+1}=\frac{3}{x^2-2x+5}$不是分式方程，$\frac{x}{3}-\frac{x-1}{2}=1$是分数系数的整式方程，也不是分式方程。从分式方程的定义可以看出，分式方程有三个重要特征：一是含有分母；二是分母中含有未知数；三是分母中包含x的式子是整式。

（二）分式方程的求解及增根

解分式方程的基本思想是"转化"，即把分式方程的分母去掉，使分式方程化成整式方程，通过整式方程的求解从而得到原分式方程的解。解分式方程有以下几步：

（1）转化：在方程的两边都乘以最简公分母，约去分母，化成整式方程。

（2）解这个整式方程。

（3）检验：把整式方程的根代入最简公分母，看结果是不是零，使最简公分母为零的根是原方程的增根，增根要舍去。

例13 解分式方程$\frac{1}{x^2-x}=\frac{-x}{x^2-3x+2}+\frac{1}{2x-x^2}$。

解：先将原式的分母因式分解得$\frac{1}{x(x-1)}=\frac{-x}{(x-1)(x-2)}+\frac{-1}{x(x-2)}$，两边同时乘以$x(x-1)(x-2)$去分母化为整式方程得$x-2=-x^2-(x-1)$，化简并因式分解得$(x+$

$3)(x-1)=0$，解得$x=-3$或1。检验发现$x=1$使得原分式的分母为0，故$x=1$是增根，将其舍去。所以方程的解为$x=-3$。

七、指数方程和对数方程

方程中含有指数或对数函数，一般用指数函数或对数函数的运算性质求解，或者通过变量替换，将方程转化成一元二次方程求解。

例14 解方程$4^x-6\times2^x-16=0$。

解：因为$4^x=(2^2)^x=(2^x)^2$，所以设$y=2^x$，则原方程化为$y^2-6y-16=0$，解得$y=8$或$y=-2$（舍去），故$2^x=8$，解得$x=3$。

八、不定方程

（一）定义

不定方程是指未知数的个数多于方程的个数，或未知数受到某种限制（如整数、正整数等）的方程和方程组。古希腊的丢番图早在公元3世纪就开始研究不定方程，因此常称不定方程为丢番图方程。中国是研究不定方程最早的国家，公元初的五家共井问题就是一个不定方程组问题，公元5世纪的《张丘建算经》中的百鸡问题标志着中国对不定方程理论有了系统研究。

（二）不定方程求解

不定方程求解通常根据公约数、奇偶性、余数特征等特点配合枚举法，甚至可以将某些变量当作常数求通解。

例15 不定方程$7x+11y=1288$的正整数解有多少组？

解：因为1288是7的倍数，所以$11y$也是7的倍数，又因为$(7,11)=1$，所以y是7的倍数。设$y=7z$，原方程变为$x+11z=184$。因为$184\div11=16\cdots8$，故z可取1，2，3，…，16，由于每一个z的值都确定了原方程的一组正整数解，所以原方程共有16组正整数解。

例16（2013-1-22）设x,y,z为非零实数，则$\dfrac{2x+3y-4z}{-x+y-2z}=1$。

（1）$3x-2y=0$ （2）$2y-z=0$

答案：C

解：条件（1），未陈述z的信息，易找到反例，不充分。条件（2），未陈述x的信息，易找到反例。联合条件（1）、（2），则$\begin{cases} x=\dfrac{2}{3}y \\ z=2y \end{cases}$，故$\dfrac{2x+3y-4z}{-x+y-2z}=\dfrac{\dfrac{4}{3}+3-8}{-\dfrac{2}{3}+1-4}=1$，充分。

题型归纳与方法技巧

题型一：一次方程（组）问题

例1 已知关于x的一次方程$(3a+8)x+7=0$无解，则$9a^2-3a-64$的值为（　　）。

（A）2　（B）$-\dfrac{8}{3}$　（C）-8　（D）8　（E）$-\dfrac{8}{3}$或8

答案：D

解：方程整理得$(3a+8)x=-7$，由题意可知$3a+8=0$，解得$a=-\dfrac{8}{3}$，将$a=-\dfrac{8}{3}$代入$9a^2-3a-64=9\times\dfrac{64}{9}-3\times\left(-\dfrac{8}{3}\right)-64=64+8-64=8$。

例2 方程$|x-1|+|x+4|=7$的解的和为（　　）。

（A）2　（B）-2　（C）-5　（D）3　（E）-3

答案：E

解：当$x\leqslant-4$时，原方程化为$-x+1-x-4=7$，解得$x=-5$；当$-4<x\leqslant1$时，原方程化为$-x+1+x+4=7$，无解；当$x>1$时，原方程化为$x-1+x+4=7$，解得$x=2$。所以原方程的解为$x=-5$或$x=2$，所以解的和为-3。

例3 已知方程组$\begin{cases} x-y=5 \\ ax+3y=b-1 \end{cases}$有无穷多组解，则$a$、$b$的值为（　　）。

（A）$a=1,b=3$　（B）$a=-3,b=14$　（C）$a=2,b=14$　（D）$a=-3,b=-14$

（E）$a=2,b=-14$

答案：D

解：由题意知$\frac{1}{a}=\frac{-1}{3}=\frac{5}{b-1}$，解得$a=-3,b=-14$。

例4　已知方程组$\begin{cases}3x-2y=4\\mx+ny=7\end{cases}$与$\begin{cases}2mx-3ny=19\\5y-x=3\end{cases}$有相同的解，则$m,n$的值为（　　）。

（A）$m=1,n=4$　（B）$m=4,n=1$　（C）$m=4,n=-1$　（D）$m=-4,n=-2$

（E）$m=-2,n=4$

答案：C

解：因为两个方程组有相同的解，所以$\begin{cases}3x-2y=4\\5y-x=3\end{cases}$与原两方程组同解。故$x=2$，$y=1$是两个方程组的解，所以$\begin{cases}2m+n=7\\4m-3n=19\end{cases}$，解得$m=4$，$n=-1$。

例5　小红和小丽解方程组$\begin{cases}ax+5y=15\\4x=by-2\end{cases}$，由于小红看错了$a$的值，求得的解是$\begin{cases}x=-3\\y=-1\end{cases}$，小丽看错了$b$的值，求得的解是$\begin{cases}x=5\\y=4\end{cases}$，则$a^{2024}+\left(-\frac{b}{10}\right)^{2025}=$（　　）。

（A）-1　（B）1　（C）-5　（D）5　（E）0

答案：E

解：因为小红看错了a的值，求得的解是$\begin{cases}x=-3\\y=-1\end{cases}$，所以把$\begin{cases}x=-3\\y=-1\end{cases}$代入$4x=by-2$得$b=10$；又因为小丽看错了$b$的值，求得的解是$\begin{cases}x=5\\y=4\end{cases}$，所以把$\begin{cases}x=5\\y=4\end{cases}$代入$ax+5y=15$得$a=-1$。所以原式$=(-1)^{2024}+\left(-\frac{10}{10}\right)^{2025}=1-1=0$。

例6　已知$\begin{cases}x+4y-3z=0\\4x-5y+2z=0\end{cases}$，$xyz\neq0$，则$\frac{3x^2+2xy+z^2}{x^2+y^2}=$（　　）。

（A）2　（B）$\frac{13}{3}$　（C）$\frac{16}{5}$　（D）5　（E）7

答案：C

解：把z看作常数，用z的代数式表示x、y，所以$\begin{cases}x+4y=3z\\4x-5y=-2z\end{cases}$，解得$\begin{cases}y=\frac{2}{3}z\\x=\frac{1}{3}z\end{cases}$。设

$z=3k$，则$x=k,y=2k$，代入得$\frac{3x^2+2xy+z^2}{x^2+y^2}=\frac{3k^2+4k^2+9k^2}{k^2+4k^2}=\frac{16}{5}$。

例7 某校足球比赛记计分方法如下：胜一场得3分，平一场不得分，负一场扣1分。某校队共进行了11场比赛，胜场次数是负场次数的2倍，最终得分是15分。则该校队胜了（　　）场。

（A）2　（B）4　（C）5　（D）6　（E）7

答案：D

解：设该校队胜、平、负场次数分别为x、y、z，由题意得$\begin{cases}x+y+z=11\\3x-z=15\\x=2z\end{cases}$，解得$\begin{cases}x=6\\y=2\\z=3\end{cases}$。

例8（2010-10-25）$(\alpha+\beta)^{2009}=1$。

（1）$\begin{cases}x+3y=7\\\beta x+\alpha y=1\end{cases}$与$\begin{cases}3x-y=1\\\alpha x+\beta y=2\end{cases}$有相同的解

（2）α与β是方程$x^2+x-2=0$的两个根

答案：A

解：条件（1），因为两个方程组同解，所以$\begin{cases}x+3y=7\\3x-y=1\end{cases}$的解就是原来两个方程组的解，故$\begin{cases}x=1\\y=2\end{cases}$是方程组$\begin{cases}\beta x+\alpha y=1\\\alpha x+\beta y=2\end{cases}$的解，从而$\begin{cases}\beta+2\alpha=1\\\alpha+2\beta=2\end{cases}$，两式相加得$\alpha+\beta=1$，所以$(\alpha+\beta)^{2019}=1$。

条件（2），由韦达定理知$\alpha+\beta=-1$，所以$(\alpha+\beta)^{2009}=-1$，不充分。

题型二：一元二次方程求解及根的判定

例9 已知菱形$ABCD$的两条对角线长是方程$x^2-7x+12=0$的两个根，则菱形$ABCD$的面积为（　　）。

（A）6　（B）7.5　（C）10　（D）12.5　（E）13

答案：A

解：由$x^2-7x+12=0$得$(x-3)(x-4)=0$，故$x_1=3,x_2=4$，所以菱形$ABCD$的面积$S=\frac{1}{2}\times4\times3=6$。

注：对角线垂直的凸四边形的面积是对角线乘积的一半。

例10 定义运算：$m*n = mn^2 - mn - 1$，例如：$4*2 = 4 \times 2^2 - 4 \times 2 - 1 = 7$，则方程$3*y = 0$的根的情况为（ ）。

（A）无实数根 （B）有两个不相等的实数根 （C）有两个相等的实数根

（D）只有一个实数根 （E）无法确定

答案：B

解：根据题意得$3*y = 3y^2 - 3y - 1 = 0$，因为$\Delta = (-3)^2 - 4 \times 3 \times (-1) > 0$，所以方程有两个不相等的实数根。

例11（2000-10-5）已知a,b,c是$\triangle ABC$的三条边长，并且$a = c = 1$，若$(b - x)^2 - 4(a - x)(c - x) = 0$有相同的实根，则$\triangle ABC$为（ ）。

（A）等边三角形 （B）等腰三角形 （C）直角三角形 （D）钝角三角形

答案：A

解：将$a = c = 1$代入$(b - x)^2 - 4(a - x)(c - x) = 0$并化简得$3x^2 + (2b - 8)x - (b^2 - 4) = 0$，故$\Delta = (2b - 8)^2 + 12(b^2 - 4) = 0$，解得$b = 1$，故$a = b = c$，所以$\triangle ABC$为等边三角形。

例12（2006-1-6）方程$x^2 + ax + 2 = 0$与$x^2 - 2x - a = 0$有一个公共实数解。

（1）$a = 3$ （2）$a = -2$

答案：A

解1：条件（1），$x^2 + 3x + 2 = 0$的解为$x_1 = -1, x_2 = -2$，$x^2 - 2x - 3 = 0$的解为$x_1 = -1, x_2 = 3$，所以它们有一个公共实数解，充分。条件（2），$a = -2$时，两个方程都是$x^2 - 2x + 2 = 0$且无实数解，不充分。

解2：条件（1），设$x^2 + ax + 2 = 0$与$x^2 - 2x - a = 0$的公共实数解为x_0，则$x_0^2 + ax_0 + 2 = 0$与$x_0^2 - 2x_0 - a = 0$，两式相减得$(a + 2)x_0 = -(a + 2)$，故$a = -2$或$x_0 = -1$。当$a = -2$时，两个方程都是$x^2 - 2x + 2 = 0$且无实数解，故$x_0 = -1$，将其代入$x^2 + ax + 2 = 0$得$a = 3$。

例13（2009-10-21）关于x的方程$a^2x^2 - (3a^2 - 8a)x + 2a^2 - 13a + 15 = 0$至少有一个整数根。

（1）$a = 3$ （2）$a = 5$

答案：D

解：条件（1），方程变为$9x^2 - 3x - 6 = 0$，得$x = 1, x = -\frac{2}{3}$，充分。条件（2），方程

变为$25x^2-35x=0$，得$x=0,x=\frac{7}{5}$，充分。

注：一元二次方程有整数根的充分条件极难求解，一般见于竞赛，管综考试若遇到这种题只能自下而上验证。

例14（2013-10-23）设a,b为常数，则关于x的二次方程$(a^2+1)x^2+2(a+b)x+b^2+1=0$具有重实根。

（1）$a,1,b$成等差数列　（2）$a,1,b$成等比数列

答案：B

解：由题意知$\Delta=4(a+b)^2-4(a^2+1)(b^2+1)=0$，故$a^2b^2-2ab+1=0$，所以$ab=1$。故条件（2）充分，条件（1）不充分。

例15（2014-1-21）方程$x^2+2(a+b)x+c^2=0$有实根。

（1）a,b,c是一个三角形的三边长　（2）实数a,c,b成等差数列

答案：D

解：欲使方程$x^2+2(a+b)x+c^2=0$有实根，只要$\Delta=4(a+b)^2-4c^2=4\left[(a+b)^2-c^2\right]\geqslant 0$即可。条件（1），因为$a,b,c$是一个三角形的三边长，所以有$a+b>c$，所以$(a+b)^2-c^2>0$，充分。条件（2），因为$a+b=2c$，所以$(a+b)^2-c^2=3c^2\geqslant 0$，充分。

题型三：韦达定理

例16（2002-1-7）已知方程$3x^2+5x+1=0$的两个根为α和β，则$\sqrt{\frac{\beta}{\alpha}}+\sqrt{\frac{\alpha}{\beta}}=$（　　）。

（A）$-\frac{5\sqrt{3}}{3}$　（B）$\frac{5\sqrt{3}}{3}$　（C）$\frac{\sqrt{3}}{5}$　（D）$-\frac{\sqrt{3}}{5}$

答案：B

解1：由韦达定理得$\alpha+\beta=-\frac{5}{3}$，$\alpha\beta=\frac{1}{3}$，因为$\alpha$与$\beta$同号，$\alpha+\beta=-\frac{5}{3}$，所以$\alpha<0$，$\beta<0$。故$\sqrt{\frac{\beta}{\alpha}}=\frac{\sqrt{\alpha\beta}}{|\alpha|}=-\frac{\sqrt{\alpha\beta}}{\alpha}$，$\sqrt{\frac{\alpha}{\beta}}=\frac{\sqrt{\alpha\beta}}{|\beta|}=-\frac{\sqrt{\alpha\beta}}{\beta}$，从而$\sqrt{\frac{\beta}{\alpha}}+\sqrt{\frac{\alpha}{\beta}}=-\left(\frac{\sqrt{\alpha\beta}}{\alpha}+\frac{\sqrt{\alpha\beta}}{\beta}\right)=-\sqrt{\alpha\beta}\left(\frac{1}{\alpha}+\frac{1}{\beta}\right)=\frac{5}{3}\sqrt{3}$。

解2：令$t=\sqrt{\frac{\beta}{\alpha}}+\sqrt{\frac{\alpha}{\beta}}$，则$t^2=\frac{\beta}{\alpha}+\frac{\alpha}{\beta}+2=\frac{\beta^2+\alpha^2}{\alpha\beta}+2=\frac{(\alpha+\beta)^2-2\alpha\beta}{\alpha\beta}+2$，由韦达定理得$\alpha+\beta=-\frac{5}{3}$，$\alpha\beta=\frac{1}{3}$，故$t^2=\frac{25}{3}$，故$t=\pm\frac{5\sqrt{3}}{3}$，又因为$t>0$，所以$t=\frac{5\sqrt{3}}{3}$。

解3：由均值不等式知$\sqrt{\frac{\beta}{\alpha}}+\sqrt{\frac{\alpha}{\beta}}\geqslant 2\sqrt{\sqrt{\frac{\beta}{\alpha}}\cdot\sqrt{\frac{\alpha}{\beta}}}=2$，故选B。

例17（2009-1-7）$3x^2+bx+c=0(c\neq 0)$的两个根为α,β，如果以$\alpha+\beta,\alpha\beta$为根的一元二次方程是$3x^2-bx+c=0$，则b和c分别为（　　）。

（A）2，6　（B）3，4　（C）-2，-6　（D）-3，-6　（E）以上都不对

答案：D

解1：由韦达定理$\begin{cases}\alpha+\beta=-\frac{b}{3}\\ \alpha\beta=\frac{c}{3}\end{cases}$且$\begin{cases}\alpha+\beta+\alpha\beta=\frac{b}{3}\\ (\alpha+\beta)\alpha\beta=\frac{c}{3}\end{cases}$，所以$\begin{cases}-\frac{b}{3}+\frac{c}{3}=\frac{b}{3}\\ -\frac{b}{3}\cdot\frac{c}{3}=\frac{c}{3}\end{cases}$，解得$b=-3$，$c=-6$。

解2：由韦达定理知$\alpha+\beta=-\frac{b}{3},\alpha\beta=\frac{c}{3}$，所以以$\alpha+\beta$、$\alpha\beta$为根的一元二次方程是$\left(x+\frac{b}{3}\right)\left(x-\frac{c}{3}\right)=0$，展开得$x^2+\left(\frac{b}{3}-\frac{c}{3}\right)x-\frac{bc}{9}=0$，即$3x^2+(b-c)x-\frac{bc}{3}=0$，对比$3x^2-bx+c=0$得$b-c=-b,-\frac{bc}{3}=c$，从而$b=-3,c=-6$。

例18（2011-10-8）若三次方程$ax^3+bx^2+cx+d=0$的三个不同的实根x_1,x_2,x_3满足：$x_1+x_2+x_3=0,x_1\cdot x_2\cdot x_3=0$。则下列关系式中恒成立的是（　　）。

（A）$ac=0$　（B）$ac<0$　（C）$ac>0$　（D）$a+c<0$　（E）$a+c>0$

答案：B

解：因为$x_1\cdot x_2\cdot x_3=0$，不妨$x_1=0$，代入$ax^3+bx^2+cx+d=0$得$d=0$。从而$x_2\neq 0,x_3\neq 0$是方程$ax^2+bx+c=0$的两根，所以$x_2+x_3=-\frac{b}{a}=0$，故$b=0$，因此$ax^2+c=0$，所以$x^2=-\frac{c}{a}>0$，所以$ac<0$成立。

例19（2016-12）设抛物线$y=x^2+2ax+b$与x轴相交于A,B两点，点C坐标为$(0,2)$，若ΔABC的面积等于6，则（　　）。

（A）$a^2+b=9$　（B）$a^2-b=9$　（C）$a^2-b=36$　（D）$a^2-4b=9$　（E）$a^2+b=36$

答案：B

解：由$S_{\triangle ABC}=\frac{1}{2}|AB|\cdot|OC|=6$得$|AB|=6$，而$|AB|$即为方程$x^2+2ax+b=0$两根之差的绝对值，所以$|AB|=\left|x_1-x_2\right|=\frac{\sqrt{\Delta}}{|a|}$，故$\sqrt{(2a)^2-4b}=6$，从而$a^2-b=9$。

例20 若a,b是互不相等的质数，且$a^2-13a+m=0$，$b^2-13b+m=0$，则$\frac{b}{a}+\frac{a}{b}=$（　　）。

（A）$\frac{123}{22}$　（B）$\frac{125}{22}$　（C）$\frac{121}{22}$　（D）$\frac{127}{22}$　（E）$\frac{129}{22}$

答案：B

解：因为$a^2-13a+m=0,b^2-13b+m=0$，所以a,b是方程$x^2-13x+m=0$的两个不相等的实根，根据韦达定理得$a+b=13$，又因为a,b是不相等的质数且和为奇数，所以a,b必定为一奇一偶，因此其中必定有一个为2。不妨设$a=2$，则$b=11$，所以$\frac{b}{a}+\frac{a}{b}=\frac{11}{2}+\frac{2}{11}=\frac{125}{22}$。

例21（2008-10-27）$\alpha^2+\beta^2$的最小值是$\frac{1}{2}$。

（1）α与β是方程$x^2-2ax+\left(a^2+2a+1\right)=0$的两个实根

（2）$\alpha\beta=\frac{1}{4}$

答案：D

解：条件（1），因为方程有两个实根，所以$\Delta=4a^2-4\left(a^2+2a+1\right)\geqslant 0$，故$a\leqslant-\frac{1}{2}$。由韦达定理得$\alpha^2+\beta^2=\left(\alpha+\beta\right)^2-2\alpha\beta=4a^2-2\left(a^2+2a+1\right)=2a^2-2a-1$，其对称轴为$a=\frac{1}{2}$，故当$a\leqslant-\frac{1}{2}$时，$2a^2-2a-1$单调递减，从而其最小值在$a=-\frac{1}{2}$时达到，此时最小值为$\frac{1}{2}$。充分。

条件（2），由均值不等式得$\alpha^2+\beta^2\geqslant 2\sqrt{\alpha^2\beta^2}=2\left|\alpha\beta\right|\geqslant 2\alpha\beta=\frac{1}{2}$。充分。

例22（2020-24）设a、b是正实数，则$\frac{1}{a}+\frac{1}{b}$存在最小值。

（1）已知ab的值

（2）已知a、b是方程$x^2-(a+b)x+2=0$的不同的实根

答案：A

解：由均值不等式知$\frac{1}{a}+\frac{1}{b}=\frac{a+b}{ab}\geqslant 2\sqrt{\frac{1}{ab}}$，故只要$ab$为定值且$a=b$即可。条件（1），已知$ab$的值，故当$a=b$即存在最小值，充分。条件（2），由韦达定理，知道$ab=2$，但由于$a$、$b$是方程的不同实根，即$a\neq b$，故$\frac{1}{a}+\frac{1}{b}>2\sqrt{\frac{1}{ab}}$，不能取到最小值，不充分。

例23 方程$x^2+px+97=0$恰有两个正整数根x_1、x_2，则$\frac{p}{(x_1+1)(x_2+1)}$的值是（ ）。

（A）$-\frac{1}{1996}$ （B）$-\frac{1}{1994}$ （C）$-\frac{1}{2}$ （D）$-\frac{1}{4}$ （E）$\frac{1}{2}$

答案：C

解：由韦达定理知$x_1+x_2=-p,x_1x_2=97$，因为x_1、x_2是正整数，且97是质数，所以$x_1=1,x_2=97$ 或 $x_1=97,x_2=1$。故 $x_1+x_2=98,p=-98$， 所以$\frac{p}{(x_1+1)(x_2+1)}=\frac{p}{x_1x_2+(x_1+x_2)+1}=-\frac{1}{2}$。

例24 已知m,n是有理数，关于x的方程$x^2+mx+n=0$有一个根是$\sqrt{5}-2$，则$m+n=$（ ）。

（A）1 （B）2 （C）3 （D）4 （E）5

答案：C

解1：因为方程的系数都是有理数，所以由求根公式的形式知方程的无理根必定成对出现，即方程的另一个无理根为$-\sqrt{5}-2$。所以，由韦达定理得$x_1+x_2=-m=\sqrt{5}-2+(-\sqrt{5}-2)=-4$，解得$m=4$。又因为$x_1x_2=n=(\sqrt{5}-2)\times(-\sqrt{5}-2)=-1$，由此得$n=-1$。因此$m+n=3$。

解2：把$\sqrt{5}-2$代入方程有得$(\sqrt{5}-2)^2+m(\sqrt{5}-2)+n=0$，重新整理得$(9-2m+n)+(m-4)\sqrt{5}=0$，因为$m,n$是有理数，所以$\begin{cases}9-2m+n=0\\m-4=0\end{cases}$，解得$\begin{cases}m=4\\n=-1\end{cases}$，所以$m+n=3$。

例25 若m、n为方程$x^2+2009x-1=0$的两根，则$(m^2+2010m+1)(n^2+2010n+1)$

的值为（　　）。

（A）1　（B）-1　（C）-4021　（D）-4015　（E）4015

答案：D

解：因为m,n是方程$x^2+2009x-1=0$的两根，所以$m^2+2009m-1=0,n^2+2009n-1=0$，$m+n=-2009$，$mn=-1$，所以$(m^2+2010m+1)(n^2+2010n+1)=(m^2+2009m-1+m+2)(n^2+2009n-1+n+2)=(m+2)(n+2)=mn+2(m+n)+4=-4015$。

例26　已知$a>0$，且关于x的不等式$x^2-2x+a<0$的解集为(m,n)，则$\frac{1}{m}+\frac{4}{n}$的最小值为（　　）。

（A）$\frac{9}{2}$　（B）4　（C）$\frac{7}{2}$　（D）2　（E）4

答案：A

解：因为m，n是方程$x^2-2x+a=0$的两根，所以$m+n=2$，$mn=a>0$，所以$m>0$，$n>0$。从而$\frac{1}{m}+\frac{4}{n}=\frac{1}{2}(m+n)\left(\frac{1}{m}+\frac{4}{n}\right)=\frac{1}{2}\left(1+4+\frac{n}{m}+\frac{4m}{n}\right)\geqslant\frac{9}{2}$，当且仅当$n=2m=\frac{4}{3}$时取等号。

题型四：一元二次方程根的分布

例27（2009-10-9）若关于x的二次方程$mx^2-(m-1)x+m-5=0$有两个实根α,β，且满足$-1<\alpha<0$和$0<\beta<1$，则m的取值范围是（　　）。

（A）$3<m<4$　（B）$4<m<5$　（C）$5<m<6$　（D）$m>6$或$m<5$

（E）$m>5$或$m<4$

答案：B

解1：由题意知$m\neq0$，令$f(x)=mx^2-(m-1)x+m-5$。分两种情况讨论：

（1）当$m<0$时，$\begin{cases}f(-1)=m+m-1+m-5<0\\f(0)=m-5>0\\f(1)=m-m+1+m-5<0\end{cases}$，此时不等式组无解。

（2）当$m>0$时，$\begin{cases}f(-1)=m+m-1+m-5>0\\f(0)=m-5<0\\f(1)=m-m+1+m-5>0\end{cases}$，解得$4<m<5$。

解2：设$f(x)=mx^2-(m-1)x+m-5$，因为$f(x)=0$的两个实根α,β：$-1<\alpha<0<$

$\beta<1$，数形结合可知其充分必要条件是$\begin{cases}f(-1)f(0)<0\\f(0)f(1)<0\end{cases}$，即$\begin{cases}(3m-6)(m-5)<0\\(m-5)(m-4)<0\end{cases}$，解得$4<m<5$。

例28 已知方程$(m-1)x^2+3x-1=0$的两根都是正数，则m的取值范围是（ ）。

（A）$-\frac{5}{4}<m<1$ （B）$-\frac{5}{4}\leqslant m<1$ （C）$-\frac{5}{4}<m\leqslant 1$ （D）$m\leqslant -\frac{5}{4}$或$m>1$

（E）以上都不对

答案：B

解：关于x的方程$(m-1)x^2+3x-1=0$有两个正实数根，所以$m-1\neq 0$，$\Delta\geqslant 0$，$x_1+x_2=-\frac{b}{a}>0$，$x_1\cdot x_2=\frac{c}{a}>0$，解得$-\frac{5}{4}<m<1$。

例29（2008-1-21）方程$2ax^2-2x-3a+5=0$的一个根大于1，另一个根小于1。

（1）$a>3$ （2）$a<0$

答案：D

解：设$f(x)=2ax^2-2x-3a+5$，由图像知$2af(1)<0$，即$2a(3-a)<0$，解得$a<0$或$a>3$。

例30 一元二次方程$x^2+(m-2)x+m=0$的两实根均在开区间$(-1,1)$内，则m的取值范围为（ ）。

（A）$\frac{1}{2}<m\leqslant 4-2\sqrt{3}$ （B）$-\frac{1}{2}<m\leqslant 4-2\sqrt{3}$ （C）$-\frac{1}{2}<m\leqslant 4+2\sqrt{3}$

（D）$\frac{1}{2}<m\leqslant 4+2\sqrt{3}$ （E）$-\frac{1}{2}<m\leqslant 0$

答案：A

解：令$f(x)=x^2+(m-2)x+m$，则$\begin{cases}\Delta=(m-2)^2-4m\geqslant 0\\f(-1)=1+2-m+m>0\\f(1)=1+m-2+m>0\\-1<-\frac{m-2}{2}<1\end{cases}$，解得$\frac{1}{2}<m\leqslant 4-2\sqrt{3}$。

题型五：分式方程

例31 如果关于x的分式方程$\frac{2}{x-5}+\frac{m+1}{5-x}=1$无解，则$m$的值为（ ）。

（A）0　（B）1　（C）2　（D）3　（E）4

答案：B

解：将方程两边同时乘以$(x-5)$得：$2-(m+1)=x-5$，解得$x=6-m$，因为原分式方程无解，所以$6-m$是增根，而增根使得原方程分母为0，故$6-m=5$，所以$m=1$。

例32　若关于x的分式方程$\frac{x-4}{x-1}=\frac{mx}{x-1}$有正整数解，则整数$m$为（　　）。

（A）-3　（B）0　（C）-1　（D）-1或0　（E）-1或1

答案：D

解：原方程去分母得：$x-4=mx$，解得：$x=\frac{4}{1-m}$，因为分式方程有正整数解且$x\neq1$，所以$1-m=1$或$1-m=2$，故$m=0$或$m=-1$。

例33　方程$\frac{x}{x-3}-2=\frac{m}{x-3}$无解。

（1）$m=2$　（2）$m=3$

答案：B

解：两边都乘$(x-3)$得：$x-2(x-3)=m$，解得$x=-m+6$，因为方程无解，故$-m+6=3$，所以$m=3$。

题型六：绝对值方程

例34　若$|a-b|=1$，$|b+c|=1$，$|a+c|=2$，则$|a+b+2c|$等于（　　）。

（A）3　（B）2　（C）1　（D）0　（E）-1

答案：A

解：因为$|a+c|=|a-b+b+c|=2=|a-b|+|b+c|$，所以由三角不等式知$a-b$与$b+c$同号，所以$a-b=b+c=1$或$a-b=b+c=-1$。当$a-b=b+c=1$时，$a+c=2$，所以，$|a+b+2c|=|a+c+b+c|=|2+1|=3$；当$a-b=b+c=-1$时，$a+c=-2$，所以，$|a+b+2c|=|a+c+b+c|=|-2-1|=3$，故$|a+b+2c|=3$。

例35　$f(x)=|x-a|+|x-20|+|x-a-20|$，其中$0<a<20, a\leqslant x\leqslant 20$，设$f(x)$的最小值为$b$，则$|x-5|+|x+15|=b$的解为（　　）。

（A）$x\geqslant5$　（B）$x\leqslant-15$　（C）$-15\leqslant x\leqslant5$　（D）$x\geqslant5$或$x\leqslant-15$

（E）$-5\leqslant x\leqslant15$

答案：C

解：$f(x)$的3个零点分别是$a,20,a+20$且$a<20<a+20$，当$x=20$时，$f(x)$取到最小值$f(20)=20$。由三角不等式知$|x-5|+|x+15|\geqslant 20$，当且仅当$-15\leqslant x\leqslant 5$时取等号，故$|x-5|+|x+15|=b=20$的解为$-15\leqslant x\leqslant 5$。

题型七：无理方程

例36　方程$\sqrt{3x-3}+\sqrt{5x-19}-\sqrt{2x+8}=0$的解为（　　）。

（A）−4　（B）4　（C）−7　（D）7　（E）4或−7

答案：B

解：移项得$\sqrt{3x-3}-\sqrt{2x+8}=-\sqrt{5x-19}$，两边平方后整理得$\sqrt{(3x-3)(2x+8)}=12$，两边再平方后整理得$x^2+3x-28=0$，解得$x_1=4,x_2=-7$。经检验知，$x_2=-7$为增根，所以原方程的解为$x=4$。

例37　已知$\sqrt{x}+\sqrt{y-1}+\sqrt{z-2}=\frac{1}{2}(x+y+z)$，则$x+y+z$的值为（　　）。

（A）2　（B）3　（C）5　（D）6　（E）8

答案：D

解：将原方程两端乘以2并移项得$x+y+z-2\sqrt{x}-2\sqrt{y-1}-2\sqrt{z-2}=0$，故$\left(x-2\sqrt{x}+1\right)+\left(y-1-2\sqrt{y-1}+1\right)+\left(z-2-2\sqrt{z-2}+1\right)=0$，配方得$\left(\sqrt{x}-1\right)^2+\left(\sqrt{y-1}-1\right)^2+\left(\sqrt{z-2}-1\right)^2=0$，故$\sqrt{x}=1,\sqrt{y-1}=1,\sqrt{z-2}=1$，解得$x=1,y=2,z=3$，所以$x+y+z=6$。

例38　方程$\sqrt{36-x^2}+\sqrt{64-x^2}=10$的解为（　　）。

（A）3.6　（B）4.8　（C）−3.6　（D）4.8或−4.8　（E）3.6或−3.6

答案：D

解1：原方程等价于$\begin{cases}x^2\leqslant 36\\x^2\leqslant 64\\\sqrt{36-x^2}=10-\sqrt{64-x^2}\end{cases}$，即$\begin{cases}x^2\leqslant 36\\\sqrt{36-x^2}=10-\sqrt{64-x^2}\end{cases}$，故$36-x^2=100-20\sqrt{64-x^2}+64-x^2$，化简得$5\sqrt{64-x^2}=32$，两端平方得$64-x^2=\left(\frac{32}{5}\right)^2$，所以$x^2=8^2-\left(\frac{32}{5}\right)^2=\left(8+\frac{32}{5}\right)\left(8-\frac{32}{5}\right)=\frac{72}{5}\times\frac{8}{5}$，解得$x=\pm\frac{24}{5}=\pm 4.8$。

解2：设$AC=6,AB=8,AD=x$，则$CD=\sqrt{36-x^2},DB=\sqrt{64-x^2}$，从而由勾股

定理知$\angle CAB$是直角，故由面积法知$AD=4.8$，从而$x=\pm4.8$（图4-1）。

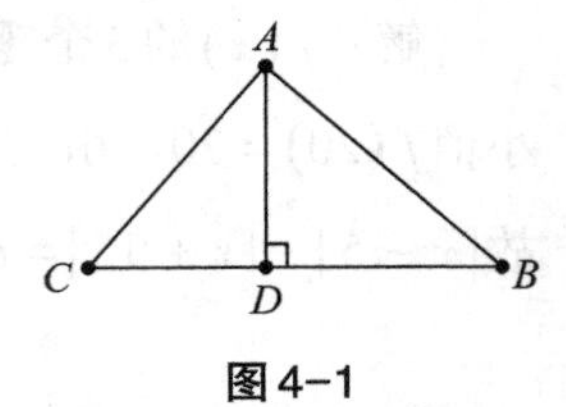

图4-1

题型八：超越方程

例39 方程$\lg(x^2+11x+8)-\lg(x+1)=1$的解为（　　）。

（A）-2　（B）1　（C）2　（D）-2或2　（E）-2或2

答案：B

解：原方程变形为$\lg(x^2+11x+8)=1+\lg(x+1)=\lg(10(x+1))$，所以$x^2+11x+8=10(x+1)$，化简得$x^2+x-2=0$，解得$x_1=1,x_2=-2$。经验证$x_1=1$是原方程的解。

例40 方程$3^x+3^{-x}=4$的所有的解的和为（　　）。

（A）0　（B）1　（C）$\log_3(2+\sqrt{3})$　（D）$\log_3(2-\sqrt{3})$　（E）以上都不对

答案：A

解1：原方程变形为$3^x+\frac{1}{3^x}=4$，方程两边同乘3^x得$(3^x)^2-4\cdot3^x+1=0$，令$3^x=t$，则$t^2-4t+1=0$，故$t=3^x=2\pm\sqrt{3}$，所以$x_1=\log_3(2+\sqrt{3})$，$x_2=\log_3(2-\sqrt{3})$，所以$x_1+x_2=\log_3(2+\sqrt{3})+\log_3(2-\sqrt{3})=\log_3(2+\sqrt{3})(2-\sqrt{3})=\log_3 1=0$。

解2：原方程变形为$3^x+\frac{1}{3^x}=4$，令$3^x=t>0$，则$t+\frac{1}{t}=4$，由对勾函数的图像知方程有两个解且互为倒数，即若t_0是$t+\frac{1}{t}=4$的解，则$\frac{1}{t_0}$也是$t+\frac{1}{t}=4$的解。设$3^{x_0}=t_0$，$3^{x_1}=\frac{1}{t_0}$，则$x_1=-x_0$，故原方程所有解的和为0。

例41 若方程$9^x-15\cdot3^x+27=0$的两根是x_1,x_2，则x_1+x_2的值是（　　）。

（A）15　（B）-15　（C）3　（D）27　（E）30

答案：C

解：令$t=3^x$，则$t^2-15t+27=0$，解得$t_1t_2=27$，即$3^{x_1}3^{x_2}=3^{x_1+x_2}=27$，所以$x_1+x_2=3$。

例42 若函数$f(x)=\log_a x(a>0,a\neq1)$在区间$[a,2a]$上的最大值是最小值的3倍，则$a$的值为（　　）。

（A）$\sqrt{2}$　（B）$\frac{\sqrt{2}}{4}$　（C）$\frac{\sqrt{2}}{2}$　（D）$2\sqrt{2}$　（E）$\sqrt{2}$或$\frac{\sqrt{2}}{4}$

答案：E

解：当$0<a<1$时，$f(x)=\log_a x$单调递减，所以它在区间$[a,2a]$上的最大值是$\log_a a=1$，最小值是$\log_a 2a$，所以$3\log_a 2a=3(\log_a a+\log_a 2)=1$，所以$\log_a 2=-\frac{2}{3}$，故$a^{-\frac{2}{3}}=2$，所以$a=2^{-\frac{3}{2}}=\frac{\sqrt{2}}{4}$。当$a>1$时，$f(x)=\log_a x$单调递增，所以它在区间$[a,2a]$上的最大值是$\log_a 2a$，最小值是$\log_a a=1$，所以$3\log_a a=\log_a 2a$，即$3=\log_a 2+1$，解得$a=\sqrt{2}$。

例43　如果已知$0<a<1$，则方程$a|x|=|\log_a x|$的实根的个数为（　　）。

（A）0　（B）1　（C）2　（D）3

（E）与a的值有关

答案：D

解：作出$y=a|x|$和$|\log_a x|$的函数图像，如图4-2所示：由图像可知两个函数的图像有3个交点，故方程有3个根。

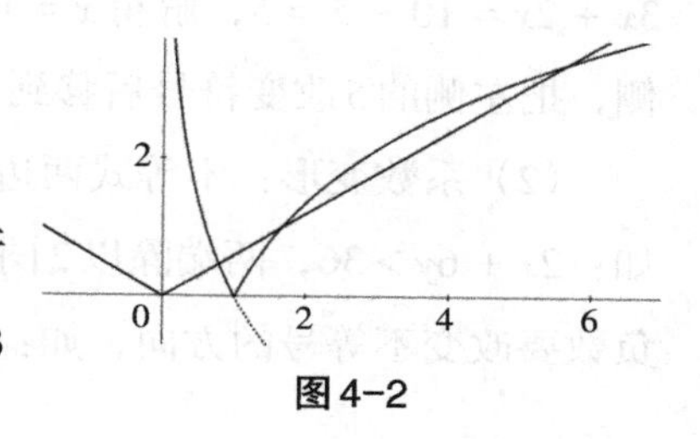

图4-2

第二节　不等式

一、不等式定义及其性质

（一）不等式

一般地，用不等号表示大小关系或不等关系的式子叫不等式。不等号主要包括：“>”“<”“≥”“≤”“≠”。例如，$x^2+x+1>3$，$\log_2^x\neq0$都是不等式。

（二）不等式组

几个不等式联立起来即得不等式组，如$\begin{cases}\sqrt{x^2-1}\geq1\\ \frac{x-1}{x-\sqrt{2}}<0\end{cases}$是不等式组。

（三）不等式和不等式组的解或解集

使不等式成立的未知数的值，叫作不等式的解，一个含有未知数的不等式的所有解，组成这个不等式的解集。不等式组中各个不等式的解集的交集是不等式组的解集，即同时满足所有不等式的未知数的取值范围。

（四）解不等式或不等式组

求不等式的解集的过程，叫作解不等式。解不等式时要对不等式进行同解变形，同解变形主要有两个：

（1）移项：不等式的任何一项都可以在改变符号之后移到另一侧，其本质是两端加上该项的相反项，使之抵消。例如，由 $3x+5=10-2x$ 两端加上 $2x$ 和 -5 同解变形得：$3x+2x=10-5=5$，解得 $x=1$。这个过程看上去就是把右侧的 $-2x$ 改变符号后移到左侧，把左侧的5改变符号后移到右侧，从而被称为移项。

（2）系数变形：不等式两边同时乘以或除以一个正数得到的不等式与原不等式同解，如：$2x+6y>36$，两端除以2同解变形得：$x+3y>18$；不等式两边同时乘以或除以一个负数要改变不等号的方向，如：$-3x+6y>12$，两端除以-3同解变形得：$x-2y<4$。

（五）不等式的基本性质

（1）对称性：$a>b\Rightarrow b<a$。

（2）传递性：$a>b,b>c\Rightarrow a>c$。

（3）加法法则：$a>b\Rightarrow a\pm c>b\pm c$；同向可加性：$a>b,c>d\Rightarrow a+b>c+d$。

（4）乘法法则：$a>b,c>0\Rightarrow ac>bc;a>b,c<0\Rightarrow ac<bc$。

（5）同向相乘性：$a>b>0,c>d>0\Rightarrow ac>bd;a<b<0,c<d<0\Rightarrow ac>bd$。

（6）乘方法则：$a>b>0,n\in N^{+}\Rightarrow a^{n}>b^{n}>0$。

（7）倒数法则：$a>b>0\Rightarrow \frac{1}{b}>\frac{1}{a}>0;a<b<0\Rightarrow \frac{1}{b}<\frac{1}{a}<0$。

例1　若 $0<m<1$，则 m、m^2、$\frac{1}{m}$ 的大小关系是？

解：因为 $0<m<1$，两端乘以 m 得 $m^2<m$，两端除以 m 得 $\frac{1}{m}>1$，所以 $m^2<m<\frac{1}{m}$。

例2（1）已知 $b<a<0$，则 ab,a^2,b^2 的大小是？（2）已知 $-1<b<0$，则 b,b^2,b^3,b^4,b^5 的大小为？

解：（1）因为 $b<a<0$，两端分别乘以 b 和 a 得 $b^2>ab,ab>a^2$，所以 $a^2<ab<b^2$。

（2）因为 $-1<b<0$，所以 $b^2<1$，同乘 b 得 $b^3>b$，再同乘 b^2 得 $b^5>b^3$，故 $b<b^3<b^5<0$，将 $b^2<1$ 两端同乘 b^2 得 $b^4<b^2$，故 $b<b^3<b^5<b^4<b^2$。

二、一元一次不等式（组）及其解法

（一）一元一次不等式及求解

一元一次不等式的形式为$ax > b, ax \geqslant b, ax < b, ax \leqslant b(a \neq 0)$，其解分两种情况：

（1）当$a > 0$时，$ax > b \Rightarrow x > \frac{b}{a}$；$ax < b \Rightarrow x < \frac{b}{a}$。

（2）当$a < 0$时，$ax > b \Rightarrow x < \frac{b}{a}$；$ax < b \Rightarrow x > \frac{b}{a}$。

（二）一元一次不等式组求解

分别求出组成不等式组的每一个一元一次不等式的解集，这些解集的交集就是不等式组的解集，必要时可以运用数轴绘制交集。

例3　如果关于x的不等式$(2m - n)x + m - 5n > 0$的解集为$x < \frac{10}{7}$，试求关于x的不等式$mx > n$的解集。

解：由题意得$(2m - n)x > 5n - m$，因为解集是$x < \frac{10}{7}$，所以$2m - n < 0$，故$x < \frac{5n - m}{2m - n}$，所以$\frac{5n - m}{2m - n} = \frac{10}{7}$，整理得$n = \frac{3}{5}m$，把$n = \frac{3}{5}m$代入$2m - n < 0$得：$2m - \frac{3}{5}m < 0$，故$m < 0$。因为$mx > n$，所以$mx > \frac{3}{5}m$，解得$x < \frac{3}{5}$。

三、一元二次不等式及其解法

一元二次不等式的形式是$ax^2 + bx + c > 0(a \neq 0)$或$ax^2 + bx + c < 0(a \neq 0)$。一元二次不等式的求解通过数形结合法进行。下面以$ax^2 + bx + c > 0$且$a > 0, \Delta > 0$的情况为例说明其求解过程，其他情况依此类推。

第一步：求$ax^2 + bx + c = 0$的两根x_1, x_2。

第二步：根据开口方向和两根绘制草图。

第三步：数形结合法求解。由图像可知当$x > x_2$或$x < x_1$时$ax^2 + bx + c > 0$。

例4　求解不等式$x^2 - 3x + 2 > 0$（图4-3）。

解：由$x^2 - 3x + 2 = 0$得$x_1 = 1, x_2 = 2$，函数$f(x) = x^2 - 3x + 2$的图像是开口向上的抛物线，由图像可知当$x < 1$或$x > 2$时$x^2 - 3x + 2 > 0$。

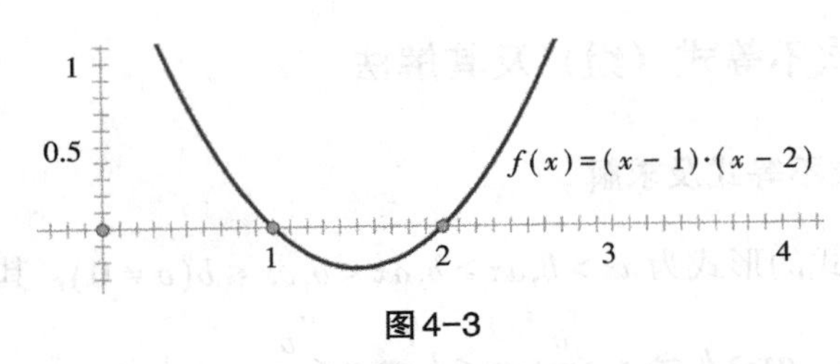

图4-3

特别地，当$a>0,\Delta<0$时一元二次不等式$ax^2+bx+c>0$恒成立，或者一元二次不等式$ax^2+bx+c>0$的解集为全体实数；或者一元二次不等式$ax^2+bx+c\leqslant0$的解集为空集。当$a<0,\Delta<0$时一元二次不等式$ax^2+bx+c<0$恒成立。

例5　若对于$x\in R$恒有$\dfrac{3x^2+2x+2}{x^2+x+1}>n(n\in N)$，试求$n$的值。

解：因为$x^2+x+1>0$恒成立，所以原不等式等价于$3x^2+2x+2>n\left(x^2+x+1\right)$，整理得$(3-n)x^2+(2-n)x+(2-n)>0$恒成立。若$n=3$，则不等式变为$-x-1>0$，其解并非全体实数；若$n\neq3$，要使$(3-n)x^2+(2-n)x+(2-n)>0$恒成立，则必有$\begin{cases}3-n>0\\ \Delta=(2-n)^2-4(3-n)(2-n)<0\end{cases}$，解得$n<2$。又因为$n\in N$，所以$n=0$或1。

四、一元高次不等式求解

一元高次不等式分为可降阶和不可降阶两种，前者可利用变量替换法化成一元二次不等式再求解，后者用穿线法做图求解。

（一）可降阶的一元高次不等式

例6　求关于x的不等式$x^4-2x^2-3>0$的解集。

解：令$x^2=t$，则原不等式化为$t^2-2t-3>0$，解得$t<-1$（舍去）或$t>3$。所以$x^2>3$，从而解得$x>\sqrt{3}$或$x<-\sqrt{3}$。

（二）可分解的一元高次不等式

对于可因式分解的一元高次不等式，常用穿线法求解。穿线法又称“数轴标根法”，它遵循三个步骤：①求零点；②去常数；③根据x最高次幂的系数的符号绘制草图并求解。使用这种方法要求先把原函数分解为一次因式的乘积，如果有二次因式不能分解，那么它一定是恒正或恒负的。

例7 求不等式$(x-1)(x-2)(3x-9)>0$的解集。

第一步：求零点。令$(x-1)(x-2)(x-3)=0$得$x_1=1,x_2=2,x_3=3$。

第二步：去常数看系数，即看最高次幂的系数。本题最高次项为$x\cdot x\cdot 3x=3x^3$，系数为3。

第三步：画草图。若系数为正，则从最大零点的右上方开始穿，若系数为负，则从最大零点的右下方开始穿，其图像如图4-4所示。

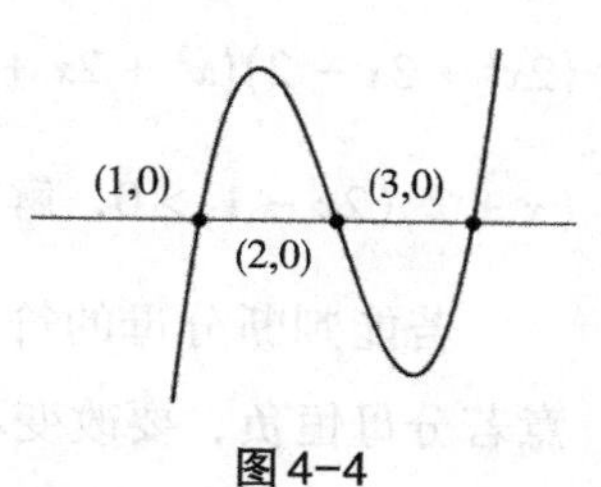

图4-4

可见，当$1<x<2$或$x>3$时，$(x-1)(x-2)(3x-9)>0$。

例8 求不等式$(x^2+x+2)(x-1)^2(2x+6)(x-3)^3<0$的解集。

解：因为$x^2+x+2>0$恒成立，故原不等式等价于$(x-1)^2(2x+6)(x-3)^3<0$，因为因式$x-1$的次数是偶数，所以图像接触但不能穿过(1,0)，其图像如图4-5所示。由图像可知，不等式的解集为$x\in(-3,1)\cup(1,3)$。

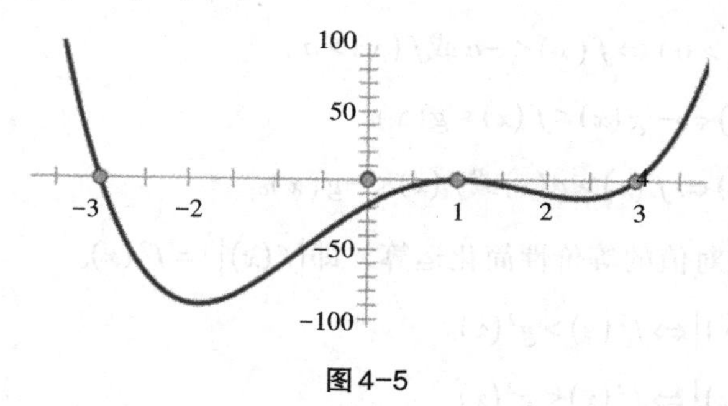

图4-5

五、分式不等式求解

分式不等式的分母正负不确定的情况不要同乘以分母，而是通过移项通分的方式求解，有以下几种形式：

(1) $\dfrac{f(x)}{F(x)}>0\Leftrightarrow f(x)F(x)>0$。

(2) $\dfrac{f(x)}{F(x)}\geqslant 0\Leftrightarrow\begin{cases}f(x)F(x)\geqslant 0\\F(x)\neq 0\end{cases}$。

(3) $\dfrac{f(x)}{F(x)}>a\Leftrightarrow\dfrac{f(x)}{F(x)}-a>0\Leftrightarrow\dfrac{f(x)-aF(x)}{F(x)}>0\Leftrightarrow\big(f(x)-aF(x)\big)F(x)>0$。

例9 解不等式$\frac{x+8}{x^2+2x+3}<2$。

解：由$\frac{x+8}{x^2+2x+3}<2$知$\frac{x+8}{x^2+2x+3}-2<0$，通分得$\frac{2x^2+3x-2}{x^2+2x+3}>0$，所以$(2x^2+3x-2)(x^2+2x+3)>0$，因为$x^2+2x+3>0$恒成立，所以$2x^2+3x-2>0$，即$(x+2)(2x-1)>0$，解得$x<-2$或$x>\frac{1}{2}$。

若能判断分母的符号恒正或恒负，可以两端同时乘分母去掉分母再求解，此时要注意若分母恒负，要改变不等号的开口方向。

六、绝对值不等式

解含有绝对值的不等式的关键是去掉式子中的绝对值符号，常见的形式有：

（1）$|f(x)|<a(a>0)\Leftrightarrow -a<f(x)<a$。

（2）$|f(x)|>a(a>0)\Leftrightarrow f(x)<-a$或$f(x)>a$。

（3）$|f(x)|<g(x)\Leftrightarrow -g(x)\leqslant f(x)\leqslant g(x)$。

（4）$|f(x)|>g(x)\Leftrightarrow f(x)>g(x)$或$f(x)<-g(x)$。

有时候也利用绝对值的等价性简化运算，即$|f(x)|^2=f^2(x)$。

（5）$|f(x)|>|g(x)|\Leftrightarrow f^2(x)>g^2(x)$。

（6）$|f(x)|<|g(x)|\Leftrightarrow f^2(x)<g^2(x)$。

例10 解不等式$|x-1|+|2x+1|<4$。

解：令$x-1=0$得$x=1$；令$2x+1=0$得$x=-\frac{1}{2}$。当$x\in\left(-\infty,-\frac{1}{2}\right]$时，原不等式化为$-(x-1)-(2x+1)<4$，解得$-\frac{4}{3}<x\leqslant-\frac{1}{2}$；当$x\in\left(-\frac{1}{2},1\right]$时，原不等式化为$-(x-1)+(2x+1)<4$，解得$-\frac{1}{2}<x\leqslant 1$；当$x\in(1,+\infty)$时，原不等式化为$(x-1)+(2x+1)<4$，解得$1<x<\frac{4}{3}$。从而原不等式的解集为$\left(-\frac{4}{3},\frac{4}{3}\right)$。

七、简单的无理不等式

无理不等式常通过去根号的方法化为有理不等式求解，要注意保证式子有意义的前提下求解，或求解之后再验证。如果能细心观察，抓住题目特征，选择合理的途径，则可避开讨论提高解题效率。常见的无理不等式有以下几种情况：

（1）$\sqrt{f(x)}<g(x)\Leftrightarrow\begin{cases}f(x)\geqslant 0\\g(x)>0\\f(x)<g^2(x)\end{cases}$。

（2）$\sqrt{f(x)}>g(x)\Leftrightarrow\begin{cases}f(x)\geqslant 0\\g(x)<0\end{cases}$或$\begin{cases}g(x)\geqslant 0\\f(x)>g^2(x)\end{cases}$。

（3）$\sqrt{f(x)}<\sqrt{g(x)}\Leftrightarrow\begin{cases}f(x)\geqslant 0\\f(x)<g(x)\end{cases}$。

例 11　解不等式$\sqrt{2x+1}>\sqrt{x+1}-1$。

解：要使不等式有意义，必然有$\begin{cases}2x+1\geqslant 0\\x+1\geqslant 0\end{cases}$，故$x\geqslant -\frac{1}{2}$，在此基础上原不等式同解变形为$\sqrt{2x+1}+1>\sqrt{x+1}$。因为两边均非负，所以平方得$\left(\sqrt{2x+1}+1\right)^2>\left(\sqrt{x+1}\right)^2$，化简得$2\sqrt{2x+1}>-(x+1)$，因为$x\geqslant -\frac{1}{2}$时$-(x+1)<0$，$2\sqrt{2x+1}>-(x+1)$恒成立，故原不等式的解集为$\left\{x\middle|x\geqslant -\frac{1}{2}\right\}$。

题型归纳与方法技巧

题型一：不等式的性质和求解

例 1　已知整数x满足不等式$3x-4\leqslant 6x-2$和不等式$\frac{2x+1}{3}-1<\frac{x-1}{2}$，且满足方程$3(x+a)-5a+2=0$，则$5a^4-\frac{1}{a}$的值为（　）。

（A）-1　（B）1　（C）3　（D）4　（E）7

答案：D

解：由题意得$\begin{cases}3x-4\leqslant 6x-2\\\frac{2x+1}{3}-1<\frac{x-1}{2}\end{cases}$，解不等式组得$-\frac{2}{3}\leqslant x<1$，又因为$x$是整数，所

以$x=0$。把$x=0$代入方程$3(x+a)-5a+2=0$，解得$a=1$，所以$5a^4-\frac{1}{a}=5-1=4$。

例2 对于实数a，符号$[a]$表示不大于a的最大的整数。例如，$[5.7]=5$，$[5]=5$，$[-\pi]=-4$。如果$\left[\frac{x+1}{2}\right]=3$，则满足条件的所有正整数的和是（ ）。

（A）3 （B）5 （C）6 （D）8 （E）11

答案：E

解：因为$\left[\frac{x+1}{2}\right]=3$，所以$3\leqslant\frac{x+1}{2}<4$，解得$5\leqslant x<7$。所以满足条件的$x$可以取5和6，从而和为11。

题型二：一元二次不等式

例3 关于x的不等式$(ax-b)(x+3)<0$的解集为$(-\infty,-3)\cup(1,+\infty)$，则关于$x$的不等式$ax+b>0$的解集为（ ）。

（A）$(-\infty,-1)$ （B）$(-1,+\infty)$ （C）$(-\infty,1)$ （D）$(1,+\infty)$ （E）$(-1,1)$

答案：A

解：由题意可得$a<0$，且1，-3是方程$(ax-b)(x+3)=0$的两个根，所以$x=1$为方程$ax-b=0$的根，故$a=b$，所以不等式$ax+b>0$可化为$x+1<0$，解得$x<-1$。

例4 已知不等式$ax^2+4ax+3>0$的解集为R，则a的取值范围是（ ）。

（A）$\left[-\frac{3}{4},\frac{3}{4}\right]$ （B）$\left(0,\frac{3}{4}\right)$ （C）$\left(0,\frac{3}{4}\right]$ （D）$\left[0,\frac{3}{4}\right)$ （E）$\left[-\frac{3}{4},\frac{3}{4}\right)$

答案：D

解：若$a=0$，则$3>0$恒成立；若$a\neq0$，则$a>0$且$\Delta=16a^2-12a<0$时满足题意，解得$0<a<\frac{3}{4}$，故$0\leqslant a<\frac{3}{4}$。

例5 不等式$ax^2+(a-6)x+2>0$对所有实数x都成立。

（1）$0<a<3$ （2）$1<a<5$

答案：E

解：若$a=0$，则$-6x+2>0$并非恒成立，不合题意；若$a\neq0$，则$a>0$且$\Delta=(a-6)^2-8a<0$时满足题意，解得$2<a<18$。故两个条件单独立不成立，联合也不成立。

例6 若不等式$\frac{(x-a)^2+(x+a)^2}{x}>4$对$x\in(0,+\infty)$恒成立，则常数$a$的取值范围是（　　）。

（A）$(-\infty,-1)$　（B）$(1,+\infty)$　（C）$(-1,1)$　（D）$(-1,+\infty)$

（E）$(-\infty,-1)\cup(1,+\infty)$

答案：E

解1：由题意知$(x-a)^2+(x+a)^2>4x$，即$x^2-2x+a^2>0$当$x\in(0,+\infty)$时恒成立。因为$f(x)=x^2-2x+a^2$是开口向上，对称轴为$x=1$的抛物线，所以只要$f(x)_{\min}=f(1)>0$即可，故$f(1)=a^2-1>0$，解得$a>1$或$a<-1$。

解2：因为$\frac{(x-a)^2+(x+a)^2}{x}=\frac{2x^2+2a^2}{x}=2x+\frac{2a^2}{x}$，当$x>0$时，由均值不等式得$2x+\frac{2a^2}{x}\geqslant 4|a|$，故当$4|a|>4$时满足题意，解得$a>1$或$a<-1$。

题型三：分式不等式和高次不等式

例7（2001-1-8）设$0<x<1$，则不等式$\frac{3x^2-2}{x^2-1}>1$的解集是（　　）。

（A）$0<x<\frac{1}{\sqrt{2}}$　（B）$\frac{1}{\sqrt{2}}<x<1$　（C）$0<x<\sqrt{\frac{2}{3}}$　（D）$\sqrt{\frac{2}{3}}<x<1$

（E）以上结论均不正确

答案：B

解：因为$0<x<1$，所以$x^2-1<0$，不等式两端乘以x^2-1得：$3x^2-2<x^2-1$，解得$\frac{1}{\sqrt{2}}<x<1$。

例8 若正实数x,y满足$x+y=1$，且不等式$\frac{4}{x+1}+\frac{1}{y}<m^2+\frac{3}{2}m$有解，则实数$m$的取值范围是（　　）。

（A）$m<-3$或$m>\frac{3}{2}$　（B）$m<-\frac{2}{3}$或$m>3$　（C）$-\frac{3}{2}<m<3$

（D）$-3<m<\frac{3}{2}$　（E）$-3<m\leqslant\frac{3}{2}$

答案：A

解：因为 $x+y=1$，所以 $(x+1)+y=2$，故 $\frac{4}{x+1}+\frac{1}{y}=\frac{1}{2}\left(\frac{4}{x+1}+\frac{1}{y}\right)[(x+1)+y]=$ $\frac{1}{2}\left(4+\frac{4y}{x+1}+\frac{x+1}{y}+1\right)\geqslant\frac{1}{2}\left(5+2\sqrt{4}\right)=\frac{9}{2}$，当且仅当 $\frac{4y}{x+1}=\frac{x+1}{y}$，即 $x=\frac{1}{3},y=\frac{2}{3}$ 时，等号成立，此时 $\frac{4}{x+1}+\frac{1}{y}$ 取得最小值 $\frac{9}{2}$。所以，只要 $m^2+\frac{3}{2}m>\frac{9}{2}$，则不等式 $\frac{4}{x+1}+\frac{1}{y}<m^2+\frac{3}{2}m$ 有解，故 $2m^2+3m-9>0$，解得 $m<-3$ 或 $m>\frac{3}{2}$。

例9 已知不等式 $x^2+px+q<0$ 的解集为 $\{x|1<x<2\}$，则不等式 $\frac{x^2+px+q}{x^2-5x-6}>0$ 的解集为（　　）。

（A）$(1,2)$ （B）$(-\infty,-1)\cup(1,2)\cup(6,+\infty)$ （C）$(-1,1)\cup(2,6)$

（D）$(-\infty,-1)\cup(6,+\infty)$ （E）$(1,2)\cup(6,+\infty)$

答案：B

解：因为 $x^2+px+q<0$ 的解集为 $\{x|1<x<2\}$，说明 $x^2+px+q=(x-1)(x-2)$，故 $\frac{x^2+px+q}{x^2-5x-6}>0$ 等价于 $(x^2+px+q)(x^2-5x-6)=(x-1)(x-2)(x-6)(x+1)>0$，由穿线法可知 $x\in(-\infty,-1)\cup(1,2)\cup(6,+\infty)$。

例10 某户要建一个长方形的羊栏，则羊栏的面积大于 500m^2。

（1）羊栏的周长为 120m （2）羊栏对角线的长不超过 50m

答案：C

解：设长方形羊栏的长为 a，宽为 b。条件（1），令 $a=59,b=1$，则 $ab=59<500$，不充分。条件（2），令 $a=1,b=1$，则 $ab=1<500$，不充分。联合条件（1）和条件（2），$\begin{cases}a+b=60\\ \sqrt{a^2+b^2}\leqslant 50\end{cases}$，即 $\begin{cases}a+b=60\\ a^2+b^2\leqslant 2500\end{cases}$。由于 $(a+b)^2=a^2+b^2+2ab$，所以 $3600-2ab\leqslant 2500$，解得 $ab\geqslant 550$，充分。

例11 若 $a>0,b>0$，则 $\min\left\{\max\left(a,b,\frac{1}{a^2}+\frac{1}{b^2}\right)\right\}=$（　　）。

（A）$\frac{1}{2}$ （B）1 （C）$\sqrt{2}$ （D）$\frac{\sqrt[3]{2}}{2}$ （E）$\sqrt[3]{2}$

答案：E

解：设 $\max\left(a,b,\frac{1}{a^2}+\frac{1}{b^2}\right)=m$，则 $a\leqslant m,b\leqslant m,\frac{1}{a^2}+\frac{1}{b^2}\leqslant m$，因此 $\frac{2}{m^2}\leqslant\frac{1}{a^2}+\frac{1}{b^2}\leqslant m$，解得 $m\geqslant\sqrt[3]{2}$。当且仅当 $a=b=\sqrt[3]{2}$ 时，$m=\sqrt[3]{2}$，所以 m 的最小值为 $\sqrt[3]{2}$。

题型四：绝对值不等式

例 12　$|x-1|+|x-2|+|x-3|+\cdots+|x-2021|$ 的最小值是（　　）。

（A）500566　（B）555555　（C）510050　（D）1021110　（E）500567

答案：D

解：令 $f(x)=|x-1|+|x-2|+|x-3|+\cdots+|x-2021|$，易知当 $x=1011$ 时 $f(x)$ 达到最小值，最小值为 $f(1011)=1021110$。

例 13　若不等式 $|x-4|+|x-2|+|x-1|+|x|\geqslant a$，对一切实数 x 都成立，则 a 的取值范围是（　　）。

（A）$a<5$　（B）$a\leqslant 5$　（C）$a\geqslant 5$　（D）$a>5$　（E）$a>4$

答案：B

解：令 $f(x)=|x-4|+|x-2|+|x-1|+|x|$，则当 $1\leqslant x\leqslant 2$ 时，$f(x)$ 达到最小值，最小值为 $f(1)=f(2)=5$，故 $a\leqslant 5$。

题型五：无理不等式

例 14（2007-10-19）$\sqrt{1+x^2}<x+1$。

（1）$x\in[-1,0]$　（2）$x\in\left(0,\frac{1}{2}\right]$

答案：B

解：由题意知 $\begin{cases}x+1>0\\1+x^2<(x+1)^2\end{cases}$，解得 $x>0$，故条件（2）充分。

例 15　不等式 $\sqrt{3-x}-\sqrt{x+1}>\frac{1}{2}$ 的解集为（　　）。

（A）$-1\leqslant x\leqslant 3$　（B）$1<x\leqslant 2$　（C）$-1\leqslant x<\frac{8-\sqrt{31}}{8}$　（D）$-1\leqslant x\leqslant\frac{7}{8}$

（E）$-1\leqslant x<\frac{7}{8}$

答案：C

解：原不等式等价于不等式组$\begin{cases}3-x\geqslant 0\\x+1\geqslant 0\\3-x>x+1\\\sqrt{3-x}>\sqrt{x+1}+\dfrac{1}{2}\end{cases}$，所以$\begin{cases}x\leqslant 3\\x\geqslant -1\\x<1\\\sqrt{3-x}>\sqrt{x+1}+\dfrac{1}{2}\end{cases}$。

由$\sqrt{3-x}>\sqrt{x+1}+\dfrac{1}{2}$得$3-x>x+1+\sqrt{x+1}+\dfrac{1}{4}$，故$\dfrac{7}{4}-2x>\sqrt{x+1}$，所以$\dfrac{7}{4}-2x>0$，且$\left(\dfrac{7}{4}-2x\right)^2>x+1$，即$4x^2-8x+\dfrac{33}{16}>0$，解得$x<\dfrac{8-\sqrt{31}}{8}$或$x>\dfrac{8+\sqrt{31}}{8}$。从而选C。

题型六：指数不等式和对数不等式

例16　不等式$0.2^{x^2-3x-2}>0.04$的解集为（　　）。

（A）$6<x<18$　（B）$-11<x<4$　（C）$1<x<4$　（D）$-1<x<4$

（E）$-6<x<18$

答案：D

解：因为$0.04=0.2^2$，且0.2^x单调递减，故由$0.2^{x^2-3x-2}>0.04$得$x^2-3x-2<2$，解得$-1<x<4$。

例17　解不等式$\lg x>\dfrac{2}{\lg x}+1$的解集为（　　）。

（A）$0.1<x<1$　（B）$-0.1<x<1$　（C）$0.1<x<100$

（D）$0.1<x<1$或$x>100$　（E）$-0.1<x<100$

答案：D

解：由$\lg x>\dfrac{2}{\lg x}+1$得$\lg x-\dfrac{2}{\lg x}-1>0$，所以$\dfrac{\lg^2 x-\lg x-2}{\lg x}>0$，故$(\lg^2 x-\lg x-2)\cdot\lg x>0$，因式分解得$(\lg x-2)(\lg x+1)\lg x>0$，由穿线法得$-1<\lg x<0$或$\lg x>2$，解得$0.1<x<1$或$x>100$。

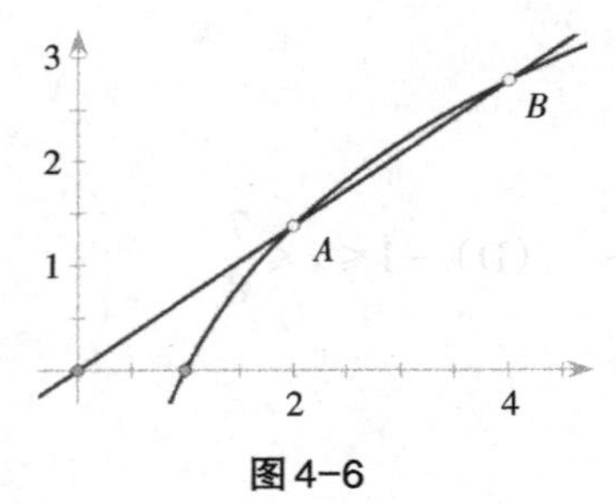

图4-6

例18　不等式$2\ln x>x\ln 2$的解集是（　　）。

（A）$(1,2)$　（B）$(2,4)$　（C）$(2,+\infty)$　（D）$(4,+\infty)$

（E）以上都不对

答案：B

解：数形结合法可知$f(x)=2\ln x$与$g(x)=\ln 2\cdot x$有两个交点（图4-6），验证可知$x=2,4$时，$2\ln x$与$x\ln 2$函数值相等，故当$2<x<4$时$2\ln x>x\ln 2$。

第三节　基础通关

1.已知关于x,y的方程组$\begin{cases}3x-y=5\\4ax+5by=-22\end{cases}$和$\begin{cases}2x+3y=-4\\ax-by=8\end{cases}$有相同解，则$(-a)^b$的值为（　　）。

（A）2　（B）-2　（C）8　（D）-8　（E）1

答案：D

解：因为两组方程组有相同的解，所以原方程组与$\begin{cases}3x-y=5\\2x+3y=-4\end{cases}$同解，故$\begin{cases}x=1\\y=-2\end{cases}$，代入$\begin{cases}ax-by=8\\4ax+5by=-22\end{cases}$得$\begin{cases}a=2\\b=3\end{cases}$。所以$(-a)^b=(-2)^3=-8$。

2.当$m+n=6$时，关于x的一元二次方程$4x^2-mx-n=0$的根的情况为（　　）。

（A）有两个不相等的实数根　（B）有两个相等的实数根　（C）没有实数根
（D）无法确定　（E）无法判断

答案：A

解：由题意得$\Delta=m^2+16n$，因为$m+n=6$，所以$n=6-m$，故$\Delta=m^2+16(6-m)=(m-8)^2+32>0$，所以方程有两个不相等的实数根。

3.在平面直角坐标系中，若直线$y=x+k$不经过第四象限，则关于x的方程$kx^2+x-1=0$的实数根的个数为（　　）。

（A）0个　（B）0个或1个　（C）2个　（D）1或2个　（E）0个或2个

答案：D

解：因为直线$y=x+k$不经过第四象限，所以$k\geqslant 0$。当$k=0$时，方程$kx^2+x-1=0$是一次方程，有一个根；当$k>0$时，方程$kx^2+x-1=0$的判别式$\Delta=1^2+4k>0$，有两个不相等的实数根。

4.关于x的方程$x^2+2(m-1)x+m^2-m=0$有两个实数根α,β，且$\alpha^2+\beta^2=12$，那么m的值为（　　）。

（A）-1　（B）-4　（C）-4或1　（D）-1或4　（E）1或4

答案：A

解：因为原方程有两个实数根，所以$\Delta=\left[2(m-1)\right]^2-4\times1\times(m^2-m)=-4m+4\geqslant0$，解得$m\leqslant1$。由韦达定理知$\alpha+\beta=-2(m-1),\alpha\beta=m^2-m$，所以$\alpha^2+\beta^2=(\alpha+\beta)^2-2\alpha\beta=\left[-2(m-1)\right]^2-2(m^2-m)=12$，即$m^2-3m-4=0$，解得$m=-1$或$m=4$（舍去）。

5.已知a,b是方程$x^2-x-5=0$的两根，则代数式$-a^3+5a-\dfrac{5}{b}$的值是（　　）。

（A）5　（B）-5　（C）1　（D）-1　（E）0

答案：B

解：因为a,b是方程$x^2-x-5=0$的两根，所以$a^2-a=5,ab=-5$，故$-a^3+5a-\dfrac{5}{b}=-a(a^2-5)-\dfrac{5}{b}=-a^2+a=-5$。

6.不等式$\left|\sqrt{x-2}-3\right|<1$的解集是（　　）。

（A）$6<x<18$　（B）$-6<x<18$　（C）$1\leqslant x\leqslant7$　（D）$-2\leqslant x\leqslant3$

（E）$-1\leqslant x\leqslant7$

答案：A

解：由$\left|\sqrt{x-2}-3\right|<1$得$-1<\sqrt{x-2}-3<1$，即$2<\sqrt{x-2}<4$且$x\geqslant2$，解得$6<x<18$。

7.若$|x|+x+y=10,x+|y|-y=12$，则$x+y=$（　　）。

（A）$\dfrac{18}{5}$　（B）3　（C）$\dfrac{16}{5}$　（D）2　（E）$\dfrac{22}{5}$

答案：A

解：当$x\geqslant0,y\geqslant0$时，$\begin{cases}2x+y=10\\x=12\end{cases}$，解得$\begin{cases}x=12\\y=-14\end{cases}$，舍去；当$x\geqslant0,y\leqslant0$时，即$\begin{cases}2x+y=10\\x-2y=12\end{cases}$，解得$\begin{cases}x=\dfrac{32}{5}\\y=-\dfrac{14}{5}\end{cases}$；当$x\leqslant0,y\geqslant0$时，即$\begin{cases}y=10\\x=12\end{cases}$，方程组无解；当$x\leqslant0,y\leqslant0$时，即$\begin{cases}y=10\\x-2y=12\end{cases}$，方程组无解。综上所述，只有当$x=\dfrac{32}{5},y=-\dfrac{14}{5}$时，两方程成立，所以$x+y=\dfrac{32-14}{5}=\dfrac{18}{5}$。

8.关于x的方程$x^2-6x+m=0$的两实根为α和β，且$3\alpha+2\beta=20$，则$m=$（　　）。

（A）16　（B）14　（C）-14　（D）-16　（E）18

答案：D

解：由韦达定理得$\alpha+\beta=6,\alpha\beta=m$，又因为$3\alpha+2\beta=20$，故$\alpha=8,\beta=-2$，所以$m=\alpha\beta=-16$。

9.已知新的方程的两根是方程$3x^2+x-5=0$的两根的倒数，则新的方程是（　　）。

（A）$5x^2+2x+3=0$　（B）$5x^2+2x-3=0$　（C）$5x^2-x+3=0$

（D）$5x^2-x-3=0$　（E）$5x^2-2x+3=0$

答案：D

解：设$3x^2+x-5=0$的两根为α、β，则$\alpha+\beta=-\frac{1}{3},\alpha\beta=-\frac{5}{3}$，所以$\frac{1}{\alpha}+\frac{1}{\beta}=\frac{\alpha+\beta}{\alpha\beta}=\frac{1}{5}$。新方程的两个根为$\frac{1}{\alpha},\frac{1}{\beta}$，所以新方程为$\left(x-\frac{1}{\alpha}\right)\left(x-\frac{1}{\beta}\right)=0$，即$x^2-\left(\frac{1}{\alpha}+\frac{1}{\beta}\right)x+\frac{1}{\alpha}\cdot\frac{1}{\beta}=0$，化简得$5x^2-x-3=0$。

10.若不等式$ax^2+bx+c<0$的解为$-2<x<3$，则不等式$cx^2+bx+a<0$的解为（　　）。

（A）$x<-1$或$x>\frac{1}{3}$　（B）$x<-\frac{1}{2}$或$x>1$　（C）$x<-1$或$x>1$

（D）$x<-\frac{1}{2}$或$x>\frac{1}{3}$　（E）以上结论均不正确

答案：D

解：由题意知$x_1=-2,x_2=3$是$ax^2+bx+c=0$的解，所以$-\frac{b}{a}=1,\frac{c}{a}=-6$，故$b=-a$，$c=-6a$，又因为$ax^2+bx+c<0$的解集是$-2<x<3$，故$a>0$。不等式$cx^2+bx+a<0$化为$-6ax^2-ax+a<0$，故$-6x^2-x+1<0$，解得$x<-\frac{1}{2}$或$x>\frac{1}{3}$。

11.关于x的方程$\frac{ax+2}{4}-1=\frac{2x-1}{5}$的解是正整数。

（1）$a=2$　（2）$a=3$

答案：A

解：原方程整理得$x=\frac{6}{5a-8}$，要使方程的解为正整数，即必须使$\frac{6}{5a-8}$为正整数，所以$5a-8$应是6的正约数，即$5a-8=1$或2或3或6，又因为a是整数，所以$a=2$。

12.关于x的方程$\frac{k}{x^2-x}+\frac{x}{1-x}=\frac{1}{x^2-x}+1$有增根。

（1）$k=1$　（2）$k=2$

答案：D

解：原方程去分母整理得$2x^2-x+1-k=0$，原方程若有增根，则增根为0或1。若0为增根，代入上式得$k=1$；若1为增根，代入上式得$k=2$。反之，当$k=1$时，解得$x_1=0$，$x_2=2$，其中$x_1=0$是增根；当$k=2$时，解得$x_1=1,x_2=-\frac{1}{2}$，其中$x_1=1$是增根。

13. 方程$x^2+5x+k=0$的两实根的差的绝对值为3。

（1）$k=4$　（2）$k=5$

答案：A

解：设方程的两根为x_1,x_2，由韦达定理知$\left|x_1-x_2\right|=\frac{\sqrt{\Delta}}{|a|}=3$，故$\Delta=5^2-4k=9$，所以$k=4$。

14. 不等式$(k+3)x^2-2(k+3)x+k-1<0$对任意的实数x恒成立。

（1）$k<0$　（2）$k<-3$

答案：B

解：若$k=-3$，则$-4<0$恒成立；若$k\neq-3$，则$\begin{cases}k+3<0\\ \Delta=4(k+3)^2-4(k+3)(k-1)<0\end{cases}$，解得$k<-3$，故$k\leqslant-3$。

15. 方程$x^2+5(x+1)+k=0$的两根都比2小。

（1）$k>-18$　（2）$k<\frac{1}{4}$

答案：C

解：方程整理为$x^2+5x+(5+k)=0$，由题意知$\begin{cases}\Delta=25-4(5+k)\geqslant0\\ f(2)=19+k>0\end{cases}$，解得$-19<k\leqslant\frac{5}{4}$，故两个条件单独不成，联合成立。

16. $(2x^2+x+3)(-x^2+2x+3)<0$。

（1）$x\in[-3,-2]$　（2）$x\in(4,5)$

答案：D

解：因为$2x^2+x+3>0$恒成立，故$-x^2+2x+3<0$，即$x^2-2x-3>0$，解得$x<-1$或$x>3$。

第四节　高分突破

1.已知实数x,y,z满足$\begin{cases} x+y+z=5 \\ 4x+2y-2z=3 \end{cases}$，则代数式$\frac{1}{2}x-z+1$的值为（　　）。

（A）$\frac{3}{4}$　（B）$-\frac{3}{4}$　（C）2　（D）$\frac{4}{3}$　（E）-2

答案：B

解：令$\begin{cases} x+y+z=5\cdots① \\ 4x+2y-2z=3\cdots② \end{cases}$，②$-2\times$①得：$2x-4z=-7$，因此，$\frac{1}{2}x-z+1=\frac{1}{4}(2x-4z)+1=\frac{1}{4}\times(-7)+1=-\frac{3}{4}$。

2.已知a,b,c均为非零实数，并且$ab=2(a+b),bc=3(b+c),ca=4(c+a)$，则$\frac{1}{a}+\frac{1}{b}+\frac{1}{c}$的值为（　　）。

（A）$\frac{4}{5}$　（B）$\frac{7}{5}$　（C）$\frac{13}{12}$　（D）$\frac{13}{24}$　（E）$\frac{24}{13}$

答案：D

解：由已知变形得$\frac{a+b}{ab}=\frac{1}{2}$，即$\frac{1}{b}+\frac{1}{a}=\frac{1}{2}$，同理$\frac{1}{b}+\frac{1}{c}=\frac{1}{3}$，$\frac{1}{c}+\frac{1}{a}=\frac{1}{4}$。三式相加得$2\left(\frac{1}{a}+\frac{1}{b}+\frac{1}{c}\right)=\frac{13}{12}$，所以$\frac{1}{a}+\frac{1}{b}+\frac{1}{c}=\frac{13}{24}$。

3.已知x_1,x_2是一元二次方程$2x^2-2x+m+1=0$的两个实根，如果x_1,x_2满足不等式$7+4x_1x_2>x_1^2+x_2^2$，则整数m的取值为（　　）。

（A）2　（B）2或1　（C）-2　（D）-1　（E）-2或-1

答案：E

解：因为原方程有两个实根，所以$\Delta=(-2)^2-4\times2\times(m+1)\geqslant0$，故$m\leqslant-\frac{1}{2}$。因为$7+4x_1x_2>x_1^2+x_2^2$，所以$x_1^2+x_2^2-4x_1x_2-7=\left(x_1+x_2\right)^2-6x_1x_2-7<0$。由韦达定理得$x_1+x_2=1,x_1x_2=\frac{m+1}{2}$，故$\left(x_1+x_2\right)^2-6x_1x_2-7=1-3(m+1)-7<0$，解得$m>-3$。所以$-3<m\leqslant-\frac{1}{2}$，又因为$m$为整数，所以$m$为$-2$或$-1$。

4.已知m,n是方程$x^2-4x+2=0$的两根，则代数式$2m^3+5n^2-\frac{16}{n}+4$的值是（　　）。

（A）57　（B）58　（C）59　（D）60　（E）61

答案：B

解：因为m,n是方程$x^2-4x+2=0$的两根，所以$m^2=4m-2,m^3=m^2m=(4m-2)m=4m^2-2m=14m-8,n^2=4n-2,5n^2=20n-10$，且$m+n=4,mn=2$，所以$\frac{2}{n}=m,\frac{16}{n}=8m$，所以$2m^3+5n^2-\frac{16}{n}+4=2(14m-8)+20n-10-8m+4=20m+20n-22=80-22=58$。

5.设$|x^2+ax|=4$只有3个不相等的实数根，则a的值和方程的某一个根可能是（　　）。

（A）$a=4,x=2\pm2\sqrt{2}$　（B）$a=4,x=2$　（C）$a=-4,x=2\pm2\sqrt{2}$

（D）$a=-4,x=-2$　（E）$a=\pm4,x=-2\pm2\sqrt{2}$

答案：C

解：由$|x^2+ax|=4$得$x^2+ax-4=0$或$x^2+ax+4=0$，由判别式知$x^2+ax-4=0$有两个不等的实根，所以要使原方程有3个不等的实根，则$x^2+ax+4=0$有两个相等的实根，故$\Delta=a^2-16=0$，解得$a=\pm4$。当$a=4$时，原方程为$x^2+4x-4=0$或$x^2+4x+4=0$，解得$x=-2\pm2\sqrt{2}$或$x=-2$；当$a=-4$时，原方程为$x^2-4x-4=0$或$x^2-4x+4=0$，解得$x=2\pm2\sqrt{2}$或$x=2$。

6.函数$f(x)=x-3+e^x$的零点所在的区间是（　　）。

（A）$(0,1)$　（B）$(1,3)$　（C）$(3,4)$　（D）$(4,+\infty)$　（E）$(-\infty,4)$

答案：A

解：因为$f(0)=0-3+1=-2<0$，$f(1)=1-3+e>0$，所以$f(0)f(1)<0$，故$(0,1)$内有零点。又因为$f(3)=3-3+e^3>0$，$f(4)=4-3+e^4>0$，故无法断定$(1,3)$和$(3,4)$内是否有零点。

7.已知$m=\frac{|a+b|}{c}+\frac{2|b+c|}{a}+\frac{3|c+a|}{b}$，且$abc>0$，$a+b+c=0$，$m$的最大值是$x$，最小值为$y$，则$x+y=$（　　）。

（A）4　（B）2　（C）−2　（D）−6　（E）−4

答案：E

解：因为$abc>0$，$a+b+c=0$，所以a,b,c中有两个负数，一个正数。因为$m=$

$\frac{|a+b|}{c}+\frac{2|b+c|}{a}+\frac{3|c+a|}{b}=\frac{|c|}{c}+\frac{2|a|}{a}+\frac{3|b|}{b}$，所以当$a<0,c<0,b>0$时，$m$有最大值，最大值为$m=-1-2+3=0$；当$c>0,a<0,b<0$时，$m$有最小值，最小值为$m=1-2-3=-4$，所以$x+y=-4$。

8.方程$3^{x^2-1}=5^{x+1}$的所有的解的和为（　）。

（A）0　（B）1　（C）$\log_3 5$　（D）$\log_5 3$　（E）以上都不对

答案：C

解：方程两边取自然对数得$(x^2-1)\ln 3=(x+1)\ln 5$，所以$(x+1)\left[(x-1)\ln 3-\ln 5\right]=0$，所以$x_1=-1,x_2=1+\frac{\ln 5}{\ln 3}$，所以$x_1+x_2=\frac{\ln 5}{\ln 3}=\log_3 5$。

9.如果已知$0<a<1$，则方程$a^{|x|}=\left|\log_a x\right|$的实根个数为（　　）。

（A）0　（B）1　（C）2　（D）3　（E）与a的值有关

答案：C

解：作出$y=a^{|x|}$和$\left|\log_a x\right|$的函数图像，如图4-7所示。由图像可知两函数图像有两个交点，故方程有两个根。

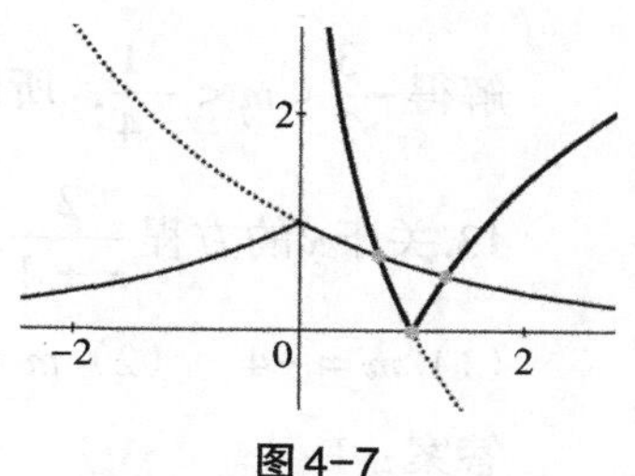

图4-7

10.若不等式$(2a-b)x+3a-4b<0$的解集为$x<\frac{4}{9}$，则$(a-4b)x+2a-3b>0$的解集为（　　）。

（A）$x<-\frac{1}{2}$　（B）$x>-\frac{1}{2}$　（C）$x<-\frac{1}{4}$

（D）$x>-\frac{1}{4}$　（E）以上都不正确

答案：C

解：由解集形式$x<\frac{4}{9}$知$2a-b>0$，解原不等式得$x<\frac{4b-3a}{2a-b}$，故$\frac{4b-3a}{2a-b}=\frac{4}{9}$，所以$a=\frac{8}{7}b$，由$2a-b=2\times\frac{8}{7}b-b>0$得$b>0$。所以不等式$(a-4b)x+2a-3b>0$变形为$-\frac{20}{7}bx-\frac{5}{7}b>0$，解得$x<-\frac{1}{4}$。

11.如果方程$(k^2-1)x^2-6(3k-1)x+72=0$有两个不相等的正整数根，则整数k的值是（　　）。

（A）−2　（B）3　（C）2　（D）−3　（E）1

答案：C

解：因为原方程有两个不相等的正整数根，所以$k^2-1\neq 0$且$\Delta=36(3k-1)^2-4\times 72(k^2-1)=36(k-3)^2>0$，因此$k\neq 3$。将方程左边因式分解得$[(k-1)x-6][(k+1)x-12]=0$，解得$x_1=\frac{6}{k-1},x_2=\frac{12}{k+1}$，要使得方程的解为正整数，所以$k+1$和$k-1$分别为12和6的正因数，枚举可知$k=2$。

12.已知关于x的一元二次方程$x^2+4mx+4m^2+2m+3=0$和$x^2+(2m+1)x+2^2=0$中至少有一个方程有实根，则m的取值范围是（　　）。

（A）$m\leqslant-\frac{3}{2}$或$m\geqslant-\frac{1}{4}$　（B）$-\frac{3}{2}<m<\frac{1}{4}$　（C）$\frac{1}{4}<m<\frac{1}{2}$

（D）$m\leqslant-\frac{3}{2}$或$m\geqslant\frac{1}{2}$　（E）$-\frac{3}{2}<m<\frac{1}{2}$

答案：A

解：设两个方程的判别式分别为Δ_1,Δ_2，如果两个方程均无实根，则

$$\begin{cases}\Delta_1=(4m)^2-4(4m^2+2m+3)<0\\ \Delta_2=(2m+1)^2-4m^2<0\end{cases}$$

解得$-\frac{3}{2}<m<-\frac{1}{4}$，所以当$m\leqslant-\frac{3}{2}$或$m\geqslant-\frac{1}{4}$时，至少有一个方程有实根。

13.关于x的方程$\frac{2}{x+1}+\frac{5}{1-x}=\frac{m}{x^2-1}$有增根。

（1）$m=-4$　（2）$m=-10$

答案：D

解：方程两边同乘以x^2-1，化简得$2(x-1)-5(x+1)=m\cdots$①。当$x^2-1=0$时，解得$x=\pm1$，所以关于x的方程$\frac{2}{x+1}+\frac{5}{1-x}=\frac{m}{x^2-1}$如果有增根，则增根为$\pm1$。当$x=1$时，代入①得$m=2(1-1)-5(1+1)=-10$；当$x=-1$时，代入①得$m=2(-1-1)-5(-1+1)=-4$。故$m$的值为$-10$或$-4$时，原方程有增根，分别为1和$-1$。

14.抛物线$y=ax^2+bx+c$与x轴无交点。

（1）b为a,c的等比中项　（2）b为a,c的等差中项

答案：A

解：条件（1），因为a,b,c成等比数列，所以$abc\neq 0$且$b^2=ac$，所以$\Delta=b^2-4ac=b^2-4b^2=-3b^2<0$，所以抛物线与$x$轴无交点，充分。条件（2），由$b$为$a,c$的等差中项

知，$2b=a+c$，所以$\Delta=b^2-4ac=\left(\frac{a+c}{2}\right)^2-4ac=\frac{a^2-14ac+c^2}{4}$，不能确定正负性，因此不能断定抛物线$y=ax^2+bx+c$与$x$轴无交点，如$a=2,b=1,c=0$就是反例，不充分。

15.方程$ax^2+bx+c=0$没有有理根。

（1）a,b,c是奇数　（2）a,b,c是偶数

答案：A

解：条件（1），假设此方程有有理根$\frac{q}{p}$，(p,q是两个互素的整数)，故$a\cdot\left(\frac{q}{p}\right)^2+b\cdot\frac{q}{p}+c=0$，即$aq^2+bpq+cp^2=0$。因为$p,q$互素，所以$p,q$不可能都是偶数，只能都是奇数，或者一奇一偶。若$p,q$都是奇数，因为$a,b,c$是奇数，所以$aq^2+bpq+cp^2$是奇数，与$aq^2+bpq+cp^2=0$矛盾。若$p,q$一奇一偶，易证明$aq^2+bpq+cp^2$也是奇数，与$aq^2+bpq+cp^2=0$矛盾。

条件（2），方程有有理根的充分必要条件是$\Delta=b^2-4ac$为完全平方数，令$b=2,a=2,c=0$即为反例。

第五章　应用题

第一节　题型方案

题型一：比例和利润问题

比例问题关键是理解“绝对数”与“相对数”的概念，前者用于比较两个数的大小，后者用于同一个变量前后两个值之间的变化幅度。

绝对数：a比b多$a-b$，反之b比a少$a-b$。

相对数：a比b多$\frac{a-b}{b}\times 100\%$，反之$b$比$a$少$\frac{a-b}{a}\times 100\%$。

利润、利润率及增长率是比例问题的常见形式，考生要理解相关概念和算法。

利润＝卖价－成本（进价），可见利润是绝对数。

利润率＝$\frac{\text{利润}}{\text{成本}}\times 100\%$，也叫成本利润率，它是相对数，由此知利润=利润率×成本。

复利：设初始值为A，平均增长率为p，连续增长n次后变成$A(1+p)^n$。

例1（2002-10-3）商店出售两套礼盒，均以210元售出，按进价计算，其中一套盈利25%，而另一套亏损25%，结果商店（　　）。

（A）不赔不赚　（B）赚了24元　（C）赚了28元　（D）亏了24元

（E）亏了28元

答案：E

解：设两套礼盒为甲、乙，其成本分别为x、y，以210元售出，甲赚25%，乙亏25%。则$\frac{210-x}{x}=0.25$，解得$x=168$，$\frac{y-210}{y}=0.25$，解得$y=280$，所以亏损$(168+280)-210\times 2=28$元。

例2（2004-1-3）某工厂生产某种新型产品，一月份每件产品销售获得的利润是出厂价的25%（假设利润等于出厂价减去成本），二月份每件产品出厂价降低10%，成本不变，销售件数比一月份增加80%，则销售利润比一月份的销售利润增长（　　）。

（A）6%　（B）8%　（C）15.5%　（D）25.5%　（E）以上都不对

答案：B

解：设一月出厂价为100，销售量为100，则一月利润为25，成本为75，总利润为2500；二月成本为75，出厂价为90，利润为15，销售量为180，总利润为$15\times180=2700$。故二月比一月利润多$\frac{2700-2500}{2500}=8\%$。

例3（2016-1）某家庭在一年的总支出中，子女教育支出与生活资料支出的比为3∶8，文化娱乐支出与子女教育支出的比为1∶2，已知文化娱乐支出占家庭总支出的10.5%，则生活资料支出占家庭总支出的（　　）。

（A）40%　（B）46%　（C）48%　（D）56%　（E）64%

答案：D

解：以教育支出为基准使用统一比例法，因为教育支出分别为2份和3份，故设教育支出为6份。则教育∶生活＝3∶8＝6∶16，文化∶教育＝1∶2＝3∶6，故文化∶教育∶生活＝3∶6∶16，又因为文化支出占总支出的10.5%，故生活支出占家庭总支出的比例为$\frac{16}{3}\times10.5\%=56\%$。

例4（2017-16）某人需要处理若干份文件，第1小时处理了全部文件的$\frac{1}{5}$，第2小时处理了剩余文件的$\frac{1}{4}$，则此人需要处理的文件数为25份。

（1）前两小时处理了10份文件　（2）第二小时处理了5份文件

答案：D

解：条件（1），第2小时处理了剩余的$\frac{1}{4}$，即总量的$\frac{4}{5}\times\frac{1}{4}=\frac{1}{5}$，所以前两小时共处理了$\frac{2}{5}$，又因为前两小时处理10份，故总数为25份，充分。条件（2），第2小时处理了总数的$\frac{1}{5}$，且第二小时处理了5份，所以总数是25份，充分。

例5（2020-1）某产品在去年涨价10%，今年涨价20%，则该产品两年涨价（　　）。

（A）15%　（B）16%　（C）30%　（D）32%　（E）33%

答案：D

解：设前年价格为1，则连续增长两次后价格变为$(1+10\%)\cdot(1+20\%)=1.32$，所以涨价32%。

例6（2022-2）某商品的成本利润率为12%，若其成本降低20%而售价不变，则利润率为（　　）。

（A）32%　（B）35%　（C）40%　（D）45%　（E）48%

答案：C

解：设成本为100，则利润为12，售价为112，后来成本为80，所以利润为$\frac{112-80}{80}\times 100\%=40\%$。

例7　若一商人进货价便宜8%，而售价保持不变，那么他的利润可增加10%，由此可知其原利润率是（　　）。

（A）8%　（B）10%　（C）12%　（D）15%　（E）20%

答案：D

解：设原进价为100，原利润是x，则售价是$100+x$，现在的进价是$100\times(1-8\%)=92$，售价没变，则现在的利润是$100+x-92=8+x$，利润率是$\frac{8+x}{92}=(x+10)\%$，解得$x=15$。

例8（2023-1）油价上涨5%后，加一箱油比原来多花20元，一个月后油价下降了4%，则加一箱油需要花（　　）。

（A）384元　（B）401元　（C）402.8元　（D）403.2元　（E）404元

答案：D

解：设原价每箱x元，则$x(1+5\%)-x=20$，解得$x=400$。一个月后加一箱油需要花：$400(1+5\%)(1-4\%)=400\times 1.05\times 0.96=403.2$。

例9　王先生购买甲，乙两种股票各若干股，能确定买甲股票的股数比乙股票的股数多。

（1）甲股票每股8元，乙股票每股10元

（2）当甲股票上扬10%，乙股票下跌8%时，王先生将这两种股票全部抛出后获利

答案：C

解：两个条件单独显然不成立，考察联合情况。设甲乙股票分别购入x,y股，则甲乙分别买入$8x,10y$元，故$0.1\times 8x-0.08\times 10y>0$，所以$x>y$，充分。

例10　甲、乙、丙三个容器中装有盐水。现将甲容器中盐水的$\frac{1}{3}$倒入乙容器，摇匀后将乙容器中盐水的$\frac{1}{4}$倒入丙容器，摇匀后再将丙容器中盐水的$\frac{1}{10}$倒回甲容器，此时甲、乙、丙三个容器中盐水的含盐量都是9千克。则甲容器中原来的盐水含盐量是（　　）千克。

（A）13　（B）12.5　（C）12　（D）10　（E）9.5

答案：C

解：因为最后丙倒了$\frac{1}{10}$给甲容器之后剩下9千克盐，所以$\frac{9}{10}\times$丙$=9$，说明丙在给甲倒入之前是10千克，将丙的$\frac{1}{10}$倒入甲，说明给了甲1千克。现在甲的盐量是9千克，说明丙给它1千克之前还有8千克，而这是将甲的$\frac{1}{3}$倒给乙之后的结果，即甲原来盐量的$\frac{2}{3}$是8千克，所以原来有12千克。

例11　袋中红球与白球的数量之比为19：13，放入若干个红球后，红球与白球的数量之比为5：3，再放入若干个白球后，红球与白球的数量之比变为13：11，已知放入的红球比白球少80个，则原来共有（　　）个球。

（A）860　（B）900　（C）950　（D）960　（E）1000

答案：D

解：开始时，红：白=19：13，第一次增加红球后白球数量不变，结果红：白=5：3，故将开始时红球与白球数量比调整为红：白=19×3：13×3，第二次红球与白球数量比调整为红：白=5×13：3×13，第二次加入白球后红球数量不变，结果红：白=13：11，将其调整为红：白=5×13：5×11，由此可见第一次红球增加了8份，第二次白球增加了16份，白球比红球多增加了8份，又因为多增加了80个，所以每份是10个，从而原来有球96份，共有960个。

例12　2021年3月25日，国家卫生健康委员会新闻发言人米锋在发布会上表示，新冠肺炎仍在全球扩散蔓延，但我国已得到有效控制。新冠肺炎具有人传人的特性，若一人携带病毒，未进行有效隔离，经过两轮传染后共有169人患新冠肺炎（假设每轮传染的人数相同），则每轮传染中平均每个人传染了几个人（　　）。

（A）12　（B）14　（C）10　（D）11　（E）13

答案：A

解：设每轮传染中平均每个人传染了x个人，则第一轮传染后有x人被传染，第二轮传染后有$x(1+x)$人被传染，依题意得：$1+x+x(1+x)=169$，解得：$x_1=12, x_2=-14$（不合题意，舍去）。

题型二：工程问题

工程问题主要有两种形式，一种是效率问题，一种是工作量问题。工作效率是反映工作快慢的指标，用单位时间的工作量表示，即工作效率=工作总量÷工作时间，一般设工程量为1。工作量可以通过合成最小单位计算，即多人一起工作，合成为一个人多长时间的工作量。

例13（1998-1-4）一批货物要运进仓库。由甲乙两队合运9小时，可运进全部货物的50%，乙队单独运则要30小时才能运完，又知甲队每小时可运进3吨，则这批货物共有（　　）。

（A）135吨　（B）140吨　（C）145吨　（D）150吨　（E）155吨

答案：A

解1：因为乙队单独需要30小时运完，所以乙的效率是$\frac{1}{30}$，又因为甲乙两队合运9小时可运进全部货物的50%，所以甲乙的合作效率是$\frac{1}{18}$，所以甲的效率是$\frac{1}{18}-\frac{1}{30}=\frac{1}{45}$，所以甲单独需要45小时，故这批货物有135吨。

解2：设乙每小时可运货物x吨，由题意得$9(x+3)=30x\times 50\%$，解得$x=4.5$，所以这批货物共$4.5\times 30=135$吨。

解3：由题意知，甲乙合作18小时可运完全部货物，故甲18小时的运输量与乙18小时运输量之和等于乙30小时的运输量，故甲18小时的运输量等于乙12小时的运输量，所以甲乙效率比为2：3，所以乙30小时的运输量相当于甲45小时的运输量，又因为甲每小时运4.5吨，所以共有$4.5\times 30=135$吨。

例14（2002-1-3）公司的一项工程由甲、乙两队合作6天完成，公司需付8700元；由乙、丙两队合作10天完成，公司需付9500元；甲、丙两队合作7.5天完成，公司需付8250元。若单独承包给一个工程队并且要求不超过15天完成全部工作，则公司付钱最少的队是（　　）。

（A）甲队　（B）丙队　（C）乙队　（D）无法确定

答案：A

解：设甲、乙、丙三队效率分别为x,y,z，由题意得$\begin{cases}x+y=\dfrac{1}{6}\\ y+z=\dfrac{1}{10}\\ z+x=\dfrac{1}{7.5}\end{cases}$，解得$\begin{cases}x=\dfrac{1}{10}\\ y=\dfrac{1}{15}\\ z=\dfrac{1}{30}\end{cases}$。设甲、乙、丙三队每天报酬分别为$a,b,c$元，由题意得$\begin{cases}6(a+b)=8700\\ 10(b+c)=9500\\ 7.5(a+c)=8250\end{cases}$，解得$\begin{cases}a=800\\ b=650\\ c=300\end{cases}$，可见可以在15天内完成的只有甲队或乙队，付给甲队报酬$800\times10=8000$元，付给乙队报酬$650\times15=9750$元，故甲队付钱最少。

例15（2007-10-5）完成某项任务，甲单独做需4天，乙单独做需6天，丙单独做需8天。现甲、乙、丙三人一人一日轮换工作，则完成该项任务共需的天数为（　　）。

（A）$6\frac{2}{3}$　（B）$5\frac{1}{3}$　（C）6　（D）$4\frac{2}{3}$　（E）4

答案：B

解1：甲、乙、丙三人每人一天，第一轮完成了$\frac{1}{4}+\frac{1}{6}+\frac{1}{8}=\frac{13}{24}$，还剩$\frac{11}{24}$，这样第4天甲做$\frac{1}{4}$，第5天乙做$\frac{1}{6}$，还剩下$\frac{1}{24}$，丙还需做$\frac{1}{3}$天，故共需$5\frac{1}{3}$天。

解2：设工程总量为24，则甲、乙、丙效率分别为6、4、3，甲、乙、丙每一轮的工作量是$6+4+3=13$，因此先做一轮，工作量还剩11，之后甲乙各干一天，工作量还剩1，丙再干$\frac{1}{3}$天即可。

例16（2007-10-25）管径相同的三条不同的管道甲、乙、丙可同时向某基地容积为1000立方米的油罐供油。则丙管道的供油速度比甲管道供油速度大。

（1）甲、乙同时供油10天可注满油罐　（2）乙、丙同时供油5天可注满油罐

答案：C

解：两条件单独显然均不充分，考察联合情况。以乙为中介，乙、丙合作效率高于乙、甲合作效率，所以丙的效率比甲的大，即丙的供油速度比甲的大。

例17（2019-11）某单位要铺设草坪，若甲、乙两公司合作需要6天完成，工时费共计2.4万元；若甲公司单独做4天后由乙公司接着做9天完成，工时费共计2.35万元，若由甲公司单独完成该项目，则工时费共计（　　）。

（A）2.25万元　（B）2.35万元　（C）2.4万元　（D）2.45万元　（E）2.5万元

答案：E

解：设甲乙工作效率分别为x,y，则$\begin{cases}6x+6y=1\\4x+9y=1\end{cases}$，解得$x=\dfrac{1}{10},y=\dfrac{1}{15}$；设每天工时费分别为$a,b$，则$\begin{cases}6a+6b=2.4\\4a+9b=2.35\end{cases}$，故$\begin{cases}9a+9b=3.6\\4a+9b=2.35\end{cases}$，两式相减得$5a=1.25$，故甲公司单独完成该项目的工时费为$10a=2.5$万元。

例18（2021-17）清理一块场地，则甲乙丙三人能在2天内完成。

（1）甲乙两人需要3天　（2）甲丙两人需要4天

答案：E

解：条件（1）和条件（2）单独不充分，考察联合情况。设甲、乙、丙的效率分别为x,y,z，则$\begin{cases}x+y=\dfrac{1}{3}\\x+z=\dfrac{1}{4}\end{cases}$，故$x+y+z=\dfrac{7}{12}-x$，可见只有$x\leqslant\dfrac{1}{12}$时，才有$x+y+z\geqslant\dfrac{1}{2}$，所以不充分。

例19　修整一条水渠，原计划由16人修，每天工作7.5小时，6天可以完成任务。由于特殊原因，现要求4天完成，为此又增加了2人，则他们每天要工作（　　）小时。

（A）8.5　（B）9　（C）9.5　（D）10　（E）10.5

答案：D

解：由题意知，工作量相当于一个人干$16\times6\times7.5$小时，设每天工作x小时，则$18\times4\times x=16\times6\times7.5$，解得$x=10$。

例20　有两个同样的仓库，搬运完一个仓库的货物，甲需6小时，乙需7小时，丙需14小时。甲、乙同时开始各搬运一个仓库的货物，开始时丙先帮甲搬运，后来又去帮乙搬运，最后两个仓库的货物同时搬完，则丙帮甲（　　）。

（A）1.75小时　（B）3.5小时　（C）5.25小时　（D）7小时　（E）7.5小时

答案：A

解：因为全程三人一直在搬运，甲运A，乙运B，丙两个都参与。故搬完A、B两个仓库用时：$2\div\left(\frac{1}{6}+\frac{1}{7}+\frac{1}{14}\right)=\frac{21}{4}$（小时），这段时间内甲搬运的工作量是$\frac{1}{6}\times\frac{21}{4}=\frac{7}{8}$，所以则丙运了A仓库的$1-\frac{7}{8}=\frac{1}{8}$，且用时$\frac{1}{8}\div\frac{1}{14}=\frac{7}{4}=1.75$（小时），所以丙帮甲1.75小时。

例21 车间准备加工1000个零件，则每小组完成的定额数可以唯一确定。

（1）如果按定额平均分配给6个小组，不能完成任务

（2）如果按比定额多2个的标准把加工任务平均分配给6个小组，那么能超额完成任务

答案：E

解：两个条件单独均不充分。设每小组完成的定额数为x，则由（1）知$6x<1000$，由（2）知$6(x+2)>1000$，解得$164.7<x<166.7$，故$x=165$或166，不能唯一确定。

题型三：路程问题

路程问题关键是研究路程、速度和时间的关系，常见形式是相遇问题和追及问题。

1.直线相遇问题

相向而行：相遇时间=距离÷速度和。

相背而行：相背距离=速度和×时间。

多次相遇：前n次相遇，两人路程之和为$(2n-1)S$。

2.环形相遇问题

路程之和等于环形路线的长度。

3.直线追及问题

追及时间=出发前的间距÷速度之差。

4.环线追及问题

两人同时同向同地出发，快的比慢的多跑一圈时再次相遇，追及时间=环线长度÷速度之差。

5.水流速度问题

顺水时间=码头间距÷（船速+水速），逆水时间=码头间距÷（船速-水速）。

例22（2004-10-1）甲乙两人同时从同一地点出发，相背而行。1小时后他们分别到达各自的终点A和B。若从原地出发，互换彼此的目的地，则甲在乙到达A之后35分钟到达B。问甲的速度和乙的速度之比是（ ）。

（A）3：5 （B）4：3 （C）4：5 （D）3：4 （E）以上都不对

答案：D

解：设甲乙二人速度分别为V_a,V_b，则$S=V_a+V_b$，互换目的地后甲乙各用时间分别为$\frac{V_b}{V_a},\frac{V_a}{V_b}$，故$\frac{V_b}{V_a}=\frac{V_a}{V_b}+\frac{7}{12}$，解得$\frac{V_a}{V_b}=\frac{3}{4}$。

例23（2005-10-1）一列火车完全通过一个长为1600米的隧道用了25秒，通过一根电线杆用了5秒，则该列火车的长度为（　　）。

（A）200米　（B）300米　（C）400米　（D）450米　（E）500米

答案：C

解：设火车长度为x米，由题意知，火车的速度$v=\frac{1600+x}{25}=\frac{x}{5}$，解得$x=400$。

例24（2006-10-1）某人以6千米/小时的平均速度上山，上山后立即以12千米/小时的平均速度原路返回，那么此人在往返过程中的每小时平均所走的千米数为（　　）。

（A）9　（B）8　（C）7　（D）6　（E）以上均不对

答案：B

解1：设山脚到山顶距离为S，则上山和下山所用时间分别为$t_1=\frac{S}{6},t_2=\frac{S}{12}$，故往返平均速度为$\frac{2S}{\frac{S}{6}+\frac{S}{12}}=\frac{2}{\frac{1}{6}+\frac{1}{12}}=8$。

解2：设山脚到山顶距离为12千米，则上山用2小时，下山用1小时，故往返平均速度为每小时8千米。

注：$\frac{2}{\frac{1}{a}+\frac{1}{b}}=\frac{1}{\frac{\frac{1}{a}+\frac{1}{b}}{2}}$叫做$a,b$的调和平均数，即倒数的平均数的倒数，来回的平均速度即来回速度的调和平均数。

例25（2007-1-4）修一条公路，甲队单独施工需要40天完成，乙队单独施工需要24天完成。现两队同时从两端开工，结果在距该路中点7.5千米处会合完工。则这条公路的长度是（　）。

（A）60千米　（B）70千米　（C）80千米　（D）90千米　（E）100千米

答案：A

解：甲乙两队施工速度比$V_甲:V_乙=24:40=3:5$，所以二者完成路程之比$S_甲:S_乙=V_甲:V_乙=3:5$，所以相遇点在全程的$\frac{3}{8}$处，距离中点$\frac{1}{8}S$，所以$\frac{S}{8}=7.5$，故$S=60$。

例26（2015-1-5）某人驾车从A地赶往B地，前一半路程比计划多用时45分钟，平均速度只有计划的80%，若后一半路程的平均速度为120千米/小时，此人还能按原定时间到达B地。则A、B两地的距离为（　　）千米。

（A）450　（B）480　（C）520　（D）540　（E）600

答案：D

解1：设原计划半程用时为t，速度为v，则由前半程得，$\left(t+\frac{3}{4}\right)\times 0.8v=\frac{1}{2}tv$，所以$t=6$，由后半程得路程：$\left(t-\frac{3}{4}\right)\times 120=270$，所以全程为540。

解2：由题意知，计划走法和实际走法的平均速度相同，设原计划速度是v，则$v=\frac{2}{\frac{1}{0.8v}+\frac{1}{120}}$，解得$v=90$，故$\frac{\frac{S}{2}}{0.8\times 90}-\frac{\frac{S}{2}}{90}=\frac{3}{4}$，解得$S=540$。

例27（2017-19）某人从A地出发，先乘时速为220千米的动车，后转乘时速为100千米的汽车到达B地，则A、B两地的距离为960千米。

（1）乘动车的时间与乘汽车的时间相等

（2）乘动车的时间与乘汽车的时间之和为6小时

答案：C

解：显然单独不成立，考察联合情况。动车与汽车都是3小时，故距离为960千米，充分。

例28（2019-13）货车行驶72千米用时1小时，其速度v与行驶时间t的关系如图5-1所示，则$v_0=$（　　）。

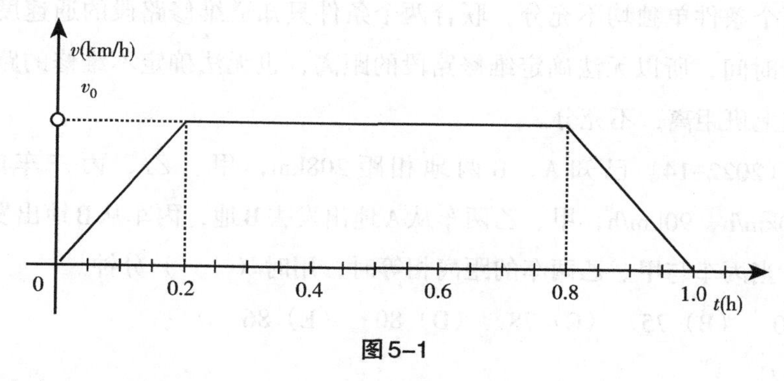

图5-1

（A）72　（B）80　（C）90　（D）95　（E）100

答案：C

解：因为$S=vt$，所以图像面积就代表行程，由图可知梯形上底为$0.8-0.2=0.6$，下底为1，高为v_0，所以$72=\frac{1}{2}\times(0.6+1)v_0$，解得$v_0=90$。

例29（2020–13）甲乙两人在相距1800m的AB两地之间相向运动，甲的速度是100m/min，乙的速度是80m/min，甲乙两人到达对面后立即按原速度返回，则两人第三次相遇时，甲距其出发点（　　）米。

（A）600　（B）900　（C）1000　（D）1400　（E）1600

答案：D

解：设A、B间距为S，则两人三次相遇共走路程为$5S=9000$，又因为$V_甲:V_乙=5:4$，所以甲共走了$9000\times\frac{5}{9}=5000$米，故距离出发点$5000-1800\times2=1400$米。

例30（2021–15）甲、乙两人相距330千米，两人驾车同时出发，经过2小时相遇，甲继续行驶2小时24分钟后到达乙出发地，则乙的车速为（　　）。

（A）70km/h　（B）75km/h　（C）80km/h　（D）90km/h　（E）96km/h

答案：D

解：由题意知$v_甲=\frac{330}{\frac{22}{5}}=75$，又因为$2\left(v_甲+v_乙\right)=330$，所以$v_乙=90$km/h。

例31（2021–23）某人开车上班，有一段路因维修限速通行，则可以算出此人上班的距离。

（1）路上比平时多用了半小时　（2）已知维修路段的通行速度

答案：E

解：两个条件单独均不充分，联合两个条件只知道维修路段的通速度，不知道维修路段的通行时间，所以无法确定维修路段的距离，也无法确定不维修的路段的距离，所以无法确定上班距离，不充分。

例32（2022–14）已知A，B两地相距208km，甲，乙，丙三车的速度分别为60km/h，80km/h，90km/h，甲、乙两车从A地出发去B地，丙车从B地出发去A地，三车同时出发，当丙车与甲、乙两车的距离相等时，用时（　　）分钟。

（A）70　（B）75　（C）78　（D）80　（E）86

答案：C

解：由于乙车速度大于甲车速度，所以丙车和甲、乙两车距离相等时，丙车在甲、乙之间。如图5–2所示，甲在C，乙在D，丙在E，此时$CE = DE$。设用时t小时，则$AC = 60t, AD = 80t, BE = 90t$，因为$CE = DE$，所以$(208 - 90t) - 60t = 90t - (208 - 80t)$，解得$t = 1.3$小时。

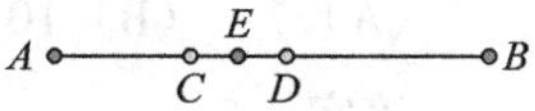

图5–2

例33（2023–6）甲、乙两人从同一地点出发，甲先出发10分钟，若乙跑步追赶甲，则10分钟可追上；若乙骑车追赶甲，每分钟比跑步多行100米，则5分钟可追上，那么甲每分钟走的距离为（　　）米。

（A）50　（B）75　（C）100　（D）125　（E）150

答案：C

解：设甲步行每分钟x米，乙跑步每分钟y米，则$\begin{cases}(10+10)x = 10y\\(10+5)x = 5(y+100)\end{cases}$，解得$x = 100$。

例34　甲、乙两人同时从相距2000米的两地出发，相向而行，甲每分钟走45米，乙每分钟走55米，一只小狗以每分钟200米的速度与甲同时、同地、同向而行，遇到乙后立即转头向甲跑去，如此循环，直到两人相遇，则这只小狗一共跑了（　　）米。

（A）3000　（B）4000　（C）5000　（D）6000　（E）7000

答案：B

解：由题意知，狗跑的时间与两人相遇所需时间相等，设则两人x分钟后相遇，则$(45+55)x = 2000$，解得$x = 20$，所以这只狗共跑了$20 \times 200 = 4000$米。

例35　一艘小轮船上午8点起航逆流而上，中途船上一块木板落入水中，直到8:50船员才发现这块重要的木板丢失，立即调转船头去追赶，最终于9:20追上木板，则木板落水的时间是（　　）。

（A）8:35　（B）8:30　（C）8:25　（D）8:20　（E）8:15

答案：D

解：设水流的速度为x，船在静水中的速度为y。掉板之后，木板随水漂流，船逆流而上，板与船的相对速度为$x + (y - x) = y$，当船调头追赶木板时，二者相对速度为$(y + x) - x = y$，所以追赶之前板漂流的时间等于调头之后船追赶所需时间，故$t = 30$分钟。

例36　甲乙丙三人在圆形的跑道上跑步，甲跑完一周用时3分钟，乙跑完一周用时4分钟，丙跑完一周用时6分钟，如果他们同时从同一地点同向起跑，那么他们第一次相遇要经过（　　）分钟。

（A）7　（B）10　（C）12　（D）15　（E）18

答案：C

解：因为$[3,4,6]=12$，所以12分钟后，甲跑4圈，乙跑3圈，丙跑2圈，他们又同时回到起点再次相遇，此时甲比乙多跑1圈，乙比丙多跑1圈，甲比丙多跑2圈，甲和乙第一次相遇，乙和丙第一次相遇，但是甲和丙是第二次相遇。

例37　一条街上，一个骑车人和一个步行人同向而行，骑车人的速度是步行人的3倍，每隔10分钟有一辆公交车超过一个步行人。每隔20分钟有一辆公交车超过一个骑车人，如果公交车从始发站每隔相同的时间发一辆车，那么间隔（　　）分钟发一辆公交车。

（A）10　（B）8　（C）6　（D）4　（E）2

答案：B

解：设间隔t分钟发一辆公交车，步行人速度为v，骑车人速度为$3v$，公交车速度为x。因为紧邻两辆车间的距离S不变，当一辆公共汽车A超过步行人时，汽车后面那辆公共汽车B与步行人间的距离，就是汽车间隔距离S。所以$(x-v)\times 10=S$，同理对汽车追上骑车人的情况，同样分析得到$(x-3v)\times 20=S$，解得$x=5v,S=40v$，故发车间距为$40v\div 5v=8$分钟。

题型四：溶液和平均数问题

溶剂可以理解为用以溶化其他物质的物质，它可以是气体、液体或固体，常见的溶剂是水。溶质是被溶剂溶解的物质，它也可是气体、液体或固体形态。溶质与溶剂的混合物被称为溶液，如将糖溶解于水中形成糖水溶液。溶液问题最重要的概念是浓度，浓度是指溶质占溶液的质量之比，即浓度=溶质÷溶液，经常通过溶质守恒列方程。溶液问题一般有以下几种情况：

（1）稀释问题：向一种溶液中加入溶剂，溶质不变，溶剂增加，溶液增多，浓度变小。

（2）加浓问题：向一种溶液中加入溶质，溶剂不变，溶质增加，溶液增多，浓度变大。

（3）蒸发问题：将一种溶液蒸发，溶剂减少，溶质不变，溶液减少，浓度变大。

（4）混合问题：两种溶液混合，溶质相加得溶质，溶液相加得溶液，溶质溶液相除得浓度。

（5）倒出问题：从一种溶液中倒出部分溶液，剩余的溶液浓度不变。

（6）倒出补满模型：现有浓度为a的溶液b升，每次倒出c升后用水补满，重复n次，则溶液浓度为$\left(\frac{b-c}{b}\right)^n a$。

证明：第一次倒出的c升溶液中含有溶质ac，还剩溶质$ab-ac$，所以浓度为$\frac{ab-ac}{b}=\frac{b-c}{b}\cdot a$；第二次倒出的$c$升溶液含有溶质$\frac{b-c}{b}\cdot ac$，还剩溶质$ab-ac-\frac{b-c}{b}\cdot ac$，所以浓度为$\frac{ab-ac-\frac{b-c}{b}\cdot ac}{b}=\frac{a(b-c)-\frac{b-c}{b}ac}{b}=\frac{a(b-c)}{b}-\frac{(b-c)ac}{b^2}=\frac{(b-c)(ab-ac)}{b^2}=\left(\frac{b-c}{b}\right)^2 a$，同理可得，重复$n$次，溶液浓度为$\left(\frac{b-c}{b}\right)^n a$。

溶液的混合问题还有一种速算法，被称为交叉法，其本质是两个对象按一定的数量比混合得到第三个对象，经常表现为溶液混合和平均数问题，这里通过一道真题说明该方法。

例38（2002-1-2）公司有职工50人，理论知识考核平均成绩为81分，按成绩将公司职工分为优秀与非优秀两类，优秀职工的平均成绩为90分，非优秀职工的平均成绩是75分，则非优秀职工的人数为（ ）。

（A）30 （B）25 （C）20 （D）无法确定

答案：A

解：设优秀职工x人，非优秀职工y人，则$\begin{cases}x+y=50\cdots①\\90x+75y=81(x+y)\cdots②\end{cases}$，由②式得$(90-81)x=(81-75)y$，故$\frac{x}{y}=\frac{2}{3}$，所以非优秀职工有$\frac{3}{5}\times 50=30$人。

上述方程组的求解过程可以被“可视化”为交叉法，其关键是由方程②得到变量x,y的比例关系，交叉法规则如下：每个对象占一列，混合对象放在中间，见表5-1。

表5-1 交叉法

优秀		非优秀
90		75
	81	
81-75=6		90-81=9

其中第三行说明优秀职工与非优秀职工的人数比为6∶9。

例39（2014-1-6）某容器中装满了浓度为90%的酒精，倒出1升后用水将容器注满，搅拌均匀后又倒出1升，再用水将容器注满，已知此时的酒精浓度为40%，则该容器的容积是（ ）。

（A）2.5升　（B）3升　（C）3.5升　（D）4升　（E）4.5升

答案：B

解：设容积为x，由倒出补满模型知，$\left(\frac{x-1}{x}\right)^2 \times 0.9 = 0.4$，解得$x = 3$。

例40（2016-18）将2升甲酒精溶液和1升乙酒精溶液混合得到丙酒精溶液，则能确定甲、乙两种酒精溶液的浓度。

（1）1升甲酒精溶液和5升乙酒精溶液混合后的浓度是丙酒精溶液的浓度的$\frac{1}{2}$倍

（2）1升甲酒精溶液和2升乙酒精溶液混合后的浓度是丙酒精溶液的浓度的$\frac{2}{3}$倍

答案：E

解：设甲、乙、丙酒精溶液浓度分别为x,y,z，由题干得：$2x + y = 3z$。条件（1），$x + 5y = 6 \cdot \frac{1}{2}z$，即$x + 5y = 3z$，联合题干，只能得出$x = 4y$，不能确定$x,y$。条件（2），$x + 2y = 3 \cdot \frac{2}{3}z$，即$x + 2y = 2z$，联合题干，只能得出$x = 4y$，不能确定$x,y$。联合（1）与（2），同样只能得$x = 4y$，不能确定$x,y$。

例41（2021-12）现有甲、乙两种浓度的酒精溶液，已知用10升甲酒精溶液和12升乙酒精溶液可以配成浓度为70%的酒精溶液，用20升甲酒精溶液和8升乙酒精溶液可以配成浓度80%的酒精溶液，则甲酒精溶液的浓度为（　　）。

（A）72%　（B）80%　（C）84%　（D）88%　（E）91%

答案：E

解：设甲的浓度为x，乙的浓度为y，则$\begin{cases}10x + 12y = 0.7 \times 22 \\ 20x + 8y = 0.8 \times 28\end{cases}$，解得$x = 9.1$。

例42　在某实验中，三个试管各盛水若干克。现将浓度为12%的盐水10克倒入A管中，混合后，取10克倒入B管中，混合后再取10克倒入C管中，结果A、B、C三个试管中盐水的浓度分别为6%、2%、0.5%，那么三个试管中原来盛水最多的试管及其盛水量各是（　　）。

（A）A试管，10克　（B）B试管，20克　（C）C试管，30克

（D）B试管，40克　（E）C试管，50克

答案：C

解：由题意知，将浓度为12%的盐水10克倒入A管中，A管盐水浓度为6%，由交叉

法知，A试管原有水10克；同理对B试管，相当于10克6%的盐水与水混合得2%的盐水，由交叉法知，B试管中有水20克；同理可知，C试管中有水30克，所以C试管中水最多。

例43　一满杯牛奶，喝去20%后用水加满，再喝去60%，此时杯中的纯牛奶占杯子容积的百分比为（　　）。

（A）52%　（B）48%　（C）42%　（D）32%　（E）以上答案均不对

答案：D

解：设杯子容积为V，第一次喝去20%的牛奶，牛奶剩余$0.8V$，因此补满之后牛奶仍为$0.8V$。第二次喝去60%，所以牛奶剩余$0.8V\times 0.4=0.32V$。

例44　一容器盛满纯药液63升，第一次倒出部分纯药液后用水加满，第二次又倒出同样多的药液后再用水加满，这时容器中剩下的纯药液是28升，那么每次倒出的液体是（　　）升。

（A）18　（B）19　（C）20　（D）21　（E）22

答案：D

解：设每次倒出药液x升，由倒出补满模型知，两次操作后浓度为$\left(\frac{63-x}{63}\right)^2=\frac{28}{63}=\frac{4}{9}=\left(\frac{2}{3}\right)^2$，解得$x=21$升。

例45　有一桶糖水，第一次加入一定量的糖后，糖水浓度变为20%，第二次加入同样多的糖后，糖水浓度变为30%，则第三次加入同样多的糖后糖水浓度变为（　　）。

（A）35.5%　（B）36.4%　（C）37.8%　（D）39.5%　（E）以上结论均不正确

答案：C

解：设每次加入的糖量为a份，则20%的糖水与a份糖混合得30%的糖水，由交叉法知，20%的糖水有$7a$份，所以30%的糖水共有$8a$份，其中糖有$8a\times 0.3=2.4a$份。第三次再加入a份糖后，得到$9a$份糖溶液，其中糖有$3.4a$份，所以浓度为$\frac{3.4}{9}=0.378$。

例46（2001-1-4）某班同学在一次测验中，平均成绩为75分，其中男同学人数比女同学多80%，而女同学平均成绩比男同学高20%，则女同学的平均成绩为（　　）。

（A）83分　（B）84分　（C）85分　（D）86分

答案：B

解1：设男同学平均成绩为x，则女同学平均成绩为$1.2x$，由交叉法知男生与女生人数比为$\frac{1.2x-75}{75-x}$，又因为男同学人数比女同学多80%，所以$\frac{1.2x-75}{75-x}=1.8$，解得$x=70$，所以女同学的平均成绩是84。

解2：设男生平均成绩为$5x$分，女生平均成绩为$6x$分，男生人数为$9k$，女生人数为$5k$，则全班平均分为$\frac{5x\times 9k+6x\times 5k}{9k+5k}=75$，解得$x=14$，故女生平均分为$14\times 6=84$分。

技巧：由题意知，女生平均成绩是男生平均成绩的1.2倍，只有84是1.2的70倍。

例47（2014-1-1）某部门在一次联欢活动中共设了26个奖，奖品均价为280元，其中一等奖单价为400元，其他奖品均价为270元，一等奖个数为（　　）。

（A）6　（B）5　（C）4　（D）3　（E）2

答案：E

解：由交叉法知，一等奖与其他奖数量之比为1 ∶ 12，所以一等奖有$\frac{1}{13}\times 26=2$个。

例48（2016-16）已知某公司男员工的平均年龄和女员工的平均年龄，则能确定该公司员工的平均年龄。

（1）已知该公司的员工人数　（2）已知该公司男、女员工人数之比

答案：B

解：由交叉法知，由男员工的平均年龄和女员工的平均年龄，以及男员工和女员工的人数比可以确定所有员工的平均年龄。

题型五：集合问题

集合问题，又称容斥原理。一个集合X所含元素的个数称为X的基数，用$\mathrm{card}(X)$或$|X|$表示。集合问题常考两个集合或三个集合的基数，集合$A\cup B$的基数$|A\cup B|=|A|+|B|-|AB|$，集合$A\cup B\cup C$的基数为$|A\cup B\cup C|=|A|+|B|+|C|-|AB|-|BC|-|AC|+|ABC|$。由此可见，当集合重复越少时，并集的基数越大，当集合重复越多时，并集的基数越小。

集合问题另一种考法，是求3个集合交集的极小值，其公式为$|ABC|\geqslant|A|+|B|+|C|-2|M|$，其中$M$为全集。

证明：欲让$|ABC|$最小，只要$\overline{ABC}$包含元素最多即可。因为$\overline{ABC}=\bar{A}\cup\bar{B}\cup\bar{C}$，故当$\bar{A}$、$\bar{B}$、$\bar{C}$两两互斥时，$\overline{ABC}$最多包含$|\bar{A}|+|\bar{B}|+|\bar{C}|=|M|-|A|+|M|-|B|+|M|-|C|$个

元素，所以$|ABC|$最小值为$|M|-(|M|-|A|+|M|-|B|+|M|-|C|)=|A|+|B|+|C|-2|M|$。

例49（2017-8）张老师到一所中学进行招生咨询，上午接到了45名同学的咨询，其中的9位同学下午又咨询了张老师，占张老师下午咨询学生的10%，一天中向张老师咨询的学生人数为（ ）。

（A）81　（B）90　（C）115　（D）126　（E）135

答案：D

解：由题意知，上午有45名学生咨询，下午有90名学生咨询，其中9人上午和下午都咨询，所以一天向张老师咨询的学生有45 + 90 − 9 = 126名。

例50（2017-15）老师问班上50名同学周末复习情况，结果有20人复习过数学，30人复习过语文，6人复习过英语，且同时复习过数学和语文的有10人，同时复习过语文和英语的有2人，同时复习过英语和数学的有3人。若同时复习过这三门课的人为0，则没复习过这三门课程的学生人数为（ ）。

（A）7　（B）8　（C）9　（D）10　（E）11

答案：C

解：由题意知，复习过语文、数学、英语三门功课之一的学生有20 + 30 + 6 − 10 − 2 − 3 = 41人，所以没复习过语文、数学、英语的有9名。

例51（2018-6）有96位顾客至少购买了甲、乙、丙三种商品的一种，经调查：同时购买了甲、乙两种商品的有8位，同时购买了甲、丙两种商品的有12位，同时购买了乙、丙两种商品的有6位，同时购买了3种商品的有2位，则仅购买一种商品的顾客有（ ）。

（A）70位　（B）72位　（C）74位　（D）76位　（E）82位

答案：C

解：如图5-3所示，同时购买甲、乙两种商品的有8位，同时购买3种商品的有2位，所以同时只购买甲乙的有6位；同理同时只购买甲丙的有10位，同时只购买乙丙的有4位，共有6 + 10 + 4 + 2 = 22位，所以只购买一种的有96 − 22 = 74位。

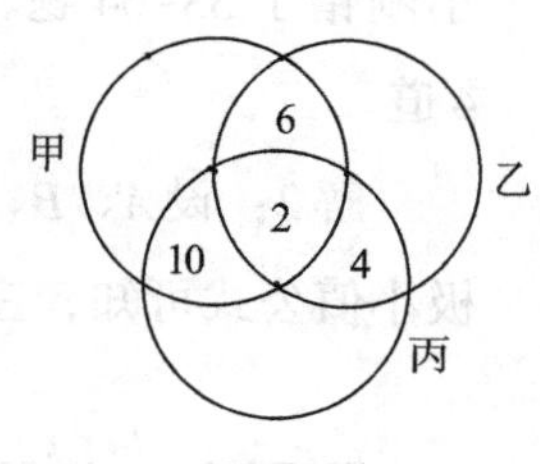

图5-3

例52（2021-1）某便利店第一天售出50种商品，第二天售出45种商品，第三天售出60种商品，前两天售出的商品有25种相同，后两天售出的商品有30种相同，这三天售出的商品至少有（ ）种。

（A）70　（B）75　（C）80　（D）85　（E）100

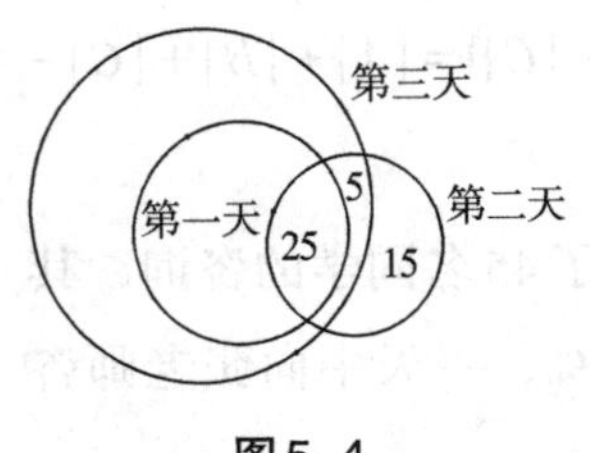

图5-4

答案：B

解：要使得三天售出的种数最少，需要三天出售的商品尽可能重复。如图5-4所示，将第二天的45种分成3部分，一部分是与第三天不同的15种，一部分是与第一天相同的25种，一部分是与第二天不同但是与第三天相同的5种，这样三天至少卖出75种。

例53 某公司的员工中，拥有本科毕业证、计算机登记证、汽车驾驶证的人数分别为130，110，90。又知只有一种证的人数为140，三证齐全的人数为30，则恰有双证的人数为（　）。

（A）45　（B）50　（C）52　（D）65　（E）100

答案：B

解：想象为举手问题，举手总人次为130 + 110 + 90，举手过程中只有一证的人只举过1次，有两证的人举过2次，有三证的人举过3次。设恰有双证的人数为x，则$130 + 110 + 90 = 140 + 2x + 3 \times 30$，解得$x = 50$。

例54 小明、小刚和小红三人一起参加一次英语考试，已知考试共有100道题，且小明做对了68题，小刚做对了58题，小红做对了78题。问三人都做对的题目至少有（　）题。

（A）4　（B）8　（C）12　（D）16　（E）19

答案：A

解1：小明错了32题，小刚错了42题，小红错了22题，三人共错了96题，当且仅当三人做错的题互不相同时，三人都做对的题目最少，最少有4题，如小明错了1–32题，小刚错了33–64题，小红错了65–96题，则前96题至少1人错，故三人都做对的只有4道。

解2：设A、B、C表示小明、小刚、小红做对的题构成的集合，利用三集合交集的极小值公式可知，三人都做对的题至少有$68 + 58 + 78 - 2 \times 100 = 4$道。

题型六：分段计费问题

分段计费问题有两种考法，一种是正向考察，即根据计费标准求费用，一种是反向考察，即根据所缴纳费用反推使用量。

例55（2007–1–5）某自来水公司的水费计算方法如下：每户每月用水不超过5吨的，

每吨收费4元，超过5吨的，每吨收取较高标准的费用。已知9月张家的用水量比李家的用水量多50%，张家和李家的水费分别是90元和55元，则用水量超过5吨的收费标准是（　）元/吨。

（A）5　（B）5.5　（C）6　（D）6.5　（E）7

答案：E

解：两家水费均大于$4\times5=20$元，所以两家9月份用水量均超过5吨。设李家用水量超过5吨的部分为x吨，超出5吨部分收费y元/吨，则李家总用水量为$5+x$吨，张家用水量$(5+x)\times(1+50\%)=1.5x+7.5$吨，故$\begin{cases}4\times5+xy=55\cdots①\\4\times5+(1.5x+7.5-5)y=90\cdots②\end{cases}$，由①得$xy=35$，代入②得$y=7$，再代入①得$x=5$。

例56（2018-3）某单位采取分段收费的方式收取网络流量（单位：GB）费用：每月流量20GB（含）以内免费，流量20~30GB（含）的每GB收费1元，流量30~40GB（含）的每GB收费3元，流量40GB以上的每GB收费5元。小王这个月用了45GB的流量，则他应该交费（　　）。

（A）45元　（B）65元　（C）75元　（D）85元　（E）135元

答案：B

解：由题意知，前20GB免费，20~30GB部分花费10元，30~40GB部分花费30元，40~45GB部分花费25元。共花费65元。

例57　税务部门规定个人稿费缴纳办法：不超过800元的不纳税，超过800元而不超过4000元的，按超过800元部分的14%缴纳，超过4000元的按全稿费的11%纳税。已知某人纳税550元，则此人的稿费是（　　）元。

（A）4500　（B）4800　（C）5000　（D）5400　（E）以上都不对

答案：C

解：由题意，若稿费不超过4000元，则纳税不超过$(4000-800)\times0.14=448$元，所以稿费超过4000元，设稿费是x元，则$0.11x=550$，所以$x=5000$元。

例58　某书城开展学生优惠购书活动，凡一次性购书不超200元的一律九折优惠，超过200元的，其中200元按九折算，超过200元的部分按八折算。某学生第一次去购书付款72元，第二次又去购书享受了八折优惠，他查看了所买书的定价，发现两次共节省了34元，则该学生第二次购书实际付款为（　　）。

（A）204元　（B）230元　（C）256元　（D）264元　（E）234元

答案：A

解：因为第一次购书付款72元，享受了九折优惠，所以实际定价为$72 \div 0.9 = 80$元，省去了8元钱。依题意，第二次节省了26元。设第二次所购书的定价为x元，由题意得$(x-200)\times 0.8+200\times 0.9=x-26$，解得$x=230$。故第二次购书实际付款为：$230-26=204$（元）。

题型七：最优化

最优化常见形式是一定条件下求使得产量或效率最大的变量组合，经常用平均值不等式或一元二次函数求解。

例59（2003-1-5）某产品的产量Q与原材料A,B,C的数量x,y,z（单位：吨）满足$Q=0.05xyz$，已知A,B,C每吨的价格分别是3，2，4（单位：百元）。若用5400元购买A,B,C三种原材料，则使产量最大的A,B,C的采购量分别为（　　）吨。

（A）6，9，4.5　（B）2，4，8　（C）2，3，6　（D）2，2，2　（E）以上均不对

答案：A

解：问题相当于，当$3x+2y+4z=54$时，求$Q=0.05xyz$的最大值。根据均值不等式，$0.05xyz=0.05\times\frac{1}{24}\cdot 3x\cdot 2y\cdot 4z \leqslant \frac{1}{480}\left(\frac{3x+2y+4z}{3}\right)^3=\frac{243}{20}$，当且仅当$3x=2y=4z=18$时，$Q$取得最大值，此时$x=6,y=9,z=4.5$。

例60（2003-1-6）已知某厂生产x件产品的成本$C=25000+200x+\frac{1}{40}x^2$（单位：元），要使平均成本最少，所生产的产品件数为（　　）。

（A）100　（B）200　（C）1000　（D）2000　（E）以上均不对

答案：C

解：依题意，平均成本$\bar{C}=\frac{C}{x}=\frac{1}{40}x+\frac{25000}{x}+200 \geqslant 2\sqrt{\frac{1}{40}x\times\frac{25000}{x}}+200=250$，当且仅当$\frac{1}{40}x=\frac{25000}{x}$，即$x=1000$时取等号。

例61（2003-10-5）已知某厂生产x件产品的成本为$C=25000+200x+\frac{1}{40}x^2$（单位：元），若产品以每件500元售出，则使利润最大的产量是（　　）件。

（A）2000　（B）3000　（C）4000　（D）5000　（E）6000

答案：E

解：由题意知，利润为$500x-\left(25000+200x+\frac{1}{40}x^2\right)=-\frac{1}{40}x^2+300x-25000$，所以在对称轴$x=6000$处取得最大值。

例62（2007-1-6）设罪犯与警察在一开阔地上相隔一条宽0.5千米（$AE=0.5$千米）的河，罪犯从北岸A点处以每分钟1千米的速度向正北逃窜，警察从南岸B点以每分钟2千米的速度向正东追击（如图5-5所示，$BE=2$千米），则警察从B点到达最佳射击位置（即罪犯与警察相距最近的位置）所需的时间是（　　）分。

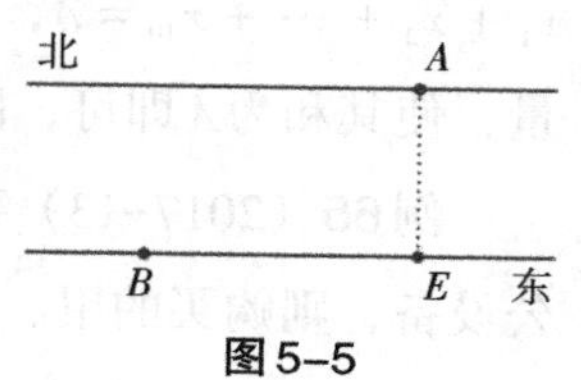

图5-5

（A）$\frac{3}{5}$　（B）$\frac{5}{3}$　（C）$\frac{10}{7}$　（D）$\frac{7}{10}$　（E）$\frac{7}{5}$

答案：D

解：设经过t分钟后警察与罪犯距离最近，如图5-6所示：t分钟后警察到达C点，罪犯到达D点，二者之间距离CD是直角三角形CDE的斜边长，故$|CD|^2=|CE|^2+|DE|^2=(2-2t)^2+(t+0.5)^2=5t^2-7t+4.25$，所以当$t=\frac{7}{10}$时达到最小值。

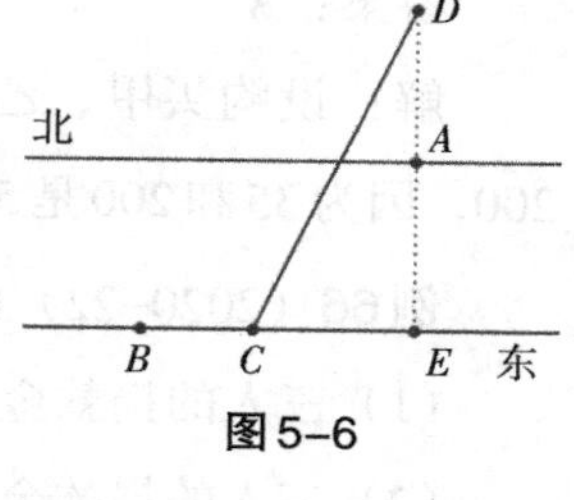

图5-6

例63（2016-6）某商场将每台定价为2000元的冰箱以2400元销售时，每天售出8台。调研表明，这种冰箱的售价每降低50元，每天就能多售出4台，若要每天的销售利润最大，则该冰箱的定价要为（　　）。

（A）2200元　（B）2250元　（C）2300元　（D）2350元　（E）2400元

答案：B

解：设冰箱的定价降低$50x$元，则每天销售$8+4x$台，所以每天利润$L=(400-5x)(8+4x)$，两个零点为$x_1=8,x_2=-2$，所以对称轴为$x=3$，从而降价150元时利润最大，此时价格为2250元。

题型八：不定方程问题

不定方程或不定方程组是指变量个数多于方程个数的方程或方程组，一般而言有无穷多个解，其中自由变量的个数等于变量的个数减去方程的个数。管综考试中不定方程或不定方程组问题常使用枚举法解决。

例 64（2007-1-2）设变量 $x_1,x_2,\cdots,x_{10}$ 的算术平均值为 $\bar{x}$。若 $\bar{x}$ 为定值，则诸 $x_1,x_2,\cdots,x_{10}$ 中可以任意取值的变量有（　　）。

（A）10个　（B）9个　（C）2个　（D）1个　（E）0个

答案：B

解：依题意知 $x_1+x_2+\cdots+x_{10}=10\bar{x}$，因为 $\bar{x}$ 已知，故 $x_1+x_2+\cdots+x_{10}$ 为定值，设 $x_1+x_2+\cdots+x_{10}=A$，欲使其成立，任意9个变量都可以自由变化，只要调整另一个变量，使其和为 A 即可，因此有9个变量可以任意取值。

例65（2017-13）某公司用1万元购买了价格分别为1750元和950元的甲、乙两种办公设备，则购买的甲、乙办公设备的件数分别为（　　）。

（A）3，5　（B）5，3　（C）4，4　（D）2，6　（E）6，2

答案：A

解：设购买甲、乙设备的数量为 x、y，则 $1750x+950y=10000$，化简得 $35x+19y=200$，因为35和200是5的倍数，所以 $19y$ 是5的倍数，故 y 是5的倍数，从而选A。

例66（2020-22）已知甲、乙、丙三人共捐款3500元，能确定每人的捐款金额。

（1）三人的捐款金额各不相同

（2）三人的捐款金额都是500的倍数

答案：E

解：显然单独都不充分，考察联合情况。设甲、乙、丙捐款数为 x、y、z，则 $500x+500y+500z=3500$，化简得 $x+y+z=7$，因为 x、y、z 不同，所以只能将7分解为1、2、4的和，但不确定所以 x、y、z 中哪个是1，哪个是2，哪个是4，所以不充分。

例67（2021-22）某人购买了果汁、牛奶和咖啡三种物品，已知果汁每瓶12元，牛奶每盒15元，咖啡每盒35元，则能确定所买各种物品的数量。

（1）总花费104元　（2）总花费215元

答案：A

解：设购买的果汁、牛奶和咖啡三种物品的数量分别为 x、y、z 件，由条件（1）知 $12x+15y+35z=104$，枚举可知 $x=2,y=3,z=1$，可唯一确定，充分。同理知，条件（2）不充分。

例68（2011-1-13）在年底的献爱心活动中，某单位共有100人参加捐款，经统计，捐款总额是19000元，个人捐款数额有100元、500元和2000元三种，则该单位捐款500

元的人数为（　　）。

（A）13　（B）18　（C）25　（D）30　（E）38

答案：A

解：设捐款人数分别为x,y,z，则$\begin{cases}x+y+z=100\\100x+500y+2000z=19000\end{cases}$，化简得$\begin{cases}x+y+z=100\\x+5y+20z=190\end{cases}$，两式相减得$4y+19z=90$，因为$19z=90-4y$是偶数，故$z=2,4$，验证得当$z=2$时$y=13$。

例69　小王在超市买了两种商品，单价分别为21元和12元。则单价为21元的商品的数量可以确定。

（1）两种商品总件数超过10　（2）总共花165元

答案：C

解：两个条件单独均不成立，考察联合情况。设单位为21元和12元的商品各买x,y件，则$21x+12y=165$，化简得$7x+4y=55$，所以$7x=55-4y$是奇数，故x是奇数，测试$x=1,3,5$得：只有$x=1,5$，$y=12,5$是解，又因为商品和超过10，所以只有$x=1,y=12$是唯一解。

例70（2018-21）甲购买了若干件A玩具、乙购买了若干件B玩具送给幼儿园，甲比乙少花了100元，则能确定购买的玩具件数。

（1）甲与乙共购买了50件玩具　（2）A玩具的价格是B玩具的2倍

答案：E

解：显然两个条件单独均不成立，考察联合情况。设A、B玩具数量分别为x,y，A玩具的价格为a，则$\begin{cases}x+y=50\\ax+100=2ay\end{cases}$，这是一个不定方程组，有无穷多解，不充分。

题型九：植树问题

植树问题分为直线栽树和环线栽树两种。直线栽树情况下，假设两端栽树，则栽n棵树将路分成$n-1$段；环线栽树时，栽n棵树将路分成n段。

例71（2019-7）将一批树苗种在一个正方形花园的边上，四角都种，如果每隔3米种一棵，那么剩余10棵树苗，如果每隔2米种一棵，那么恰好种满正方形的3条边，则这批树苗有（　　）。

（A）54棵　（B）60棵　（C）70棵　（D）82棵　（E）94棵

答案：D

解：设正方形边长为x，则每隔3米一段，共分$\frac{x}{3}$段，所以每段种$\frac{x}{3}+1$棵，又因为顶点重复计数，所以四边共种$\left(\frac{x}{3}+1\right)\times 4-4=\frac{4x}{3}$棵，所以树的总量是$\frac{4x}{3}+10$。同理，每隔两米种一棵，恰好种满3边，所以树的总量是$\frac{3x}{2}+1$，故$\frac{4x}{3}+10=\frac{3x}{2}+1$，解得$x=54$，树的数量为82。

例72　一个四边形广场，四边长分别是60米，72米，96米，84米，现在要在四边植树，如果每两棵树之间距离相等，那么至少要种（　）棵树。

（A）22　（B）25　（C）26　（D）30　（E）32

答案：C

解：要使得间距相等，间距必须是60，72，96，84的公约数，要想数量最少，必须是最大公约数。因为60，72，96，84的最大公约数是12，所以共栽$(60+72+96+84)\div 12=26$棵树。

例73　在一条公路的两边植树，每隔3米种一棵树，从公路的东头种到西头还剩5棵树苗，如果改为每隔2.5米种一棵，还缺树苗115棵，则这条公路长（　）米。

（A）700　（B）800　（C）900　（D）600

答案：C

解1：线型植树问题，因为公路两边都要种树，所以栽树总数=每边棵数的2倍。假设公路的长度为x米，则单边种树量为段数加1，故由题意知$\left(\frac{x}{3}+1\right)\times 2+5=\left(\frac{x}{2.5}+1\right)\times 2-115$，解得$x=900$。

解2：设有树苗x棵，每隔3米种一棵，共栽$x-5$棵树，所以每边栽$\frac{x-5}{2}$棵树，将路分成$\frac{x-5}{2}-1$段，所以路长$S=3\left(\frac{x-5}{2}-1\right)$，同理路长$S=2.5\left(\frac{x+115}{2}-1\right)$，故$3\left(\frac{x-5}{2}-1\right)=2.5\left(\frac{x+115}{2}-1\right)$，解得$x=607, S=900$。

例74　一人上楼，边走边数台阶。从一楼走到四楼，共走了54级台阶。如果每层楼之间的台阶数相同，他一直要走到八楼，问他从一楼到八楼一共要走（　　）级台阶。

（A）108　（B）120　（C）114　（D）120　（E）126

答案：E

解：从一楼到四楼走了三个楼层，所以每个楼层有18个台阶，从而从一楼到八楼有126个台阶。

题型十：最不利原则和抽屉原理

最不利原则是指，为保证某个结果无论如何一定都发生，那么做计划的时候就要将最不利于结果发生的情况考虑在内。抽屉原理有时也被称为鸽巢原理，其一般含义为：将$n+1$个元素放到n个抽屉中去，其中必定至少有一个抽屉里至少有两个元素。这两类问题处理方法有相通之处，这里将其归为一类问题。

例75（2020-8）某网站对单价为55元、75元、80元的三种商品进行促销，促销策略是每单满200元减m元，如果每单减m元后实际销售价均不低于原价的8折，那么m的最大值为（　　）。

（A）40　（B）41　（C）43　（D）44　（E）48

答案：B

解：对顾客而言最优惠的策略是每单恰凑成200元，其次是凑成不低于200元的最低数，由题意知55元、75元、80元组合大于200的最低组合为$75\times2+55=205$，所以$205-m\geqslant205\times0.8$，解得$m\leqslant41$元。

例76（2023-23）8个班参加植树活动，共植树195棵，则能确定各班植树棵数的最小值。

（1）各班植树棵数互不相同

（2）各班植树棵数的最大值是28

答案：C

解：两个条件单独均不充分，考察联合情况。设1~8班植树数量分别为$a_i,i=1,2,3,\cdots,8$，且$a_1<a_2<a_3<a_4<a_5<a_6<a_7<a_8=28$，则只有$a_2,a_3,\cdots,a_8$尽可能大时$a_1$最小，而$a_2,a_3,\cdots,a_8$最大取值是22,23,24,25,26,27,28，所以a_1的最小值为：$195-(22+23+\cdots+28)=20$棵。

例77　在2011年世界产权组织公布的公司全球专利申请排名中，中国中兴公司提交了2826项专利申请，日本松下公司申请了2463项，中国华为公司申请了1831项，分别排名前3位，从这三个公司申请的专利中至少拿出（　　）项专利，才能保证拿出的专利一定有2110项是同一公司申请的专利。

（A）6049　（B）6050　（C）6327　（D）6328　（E）6421

答案：B

解：最不利的情况是取中兴的2109项，松下的2109项，华为的1831项，这样的话即使取了2019+2109+1831=6049项，仍然不能满足要求，之后任取一项，要么取自中兴要么取自松下，必然满足要求。

例78　a,b,c,d,e五个数满足$a \leqslant b \leqslant c \leqslant d \leqslant e$，其平均数$m = 100, c = 120$，则$e - a$的最小值是（　　）。

（A）45　（B）50　（C）55　（D）60　（E）65

答案：B

解：要让$e - a$最小就得让e尽可能小，a尽可能大，而$e \geqslant c$，所以e最小是120，这样$d = 120$，由平均值为100得，$a + b = 140$，又因为$a \leqslant b$，故a最大是70，所以$e - a$的最小值50。

例79　共有100个人参加某公司的招聘考试，考试内容共有5道题，1~5题分别有80人，92人，86人，78人和74人答对，答对了3道和3道以上的人员能通过考试，则至少有（　　）人能通过考试。

（A）30　（B）55　（C）70　（D）74　（E）76

答案：C

解：错的题共有20+8+14+22+26=90道，每个不及格的都错3题则不及格的人数就最多，而及格的人数就会最少，所以要将90题让尽可能多的人不及格，$90 \div 3 = 30$人，这是最多的不及格的人数，所以最少的及格人数是70。

例80（2023-16）有体育、美术、音乐、舞蹈4个兴趣班，每名同学至少参加2个。则至少有12名同学参加的兴趣班完全相同。

（1）参加兴趣班的同学共有125人

（2）参加2个兴趣班的同学有70人

答案：D

解：条件（1），参加兴趣班的情况有$C_4^2 + C_4^3 + C_4^4 = 11$种。$\frac{125}{11} = 11 \cdots\cdots 4$，所以由

抽屉原理知，至少有12名同学参加的兴趣班完全相同。条件（2），参加2个兴趣班的情况有$C_4^2=6$种，$\frac{70}{6}=11\cdots\cdots4$，由抽屉原理知，至少有12名同学参加的兴趣班完全相同。

题型十一：线性规划

线性规划是约束条件和目标函数都是线性的最优化模型，由约束条件围成的区域被称为可行域，最优解在可行域的边界的顶点处达到。

例81（2010-1-13）某小区计划用15万元修建停车位，据测算，修建一个室内车位的费用为5000元，修建一个室外车位的费用为1000元，考虑到实际因素，计划室外车位的数不少于室内车位的2倍，也不能多于室内车位的3倍，则最多建（　　）个车位。

（A）78　（B）74　（C）72　（D）70　（E）76

答案：B

解：设修建室内车位x个，室外车位y个，则$\begin{cases}y\geqslant 2x\\ y\leqslant 3x\\ 0.5x+0.1y\leqslant 15\\ x,y\in N^*\end{cases}$，所建车位数量为$x+y$。典型的线性规划求解共四个步骤，以本题为例解释理论并展示求解过程：

Step1：绘制可行域，约束条件代表的直线围成的区域即为可行域，如图5-7所示。

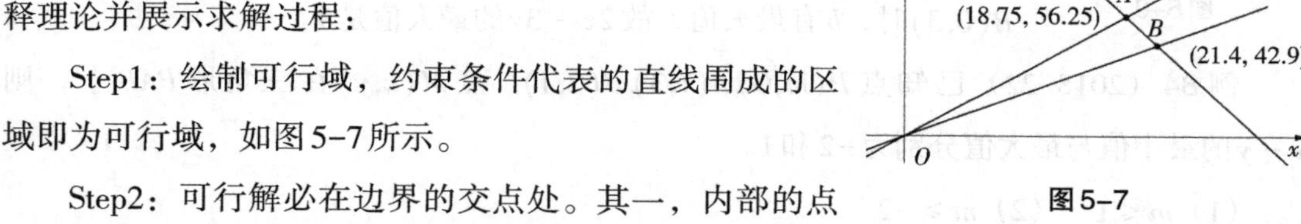

图5-7

Step2：可行解必在边界的交点处。其一，内部的点(x,y)绝不可能使得$x+y$最大，因为该点正上方与边界的交点，以及该点右侧与边界的交点处$x+y$更大，所以可行解只能在边界线上。其二，可行解只能在边界的交点，即图中A,B两处，因为沿着OA方向越往上则$x+y$越大，同理，OB线上只有B点$x+y$最大。

Setp3：求边界交点，联立方程组求得$A(18.75,56.25)$，$B(21.4,42.9)$，可见A点的$x+y$比B点大。

Step4：在A点两侧取整测试。当$x=18$时，根据所有约束条件得知$y\leqslant 54$；当$x=19$时，$y\leqslant 55$，所以最多可建74个车位。

例82（2014-10-23）A、B两种型号的客车载客量分别为36人和60人，租金分别为1600元/辆和2400元/辆，某旅行社租用A、B两种车辆安排900名旅客出行，则至少要花租金37600元。

（1）B型车租用数量不多于A型车租用数量

（2）租用车总数不多于20辆

答案：A

解：设租用A、B两种车辆各x,y辆。条件（1），由题意知$\begin{cases}36x+60y\geqslant 900\\ y\leqslant x\end{cases}$，解得两条直线的交点为$P(9.375,9.375)$，若$x=9$，则$y=9$，不合题意；若$x=10,y=9$，则租金为37600元，充分。条件（2），由题意知$\begin{cases}36x+60y\geqslant 900\\ x+y\leqslant 20\end{cases}$，解得两直线交点为$Q(12.5,7.5)$。验证知当$x=12,y=8$时，租金最少，最小值为38400，不充分。

例83（2016-11）如图5-8所示，点A,B,O坐标分别为$(4,0)(0,3)(0,0)$，若(x,y)是ΔAOB中的点，则$2x+3y$的最大值为（　　）。

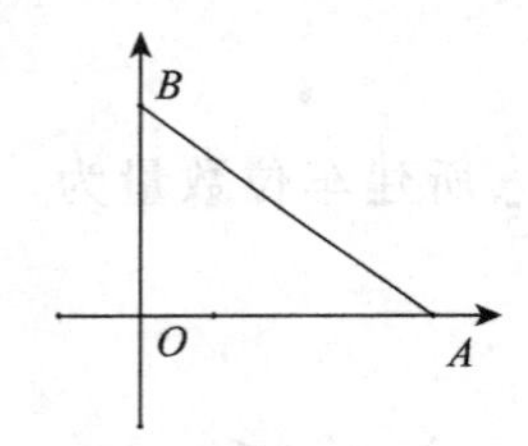

图5-8

（A）12　（B）9　（C）8　（D）7　（E）6

答案：B

解1：将A,B,O坐标代入目标函数$2x+3y$知，最大值为9。

解2：设$2x+3y=b$，则$y=-\dfrac{2}{3}x+\dfrac{b}{3}$，由图像可在，直线过$B(0,3)$时，$b$有最大值，故$2x+3y$的最大值是9。

例84（2018-22）已知点$P(m,0),A(1,3),B(2,1)$，点$M(x,y)$在三角形PAB上，则$x-y$的最小值与最大值分别为-2和1。

（1）$m\leqslant 1$　（2）$m\geqslant -2$

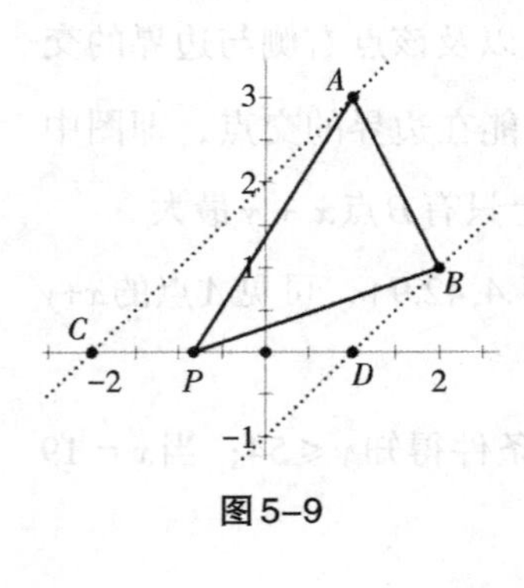

图5-9

答案：C

解：因为要确定$x-y$的最小值与最大值，故两个条件单独均不成立，考察联合情况。条件（1），设$x-y=k$，即$y=x-k$。因为目标函数$x-y$在A点取到最小值-2，在B点取到最大值1，且过A斜率为1的直线与x轴交于$C(-2,0)$，过B斜率为1的直线交x轴于$D(1,0)$，所以点P只能在CD之间移动（图5-9），故$-2\leqslant m\leqslant 1$，联合充分。

题型十二：牛吃草问题

牛吃草问题，又称牛顿问题，由牛顿提出因而得名。典型的牛吃草问题涉及3个量，现有草量、草地每天生长的草量和每头牛每天吃的草量，可见有存量有消耗，所以也称消长问题，一般通过存量消耗模型转化为不定方程组问题。

例85（2000-1-4）一艘轮船发生漏水事故。当漏进水600桶时，两部抽水机开始排水，甲机每分钟能排水20桶，乙机每分钟能排水16桶，经50分钟刚好将水全部排完，则每分钟漏进的水有（　　）。

（A）12桶　（B）18桶　（C）24桶　（D）30桶

答案：C

解：本题漏进600桶水即为现在的存量，每分钟漏进的水量相当于草地每天生长的草量，抽水机每分钟排出的水量相当于每头牛每天吃的草量。因为排水速度大于漏水速度，所以漏进的600桶水迟早会被排光，即存量被消耗完。设每分钟漏进x桶水，由存量消耗模型知$(20+16)\times 50=600+50x$，解得$x=24$。

例86　画展9点开门，但早有人排队等候入场。从第一个观众来到时起，每分钟来的观众人数一样多。如果开3个入场口，9点9分就不再有人排队，如果开5个入场口，9点5分就没有人排队，则第一个观众到达时间是8点（　　）分。

（A）5　（B）10　（C）15　（D）18　（E）20

答案：C

解：设9点之前已排队a分钟，每分钟新来x人排队，每个入口每分钟可通行y个人。由存量消耗模型知$\begin{cases}ax+9x=3\times 9y\\ax+5x=5\times 5y\end{cases}$，两式相减得$y=2x,a=45$。

例87　某容器有一个进水口和若干个放水口，目前进水口始终开着，如果同时开3个放水口，36分钟可以放完；同时开5个放水口，只需要20分钟就可以放完。若同时开8个放水口，则（　　）分钟可以放完。

（A）10　（B）12　（C）14　（D）16　（E）18

答案：B

解：设进水口每分钟进水量是x，每个出水口每分钟出水量是y，目前已进水量是a，则$\begin{cases}3y\times 36=36x+a\\5y\times 20=20x+a\end{cases}$，两式相减得$y=2x,a=180x$。设同时开8个放水口需要$k$分钟把水放完，则$8yk=kx+a$，解得$k=12$。

题型十三：盈亏问题

盈亏问题常见形式是：一定数量的物品分给一定数量的人，如果每人多分一些，则物品不够；如果每人少分一些，则物品有余。一般通过方程组确物品的数量和人的数量。

例88 一个植树小组植树。如果每人栽5棵，还剩14棵；如果每人栽7棵，还差4棵。则一共有（ ）棵树。

（A）28 （B）35 （C）56 （D）59 （E）60

答案：D

解：设有x棵树，y个人栽树，则$x = 5y + 14 = 7y - 4$，解得$y = 9, x = 59$。

例89（2020-20）共有n辆车，则能确定人数。

（1）若每辆20座，有1车未满 （2）若每辆12座，则少10个座

答案：E

解：两个条件单独不充分，考察联合情况。设人数为y，则由题意知$\begin{cases}20(n-1)<y<20n\\y=12n+10\end{cases}$，所以$20(n-1)<12n+10<20n$，从而$\frac{10}{8}<n<\frac{30}{8}$，所以$n=2,3$，故$y=34$或$y=36$，不充分。

例90（2015-1-25）几个朋友外出玩，购买了一些瓶装水，则能确定购买的瓶装水数量。

（1）若每人分3瓶，则剩余30瓶 （2）若每人分10瓶，则只有一人不够

答案：C

解：设人数为x，水的数量为y，则$\begin{cases}3x+20=y\\10(x-1)<y<10x\end{cases}$，故$10(x-1)<3x+20<10x$，解得$\frac{30}{7}<x<\frac{40}{7}$，故$x=5, y=45$，充分。

例91（2016-2）有一批同规格的正方形瓷砖，用它来铺满某个正方形区域时剩余180块，将此正方形区域的边长增加一块瓷砖的长度时，还需增加21块瓷砖才能铺满。则该批瓷砖共有（ ）。

（A）19981块 （B）10000块 （C）10180块 （D）10201块 （E）10222块

答案：C

解：设原来正方形边长为y，共有砖x块，则$y^2 = x - 180, (y+1)^2 = x + 21$，两式相减得：$(y+1)^2 - y^2 = 201$，解得$y = 100$，所以该批瓷砖共有$y^2 + 180 = 100^2 + 180 = 10180$块。

题型十四：年龄问题

年龄问题关键是年龄差不变。

例92　女儿2022年12岁，妈妈对女儿说："当你有我这么大岁数时，我已经60岁了!"妈妈12岁时是（　　）年。

（A）1990　（B）1995　（C）1998　（D）2000　（E）2002

答案：C

解：设妈妈今年x岁，则当女儿跟妈妈一样大时，时间推后了$x-12$年，妈妈变为$2x-12=60$，所以$x=36$，从而当妈妈12岁时，时间前移24年，因此应该是$2022-24=1998$(年)

例93　有一个四口之家，成员为父亲、母亲、女儿和儿子。今年他们的年龄加在一起，总共75岁。其中父亲比母亲大3岁，儿子比女儿大2岁。又知4年前，家里所有人的年龄之和是60岁。则母亲今年（　　）岁。

（A）28　（B）30　（C）32　（D）33　（E）36

答案：C

解：因为$75-60=15\neq 4\times 4$，如果四年前妹妹出生的话，4年时间4个人四年应该增长了$4\times 4=16$岁，但实际上只增长了15岁，所以4年前妹妹还没有出生。父亲、母亲、哥哥三个人4年增长了12岁，$15-12=3$，所以妹妹今年3岁，所以哥哥是$3+2=5$岁，父母今年的年龄和是$75-3-5=67$岁，根据和差问题，就可以得到父亲是$(67+3)\div 2=35$岁，母亲是$67-35=32$岁。

例94　重阳节那天，延龄茶社来了25位老人品茶，他们的年龄恰好是25个连续自然数，两年以后，这25位老人的年龄之和正好是2000，其中年龄最大的老人今年（　　）岁。

（A）88　（B）89　（C）90　（D）92　（E）99

答案：C

解：两年之后，这25位老人的平均年龄为$2000\div 25=80$（岁），因为年龄成等差数列，所以平均值就是中位数，从而年龄最大的老人为$80+12=92$（岁），年龄最大的老人今年的岁数为$92-2=90$（岁）。

题型十五：一般方程问题

这类问题很难归为某一类典型题型，需要考生分析题目中所涉及的变量及变量之间的关系，尤其关注是否有不变量，从而根据等量关系列方程。

例95（2002-10-1）有大小两种货车，2辆大车与3辆小车可以运货15.5吨，5辆大车与6辆小车可以运货35吨，则3辆大车与5辆小车可以运货（　　）。

（A）20.5吨　（B）22.5吨　（C）24.5吨　（D）26.5吨

答案：C

解：设每辆大车可运货x吨，每辆小车可运货y吨，则$\begin{cases}2x+3y=15.5\\5x+6y=35\end{cases}$，解得$\begin{cases}x=4\\y=2.5\end{cases}$，因此3辆大车与5辆小车可运货$4\times3+2.5\times5=24.5$。

例96（2007-10-26）1千克鸡肉的价格高于1千克牛肉的价格。

（1）一家超市出售袋装鸡肉与袋装牛肉，一袋鸡肉的价格比一袋牛肉的价格高30%

（2）一家超市出售袋装鸡肉与袋装牛肉，一袋鸡肉比一袋牛肉重25%

答案：C

解：两个条件单独都不充分，考察联合情况。设一袋牛肉价格100，重量100，那么单位重量牛肉的价格为$\frac{100}{100}=1$。一袋鸡肉的价格为130，重量为125，单位重量鸡肉的价格为$\frac{130}{125}>1$，故鸡肉价格高于牛肉价格，充分。

例97（2022-11）购买A玩具和B玩具各1件需花费1.4元，购买200件A玩具和150件B玩具需花费250元，则A玩具的单价为（　　）。

（A）0.5元　（B）0.6元　（C）0.7元　（D）0.8元　（E）0.9元

答案：D

解：设单价分别为x,y，则$\begin{cases}x+y=1.4\\200x+150y=250\end{cases}$，解得$x=0.8$。

例98（2022-20）将75名学生分成25组，每组3人。能确定女生的人数。

（1）已知全是男生的组数和全是女生的组数

（2）只有1个男生的组数和只有1个女生的组数相等

答案：C

解：两个条件单独均不充分，考察联合情况。由条件（1），设有x组每组有3个男生，有y个组每组有3个女生，由条件（2），设有z个组每组1男2女，则有z个组每组2男1女。于是共有$x+y+2z=25$个组，因为条件（1）说明x,y已知，故z可唯一确定，从而女生数$3y+2z+z$可以确定。

第二节　基础通关

1.某商品按定价出售，每个可获利45元，如果按定价的70%出售10件与按定价每个减价25元出售12件所获得的利润一样多，则这种商品每件定价为（　　）元。

（A）40　（B）50　（C）60　（D）65　（E）70

答案：E

解：设这种商品每件定价是x元，则成本是$x-45$元，由题意知$10[0.7x-(x-45)]=12\times 20$，解得$x=70$。

2.一份材料，若每分钟打30个字，需要若干小时打完，当打到此材料的$\frac{2}{5}$时，打字效率提高了40%，结果提前半小时打完，则这份材料的字数是（　　）个。

（A）4650　（B）4800　（C）4950　（D）5100　（E）5250

答案：E

解：设按原速度需要x分钟，则共有$30x$个字，由题意得$\frac{3}{5}\cdot\frac{30x}{30\times 1.4}=\frac{3}{5}\cdot\frac{30x}{30}-30$，解得$x=175$，所以共有5250个字。

3.某企业去年销售收入1000万元，年成本为生产成本500万元与年广告成本200万元两部分。若年利润必须按$x\%$纳税，且年广告费超出年销售收入2%的部分也按$x\%$纳税，其他不纳税。已知该企业去年共纳税120万元，则税率$x\%$为（　　）。

（A）10%　（B）12%　（C）25%　（D）40%　（E）45%

答案：C

解：由题意知去年的利润为300万元，广告费超支$200-(1000\times 2\%)=180$万元，所以税率为$\frac{120}{300+180}\times 100\%=25\%$。

4.一件工作，甲独做12小时可以完成，现在甲、乙合做3小时后，甲因事外出，剩下的工作乙又用了$5\frac{1}{4}$小时完成，如果这件工作全部由乙做，需要（　　）小时可完成。

（A）10　（B）11　（C）8　（D）9　（E）6

答案：B

解：设乙的工作效率为x，则$3\left(\frac{1}{12}+x\right)+5\frac{1}{4}x=1$，解得$x=\frac{1}{11}$，所以乙单独做需要11小时。

5.完成某项工作，甲单独要10天，乙单独要15天，如果两队合作，工作效率可以提高20%，那么两队合作要（　　）天完成。

（A）7.5天　（B）20天　（C）5天　（D）6天　（E）15天

答案：C

解：设两队合作要x天完成，则$\left(\frac{1}{10}+\frac{1}{15}\right)\times(1+20\%)\times x=1$，解得$x=5$。

6.有一片匀速生长的草地，可供27头牛吃6周，或供23头牛吃9周，那么它可供21头牛吃（　　）周。

（A）10　（B）11　（C）12　（D）13　（E）15

答案：C

解：设现有草量为a，每天生长草量为b，每头牛每周吃草量为c，则$\begin{cases}27\times 6c=a+6b\\23\times 9c=a+9b\end{cases}$，两式相减得$b=15c,a=72c$。设供21头牛吃$x$周，则$21xc=a+xb$，即$21xc=72c+15xc$，解得$x=12$。

7.3台同样的车床6小时可加工1440个零件，如果增加2台同样的车床，且每台车床每小时多加工12个零件，那么加工3680个零件需要（　　）。

（A）7小时　（B）8小时　（C）9小时　（D）10小时　（E）11小时

答案：B

解：每台车床每小时加工$1440\div 6\div 3=80$个，所以加工3680个需要$3680\div[(3+2)\times(80+12)]=3680\div 460=8$小时。

8.一条大河上有甲、乙两艘游艇，静水中甲艇每小时行3.3千米，乙艇每小时行2.1千米。现在甲、乙两游艇于同一时刻相向出发，甲艇从下游上行，乙艇从与甲艇相距27千米的上游下行。两艇于途中相遇后，又经过4小时，甲艇到达乙艇的出发地，这条河的水流速度是每小时（　　）千米。

（A）0.2　（B）0.3　（C）0.4　（D）0.5　（E）1.2

答案：B

解：两游艇相向而行时，相对速度等于它们在静水中的速度和，所以它们从出发到相遇需要$27\div(3.3+2.1)=5$小时，所以甲艇9小时航行27千米，所以甲艇的逆水航行速度为每小时3千米，故水流速度为每小时0.3千米。

9.电子猫在周长240米的环形跑道上跑了一圈，前一半时间每秒跑5米，后一半时间每秒跑3米，则电子猫后120米用了（　　）秒。

（A）40　（B）25　（C）30　（D）36　（E）45

答案：D

解：设一圈用时为$2t$，则前一半时间跑了$5t$，后一半时间跑了$3t$，故$5t+3t=8t=240$，解得$t=30$。从而，后一半时间跑了90米，90米之前的30米用时6秒，所以最后120米用36秒。

10.某市百货商店搞促销活动，购物不超过100元不给优惠；超过100元，而不足300元按9折优惠；超过300元，其中300元按9折优惠，超过部分按8折优惠。某人两次购物分别用了70元和350元，若此人将两次购物的钱合起来购相同的商品，则（　　）。

（A）节省14块　（B）没变化　（C）节省20块　（D）多花20块　（E）多花14块

答案：A

解：设此人第二次购物优惠前价格为x元，则$300\times90\%+(x-300)\times80\%=350$，解得$x=400$，所以两次购物优惠前共470元，如果一次购买相同的商品，需要花费$300\times90\%+(400+70-300)\times80=406$元，所以可节省14元。

11.某单位计划在通往两个体育馆的两条路的（不相交）两旁栽树，现运回一批树苗，已知一条路的长度比另一条路的长度的两倍还多6000米，若每隔4米栽一棵，则少2754棵；若每隔5米栽一棵，则多396棵，则共有树苗（　　）。

（A）8500棵　（B）12500棵　（C）12596棵　（D）13000棵　（E）15600棵

答案：D

解：设两条路共长x米，共有树苗y棵，如果每隔4米栽一棵，两条路共分$\frac{x}{4}$段，所以共需$\frac{x}{4}+4$棵树，如果每隔5米栽一棵，两条路共分$\frac{x}{5}$段，所以共需$\frac{x}{5}+4$棵树，故

$\begin{cases}\frac{x}{4}+4=y+2754\\ \frac{x}{5}+4=y-396\end{cases}$，解得$y=13000$。

12.甲、乙两站相距420千米，客车和货车同时从甲站出发驶向乙站，客车每小时行60千米，货车每小时行40千米。客车到达乙站后停留1小时，又以原速度返回甲站。则两车从出发到相遇经过了（　　）小时。

（A）6　（B）7　（C）8　（D）9　（E）9.5

答案：D

解：客车到乙站用时7小时，停留1小时后开始返回，此时货车行驶了8小时，共走320千米，离乙站还有100千米，之后两车合走用时1时，故9小时后两车相遇。

13.一列火车匀速行驶时，通过一座长为250米的桥梁需要10秒钟，通过一座长为450米的桥梁需要15秒钟，则该火车通过长为1050米的桥梁需要（　　）秒。

（A）22　（B）25　（C）28　（D）30　（E）35

答案：D

解：设车长为L，则火车速度为$v=\frac{250+L}{10}=\frac{450+L}{15}$，解得$L=150$，故$v=40$，所以通过1050米的桥需要$\frac{1050+150}{40}=30$秒。

14.从甲地到乙地，客车行驶需12小时，货车行驶需15小时，如果两列火车从甲地开到乙地，客车到达乙地后立即返回，与货车相遇时又经过（　　）小时。

（A）1　（B）$\frac{4}{3}$　（C）$\frac{3}{2}$　（D）$\frac{5}{4}$　（E）$\frac{6}{5}$

答案：B

解：设全程60，则客车速度为5，货车速度为4，客车到达乙地需要12小时，此时货车走了48，离终点还有12，故再走$\frac{12}{5+4}=\frac{4}{3}$小时相遇。

15.两个相同的瓶子装满酒精溶液，一个瓶子中酒精与水的体积之比是3∶1，而另一个瓶子中酒精与水的体积之比是4∶1，若将两瓶酒精溶液混合，混合液中酒精与水的体积之比是（　　）。

（A）30∶9　（B）31∶9　（C）31∶8　（D）30∶8　（E）29∶9

答案：B

解：设瓶子容积为V，则第一个瓶子中酒精和水分别有$\frac{3V}{4},\frac{V}{4}$，第二个瓶子中酒精和水分别有$\frac{4V}{5},\frac{V}{5}$，所以混合后共有酒精和水$\frac{31V}{20},\frac{9V}{20}$，故酒精和水的体积之比为31∶9。

16.某单位有90人，其中65人参加外语培训，72人参加计算机培训。已知参加外语培训而未参加计算机培训的有8人，则参加计算机培训而未参加英语培训的人数是（　　）。

（A）5　（B）8　（C）10　（D）12　（E）15

答案：E

解：如图5-10所示，$x=65-8=57, y=72-57=15$。

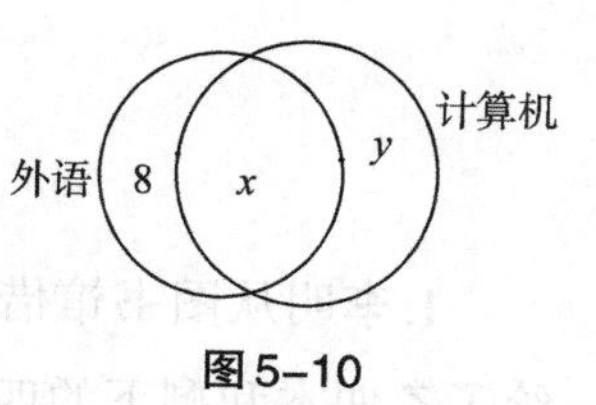

图5-10

17.某道路一侧原有路灯106盏，相邻两灯的距离为36米，现计划全部更换为节能灯，且相邻两盏灯的距离变为70米，则需更换的新节能灯有（　　）盏。

（A）54　（B）55　（C）56　（D）57

答案：B

解：设需更换的新型节能灯有x盏，则$70(x-1)=36\times(106-1)$，解得$x=55$。

18.一杯盐水，连续两次加入等量的水，则第三次加入等量的水后浓度变为10%。

（1）第一次加水后浓度为15%　（2）第二次加水后浓度为12%

答案：C

解：两个条件单独均不充分，考察联合情况。因为连续加水，盐的总量不变，设这杯盐水中有盐60克。第一次加水后盐水的总量变为$60\div15\%=400$克，第二次加水后盐水的总量变为$60\div12\%=500$克，所以每次加入的水量为100克，故第三次加入同样多的水后盐水的含盐百分比将变为$60\div(500+100)\times100\%=10\%$。

19.甲、乙两人加工一批零件，两人同做了2小时之后，还剩下270个零件未加工，则这批零件共有400个。

（1）甲单独加工要10小时完成　（2）乙单独做需要16小时

答案：C

解：两个条件单独均不成立，考察联合情况。由题意知，甲乙两人2小时共完成$2\left(\frac{1}{10}+\frac{1}{16}\right)=\frac{13}{40}$，还剩下$\frac{27}{40}$，又因为还剩下270个零件，所以共有400个零件。

20.小明一家自驾车外出旅游，则计划每天行驶的路程在250~260千米。

（1）如果每天行驶的路程比原计划多19千米，那么8天内的行程就超过2200千米

（2）如果每天行驶的路程比原计划少12千米，那么与条件（1）同样的路程就需要9天多

答案：C

解：两个条件单独均不充分，考查联合情况。设计划每天行驶x千米，由（1）知$8(x+19)>2200$，由（2）知$9(x-12)<8(x+19)$，解得$256<x<260$，充分。

第三节　高分突破

1.李明从图书馆借来一批书给同学们看，他先给了甲五本和剩下的五分之一，然后给了乙四本和剩下的四分之一，又给了丙三本和剩下的三分之一，又给了丁两本和剩下的二分之一，最后自己还剩两本书。则李明共借了（　　）本书。

（A）20　（B）22　（C）25　（D）30　（E）32

答案：D

解：设李明借了a本，依题意，设给了甲之后剩余b本，给乙之后剩余c本，给丙之后剩余d本，给丁之后剩余e本，故$e=(d-2)-\frac{1}{2}(d-2)=2$，解得$d=6$，由此逆推得$c=12,b=20,a=30$。

2.如图5-11所示，正方形$ABCD$的轨道上有两个点甲与乙，开始时甲在A处，乙在C处，它们沿着正方形轨道顺时针同时出发，甲的速度为1厘米/秒，乙的速度为5厘米/秒，已知正方形轨道$ABCD$的边长为2厘米，则乙在第2022次追上甲时的位置（　　）。

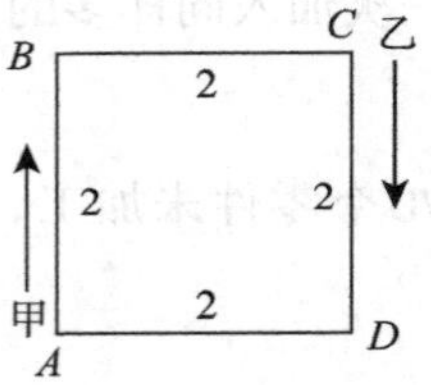

（A）AB上　（B）BC上　（C）CD上　（D）AD上

（E）无法确定

B　C乙　2　2　2　2　甲　A　D

图5-11

答案：B

解：第一次追上时乙比甲多走4厘米，之后每追一次乙比甲多走8厘米，所以第2022次追上时乙比甲多走$2021\times8+4$厘米，因为每秒乙比甲多走4厘米，所以共用时$2021\times2+1$秒，所以甲走了4043厘米，因为$4043\div8=505\cdots\cdots3$，所以甲走到$BC$中点。

3.某人乘船在小河上逆流而上，不慎把水壶掉进河中（水壶可以浮在水面上），当他发现时，水壶与船已经相距600米，已知船在静水中的速度为40米/分，水流速度为10米/分。此人发现后马上掉头去追水壶，他追上水壶又需要（　　）分钟。

（A）5　（B）10　（C）12　（D）15　（E）18

答案：D

解：水壶与船脱离后，无论船与水壶相背而行还是船调头追赶水壶，二者的相对速度都是船在静水中的速度，所以在船调头追赶前水壶漂流了多长时间，就需要追赶多长时间。因为水壶与船相距600米，所以水壶漂流了15分钟，因此需要15分钟才追上。

4.公交车从甲站到乙站每间隔5分钟一趟，全程走15分钟，某人骑自行车从乙站往甲站行走，开始时恰好遇见一辆公交车，行走过程中又遇见10辆，到甲站时又一辆公交车要出发，这人走了（　　）分钟。

（A）35　（B）40　（C）50　（D）45　（E）55

答案：B

解：公交车全程走15分钟，假设自行车在出发时遇到的是1号公交车，那么此时2号车离乙站还有5分钟，3号车还有10分钟，而4号刚刚准备出发。因为骑车人在途中一共又遇到10辆车，也就是遇到2~11号，而他到甲站时12号公交车刚要出发，这说明9号车已经到过乙站，所以1号车到乙站开始到9号到乙站所经历的时间共40分钟。

5. 甲、乙、丙是一条路上的三个车站，乙站到甲、丙两站的距离相等。小强和小明同时分别从甲、丙两站出发相向而行，小强经过乙站100米时与小明相遇，然后两人又继续前进，小强走到丙站立即返回，经过乙站300米时又追上小明。则甲、乙两站的距离是（　　）米。

（A）100　（B）200　（C）300　（D）400　（E）600

答案：C

解：设甲乙距离为x，小强和小明速度分别为a、b，则$\frac{a}{b}=\frac{x+100}{x-100}$，第二次相遇时小强走了$3x+300$，小明走了$x+300$，所以$\frac{a}{b}=\frac{x+100}{x-100}=\frac{3x+300}{x+300}$，所以$x+300=3(x-100)$，解得$x=300$，所以甲乙两站距离是300米。

6. 有甲、乙、丙三种盐水，按甲与乙数量比为2：1混合，得到浓度为12%的盐水，按甲与乙的数量之比为1：2混合得到14%的盐水，如果甲、乙、丙数量的比为1：1：3混合成的盐水浓度为10.2%，那么丙的浓度为（　　）。

（A）7%　（B）8.5%　（C）9%　（D）7.5%　（E）8.3%

答案：E

解：甲与乙数量比为2：1混合，得到浓度为12%的盐水，按甲与乙的数量之比为1：2混合得到14%的盐水，说明乙的量大则混合之后的浓度大。设甲、乙浓度分别为x,y，由交叉法知$\begin{cases}\frac{y-12}{12-x}=\frac{2}{1}\\ \frac{y-14}{14-x}=\frac{1}{2}\end{cases}$，解得$x=10\%,y=16\%$。甲乙丙按1：1：3混合时，相当于甲乙等量混合，得2份浓度为13%的溶液，然后与3份丙混合得10.2%的溶液，设丙的浓度为z，由交叉法$\frac{10.2-z}{13-10.2}=\frac{2}{3}$，解得$z=8.3\%$。

7.某商场打折促销，规定售价大于200元而不超过500元的商品售价打九折；售价超过500元的商品，500元及以内部分打九折，500元以上部分打八折。某人在商场分两次购买了商品，分别花了160元和432元，如果他一起买这些商品的话，还可以节省（　　）元。

（A）25.2　（B）30　（C）43.2　（D）78　（E）36

答案：B

解：第一次花费160元，因为$200\times90\%=180$，$160<180$，说明原价就是160元，没有打折；第二次花费432元，超过200元，所以是打折所致，因为$500\times90\%=450$，所以原价是$432\div90\%=480$元。所以两次共购买了$160+480=640$元的商品，如果一次购买需要花$450+(640-500)\times80\%=562$元，所以可节省30元。

8.小明爷爷的年龄是一个二位数，将此二位数的数字交换一下，得到的数就是小明爸爸的年龄。又知道他们的年龄之差是小明年龄的4倍，则小明的年龄是（　　）岁。

（A）5　（B）6　（C）9　（D）12　（E）9或18

答案：C

解：设小明爷爷的年龄为$10x+y$，那么小明爸爸的年龄为$10y+x$，则他们的年龄之差为$(10x+y)-(10y+x)=9(x-y)$，又因为他们的年龄之差是小明年龄的4倍，故$9(x-y)$为4的倍数，所以$(x-y)$为4的倍数。若$x-y=4$，则小明的年龄为9，而小明爷爷与小明爸爸的年龄差距为36，合理。若$x-y=8$，则爷爷与爸爸年龄差72岁，且$x=9,y=1$，故爸爸19岁，小明18岁，不合理。

9.一辆汽车和一辆摩托车同时从甲、乙两地相向开出，相遇后两车继续行驶，当摩托车到达甲城，汽车到达乙城后，立即返回，第二次相遇时汽车距甲城120千米，汽车与摩托车的速度比是2∶3，则甲乙两城相距（　　）千米。

（A）100　（B）150　（C）155　（D）135　（E）145

答案：B

解：设甲乙两地相距s，第二次相遇时汽车走了$2s-120$，摩托车走了$s+120$。因为路程之比等于速度之比，所以$\frac{2s-120}{s+120}=\frac{2}{3}$，解得$s=150$千米。

10.一杯糖水，第一次加入一定量的水后，糖水的含糖百分比变为30%；第二次又加入同样多的水，糖水的含糖百分比变为20%；第三次再加入同样多的水，糖水的含糖百分比将变为（　　）。

（A）19.5%　（B）18.5%　（C）16.3%　（D）15.5%　（E）15%

答案：E

解1：设每次加入的水为a份，则30%的糖水与a份水混合得20%的糖水，由交叉法知，30%的糖水有$2a$份，所以20%的糖水共有$3a$份，其中糖有$3a\times 0.2=0.6a$份。第三次再加入a份水后，得到$4a$份糖溶液，其中糖有$0.6a$份，所以浓度为$\frac{0.6}{4}=0.15$。

解2：因为整个过程中糖量不变，设最初糖水中糖量为a，则加水后糖水总量变为$\frac{a}{0.3}$，再加入同样多的水之后，糖水总量变为$\frac{a}{0.2}$，所以每次加入的水量为$\frac{a}{0.2}-\frac{a}{0.3}=\frac{a}{0.6}$，第三次加入同样多的水后，糖水总量为$\frac{a}{0.2}+\frac{a}{0.6}$，所以浓度为$\frac{a}{\frac{a}{0.2}+\frac{a}{0.6}}\times 100\%=15\%$。

11.某专业有学生50人，现在开设有甲、乙、丙三门选修课。有40人选修甲课程，36人选修乙课程，30人选修丙课程，选甲乙两门课程的有28人，选甲丙课程的有26人，选乙丙课程的有24人，甲乙丙课程均选的人有20人，则三门课程均未选的人有（　　）人。

（A）1　（B）2　（C）3　（D）4　（E）5

答案：B

解：由题意知，选甲乙丙三门课程之一的有$40+36+30-28-26-24+20=48$人，所以三门课程均未选的有2人。

12.某企业根据利润发奖金，利润低于或等于10万元时可提成10%；低于或等于20万元时，高于10万元的部分按7.5%提成；高于20万元时，高于20万元的部分按5%提成。当利润为40万元时，应发放奖金（　　）万元。

（A）2　（B）1.5　（C）3　（D）4.5　（E）2.75

答案：E

解：由题意知，前10万元利润提成为1万元，10万~20万元的10万元提成为0.75万元，20万~40万元的20万元提成为1万元，所以奖金为2.75万元。

13.某次数学竞赛准备了22支铅笔作为奖品发给获得一、二、三等奖的学生，原计划一等奖每人发6支，二等奖每人发3支，三等奖每人发2支。后又改为一等奖每人发9支，二等奖每人发4支，三等奖每人发1支，则得一等奖的学生有（　　）人。

(A) 1 (B) 2 (C) 3 (D) 4 (E) 5

答案：A

解：设获一、二、三等奖的人数分别为x,y,z，根据题意有$\begin{cases}6x+3y+2z=22\\9x+4y+z=22\end{cases}$，因为$9x\leqslant 22$，所以$x=1$或$x=2$，枚举可知$x=1,y=2,z=5$。

14. 某大学的a个学生，要么付x元的全额学费，要么付半额学费，则付全额学费的学生所付的学费占a个学生所付学费总额的比率是$\frac{1}{3}$。

（1）在这a个学生中，20%的人付全额学费

（2）这a个学生本学期共付学费9120元

答案：A

解：两个条件单独均不充分，考察联合情况。由题意知，有80%的学生付了半额学费，所有学生共付学费$0.2ax+0.8a\cdot 0.5x=0.6ax$，所以付全额学费的学生所付的学费占$a$个学生所付学费总额的比率是$\frac{0.2ax}{0.6ax}=\frac{1}{3}$，充分。

15. 甲、乙两车分别从A、B两地同时相向而行，第一次在离A城30千米处相遇。相遇后两车又继续前行，分别到达对方城市后，又立即返回，在离A城42千米处第二次相遇。则A、B两城的距离为k千米。

（1）$k=66$ （2）$k=60$

答案：A

解：设A、B两地相距S，则$\frac{V_甲}{V_乙}=\frac{30}{S-30}$，由第二次相遇期间甲乙走的路程知$\frac{V_甲}{V_乙}=\frac{2S-42}{S+42}$，所以$\frac{30}{S-30}=\frac{2S-42}{S+42}$，由合比性质得$\frac{S}{S-30}=\frac{3S}{S+42}$，解得$S=66$。

第六章　数　列

第一节　等差数列

一、数列的概念

（一）数列的定义

依某顺序排成一列的数即为数列，常用$a_1,a_2,a_3,\cdots,a_{n-1},a_n$来表示，可写作数列$a_n$或数列$\{a_n\}$。项数有限的数列为“有穷数列”，项数无限的数列为“无穷数列”。

（二）数列的通项

如果数列的第n项a_n与项的序数n之间的关系可以用一个公式$a_n=f(n)$来表示，那么这个公式就称为这个数列的通项公式。有些数列的通项公式可以有不同形式，有些数列的通项需分段表达，有些数列没有通项公式。

（三）递推公式

如果数列$\{a_n\}$的第n项与它前一项或几项的关系可以用一个式子来表示，那么这个式子就称为这个数列的递推公式。比如，由$a_1=1,a_2=1,a_{n+2}=a_{n+1}+a_n$定义的数列就是著名的菲波纳契数列。

（四）数列的前n项和公式

给定数列$\{a_n\}$，称$\sum_{k=1}^{n}a_k=a_1+a_2+\cdots+a_n$为数列的前$n$项和，记为$S_n$。数列的通项$a_n$与前$n$项和$S_n$的关系为：

$$a_n=\begin{cases}S_1, n=1\\S_n-S_{n-1}, n\geq 2\end{cases}$$

二、等差数列

（一）等差数列的概念

定义：如果一个数列从第2项起，每一项与它前一项的差等于同一个常数，这个数列就称为等差数列，这个常数称为这个等差数列的公差，记做d。设等差数列为$\{a_n\}$，由定义知：

$$a_{n+1}-a_n=d\quad(d\text{为常数},n\in N^*)$$

（二）等差数列的基本结论

1.通项公式

若等差数列$\{a_n\}$的首项为a_1，公差为d，则其通项$a_n=a_1+(n-1)d$，(d为常数，$n\in N^*$)。由通项公式可得以下结论：

（1）$a_n=a_m+(n-m)d$，$(n、m\in N^*)$，由此得$d=\dfrac{a_n-a_m}{n-m}$。

（2）等差数列的通项公式$a_n=a_1+(n-1)d=dn+(a_1-d)$，可见它是关于$n$的一次函数，反之若某数列的通项公式是关于$n$的一次函数，则该数列一定是等差数列。该性质经常描述为“等差数列各项共线”。

（3）当公差$d>0$时，等差数列$\{a_n\}$单调递增，当公差$d<0$时，等差数列$\{a_n\}$单调递减。

2.等差中项

如果a,b,c成等差数列，那么b叫作a与c的等差中项，即$b=\dfrac{a+c}{2}$。若$\{a_n\}$为等差数列，则下标是等差数列的各项也构成等差数列，比如a_1,a_5,a_9也构成等差数列，a_5是a_1,a_9的等差中项。

3.前n项和公式

若等差数列$\{a_n\}$的首项为a_1，公差为d，则其前n项和S_n为：

$$S_n=\frac{(a_1+a_n)\times n}{2}=na_1+\frac{n(n-1)}{2}d=\frac{d}{2}n^2+\left(a_1-\frac{d}{2}\right)n=An^2+Bn$$

可见当等差数列的公差$d \neq 0$时，其前n项和S_n是关于n的一元二次函数且常数项为0，其对称轴为$n = \frac{1}{2} - \frac{a_1}{d}$。如果某数列的前$n$项和$S_n$不是关于$n$的一元二次函数，则该数列不是等差数列。如果某数列的前n项和S_n是关于n的一元二次函数且常数项非0，则该数列也不是等差数列，但是从第2项开始，数列各项仍然成等差数列。

（三）等差数列的性质

1.脚标和性质

$\{a_n\}$为等差数列，若$m + n = p + q$，则$a_m + a_n = a_p + a_q(m,n,p,q \in N^*)$。特别地，当$p = q$时，$a_m + a_n = 2a_p$。该性质可推为：

$$a_1 + a_n = a_2 + a_{n-1} = a_k + a_{n-k+1}$$

2.平均数与中位数

结合前n项和公式可得等差数列的一个重要性质，即等差数列的中间项就是所有项的平均数，也是所有项的中位数。由$S_n = \frac{(a_1 + a_n) \times n}{2}$知$\frac{S_n}{n} = \frac{a_1 + a_n}{2} = \frac{a_2 + a_{n-1}}{2} = \cdots = \frac{a_k + a_{n-k+1}}{2}$，特别地，若$n$为奇数，则$a_1, a_2, \cdots, a_n$的平均数为$a_{\frac{n+1}{2}}$，如前9项的平均数为$a_5$；若$n$为偶数，因为等差数列各项共线，可以虚设中间项$a_{\frac{n+1}{2}}$，如前10项的平均数为$a_{5.5}$，这个虚拟项同其他项具有相同的性质。

3.两个等差数列对应项的比值性质

等差数列$\{a_n\}$和$\{b_n\}$的前n项和分别为S_n和T_n，则$\frac{a_k}{b_k} = \frac{S_{2k-1}}{T_{2k-1}}$。

证明：$\frac{S_{2k-1}}{T_{2k-1}} = \frac{(a_1 + a_{2k-1}) \times (2k-1) \div 2}{(b_1 + b_{2k-1}) \times (2k-1) \div 2} = \frac{a_k}{b_k}$。

4.等长片段和性质

若$\{a_n\}$是等差数列，则$S_n, S_{2n} - S_n, S_{3n} - S_{2n}$也是等差数列，且其公差为$n^2 d$。

证明：$S_{2n} - S_n = a_{n+1} + a_{n+2} + \cdots + a_{2n}$，$(S_{2n} - S_n) - S_n = (a_{n+1} - a_1) + (a_{n+2} - a_2) + \cdots + (a_{2n} - a_n) = nd + nd + \cdots + nd = n^2 d$。

5.通项脚标反对称性

若$\{a_n\}$是等差数列，且$a_m = n, a_n = m, (m \neq n)$，则$a_{m+n} = 0$。

证明1：设首项$a_1=a$，公差为d，则$a+(m-1)d=n,a+(n-1)d=m$，两式相减得$d=-1$，两式相加得$a=m+n-1$，所以$a_{m+n}=a+(m+n-1)d=0$。

证明2：因为等差数列通项公式的形式是关于n的一元一次式，故设$a_n=kn+b$。由题意得$a_m=km+b=n,a_n=kn+b=m$，两式相减得$k=-1,b=n+m$，故$a_{n+m}=k(n+m)+b=-(n+m)+(n+m)=0$。

6.前n项和脚标反对称性

等差数列$\{a_n\}$中，若$S_n=m,S_m=n(m\neq n)$，则$S_{m+n}+(m+n)=0$。

证明：设$S_n=An^2+Bn$，所以$S_m=Am^2+Bm=n,S_n=An^2+Bn=m$，所以$S_m-S_n=A\left(m^2-n^2\right)+B(m-n)=n-m$，从而$A(m+n)+B=-1$，所以$S_{m+n}=A(m+n)^2+B(m+n)=(m+n)\left[A(m+n)+B\right]=-(m+n)$。

题型归纳与方法技巧

题型一：a_n与S_n的关系

例1（2003-10）若数列$\{a_n\}$的前n项和$S_n=4n^2+n-2$，则它的通项公式是（　　）。

（A）$a_n=8n-3$　（B）$a_n=8n+5$　（C）$a_n=\begin{cases}3 & n=1\\8n-3 & n\geqslant 2\end{cases}$

（D）$a_n=\begin{cases}3 & n=1\\8n+5 & n\geqslant 2\end{cases}$　（E）以上都不对

答案：C

解：当$n=1$时，$a_1=S_1=3$；当$n>1$时，$a_n=S_n-S_{n-1}=8n-3$。

例2（2009-1-11）若数列$\{a_n\}$中，$a_n\neq 0(n\geqslant 1),a_1=\frac{1}{2}$，前$n$项和$S_n$满足$a_n=\frac{2S_n^2}{2S_n-1}(n\geqslant 2)$，则$\left\{\frac{1}{S_n}\right\}$是（　　）。

（A）首项为2，公比为$\frac{1}{2}$的等比数列　（B）首项为2，公比为2的等比数列

（C）既非等差数列也非等比数列　（D）首项为2，公差为$\frac{1}{2}$的等差数列

（E）首项为2，公差为2的等差数列

答案：E

解：当$n=1$时，$\frac{1}{S_1}=\frac{1}{a_1}=2$；当$n\geqslant 2$时，$a_n=S_n-S_{n-1}$，由题意知$S_n-S_{n-1}=\frac{2S_n^2}{2S_n-1}$，整理得$S_{n-1}=\frac{-S_n}{2S_n-1}$，取倒数得$\frac{1}{S_{n-1}}=\frac{1}{S_n}-2$，故$\frac{1}{S_n}-\frac{1}{S_{n-1}}=2$，所以$\left\{\frac{1}{S_n}\right\}$是首项为2，公差为2的等差数列。

例3（2008-1-11）如果数列$\{a_n\}$的前n项的和$s_n=\frac{3}{2}a_n-3$，那么这个数列的通项公式是（　　）。

（A）$a_n=2(n^2+n+1)$　（B）$a_n=3\times 2^n$　（C）$a_n=3n+1$

（D）$a_n=2\times 3^n$　（E）以上都不对

答案：D

解：当$n=1$时，$a_1=S_1=\frac{3}{2}a_1-3$，解得$a_1=6$；当$n\geqslant 2$时，$a_n=S_n-S_{n-1}=\left(\frac{3}{2}a_n-3\right)-\left(\frac{3}{2}a_n-1-3\right)$，化简整理得$\frac{a_n}{a_{n-1}}=3$，所以数列$\{a_n\}$是以6为首项，以3为公比的等比数列，所以$a_n=6\times 3^{n-1}=2\times 3^n$。

题型二：等差数列通项的性质与计算

例4（1998-10-7）若在等差数列$\{a_n\}$中前5项的和$S_5=15$，前15项的和$S_{15}=120$，则前10项的和$S_{10}=$（　　）。

（A）40　（B）45　（C）50　（D）55　（E）60

答案：D

解：设$S_{10}=x$，由等长片段和性质知$15,x-15,120-x$是等差数列，解得$x=55$。

例5（2013-1-13）已知$\{a_n\}$为等差数列，若a_2和a_{10}是方程$x^2-10x-9=0$的两个根，则$a_5+a_7=$（　　）。

（A）-10　（B）-9　（C）9　（D）10　（E）12

答案：D

解：由等差数列性质以及韦达定理知$a_5+a_7=a_2+a_{10}=10$。

例6（2017-7）甲、乙、丙三种货车载重量成等差数列，2辆甲种车和1辆乙种车的载重量为95吨，1辆甲种车和3辆丙种车载重量为150吨，则甲、乙、丙分别各一辆车一次最多运送货物为（　　）吨。

（A）125　（B）120　（C）115　（D）110　（E）105

答案：E

解：设甲乙丙运货量为$a-d,a,a+d$，由题意得$\begin{cases}2(a-d)+a=95\\a-d+3(a+d)=150\end{cases}$，解得$a=35,d=5$，所以三车载重量之和为$3a=105$吨。

例7（2021-2）三位年轻人的年龄成等差数列，且最大与最小的两人年龄之差的10倍是另一人的年龄，则这三人中年龄最大的人是（　　）岁。

（A）19　（B）20　（C）21　（D）22　（E）23

答案：C

解：设三人的年龄分别为$a,a+d,a+2d$，由题意得$20d=a+d$，所以$a=19d$，从而三人年龄分别为$19d,20d,21d$，所以最大年龄是21岁。

例8　若$a>0,b>0,a,b$的等差中项是1，且$\alpha=a+\frac{1}{b}$，$\beta=b+\frac{1}{a}$，则$\alpha+\beta$的最小值为（　　）。

（A）2　（B）3　（C）4　（D）5　（E）6

答案：C

解：因为a,b的等差中项是1，所以$a+b=2$，故$\alpha+\beta=a+b+\frac{1}{a}+\frac{1}{b}=2+\frac{1}{a}+\frac{1}{b}=2+\left(\frac{1}{a}+\frac{1}{b}\right)\times\frac{1}{2}(a+b)=3+\frac{1}{2}\left(\frac{b}{a}+\frac{a}{b}\right)\geqslant 3+\sqrt{\frac{b}{a}\times\frac{a}{b}}=4$，当且仅当$a=b=1$时取等号。

例9　已知数列$\{a_n\}$的各项为互异的正数，且其倒数构成公差为3的等差数列，则$\frac{a_1-a_n}{a_1a_2+a_2a_3+\cdots+a_{n-1}a_n}=$（　　）。

（A）$\frac{1}{6}$　（B）$\frac{1}{3}$　（C）3　（D）6　（E）1

答案：C

解1：由题意得$\frac{1}{a_n}-\frac{1}{a_{n-1}}=3(n\geqslant 2,n\in N^*)$，故$a_{n-1}-a_n=3a_{n-1}a_n$，所以$a_{n-1}a_n=$

$\frac{a_{n-1}-a_n}{3}$，从而$\frac{a_1-a_n}{a_1a_2+a_2a_3+\cdots+a_{n-1}a_n}=\frac{a_1-a_n}{\frac{a_1-a_2}{3}+\frac{a_2-a_3}{3}+\cdots+\frac{a_{n-1}-a_n}{3}}=3\frac{a_1-a_n}{a_1-a_n}=3$。

解2：特殊值法。当$n=2$时，由题意知$\frac{a_1-a_2}{a_1a_2}=\frac{1}{a_2}-\frac{1}{a_1}=3$。

例10　设$\{a_n\}$是等差数列，从$\{a_1,a_2,a_3,\cdots,a_{2020}\}$中任取3个不同的数，使这三个数仍成等差数列，则这样不同的等差数列最多有（　　）个。

（A）2038180　（B）1011010　（C）2020　（D）1010^2　（E）2020^2

答案：A

解：设选出的三项为a_r,a_s,a_t，且a_s是等差中项，所以$r+t=2s$，故r,t奇偶性相同。另外，只要选定奇偶性相同的r,t，则s是其平均数即可构成等差数列，故只要确定r,t即可。因为$\{a_1,a_2,a_3,\cdots,a_{2020}\}$共有2020项，其中下标为奇数和偶数的各有1010项，因此可以从1010个偶数中选2个做r,t或从1010个奇数中选2个做r,t，选出后r,t可以调换顺序。所以共$2\times2\times C_{1010}^2=2038180$种。

例11　已知两个等差数列$\{a_n\},\{b_n\}$，前n项和分别是A_n,B_n，且满足$\frac{A_n}{B_n}=\frac{2n+1}{3n+2}$，则$\frac{a_6}{b_6}=$（　　）。

（A）$\frac{13}{20}$　（B）$\frac{23}{35}$　（C）$\frac{25}{38}$　（D）$\frac{27}{47}$　（E）$\frac{23}{20}$

答案：B

解：由题意得$\frac{a_6}{b_6}=\frac{11a_6}{11b_6}=\frac{A_{11}}{B_{11}}=\frac{2\times11+1}{3\times11+2}=\frac{23}{35}$。

例12（2014-10-7）等差数列$\{a_n\}$的前n项和为S_n，已知$S_3=3,S_6=24$，则此等差数列的公差d等于（　　）。

（A）3　（B）2　（C）1　（D）$\frac{1}{2}$　（E）$\frac{1}{3}$

答案：B

解1：由$S_n=na_1+\frac{n(n-1)}{2}d$得$\begin{cases}3a_1+\frac{3(3-1)}{2}d=3\\6a_1+\frac{6(6-1)}{2}d=24\end{cases}$，解得$\begin{cases}a_1=-1\\d=2\end{cases}$。

解2：因为$\{a_n\}$是等差数列，所以$S_n, S_{2n}-S_n, S_{3n}-S_{2n}$是公差为$n^2d$的等差数列，故$S_3, S_6-S_3, S_9-S_6$是公差为$9d$的等差数列，所以$9d=(S_6-S_3)-S_3=18$，所以$d=2$。

例13 设$\{a_n\}$和$\{b_n\}$都是等差数列，前n项和分别为S_n和T_n，若$a_1+a_7+a_{13}=6$，$b_1+b_3+b_9+b_{11}=12$，则$\frac{S_{13}}{T_{11}}$的值为（　　）。

（A）$\frac{26}{33}$　（B）$\frac{2}{3}$　（C）$\frac{13}{22}$　（D）$\frac{13}{11}$　（E）$\frac{13}{33}$

答案：A

解：由等差数列的性质可得$a_1+a_7+a_{13}=3a_7=6$，故$a_7=2$。又因为$b_1+b_3+b_9+b_{11}=(b_1+b_{11})+(b_3+b_9)=4b_6=12$，故$b_6=3$。所以$S_{13}=13a_7=26, T_{11}=11a_6=11\times3=33$，所以$\frac{S_{13}}{T_{11}}=\frac{26}{33}$。

例14（2009-1-25）数列$\{a_n\}$的前n项和S_n与数列$\{b_n\}$的前n项和T_n满足$S_{19}:T_{19}=3:2$。

（1）$\{a_n\}$和$\{b_n\}$是等差数列　（2）$a_{10}:b_{10}=3:2$

答案：C

解：由条件（1），设$a_n=1, b_n=1$，则$S_{19}:T_{19}=1:1$，所以条件（1）不充分；由于条件（2）只陈述两个数列第10项的关系，其他项的关系未知，容易举出反例，比如$a_1=a_2=\cdots=a_9=0, a_{10}=3, b_1=b_2=\cdots=b_9=1, b_{10}=2$即为反例，所以条件（2）也不充分。联合条件（1）、（2），根据两个等差数列对应项的比值性质得$\frac{a_{10}}{b_{10}}=\frac{S_{19}}{T_{19}}=\frac{3}{2}$，所以联合成立。

例15（2015-1-23）设$\{a_n\}$是等差数列，则能确定数列$\{a_n\}$。

（1）$a_1+a_6=0$　（2）$a_1a_6=-1$

答案：E

解：等差数列的通项公式由首项和公差两个参数确定，但两个条件均无法唯一确定首项和公差，所以都不充分。联合条件（1）、（2），则$\begin{cases}a_1+a_6=0\\a_1a_6=-1\end{cases}$，解得$\begin{cases}a_1=1\\a_6=-1\end{cases}$或者$\begin{cases}a_1=-1\\a_6=1\end{cases}$，也无法唯一确定首项和公差，不充分。

题型三：等差数列前n项和性质及计算

例16（2011-10-9）若等差数列$\{a_n\}$满足$5a_7-a_3-12=0$，则$\sum_{k=1}^{15}a_k=$（　　）。

（A）15　（B）24　（C）30　（D）45　（E）60

答案：D

解1：由题意得$5(a_8-d)-(a_8-5d)-12=0$，故$a_8=3$，从而$\sum\limits_{k=1}^{15}a_k=S_{15}=15a_8=45$。

解2：特殊值法。观察可知，令$a_n=3$满足题意，故$S_{15}=45$。

例17（2011-1-25）已知$\{a_n\}$为等差数列，则该数列的公差为零。

（1）对任何正整数n，都有$a_1+a_2+\cdots+a_n\leqslant n$

（2）$a_2\geqslant a_1$

答案：C

解：条件（1），令$a_1=-1,d=-1$，则对任何正整数n，都有$S_n=a_1+a_2+\cdots+a_n<0\leqslant n$，此为反例，不充分。条件（2），由$a_2\geqslant a_1$得$d\geqslant 0$，无法保证$d=0$，不充分。联合条件（1）、（2），$S_n=\frac{d}{2}n^2+\left(a_1-\frac{d}{2}\right)n\leqslant n$，所以$\frac{d}{2}n\leqslant\frac{d}{2}-a_1+1$对任何正整数$n$都成立，所以必有$d=0$。

注：若等差数列的公差$d>0$，则其前n项和S_n的图像是开口向上的抛物线，不可能处在任何一条直线的下方，故不可能$S_n\leqslant n$。

例18　已知一个有限项的等差数列$\{a_n\}$，前4项的和是20，最后4项的和是40，所有项的和是210，则此数列的项数为（　　）。

（A）14　（B）15　（C）28　（D）30　（E）32

答案：C

解：由题意知$a_1+a_2+a_3+a_4=20$，$a_{n-3}+a_{n-2}+a_{n-1}+a_n=40$，两式相加得$a_1+a_2+a_3+a_4+a_{n-3}+a_{n-2}+a_{n-1}+a_n=4(a_1+a_n)=60$，所以$a_1+a_n=15$，所以$S_n=\frac{n\times(a_1+a_n)}{2}=\frac{15n}{2}=210$，解得$n=28$。

例19（2009-10-22）等差数列$\{a_n\}$的前18项的和$S_{18}=\frac{19}{2}$。

（1）$a_3=\frac{1}{6},a_6=\frac{1}{3}$　（2）$a_3=\frac{1}{4},a_6=\frac{1}{2}$

答案：A

解：设等差数列首项为a_1，公差为d。欲使$S_{18}=\frac{(a_1+a_1+17d)\times 18}{2}=\frac{19}{2}$，只要$18(2a_1+17d)=19$即可。由条件（1）知$\begin{cases}a_1+2d=\frac{1}{6}\\a_1+5d=\frac{1}{3}\end{cases}$，解得$d=\frac{1}{18},a_1=\frac{1}{18}$，从而$18(2a_1+17d)=19$，条件（1）充分。由条件（2）知$\begin{cases}a_1+2d=\frac{1}{4}\\a_1+5d=\frac{1}{2}\end{cases}$，解得$d=\frac{1}{12},a_1=\frac{1}{12}$，从而$18(2a_1+17d)\neq 19$，条件（2）不充分。

例20（2018–17）设$\{a_n\}$为等差数列，则能确定$a_1+a_2+\cdots+a_9$的值。

（1）已知a_1的值　（2）已知a_5的值

答案：B

解：条件（1），已知a_1的值，因为公差未知，所以无法确定a_5，所以不能确定$a_1+a_2+\cdots+a_9$的值，所以（1）不充分。条件（2），因为前9项的均值是第五项，所以$a_1+a_2+\cdots+a_9=9a_5$是确定的，条件（2）充分。

例21（2019–25）设数列$\{a_n\}$的前n项和为S_n，则数列$\{a_n\}$是等差数列。

（1）$S_n=n^2+2n,n=1,2,3\cdots$　（2）$S_n=n^2+2n+1,n=1,2,3\cdots$

答案：A

解：数列$\{a_n\}$是等差数的充分必要条件是其前n项和S_n是不含常数的一元二次函数，故条件（1）充分，条件（2）不充分。

例22　某大剧场共有1150个座位，后排比前排多2个座位，则该剧场座位的排数可确定。

（1）各排座位数的中位数为46　（2）第一排有22个座位

答案：D

解：各排座位数形成了公差为2的等差数列，而等差数的中位数是所有项的平均数，所以由条件（1）知共有$\frac{1150}{46}=25$排。由条件（2）知$a_1=22,d=2$，所以$1150=22n+\frac{n(n-1)}{2}\times 2=22n+n(n-1)$，解得$n=25$，$n=-46$（舍去），充分。

例23（2022-24）已知正项数列$\{a_n\}$，则$\{a_n\}$为等差数列。

（1）$a_{n+1}^2 - a_n^2 = 2n, n = 1,2\cdots$ （2）$a_1 + a_3 = 2a_2$

答案：C

解：条件（1），$a_{n+1}^2 - a_n^2 = 2n, n = 1,2,\cdots, a_2^2 - a_1^2 = 2\times 1$，$a_3^2 - a_2^2 = 2\times 2,\cdots, a_n^2 - a_{n-1}^2 = 2\times(n-1)$，累加得：$(a_2^2 - a_1^2)+(a_3^2 - a_2^2)+\cdots+(a_n^2 - a_{n-1}^2) = 2\times 1 + 2\times 2 + \cdots + 2(n-1)$，即$a_n^2 - a_1^2 = 2\times[1+2+3+\cdots+(n-1)]$，所以$a_n^2 = a_1^2 + n^2 - n = \left(n - \frac{1}{2}\right)^2 + a_1^2 - \frac{1}{4}$。因为等差数列可表示为$a_n = kn + b$，所以只有$a_1^2 - \frac{1}{4} = 0$，即$a_1 = \frac{1}{2}$时，$a_n = n - \frac{1}{2}$，此时$\{a_n\}$才为等差数列，若$a_1 \neq \frac{1}{2}$时，$\{a_n\}$就不是等差数列。例如，令$a_1 = 0$，$a_2 = \sqrt{2}$，$a_3 = \sqrt{6}$即为反例，所以条件（1）不充分。条件（2）只有前三项的关系，不充分。考察联合情况，由条件（2）知$a_3 - a_2 = a_2 - a_1$，由条件（1）得$a_3^2 - a_2^2 = 4, a_2^2 - a_1^2 = 2$，所以$a_3^2 - a_2^2 = (a_3 + a_2)(a_3 - a_2) = 4$，$a_2^2 - a_1^2 = (a_2 + a_1)(a_2 - a_1) = 2$，两式相除得$\frac{a_3 + a_2}{a_2 + a_1} = 2$，即$a_3 + a_2 = 2a_2 + 2a_1$，联立$a_1 + a_3 = 2a_2$得$a_2 = 3a_1$，代入$a_2^2 - a_1^2 = (a_2 + a_1)(a_2 - a_1) = 2$得$a_1 = \frac{1}{2}, a_2 = \frac{3}{2}, a_3 = \frac{5}{2}$。因为$a_1 = \frac{1}{2}$，由条件（1）的推导可知$a_n = n - \frac{1}{2}$，所以$\{a_n\}$是等差数列。

题型四：等差数列前n项和S_n的最值

例24 等差数列$\{a_n\}$的前n项和为S_n，则S_6是S_n的最大值。

（1）$a_1 < 0, d > 0$ （2）$a_1 = 23, d = -4$

答案：B

解1：条件（1），$a_1 < 0, d > 0$，此时S_n无最大值；条件（2），由$a_1 = 23, d = -4$得$a_6 = 3 > 0$，而$a_7 < 0$，故S_6是S_n的最大值。

解2：$S_n = \frac{d}{2}n^2 + \left(a_1 - \frac{d}{2}\right)n$，对称轴为$n = \frac{1}{2} - \frac{a_1}{d}$。条件（1），$d > 0$，所以$S_n$没有最大值；条件（2），对称轴为$n = \frac{1}{2} - \frac{a_1}{d} = \frac{25}{4}$，故$n = 6$时达到最大值。

例25（2015-1-20）已知$\{a_n\}$是公差大于零的等差数列，S_n是$\{a_n\}$的前n项和，则$S_n \geqslant S_{10}, n=1,2,\cdots$。

（1）$a_{10}=0$　（2）$a_{11}a_{10}<0$

答案：D

解：S_N是等差数列前n项和S_n的最小值的充要条件为$a_1 \leqslant a_2 \leqslant \cdots \leqslant a_N \leqslant 0 \leqslant a_{N+1} \leqslant \cdots$。条件（1），$a_{10}=0, d>0$，所以$a_1<a_2<\cdots<a_9<a_{10}=0$，且$a_n=a_{10}+(n-10)d>0(n>10)$，所以$S_n \geqslant S_{10}$恒成立。条件（2），由$a_{11}a_{10}<0$得$a_{10}$与$a_{11}$异号，又因为公差为正，所以$a_{10}<0, a_{11}>0$，由（1）的推导知$S_n \geqslant S_{10}$恒成立。

例26（2020-5）若等差数列$\{a_n\}$满足$a_1=8$且$a_2+a_4=a_1$，则$\{a_n\}$前n项和的最大值为（　　）。

（A）16　（B）17　（C）18　（D）19　（E）20

答案：E

解1：由$a_2+a_4=2a_3=8$得$a_3=4$，从而$d=\dfrac{a_3-a_1}{3-1}=-2$，所以数列$\{a_n\}$单调递减，又因为$a_5=a_3+2d=0$，所以$n$项和的最大值为$S_5=5a_3=20$。

解2：由$a_2+a_4=2a_3=8$得$a_3=4$，从而$d=\dfrac{a_3-a_1}{3-1}=-2$，故$S_n$的对称轴为$n=\dfrac{1}{2}-\dfrac{a_1}{d}=4.5$，所以$S_n$的最大值为$S_4=S_5=5a_3=20$。

例27　等差数列$\{a_n\}$的公差为2，前n项和为S_n，若$a_m=5$，则S_m的最大值为（　　）。

（A）3　（B）6　（C）9　（D）12　（E）15

答案：C

解1：因为$d=2$，$a_m=5$，所以$a_1+2(m-1)=5$，故$a_1=7-2m$，从而$S_m=ma_1+\dfrac{m(m-1)}{2}\times 2=m(7-2m)+m(m-1)=-m^2+6m=-(m-3)^2+9$。所以，当$m=3$时，$S_m$的最大值为9。

解2：$S_m=ma_{\frac{m+1}{2}}=m\left[a_m+\left(\dfrac{m+1}{2}-m\right)d\right]=m(6-m)$，其对称轴为$m=3$，故当$m=3$时，$S_m$的最大值为9。

例28　已知等差数列$\{a_n\}$的前n项和为S_n，若$S_{2021}<0,S_{2022}>0$，则当S_n最小时，n的值为（　　）。

（A）1010　（B）1011　（C）1012　（D）2021　（E）2022

答案：B

解：因为$S_{2021}<0,S_{2022}>0$，所以$S_{2021}=\frac{2021(a_1+a_{2021})}{2}=2021a_{1011}<0$，$S_{2022}=1011(a_1+a_{2022})=1011(a_{1011}+a_{1012})>0$，故$a_{1011}<0$，$a_{1011}+a_{1012}>0$，所以$a_{1011}<0,a_{1012}>0$。所以当$S_n$最小时，$n$的值为1011。

例29　已知数列$\{a_n\}$是等差数列，若$a_9+a_{12}>0,a_{10}\cdot a_{11}<0$，且数列$\{a_n\}$的前$n$项和$S_n$有最大值，那么当$S_n>0$时，$n$的最大值为（　　）。

（A）10　（B）11　（C）20　（D）21　（E）25

答案：C

解：因为$a_9+a_{12}=a_{11}+a_{10}>0$，且$a_{10}\cdot a_{11}<0$，所以$a_{10}$和$a_{11}$异号。又因为数列$\{a_n\}$的前$n$项和$S_n$有最大值，所以$\{a_n\}$单调递减，从而$a_{10}>0$，$a_{11}<0$，所以$S_{21}=\frac{21\times(a_1+a_{21})}{2}=21a_{11}<0$，$S_{20}=\frac{20\times(a_1+a_{20})}{2}=10(a_9+a_{12})>0$，所以当$S_n>0$时，$n$的最大值为20。

例30　设S_n是等差数列$\{a_n\}$的前n项和，$a_2=-7$，$S_5=2a_1$，当$|S_n|$取得最小值时，n=（　　）。

（A）10　（B）9　（C）8　（D）7　（E）6

答案：C

解：因为等差数列$\{a_n\}$中，$a_2=-7$，$S_5=2a_1$，所以$\begin{cases}a_1+d=-7\\5a_1+10d=2a_1\end{cases}$，解得$a_1=-10$，$d=3$，所以$S_n=-10n+\frac{n(n-1)}{2}\times 3=\frac{3n^2-23n}{2}$。因为$f(x)=\frac{1}{2}(3x^2-23x)$的零点为$x=0$，$x=\frac{23}{3}$，所以$|f(x)|$的最小值是靠近零点处的函数值（数形结合），又$|S_1|=10$，$|S_7|=7$，$|S_8|=4$，当$n=8$时，$|S_n|$取得最小值。

第二节 等比数列

一、等比数列

（一）等比数列的定义

若数列$\{a_n\}$从第2项起满足$\frac{a_{n+1}}{a_n}=q$（$n\geqslant 1,n\in N,q$为非零常数），则称$\{a_n\}$为等比数列，常数q称为公比。由定义可知，等比数列中任何一项都不能为零。特别地，如果a,G,b成等比数列，则$G^2=ab$，那么G叫作a与b的等比中项。

（二）通项公式

若等比数列$\{a_n\}$的首项为a_1，公比为q，则其通项公式为$a_n=a_1q^{n-1}$，可推广为$a_n=a_mq^{n-m}$（q为常数，n、$m\in N^*$）。

（三）前n项和

若等比数列$\{a_n\}$的首项为a_1，公比为q，则数列的前n项和为：

$$S_n=\begin{cases}na_1,q=1\\ \frac{a_1(1-q^n)}{1-q}=\frac{a_1-a_nq}{1-q},q\neq 1\end{cases}$$

由$S_n=\frac{a_1(1-q^n)}{1-q}$变形得$S_n=\frac{a_1}{1-q}-\frac{a_1}{1-q}q^n$，令$\frac{a_1}{1-q}=A$，则$S_n=A-Aq^n$的形式，即等比数列前$n$项和的形式为$S_n=A+Bq^n$，其中$A+B=0$，反之亦然。可以通过$S_n$的形式快速判断数列是不是等比数列。

当$|q|<1$时，无穷等比数列$\{a_n\}$称为无穷递缩等比数列，其所有项的和$S=a_1+a_2+\cdots+a_n+\cdots=\lim\limits_{n\to\infty}\frac{a_1(1-q^n)}{1-q}=\frac{a_1}{1-q}$。

（四）单调性

若等比数列$\{a_n\}$的首项为a_1，公比为q。当$q>0$时$\{a_n\}$是单调的，当$a_1>0,q>1$或$a_1<0,0<q<1$时，$\{a_n\}$递增；当$a_1>0,0<q<1$或$a_1<0,q>1$时，$\{a_n\}$递减；公比$q=1$

时，数列为常数列；公比$q<0$，数列为交错数列，不具备单调性。

二、等比数列的性质

（1）若$\{a_n\}$是等比数列，则下标成等差数列的各项组成的子列也是等比数列。例如，等比数列$\{a_n\}$的首项为a_1，公比为q，则$a_5,a_8,a_{11},\cdots$的下标是公差为3的等差数列，所以$a_5,a_8,a_{11},\cdots$是公比为q^3的等比数列。

（2）若$\{a_n\}$为等比数列，且$m+n=p+q(m,n,p,q\in N^+)$，则$a_m\cdot a_n=a_p\cdot a_q$。特别地，当$p=q$时，$a_m\cdot a_n=(a_p)^2$，此时$a_p$是$a_m$和$a_n$的等比中项。

该结论可推广到多项之积，只要满足两个条件：一是项数相同，二是脚标之和相等。比如：$a_2\cdot a_8\cdot a_{12}=a_4\cdot a_7\cdot a_{11}\neq a_6\cdot a_{16}$。

（3）若$\{a_n\},\{b_n\}$为等比数列，则$\{ka_n\},\{(a_n)^k\},\{a_nb_n\},\left\{\frac{1}{a_n}\right\},|a_n|,\left\{\frac{a_n}{b_n}\right\}$（$k\neq 0,k$为常数）也成等比数列。

（4）若$\{a_n\}$是等比数列，则$S_n,S_{2n}-S_n,S_{3n}-S_{2n}$也是等比数列，且其公比为$q^n$。

（5）既是等差数列又是等比数列的数列一定是非0常数列。

（6）等差数列取指数得等比数列，取指数成为等比数列的数列必为等差数列，即a,b,c是等差数列的充分必要条件是$m^a,m^b,m^c(m>0,m\neq 1)$等比数列。取对数成为等差数列的数列必为等比数列，即a,b,c是等比数列的充分必要条件是$\ln a,\ln b,\ln c$为等差数列。

题型归纳与方法技巧

题型一：等比数列通项公式及性质

例1 把一根细长绳子对折7次，然后从中间截断，则绳子变成了（　　）段。

（A）12　（B）35　（C）128　（D）129　（E）257

答案：D

解：观察发现，对折一次之后截断，如果在截痕处标记一下然后再展开，则有2个截痕，共截成3段。同理可知，对折7层次后共128层，从中间截断的话，共有128个截痕，从而截成129段。

例2（2010-1-4）表格中每行数字成等差数列，每列数字成等比数列，则$x+y+z=$（　　）。

（A）2　（B）$\frac{5}{2}$　（C）3　（D）$\frac{7}{2}$　（E）4

答案：A

解：观察第二行，$x,\frac{5}{4},\frac{3}{2}$为等差数列，所以$x=1$；观察第二列，$\frac{5}{2},\frac{5}{4},y$为等比数列，所以$y=\frac{5}{8}$；观察第三列，$\frac{3}{2},\frac{3}{4},z$为等比数列，所以$z=\frac{3}{8}$。故$x+y+z=1+\frac{5}{8}+\frac{3}{8}=2$。

2	$\frac{5}{2}$	3
x	$\frac{5}{4}$	$\frac{3}{2}$
a	y	$\frac{3}{4}$
b	c	z

例3　实数a,b,c成等比数列。

（1）关于x的一元二次方程$ax^2-2bx+c=0$有两个相等的实根

（2）$\ln a,\ln b,\ln c$成等差数列

答案：B

解：由条件（1）知，$\Delta=(-2b)^2-4ac=0$，所以$b^2=ac$，但是当b或c为0时，虽然一元二次方程$ax^2-2bx+c=0$有两个相等的实根，但是a,b,c不构成等比数列，不充分；条件（2），$2\ln b=\ln a+\ln c$，所以$\ln b^2=\ln a+\ln c$，故$b^2=ac$。又由对数函数定义域知a,b,c都是正数，故a,b,c构成等比数列。

例4（2011-1-16）实数a,b,c成等差数列。

（1）e^a,e^b,e^c成等比数列　（2）$\ln a,\ln b,\ln c$成等差数列

答案：A

解：由条件（1），$(e^b)^2=e^a\cdot e^c$，所以$e^{2b}=e^{a+c}$，故$2b=a+c$，充分；由条件（2）得$2\ln b=\ln a+\ln c$，故$\ln b^2=\ln ac$，所以$b^2=ac$，又由对数函数定义域知a,b,c均为正数，所以a,b,c成等比数列，不充分。

例5（2012-1-17）数列$\{a_n\},\{b_n\}$分别为等比数列与等差数列，$a_1=b_1=1$，则$b_2\geqslant a_2$。

（1）$a_2>0$　（2）$a_{10}=b_{10}$

答案：C

解：条件（1），当$a_2>0$时，构造反例。令$a_n=n,b_n=1$，满足条件（1）但不满足题干要求，不充分；条件（2），因为$a_{10}=a_1q^9=q^9,b_{10}=b_1+9d=1+9d$，所以$1+9d=q^9$。令$q=-2$，则$d=\frac{q^9-1}{9}=-\frac{513}{9}$，此时$a_2=a_1q=-2$，$b_2=1+d=1-\frac{513}{9}=-\frac{504}{9}$，所以$b_2<a_2$，不充分。联合条件（1）、（2），由（2）知$1+9d=q^9$，所以$d=\frac{q^9-1}{9}$，由（1）知$a_2=a_1q=q>0$，所以$b_2=1+d=1+\frac{q^9-1}{9}=\frac{q^9+8}{9}=\frac{q^9+1+1+\cdots+1}{9}\geqslant\sqrt[9]{q^9}=q=a_2$。

例6（2014-1-18）甲、乙、丙三人的年龄相同。

（1）甲、乙、丙三人的年龄成等差数列　（2）甲、乙、丙三人的年龄成等比数列

答案：C

解：易知条件（1）和条件（2）单独都不充分，联合条件（1），（2），则甲、乙、丙的年龄既成等差数列又成等比数列，所以是非0常数列，所以三人年龄相同。

例7（2014-10-21）等比数列$\{a_n\}$满足$a_2+a_4=20$，则$a_3+a_5=40$。

（1）公比$q=2$　（2）$a_1+a_3=10$

答案：D

解：由条件（1）知，$a_3+a_5=q(a_2+a_4)=40$，充分。条件（2），$\frac{a_2+a_4}{a_1+a_3}=\frac{(a_1+a_3)q}{a_1+a_3}=q=2$，由条件（1）的推导可知其充分。

例8（2017-25）设a,b是两个不相等的实数，则函数$f(x)=x^2+2ax+b$的最小值小于零。

（1）$1,a,b$成等差数列　（2）$1,a,b$成等比数列

答案：A

解：易知$f(x)$的最小值是$\frac{4b-(2a)^2}{4\times 1}=b-a^2$。条件（1），$1,a,b$成等差数列，所以$2a=b+1$，所以$b-a^2=2a-1-a^2=-(a-1)^2\leqslant 0$。又因为$a\neq b$，所以等差数列$1,a,b$

的公差不为0，所以$a \neq 1$，所以$b - a^2 = -(a-1)^2 < 0$，充分。条件（2），$b = a^2$，所以$b - a^2 = 0$，不充分。

例9（2019-16）甲、乙、丙三人各自拥有不超过10本图书，甲再购入2本图书后，他们拥有图书的数量能构成等比数列，则能确定甲拥有图书的数量。

（1）已知乙拥有图书的数量　（2）已知丙拥有图书的数量

答案：C

解：条件（1），若乙的图书量为4，则甲购入2本书之后的图书量可能是4或8，构成4、4、4或8、4、2两个等比数列，不充分。条件（2），若丙拥有图书数量为9，则甲买入2本之后的图书馆量可能是4或9，构成4、6、9或9、9、9两个等比数列，不充分。联合条件（1）与（2），分别设甲、乙、丙的图书数量为a,b,c，根据题意得$b^2 = (a+2)c$，因为b,c已知，所以可确定a的值。

例10（2021-24）已知数列$\{a_n\}$，则数列$\{a_n\}$为等比数列。

（1）$a_n a_{n+1} > 0$　（2）$a_{n+1}^2 - 2a_n^2 - a_n a_{n+1} = 0$

答案：C

解：条件（1），只能断定数列各项同号，不能确定数列是等比数列，不充分。条件（2），由$a_{n+1}^2 - 2a_n^2 - a_n a_{n+1} = 0$得$(a_{n+1} + a_n)(a_{n+1} - 2a_n) = 0$，故$a_{n+1} = -a_n$或$a_{n+1} = 2a_n$，但无法保证数列各项非0，所以不能确定数列为等比数列，不充分。联合条件（1）和条件（2），由条件（1）知数列各项同号，所以$a_{n+1} - 2a_n = 0$，故$\frac{a_{n+1}}{a_n} = 2$，从而$\{a_n\}$是公比为2的等比数列。

例11（2021-25）给定两个直角三角形，则这两个直角三角形相似。

（1）每个直角三角形的边长成等比数列　（2）每个直角三角形的边长为等差数列

答案：D

解：条件（1），假设三个直角边的边长分别为a_1、$a_1 q$、$a_1 q^2$，根据勾股定理可得：$a_1^2 + (a_1 q)^2 = (a_1 q^2)^2$，解得$q = \sqrt{\frac{1+\sqrt{5}}{2}}$，故三角形三条边之间的比例固定，所以这两个三角形相似；条件（2），假设三个直角边的边长分别为a_1、$a_1 + d$、$a_1 + 2d$，根据勾股定理可得：$a_1^2 + (a_1 + d)^2 = (a_1 + 2d)^2$，解得$a_1 = 3d$，故三角形三条件之间的比例为$3:4:5$，所以这两个三角形相似且都是直角三角形。

例12（2022-21）某直角三角形的三边长a,b,c成等比数列，则能确定公比的值。

（1）a是直角边　（2）c是斜边

答案：D

解：直角三角形三边长成等比数列，其公比$q\neq 1$。若a是直边，如果$q<1$，则$b<a,c<a$，而b,c之一为斜边，要么$b>a$，要么$c>a$，矛盾，所以$q>1$，从而c是斜边。同理，若c是斜边，则a是直边。说明两个条件等价。条件（1），因为c是斜边，所以$a^2+b^2=c^2$，又因为a,b,c成等比数列，所以$b^2=ac$，所以$a^2+ac=c^2$。同除以a^2得$1+\frac{c}{a}=\left(\frac{c}{a}\right)^2$，设公比为$q$，则$\frac{c}{a}=q^2$，故$1+q^2=q^4$，令$q^2=t$，得$t^2-t-1=0$，解得$t=\frac{1\pm\sqrt{5}}{2}$，因为$t>0$，故$t=\frac{1+\sqrt{5}}{2}=q^2$，从而由$q>0$得$q=\sqrt{\frac{1+\sqrt{5}}{2}}$，故公比$q$可以唯一确定，充分。条件（2）与条件（1）等价，也充分。

例13（2022-23）已知a,b为实数，则能确定$\frac{a}{b}$的值。

（1）$a,b,(a+b)$为等比数列　（2）$a(a+b)>0$

答案：E

解：条件（1），$b^2=a(a+b)$。设$\frac{a}{b}=k$，则$k^2+k-1=0$，解得$k=\frac{-1\pm\sqrt{5}}{2}$，不充分。又因为任意正数$a,b$都满足条件（2），所以条件（2）单独不充分。考察联合情况，因为$a,b,(a+b)$为等比数列，所以$a\neq 0,b\neq 0$，由$a(a+b)>0$得$a^2+ab>0$，两端同除以b^2得$\left(\frac{a}{b}\right)^2+\frac{a}{b}=\frac{a}{b}\left(\frac{a}{b}+1\right)>0$，解得$\frac{a}{b}>0$或$\frac{a}{b}<-1$。由$a^2+ab-b^2=0$得$\left(\frac{a}{b}\right)^2+\frac{a}{b}-1=0$，所以$\frac{a}{b}=\frac{-1\pm\sqrt{5}}{2}$，仍然满足$\frac{a}{b}>0$或$\frac{a}{b}<-1$的要求，仍然得两个解，所以不充分。

题型二：等比数列性质及求和

例14（2009-10-10）一个球从100米高处自由落下，每次着地后又跳回前一次高度的一半再落下，当它第10次着地时，共经过的路程是（　　）米（精确到1米且不计任何阻力）。

（A）300　（B）250　（C）200　（D）150　（E）100

答案：A

解：所求路程$S=100+2\times50+2\times25+\cdots+2\times\frac{50}{2^8}=100+100\left[1+\frac{1}{2}+\frac{1}{2^2}+\cdots+\frac{1}{2^8}\right]=$
$100+200\left(1-\frac{1}{2^9}\right)\approx300$。

技巧：易知前3次行程之和是250米，所以排除B、C、D、E，选A。

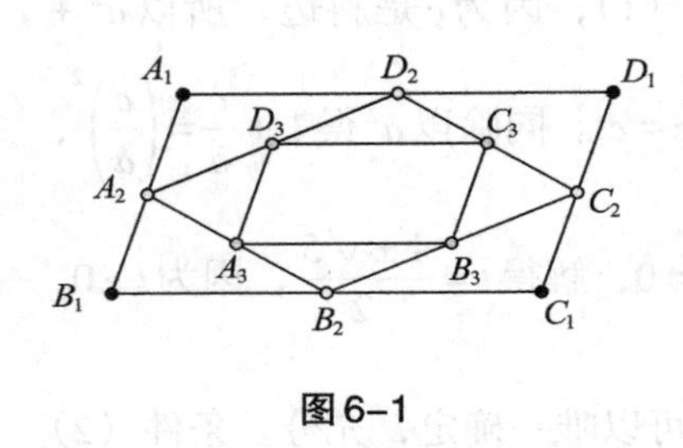

图6–1

例15（2018–7）如图6–1所示，四边形$A_1B_1C_1D_1$是平行四边形，A_2,B_2,C_2,D_2分别是$A_1B_1C_1D_1$四边的中点，A_3,B_3,C_3,D_3分别是四边形$A_2B_2C_2D_2$的中点，依次下去，得到四边形序列$A_nB_nC_nD_n(n=1,2,3,\cdots)$，设$A_nB_nC_nD_n$的面积为$S_n$，且$S_1=12$，则$S_1+S_2+S_3+\cdots=$（　　）。

（A）16　（B）20　（C）24　（D）28　（E）30

答案：C

解：由中点四边形结论知，$A_nB_nC_nD_n$是平行四边形且其面积是$A_{n-1}B_{n-1}C_{n-1}D_{n-1}(n\in N^*,n>1)$面积的一半，所以四边形序列$A_nB_nC_nD_n$的面积构成首项为12、公比为$\frac{1}{2}$的等比数列，所以由无穷递缩等比数列求和公式知，所有项的和为24。

例16　设等比数列$\{a_n\}$的前n项和为S_n，若$S_2=3$，$S_6=21$，则$\frac{S_8}{S_4}=$（　　）。

（A）$\frac{8}{3}$　（B）$\frac{13}{3}$　（C）5　（D）7　（E）6

答案：C

解：因为等比数列$\{a_n\}$中，$S_2=3$，$S_6=21$，所以$q\neq1$，故$\begin{cases}\frac{a_1(1-q^2)}{1-q}=3\\ \frac{a_1(1-q^6)}{1-q}=21\end{cases}$，解得$q^2=2$，从而$\frac{S_8}{S_4}=\frac{1-q^8}{1-q^4}=1+q^4=5$。

例17　等比数列$\{a_n\}$的前n项和为2，紧接在后面的$2n$项和为12，再紧接在后面的$3n$项和为S，则$S=$（　　）。

（A）112　（B）112或−378　（C）−112或378　（D）−378　（E）−112或−378

答案：B

解：显然，数列a_n的公比$q\neq1$，由题意知$S_n=a_1\frac{1-q^n}{1-q}=2, S_{3n}=a_1\frac{1-q^{3n}}{1-q}=14, S_{6n}=a_1\frac{1-q^{6n}}{1-q}=14+S$，令$p=q^n$，则$\frac{S_{3n}}{S_n}=\frac{1-p^3}{1-p}=1+p+p^2=\frac{14}{2}$，解得$p=2$或$p=-3$，所以$\frac{S_{6n}}{S_{3n}}=\frac{1-p^6}{1-p^3}=\frac{14+S}{14}=9$或$-26$，解得$S=112$或$-378$。

例 18　已知等比数列$\{a_n\}$的前n项和为$S_n=a\cdot2^n+b-1$，则4^a+4^b的最小值为（　）。

（A）2　（B）$2\sqrt{2}$　（C）4　（D）5　（E）6

答案：C

解：根据题意，等比数列$\{a_n\}$的前n项和为$S_n=a\cdot2^n+b-1$，则$a_1=S_1=2a+b-1$，$a_2=S_2-S_1=2a$，$a_3=S_3-S_2=4a$，所以公比$q=2$，从而$a+b=1$。所以$4^a+4^b=4^a+4^{1-a}=4^a+\frac{4}{4^a}\geqslant2\sqrt{4^a\times\frac{4}{4^a}}=4$，当且仅当$a=b$时等号成立，故$4^a+4^b$的最小值为4。

例 19　数列$\{a_n^2\}$的前n项和$S_n=\frac{1}{3}(4^n-1)$。

（1）数列$\{a_n\}$成等比数列，公比$q=2$，首项$a_1=1$

（2）数列$\{a_n\}$的前项和$S_n=2^n-1$

答案：D

解：条件（1），$a_n=2^{n-1}$，所以$a_n^2=(2^{n-1})^2=4^{n-1}$，故$\{a_n^2\}$是以1为首项、4为公比的等比数列，所以$a_1^2+a_2^2+\cdots+a_n^2=\frac{1}{3}(4^n-1)$。条件（2），当$n=1$时，$a_1=S_1=1$；当$n\geqslant2$时，$a_n=S_n-S_{n-1}=2^n-1-(2^{n-1}-1)=2^{n-1}$，故$\forall n\in N^*, a_n=2^{n-1}$，由条件（1）推导可知，条件（2）充分。

例 20　等比数列$\{a_n\}$的前n项和为S_n，使$S_n>10^5$的最小的n值为8。

（1）首项$a_1=4$　（2）公比$q=5$

答案：C

解：显然（1）和（2）单独都不充分，联合考察，易知$S_7=\frac{4(1-5^7)}{1-5}=78124<100000$，$S_8=\frac{4(1-5^8)}{1-5}=390625>100000$，所以充分。

题型三：综合题型

例21 四个数，前三个数成等差数列，它们的和为12，后三个数成等比数列，它们的和为19，则这四个数之积为（　　）。

（A）432或−18000　（B）−432或18000　（C）−432或−18000　（D）432或18000

（E）以上都不正确

答案：A

解：由题意知，$a_2=4$，$a_2+a_3+a_4=19$，故$4\left(1+q+q^2\right)=19$，解得$q=\frac{3}{2}$或$-\frac{5}{2}$。当$q=\frac{3}{2}$时，则这四个数为2，4，6，9；当$q=-\frac{5}{2}$，则这四个数为18，4，−10，25。故这四个数的积为432或−18000。

例22 三个数顺序排列成等比数列，其和为114，这三个数依前面的顺序又是某等差数列的第1、4、25项，则此三个数的各位上的数字之和为（　　）。

（A）24　（B）33　（C）24或33　（D）22或33　（E）24或35

答案：C

解：设这三个数为a,aq,aq^2，由题意知$\begin{cases}a+3d=aq\\a+24d=aq^2\end{cases}$，第1个方程乘以8与第2个联立消去$d$得：$q^2-8q+7=0$，解得$q=7$或$q=1$。当$q=7$时，$a+aq+aq^2=114$，解得$a=2$，这三个数为2，14，98，各位数之和为24；当$q=1$时，$a+aq+aq^2=114$，解得$a=38$，这三个数为38，38，38，各位数字之和为33。

例23 已知数列$\{a_n\},\{b_n\}$都是等差数列，数列$\{c_n\}$满足$c_n=a_nb_n(n\in N^*)$，若$c_1=2$，$c_2=6$，$c_3=12$，则$c_8=$（　　）。

（A）28　（B）56　（C）72　（D）90　（E）108

答案：C

解：设$\{a_n\},\{b_n\}$的公差分别为d_1,d_2，则$a_n=d_1n+\left(a_1-d_1\right),b_n=d_2n+\left(b_1-d_2\right)$，所以$c_n=a_nb_n=\left[d_1n+\left(a_1-d_1\right)\right]\left[d_2n+\left(b_1-d_2\right)\right]$，则数列$\{c_n\}$的通项为二次三项式，设$c_n=an^2+bn+c$，因为$c_1=2,c_2=6,c_3=12$，所以$\begin{cases}a+b+c=2\\4a+2b+c=6\\9a+3b+c=12\end{cases}$，解得$a=1,b=1,c=0$，所以$c_n=n^2+n,c_8=64+8=72$。

例 24 设a,x,y,b依次为等差数列，c,x,y,d依次成等比数列，其中$y>x>0$，则有（ ）。

（A）$(a+b)^2=2cd$ （B）$(a+b)^2>4cd$ （C）$(a+b)^2<2cd$

（D）$(a+b)^2<4cd$ （E）$(a+b)^2\geqslant 4cd$

答案：B

解：由题意可知，$x+y=a+b$，$xy=cd$，根据均值不等式可知，$(x+y)^2\geqslant 4xy$，又因为$y>x>0$，所以$(a+b)^2>4cd$。

例 25 若实数a,b,c,d满足$c>0,d<0,a,b,c$成等比数列，b,c,d成等差数列，则（ ）。

（A）$a<0$ （B）$b\leqslant 2c$ （C）$0<a<-8d$ （D）$a\geqslant -8d$ （E）$a>-8d$

答案：D

解：因为a,b,c成等比数列，所以$ac=b^2>0$，又因为$c>0$，所以$a>0$。设a,b,c分别为a,aq,aq^2，则$d=2aq^2-aq$，于是$a+8d=a+16aq^2-8aq=a(1-4q)^2\geqslant 0$，所以$a\geqslant -8d$。

例 26 已知公差不为0的等差数列$\{a_n\}$中，$a_1=4$，且a_1,a_7,a_{10}成等比数列，则其前n项和S_n取得最大值时，n的值为（ ）。

（A）12 （B）13 （C）12或13 （D）13或14 （E）14

答案：C

解：设$\{a_n\}$的公差为d，则$a_n=4+(n-1)d$，$a_7=4+6d$，$a_{10}=4+9d$，又a_1,a_7,a_{10}成等比数列，所以$a_7^2=a_1a_{10}$，即$(6d+4)^2=4(9d+4)$，解得$d=0$（舍）或$d=-\frac{1}{3}$，所以$S_n=\frac{-n^2+25n}{6}$，其对称轴为$n=12.5$，所以当$n=12$或13时，S_n取得最大值。

第三节 其他数列

一、递推数列

递推数列是指由前面的项能推出后面的项的数列，对所有$n>p(n,p\in N^*)$，满足形如$a_n=f(a_{n-1},a_{n-2},\cdots,a_{n-p})$的关系式的数列$\{a_n\}$即为递推数列，其中$f$为某个函数。通俗地说，根据相邻两项或多项的关系定义的数列就是递推列，等差数列和等比数列是就是根据相邻两项之间的关系定义的，也是递推数列。

例1 已知数列$\{a_n\}$满足$a_1=2, a_{n+1}=-\frac{1}{a_n+1}$，则$a_{2001}$等于（ ）。

（A）$-\frac{3}{2}$ （B）$-\frac{1}{3}$ （C）1 （D）2 （E）−2

答案：A

解：因为$a_1=2$且$a_{n+1}=-\frac{1}{a_n+1}$（*），将$n=1$代入（*）式得$a_2=-\frac{1}{2+1}=-\frac{1}{3}$，再将$n=2$代入（*）式得$a_3=-\frac{1}{-\frac{1}{3}+1}=-\frac{3}{2}$，同理得$a_4=-\frac{1}{-\frac{3}{2}+1}=2=a_1$。可见$a_{n+3}=a_n$，所以$a_{2001}=a_{666\times3+3}=a_3=-\frac{3}{2}$。

例2 已知$f(n+1)=\frac{f(n)-1}{f(n)+1}(n\in N^*), f(1)=2$，则$f(2007)=$（ ）。

（A）2 （B）2007 （C）−3 （D）$-\frac{1}{2}$ （E）$\frac{1}{3}$

答案：D

解：将$n=1$代入递推公式得$f(2)=\frac{1}{3}$，再次代入递推公式得$f(3)=-\frac{1}{2}, f(4)=-3$，$f(5)=2$，可见$f(n)$是周期为4的数列，所以$f(2007)=f(2004+3)=f(3)=-\frac{1}{2}$。

例3（2010−10−17）$x_n=1-\frac{1}{2^n}\ (n=1,2,\cdots)$。

（1）$x_1=\frac{1}{2}, x_{n+1}=\frac{1}{2}(1-x_n), (n=1,2,\cdots)$

（2）$x_1=\frac{1}{2}, x_{n+1}=\frac{1}{2}(1+x_n), (n=1,2,\cdots)$

答案：B

解：条件（1），$x_2=\frac{1}{2}(1-x_1)=\frac{1}{2}\left(1-\frac{1}{2}\right)=\frac{1}{4}$，若$x_n=1-\frac{1}{2^n}$，则$x_2=1-\frac{1}{2^2}=\frac{3}{4}$，矛盾，不充分。条件（2），$x_1=\frac{1}{2}, x_2=\frac{1}{2}(1+x_1)=\frac{1}{2}+\left(\frac{1}{2}\right)^2, \cdots, x_n=\frac{1}{2}+\left(\frac{1}{2}\right)^2+\cdots+\frac{1}{2^n}=\frac{\frac{1}{2}\left[1-\left(\frac{1}{2}\right)^n\right]}{1-\frac{1}{2}}=1-\frac{1}{2^n}$，充分。

例4（2011-10-23）已知数列$\{a_n\}$满足$a_{n+1}=\dfrac{a_n+2}{a_n+1}$（$n=1,2,\cdots$），则$a_2=a_3=a_4$。

（1）$a_1=\sqrt{2}$　（2）$a_1=-\sqrt{2}$

答案：D

解：条件（1），$a_2=\dfrac{\sqrt{2}+2}{\sqrt{2}+1}=\dfrac{\sqrt{2}(1+\sqrt{2})}{\sqrt{2}+1}=\sqrt{2}$，同理可得$a_3=a_4=\sqrt{2}$，充分；条件（2），$a_2=\dfrac{-\sqrt{2}+2}{-\sqrt{2}+1}=\dfrac{-\sqrt{2}(1-\sqrt{2})}{-\sqrt{2}+1}=-\sqrt{2}$，同理得$a_3=a_4=-\sqrt{2}$，也充分。

例5（2013-1-25）设$a_1=1,a_2=k,\cdots,a_{n+1}=\left|a_n-a_{n-1}\right|,(n\geqslant 2)$，则$a_{100}+a_{101}+a_{102}=2$。

（1）$k=2$　（2）k是小于20的正整数

答案：D

解：条件（1），数列为：1，2，1，1，0，1，1，0，1，1，0，…，所以第三项开始，每相邻三项和都是2，从而$a_{100}+a_{101}+a_{102}=2$成立，充分。条件（2），数列为$1,k,k-1,1,k-2,k-3,1\cdots,\cdots1,1,0,1,1,0,1,1,0,\cdots$，可见从第1项开始，每相邻3项为一组，每组使得$k$值少2，若$1\leqslant k<20$，则10组之内必使得$k$到2，一旦$k=2$，则根据条件（1）的推导知，某个时刻之后每相邻三项之和为2。因为$k<20$，所以最多30项之后，相邻3项之和必为2，从而$a_{100}+a_{101}+a_{102}=2$成立。条件（2）也充分。

例6（2020-11）已知数列$\{a_n\}$满足$a_1=1,a_2=2$且$a_{n+2}=a_{n+1}-a_n(n=1,2,3,\cdots)$，则$a_{100}=$（　　）。

（A）1　（B）-1　（C）2　（D）-2　（E）0

答案：B

解：由题意得$a_1=1,a_2=2,a_3=1,a_4=-1,a_5=-2,a_6=-1,a_7=1,a_8=2$，所以数列$\{a_n\}$周期为6。因为$100=6\times16+4$，所以$a_{100}=a_4=-1$。

例7　一个楼梯共有10阶，如果每步只能上一级或两级台阶，那么共有（　　）种不同的走法。

（A）10　（B）19　（C）34　（D）55　（E）89

答案：E

解：记登上第n阶的走法数为a_n，则$a_1=1,a_2=2$。要想蹬上第3阶，只有两种情况：

从第一阶直接跨2阶或者从第二阶跨1阶，从而方法总数是去第一阶的方法数与去第二阶的方法数的和，即$a_3=3$，同理可知$a_n=a_{n-1}+a_{n-2},(n\geqslant 3)$，故$a_{10}=89$。

二、类等差数列

形如$a_{n+1}=a_n+f(n)$的数列称为类等差数列，其中$f(n)$是关于n的函数，而且不是常数。该类型中，若$f(n)=d$为常数，就特殊化为等差数列，否则一般可以采取递推法或累加法求通项。

递推法：$a_n=a_{n-1}+f(n-1)=a_{n-2}+f(n-2)+f(n-1)=a_{n-3}+f(n-3)+f(n-2)+f(n-1)=\cdots=a_1+\sum_{i=1}^{n-1}f(n)$，从而把问题转化为数列$f(n)$的求和问题。

累加法：因为$a_{n+1}=a_n+f(n)$对$\forall n\in N^*$均成立，故$a_{n+1}-a_n=f(n)$对$\forall n\in N^*$均成立，所以：$a_2-a_1=f(1),a_3-a_2=f(2),a_4-a_3=f(3),\cdots,a_n-a_{n-1}=f(n-1)$，将各式累加并整理得$a_n-a_1=\sum_{i=1}^{n-1}f(n)$，即$a_n=a_1+\sum_{i=1}^{n-1}f(n)$。

例8（2013-10-8）设数列$\{a_n\}$满足：$a_1=1,a_{n+1}=a_n+\frac{n}{3}(n\geqslant 1)$，则$a_{100}=$（　　）。

（A）1650　（B）1651　（C）$\frac{5050}{3}$　（D）3300　（E）3301

答案：B

解：累加法得$a_{100}=1+\frac{1}{3}+\frac{2}{3}+\cdots+\frac{99}{3}=1+\frac{1}{3}\times\frac{99\times 100}{2}=1651$。

例9　已知数列$\{a_n\}$满足$a_1=\frac{1}{2}$，$\frac{1}{a_{n+1}}=\frac{1}{a_n}+3$，则数列$\{a_na_{n+1}\}$的前100项和为（　　）。

（A）$\frac{25}{151}$　（B）$\frac{17}{1001}$　（C）$\frac{49}{302}$　（D）$\frac{3}{149}$　（E）$\frac{28}{151}$

答案：A

解：因为$\frac{1}{a_{n+1}}=\frac{1}{a_n}+3$，所以数列$\{\frac{1}{a_n}\}$是等差数列，且首项为$\frac{1}{a_1}=2$，公差为3，故$\frac{1}{a_n}=3n-1$，$a_n=\frac{1}{3n-1}$，所以$a_na_{n+1}=\frac{1}{(3n-1)(3n+2)}=\frac{1}{3}\left(\frac{1}{3n-1}-\frac{1}{3n+2}\right)$，所以数列$\{a_na_{n+1}\}$的前100项和$T_n=\frac{1}{3}\left(\frac{1}{2}-\frac{1}{5}\right)+\frac{1}{3}\left(\frac{1}{5}-\frac{1}{8}\right)+\cdots+\frac{1}{3}\left(\frac{1}{299}-\frac{1}{302}\right)=$

$\frac{1}{3}\left(\frac{1}{2}-\frac{1}{302}\right)=\frac{25}{151}$。

三、类等比数列

1. $a_{n+1}=pa_n+q(p\neq 1)$

若$p=1$，则该数列成为等差数列，其他情况一般可以通过待定系数法构造等比数列加以解决。设$a_{n+1}+\mu=p\left(a_n+\mu\right)$，比较得$\mu=\frac{q}{p-1}$，数列$\left\{a_n+\mu\right\}$是以$a_1+\mu$为首项、$p$为公比的等比数列，则$a_n+\frac{q}{p-1}=\left(a_1+\frac{q}{p-1}\right)p^{n-1}$，故$a_n=\left(a_1+\frac{q}{p-1}\right)p^{n-1}+\frac{q}{1-p}$。

例10（2019–15）设数列$\left\{a_n\right\}$满足$a_1=0,a_{n+1}-2a_n=1$，则$a_{100}=$（　　）。

（A）$2^{99}-1$　（B）2^{99}　（C）$2^{99}+1$　（D）$2^{100}-1$　（E）$2^{100}+1$

答案：A

解1：由$a_{n+1}-2a_n=1$变形可得$a_{n+1}+1=2\left(a_n+1\right)$，故$\frac{a_{n+1}+1}{a_n+1}=2$，所以数列$\left\{a_n+1\right\}$是以$a_1+1=1$为首项，2为公比的等比数列，所以$a_{100}+1=2^{99}$，故$a_{100}=2^{99}-1$。

解2：由递推公式得$a_2=2a_1+a=1,a_3=2a_2+1=3,a_4=2a_3+1=7,a_5=2a_4+1=15\cdots$，观察可知$a_{100}=2^{99}-1$。

2. $a_{n+1}=pa_n+f(n)(p\neq 0且p\neq 1)$

该情况可通过恒等变形转化后求解。将式子两端同除以p^{n+1}得$\frac{a_{n+1}}{p^{n+1}}=\frac{a_n}{p^n}+\frac{f(n)}{p^{n+1}}$，然后再用累加法求解。

例11　已知$a_1=2,a_{n+1}=4a_n+2^{n+1}$，求$a_n$。

解：将$a_{n+1}=4a_n+2^{n+1}$两端同除以4^{n+1}变形得：$\frac{a_{n+1}}{4^{n+1}}=\frac{a_n}{4^n}+\left(\frac{1}{2}\right)^{n+1}$。令$b_n=\frac{a_n}{4^n}$，则$b_{n+1}=b_n+\left(\frac{1}{2}\right)^{n+1}$，由累加法得$b_n=b_1+\left(\frac{1}{2}\right)^2+\left(\frac{1}{2}\right)^3+\left(\frac{1}{2}\right)^4+\cdots+\left(\frac{1}{2}\right)^n=\frac{1}{2}+\left(\frac{1}{2}\right)^2+\left(\frac{1}{2}\right)^3+\left(\frac{1}{2}\right)^4+\cdots+\left(\frac{1}{2}\right)^n=1-\left(\frac{1}{2}\right)^n$。

3. $a_{n+1}=f(n)\cdot a_n$，其中$f(n)$不是常数

这种类型可以通过递推法或累乘法加以解决。

递推法：重复使用递推公式得$a_n=f(n-1)\cdot a_{n-1}=f(n-1)\cdot f(n-2)\cdot a_{n-2}=f(n-1)\cdot f(n-2)\cdot f(n-3)\cdot a_{n-3}=\cdots=f(1)\cdot f(2)\cdot f(3)\cdot\cdots\cdot f(n-2)\cdot f(n-1)\cdot a_1$。

累乘法：将$a_{n+1}=f(n)\cdot a_n$变形得$\frac{a_{n+1}}{a_n}=f(n)$。依次类推有：$\frac{a_n}{a_{n-1}}=f(n-1),\frac{a_{n-1}}{a_{n-2}}=f(n-2),\frac{a_{n-2}}{a_{n-3}}=f(n-3),\cdots,\frac{a_2}{a_1}=f(1)$，将各式累乘并整理得$\frac{a_n}{a_1}=f(1)\cdot f(2)\cdot f(3)\cdots f(n-2)\cdot f(n-1)$，即$a_n=f(1)\cdot f(2)\cdot f(3)\cdots f(n-2)\cdot f(n-1)\cdot a_1$。

例12 已知$a_1=1,a_n=\frac{n-1}{n+1}a_{n-1}$，求$a_n$。

解：由$a_n=\frac{n-1}{n+1}a_{n-1}$得$\frac{a_2}{a_1}=\frac{1}{3},\frac{a_3}{a_2}=\frac{2}{4},\frac{a_4}{a_3}=\frac{4}{5},\frac{a_5}{a_4}=\frac{5}{6},\cdots,\frac{a_{n-1}}{a_{n-2}}=\frac{n-2}{n},\frac{a_n}{a_{n-1}}=\frac{n-1}{n+1}$，将这些式子累乘得：$\frac{a_n}{a_1}=\frac{2}{n(n+1)}$，所以$a_n=a_1\times\frac{2}{n(n+1)}=\frac{2}{n(n+1)}$。

4. $a_{n+1}=\frac{c\cdot a_n}{pa_n+d}\ (pc\neq 0)$

该类型的特点是分母有两项，分子有一项，这种情况一般通过取倒数将问题转化。对递推式两边取倒数得$\frac{1}{a_{n+1}}=\frac{pa_n+d}{c\cdot a_n}=\frac{d}{c}\cdot\frac{1}{a_n}+\frac{p}{c}$，令$b_n=\frac{1}{a_n}$，则$b_{n+1}=\frac{d}{c}b_n+\frac{p}{c}$，从而把问题转化为类型1，再用递推法或累加法求解即可。

例13 已知$a_1=4,a_{n+1}=\frac{2a_n}{2a_n+1}$，求$a_n$。

解：将$a_{n+1}=\frac{2a_n}{2a_n+1}$取倒数得$\frac{1}{a_{n+1}}=\frac{1}{2}\cdot\frac{1}{a_n}+1$，令$b_n=\frac{1}{a_n}$，则$b_{n+1}=\frac{1}{2}b_n+1$，变形为$b_{n+1}-2=\frac{1}{2}\left(b_n-2\right)$，再令$c_n=b_n-2$，则$c_n$是以$c_1=b_1-2=\frac{1}{a_1}-2=-\frac{7}{4}$为首项，以$\frac{1}{2}$为公比的等比数列，所以$c_n=-\frac{7}{4}\times\left(\frac{1}{2}\right)^{n-1}=-7\left(\frac{1}{2}\right)^{n+1}$，所以$b_n=c_n+2=\frac{1}{a_n}$，所以$a_n=\frac{1}{2-\frac{7}{4}\times\left(\frac{1}{2}\right)^{n-1}}=\frac{2^{n+1}}{2^{n+2}-7}$。

四、可求和数列

（一）裂项求和

常见裂项公式：$\frac{1}{n(n+1)}=\frac{1}{n}-\frac{1}{n+1}$，$\frac{1}{n(n+k)}=\frac{1}{k}\left(\frac{1}{n}-\frac{1}{n+k}\right)$，$\frac{1}{(2n-1)(2n+1)}=\frac{1}{2}\left(\frac{1}{2n-1}-\frac{1}{2n+1}\right)$

例 14 已知数列$\{a_n\}$的前n项和为S_n，$a_n=2n$，$b_n=\frac{1}{S_n}$，则数列$\{b_n\}$的前n项和$T_n=$（ ）。

（A）$\frac{1}{n}$ （B）$\frac{1}{n+1}$ （C）$\frac{n-1}{n}$ （D）$\frac{n+1}{n}$ （E）$\frac{n}{n+1}$

答案：E

解：由题意得$S_n=a_1+a_2+\cdots+a_n=2\times(1+2+\cdots+n)=2\times\frac{n(n+1)}{2}=n(n+1)$，所以 $b_n=\frac{1}{S_n}=\frac{1}{n(n+1)}=\frac{1}{n}-\frac{1}{n+1}$， 故 $T_n=b_1+b_2+\cdots+b_n=1-\frac{1}{2}+\frac{1}{2}-\frac{1}{3}+\cdots+\frac{1}{n}-\frac{1}{n+1}=1-\frac{1}{n+1}=\frac{n}{n+1}$。

例 15（2013-1-5）已知$f(x)=\frac{1}{(x+1)(x+2)}+\frac{1}{(x+2)(x+3)}+\cdots+\frac{1}{(x+9)(x+10)}$，则$f(8)=$（ ）。

（A）$\frac{1}{9}$ （B）$\frac{1}{10}$ （C）$\frac{1}{16}$ （D）$\frac{1}{17}$ （E）$\frac{1}{18}$

答案：E

解：因为$\frac{1}{(x+k)(x+k+1)}=\frac{1}{x+k}-\frac{1}{x+k+1}$，所以$f(x)=\frac{1}{x+1}-\frac{1}{x+2}+\frac{1}{x+2}-\frac{1}{x+3}+\cdots+\frac{1}{x+9}-\frac{1}{x+10}=\frac{1}{x+1}-\frac{1}{x+10}$，所以$f(8)=\frac{1}{9}-\frac{1}{18}=\frac{1}{18}$。

（二）有理化求和

例 16（2021-3）$\frac{1}{1+\sqrt{2}}+\frac{1}{\sqrt{2}+\sqrt{3}}+\cdots+\frac{1}{\sqrt{99}+\sqrt{100}}=$（ ）。

（A）9 （B）10 （C）11 （D）$3\sqrt{11}-1$ （E）$3\sqrt{11}$

答案：A

解：因为 $\frac{1}{\sqrt{k}+\sqrt{k+1}}=\frac{\sqrt{k+1}-\sqrt{k}}{(\sqrt{k}+\sqrt{k+1})(\sqrt{k+1}-\sqrt{k})}=\sqrt{k+1}-\sqrt{k}$，所以 $\frac{1}{1+\sqrt{2}}+\frac{1}{\sqrt{2}+\sqrt{3}}+\cdots+\frac{1}{\sqrt{99}+\sqrt{100}}=\sqrt{2}-1+\sqrt{3}-\sqrt{2}+\cdots+\sqrt{100}-\sqrt{99}=\sqrt{100}-1=9$。

（三）分组求和

例17 求数列 $2\frac{1}{4},4\frac{1}{8},6\frac{1}{16},\cdots,2n+\frac{1}{2^{n+1}}$ 的前 n 项和 S_n。

解：将原数列分解为一个等差数和一个等比数列，分别求和得：$2\frac{1}{4}+4\frac{1}{8}+6\frac{1}{16}+\cdots+2n+\frac{1}{2^{n+1}}=(2+4+6+\cdots+2n)+\left(\frac{1}{4}+\frac{1}{8}+\frac{1}{16}+\frac{1}{2^{n+1}}\right)=n(n+1)+\frac{\frac{1}{4}\left(1-\left(\frac{1}{2}\right)^n\right)}{1-\frac{1}{2}}=n(n+1)+\frac{1}{2}-\frac{1}{2^{n+1}}$。

第四节　基础通关

1. 数列 $\{a_n\}$ 的首项为 $a_1=1$，前 n 项和记为 S_n，若 $a_{n+1}=2S_n+1(n\geqslant 1,n\in N^*)$，则数列的通项公式是（　　）。

（A）$a_n=2^{n-1}$　（B）$a_n=2^{n+1}$　（C）$a_n=3^{n-2}$　（D）$a_n=3^{n-1}$　（E）$a_n=3^{n+1}$

答案：D

解：当 $n\geqslant 2$ 时，$a_n=2S_{n-1}+1$，两式相减得 $a_{n+1}-a_n=2(S_n-S_{n-1})$，即 $a_{n+1}-a_n=2a_n$，故 $a_{n+1}=3a_n$；当 $n=1$ 时，$a_2=3$，则 $a_2=3a_1$，满足上式。故 $\{a_n\}$ 是首项为1，公比为3的等比数列，所以 $a_n=3^{n-1}$。

2. 记 S_n 为等差数列 $\{a_n\}$ 的前 n 项和，若 $\frac{S_3}{S_3+S_6}=\frac{1}{5}$，则 $\frac{a_3}{a_3+a_6}=$（　　）。

（A）$\frac{2}{15}$　（B）$\frac{1}{4}$　（C）$\frac{5}{16}$　（D）$\frac{1}{3}$　（E）$\frac{2}{3}$

答案：C

解：由 $\frac{S_3}{S_3+S_6}=\frac{1}{5}$ 得 $5S_3=S_3+S_6$，故 $4S_3=S_6$，即 $4(3a_1+3d)=6a_1+15d$，所以 $d=2a_1$，从而 $\frac{a_3}{a_3+a_6}=\frac{a_1+2d}{2a_1+7d}=\frac{5}{16}$。

3.若等差数列 $\{a_n\}$ 的前 n 项和为 S_n，且 $\frac{S_4}{S_2}=3$，则 $\frac{S_8}{S_4}$ 的值为（　　）。

（A）$\frac{7}{3}$　（B）$\frac{5}{2}$　（C）$\frac{10}{3}$　（D）2　（E）$\frac{3}{4}$

答案：C

解1：设等差数列 $\{a_n\}$ 的公差为 d，因为 $\frac{S_4}{S_2}=3$，所以 $\frac{4a_1+6d}{2a_1+d}=3$ 故 $a_1=\frac{3}{2}d\neq 0$，从而 $\frac{S_8}{S_4}=\frac{8a_1+28d}{4a_1+6d}=\frac{12d+28d}{6d+6d}=\frac{10}{3}$。

解2：由题意知 $S_4=3S_2$，因为 $S_2,S_4-S_2,S_6-S_4,S_8-S_6$ 成等差数列，其公差为 $(S_4-S_2)-S_2=S_2$，所以 $S_6-S_4=3S_2,S_8-S_6=4S_2$，从而 $S_8=10S_2$，$\frac{S_8}{S_4}=\frac{10}{3}$。

4.等差数列 $\{a_n\}$ 的首项为1，公差不为0，若 a_1,a_2,a_4 成等比数列，则 $\{a_n\}$ 前5项的和为（　　）。

（A）10　（B）15　（C）21　（D）28　（E）32

答案：B

解：等差数列 $\{a_n\}$ 的首项为1，公差不为0，因为 a_1,a_2,a_4 成等比数列，所以 $a_2^2=a_1a_4$，故 $(1+d)^2=1+3d$，解得 $d=1$，所以 $S_5=5a_3=5(1+2d)=15$。

5.已知 S_n 是公差不为0的等差数列 $\{a_n\}$ 的前 n 项和。若 a_1,a_2,a_4 成等比数列，且 $S_6=84$，则 $a_5=$（　　）。

（A）10　（B）15　（C）18　（D）20　（E）25

答案：D

解：设等差数列公差为 d，因为 a_1,a_2,a_4 成等比数列，所以 $a_2^2=a_1a_4$，即 $(a_1+d)^2=$

$a_1(a_1+3d)$，因为$d\neq 0$，所以有$a_1=d$。又因为$S_6=84$，所以$6a_1+\frac{6\times 5}{2}d=84$。联立得$a_1=d=4$，所以$a_5=a_1+4d=4+4\times 4=20$。

6.已知等比数列$\{a_n\}$的前n项和是S_n，且$S_{20}=21,S_{30}=49$，则S_{10}为（　　）。

（A）7　（B）9　（C）63　（D）7或63　（E）7或9

答案：A

解：由题意$S_{20}=\frac{a_1(1-q^{20})}{1-q}=21,S_{30}=\frac{a_1(1-q^{30})}{1-q}=49$，两式相除得$\frac{1-q^{30}}{1-q^{20}}=\frac{49}{21}$，

令$q^{10}=t$，则$\frac{1-t^3}{1-t^2}=\frac{(1-t)(1+t+t^2)}{(1-t)(1+t)}=\frac{1+t+t^2}{1+t}=\frac{49}{21}$，解得$q^{10}=2$，$\frac{a_1}{1-q}=-7$，故$S_{10}=\frac{a_1(1-q^{10})}{1-q}=7$。

7.已知数列$\{a_n\}$是各项为正数的等比数列，点$M(2,\log_2 a_2)$、$N(5,\log_2 a_5)$都在直线$y=x-1$上，则数列$\{a_n\}$的前n项和为（　　）。

（A）2^n-2　（B）$2^{n+1}-2$　（C）2^n-1　（D）$2^{n+1}-1$　（E）$2^{n+1}+2$

答案：C

解：由题意知可得$\log_2 a_2=1,\log_2 a_5=4$，解得$a_2=2,a_5=16$，故$q=\sqrt[3]{\frac{a_5}{a_2}}=2$，所以$a_1=1$，从而数列$\{a_n\}$的前$n$项和为$S_n=\frac{1\cdot(1-2^n)}{1-2}=2^n-1$。

8.已知等比数列$\{a_n\}$满足$a_3a_7=4a_5$，数列$\{b_n\}$为等差数列，其前n项和为S_n，若$b_5=a_5$，则$S_9=$（　　）。

（A）9　（B）18　（C）36　（D）48　（E）72

答案：C

解：由题意知$a_5^2=4a_5$，解得$a_5=4$，所以$b_5=a_5=4$，故$S_9=9b_5=36$。

9.已知数列$1,a_1,a_2,4$成等差数列，$-1,b_1,b_2,b_3,-4$成等比数列，则$\frac{a_2-a_1}{b_2}$的值是（　　）。

（A）$\frac{1}{2}$　（B）$-\frac{1}{2}$　（C）$\frac{1}{2}$或$-\frac{1}{2}$　（D）$\frac{1}{4}$　（E）$-\frac{1}{4}$

答案：B

解：数列$1,a_1,a_2,4$成等差数列，其公差$d=\frac{a_4-a_1}{4-1}=1$，$-1,b_1,b_2,b_3,-4$成等比数列，故$b_2^2=-1\times(-4)=4$，所以$b_2=\pm2$，又因为b_2与首项-1同号，所以$b_2=-2$，故$\frac{a_2-a_1}{b_2}=-\frac{1}{2}$。

10.已知各项均为正数的等差数列$\{a_n\}$的前20项和为100，那么$a_2\cdot a_{19}$的最大值是（　　）。

（A）25　（B）35　（C）50　（D）$50\sqrt{2}$　（E）100

答案：A

解：由题意知$S_{20}=\frac{(a_1+a_{20})\times20}{2}=100$，所以$a_1+a_{20}=10$，故$a_2+a_{19}=a_1+a_{20}=10$，所以由均值不等式得$a_2\cdot a_{19}\leqslant\left(\frac{a_2+a_{19}}{2}\right)^2=25$，当且仅当$a_2=a_{19}=5$时等号成立。

11.某地为了保持水土资源实行退耕还林，如果2018年退耕a万亩，以后每年比上一年增加10%，那么到2025年一共退耕（　　）。

（A）$10a(1.1^8-1)$　（B）$a(1.1^8-1)$　（C）$10a(1.1^7-1)$　（D）$a(1.1^7-1)$

（E）以上都不对

答案：A

解：记$a_1=a$，则每年的退耕还林亩数组成首项为a_1，公比为1.1的等比数列，所以到2025年一共退耕$S_8=\frac{a(1-1\cdot1^8)}{1-1.1}=10a(1.1^8-1)$。

12.已知等差数列$\{a_n\}$的前n项和为S_n，若$a_3=15$，$S_2=36$，则S_n取最大值时正整数n的值为（　　）。

（A）9　（B）10　（C）11　（D）12　（E）13

答案：B

解1：设等差数列$\{a_n\}$的公差为d，由$\begin{cases}a_3=15\\S_2=36\end{cases}$得$\begin{cases}a_1+2d=15\\2a_1+d=36\end{cases}$，解得$\begin{cases}a_1=19\\d=-2\end{cases}$，所以$S_n=19n+\frac{n(n-1)}{2}\times(-2)=-n^2+20n$，对称轴为$n=-\frac{20}{-2}=10$，所以$S_n$取得最大值时正整数$n$的值为10。

解2：由$S_2=2a_{1.5}=36$得$a_{1.5}=18$，所以$d=\frac{a_3-a_{1.5}}{3-1.5}=-2$，$a_1=a_3-2d=19$，所以

S_n的对称轴为$\frac{1}{2}-\frac{a_1}{d}=10$，所以$S_n$取得最大值时正整数$n$的值为10。

13.若$\{a_n\}$为等比数列，且$a_1+a_5=34, a_5-a_1=30$，那么$a_3=$（　　）。

（A）5　（B）−5　（C）8　（D）−8　（E）0

答案：C

解：由$\begin{cases}a_1+a_5=34\\a_5-a_1=30\end{cases}$得$a_5=32$，$a_1=2$，故$q^2=4$，从而$a_3=a_1q^2=8$。

14.设等差数列$\{a_n\}$的公差$d\neq 0$，前n项和为S_n。则$\frac{S_9}{a_9}=5$

（1）$S_4=5a_2$　（2）$S_2=5a_4$

答案：A

解：条件（1），$S_4=5a_2$，所以$4a_1+6d=5a_1+5d$，故$a_1=d$，所以$\frac{S_9}{a_9}=\frac{9a_5}{a_1+8d}=\frac{9(a_1+4d)}{a_1+8d}=5$。同理知，条件（2）不充分。

15.已知等差数列$\{a_n\}$与$\{b_n\}$的前n项和为S_n与T_n，且满足$\frac{S_n}{T_n}=\frac{5n-2}{3n+4}$，则$\frac{a_5}{b_5}$的值可以确定

（1）$S_n=3n^2+5n$　（2）$\frac{S_n}{T_n}=\frac{5n-2}{3n+4}$

答案：B

解：条件（1），未陈述T_n信息，不充分；条件（2），由对应项之比性质知$\frac{a_5}{b_5}=\frac{S_9}{T_9}=\frac{5\times 9-2}{3\times 9+4}=\frac{43}{31}$，充分。

第五节　高分突破

1.等差数列$\{a_n\}$的公差$d\neq 0$，数列$\{2^{a_n}\}$的前n项和$S_n=3^n+k$，则（　　）。

（A）$d=\log_3 2, k=-1$　（B）$d=\log_2 3, k=0$　（C）$d=\log_2 3, k=-1$

（D）$d=\log_3 2, k=0$　（E）$d=\log_2 3, k=1$

答案：C

解：由题意知 $S_1 = 2^{a_1} = 3 + k, S_2 = 2^{a_1} + 2^{a_2} = 3 + k + 2^{a_2} = 9 + k$，所以 $2^{a_2} = 6$。又因为 $S_3 = 2^{a_1} + 2^{a_2} + 2^{a_3} = 9 + k + 2^{a_3} = 27 + k$，所以 $2^{a_3} = 18$。故 $a_1 = \log_2(3 + k), a_2 = \log_2 6, a_3 = \log_2 18$，又因为 a_1, a_2, a_3 成等差数列，所以 $2\log_2 6 = \log_2(3 + k) + \log_2 18$，解得 $k = -1$，$d = \log_2 18 - \log_2 6 = \log_2 3$。

2. 等差数列 $\{a_n\}$ 的前 n 项和为 $S_n, S_{100} > 0, S_{101} < 0$，则满足 $a_n a_{n+1} < 0$ 的 n 等于（　　）。

（A）50　（B）51　（C）100　（D）101　（E）111

答案：A

解：由题意知 $S_{100} = \dfrac{(a_1 + a_{100}) \times 100}{2} = 50(a_1 + a_{100}) = 50(a_{50} + a_{51}) > 0$，所以 $a_{50} + a_{51} > 0$；又因为 $S_{101} = \dfrac{(a_1 + a_{101}) \times 101}{2} = 101a_{51} < 0$，所以 $a_{51} < 0$，故 $a_{50} > 0$。从而由 $a_n a_{n+1} < 0$ 得 $n = 50$。

3. 等差数列 $\{a_n\}$ 的公差为2，若 a_2, a_4, a_8 成等比数列，记 $b_n = \dfrac{1}{a_n(a_n + 2)}$，数列 $\{b_n\}$ 的前 n 项和 S_n，则 S_4 等于（　　）。

（A）$\dfrac{1}{5}$　（B）$\dfrac{2}{5}$　（C）$\dfrac{3}{5}$　（D）$\dfrac{4}{5}$　（E）1

答案：A

解：由题意得 $a_4^2 = a_2 a_8$，即 $a_4^2 = (a_4 - 4)(a_4 + 8)$，解得 $a_4 = 8$，所以 $a_n = a_4 + (n - 4) \times 2 = 8 + 2n - 8 = 2n$，故 $b_n = \dfrac{1}{a_n(a_n + 2)} = \dfrac{1}{2n(2n + 2)} = \dfrac{1}{4}\left(\dfrac{1}{n} - \dfrac{1}{n + 1}\right)$，所以 $S_4 = \dfrac{1}{4}\left(1 - \dfrac{1}{2} + \dfrac{1}{2} - \dfrac{1}{3} + \dfrac{1}{3} - \dfrac{1}{4} + \dfrac{1}{4} - \dfrac{1}{5}\right) = \dfrac{1}{5}$。

4. 设 T_n 为等比数列 $\{a_n\}$ 的前 n 项之积，且 $a_1 = -6, a_4 = -\dfrac{3}{4}$，则当 T_n 最大时，n 的值为（　　）。

（A）4　（B）6　（C）8　（D）10　（E）11

答案：A

解：由 $a_4 = a_1 q^3$ 得 $q = \dfrac{1}{2}$，所以 $T_n = (-6)^n \cdot \left(\dfrac{1}{2}\right)^{\frac{n(n-1)}{2}}$，欲求 T_n 的最大值，故只需考虑 n

为偶数的情况。因为$\frac{T_{2n+2}}{T_{2n}}=36\times\left(\frac{1}{2}\right)^{4n+1}$，由$\frac{T_{2n+2}}{T_{2n}}\geqslant 1$得$n=1$，故$T_2<T_4$，$T_4>T_6>T_8>\cdots$，所以当$T_n$最大时，$n$的值为4。

5.已知S_n为等比数列$\{a_n\}$的前n项和，且$S_n=1-A\cdot 3^{n-1}$，则$S_6=$（　　）。

（A）242　（B）−242　（C）728　（D）−728　（E）±728

答案：D

解：由题意知$a_1=S_1=1-A$，$a_2=S_2-S_1=(1-3A)-(1-A)=-2A$，$a_3=S_3-S_2=(1-9A)-(1-3A)=-6A$，故$\frac{-2A}{1-A}=\frac{-6A}{-2A}$，解得$A=3$，所以$S_6=1-3\times 3^5=-728$。

6.某厂去年产值是a亿元，计划今后10年内年产值平均增长率是10%，则从今年起到第10年末的该厂总产值是（　　）。

（A）$11(1.1^{10}-1)a$亿元　（B）$10(1.1^{10}-1)a$亿元　（C）$11(1.1^{9}-1)a$亿元

（D）$10(1.1^{9}-1)a$亿元　（E）$10(1.1^{11}-1)a$亿元

答案：B

解：由题意知，每年产值形成以a为首项，1.1为公比的等比数列，故从今年起到第10年末的该厂总产值$S_{10}=\frac{a(1-1.1^{10})}{1-1.1}=10\times(1.1^{10}-1)a$（亿元）。

7.已知数列$\{a_n\}$满足$a_{n+1}=\frac{4}{2-a_n}$，且$a_1=4$，则S_n为数列$\{a_n\}$的前n项和，则$S_{2020}=$（　　）。

（A）2019　（B）2021　（C）2022　（D）2023　（E）2024

答案：D

解：由题意得$a_2=\frac{4}{2-a_1}=-2, a_3=\frac{4}{2-a_2}=1, a_4=\frac{4}{2-a_3}=4$，所以数列$\{a_n\}$是以3为周期的数列，又因为$S_3=3$，所以$S_{2020}=673S_3+a_1=673\times 3+4=2023$。

8.设数列$\{a_n\}$的前n项和为S_n，已知$a_1=2, a_2=8, S_{n+1}+4S_{n-1}=5S_n(n\geqslant 2)$，则数列$\{a_n\}$的通项公式为（　　）。

（A）2^{n-1}　（B）2^{n+1}　（C）2^{2n-1}　（D）2^{2n}　（E）2^{2n+1}

答案：C

解：当$n\geqslant 2$时，$S_{n+1}+4S_{n-1}=5S_n$，所以$S_{n+1}-S_n=4(S_n-S_{n-1})$，即$a_{n+1}=4a_n$。

当$n=1$时，$a_2=4a_1$。故数列$\{a_n\}$是以2为首项，4为公比的等比数列，所以$a_n=2\cdot 4^{n-1}=2^{2n-1}$。

9.已知各项均为正数的等比数列$\{a_n\}$的前n项和为S_n，若$S_4=3$，$S_6-S_2=12$，则$S_8=$（ ）。

（A）$\frac{127}{5}$ （B）$\frac{128}{5}$ （C）51 （D）$\frac{256}{5}$ （E）25

答案：C

解1：由题意知，$q>0$且$q\neq 1$，$S_4=\frac{a_1(1-q^4)}{1-q}=3$，$S_6-S_2=\frac{a_1(1-q^6)}{1-q}-\frac{a_1(1-q^2)}{1-q}=12$，两式相除得，$\frac{1-q^4}{q^2-q^6}=\frac{1-q^4}{q^2(1-q^4)}=\frac{3}{12}$，解得$q=2$，$a_1=\frac{1}{5}$，所以$S_8=\frac{\frac{1}{5}\times(1-2^8)}{1-2}=51$。

解2：由题意知，$q>0$且$q\neq 1$，因为$S_4=a_1+a_2+a_3+a_4, S_6-S_2=a_3+a_4+a_5+a_6=12$，所以$\frac{S_6-S_2}{S_4}=\frac{a_3+a_4+a_5+a_6}{a_1+a_2+a_3+a_4}=\frac{q^2(a_1+a_2+a_3+a_4)}{a_1+a_2+a_3+a_4}=q^2=4$，解得$q=2, a_1=\frac{1}{5}$，所以$S_8=\frac{\frac{1}{5}\times(1-2^8)}{1-2}=51$。

解3：因为$S_4=3$，$S_6-S_2=12$。设$S_2=x$，则$S_6=12+x$，由等长片段和性质可知，$S_2, S_4-S_2, S_6-S_4=x, 3-x, x+9$构成等比数列，解得$x=\frac{3}{5}$，故$S_2, S_4-S_2, S_6-S_4, S_8-S_6$构成以$S_2=\frac{3}{5}$为首项，公比$q=\frac{3-x}{x}=4$的等比数列，所以$S_8=S_2+(S_4-S_2)+(S_6-S_4)+(S_8-S_6)=\frac{\frac{3}{5}(1-4^4)}{1-4}=51$。

10.在等差数列$\{a_n\}$中，$a_2=4$，且$1+a_3, a_6, 4+a_{10}$成等比数列，则公差$d=$（ ）。

（A）-1 （B）0 （C）2 （D）3 （E）4

答案：D

解：等差数列的公差为d，因为$1+a_3, a_6, 4+a_{10}$成等比数列，所以$a_6^2=(1+a_3)(4+a_{10})$，即$(a_2+4d)^2=(1+a_2+d)(4+a_2+8d)$，$a_2=4$，整理得$d^2-2d-3=0$，解得

$d=3$或$d=-1$，当$d=-1$时，$a_6=0$舍去，所以$d=3$。

11.一个楼梯共有9阶，一步可以跨1阶或2阶或3阶，那么共有（　　）种走法。

（A）10种　（B）19种　（C）34种　（D）89种　（E）149种

答案：E

解：记登上第n阶的走法数为a_n，则$a_1=1,a_2=2,a_3=4$。当$n\geqslant 4$时，$a_n=a_{n-1}+a_{n-2}+a_{n-3}$，从而$a_4=1+2+4=7,a_5=2+4+7=13,\cdots,a_9=24+44+81=149$。

12.已知数列$\{a_n\}$满足$a_1=1$，$a_{n+1}=\dfrac{a_n}{3a_n+1}$，则数列$\{a_na_{n+1}\}$的前100项和为（　　）。

（A）$\dfrac{99}{298}$　（B）$\dfrac{100}{301}$　（C）$\dfrac{25}{304}$　（D）$\dfrac{75}{304}$　（E）$\dfrac{99}{304}$

答案：B

解：因为$a_1=1$，根据$a_{n+1}=\dfrac{a_n}{3a_n+1}$可知，$a_n>0$，从而$\dfrac{1}{a_{n+1}}=\dfrac{3a_{n+1}}{a_n}=\dfrac{1}{a_n}+3$，即$\dfrac{1}{a_{n+1}}-\dfrac{1}{a_n}=3$，故数列$\left\{\dfrac{1}{a_n}\right\}$为等差数列，即$\dfrac{1}{a_n}=1+3(n-1)=3n-2$，所以$a_n=\dfrac{1}{3n-2}$，从$a_na_{n+1}=\dfrac{1}{(3n-2)(3n+1)}=\dfrac{1}{3}\left(\dfrac{1}{3n-2}-\dfrac{1}{3n+1}\right)$，数列$\{a_na_{n+1}\}$的前100项和为$\dfrac{1}{3}\left[\left(1-\dfrac{1}{4}\right)+\left(\dfrac{1}{4}-\dfrac{1}{7}\right)+\cdots+\left(\dfrac{1}{298}-\dfrac{1}{301}\right)\right]=\dfrac{1}{3}\left(1-\dfrac{1}{301}\right)=\dfrac{100}{301}$。

13.在等差数列$\{a_n\}$中，使数列$\{a_n\}$的前n项和$S_n<0$成立时n的最小值为10。

（1）$a_5>0$　（2）$a_3+a_8<0$

答案：C

解：两个条件单独均不成立，考察联合情况。因为$\{a_n\}$是等差数列，所以$a_3+a_8=a_5+a_6<0$，又因为$a_5>0$，所以$a_6<0$，故公差$d=a_6-a_5<0,a_1=a_5-4d>0$，$\{a_n\}$单调递减，又因为$a_3+a_8=a_1+a_{10}<0,2a_5=a_1+a_9>0$，所以$S_9>0,S_{10}<0$，所以使$S_n<0$成立时$n$的最小值为10。

14.如果$2-b$和$2+b$的等比中项是$\sqrt{4a^2+2ab}$，a,b是实数，则$2a+b$的最大值是$\dfrac{4\sqrt{3}}{3}$。

（1）$2-b$和$2+b$的等比中项是$\sqrt{4a^2+2ab}$

（2）$b-2$和$b+2$的等比中项是$\sqrt{4a^2+2ab}$

答案：A

解：条件（1），$4a^2+2ab=(2-b)(2+b)=4-b^2$，整理得$(2a+b)^2=4+2ab\leqslant 4+\frac{(2a+b)^2}{4}$，解得$2a+b\leqslant\frac{4\sqrt{3}}{3}$，当且仅当$2a=b=\frac{2\sqrt{3}}{3}$时取等号。条件（2），令$a=2,b=2+2\sqrt{6}$，构成反例。

15.已知正项数列$\{a_n\}$的前n项和为S_n，且$S_6=2S_3+4$，则$a_7+a_8+a_9$的最小值为16。

（1）$\{a_n\}$是等差数列　（2）$\{a_n\}$是等比数列

答案：B

解：条件（1），由$S_6=2S_3+4$得$S_6-S_3-S_3=4$，故$a_6+a_5+a_4-a_3-a_2-a_1=9d=4$，故$d=\frac{4}{9}$，而$a_7+a_8+a_9=3a_8=3\left(a_1+\frac{4}{9}\right)$，因为$a_1$未知，故不充分；条件（2），由题意知$a_1+a_2+a_3+\left(a_4+a_5+a_6\right)=S_3+q^3\left(a_1+a_2+a_3\right)=S_3\left(1+q^3\right)=2S_3+4$，两端除以$S_3$化简得$q^3=1+\frac{4}{S_3}$。故$a_7+a_8+a_9=q^6\left(a_1+a_2+a_3\right)=S_3\left(1+\frac{4}{S_3}\right)^2=S_3+\frac{16}{S_3}+8\geqslant 2\sqrt{S_3\cdot\frac{16}{S_3}}+8=16$，当且仅当$S_3=4$时取等号，所以$a_7+a_8+a_9$的最小值为16。

第七章　平面几何

第一节　三角形

一、相交线

（一）基本定义

两直线相交，构成两组对顶角，四组邻补角，其中对顶角相等，邻补角互补。

（二）垂线及其性质

（1）过一点有且只有一条直线与已知直线垂直。

（2）过直线外一点作这条直线的垂线，这点和垂足为端点构成的线段，叫作这条直线的垂线段。直线外一点与直线上的各点连结的所有线段中，垂线段最短。

（三）点到直线的距离

从直线外一点P到直线l的垂线段的长度叫作点P到直线l的距离。

二、平行线与三线八角模型

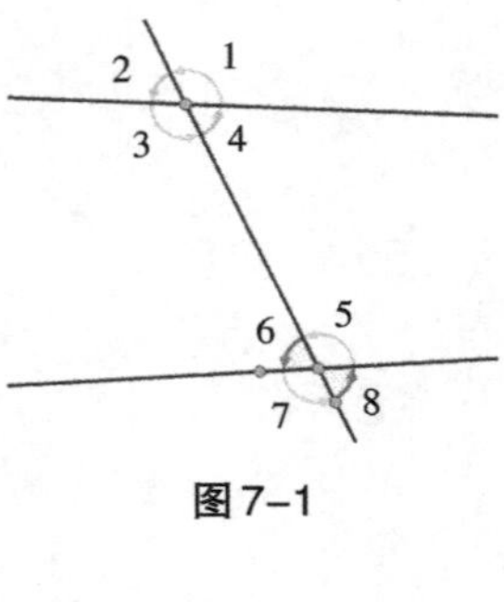

（一）三线八角模型

两条线被第三条线所截即成三线八角模型，第三条线称为截线。

同位角：处在同一个位置的角称为同位角。如图7–1所示，$\angle 1$与$\angle 5$处于右上角位置，同理$\angle 2$与$\angle 6$；$\angle 3$与$\angle 7$；$\angle 4$与$\angle 8$都是同位角。

图7–1

内错角：处于两条线之间且交错处于截线的两侧，故称内错角。即$\angle 3$与$\angle 5$；$\angle 4$与$\angle 6$。

同旁内角：处于截线的同一侧且在两线内部的角称为同旁内角。即∠4与∠5；∠3与∠6。

（二）平行线三线八角模型

两条平行线被第三条直线所截，所得对顶角相等、内错角相等、同位角相等、同旁内角互补。

（三）平行线及平行公理

（1）定义：在同一平面内不相交的两条直线称为平行线，用“∥”表示。

（2）平行公理：经过已知直线外一点，有且只有一条直线与已知直线平行。

（四）平行线的判定

（1）同位角相等，两直线平行。

（2）内错角相等，两直线平行。

（3）同旁内角互补，两直线平行。

（4）同一平面内，垂直于同一直线的两条直线平行。

（5）平行于同一直线的两条直线平行。

（五）平行线分线段成比例定理

两条直线被一组平行线（不少于3条）所截，截得的对应线段的长度成比例（图7-2）。如$\frac{AB}{BC}=\frac{DE}{EF}$。

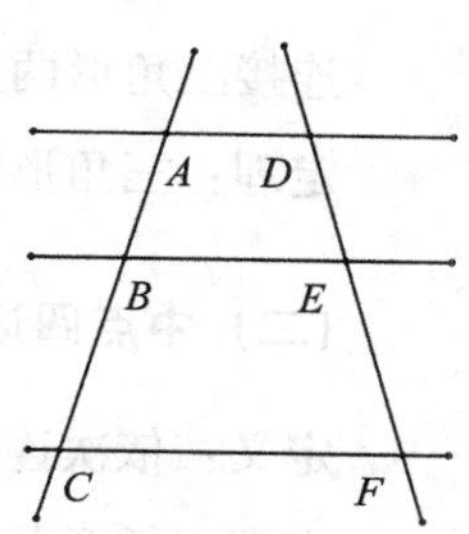

证明：连接AE、CE、BD、BF，则$\frac{S_{\Delta ABE}}{S_{\Delta BCE}}=\frac{AB}{BC}$，$\frac{S_{\Delta DEB}}{S_{\Delta FEB}}=\frac{DE}{EF}$，又因为$S_{\Delta ABE}=S_{\Delta DEB}$，$S_{\Delta BCE}=S_{\Delta FEB}$，所以$\frac{AB}{BC}=\frac{S_{\Delta ABE}}{S_{\Delta BCE}}=\frac{S_{\Delta DEB}}{S_{\Delta FEB}}=\frac{DE}{EF}$。

图7-2

推论：平行于三角形一边的直线，截其他两边（或两边延长线）所得的对应线段成比例。

三、三角形的定义与基本性质

（一）三角形的定义

由不在同一直线上的三条线段首尾顺次连结所组成的图形叫作三角形。

（二）三角形的分类

（1）按角分类：有一个角是钝角的三角形称为钝角三角形，有一个角是直角的三角形称为直角三角形，三个角都是锐角的三角形称为锐角三角形，其中三个角都相等的三角形是等角三角形。

（2）按边分类：有两条边相等的三角形称为等腰三角形，相等的边称为三角形的腰，另一条边称为三角形的底。三条边都相等的三角形称为等边三角形，等边三角形也是等角三角形。

（三）三角形的性质与定理

（1）三角形的三个内角之和为180°。

（2）三角形的任一个外角等于和它不相邻的两个内角之和。

（3）三角形的外角和是360°。

（4）三角形任意两边之和大于第三边，任意两边之差小于第三边。

（5）同一个三角形内，大角对大边，大边对大角。

四、三角形的重要线段和交点

（一）中位线

连接三角形两边中点的线段称为三角形的中位线。

定理：三角形的中位线平行于第三边，且等于第三边的一半。

（二）中点四边形

定义：依次连接任意凸四边形各边中点所得的四边形称为中点四边形。

定理：任意凸四边形的中点四边形是平行四边形且其面积为原四边形面积的一半。

（三）中线和重心

连结三角形的一个顶点与对边中点的线段称为中线，三角形内三条中线交于一点，该点称为重心。三角线的中线和重心有以下结论：

（1）中线把三角形分成面积相等的两个三角形。

（2）重心性质定理：三角形的重心与顶点的距离是它到对边中点的距离的两倍。

（3）重心和三角形3个顶点组成的3个三角形面积相等。

（4）在平面直角坐标系中，重心的坐标分量是顶点坐标分量的算术平均数。设三个顶点为$A(x_1,y_1),B(x_2,y_2),C(x_3,y_3)$，则重心坐标为$\left(\frac{x_1+x_2+x_3}{3},\frac{y_1+y_2+y_3}{3}\right)$。

（5）定理（中线定理、重心定理）：三角形一条中线两侧所对边的平方和等于底边一半的平方与这条中线的平方的2倍的和。即，对任意三角形ABC，设I是线段BC的中点，AI为中线，则$AB^2+AC^2=2BI^2+2AI^2$或$AB^2+AC^2=\left(\frac{1}{2}BC\right)^2+2AI^2$。

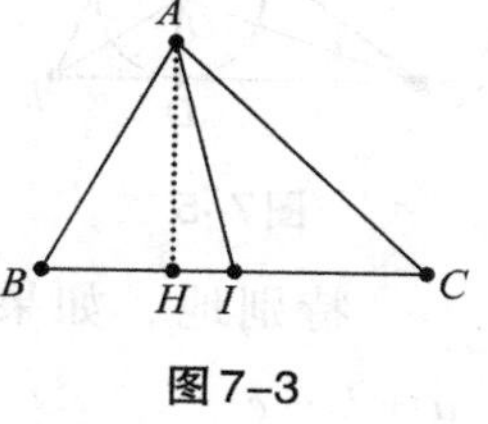

图7–3

证明：如图7–3所示，AI是ΔABC的中线，AH是高线。在$\mathrm{Rt}\Delta ABH$中，有$AB^2=AH^2+BH^2$，同理，有$AI^2=AH^2+HI^2,AC^2=AH^2+CH^2$并且$BI=CI$，所以$AB^2+AC^2=2AH^2+BH^2+CH^2=2(AI^2-HI^2)+(BI-HI)^2+(CI+HI)^2=2AI^2-2HI^2+BI^2-2BI\cdot HI+HI^2+CI^2+2CI\times HI+HI^2=2AI^2+2BI^2$。

（四）高和垂心

从三角形的一个顶点向对边作垂线，顶点与垂足间的线段叫作三角形的高，三条高的交点称为垂心。锐角三角形的垂心在三角形内，直角三角形的垂心就是直角顶点，钝角三角形的垂心在三角形外。

（五）角平分线和内心

三角形一个内角的平分线与对边相交，这个角的顶点与交点之间的线段称为角平分线，三条角平分线的交点称为内心，内心也是三角形内切圆的圆心。

性质：角平分线上的点到这个角的两边的距离相等。

角平分线定理：三角形一个角的平分线与其对边所成的两条线段与这个角的两边对应成比例，即：三角形角的两边之比等于该角的角平分线分对边两条线段之比。

证明：已知AD是$\angle A$的平分线，做$DE\perp AC,DF\perp AB$，则$DE=DF$。设ΔACD以CD为底的高为h_1，ΔADB以DB为底的高为h_2，则$h_1=h_2$，如图7–4所示，所以$\frac{S_{\Delta ACD}}{S_{\Delta ABD}}=\frac{\frac{1}{2}CD\cdot h_1}{\frac{1}{2}DB\cdot h_2}=\frac{CD}{BD}$，又因为$S_{\Delta ACD}=\frac{1}{2}AC\cdot DE,S_{\Delta ADB}=\frac{1}{2}AB\cdot DF$，所以$\frac{S_{\Delta ACD}}{S_{\Delta ABD}}=\frac{\frac{1}{2}AC\cdot DE}{\frac{1}{2}AB\cdot DF}=$

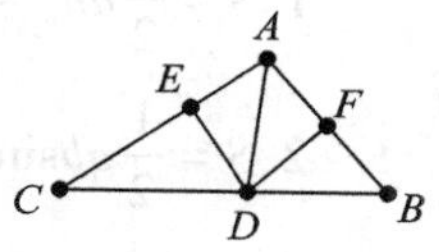

图7–4

$\frac{AC}{AB}$，所以$\frac{AC}{AB}=\frac{CD}{DB}$。

定理：设三角形三边长为a,b,c，内接圆半径为r，则$S_{\Delta ABC}=\frac{1}{2}(a+b+c)r$。

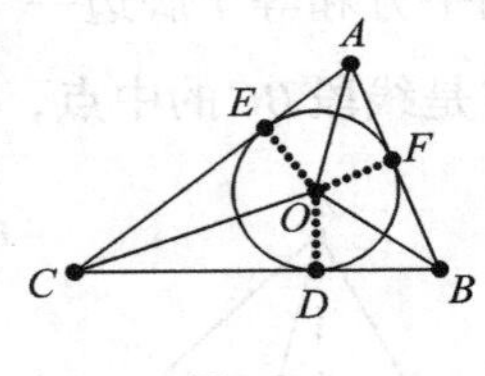

图7-5

证明：设内切圆半径$OD=OE=OF=r$，因为$S_{\Delta ABC}=S_{\Delta AOC}+S_{\Delta BOC}+S_{\Delta AOB}$，而$S_{\Delta AOC}=\frac{1}{2}AC\cdot r, S_{\Delta BOC}=\frac{1}{2}BC\cdot r, S_{\Delta AOB}=\frac{1}{2}AB\cdot r$，所以$S_{\Delta ABC}=\frac{1}{2}(AB+BC+AC)r$（图7-5）。

特别地，如果ΔAOC是直角三角形，其直边为a,b，斜边为c，则内切圆半径$r=\frac{a+b-c}{2}$。

（六）垂直平分线和外心

过三角形一边的中点且垂直于该边的直线称为该边的垂直平分线，三角形的三条垂直平分线交于一点，该点是三角形外接圆的圆心，称为外心。锐角三角形的外心在三角形内，直角三角形的外心是斜边的中点，钝角三角形的外心在三角形外。

性质：垂直平分线上的点到线段两端点的距离相等。

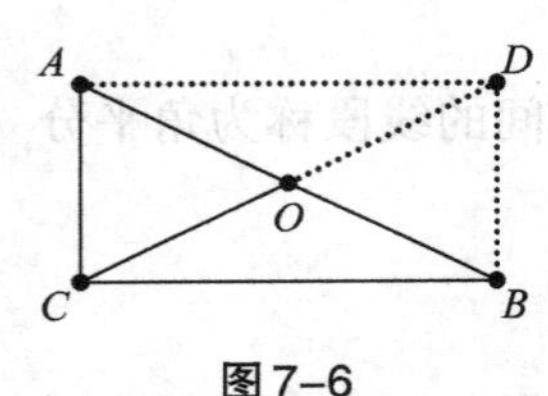

图7-6

定理：直角三角形的外心是斜边的中点，且斜边的中线等于斜边的一半。

证明：RtΔACB中CO为中线，过B做AC的平行线，过A做BC的平行线，两条平行线交于D，易知$ACBD$是矩形，所以$AB=CD$，$AO=CO=BO=DO$（图7-6）。

五、三角形面积公式

设ΔABC中$AB=c,BC=a,AC=b$，其面积为S，高为h，且h_a表示以a为底时ΔABC的高，则

1. $S=\frac{1}{2}ah_a=\frac{1}{2}bh_b=\frac{1}{2}ch_c$；

2. $S=\frac{1}{2}ab\sin C=\frac{1}{2}ac\sin B=\frac{1}{2}bc\sin A$；

3. $S=\sqrt{p(p-a)(p-b)(p-c)}$，其中$p=\frac{a+b+c}{2}$，该结论称为海伦公式。

六、特殊三角形

（一）等腰三角形

两条边相等的三角形是等腰三角形。它具有以下性质：

（1）等腰三角形的两个底角相等（等边对等角）。

（2）等腰三角形的顶角平分线、底边上的中线、底边上的高互相重合（三线合一）。

（二）等边三角形

三条边都相等的三角形是等边三角形，它具有以下性质：

（1）等边三角形的三个内角都等于60°，且三线合一，重心、垂心、内心、外心四心合一。

（2）若等边三角形的边长为a，则由勾股定理知高为$\frac{\sqrt{3}a}{2}$，所以面积$S=\frac{\sqrt{3}}{4}a^2$。

（3）正六边形中心与顶点相连构成6个全等的等边三角形。

（三）直角三角形

有一个角是直角的三角形称为直角三角形，直角三角形最重要的结论是勾股定理，即直角三角形中，两直角边的平方和等于斜边的平方。此外，直角三角形具有以下性质：

（1）直角三角形的两锐角互余。

（2）斜边上的中点到形3个顶点的距离相等，即斜边上的中线等于斜边的一半。

（3）30°角所对应的直角边是斜边的一半；反之，在直角三角形中，如果有一条直角边等于斜边的一半，则这条直角边所对的角等于30°（图7–7）。

证明：在RtΔACB中$\angle B=30°$，做CD使得$\angle BCD=30°$，则$CD=BD$，$\angle ADC=60°$，从而ΔACD是等边三角形，所以$AC=AD=CD=BD$，故$AC=\frac{1}{2}AB$。

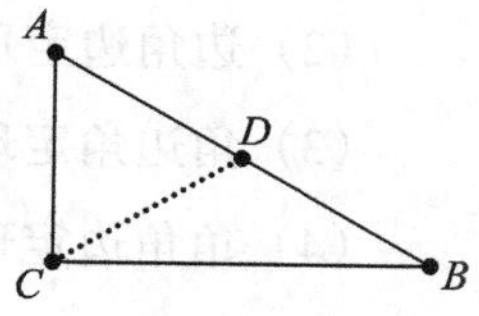

图7–7

（4）等腰直角三角形的三边之比为$1:1:\sqrt{2}$。

（5）常见的勾股数有：3，4，5；6，8，10；5，12，13；9，12，15；7，24，25，其中前三组常考。

七、三角函数

（1）定义：在Rt$\triangle ABC$中，$\angle C=90^\circ$，则正弦$\sin A=\frac{a}{c}$，余弦$\cos A=\frac{b}{c}$，正切$\tan A=\frac{a}{b}$。

（2）特殊角的三角函数

α	0°	30°	45°	60°
$\sin\alpha$	0	$\frac{1}{2}$	$\frac{\sqrt{2}}{2}$	$\frac{\sqrt{3}}{2}$
$\cos\alpha$	1	$\frac{\sqrt{3}}{2}$	$\frac{\sqrt{2}}{2}$	$\frac{1}{2}$
$\tan\alpha$	0	$\frac{\sqrt{3}}{3}$	1	$\sqrt{3}$

注：考生只要记住有30°、45°、60°角的直角三角形的三边关系即可，不要求考生掌握三角函数，本书中用到三角函数主要是保证结论的严谨性，请考生根据个人情况自行取舍。

八、三角形的全等

（一）定义与性质

能够完全重合的两个三角形就是全等三角形，用符号“≅”表示。全等三角形的对应角相等，对应边相等，对应中线、对应高、对应角平分线、对应中位线以及对应周长都相等。

（二）判定公理与定理

（1）边边边公理（SSS）：三边对应相等的两个三角形全等。

（2）边角边定理（SAS）：两边和它们的夹角对应相等的两个三角形全等。

（3）角边角定理（ASA）：两角和它们的夹边对应相等的两个三角形全等。

（4）角角边定理（AAS）：两角和其中一角的对边对应相等的两个三角形全等。

（5）斜边、直角边定理（HL）：斜边和一条直角边对应相等的两个直角三角形全等。

九、三角形的相似

（一）定义及性质

对应角相等，对应边成比例的三角形称为相似三角形，用符号“~”表示。相似三角形具有以下性质：

（1）对应角相等，对应边成比例，对应边的比称为相似比。

（2）对应线段（高、中线、角平分线、中位线、周长）的比等于相似比。

（3）对应的面积之比等于相似比的平方。

（二）三角形相似的判定

（1）两角对应相等。

（2）两边对应成比例，且夹角相等，或表述为：一个角相等且该角的两边对应成比例。

（3）三边对应成比例。

（4）两个直角三角形，如果一个锐角对应相等，或者两条边对应成比例（两直角边或一条斜边和一直边）则两直角三角形相似。

（5）两个直角三角形如果三边成等差数列则相似，而且三边之比为3 ∶ 4 ∶ 5。

（6）两个直角三角形如果三边成等比数列则相似且公比为$q=\sqrt{\dfrac{1+\sqrt{5}}{2}}$。

十、重要模型

（一）角的模型

1.角平分线模型

（1）内角平分线模型：OC平分$\angle C$，OB平分$\angle B$，则$\angle BOC=90°+\dfrac{1}{2}\angle A$（图7–8A）。

证明：设$\angle ACO=\angle BCO=\alpha,\angle ABO=\angle CBO=\beta,\angle BOC=180°-\alpha-\beta=180°-\dfrac{1}{2}(2\alpha+2\beta)=180°-\dfrac{1}{2}(180°-\angle A)=90°+\dfrac{1}{2}\angle A$。

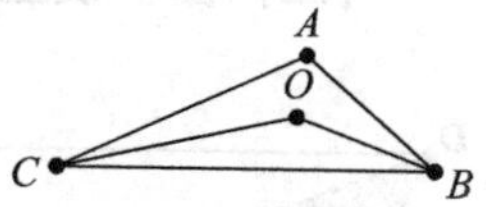

图7–8A

（2）外角平分线模型：BD、CD是外角平分线，则$\angle D=90°-\dfrac{1}{2}\angle A$（图7–8B）。

证明：设$\angle 1=\angle 2=\alpha,\angle 3=\angle 4=\beta$，则$\angle D=180°-(\alpha+\beta)=180°-\dfrac{1}{2}(2\alpha+2\beta)=180°-\dfrac{1}{2}(180°+\angle A)=90°-\dfrac{1}{2}\angle A$。

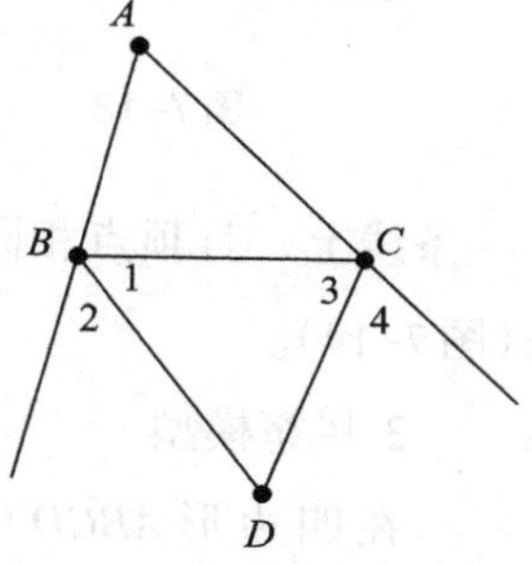

图7–8B

（3）内外角平分线模型：BP、CP是角平分线，则$\angle P=\dfrac{1}{2}\angle A$（图7–9）。

证明：设$\angle 1=\angle 2=\alpha,\angle 3=\angle 4=\beta$，则$\angle P=\beta-\alpha=\frac{1}{2}(2\beta-2\alpha)=\frac{1}{2}\angle A$。

2.飞镖模型

$\angle BDC=\angle A+\angle B+\angle C$（图7-10）。

证明：做射线AD，由三角形外角定理即可得证。

3.8字导角

$\angle A+\angle D=\angle C+\angle D$（图7-11）。

证明：因为三角形内角和为180°且$\angle AOD=\angle BOC$，故$\angle A+\angle D=\angle C+\angle D$。

4.双平模型

在平行四边形$ABCD$中，$\angle D$平分线DE交AB于E，则$\angle 1=\angle 2=\angle 3,AD=AE$（图7-12）。

证明：因为$AB\parallel CD$，所以$\angle 3=\angle 2$，又因为$\angle 1=\angle 2$，所以$\angle 1=\angle 2=\angle 3$，从而$AD=AE$。

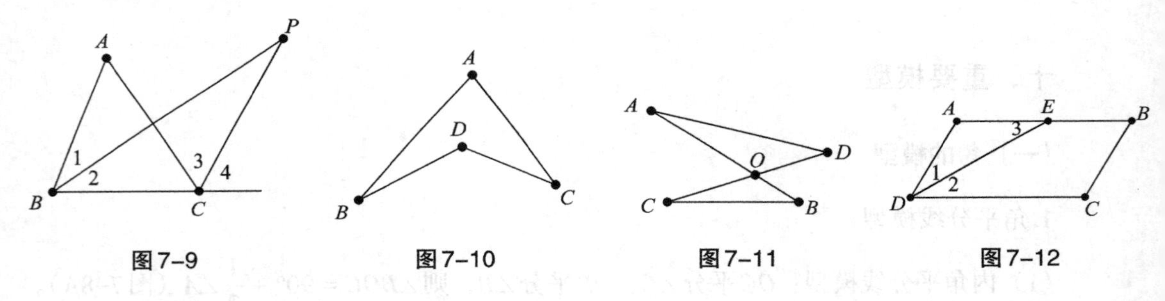

图7-9　图7-10　图7-11　图7-12

（二）面积模型

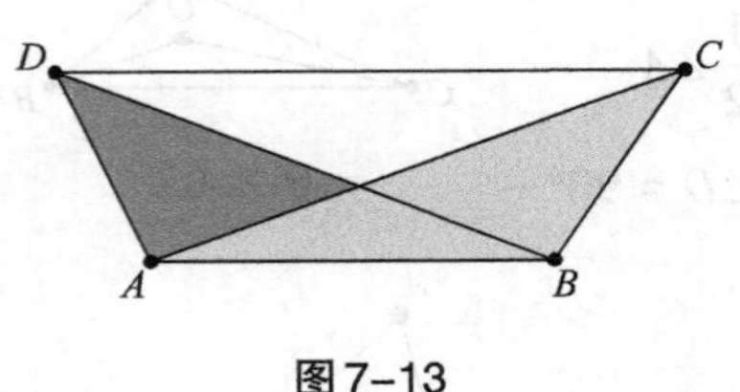

图7-13

1.同底等高等积变形

如果两个三角形的底是同一条线段，且顶点的连线与底边平行，那么它们的面积相等（图7-13）。

2.底边共线共顶点模型

如果两个三角形底边在一条线上，且顶点相同，那么它们的面积之比等于底边之比（图7-14）。

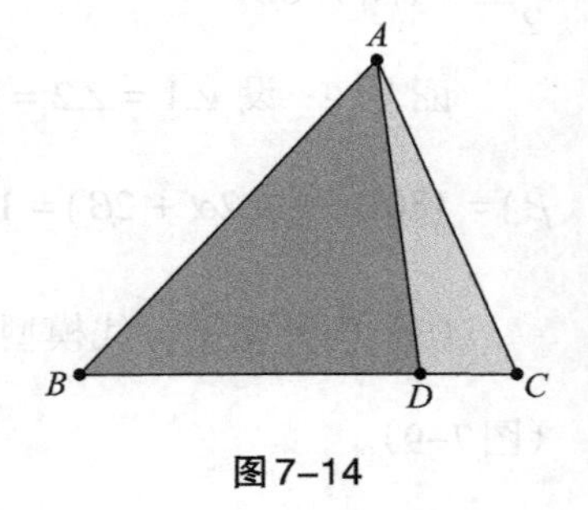

图7-14

3.风筝模型

在四边形$ABCD$中，O是对角线AC与BD的交点，则

$S_{\Delta AOD} \cdot S_{\Delta BOC} = S_{\Delta AOB} \cdot S_{\Delta COD}$；$\frac{S_{\Delta AOD} + S_{\Delta AOB}}{S_{\Delta COD} + S_{\Delta COB}} = \frac{OA}{OC}$；$\frac{S_{\Delta AOD} + S_{\Delta COD}}{S_{\Delta AOB} + S_{\Delta COB}} = \frac{OD}{OB}$。

证明：在ΔABD中$\frac{S_{\Delta AOD}}{S_{\Delta AOB}} = \frac{DO}{BO}$，在$\Delta BCD$中$\frac{S_{\Delta BOC}}{S_{\Delta COD}} = \frac{BO}{DO}$，所以$\frac{S_{\Delta AOD}}{S_{\Delta AOB}} \times \frac{S_{\Delta BOC}}{S_{\Delta COD}} = 1$，所以$S_{\Delta AOD} \cdot S_{\Delta BOC} = S_{\Delta AOB} \cdot S_{\Delta COD}$。又因为$\frac{S_{\Delta AOD}}{S_{\Delta COD}} = \frac{OA}{OC} = \frac{S_{\Delta AOB}}{S_{\Delta COB}}$，所以$\frac{S_{\Delta AOD} + S_{\Delta AOB}}{S_{\Delta COD} + S_{\Delta COB}} = \frac{OA}{OC}$。同理可证$\frac{S_{\Delta AOD} + S_{\Delta COD}}{S_{\Delta AOB} + S_{\Delta COB}} = \frac{OD}{OB}$（图7-15）。

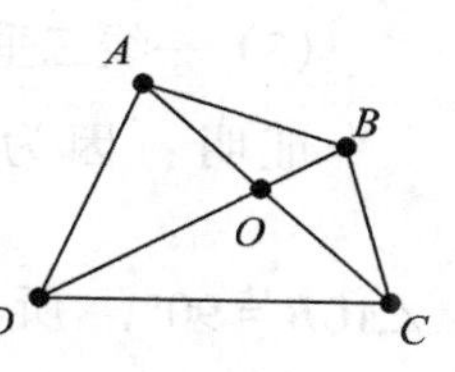

图7-15

其中后两个结论可描述为：四边形被一条对角线分成的两个三角形面积之比等于该对角线分另一条对角线所成的对应的两条线段长度之比。

4.蝴蝶模型

蝴蝶模型是梯形情况下的风筝模型，除了风筝模型的结论之外还增加了一个结论：$S_{\Delta AOD} = S_{\Delta BOC}$（图7-16）。

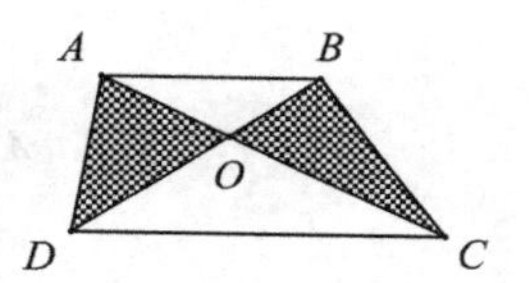

图7-16

证明：由同底等高模型知$S_{\Delta ABD} = S_{\Delta ABC}$，所以$S_{\Delta AOD} = S_{\Delta ABD} - S_{\Delta ABO} = S_{\Delta ABC} - S_{\Delta ABO} = S_{\Delta BOC}$。

注：该图形酷似蝴蝶，其中ΔAOB是头，ΔCOD是尾，$\Delta AOD, \Delta BOC$是左右两个翅膀，蝴蝶模型的结论可记忆为：左右两个翅膀相等，头尾面积之积等于两个翅膀的面积之积。

5.鸟头模型（共角模型）

若两个三角形有两个角对应相等或互补，则其面积之比等于这个对应角的两边乘积之比（图7-17）。

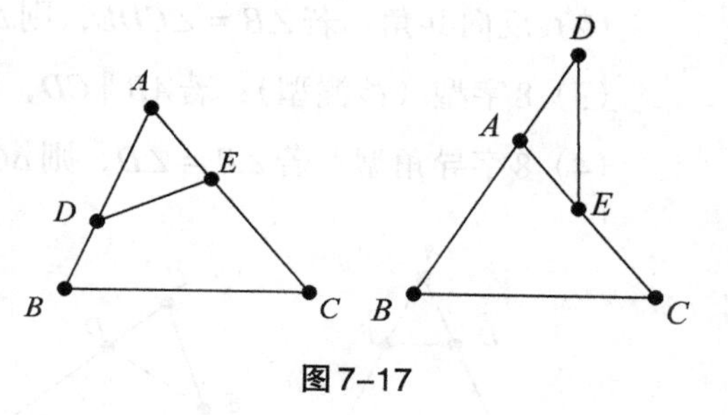

图7-17

证明1：在三角形ABC中，连接BE，则有$\frac{S_{\Delta ADE}}{S_{\Delta ABE}} = \frac{AD}{AB}$，$\frac{S_{\Delta ABE}}{S_{\Delta ABC}} = \frac{AE}{AC}$，利用等式的性质，左右两边分别相乘得：$\frac{S_{\Delta ADE}}{S_{\Delta ABE}} \times \frac{S_{\Delta ABE}}{S_{\Delta ABC}} = \frac{AD}{AB} \times \frac{AE}{AC}$，即$\frac{S_{\Delta ADE}}{S_{\Delta ABC}} = \frac{AD \times AE}{AB \times AC}$（图7-18）。

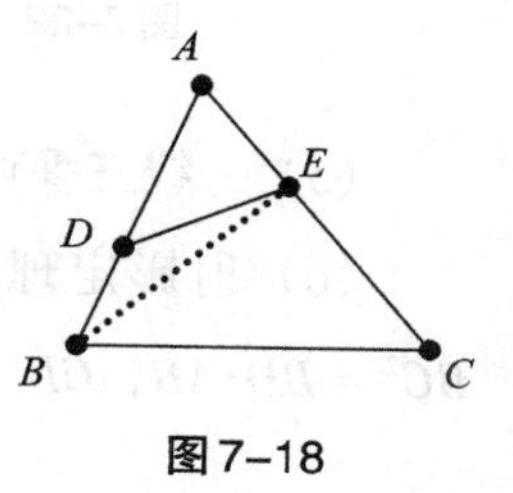

图7-18

证明2：由正弦定理知$S_{\Delta ADE} = \frac{1}{2} AD \cdot AE \cdot \sin\angle A, S_{\Delta ABC} = \frac{1}{2} AB \cdot AC \cdot \sin\angle A$，所以$\frac{S_{\Delta ADE}}{S_{\Delta ABC}} = \frac{AD \times AE}{AB \times AC}$。

（三）全等模型

（1）8字全等：若$AB \parallel CD$且$AB=CD, AO=OD, BO=OD$三者之一成立，则$\Delta AOB \cong \Delta DOC$（图7-19）。

（2）倍长中线：D为BC中点，延长AD至E，使得$AD=DE$，则$\Delta ABD \cong \Delta ECD$（图7-20）。

（3）一线三垂直：若$AB \perp BD, DE \perp BD, AC \perp CE, AC=CE$，则$\Delta ABC \cong \Delta CDE$。

证明：因为$AC \perp CE$，所以$\angle ACB+\angle DCE=90°$，又因为$\angle B=90°$，所以$\angle A+\angle ACB=90°$，所以$\angle A=\angle DCE$。所以，$\Delta ABC$和$\Delta CDE$中，$\begin{cases}\angle A=\angle DCE\\ \angle B=\angle D\\ AC=CE\end{cases}$，所以$\Delta ABC \cong \Delta CDE$（图7-21）。

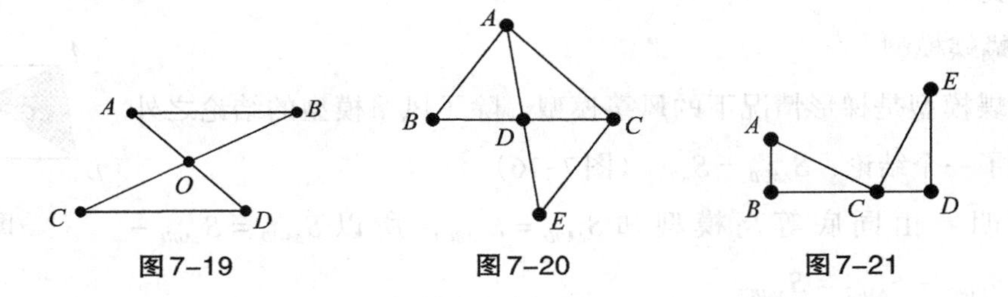

图7-19　　图7-20　　图7-21

（四）相似模型

（1）A字型（金字塔型）：若$DE \parallel BC$，则$\Delta ADE \sim \Delta ABC$（图7-22）。

（2）反向共角：若$\angle B=\angle CDE$，则$\Delta DCE \sim \Delta BCA$（图7-23）。

（3）8字型（沙漏型）：若$AB \parallel CD$，则$\Delta ABO \sim \Delta DCO$（图7-24）。

（4）8字导角型：若$\angle B=\angle D$，则$\Delta CDO \sim \Delta ABO$（图7-25）。

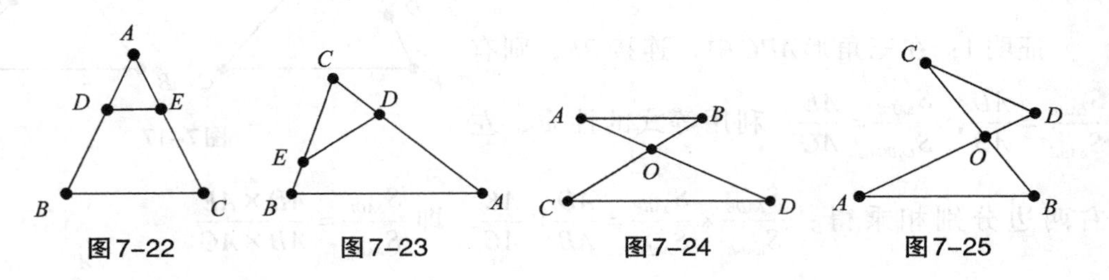

图7-22　　图7-23　　图7-24　　图7-25

（5）一线三垂直型：若$AB \perp BD, DE \perp BD, AC \perp CE$，则$\Delta ABC \sim \Delta CDE$（图7-26）。

（6）射影定理型：$\angle ACB=90°, CD \perp AB$，则$\Delta ADC \sim \Delta CDB \sim \Delta ACB$，且$AC^2=AD \cdot AB$，$BC^2=BD \cdot AB$，$CD^2=AD \cdot BD$（图7-27）。

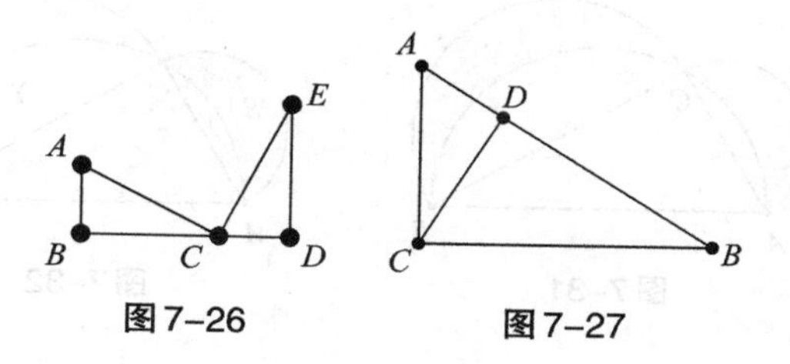

图7-26　　图7-27

（7）割线模型：AC、AE是圆O的两条割线，则$\Delta ABD \sim \Delta AEC$（图7-28）。

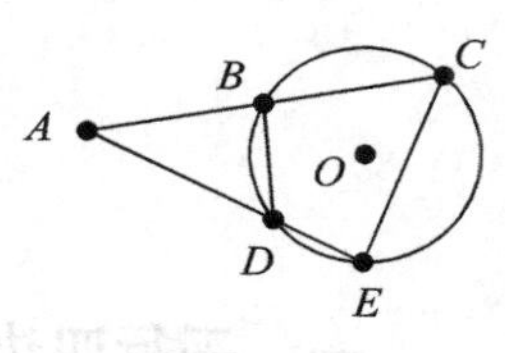

图7-28

证明：因为B、C、D、E共圆，所以$\angle C + \angle BDE = 180°$，故$\angle ADB = \angle C$，又因为$\angle A$是公共角，所以$\Delta ABD \sim \Delta AEC$。

（8）切割线型（弦切角相似）：AC是圆O的割线，AD圆O的切线，则$\Delta ABD \sim \Delta ADC$（图7-29）。

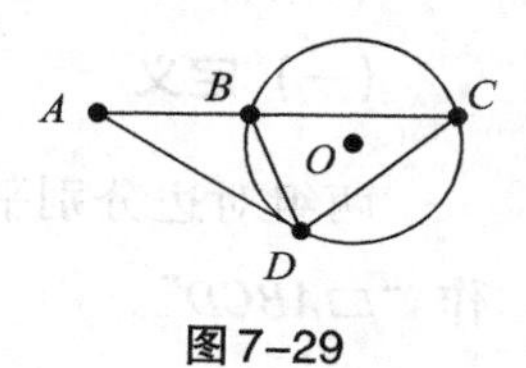

图7-29

证明：因为AD是切线，所以由弦切角定理知$\angle ADB = \angle C$，又因为$\angle A$是公共角，所以$\Delta ABD \sim \Delta ADC$。

（五）将军饮马模型

A、B两点在直线l同侧，从A出发到l然后到B，则经过的最少路程是多少？

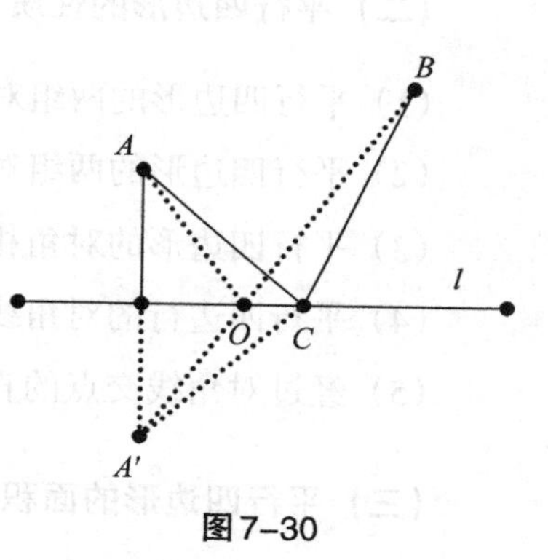

图7-30

解：做A关于l的对称点A'，连接$A'B$，与直线l交于点O，则最短路程为$AO + OB$。因为$AO = A'O$，所以$AO + OB = A'O + OB = A'B$，若在直线上任取异于O的点C，则$AC + CB = A'C + CB$，所以在$\Delta A'CB$内$A'B < A'C + CB$（图7-30）。

（六）希波克拉底月牙定理

以直角三角形两条直角边为直径向外做两个半圆，以斜边为直径做半圆与之相交，则三个半圆所围成的两个月牙形面积之和等于该直角三角形的面积。即图中阴影面积为ΔABC的面积（图7-31）。

证明：记以AC、BC、AB为直径的半圆为U、V、W，则$S_{阴} = S + T = S_U - S_X + S_V - S_Y = S_U + S_V - (S_X + S_Y) = S_U + S_V - \left(S_W - S_{\Delta ABC}\right) = S_{\Delta ABC}$（图7-32）。

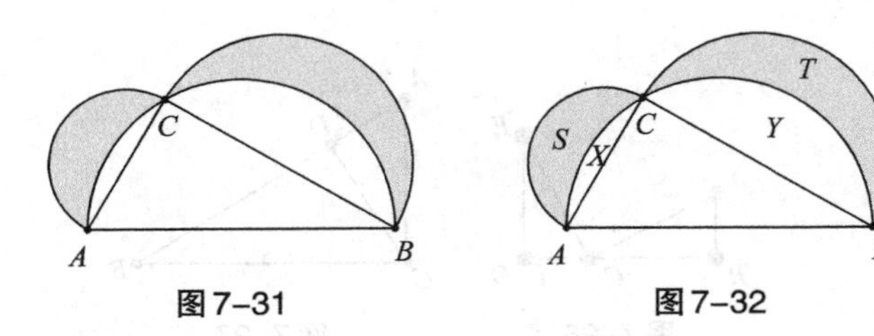

图7-31　　图7-32

第二节　四边形

一、平行四边形

（一）定义

两组对边分别平行的四边形称为平行四边形，用“▱”表示，平行四边形$ABCD$记作“▱$ABCD$”。

（二）平行四边形的性质

（1）平行四边形的两组对边分别平行。

（2）平行四边形的两组对边分别相等。

（3）平行四边形的对角相等，邻角互补。

（4）平行四边行的对角线互相平分。

（5）经过对角线交点的直线平分平行四边形的周长和面积。

（三）平行四边形的面积

设平行四边行$ABCD$底边AB的高为h，则其面积$S = AB \cdot h$。

例1　如图7-33所示，在平行四边形$ABCD$中，点O是对角线AC,BD的交点，$AC \perp BC$，且$AB = 5, AD = 3$，求OB的长。

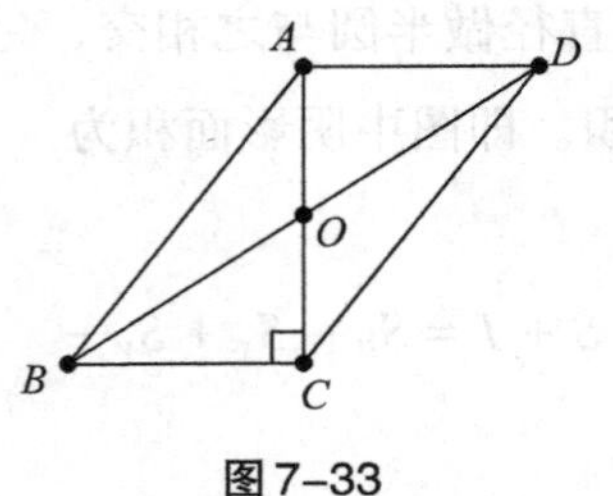

图7-33

解：因为四边形$ABCD$是平行四边形，所以$BC = AD = 3, OB = OD, OA = OC$，又因为$AC \perp BC$，所以$AC = \sqrt{AB^2 - BC^2} = \sqrt{5^2 - 3^2} = 4$，从而$OC = \frac{1}{2}AC = 2$，故$OB = \sqrt{BC^2 + OC^2} = \sqrt{3^2 + 2^2} = \sqrt{13}$。

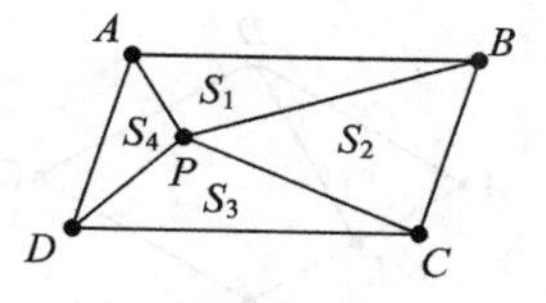

图7-34

例2　如图7-34所示，点P是平行四边形$ABCD$内的任意一点，连接PA、PB、PC、PD，得到ΔPAB、ΔPBC、ΔPCD、ΔPDA，设它们的面积分别是S_1、S_2、S_3、S_4。则S_1、S_2、S_3、S_4满足的数量关系为（　　）。

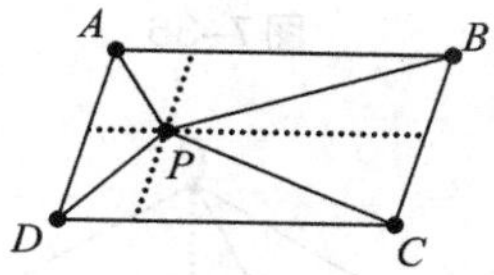

（A）$S_1+S_2=S_3+S_4$　　（B）$S_1+S_3=S_2+S_4$

（C）$S_1+S_4=S_2+S_3$　　（D）$S_1S_3=S_2S_4$　　（E）$S_1S_2=S_3S_4$

答案：B

图7-35

解1：过点P作AB和AD的平行线，将$\square ABCD$分割成8个三角形，构成4对全等三角形，从而$S_1+S_3=S_2+S_4$（图7-35）。

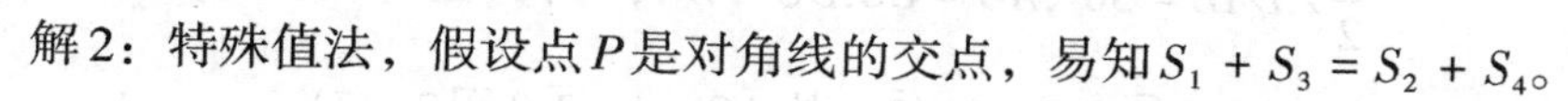

解2：特殊值法，假设点P是对角线的交点，易知$S_1+S_3=S_2+S_4$。

二、菱形

（一）定义

一组邻边相等的平行四边形或四边相等的平面四边形称为菱形，用“◊”表示。

（二）菱形的性质

菱形一定是平行四边形，所以具有平行四边形的所有的性质，除此之外，菱形还具有以下性质：

（1）菱形的四条边都相等。

（2）菱形的两条对角线互相垂直平分。

（3）菱形的两条对角线平分对角。

（三）菱形的面积

（1）设菱形$ABCD$底边AB的高为h，则其面积$S=AB\cdot h=\frac{1}{2}AC\cdot BD$。

（2）菱形$ABCD$的面积为$S=\frac{1}{2}AC\cdot BD$。一般地，对角线垂直的凸四边形的面积是其对角线之积的一半。

例3　菱形的两条对角线长度之比是$\frac{2}{3}$，面积是12cm²，则它的对角线的长分别是多少？

解：设菱形的两条对角线的长分别为$2x$cm、$3x$cm，则

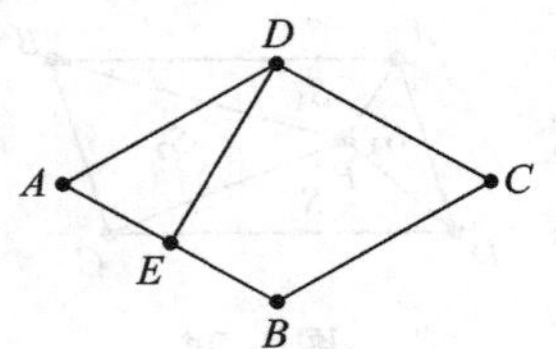

图7-36

$S=\frac{1}{2}\cdot 2x\cdot 3x=12$，解得$x_1=2,x_2=-2$（舍去）。故对角线的长分别为4cm,6cm。

例4 如图7-36所示，在菱形$ABCD$中，$DE\perp AB$，垂足为点E，且E为边AB的中点，$AB=4$，求AC的长度。

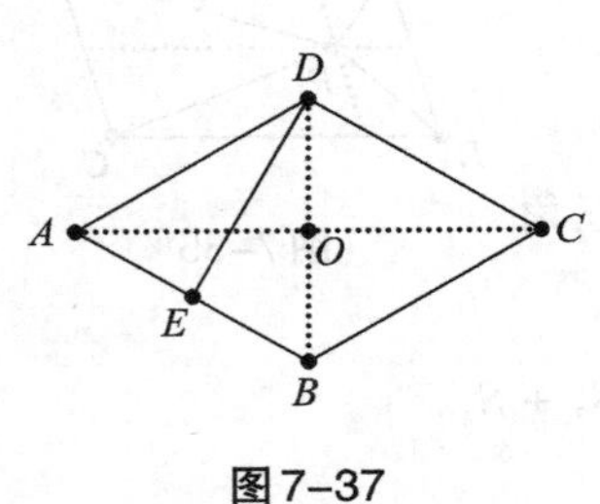

图7-37

解：连接BD，因为四边形$ABCD$是菱形，所以$AD=AB,E$是AB中点，$DE\perp AB$，所以$AD=DB$，$AD=DB=AB$，即ΔADB是等边三角形，所以$\angle A=60°$。连接AC、BD，则$AC\perp BD,\angle DAC=\frac{1}{2}\angle DAB=30°,AO=CO,DO=BO$，因为$AD=BA=4$，所以$DO=2,AO=\sqrt{3}DO=2\sqrt{3}$，故$AC=4\sqrt{3}$（图7-37）。

三、矩形

（一）定义

有一个角是直角的平行四边形是矩形（称为“长方形”），用“▭”表示。

（二）矩形的性质

矩形一定是平行四边形，所以具有平行四边形的所有的性质，除此之外，矩形还具有以下性质：

（1）矩形的四个内角都是直角。

（2）矩形的对角线相等。

（三）矩形的面积

设四边形$ABCD$为矩形，则其面积$S=AB\cdot BC$。

例5 如图7-38所示，在矩形$COED$中，点D的坐标是$(1,3)$，则CE的长是（　　）。

（A）3　（B）$2\sqrt{2}$　（C）$\sqrt{10}$　（D）4　（E）5

答案：C

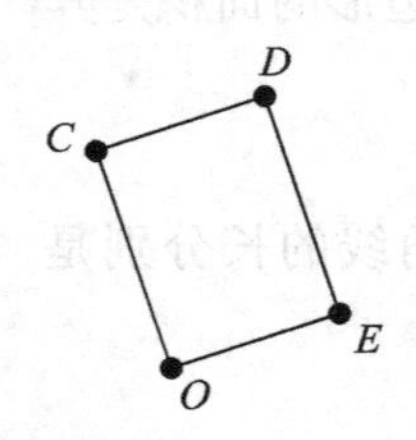

图7-38

解：因为四边形$COED$是矩形，所以$CE=OD$，又因为点D的坐标是$(1,3)$，所以$OD=\sqrt{1^2+3^2}=\sqrt{10}$，所以$CE=\sqrt{10}$。

例6 如图7-39所示，点P是矩形$ABCD$的边上一动点，矩形两边长

AB、BC长分别为15和20，那么P到矩形两条对角线AC和BD的距离之和是多少？

解：连接OP，如图7-40所示：因为四边形$ABCD$是矩形，所以$AC = BD = 25, OA = OD = \frac{25}{2}$。$S_{\Delta AOD} = \frac{1}{4}S_{\Box ABCD} = \frac{1}{4} \times 15 \times 20 = 75$，又因为$S_{\Delta AOD} = S_{\Delta APO} + S_{\Delta DPO} = \frac{1}{2}OA \cdot PE + \frac{1}{2}OD \cdot PF = \frac{1}{2} \times \frac{25}{2}(PE + PF) = 7575$，所以$PE + PF = 12$。故点$P$到矩形的两条对角线$AC$和$BD$的距离之和是12。

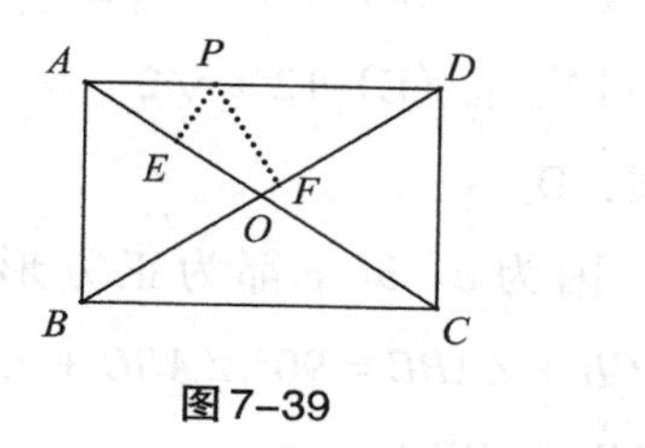

图7-39

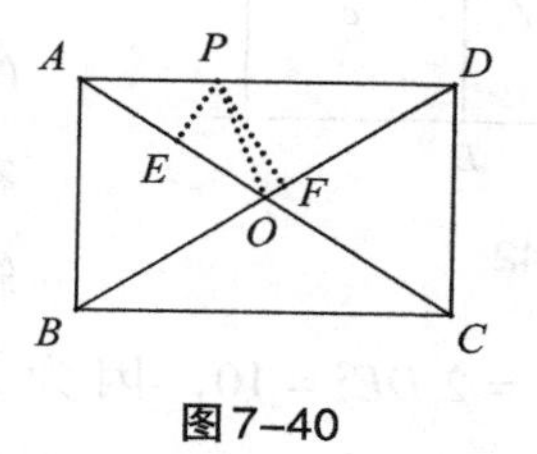

图7-40

四、正方形

（一）定义

有一组邻边相等，并且有一个角是直角的平行四边形称为正方形，用"□"表示。可见，一组邻边相等的矩形也是正方形，或者有一个角是直角的菱形是正方形。简言之，既是菱形又是矩形的四边形是正方形。正方形是特殊的平行四边形，它具有平行四边形、矩形、菱形的一切性质。

（二）正方形的性质

（1）边的性质：对边平行，四条边都相等。

（2）角的性质：四个角都是直角。

（3）对角线性质：两条对角线互相垂直平分且相等，每条对角线平分一组角。

（三）正方形的面积

设正方形$ABCD$边长为a，则其面积$S = a^2$。

例7　如图7-41所示，边长为6的正方形$ABCD$和边长为8的正方形$BEFG$排放在一起，O_1和O_2分别是两个正方形的对称中心，求阴影部分的面积。

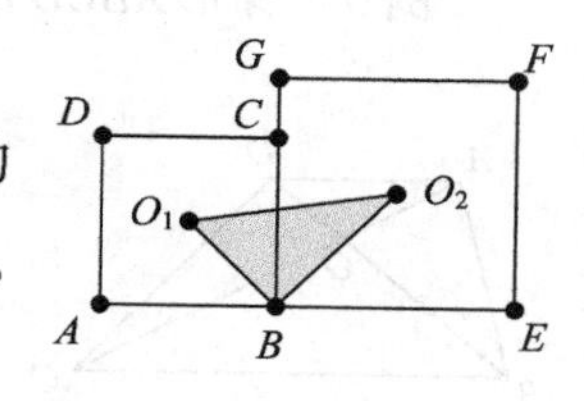

图7-41

解：因为O_1和O_2分别是这两个正方形的中心，所以$BO_1 =$

$\frac{\sqrt{2}}{2}\times 6=3\sqrt{2},BO_2=\frac{\sqrt{2}}{2}\times 8=4\sqrt{2},\angle O_1BC=\angle O_2BC=45°$，$\angle O_1BO_2=\angle O_1BC+\angle O_2BC=90°$，所以$S_{\Delta BO_1O_2}=\frac{1}{2}\times 3\sqrt{2}\times 4\sqrt{2}=12$。

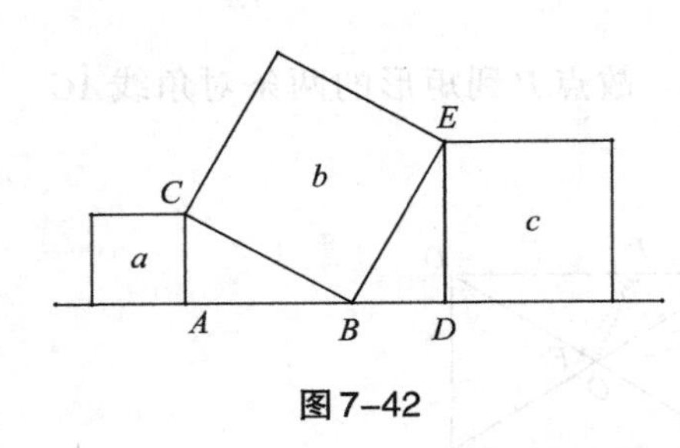

图7-42

例8　如图7-42所示，直线l上有三个正方形a,b,c，若a,c的面积分别为2和10，则b的面积为（　　）。

（A）8　　（B）$\sqrt{10}+\sqrt{2}$　　（C）$2\sqrt{3}$

（D）12　　（E）$12+\sqrt{2}$

答案：D

解：因为a、b、c都为正方形，所以$BC=BE$，$\angle CBE=90°$，$AC^2=2,DE^2=10$，因为$\angle ACB+\angle ABC=90°,\angle ABC+\angle DBE=90°$，所以$\angle ACB=\angle DBE$,在$\Delta ABC$和$\Delta DEB$中，$\begin{cases}\angle BAC=\angle EDB\\ \angle ACB=\angle EBD\\ BC=EB\end{cases}$，故$\Delta ABC\cong\Delta DEB$，所以$AB=DE$。在$\Delta ABC$中，$BC^2=AC^2+AB^2=AC^2+DE^2=2+10=12$，即$b$的面积为12。

五、梯形

（一）定义

有且仅有一组对边平行的四边形叫梯形，用“⏢”表示，平行的两个边中短边叫上底，长边叫下底，另两个边叫腰。腰相等的梯形叫等腰梯形，有两个角为直角的梯形叫直角梯形。

（二）性质

（1）两底平行。

（2）梯形的中位线平行于底边，并且等于两底之和的一半。

例9　梯形$ABCD$的上底长3厘米，下底长6厘米，而三角形AOD的面积为4平方厘米，则梯形$ABCD$的面积是（　　）平方厘米（图7-43）。

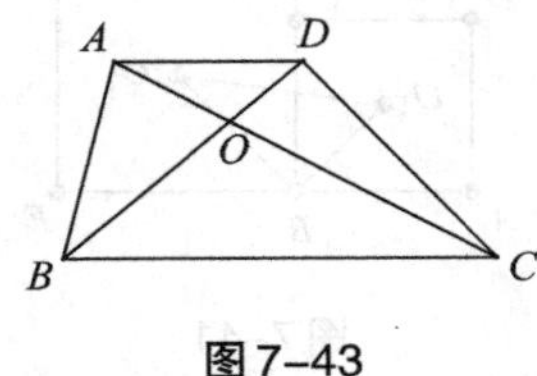

图7-43

（A）16　（B）24　（C）36　（D）48　（E）72

答案：C

解：$\frac{S_{\Delta AOD}}{S_{\Delta BOC}}=\frac{AD^2}{BC^2}=\frac{1}{4}$，所以$S_{\Delta BOC}=16$，又因为$S_{\Delta AOD}S_{\Delta BOC}=$

$\left(S_{\triangle AOB}\right)^2$，所以，故$S_{\triangle AOB}=S_{\triangle COD}=8$，所以$S_{\square ABCD}=4+16+8+8=36$。

例10 如图7-44所示，平行四边形$ABCD$的面积是60，$DE:AD=1:3$，AC与BE相交于点F，则阴影部分的面积是（ ）。

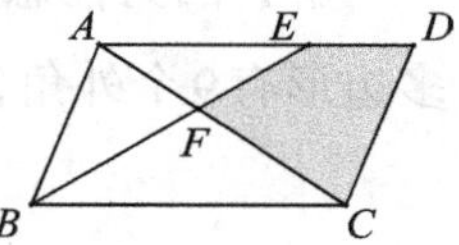

图7-44

（A）11 （B）22 （C）33 （D）44 （E）55

答案：B

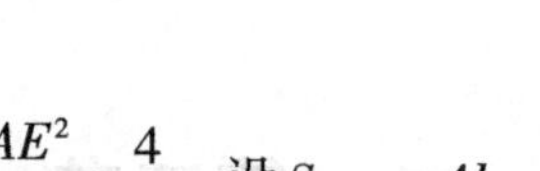

解：连接EC，因为$\frac{AE}{BC}=\frac{2}{3}$，所以$\frac{S_{\triangle AFE}}{S_{\triangle BFC}}=\frac{AE^2}{BC^2}=\frac{4}{9}$，设$S_{\triangle AEF}=4k$，则$S_{\triangle BFC}=9k$，根据梯形蝴蝶模型知$S_{\triangle EFC}=S_{\triangle ABF}=6k$，所以$S_{\triangle ACE}=10k$。由$\frac{DE}{AD}=\frac{1}{3}$得$\frac{DE}{AE}=\frac{1}{2}$，所以$\frac{S_{\triangle CDE}}{S_{\triangle ACE}}=\frac{DE}{AE}=\frac{1}{2}$，故$S_{\triangle CDE}=5k$。从而$S_{\square ABCD}=30k=60$，解得$k=2$，故$S_{四边形CDEF}=11k=22$（图7-45）。

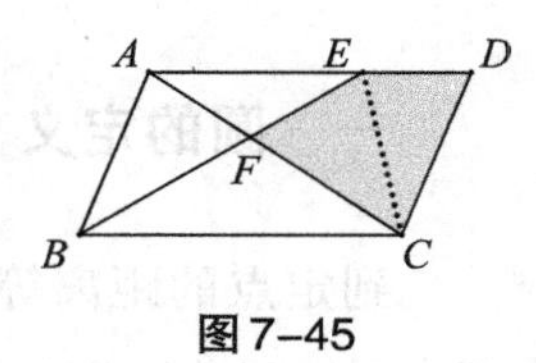

图7-45

六、多边形

（一）定义

在平面内，由一些不在同一直线上的线段首尾顺次相接组成的封闭图形称为多边形。如果一个多边形由n条边组成，那么这个多边形就称为n边形。连接多边形不相邻的两个顶点的线段称为对角线。

（二）多边形的性质

（1）n边形的对角线条数：$\frac{n(n-3)}{2}$。

（2）任意n边形的内角和为$(n-2)\times 180°$。

（3）任意n边形的外角和等于$360°$。

（三）正多边形

各个角都相等，各条边都相等的多边形称为正多边形。正多边形的外接圆的圆心称为正多边形的中心，正多边形的外接圆的半径称为正多边形的半径，中心到圆内接正多边形各边的距离称为边心距，正多边形各边所对的外接圆的圆心角都相等，这个圆心角称为正多边形的中心角。

例11 已知正多边形的一个外角等于40°，那么这个正多边形的边数为（ ）。

（A）6　（B）7　（C）8　（D）9　（E）10

答案：D

解：因为任意多边形的外角和为360°，且正多边形的一个外角等于40°，所以这个正多边形有9个外角，所以边数是9。

第三节　圆与扇形

一、圆的定义

到定点的距离等于定长的点的全体即为圆，即线段OP绕它固定一个端点O旋转一周，另一端点P所经过的封闭曲线叫作圆。定点O叫作圆心，OP叫作圆的半径，以O为圆心的圆记作$\odot O$。

二、圆的相关概念

（1）弦与直径：连接圆上任意两点的线段叫作弦，经过圆心的弦叫作直径。

（2）劣弧与优弧：圆上任意两点间的部分叫作圆弧，小于半圆的弧叫作劣弧，记作$\overset{\frown}{BC}$，大于半圆的弧叫作优弧，记作$\overset{\frown}{BAC}$（图7-46）。

（3）弦心距：圆心到圆的一条弦的距离叫作弦心距。

（4）圆心角：顶点在圆心并且两边和圆相交的角叫作圆心角。

（5）圆周角：顶点在圆周上并且两边都与圆相交的角叫作圆周角。

（6）弦切角：顶点在圆上，一边和圆相交，另一边和圆相切的角叫作弦切角。如图7-47所示，$\angle ABC$是$\odot O$的弦切角。

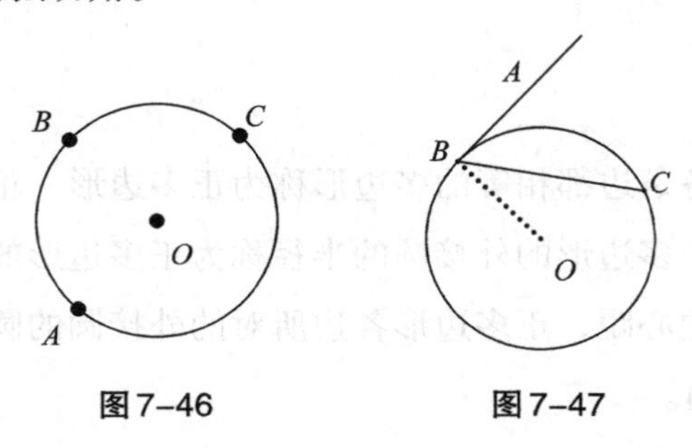

图7-46　　图7-47

三、圆的重要结论

（1）在同圆或等圆中，同弧或等弧所对的圆周角相等；相等的圆心角所对的弧相等、所对的弦相等。

（2）同一条弧所对的圆心角是它所对的圆周角的两倍。特别地，半圆或直径所对的圆周角是直角，反之圆周角为直角，则它所对的弦是直径。

（3）一条直线，如果具有：①经过圆心；②垂直于弦；③平分弦；（4）平分弦所对的弧；这四个特征中的任何两个特征时，这条直线就具有其余的两个特征。

（4）圆的平行弦之间所夹的弧相等。

（5）弦切角定理：弦切角等于它所夹的弧所对的圆周角。

证明：如图7–48所示，AB为圆O的切线，因为BD是直径，所以内接三角形BCD是直角三角形，其中$\angle DCB$是直角，所以$\angle BDC + \angle 1 = 90°$，又因为$\angle 1 + \angle CBA = 90°$，所以$\angle CBA = \angle BDC$。

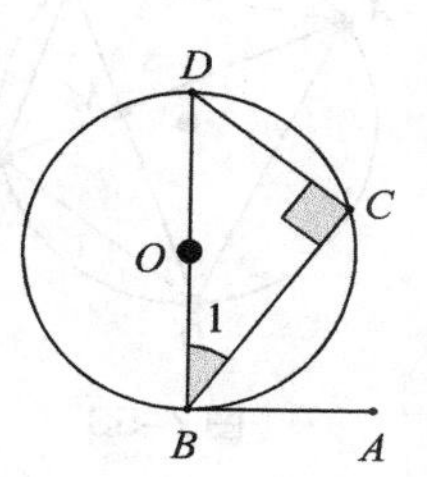

图7–48

（6）垂径定理：垂直于弦的直径平分这条弦，并且平分这条弦所对的两条弧（图7–49）。

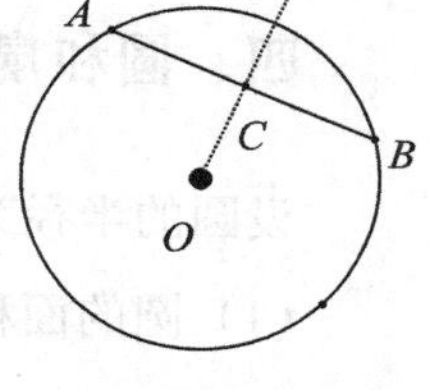

图7–49

（7）相交弦定理：圆内的两条相交弦，被交点分成的两条线段长的积相等。

证明：AB、CD为圆O的两条任意弦且相交于点P，连接AD、BC，由于$\angle B$与$\angle D$同为弧AC所对的圆周角，因此由圆周角定理知：$\angle B = $

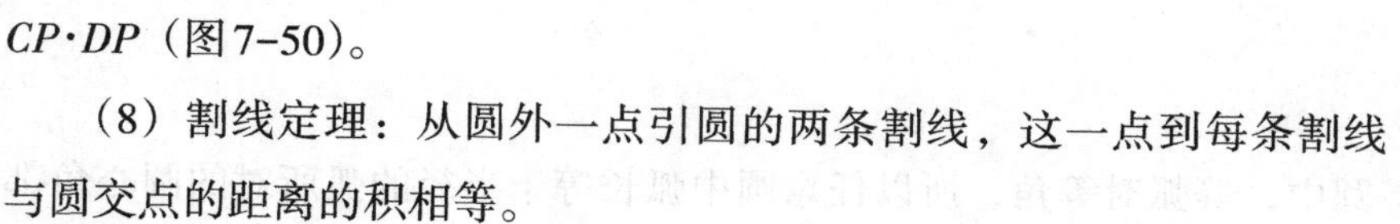

$\angle D$，同理，$\angle A = \angle C$。所以$\Delta APD \backsim \Delta CPB$，所以$\dfrac{AP}{PC} = \dfrac{DP}{BP}$，故$AP \cdot BP = CP \cdot DP$（图7–50）。

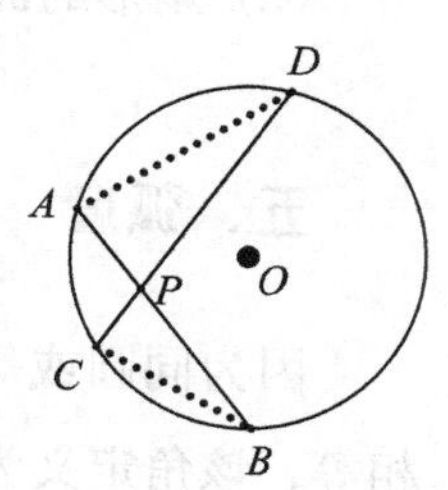

图7–50

（8）割线定理：从圆外一点引圆的两条割线，这一点到每条割线与圆交点的距离的积相等。

证明：连接AD、BC，因为$\angle A$和$\angle C$都是弧BD所对的圆周角，所以由圆周角定理知$\angle DAP = \angle BCP$，又因为$\angle P = \angle P$，所以

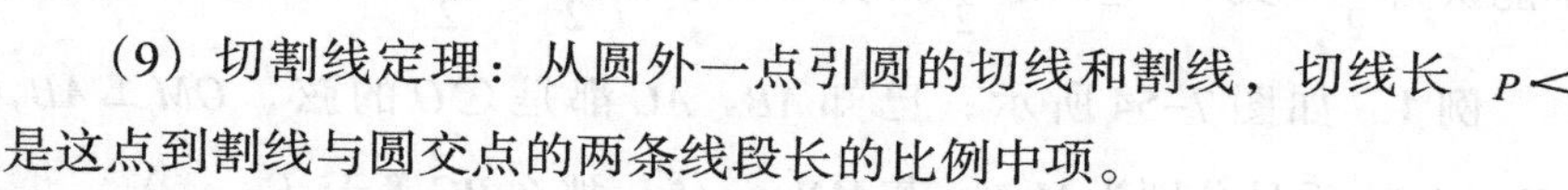

$\Delta ADP \backsim \Delta CBP$，故$\dfrac{AP}{CP} = \dfrac{DP}{BP}$，从而$PB \cdot PA = PD \cdot PC$（图7–51）。

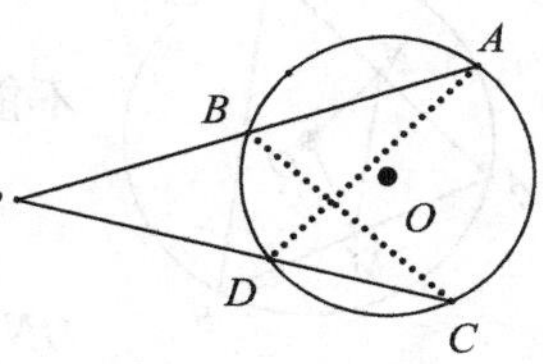

图7–51

（9）切割线定理：从圆外一点引圆的切线和割线，切线长是这点到割线与圆交点的两条线段长的比例中项。

证明：连接AT, BT。因为$\angle PTB = \angle PAT$（弦切角定理），

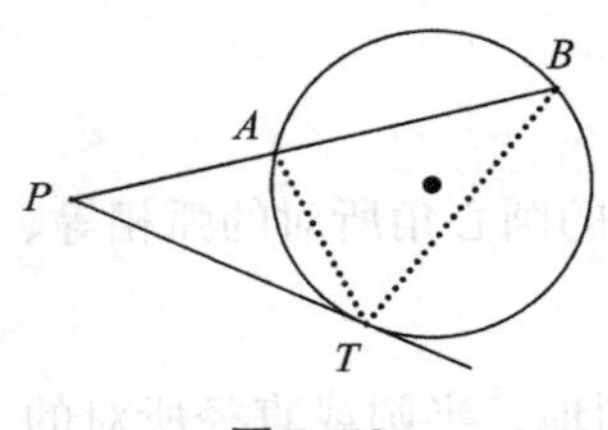

图7-52

$\angle APT=\angle TPB$（公共角），所以$\Delta PBT\backsim\Delta PTA$，所以$\dfrac{PB}{PT}=\dfrac{PT}{AP}$，从而$PT^2=PA\cdot PB$（图7-52）。

（10）内接四边形性质：四边形内接于圆的充分必要条件是对角互补，且圆的内接四边形的面积为$\sqrt{(p-a)(p-b)(p-c)(p-d)}$，其中$p=\dfrac{a+b+c+d}{2}$。

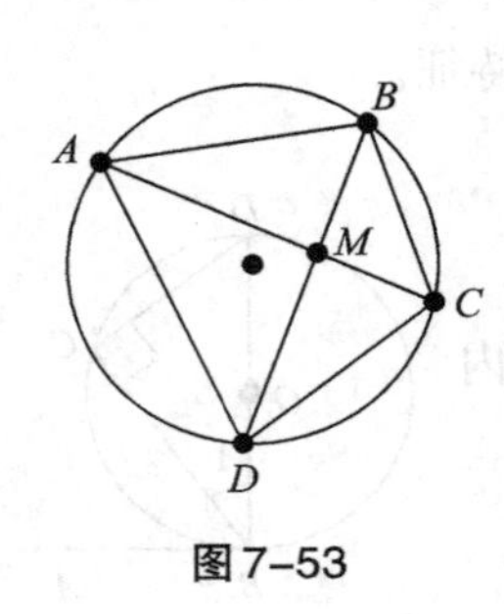

图7-53

（11）内接四边形相似：圆的内接四边形被对角线分割而成的两对三角形相似。

证明：ΔAMB、ΔCMD构成8字导角模型，又因为$\angle BAM$与$\angle BDC$都是弧BC对应的圆周角，所以$\angle BAM=\angle BDC$，从而ΔAMB与ΔCMD三个内角相等，所以相似。同理可证$\Delta AMD\backsim\Delta BMC$（图7-53）。

注：读者可通过“圆中带8必相似”这个口诀强化记忆。

四、圆和扇形的面积与弧长公式

设圆的半径为r，扇形的圆心角为n，则

（1）圆的面积$S=\pi r^2$，圆的周长$l=2\pi r=\pi d$。

（2）扇形的面积$S=\pi r^2\cdot\dfrac{n}{360}$，弧长$l=\dfrac{n\pi r}{180}$，所以扇形面积$S=\dfrac{1}{2}lr$。

五、弧度

因为同圆或等圆中，等弧对等角，所以任意圆中弧长等于半径的弧所对的圆心角都相等，该角定义为1弧度。因为圆的周长$C=2\pi r$，即整个圆周由2π个长度为半径的弧围成，所以2π弧度对应360°，故1弧度对应$\dfrac{180}{\pi}$°，如$\dfrac{\pi}{2}$对应90°。注意不能认为$\dfrac{\pi}{2}=90°$，应该是$\dfrac{\pi}{2}$弧度$=90°$，而$\dfrac{\pi}{2}\approx\dfrac{3.14}{2}=1.57$。

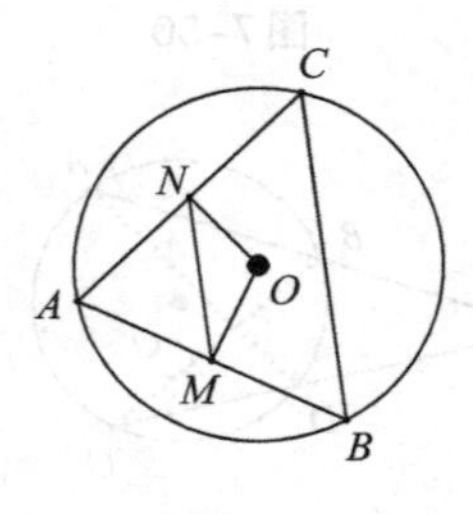

图7-54

例1 如图7-54所示，已知AB、AC都是$\odot O$的弦，$OM\perp AB$，$ON\perp AC$，垂足分别为M,N，若$MN=\sqrt{5}$，那么BC等于（　　）。

（A）2　（B）$2\sqrt{2}$　（C）$2\sqrt{5}$　（D）5　（E）3

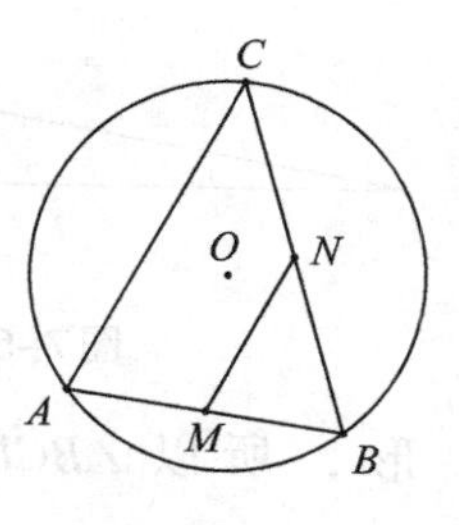

图7–55

答案：C

解：因为$OM \perp AB, ON \perp AC$，垂足分别为M、N，所以M、N分别是AB与AC的中点，故MN是ΔABC的中位线，所以$BC = 2MN = 2\sqrt{5}$。

例2　如图7–55所示，AB是$\odot O$的弦，$AB = 40\sqrt{2}$，点C是圆O上的一个动点，且$\angle ACB = 45°$，若点M、N分别是AB、BC的中点，则MN的最大值是（　）。

（A）8　（B）20　（C）40　（D）$20\sqrt{2}$　（E）$40\sqrt{2}$

答案：C

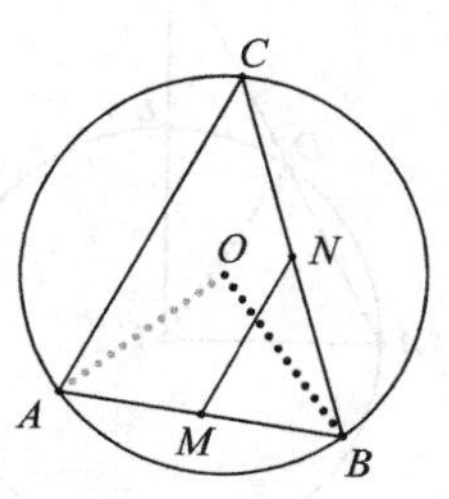

图7–56

解：连接OA、OB，如图7–56所示，所以$\angle AOB = 2\angle ACB = 2 \times 45° = 90°$，即$\Delta OAB$为等腰直角三角形，所以$OA = \frac{\sqrt{2}}{2}AB = \frac{\sqrt{2}}{2} \times 40\sqrt{2} = 40$。因为点$M$、$N$分别是$AB$、$BC$的中点，所以$MN = \frac{1}{2}AC$，当$AC$为直径时，$AC$的值最大，所以$MN$的最大值为40。

题型归纳与方法技巧

题型一：角度问题

例1　如图7–57所示，$Rt\Delta ABC$中$\angle C$为直角，点E、D、F分别在直角边AC和斜边AB上，且$AF = FE = ED = DC = CB$，则$\angle A =$（　）。

（A）$\frac{\pi}{8}$　（B）$\frac{\pi}{9}$　（C）$\frac{\pi}{10}$　（D）$\frac{\pi}{11}$　（E）$\frac{\pi}{12}$

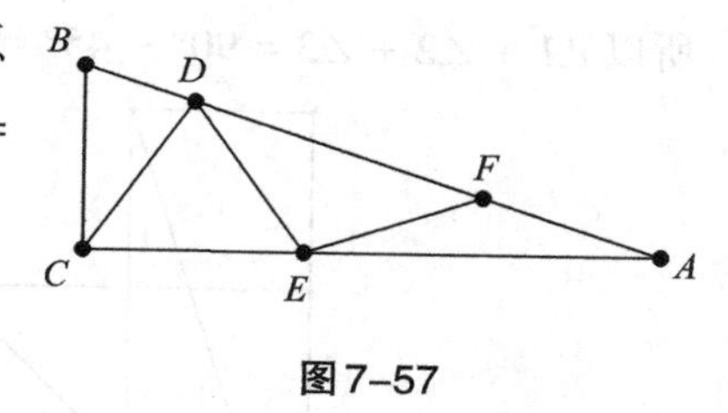

图7–57

答案：C

解：设$\angle A = \alpha$，因为$AF = FE = ED = DC = CB$，所以$\angle AEF = \angle A = \alpha$，由外角定理知$\angle EFD = \angle EDF = 2\alpha$，$\angle DEC = \angle EDA + \angle DAE = 3\alpha$，$\angle DEC = \angle DCE = 3\alpha$，$\angle BDC = \angle CBD = \angle DCA + \angle DAC = 4\alpha$，从而$\angle CBA + \angle CAB = 5\alpha = 90°$，所以$\alpha = 18° = \frac{\pi}{10}$。

例2　如图7–58所示，在$\odot O$的内接四边形$ABCD$中，AB是直径，$\angle BCD = 130°$，过D点的切线PD与直线AB交于P点，则$\angle ADP =$（　）。

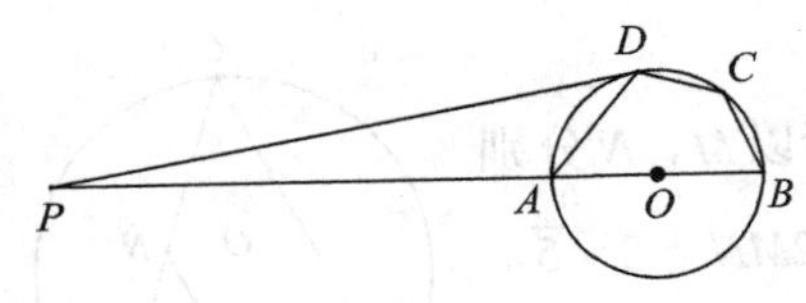

图7-58

（A）40°　（B）45°　（C）50°

（D）60°　（E）65°

答案：A

解：连接OD，因为四边形$ABCD$是圆O的内接四边形，所以$\angle BCD+\angle DAB=180°$，$\angle DAB=180°-130°=50°$，又因为$OD=OA$，所以$\angle DAO=\angle ADO=50°$，又因为切线$PD$与直线$AB$交于$P$点，所以$\angle ADP=90°-\angle ADO=40°$。

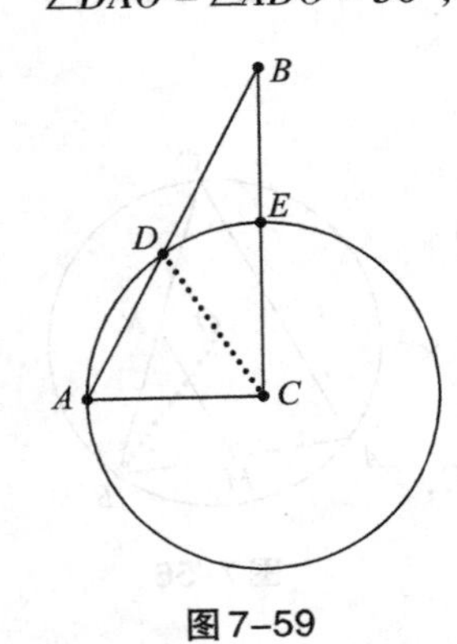

图7-59

例3　如图7-59所示，在ΔABC中，$\angle C=90°,\angle B=28°$，以$C$为圆心，$CA$为半径的圆交$AB$于点$D$，交$BC$与点$E$，则$\angle DCE$的度数为（　　）。

（A）24°　（B）25°　（C）34°　（D）35°　（E）45°

答案：C

解：连接CD，因为$\angle C=90°,\angle B=28°$，所以$\angle A=62°$，又因为$CA=CD$，所以$\angle CDA=\angle A=62°$，$\angle ACD=56°$，从而$\angle DCE=90°-56°=34°$，故$\angle DCE=34°$。

例4　如图7-60所示，为6个全等的正方形的组合图形，则$\angle 1+\angle 2+\angle 3=$（　　）。

（A）90°　（B）120°　（C）135°　（D）150°　（E）180°

答案：C

解：如图7-61所示，在$\triangle ABC$和$\triangle DEA$中，$AB=DE,\angle ABC=\angle DEA=90°,BC=AE$，所以$\Delta ABC\cong\Delta DEA(SAS)$，故$\angle 1=\angle 4$，所以$\angle 1+\angle 4=\angle 3+\angle 4=90°$，又因为$\angle 2=45°$，所以$\angle 1+\angle 2+\angle 3=90°+45°=135°$。

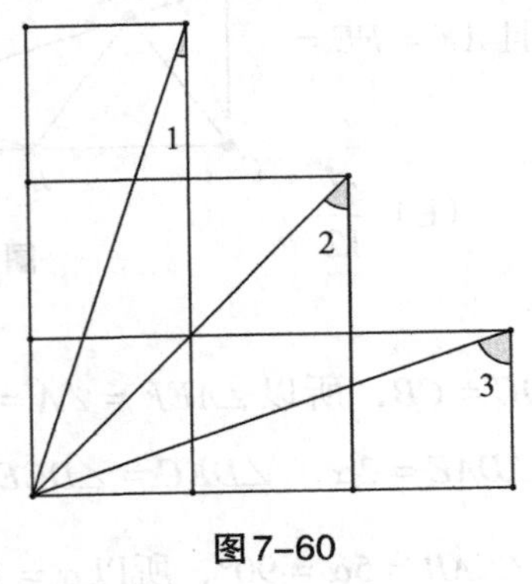

图7-60

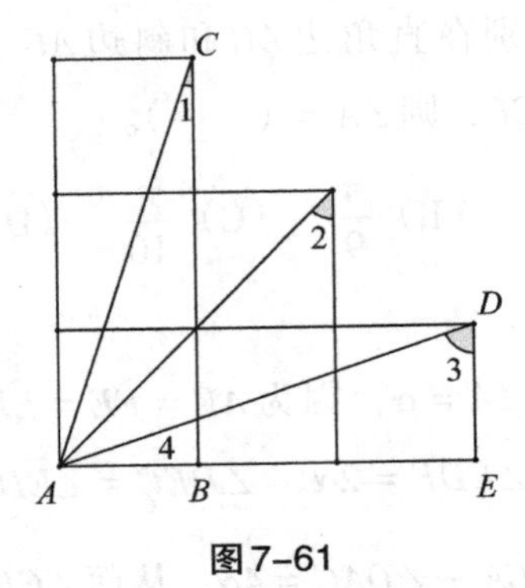

图7-61

例5（2014-10-6）如图7-62所示，在平行四边形$ABCD$中，$\angle ABC$的平分线交AD于E，$\angle BED$=150°，则$\angle A$的大小为（　　）。

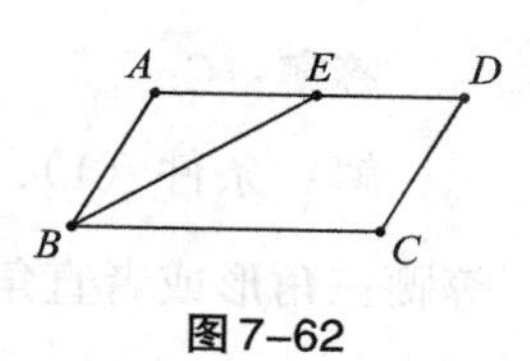

图7-62

（A）100° （B）110° （C）120° （D）130° （E）150°

答案：C

解：由双平模型知$\angle AEB = \angle ABE = 180° - \angle BED = 30°$，所以$\angle A = 120°$。

例6（2023-11）如图7-63所示，在三角形ABC中，$\angle BAC = 60°$，BD平分$\angle ABC$，交AC于D,CE平分$\angle ACB$交AB于E,BD和CE交于F，则$\angle EFB =$（　　）。

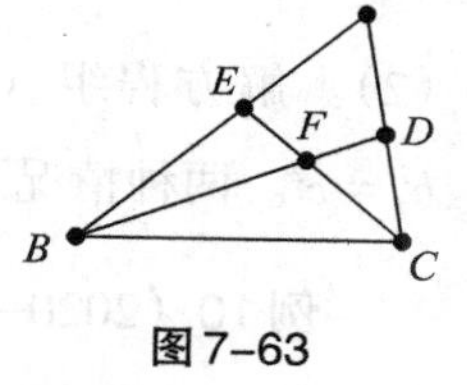

图7-63

（A）45° （B）52.5° （C）60° （D）67.5° （E）75°

答案：C

解：由内角平分线模型知$\angle BFC = 180° - (\angle FBC + \angle FCB) = 180° - \frac{1}{2}(\angle ABC + \angle ACB) = 180° - \frac{1}{2}(180° - \angle A) = 90° + \frac{1}{2}\angle BAC = 90° + \frac{1}{2} \times 60° = 120°$，所以$\angle EFB = 60°$。

题型二：三角形形状的判定

例7（2008-10-29）方程$3x^2 + [2b - 4(a + c)]x + (4ac - b^2) = 0$有相等的实根。

（1）a,b,c是等边三角形的三条边　（2）a,b,c是等腰三角形的三条边

答案：A

解：题干要求$\Delta = [2b - 4(a + c)]^2 - 12(4ac - b^2) = 0$。验证条件（1）知其成立；条件（2）中取$a = c = 1, b = \sqrt{2}$，验证不成立。

例8（2009-10-23）ΔABC是等边三角形。

（1）ΔABC的三边a,b,c满足$a^2 + b^2 + c^2 = ab + bc + ac$

（2）ΔABC的三边a,b,c满足$a^3 - a^2b + ab^2 + ac^2 - b^2 - bc^2 = 0$

解：条件（1），因为$a^2 + b^2 + c^2 - ab - bc - ac = \frac{1}{2}[(a - b)^2 + (b - c)^2 + (a - c)^2] = 0$，所以$a = b = c$，充分。条件（2）中，令$a = b = 1$，则$\forall c \in R$都成立，比如$a = b = 1, c = 1.5$满足条件（2），故$\Delta ABC$未必是等边三角形，不充分。

例9（2011-1-20）已知三角形ABC的三边分别为a,b,c，则三角形ABC是等腰直角三角形。

（1）$(a - b)(c^2 - a^2 - b^2) = 0$　（2）$c = \sqrt{2}b$

答案：C

解：条件（1），$(a-b)(c^2-a^2-b^2)=0$可以推出$a=b$或$a^2+b^2=c^2$，所以ΔABC是等腰三角形或者直角三角形，不一定是等腰直角三角形，不充分；条件（2），$c=\sqrt{2}b$，缺少a的信息，无法断定ΔABC的形状。联合考察得$\begin{cases}a=b\\c=\sqrt{2}b\end{cases}\cdots$（1）或$\begin{cases}a^2+b^2=c^2\\c=\sqrt{2}b\end{cases}\cdots$（2）。解方程组（1）得$c^2=2b^2=2a^2$，所以$c^2=a^2+b^2$；解方程组（2）得$a=b$且$a^2+b^2=c^2$。两种情况下，$\Delta ABC$都是等腰直角三角形，所以联合充分。

例10（2020–16）在ΔABC中，若$\angle B=60°$，则$\frac{c}{a}>2$。

（1）$\angle C<90°$　（2）$\angle C>90°$

答案：B

解：在ΔABC中，因为$\angle B=60°$，若$\angle C=90°$，则$\angle A=30°$，从而$\frac{c}{a}=2$。如果$\angle C>90°$，则由大角对大边知$\frac{c}{a}>2$。

题型三：长度问题

例11（2012–10–10）如图7–64所示，AB是半圆O的直径，AC是弦。若$|AB|=6,\angle ACO=\frac{\pi}{6}$，则弧$BC$的长度为（　　）。

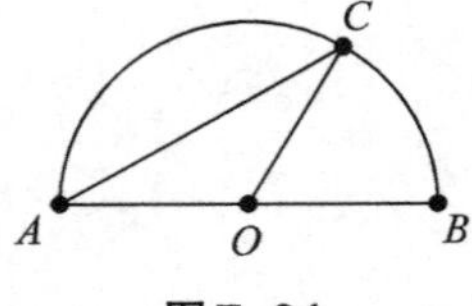

图7–64

（A）$\frac{\pi}{3}$　（B）π　（C）2π　（D）1　（E）2

答案：B

解：因为$\angle CAO=\angle ACO=\frac{\pi}{6}$，所以$\angle BOC=\frac{\pi}{3}$，从而弧$BC$的长度为$\frac{60}{360}\times2\pi\times OB=\pi$。

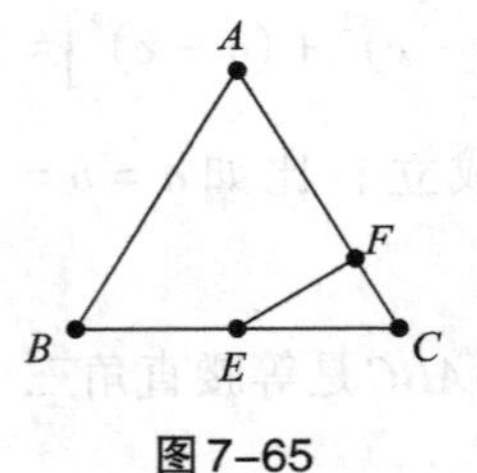

图7–65

例2（2013–10–7）如图7–65所示，$AB=AC=5,BC=6$，E是BC的中点，$EF\perp AC$，则$EF=$（　　）。

（A）1.2　（B）2　（C）2.2　（D）2.4　（E）2.5

答案：D

解：连接AE，则$AE\perp BC$，故$AE=4$，所以$S_{\Delta AEC}=\frac{1}{2}AE\cdot EC=\frac{1}{2}AC\cdot EF$，从而$EF=2.4$。

例 13（2014-1-20）如图 7-66 所示，O 是半圆的圆心，C 是半圆上的一点，$OD \perp AC$，则能确定 OD 的长。

（1）已知 BC 的长 （2）已知 AO 的长

答案：A

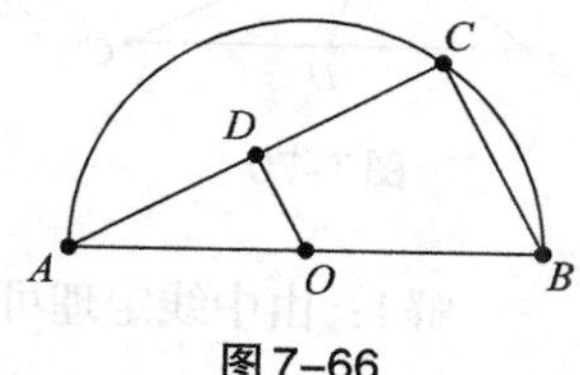

图 7-66

解：由圆周角定理知 $\angle ACB = \dfrac{\pi}{2}$，所以 $OD//BC$。条件（1），若 BC 已知，因为 OD 是 ΔABC 的中位线，所以 $OD = \dfrac{1}{2}BC$，充分。条件（2），已知 AO 长度，在 ΔAOD 中，OD 长度随着 $\angle A$ 的变化而变化，长度不确定，不充分。

例 14（2014-10-15）一个长为 8cm，宽为 6cm 的长方形木板在桌面上做无滑动的滚动（顺时针方向），如图 7-67 所示，第二次滚动中被一个小木块垫住而停止，使木板边沿 AB 与桌面成 30° 角，则木板滚动中，点 A 经过的路径长为（ ）。

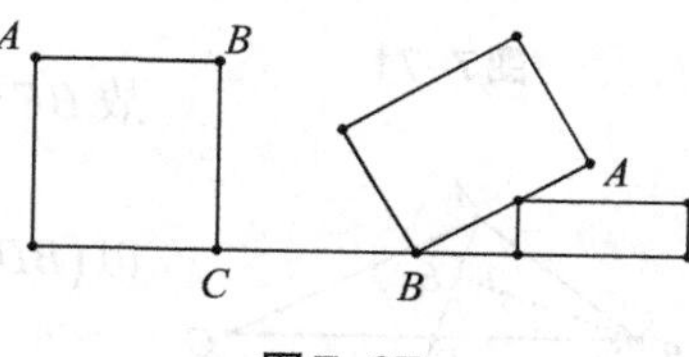

图 7-67

（A）4π （B）5π （C）6π （D）7π （E）8π

答案：D

解：记第一次旋转后 B 转到 B_1 点，则 A 旋转后的位置 A_1 在 B_1 的正上方，此时点 A 以点 C 为圆心旋转了 90°，因此经过的弧长为 $\dfrac{1}{4}\cdot 2\pi\cdot AC$；第二次旋转时，点 A 从 A_1 以 B_1 为心旋转到 A_2，旋转了 60°，经过的弧长为 $\dfrac{1}{6}\cdot 2\pi\cdot AB$。所以点 A 经过的弧长为 $\dfrac{1}{4}\cdot 2\pi\cdot AC + \dfrac{1}{6}\cdot 2\pi\cdot AB = 7\pi$（图 7-68）。

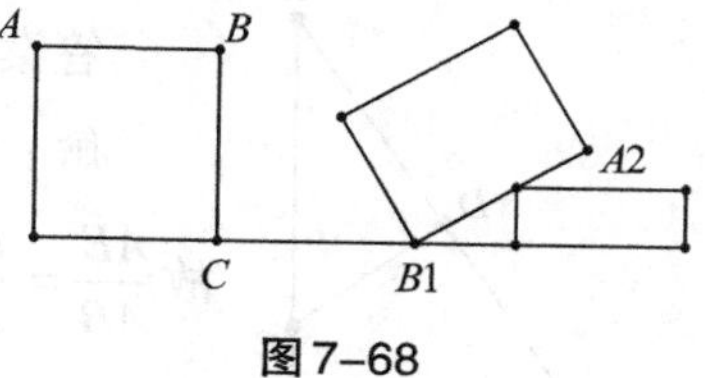

图 7-68

例 15（2015-8）如图 7-69 所示，梯形 $ABCD$ 的上底与下底分别为 5，7，E 为 AC 与 BD 的交点，MN 过点 E 且平行于 AD，则 $MN =$（ ）。

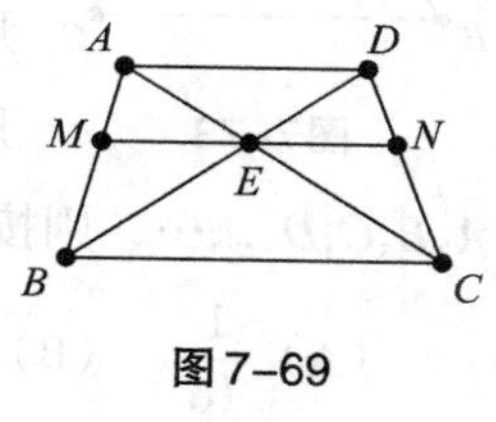

图 7-69

（A）$\dfrac{26}{5}$ （B）$\dfrac{11}{2}$ （C）$\dfrac{35}{6}$ （D）$\dfrac{36}{7}$ （E）$\dfrac{40}{7}$

答案：C

解：由 $\triangle EAD \sim \triangle ECB$ 得 $\dfrac{DE}{BE} = \dfrac{AD}{BC} = \dfrac{5}{7}$，由 $\triangle BEM \sim \triangle BDA$ 得 $\dfrac{ME}{AD} = \dfrac{BE}{BD} = \dfrac{7}{7+5}$，所以 $ME = \dfrac{35}{12}$，类似可得，$NE = \dfrac{35}{12}$，故 $MN = ME + NE = \dfrac{35}{12} + \dfrac{35}{12} = \dfrac{35}{6}$。

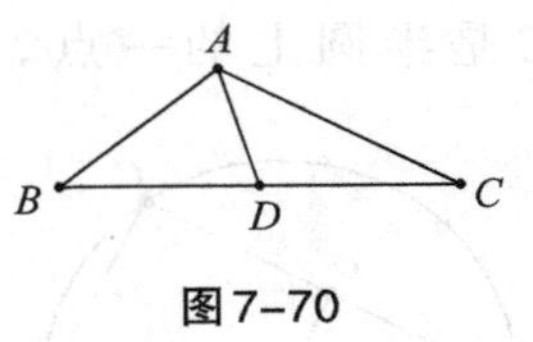

图7-70

例16（2019-10）在三角形ABC中，$AB=4,AC=6,BC=8,D$为BC的中点，则$AD=$（　　）（图7-70）。

（A）$\sqrt{11}$　（B）$\sqrt{10}$　（C）3　（D）$2\sqrt{2}$　（E）$\sqrt{7}$

答案：B

解1：由中线定理可得：$AB^2+AC^2=2BD^2+2AD^2$，故$AD=\sqrt{10}$。

解2：取AD的中点E，连接BE，因为$AB=BD=4$，所以$BE\perp AD$。由海伦公式知$S_{\Delta ABC}=\sqrt{p(p-a)(p-b)(p-c)}=3\sqrt{15}$，设$DE=x$，则$BE=\sqrt{16-x^2}$，所以$S_{\Delta ABD}=BE\times ED=x\sqrt{16-x^2}$，因为$D$是$BC$的中点，所以$S_{\Delta ABC}=2S_{\Delta ABD}$，故$2x\sqrt{16-x^2}=9\times 15$，解得$AD=\sqrt{10}$（图7-71）。

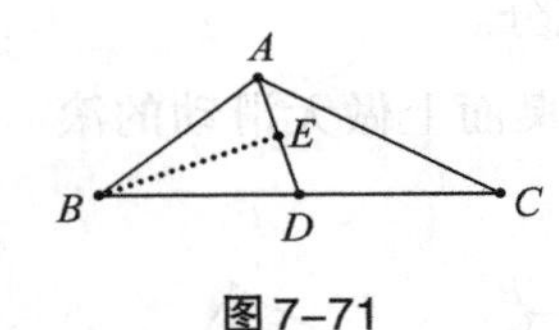

图7-71

解3：延长AD至F使得$AD=DF$（图7-72），则$\Delta ADC\cong\Delta FDB$，故$BF=AC=6$。设$DE=x$，则$FE=\dfrac{3x}{2}$，又因为$BE^2+EF^2=BF^2$，所以$(BD^2-ED^2)+\dfrac{9x^2}{4}=36$，解得$x=\dfrac{\sqrt{10}}{2}$，所以$AD=\sqrt{10}$。

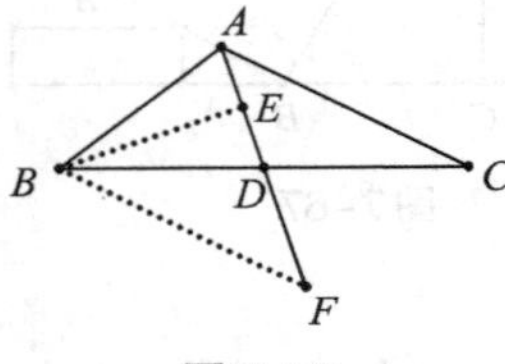

图7-72

例17　在ΔABC中，若$\angle C=90°,\angle AED=\angle B,ED\perp AB,DE=6,AB=10,AE=8$，则$BC$的长为（　　）（图7-73）。

（A）$\dfrac{15}{4}$　（B）7　（C）$\dfrac{15}{2}$　（D）$\dfrac{24}{5}$　（E）12

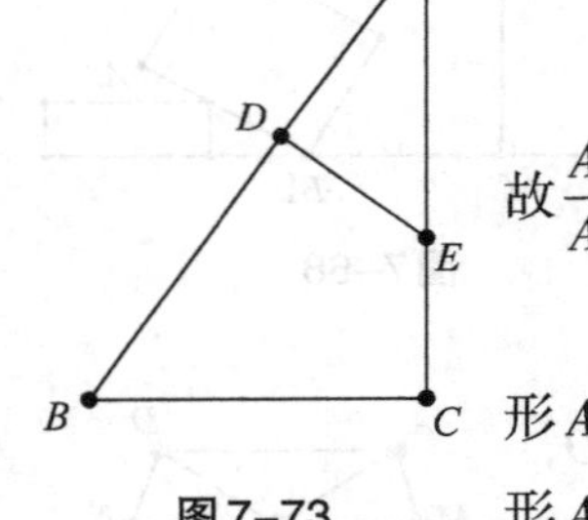

图7-73

答案：C

解：因为$\angle C=90°,\angle AED=\angle B,ED\perp AB$，所以$\triangle ADE\backsim\triangle ACB$，故$\dfrac{AE}{AB}=\dfrac{DE}{BC}$，即$\dfrac{8}{10}=\dfrac{6}{BC}$，解得$BC=\dfrac{15}{2}$。

例18　顺次连接边长为1的正方形$ABCD$四边的中点，得到四边形$A_1B_1C_1D_1$，然后顺次连接四边形$A_1B_1C_1D_1$四边的中点，得到四边形$A_2B_2C_2D_2$，再顺次连接四边形$A_2B_2C_2D_2$四边的中点，得到四边形$A_3B_3C_3D_3$，…，则按此方法得到的四边形$A_8B_8C_8D_8$的周长为（　　）。

（A）$\dfrac{1}{16}$　（B）$\dfrac{1}{8}$　（C）$\dfrac{1}{4}$　（D）$\dfrac{1}{2}$　（E）1

答案：C

解：由中点四边形的性质可知，$A_1B_1C_1D_1$的面积为$ABCD$面积的一半，即$S_{\square A_1B_1C_1D_1}=\dfrac{1}{2}$，所以其周长为$2\sqrt{2}$，且是$ABCD$周长的$\dfrac{\sqrt{2}}{2}$。由此可知，记$a_n$为$A_nB_nC_nD_n$的周长，则$\{a_n\}$

是以$2\sqrt{2}$为首项，$\frac{\sqrt{2}}{2}$为公比的等比数列，所以$A_8B_8C_8D_8$的周长为$a_8=\sqrt{2}\cdot\left(\frac{\sqrt{2}}{2}\right)^7=\frac{1}{4}$。

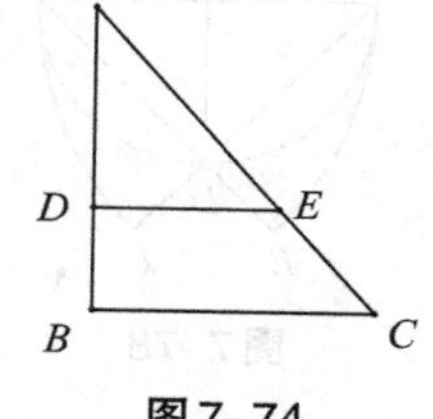

图7–74

例 19（2013–1–17）如图7–74所示，直角三角形ABC中，$AB=4,BC=3,DE\parallel BC$，已知梯形$BCDE$的面积为3，则DE长为（　　）。

（A）$\sqrt{3}$　（B）$\sqrt{3}+1$　（C）$4\sqrt{3}-4$　（D）$\frac{3\sqrt{2}}{2}$　（E）$\sqrt{2}+1$

答案：D

解：易知$S_{\Delta ABC}=6,S_{\Delta ADE}=3$，由相似关系知$\frac{S_{\Delta ADE}}{S_{\Delta ABC}}=\left(\frac{DE}{BC}\right)^2=\frac{1}{2}$，所以$DE=\frac{\sqrt{2}}{2}$，$BC=\frac{3\sqrt{2}}{2}$。

题型四：面积问题

例 20（1998–1–8）在四边形$ABCD$中（图7–75），设AB的长为8，$\angle A:\angle B:\angle C:\angle D=3:7:4:10$，$\angle CDB=60°$，则$\Delta ABD$的面积是（　　）。

（A）8　（B）32　（C）4　（D）16　（E）18

答案：D

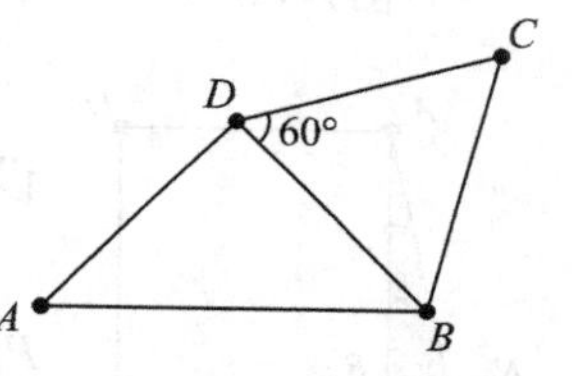

图7–75

解：四边形$ABCD$的四个内角和为360°，由$\angle A:\angle B:\angle C:\angle D=3:7:4:10$，得$\angle A=45°,\angle ADC=150°$，又因为$\angle CDB=60°$，所以$\angle ADB=90°$，即$\Delta ABD$为等腰直角三角形，斜边$AB=8$，高$BE=4$，故面积为16（图7–76）。

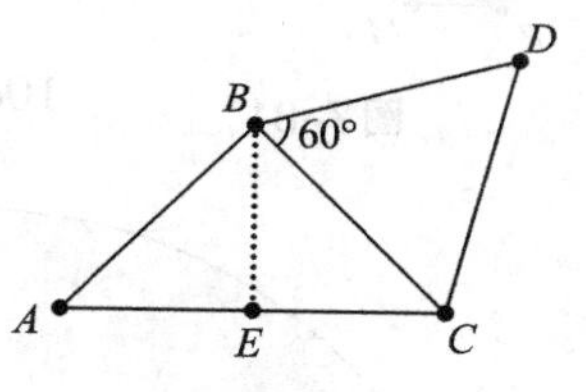

图7–76

例21（1998–10–9）已知等腰直角三角形ABC和等边三角形BDC（图7–77），设ΔABC的周长为$2\sqrt{2}+4$，则ΔBCD的面积是（　　）。

（A）$3\sqrt{2}$　（B）$6\sqrt{2}$　（C）12　（D）$2\sqrt{3}$　（E）$4\sqrt{3}$

答案：D

解：由ΔABC周长是$2\sqrt{2}+4$知$AB=AC=2,BC=2\sqrt{2}$，又因为ΔBDC是等边三角形，边长为$2\sqrt{2}$，因此它的面积是$\frac{\sqrt{3}}{4}\times\left(2\sqrt{2}\right)^2=2\sqrt{3}$。

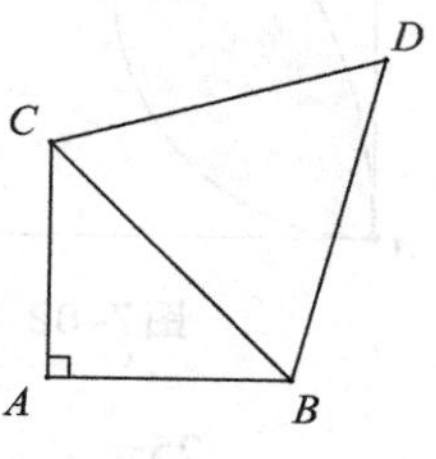

图7–77

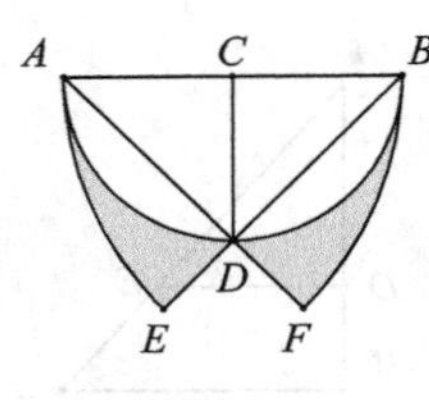

图 7-78

例 22（1999-10-10）如图 7-78 所示，半圆 ADB 以 C 为圆心，半径为 1，且 $CD \perp AB$，分别延长 BD 和 AD 至 E 和 F，使得圆弧 AE 和 BF 分别以 B 和 A 为圆心，则图中阴影部分的面积为（　　）。

（A）$\frac{\pi}{2}-\frac{1}{2}$　（B）$(1-\sqrt{2})\pi$　（C）$\frac{\pi}{2}-1$　（D）$\frac{3\pi}{2}-2$

（E）$\pi-1$

答案：C

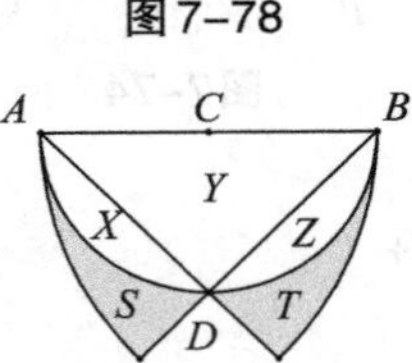

图 7-79

解：如图 7-79 所示，$S+T=$ 扇形 $ABE-X-Y+$ 扇形 $BAF-Z-Y$，所以阴影面积为 $S_{扇形ABE}+S_{扇形ABF}-(X+Y+Z)-Y=S_{扇形ABE}+S_{扇形ABF}-S_{半圆ADB}-S_{\triangle ABD}=\frac{\pi}{2}-1$。

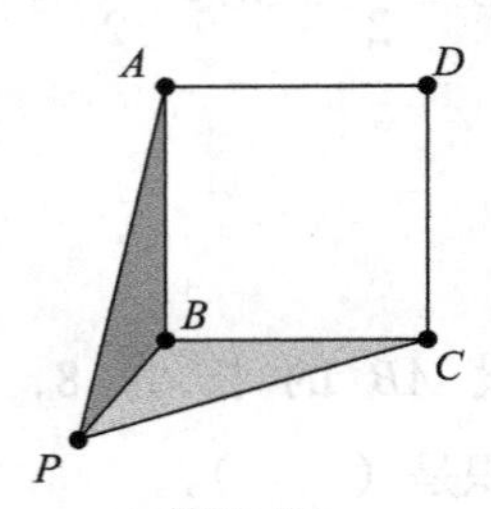

图 7-80

例 23（2003-13）如图 7-80 所示，设 P 是正方形 $ABCD$ 外的一点，$PB=10$ 厘米，$\triangle APB$ 的面积是 80 平方厘米，$\triangle CPB$ 的面积是 90 平方厘米，则正方形 $ABCD$ 的面积为（　　）平方厘米。

（A）720　（B）580　（C）640　（D）600　（E）560

答案：B

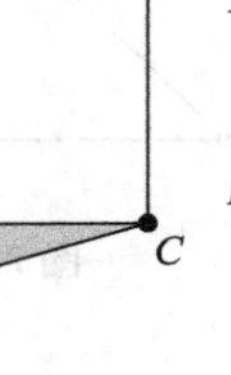

图 7-81

解：如图 7-81 所示，过 P 作 AB、BC 的垂线段 $PM=h, PN=l$，设正方形边长为 x，依题意 $S_{\triangle APB}=\frac{1}{2}xh=80$，$S_{\triangle CPB}=\frac{1}{2}xl=90$，得到 $PB^2=h^2+l^2=\left(\frac{160}{x}\right)^2+\left(\frac{180}{x}\right)^2=100$，解得 $x^2=580$。

例 24（2008-1-7）如图 7-82 所示，长方形 $ABCD$ 中 $AB=10\text{cm}, BC=5\text{cm}$，以 AB 和 AD 为半径分别作半圆，则图中阴影部分的面积为（　　）。

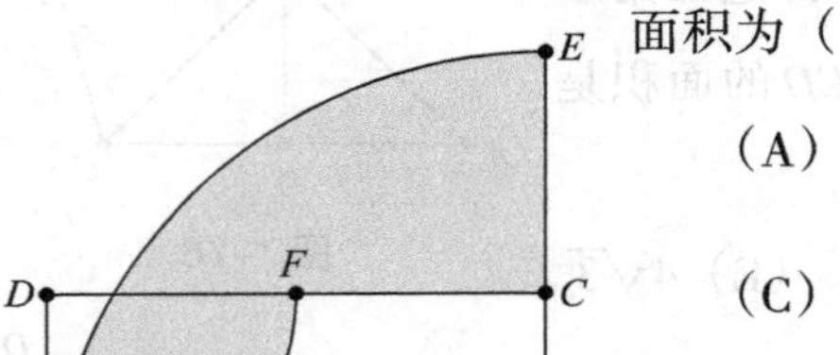

图 7-82

（A）$25-\frac{25}{4}\pi(\text{cm}^2)$　（B）$25+\frac{125}{4}\pi(\text{cm}^2)$

（C）$50+\frac{25}{4}\pi(\text{cm}^2)$　（D）$\frac{125}{4}\pi-50(\text{cm}^2)$

（E）以上都不正确

答案：D

解：曲边图形 $ABCF$ 的面积为 $S_{\square ABCD}-S_{扇形ADF}=10\times5-\frac{\pi}{4}\times5^2=50-\frac{25\pi}{4}\text{cm}^2$，所以 $S_{阴影}=S_{扇形ABE}-S_{曲边图形ABCF}=\frac{\pi}{4}\times10^2-\left(50-\frac{25\pi}{4}\right)=\frac{125}{4}\pi-50\text{cm}^2$。

例 25（2009-1-12）直角三角形ABC的斜边$AB=13$厘米，直角边$AC=5$厘米，把AC对折到AB上去与斜边相重合，点C与点E重合，折痕为AD（图7-83），则图中阴影部分的面积为（　　）平方厘米。

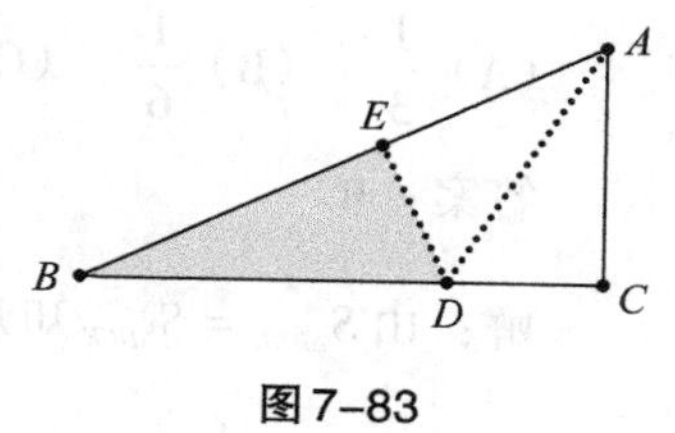

图7-83

（A）20　（B）$\frac{40}{3}$　（C）$\frac{38}{3}$　（D）14　（E）12

答案：B

解1：设$CD=x$，则$DE=x$，$AC=AE=5\text{cm}$。由$S_{\Delta ABC}=S_{\Delta ABD}+S_{\Delta ACD}$得$13\times x+5\times x=12\times 13$，解得$x=\frac{10}{3}$，所以阴影部分的面积$S_{\Delta BED}=\frac{1}{2}\times BE\times DE=\frac{1}{2}\times(13-5)\times\frac{10}{3}=\frac{40}{3}(\text{cm}^2)$。

解2：易知$\Delta BED\sim\Delta BCA$，故$\frac{S_{\Delta BED}}{S_{\Delta BCA}}=\left(\frac{BE}{BC}\right)^2=\left(\frac{8}{12}\right)^2$，所以$S_{\Delta BED}=\frac{4}{9},S_{\Delta BCA}=\frac{40}{3}(\text{cm}^2)$。

解3：由角平分线定理知$\frac{AB}{AC}=\frac{BD}{DC}=\frac{13}{5}$，所以$BD=\frac{13}{18}\times 12(\text{cm})$，因为$\Delta BED$与$\Delta BCA$共角，所以$\frac{S_{\Delta BED}}{S_{\Delta BCA}}=\frac{BE\times BD}{BA\times BC}=\frac{8\times\frac{13}{18}\times 12}{13\times 12}=\frac{4}{9}$，所以$S_{\Delta BED}=\frac{4}{9}S_{\Delta BCA}=\frac{40}{3}(\text{cm}^2)$。

解4：设$S_{\Delta ACD}=x$，则$S_{\Delta ADE}=x,S_{\Delta BDE}=\frac{8}{5}x$，所以$S_{\Delta ABC}=x+x+\frac{8}{5}x=30$，解得$x=\frac{25}{3}$，所以$S_{\Delta BED}=\frac{8}{5}x=\frac{40}{3}(\text{cm}^2)$。

例26（2010-1-14）如图7-84所示，长方形$ABCD$的两条边长分别为8m和6m，四边形$OEFG$的面积是4m^2，则阴影部分的面积为（　　）。

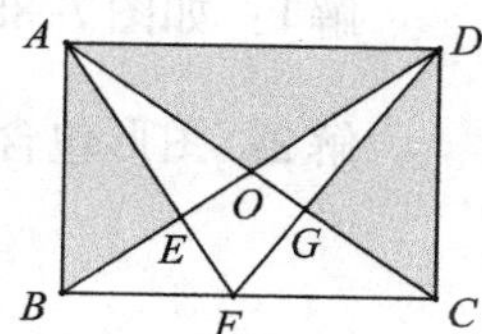

图7-84

（A）32m^2　（B）28m^2　（C）24m^2　（D）20m^2　（E）16m^2

答案：B

解1：由等底模型知$S_{\Delta BFD}=S_{\Delta BFA}$，所以$S_{\Delta AFC}+S_{\Delta BFD}=S_{\Delta AFC}+S_{\Delta ABF}=24$。又因为四边形$OEFG$的面积是4，所以由容斥原理知$S_{空白}=24-4=20(\text{m}^2)$，所以阴影部分的面积为$8\times 6-20=24(\text{m}^2)$。

解2：在梯形$ABFD$中由蝴蝶模型知$S_{ABE}=S_{DEF}$，所以阴影面积为$S_{AOD}+S_{DEF}+S_{DCF}=S_{ACD}+S_{四边形OEFG}=24+4=28(\text{m}^2)$。

例 27（2008-10-5）如图7-85所示，若ΔABC的面积为1，$\Delta AEC,\Delta DEC,\Delta BED$的面积相等，则$\Delta AED$的面积=（　　）。

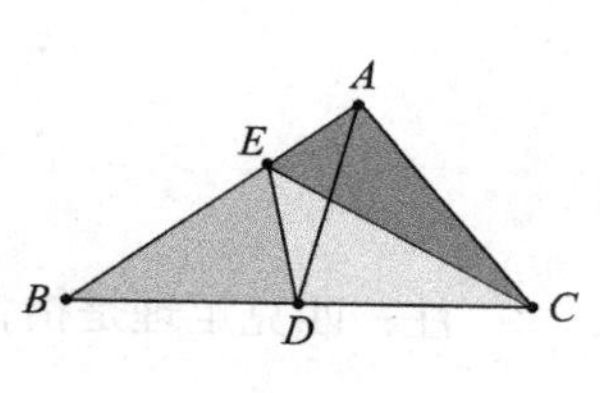

图7-85

（A）$\frac{1}{3}$　（B）$\frac{1}{6}$　（C）$\frac{1}{5}$　（D）$\frac{1}{4}$　（E）$\frac{2}{5}$

答案：B

解：由$S_{\Delta BDE}=S_{\Delta DCE}$知$D$为中点，所以$S_{\Delta ABD}=\frac{1}{2}$，又因为$\Delta AEC,\Delta DEC,\Delta BED$的面积相等，所以$S_{\Delta BDE}=\frac{1}{3}$，所以$S_{\Delta ADE}=S_{\Delta ABD}-S_{\Delta BDE}=\frac{1}{6}$。

例28（2008-10-7）过点$A(2,0)$向圆$x^2+y^2=1$作两条切线AM和AN（图7-86），则两切线和弧MN所围的面积（阴影部分）为（　　）。

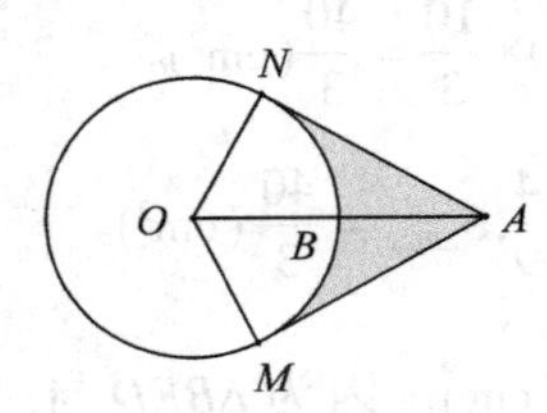

图7-86

（A）$1-\frac{\pi}{3}$　（B）$1-\frac{\pi}{6}$　（C）$\frac{\sqrt{3}}{2}-\frac{\pi}{6}$

（D）$\sqrt{3}-\frac{\pi}{6}$　（E）$\sqrt{3}-\frac{\pi}{3}$

答案：E

解：因为$ON=1,OA=2,ON\perp AN$，所以$\angle AON=\frac{\pi}{3},\angle MON=\frac{2\pi}{3}$，所以$S_{扇形MON}=\frac{\pi}{3}$，从而所求阴影部分面积为$S_{四边形ANOM}-S_{扇形MON}=\sqrt{3}-\frac{\pi}{3}$。

例29（2011-10-13）如图7-87所示，若相邻点的水平距离与竖直距离都是1，则多边形$ABCDE$的面积（　　）。

（A）7　（B）8　（C）9　（D）10　（E）11

答案：B

解1：如图7-88所示，$S_{多边形ABCDE}=S_{\square FGHE}-S_{\Delta ABF}-S_{\Delta BCG}-S_{\Delta DHC}=8$。

解2：图形包含5个内点，8个边界点，由匹克定理知，$S_{多边形ABCDE}=5+\frac{8}{2}-1=8$。

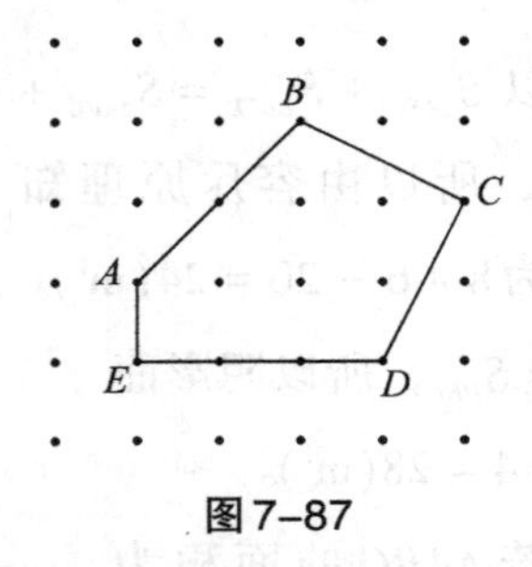

图7-87

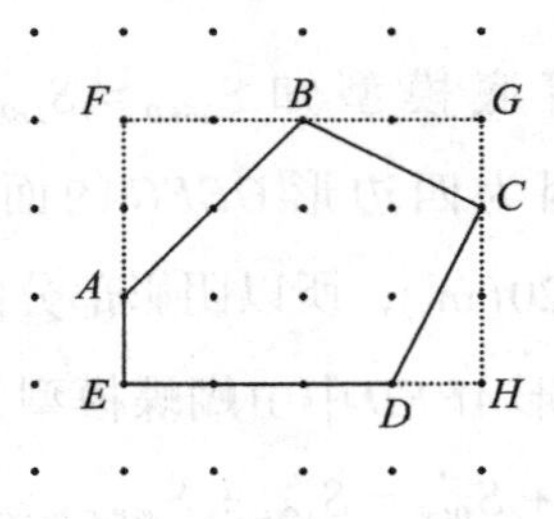

图7-88

注：匹克定理是指，在矩形格点图中，若一个多边形包含m个内点、n个边界点，则其面积$S=m+\frac{n}{2}-1$个格点四边形的面积。

例30（2011-10-14）如图7-89所示，一块面积为400平方米的正方形土地被分割成甲、乙、丙、丁四个小长方形区域作为不同的功能区域，它们的面积分别为128，192，48和32平方米。乙的左下角划出一块正方形区域（阴影）作为公共区域，这块小正方形的面积为（　　）平方米。

（A）16　（B）17　（C）18　（D）19　（E）20

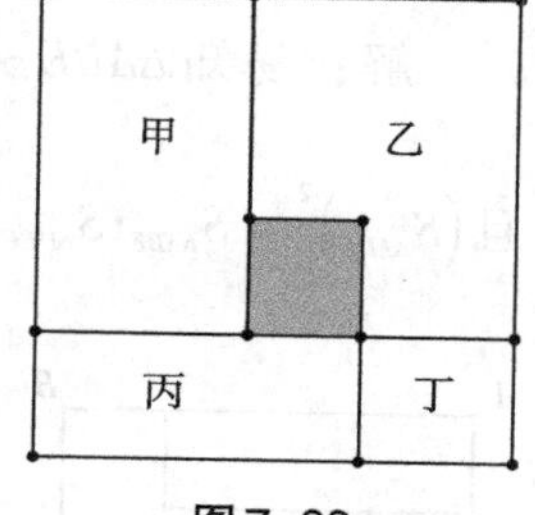

图7-89

答案：A

解：如图7-90所示，由 $S_{\square ABCD}=400$ 得 $AB=CD=20\text{m}$，因为丙和丁同高，所以面积之比等于宽之比，故 $\dfrac{AE}{EB}=\dfrac{3}{2}$，所以 $AE=12\text{m}, BE=8\text{m}$；同理可知 $\dfrac{DF}{FC}=\dfrac{2}{3}, DF=8\text{m}, FC=12\text{m}$，所以小正方形边长为4m，面积为 16m^2。

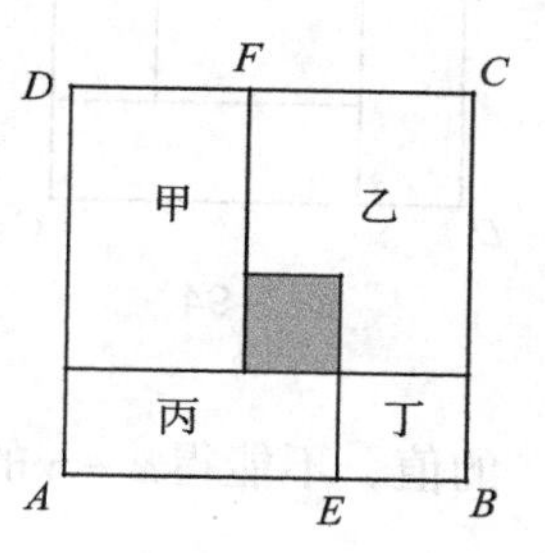

图7-90

例31（2012-1）如图7-91所示，三个正方形的边长各为1，则实线所围成的面积为（　　）。

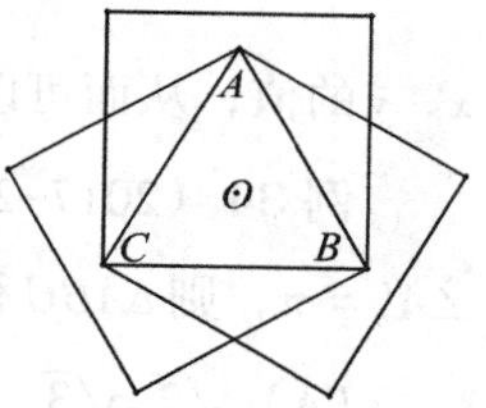

（A）$3-\sqrt{3}$　　（B）$3-\sqrt{2}$　　（C）$3-\dfrac{\sqrt{3}}{2}$

（D）$3-\dfrac{3\sqrt{2}}{4}$　　（E）$3-\dfrac{3\sqrt{3}}{4}$

图7-91

答案：E

解：记三个正方形分别为 R、S、T，由图7-92可知，ΔABC 为等边三角形，记其为 Z，且 $U\cong U_1, V\cong V_1, W\cong W_1, U+V+W=Z$，故由容斥原理知，实线围成的面积为 $S=S_R+S_S+S_T-\left(S_Z+S_U+S_Z+S_V+S_Z+S_W\right)+S_Z=3-4S_Z+S_Z=3-3S_Z=3-\dfrac{3\sqrt{3}}{4}$。

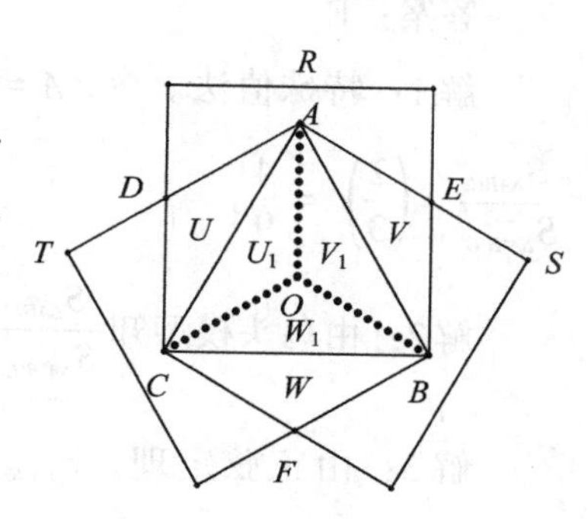

图7-92

例32（2016-8）如图7-93所示，在四边形 $ABCD$ 中，$AB\parallel CD, AB$ 与 CD 的长分别为4和8，若 ΔABE 的面积为4，则四边形 $ABCD$ 的面积为（　　）。

（A）24　（B）30　（C）32　（D）36　（E）40

答案：D

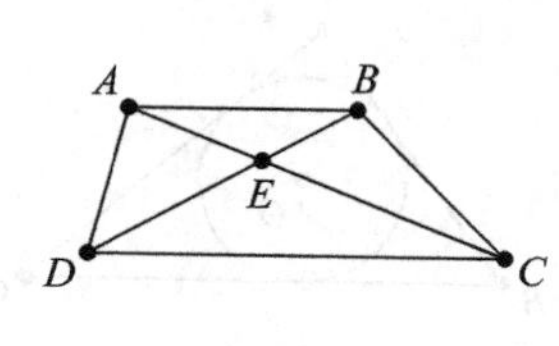

图7-93

解：易知$\Delta ABE\sim\Delta CED,\frac{S_{\Delta ABE}}{S_{\Delta DEC}}=\left(\frac{AB}{CD}\right)^2$，所以$S_{\Delta DEC}=16$，由蝴蝶模型知$S_{\Delta ADE}=S_{\Delta BEC}$，且$\left(S_{\Delta ADE}\right)^2=S_{\Delta ABE}\cdot S_{\Delta DEC}=64$，所以$S_{\Delta ADE}=S_{\Delta BEC}=8S_{\Delta BEC}=8S_{\Delta BEC}=8$，故$S_{\square ABCD}=36$。

例 33（2016-17）如图 7-94 所示，正方形$ABCD$由四个相同的长方形和一个小正方形构成，则能确定小正方形的面积。

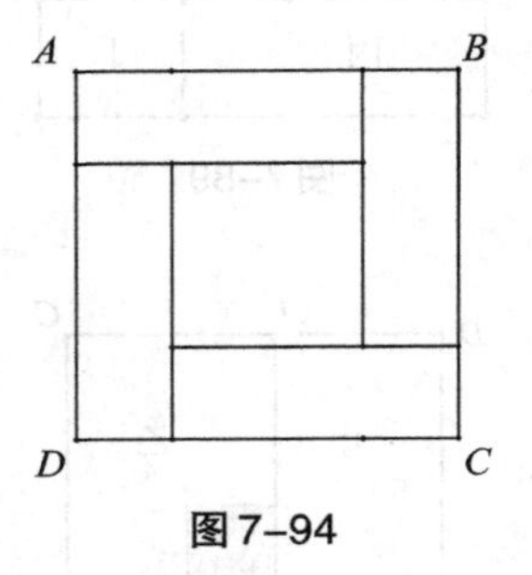

图 7-94

（1）已知正方形$ABCD$的面积

（2）已知长方形的长与宽之比

答案：C

解：由图知，设长方形的长与宽分别为x,y，则正方形$ABCD$的面积为$(x+y)^2$，得$S_{小正方形}=(x-y)^2$。条件（1），只能得$x+y$的值，不能得$x-y$的值，从而无法确定小正方形的面积；条件（2），可得$\frac{x}{y}$的值，无法确定$x-y$的值，从而无法确定小正方形的面积。联合起来，由$x+y,\frac{x}{y}$的值可以确定x、y的值，从而可以确定小正方形的面积。

例 34（2017-2）已知ΔABC和$\Delta A'B'C'$满足$AB:A'B'=AC:A'C'=2:3$，$\angle A+\angle A'=\pi$，则ΔABC和$\Delta A'B'C'$的面积比为（　　）。

（A）$\sqrt{2}:\sqrt{3}$　（B）$\sqrt{3}:\sqrt{5}$　（C）$2:3$　（D）$2:5$　（E）$4:9$

答案：E

解 1：特殊值法。令$\angle A=90°$，则ΔABC和$\Delta A'B'C'$是两个相似的直角三角形，所以$\frac{S_{\Delta ABC}}{S_{\Delta A'B'C'}}=\left(\frac{2}{3}\right)^2=\frac{4}{9}$。

解 2：由鸟头模型知$\frac{S_{\Delta ABC}}{S_{\Delta A'B'C'}}=\frac{AB\times AC}{A'B'\times A'C'}=\frac{4}{9}$。

解 3：由正弦定理，$S_{\Delta ABC}=\frac{1}{2}AB\times AC\sin A,S_{\Delta A'B'C'}=\frac{1}{2}A'B'\times A'C'\sin(\pi-A)=\frac{1}{2}A'B'\times A'C'\sin A$，所以$\frac{S_{\Delta ABC}}{S_{\Delta A'B'C'}}=\left(\frac{2}{3}\right)^2=\frac{4}{9}$。

例 35（2018-4）如图 7-95 所示，$\odot O$是ΔABC的内切圆，若ΔABC的面积与周长的大小之比为$1:2$，则$\odot O$的面积为（　　）。

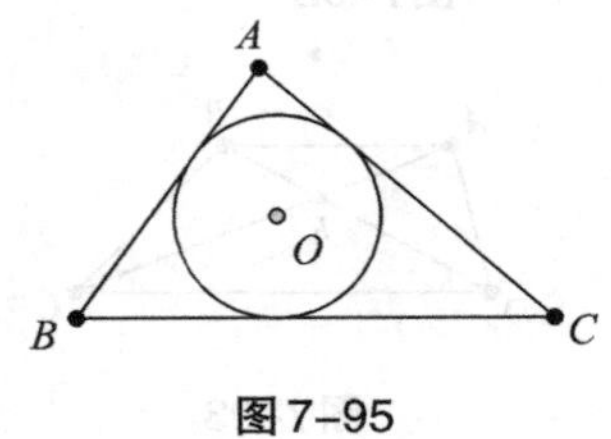

图 7-95

（A）π　（B）2π　（C）3π　（D）4π　（E）5π

答案：A

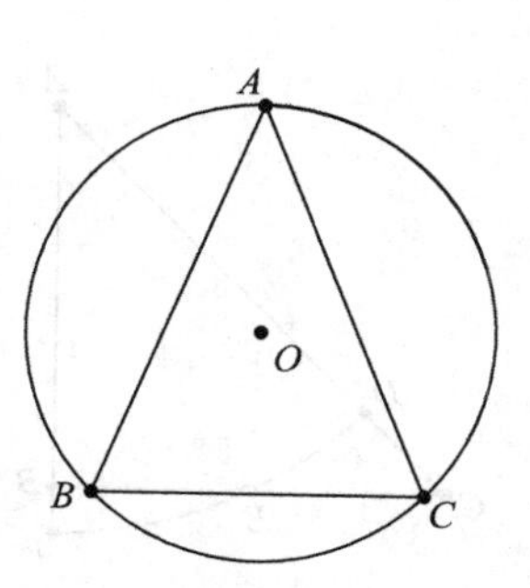

解：因为三角形面积为 $s=\frac{1}{2}lr=\frac{1}{2}(a+b+c)r$，且 $\frac{s}{l}=\frac{1}{2}$，所以 $r=1$，故 $S_{\odot O}=\pi$。

例36（2020-12）如图7-96所示，$\odot O$的内接ΔABC是等腰三角形，底边$BC=6$，顶角为$\frac{\pi}{4}$，则圆的面积为（　　）。

图7-96

（A）12π　（B）16π　（C）18π　（D）32π　（E）36π

答案：C

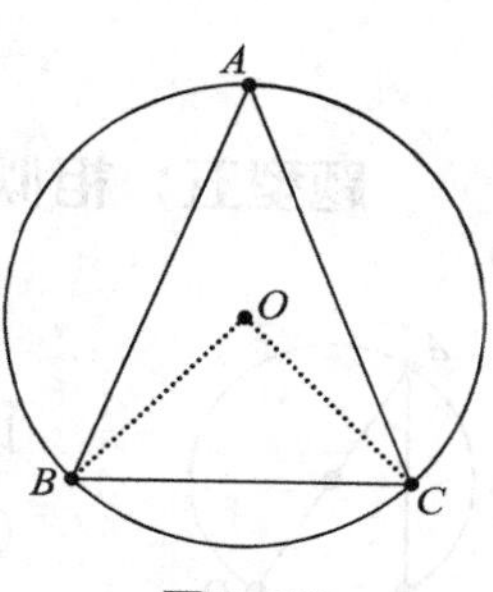

解：根据圆周角与圆心角的关系（图7-97），由$\angle BAC=\frac{\pi}{4}$得$\angle BOC=2\angle BAC=\frac{\pi}{2}$，所以半径$r=\frac{6}{\sqrt{2}}=3\sqrt{2}$，故圆的面积为$S=\pi r^2=18\pi$。

图7-97

例37（2021-9）如图7-98所示，正六边形的边长为1，分别以正六边形的顶点O、P、Q为圆心，以1为半径做圆弧，则阴影图形的面积为（　　）。

（A）$\pi-\frac{3\sqrt{3}}{2}$　（B）$\pi-\frac{3\sqrt{3}}{4}$　（C）$\frac{\pi}{2}-\frac{3\sqrt{3}}{4}$　（D）$\frac{\pi}{2}-\frac{3\sqrt{3}}{8}$　（E）$2\pi-3\sqrt{3}$

答案：A

解：如图7-99所示，连接AB、OB，则$S_{\widehat{BCO}}=S_{扇形ABO}-S_{\Delta ABO}$，所以阴影面积$S=6S_{\widehat{BCO}}=6\left(S_{扇形ABO}-S_{\Delta ABO}\right)=\pi-\frac{3\sqrt{3}}{2}$。

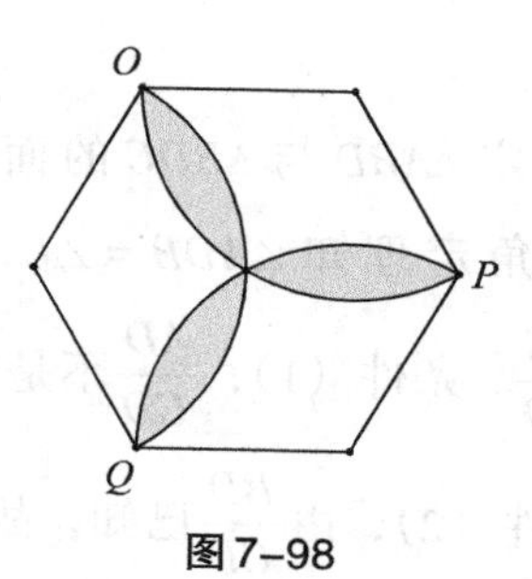

图7-98

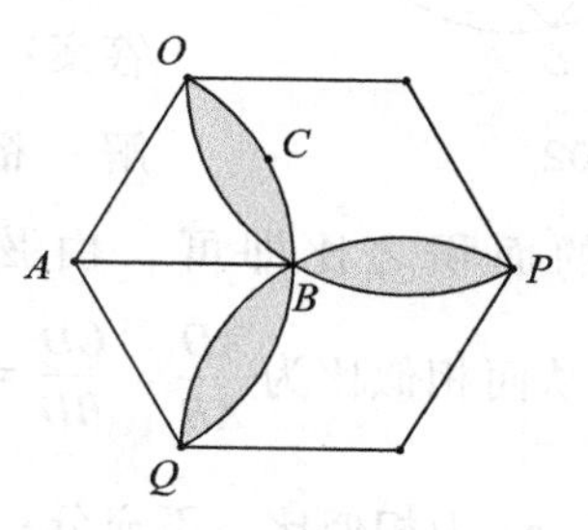

图7-99

例38（2022-4）如图7-100所示，ΔABC是等腰直角，以A为圆心的圆弧交AC于D，交AB的延长线于F，若曲边三角形CDE与BEF的面积相等，则$\frac{AD}{AC}=$（　　）。

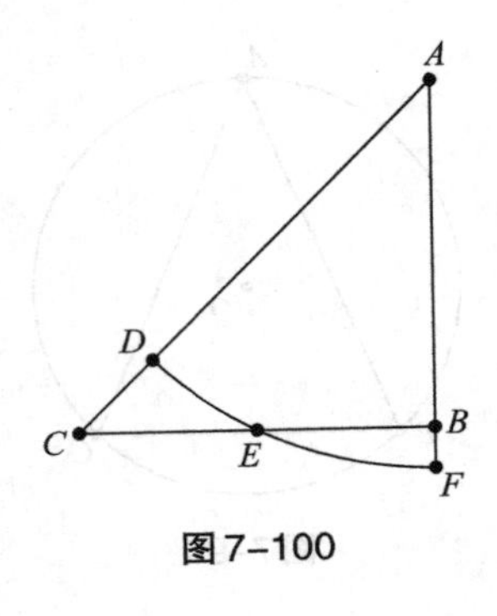

图7–100

(A) $\frac{\sqrt{3}}{2}$ (B) $\frac{2}{\sqrt{5}}$ (C) $\sqrt{\frac{3}{\pi}}$ (D) $\frac{\sqrt{\pi}}{2}$ (E) $\sqrt{\frac{2}{\pi}}$

答案：E

解：因为曲边三角形 CDE 与 BEF 的面积相等，所以 $S_{\triangle ABC}=S_{扇形ADF}$。设 $AB=x$，$AF=y$，故 $\frac{x^2}{2}=\frac{\pi\times y^2}{8}$，所以 $\frac{y^2}{x^2}=\frac{4}{\pi}$，从而 $\frac{y}{x}=\frac{AF}{AB}=\frac{2}{\sqrt{\pi}}$，故 $\frac{AD}{AC}=\frac{AF}{\sqrt{2}AB}=\frac{\sqrt{2}}{\sqrt{\pi}}$。

题型五：相似问题

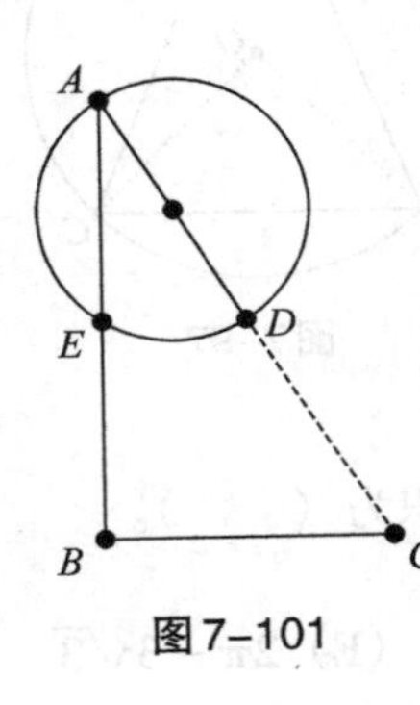

图7–101

例39（2022–9）在Rt$\triangle ABC$中（图7–101），D为斜边AC的中点，以AD为直径的圆交AB于E，若$\triangle ABC$的面积为8，则$\triangle AED$的面积为（　　）。

(A) 1 (B) 2 (C) 3 (D) 4 (E) 6

答案：B。

解：因为AD是直径，所以它对应的圆周角$\angle AED=90°$，所以$\triangle AED$与$\triangle ABC$相似，相似比为$\frac{1}{2}$，故$S_{\triangle AED}=\frac{1}{4}S_{\triangle ABC}=2$。

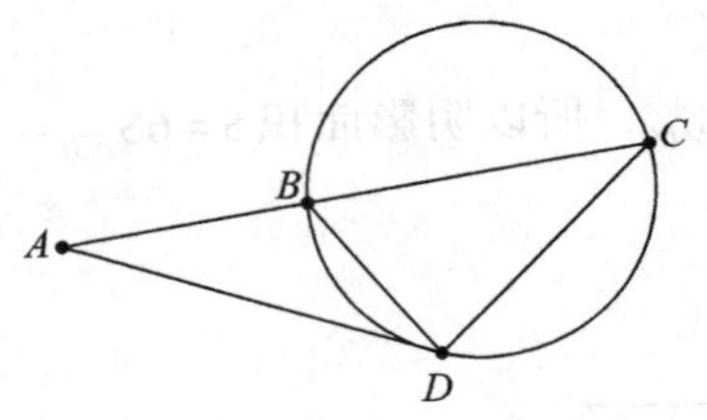

图7–102

例40（2022–16）如图7–102所示，AD与圆相切于点D, AC与圆相交于BC。则能确定$\triangle ABD$与$\triangle BDC$的面积之比。

(1) 已知$\frac{AD}{CD}$ (2) 已知$\frac{BD}{CD}$

答案：B

解：欲确定$\triangle ABD$与$\triangle BDC$的面积之比，只要确定$\triangle ABD$与$\triangle ADC$的面积之比即可，由弦切角定理知$\angle ADB=\angle C$，而$\angle A=\angle A$，所以$\triangle ADC\sim\triangle ABD$，从而相似比为$\frac{AD}{AB}=\frac{CD}{BD}=\frac{AC}{AD}$。条件（1），$\frac{AD}{CD}$不是相似比，也无法转化为相似比，不充分；条件（2），由$\frac{BD}{CD}$已知，故$\frac{CD}{BD}$已知，从而相似比可以确定，面积之比也可以确定，充分。

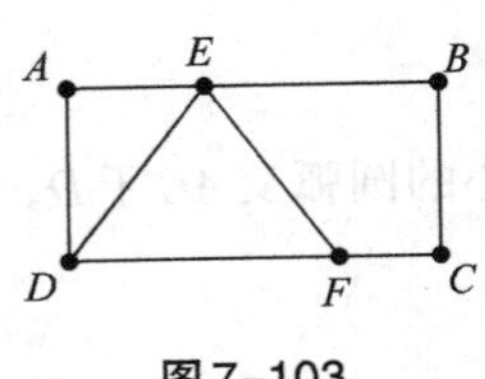

图7–103

例41（2018–20）如图7–103所示，在$\square ABCD$中，$AE=FC$，则$\triangle AED$与四边形$BCFE$能拼接成一个直角三角形。

（1）$EB=2FC$ （2）$ED=EF$

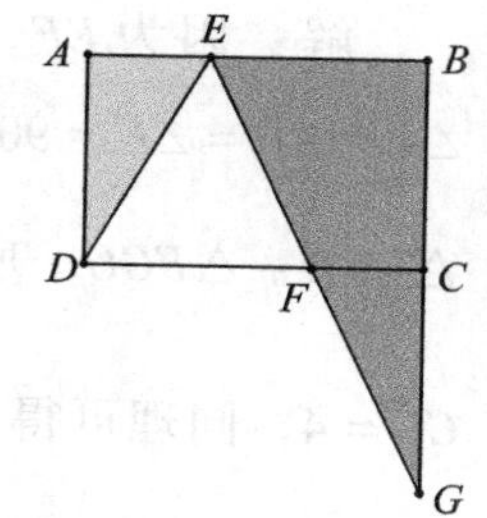

图7-104

解：条件（1）拼接之后如图7-104所示，可见GCF与GBE相似，相似比为1：2，充分。条件（2）$ED=EF$，可知$\angle AED=\angle EDF=\angle DFE=\angle CFG$，于是$\Delta AED$与$\Delta CFG$全等，从而可以拼接。

例42（2012-1-15）ABC是直角三角形（图7-105），S_1,S_2,S_3为正方形，已知a,b,c分别为S_1,S_2,S_3的边长，则

（A）$a=b+c$　（B）$a^2=b^2+c^2$　（C）$a^2=2b^2+2c^2$

（D）$a^3=b^3+c^3$　（E）$a^3=2b^3+2c^3$

答案：A

解：设正方形S_1,S_2,S_3的边长分别为a,b,c（图7-106），易知$\Delta DEF\sim\Delta FGH$，所以$\frac{DE}{EF}=\frac{FG}{GH}$，即$\frac{c}{a-c}=\frac{a-b}{b}$，故$cb=(a-c)(a-b)$，化简得$a=b+c$。

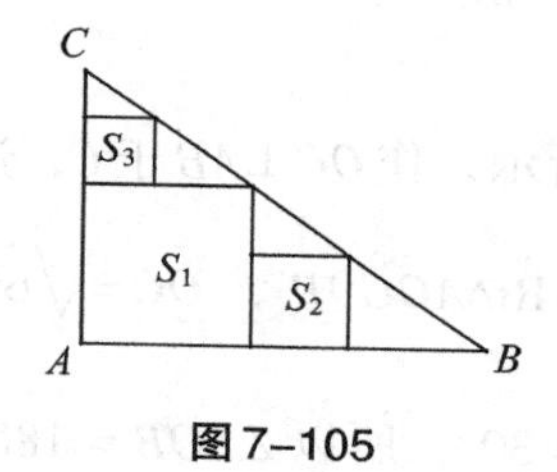

图7-105

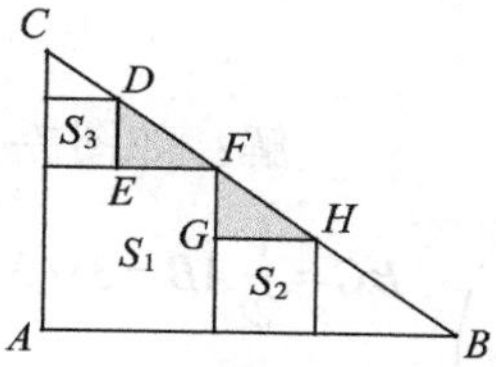

图7-106

例43 如图7-107所示，ΔABC的高$AD=80,BC=120$，矩形$PQMN$的面积最大。

（1）当$QM=60$时　（2）当$MN=40$时

答案：D

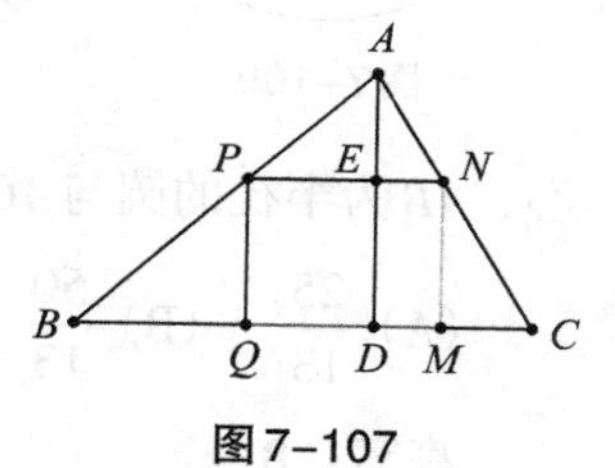

图7-107

解：易知$\Delta APN\sim\Delta ABC$，设$PN=x$，则$\frac{PN}{BC}=\frac{AE}{AD}$，故$\frac{x}{120}=\frac{80-PQ}{80}$，解得$PQ=80-\frac{2}{3}x$。所以$S_{\square PQMN}=x\left(80-\frac{2}{3}x\right)=-\frac{2}{3}x^2+80x$，故当$x=-\frac{b}{2a}=60$时$S_{\square PQMN}$最大，此时$PQ=MN=40$。

例44 如图7-108所示，在矩形$ABCD$中，E，F，G分别在AB，BC，CD上，$DE\perp EF$，$EF\perp FG$，$BE=3$，$BF=2$，$FC=6$，则DG的长是（　）。

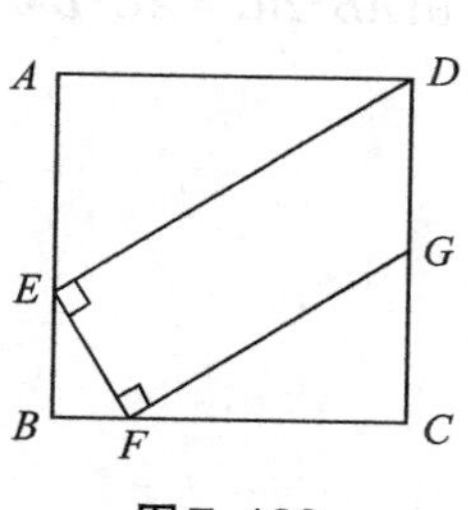

图7-108

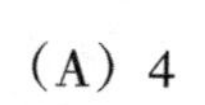

（A）4　（B）$\frac{13}{3}$　（C）$\frac{14}{3}$　（D）5　（E）6

答案：B

解：因为 $EF\perp FG$，所以 $\angle EFB+\angle GFC=90°$，因为四边形 $ABCD$ 为矩形，所以 $\angle A=\angle B=\angle C=90°$，$AB=CD$，所以 $\angle GFC+\angle FGC=90°$，所以 $\angle EFB=\angle FGC$，所以 $\triangle EFB\backsim\triangle FGC$，所以 $\dfrac{BE}{FC}=\dfrac{BF}{CG}$，因为 $BE=3$，$BF=2$，$FC=6$，所以 $\dfrac{3}{6}=\dfrac{2}{CG}$，所以 $CG=4$，同理可得 $\triangle DAE\backsim\triangle EBF$，所以 $\dfrac{AD}{BE}=\dfrac{AE}{BF}$，所以 $\dfrac{8}{3}=\dfrac{AE}{2}$，所以 $AE=\dfrac{16}{3}$，所以 $BA=AE+BE=\dfrac{16}{3}+3=\dfrac{25}{3}$，所以 $DG=CD-CG=\dfrac{25}{3}-4=\dfrac{13}{3}$。

题型六：垂径定理

例45 已知⊙O的半径长为6，若弦 $AB=6\sqrt{3}$，则弦 AB 所对的圆心角等于（　　）度。

（A）100　（B）120　（C）140　（D）150　（E）240

答案：B

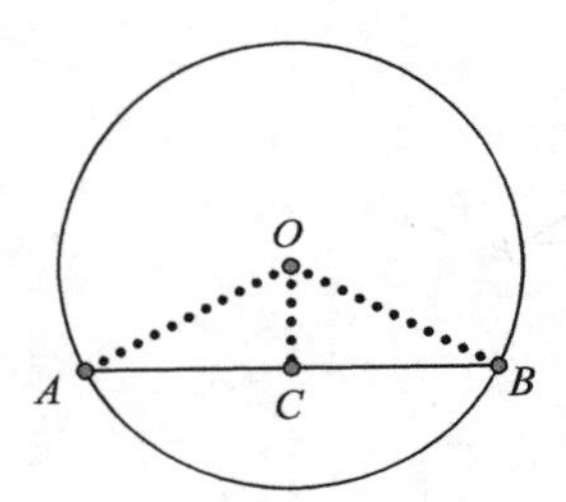

图7-109

解：如图7-109所示，作 $OC\perp AB$ 于 C，连接 OA、OB，则 $AC=BC=\dfrac{1}{2}AB=3\sqrt{3}$，在 Rt$\triangle AOC$ 中，$OC=\sqrt{6^2-(3\sqrt{3})^2}=3$，所以 $OC=\dfrac{1}{2}OA$，所以 $\angle A=30°$，所以 $\angle AOB=180°-30°-30°=120°$，所以弦 AB 所对的圆心角的度数为120°。

例46 如图7-110所示，$AB=5, BC=12, \angle E=45°$，以 B 为圆心，AB 为半径的圆与 AC 交于点 D，则 $AD=$（　　）。

（A）$\dfrac{25}{13}$　（B）$\dfrac{50}{13}$　（C）$\dfrac{60}{13}$　（D）$\dfrac{25}{23}$　（E）$\dfrac{50}{23}$

答案：B

解：如图7-111所示，因为 $\angle AEF=45°$，所以 $\angle B=90°$，从而 $AC=13$。做 $BM\perp AC$，由 $AB\cdot BC=AC\cdot BM$ 得 $BM=\dfrac{60}{13}$，所以 $AM=\sqrt{AB^2-BM^2}=\dfrac{25}{13}$，故由垂径定理知 $AD=\dfrac{50}{13}$。

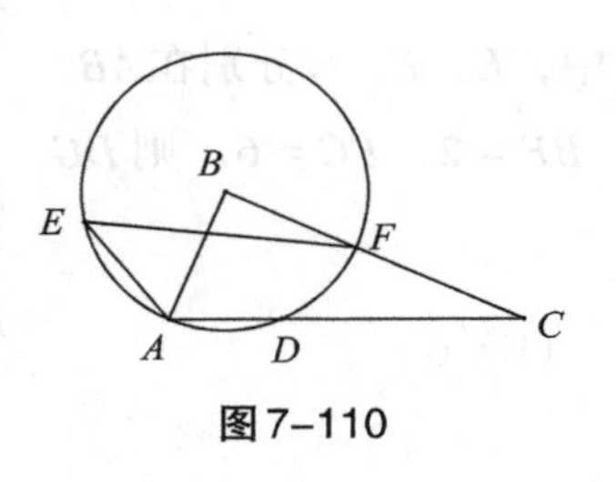

图7-110

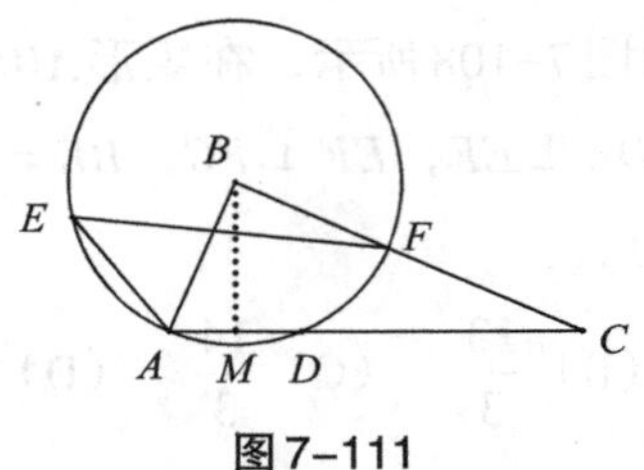

图7-111

题型七：重要模型

例47（2014-1-3）如图7-112所示，已知$AE=3AB,BF=2BC$，若ΔABC的面积是2，则ΔAEF的面积为（　　）。

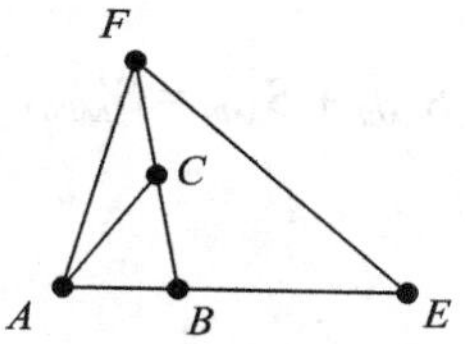

（A）14　（B）12　（C）10　（D）8　（E）6

图7-112

答案：B

解：由底边共线共顶点模型知$S_{\Delta BEF}=2S_{\Delta ABF},S_{\Delta ABF}=2S_{\Delta ABC}$，所以

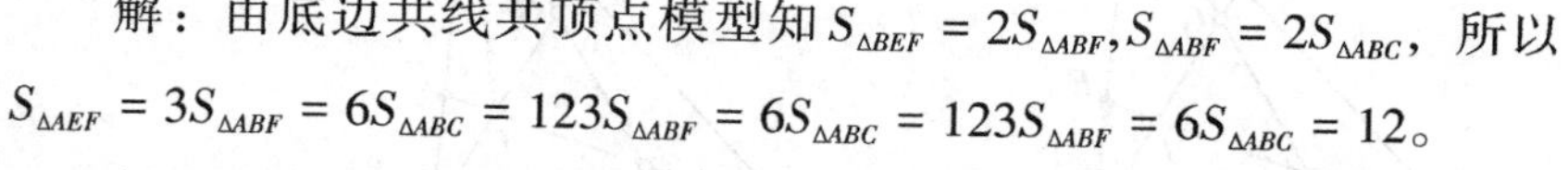

$S_{\Delta AEF}=3S_{\Delta ABF}=6S_{\Delta ABC}=123S_{\Delta ABF}=6S_{\Delta ABC}=123S_{\Delta ABF}=6S_{\Delta ABC}=12$。

例48（2019-21）如图7-113所示，已知□$ABCD$的面积，O为BC上一点，P为AO的中点，Q为DO上一点，则能确定ΔPQD的面积。

（1）O为BC的三等分点　（2）Q为DO的三等分点

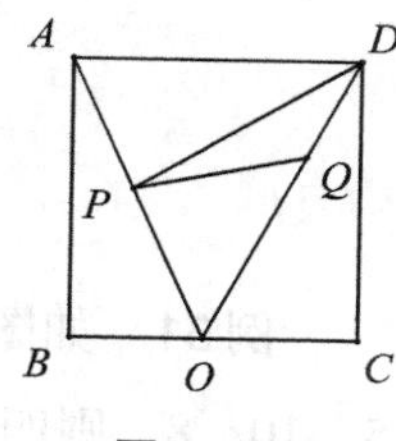

图7-113

答案：B

解：由题意知$S_{\Delta AOD}=\frac{1}{2}S_{\square ABCD},S_{\Delta PDO}=\frac{1}{2}S_{\Delta AOD}$，故$S_{\Delta PDO}=\frac{1}{4}S_{\square ABCD}$。条件（1），无论$O$点在何处，由于$Q$的位置不确定，无法确定$S_{\Delta PQD}$占$S_{\Delta PDO}$的比例，所以不充分。条件(2)，$Q$为$DO$的三等分点，且由图可知$DQ=\frac{1}{3}DO$，所以$S_{\Delta PQD}=\frac{1}{3}S_{\Delta PDO}=\frac{1}{12}S_{\square ABCD}$，充分。

例49（2020-10）如图7-114所示，在ΔABC中，$\angle ABC=30°$，将线段AB绕点B旋转至DB，使$\angle DBC=60°$，则ΔDBC和ΔABC的面积之比为（　　）。

（A）1　（B）$\sqrt{2}$　（C）2　（D）$\frac{\sqrt{3}}{2}$　（E）$\sqrt{3}$

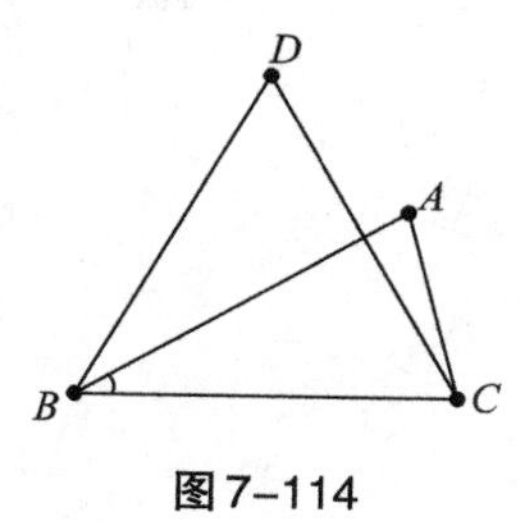

图7-114

答案：E

解：如图7-115所示做辅助线，因为$\angle ABC=30°,\angle DBC=60°$，由勾股定理知$\frac{DM}{BD}=\frac{\sqrt{3}}{2},\frac{AN}{AB}=\frac{1}{2}$，所以$\frac{DM}{AN}=\sqrt{3}$，所以$\frac{S_{\Delta DBC}}{S_{\Delta ABC}}=\sqrt{3}$。

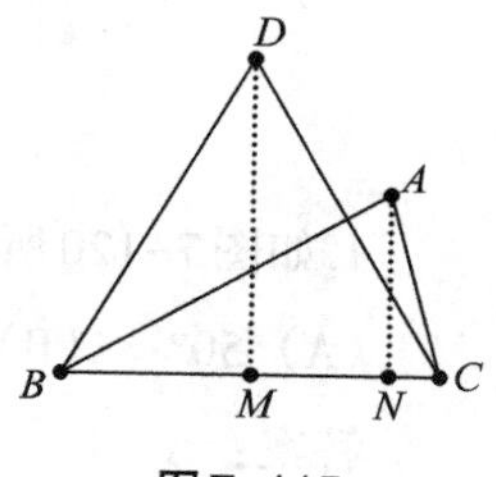

图7-115

例50　如图7-116所示，ΔABC为等边三角形，$BD=2DA,CE=2EB,AF=2FC$，那么ΔABC的面积是阴影三角形面积的（　　）倍。

（A）5　（B）6　（C）7　（D）8　（E）9

答案：C

解：如图7-117所示，连接AI，由燕尾定理知，$S_{\triangle BCI}:S_{\triangle ACI}=BD:AD=2:1$；$S_{\triangle BCI}:S_{\triangle ABI}=CF:FA=1:2=2:4$，所以$S_{\triangle BCI}:S_{\triangle ACI}:S_{\triangle ABI}=2:1:4$，而$S_{\triangle BCI}+S_{\triangle ACI}+S_{\triangle ABI}=S_{\triangle ABC}$，所以$S_{\triangle BCI}=\frac{2}{7}\times S_{\triangle ABC}$。同理$S_{\triangle ACG}=S_{\triangle ABH}=\frac{2}{7}\times S_{\triangle ABC}$，所以$S_{\triangle HGI}=\frac{1}{7}\times S_{\triangle ABC}$。

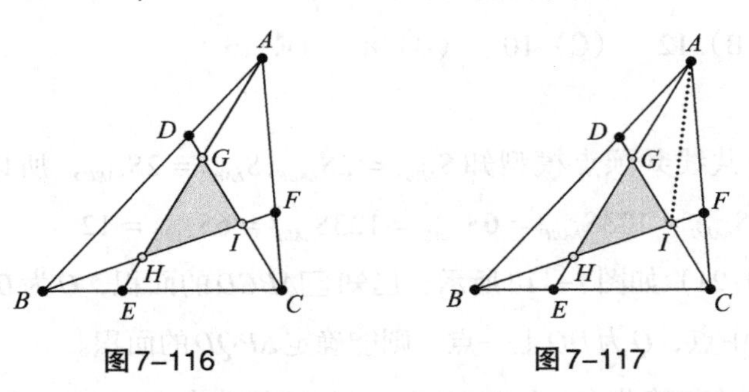

图7-116　　图7-117

例51　如图7-118所示，在$\triangle ABC$中三个三角形$\triangle BEO$、$\triangle BCO$、$\triangle CDO$的面积分别为5、10、8，则四边形$AEOD$的面积是（　　）。

（A）20　（B）21　（C）22　（D）24　（E）25

答案：C

解：连接DE，由蝴蝶模型知$S_{\triangle DOE}=4$，设$S_{\triangle ADE}=x$。在$\triangle ABC$中$\frac{S_{\triangle BCD}}{S_{\triangle ABD}}=\frac{CD}{AD}=\frac{18}{5+4+x}$，在$\triangle AEC$中$\frac{S_{\triangle ECD}}{S_{\triangle EDA}}=\frac{CD}{AD}=\frac{4+8}{x}$，所以$\frac{18}{5+4+x}=\frac{4+8}{x}$，解得$x=18$（图7-119）。

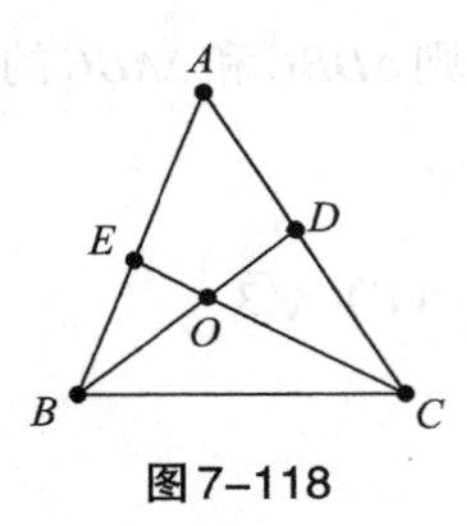

图7-118

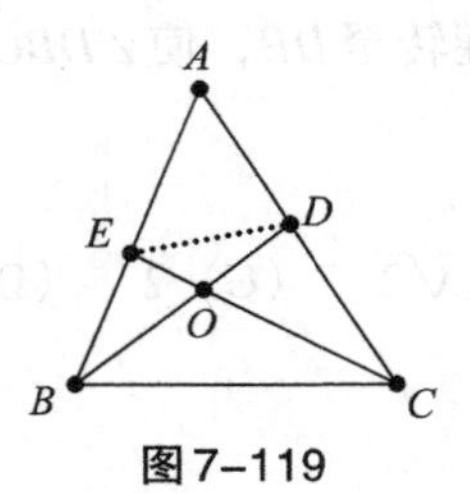

图7-119

第四节　基础通关

1.如图7-120所示，长方形纸片沿EF折叠后，若$\angle EFB=65°$，则$\angle AED'$为（　　）。

（A）50°　（B）55°　（C）60°　（D）65°　（E）70°

答案：A

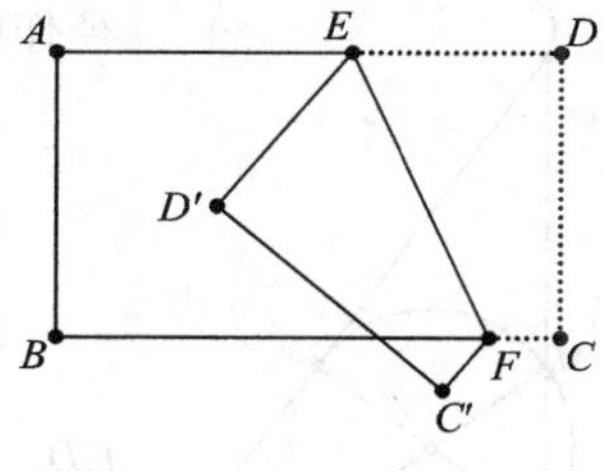

图7-120

解：因为$AD\parallel BC$，所以$\angle EFB=\angle DEF=65^\circ$，又因为$EF$是折痕，所以$\angle DEF=\angle D'EF=65^\circ$，所以$\angle AED'=50^\circ$。

2. 如图7-121所示，ΔABC中，$\angle ABC$、$\angle ACB$的三等分线交于点E、D，若$\angle BFC=120^\circ$，$\angle BGC=102^\circ$，则$\angle A$的度数为（　　）。

（A）34°　（B）40°　（C）42°　（D）46°　（E）52°

答案：C

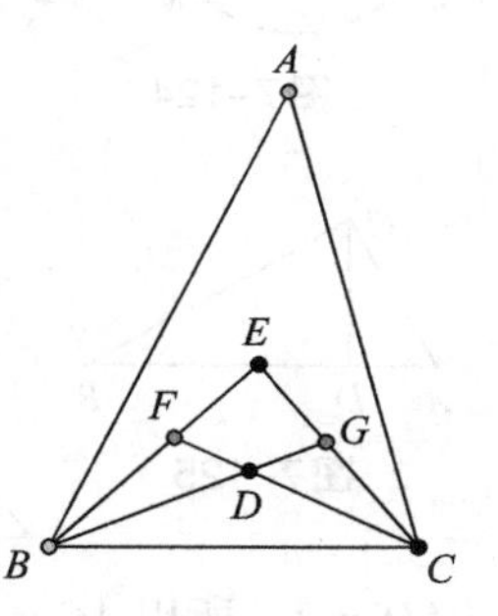

图7-121

解：设$\angle ABF=x,\angle ACE=y$，则$\angle ABC=3x,\angle ACB=3y$。在飞镖模型$ABFC$中，$\angle BFC=\angle A+x+2y=120^\circ$，在飞镖模型$ACGB$中，$\angle BGC=\angle A+2x+y=102^\circ$。两式相加得$3x+3y+2\angle A=222^\circ$，故$180^\circ-\angle A+2\angle A=222^\circ$，解得$\angle A=42^\circ$。

3. 如图7-122所示，在$\mathrm{Rt}\Delta ABC$中，$\angle C=90^\circ,\angle ABC=30^\circ,AB=16$，将$\Delta ABC$沿$CB$方向向右平移得到$\Delta DEF$，若四边形$ABED$的面积为24，则平移距离是（　　）。

（A）2　（B）3　（C）4　（D）6　（E）8

答案：B

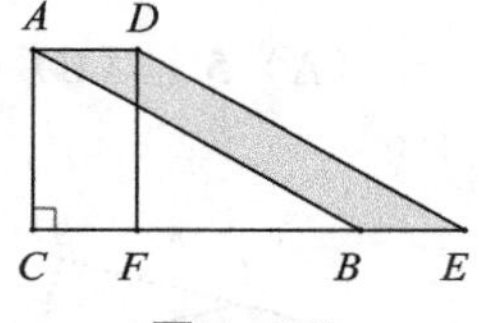

图7-122

解：因为$\angle ABC=30^\circ,AB=16$，所以$AC=\dfrac{1}{2}AB=8$，易知四边形$ABED$为平行四边形，其高为8，故由面积等于24得$BE=3$，即平移距离等于3。

4. 由6个有公共顶点O的直角三角形拼成的图形（图7-123），$\angle AOB=\angle BOC=\cdots=\angle FOG=30^\circ$，若$OA=16$，则$OG$的长为（　　）。

（A）$\dfrac{3}{4}$　（B）$\dfrac{9}{4}$　（C）$\dfrac{9\sqrt{3}}{2}$　（D）$\dfrac{27}{4}$　（E）$\dfrac{27\sqrt{3}}{4}$

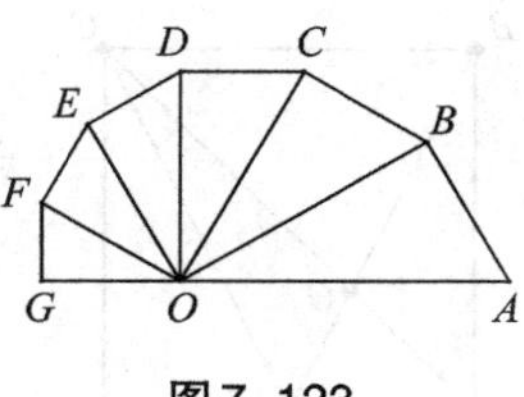

图7-123

答案：D

解：由图可知，$\angle ABO=\angle BCO=\cdots=\angle FGO=90^\circ,\angle A=\angle OBC=\angle OCD=\cdots=\angle OFG=60^\circ$，所以$AB=\dfrac{1}{2}OA,OB=\sqrt{3}\,AB=\dfrac{\sqrt{3}}{2}OA$，同理可知$AO,BO,CO,DO,EO,FO,GO$形成以16为首项，以$\dfrac{\sqrt{3}}{2}$为公比的等比数列，故$OG=\left(\dfrac{\sqrt{3}}{2}\right)^6\cdot OA=\dfrac{27}{4}$。

5. 如图7-124所示，在ΔABC中，$AB=10,AC=8,BC=6$，以点C到AB的垂线段为直

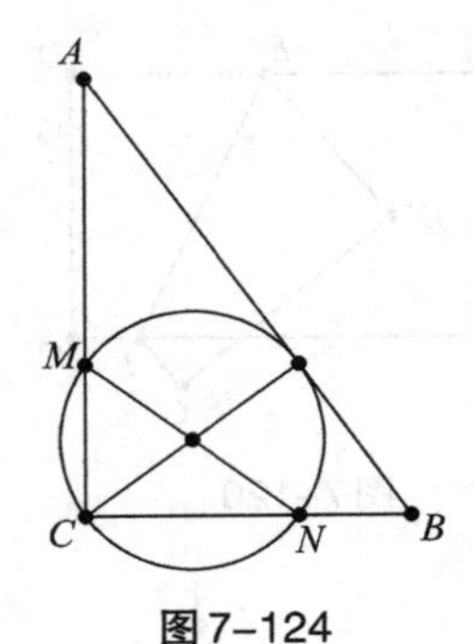

图 7-124

径作圆，该圆交AC于点M，交BC于点N，则MN为（　　）。

（A）4　（B）4.8　（C）5　（D）5.5　（E）6

答案：B

解：因为$\angle ACB=90°$，所以MN是直径。设$CD\perp AB$于D，则$MN=CD$。由面积法知$S_{\triangle ABC}=\frac{1}{2}\cdot AC\cdot BC=\frac{1}{2}\cdot AB\cdot CD$，故$MN=CD=4.8$。

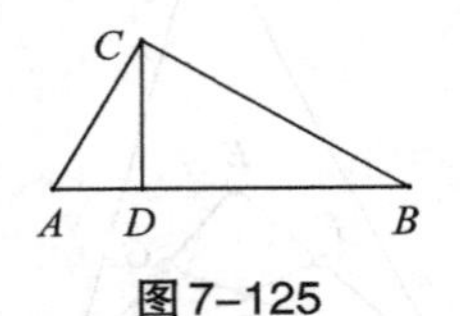

图 7-125

6. 如图 7-125 所示，在$\triangle ABC$中，$\angle ACB=90°$，$CD\perp AB$于点D，$\angle A=60°, AD=2$，则$BD=$（　　）。

（A）2　（B）4　（C）6　（D）8　（E）9

答案：C

解：因为$\angle ACB=90°, CD\perp AB$，所以$\angle BCD+\angle ACD=90°, \angle A+\angle ACD=90°$，故$\angle BCD=\angle A=60°$，所以$\angle ACD=\angle B=30°$。因为$AD=2$，所以$AC=2AD=4$，故$AB=2AC=8$，从而$BD=AB-AD=6$。

7. 已知等腰三角形的底角为15°，腰长为8，则腰上的高等于（　　）。

（A）5　（B）4　（C）3　（D）2　（E）1

答案：B

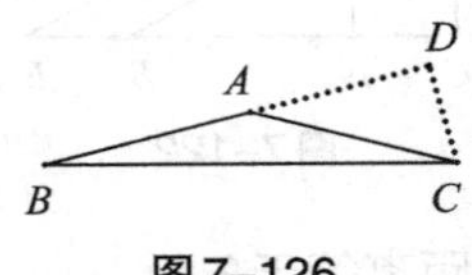

图 7-126

解：如图 7-126 所示，过C作$CD\perp AB$，交BA延长线于D，因为$\angle B=15°, AB=AC$，所以$\angle DAC=30°$，又因为CD为AB上的高且$AC=8$，所以$CD=\frac{1}{2}AC=4$。

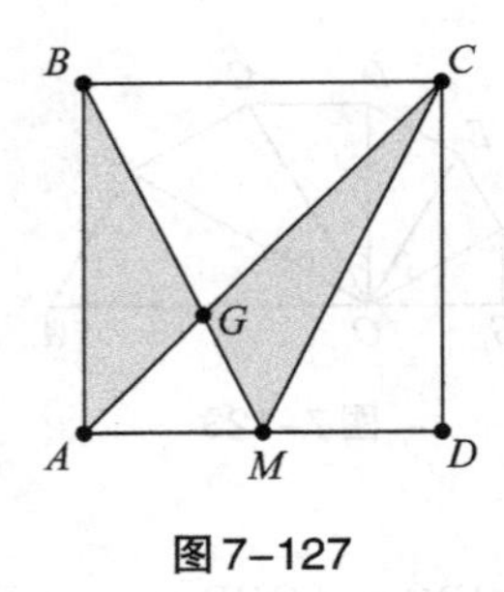

图 7-127

8. 如图 7-127 所示，正方形$ABCD$面积为3cm^2，M是AD边上的中点，则图中阴影部分的面积为（　　）。

（A）1.2　（B）1.4　（C）1.6　（D）1　（E）0.8

答案：D

解：因为M是中点，所以$S_{\triangle ABM}=\frac{1}{2}S_{\triangle ABD}=\frac{1}{4}S_{\square ABCD}=\frac{3}{4}$，易知$\triangle AMG\sim\triangle CGB$，故$\frac{MG}{GB}=\frac{AM}{BC}=\frac{1}{2}$，所以$S_{\triangle ABG}=\frac{2}{3}S_{\triangle ABM}=\frac{1}{2}$，由蝴蝶模型知$S_{\triangle CGM}=S_{\triangle ABG}=\frac{1}{2}$，所以阴影部分的面积为1。

9. 如图 7-128 所示，正方形的边长为2，分别以两个对角顶点为圆心、以2为半径画弧，则图中阴影部分的面积为（　　）。

（A）$2\pi-4$　（B）$\pi-2$　（C）$2\pi+2$　（D）$2\pi-2$

（E）$4-\pi$

答案：A

解：连接AC，则阴影部分的面积$S=2\left(S_{扇形ADC}-S_{\Delta ADC}\right)=\frac{1}{2}\cdot\pi\cdot 2^2-S_{\square ABCD}=2\pi-4$。

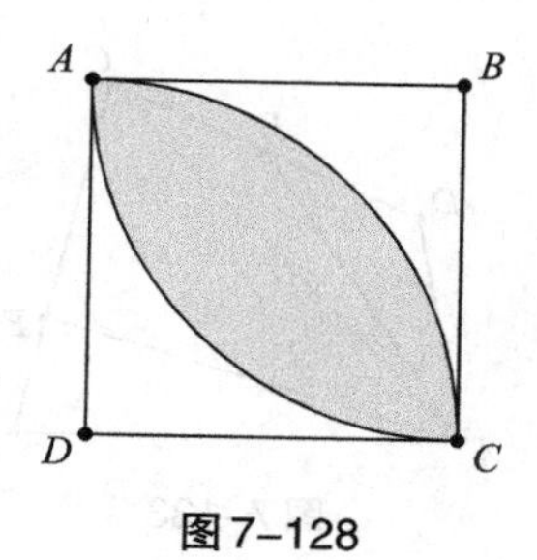

图7-128

10.如图7-129所示，$\odot O$是等边三角形ABC的外接圆，$\odot O$的半径为2，则RtΔABC的边长为（　　）。

（A）$\sqrt{3}$　（B）$\sqrt{5}$　（C）$2\sqrt{3}$　（D）$2\sqrt{5}$　（E）$3\sqrt{5}$

答案：C

解：连接OA，并作$OD\perp AB$于D，则$\angle OAD=30°$，$OA=2, OD=1$，所以$AD=\sqrt{OA^2-OD^2}=\sqrt{3}$，$AB=2\sqrt{3}$（图7-130）。

11.如图7-131所示，ΔABC的面积为10，AD为BC边上的中线，E为AD上任意一点，连接BE、CE，图中阴影部分的面积为（　　）。

（A）4　（B）5　（C）6　（D）7　（E）8

答案：B

解：因为D是BC的中点，所以$S_{\Delta BDE}=S_{\Delta CDE}$，所以阴影面积为$S_{\Delta ACD}=\frac{1}{2}S_{\Delta ABC}=5$。

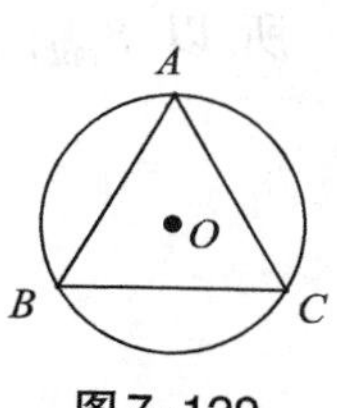

图7-129

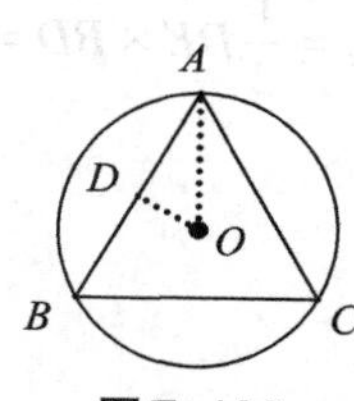

图7-130

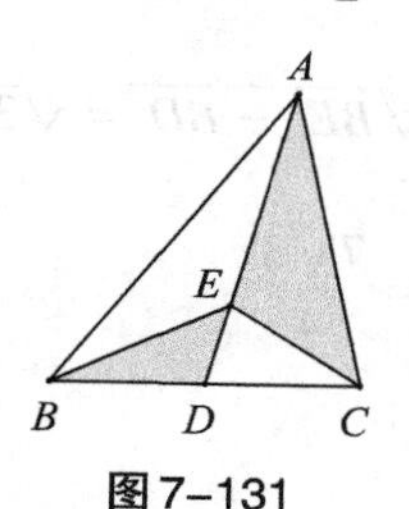

图7-131

12.如图7-132所示，在ΔABC中，AB是AD的5倍，AC是AE的3倍，如果ΔADE的面积等于1，则ΔABC的面积是（　　）。

（A）10　（B）12　（C）14　（D）15　（E）25

答案：D

解：由共角模型知$\frac{S_{\Delta ABC}}{S_{\Delta ADE}}=\frac{AB\cdot AC}{AD\cdot AE}=15$，所以$S_{\Delta ABC}=15$。

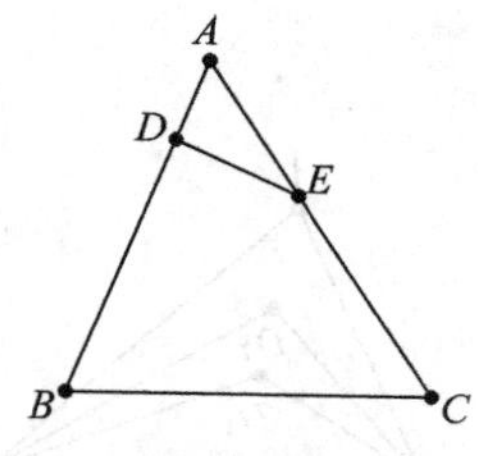

图7-132

13.如图7-133所示，四边形$ABCD$中，点E、F分别在BC、CD

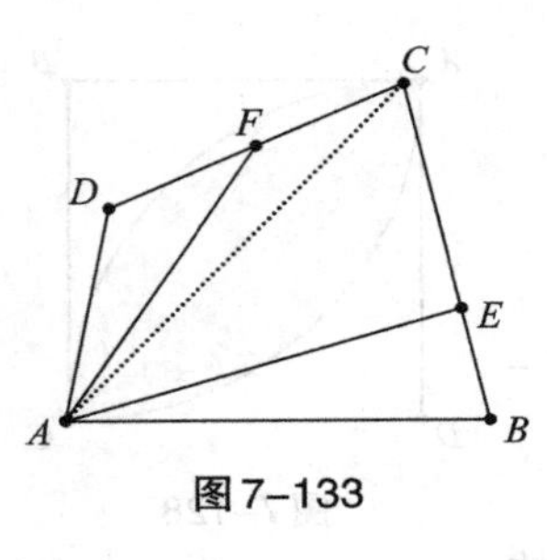

图7–133

上，$DF=FC,CE=2EB$，已知$S_{\triangle ADF}=m,S_{四边形AECF}=n(n>m)$，则$S_{四边形ABCD}$等于（　　）。

（A）$\frac{3n-m}{2}$　（B）$\frac{3n+m}{2}$　（C）$\frac{3n+3m}{2}$

（D）$\frac{3n-3m}{2}$　（E）$\frac{3n+2m}{2}$

答案：D

解：因为F是CD的中点，所以$S_{\triangle ADF}=S_{\triangle AFC}=2m$，故$S_{\triangle ACE}=n-2m$，又因为$CE=2EB$，所以$S_{\triangle ABE}=\frac{1}{2}(n-2m)$，所以$S_{四边形ABCD}=S_{\triangle ADF}+S_{四边形AECF}+S_{\triangle ABE}=\frac{3n-3m}{2}$。

14. 如图7–134所示，边长为3的等边$\triangle ABC$中，D,E分别在AB,BC上，$BD=\frac{1}{3}AB$，$DE\perp AB$，则四边形$ADEC$的面积为（　　）。

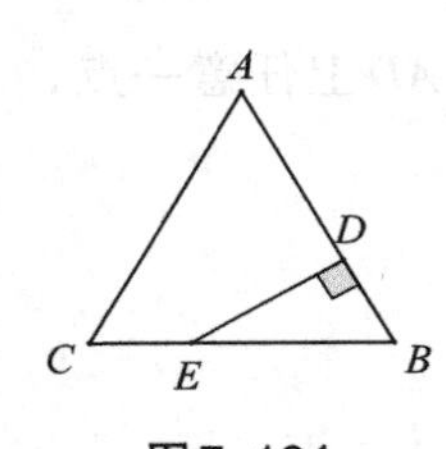

图7–134

（A）10　（B）$10\sqrt{3}$　（C）$\frac{7\sqrt{3}}{4}$　（D）$\sqrt{21}$　（E）$10\sqrt{2}$

答案：C

解：因为$\triangle ABC$为等边三角形，所以$S_{\triangle ABC}=\frac{\sqrt{3}}{4}AB^2=\frac{9\sqrt{3}}{4}$。在$\mathrm{Rt}\triangle BDE$中，因为$\angle BED=90°-60°=30°$，所以$BE=2BD=2\times\frac{1}{3}AB=2$，所以$DE=\sqrt{BE^2-BD^2}=\sqrt{3}$，$S_{\triangle EDB}=\frac{1}{2}DE\times BD=\frac{\sqrt{3}}{2}$，所以$S_{四边形ADEC}=S_{\triangle ABC}-S_{\triangle BDE}=\frac{9\sqrt{3}}{4}-\frac{\sqrt{3}}{2}=\frac{7\sqrt{3}}{4}$。

第五节　高分突破

1. 如图7–135所示，在$\triangle ABC$中，$\angle ABC$与$\angle ACB$的角平分线交于D_1，$\angle ABD_1$与$\angle ACD_1$的角平分线交于点D_2，依次类推，$\angle ABD_4$与$\angle ACD_4$的角平分线交于点D_5，若$\angle A=20°$，则$\angle BD_5C$的度数是（　　）。

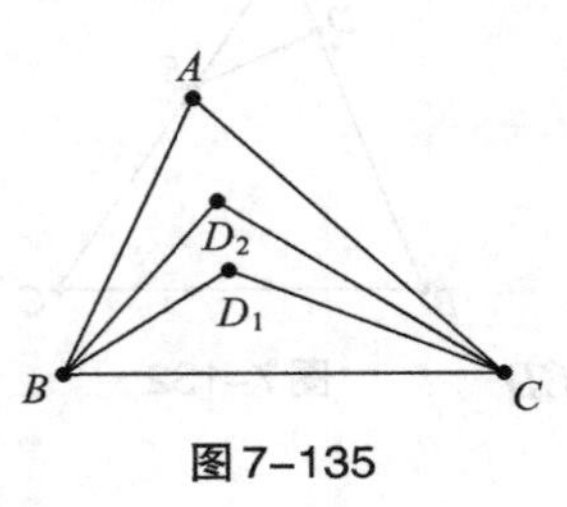

图7–135

（A）24°　（B）25°　（C）30°　（D）36°　（E）39°

答案：B

解：在内角平分线模型 ABC 中（图 7–136），$\angle BD_1C = 90° + \frac{1}{2}\angle A = 100°$，所以由飞镖模型 ABD_1C 知 $\angle ABD_1 + \angle ACD_1 = 80°$。因为 BD_2 平分 $\angle ABD_1$，CD_2 平分 $\angle ACD_1$，所以 $\angle ABD_2 + \angle ACD_2 = \frac{1}{2}(\angle ABD_1 + \angle ACD_1) = 40°$，由飞镖模型 ABD_2C 知 $\angle BD_2C = 40° + \angle A = 60°$。由此可知，每次平分使得新产生的飞镖模型的两个底角之和减半，依此类推，之后是 $20° + \angle A, 10° + \angle A, 5° + \angle A$，所以 $\angle BD_5C = 25°$。

图 7–136

2. 已知 $ABCD$ 是平行四边形（图 7–137），$BC : CE = 3 : 2$，三角形 ODE 的面积为 6cm^2，则阴影部分的面积是（　　）cm^2。

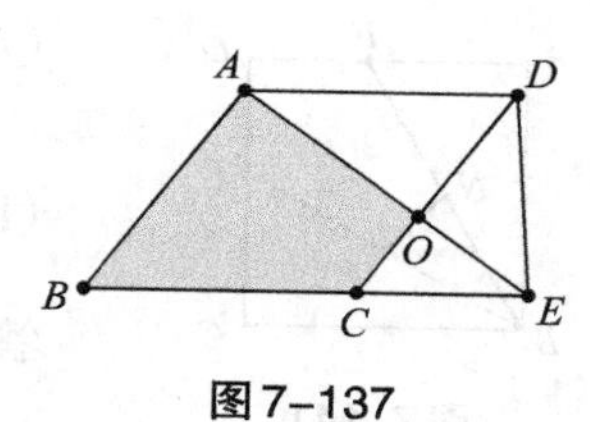

图 7–137

（A）20　（B）21　（C）22　（D）24　（E）以上都不对

答案：B

解：连接 AC，由于 $ABCD$ 是平行四边形（图 7–138），$BC : CE = 3 : 2$，所以 $CE : AD = 2 : 3$，所以由蝴蝶模型知：$S_{\Delta COE} : S_{\Delta AOC} : S_{\Delta DOE} : S_{\Delta AOD} = 2^2 : 2 \times 3 : 2 \times 3 : 3^2 = 4 : 6 : 6 : 9$，故 $S_{\Delta AOD} = 9(\text{cm}^2)$，又 $S_{\Delta ABC} = S_{\Delta ACD} = 6 + 9 = 15(\text{cm}^2)$，所以阴影部分面积为 21cm^2。

图 7–138

3. 如图 7–139 所示，在四边形 $ABCD$ 中，$AB = 8$，$BC = 1$，$\angle DAB = 30°$，$\angle ABC = 60°$，四边形 $ABCD$ 的面积为 $5\sqrt{3}$，则 AD 的长为（　　）。

图 7–139

（A）$\sqrt{3}$　（B）2　（C）$2\sqrt{3}$　（D）$3\sqrt{2}$　（E）$3\sqrt{3}$

答案：C

解：如图 7–140 所示，延长 AD,BC 交于点 E，因为 $\angle DAB = 30°$，$\angle ABC = 60°$，所以 $\angle E = 90°$，又因为 $AB = 8, \angle DAB = 30°$，所以 $BE = \frac{1}{2}AB = 4, AE = \sqrt{3}\,BE = 4\sqrt{3}$，所以 $CE = 3$。四边形 $ABCD$ 的面积为 $5\sqrt{3}$，所以 $\frac{1}{2} \times AE \times BE - \frac{1}{2}EC \times DE = 5\sqrt{3}\ DE = 5\sqrt{3}$，故 $DE = 2\sqrt{3}, AD = 2\sqrt{3}$。

图 7–140

4. ΔABC 的三边为 a,b,c，且满足 $4a^2 + 4b^2 + 13c^2 - 8ac - 12bc = 0$，则 ΔABC 是（　　）。

（A）直角三角形　　（B）等腰三角形　　（C）等边三角形

（D）等腰直角三角形　　（E）以上都不对

答案：B

解：$4a^2+4b^2+13c^2-8ac-12bc=4a^2-8ac+4c^2+4b^2-12bc+9c^2=4(a-c)^2+(2b-3c)^2=0$，所以$a-c=0,2b-3c=0$，即$a=c,2b=3c$，故$\triangle ABC$为等腰三角形。

5. 如图7-141所示，$\square ABCD$的面积为3，点E在边CD上，且$CE=1,\angle ABE$的平分线交AD于点F，点M,N分别是BE，BF的中点，则MN的长为（　）。

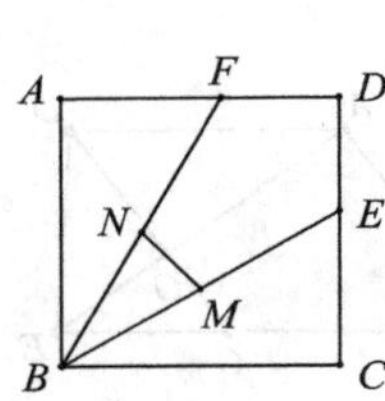

图7-141

（A）$\dfrac{\sqrt{6}}{2}$　（B）$\dfrac{\sqrt{3}}{2}$　（C）$2-\sqrt{3}$　（D）$\dfrac{\sqrt{6}-\sqrt{2}}{2}$

（E）$\dfrac{\sqrt{6}+\sqrt{2}}{2}$

答案：D

解：连接EF，由题意知$AB=BC=CD=DA=\sqrt{3}$，又因为$CE=1$，所以$BE=2$，故$\angle CBE=30°,\angle ABE=60°$，又因为$BF$平分$\angle ABC$，故$\angle ABF=\angle EBF=30°$。易知$\triangle ABF\cong\triangle CBE$，故$AF=CE=1,DF=DE=\sqrt{3}-1$，所以$\triangle DEF$是等腰直角三角形，故$EF=\sqrt{2}\,DE=\sqrt{6}-\sqrt{2}$。又因为$M,N$分别是$BE,BF$的中点，所以$MN$是$\triangle BEF$的中位线，故$MN=\dfrac{1}{2}EF=\dfrac{\sqrt{6}-\sqrt{2}}{2}$。

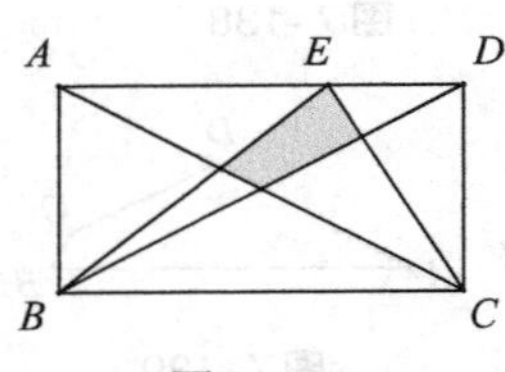

图7-142

6. 如图7-142所示，$\square ABCD$的面积是36，$AE=2ED$，则阴影部分的面积为（　）。

（A）1.8　（B）2　（C）2.2　（D）2.5　（E）2.7

答案：E

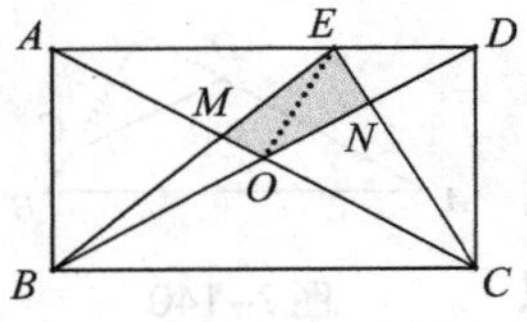

图7-143

解：如图7-143所示，连接OE。根据蝴蝶模型，在梯形$OCDE$中，$ON:ND=S_{\triangle COE}:S_{\triangle CDE}=\dfrac{1}{2}S_{\triangle CAE}:S_{\triangle CDE}=1:1$，所以，$S_{\triangle OEN}=\dfrac{1}{2}S_{\triangle OED}$；在梯形$ABOE$中，$OM:MA=S_{\triangle BOE}:S_{\triangle BAE}=\dfrac{1}{2}S_{\triangle BDE}:S_{\triangle BAE}=1:4$，所以$S_{\triangle OEM}=\dfrac{1}{5}S_{\triangle OEA}$。又因为$S_{\triangle OED}=\dfrac{1}{3}\times\dfrac{1}{4}S_{\square ABCD}=3$，$S_{\triangle OEA}=2S_{\triangle OED}=6$，所以阴影部分面积为$3\times\dfrac{1}{2}+6\times\dfrac{1}{5}=2.7$。

7. 如图7-144所示，$\square ABCD$中，$AB=6$，如果将该矩形沿对角线BD折叠，那么图中阴影部分ΔBED的面积22.5，则$BC =$（ ）。

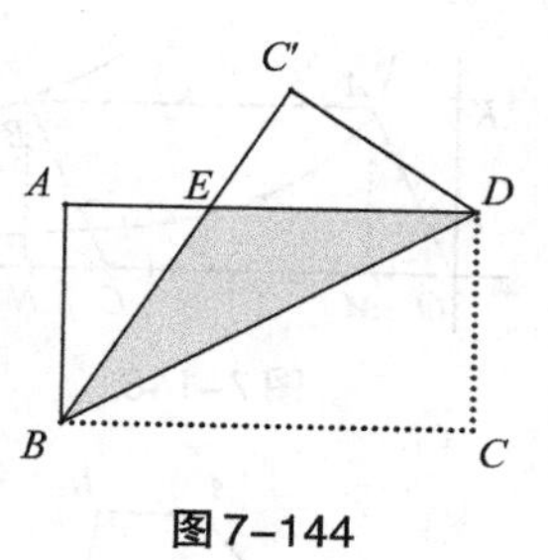

图7-144

（A）8 （B）10 （C）11 （D）12 （E）14

答案：D

解：由题意知$\angle CBD = \angle EBD$，又因为$AD \parallel BC$，由双平模型知$\angle CBD = \angle BDE = \angle EDB, BE = ED$。因为$S_{\Delta BED} = \frac{1}{2} \cdot DE \cdot AB = 22.5, AB = 6$，所以$ED = 7.5$，故$BE = 7.5$，在$\mathrm{Rt}\Delta ABE$中，$AB^2 + AE^2 = BE^2$，解得$AE = 4.5$，所以$BC = AD = AE + ED = 12$。

8. 如图7-145所示，点E, F分别为$\square ABCD$的边BC, AD上的点，且$CE = 2BE, AF = 2DF$，AE与BF交于点H，若ΔBEH的面积为2，则五边形$CEHFD$的面积是（ ）。

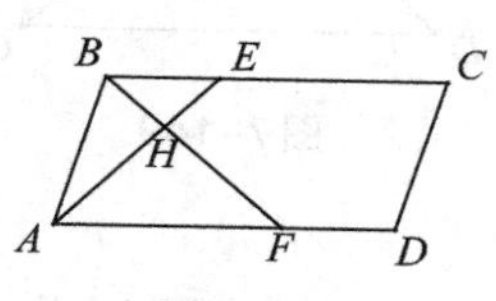

图7-145

（A）19 （B）20 （C）21 （D）22 （E）24

答案：D

解：由题意知$\Delta BEH \sim \Delta FAH, \frac{BE}{AF} = \frac{1}{2}$，故$S_{\Delta AHF} = 4S_{\Delta BHE} = 8$，由蝴蝶模型知$S_{\Delta ABH} = S_{\Delta HFE} = 4$。因为$CE = 2BE$，所以$S_{\Delta ACE} = 2S_{\Delta ABE} = 2\left(S_{\Delta ABH} + S_{\Delta BHE}\right) = 12$，所以$S_{\Delta ABC} = 18, S_{\square ABCD} = 36$，所以$S_{多边形CEHFD} = S_{\square ABCD} - S_{\Delta ABE} - S_{\Delta AHF} = 22$。

9. 如图7-146所示，菱形$ABCD$的对角线AC, BD相交于点O，过点D作$DH \perp AB$于点H，连接OH，若$OA = 6, OH = 4$，则菱形$ABCD$的面积为（ ）。

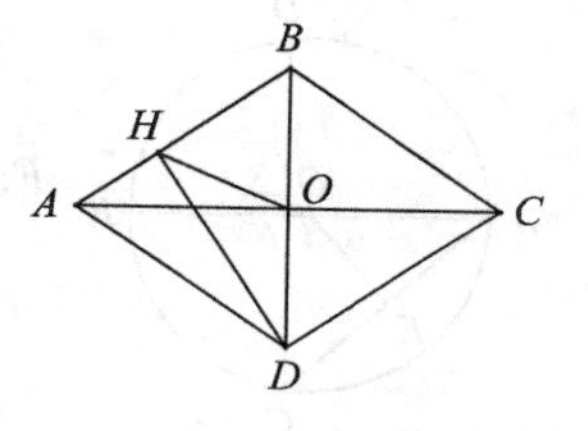

图7-146

（A）$24\sqrt{7}$ （B）48 （C）64 （D）72 （E）96

答案：B

解：因为四边形$ABCD$是菱形，所以$OA = OC = 6, AC = 12$，因为$DH \perp AB$，所以$\angle BHD = 90°$，故$BD = 2OH = 8$，所以菱形$ABCD$的面积$S = \frac{1}{2} AC \cdot BD = 48$。

10. 如图7-147所示，在平面直角坐标系中，平行四边形$OABC$的顶点A在反比例函数$y = \frac{1}{x}$上，顶点B在反比例函数$y = \frac{5}{x}$上，点C在x轴的正半轴上，则$OABC$的面积是（ ）。

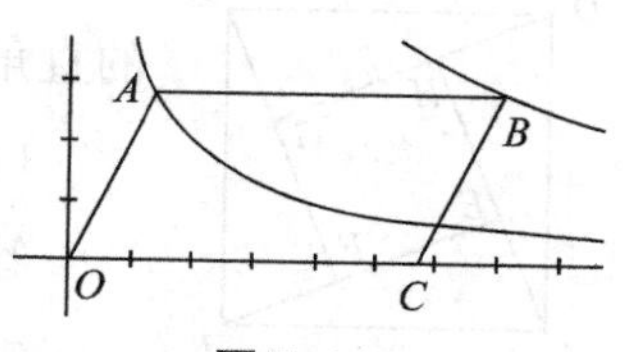

图7-147

（A）5 （B）4 （C）2 （D）1 （E）$\sqrt{2}$

答案：B

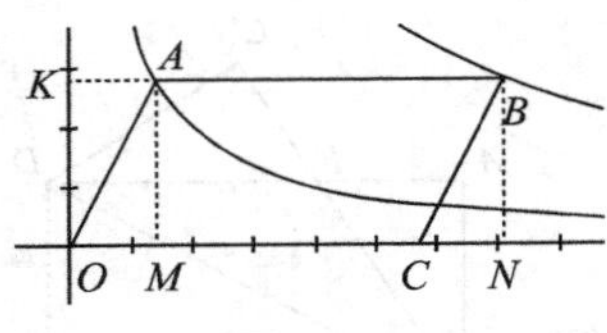

图7-148

解：如图7-148所示，过点A、B分别作x轴的垂线，垂足分别为M、N，BA的延长线交y轴于K。设$A\left(a,\frac{1}{a}\right)$，则$S_{\square OMAK}=1$，同理，$S_{\square ONBK}=5$，故$S_{\square ABNM}=4$。又因为在$\mathrm{Rt}\Delta AOM$和$\mathrm{Rt}\Delta BCN$中，$OA=CB,AM=BN$，所以$\Delta AOM\cong\Delta BCN$，故$S_{\square ABCO}=S_{\square ABNM}=4$。

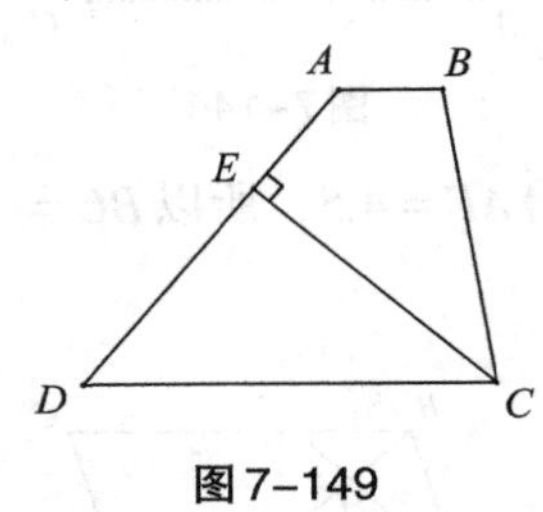

图7-149

11. 如图7-149所示，在梯形$ABCD$中，$AB\parallel CD,CE$平分$\angle BCD,CE\perp AD$于$E,DE=2AE$。若ΔCED面积为1，则四边形$ABCE$的面积为（　　）。

（A）$\frac{1}{4}$　（B）$\frac{7}{8}$　（C）$\frac{1}{2}$　（D）$\frac{3}{4}$　（E）$\frac{3}{5}$

答案：B

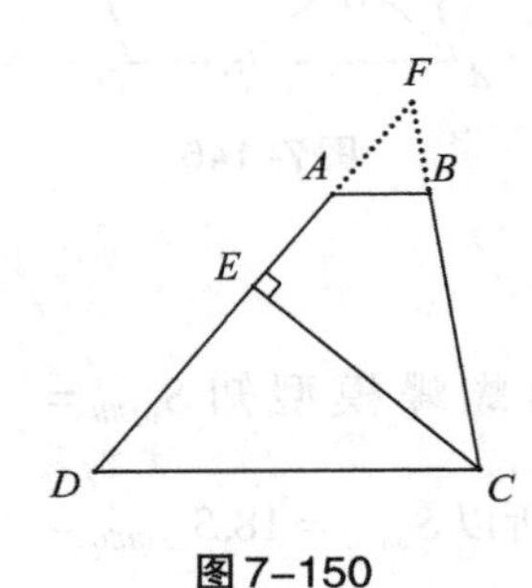

图7-150

解：如图7-150所示，延长DA、CB相交于点F，因为CE平分$\angle BCD,CE\perp AD$，故$\angle D=\angle F$，所以$CD=CF,DE=FE$，从而$S_{\Delta CFE}=S_{\Delta CDE}=1$，所以$S_{\Delta FDC}=2S_{\Delta CDE}=2$。因为$DE=2AE$，所以$AE=AF=\frac{1}{2}DE$，所以$\frac{AF}{FD}=\frac{1}{4}$。因为$AB\parallel CD$，所以$\Delta FAB\sim\Delta FDC$，所以$S_{\Delta FAB}=\frac{1}{16}S_{\Delta FDC}=\frac{1}{8}$，所以$S_{ABCE}=S_{\Delta CEF}-S_{\Delta ABF}=\frac{7}{8}$。

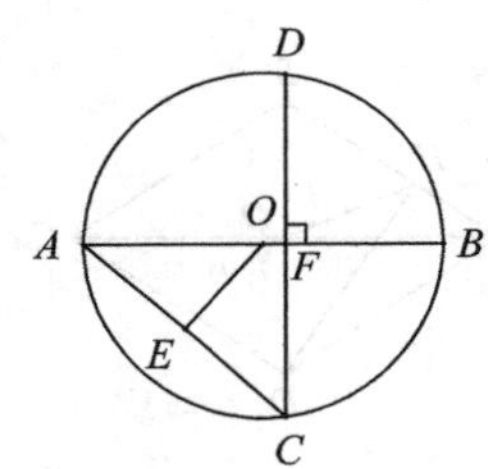

图7-151

12. 如图7-151所示，AB为$\odot O$的直径，弦$CD\perp AB$于点$F,OE\perp AC$于点E，若$OE=3,OB=5$，则CD的长度是（　　）。

（A）9.6　（B）$4\sqrt{5}$　（C）$5\sqrt{3}$　（D）10　（E）13

答案：A

解：因为$OE\perp AC$，所以$AE=EC$，因为$AB\perp CD$，所以$\angle AFC=\angle AEO=90°$。故$AE=\sqrt{AO^2-OE^2}=4$，所以$AC=8$。易知$\Delta AEO\sim\Delta AFC$，所以$\frac{AO}{AC}=\frac{EO}{FC}$，即$\frac{5}{8}=\frac{3}{FC}$，所以$FC=\frac{24}{5}$，因为$CD\perp AB$，所以$CD=2CF=\frac{48}{5}=9.6$。

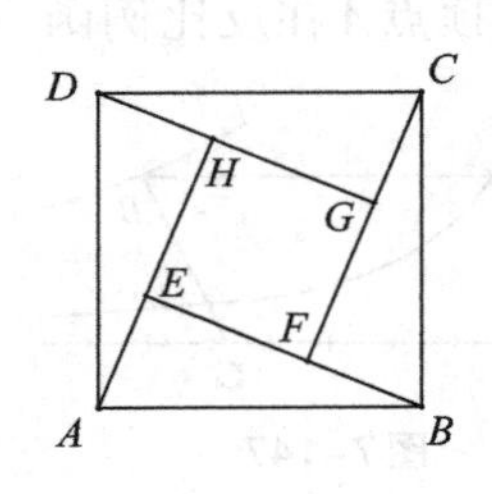

图7-152

13. 如图7-152所示，四边形$ABCD$是正方形，四个三角形是全等的直角三角形，则正方形$EFGH$的面积是$4-2\sqrt{3}$。

（1）正方形$ABCD$的边长为2　（2）$\angle ABE=30°$

答案：C

解：显然条件（1）和条件（2）单独都不充分，联合考察。在$\mathrm{Rt}\Delta ABE$中，由于$\angle ABE=30°,AB=2$，所以$AE=1,BE=\sqrt{3}$，所以

$HE = HA - AE = BE - AE = \sqrt{3} - 1$，所以$S_{\square EFGH} = \left(\sqrt{3} - 1\right)^2 = 4 - 2\sqrt{3}$，充分。

14.若$ABCD$为圆的内接正方形，弦AM平分边BC,则AM的长为$\frac{6}{5}\sqrt{5}$（图7-153）。

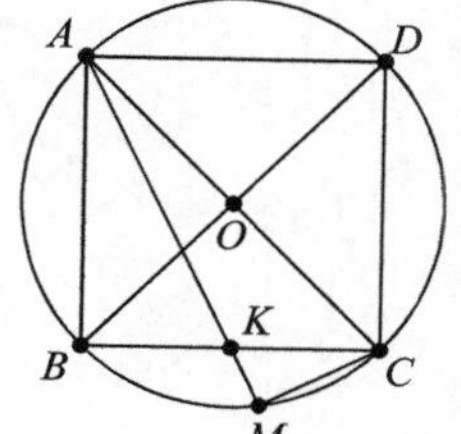

图7-153

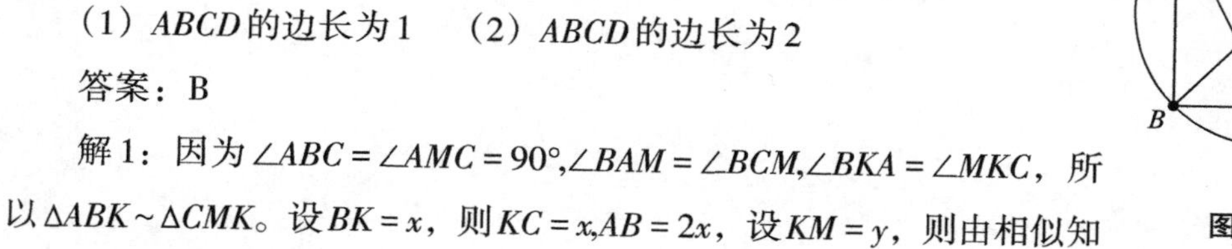

（1）$ABCD$的边长为1　（2）$ABCD$的边长为2

答案：B

解1：因为$\angle ABC = \angle AMC = 90°, \angle BAM = \angle BCM, \angle BKA = \angle MKC$，所以$\Delta ABK \sim \Delta CMK$。设$BK = x$，则$KC = x, AB = 2x$，设$KM = y$，则由相似知$MC = 2y$。条件（1），若$AB = 1$，则$BK = \frac{1}{2}$，$KC = \frac{1}{2}$，所以$5y^2 = \frac{1}{4}$，$y^2 = \frac{1}{20}$，从而$AM^2 = AC^2 - MC^2 = \frac{16}{20}$，不充分。同理可知条件（2）充分。

解2：因为$\Delta ABK \sim \Delta CMK$，$\Delta ABK$的直边比是2 ∶ 1，所以$\Delta CMK$的直边比$\frac{CM}{KM} = 2$，设$KM = x, CM = 2x$。对于条件（2），$KC = 1$，解得$MC^2 = \frac{4}{5}$，故$AM^2 = AC^2 - MC^2 = 8 - \frac{4}{5} = \frac{36}{5}$。充分。

15.梯形$ABCD(AB \parallel CD)$有外接圆。

（1）$\angle A = \angle B$　（2）AB和CD中点的连线和AB垂直

答案：D

解：条件（1），易知梯形$ABCD$成为等腰梯形，所以对角互补，从而一定有外接圆，充分。条件（2），由题意知，设AB和CD的中点分别为E、F，则EF是AB和CD的垂直平分线，在EF任意取一点M，则$MA = MB, MC = MD$，如果M又在AD的中垂线上，则$MA = MD$，从而M到$ABCD$四个顶点距离相等，它就是外接圆的圆心O。

第八章　解析几何

第一节　平面直角坐标系及直线方程

一、平面直角坐标系

（一）平面直角坐标系

在同一个平面上互相垂直且相交的两条数轴构成平面直角坐标系，简称直角坐标系。通常，两条数轴分别置于水平位置与竖直位置，取向右与向上的方向分别为两条数轴的正方向。水平的数轴叫作x轴或横轴，竖直的数轴叫作y轴或纵轴，x轴和y轴统称为坐标轴，它们的交点O称为直角坐标系的原点，以点O为原点的平面直角坐标系记作平面直角坐标系xOy。

设点P是直角坐标平面上任意一点，过P作$PA \perp x$轴于A，作$PB \perp y$轴于B，若点A在x轴上的坐标为x_0，点B在y轴上的坐标为y_0，则点P的坐标为$\left(x_0,y_0\right)$，记作$P\left(x_0,y_0\right)$。

两个坐标轴把平面分成4个区域，称为4个象限，从左上角开始沿逆时针顺序分别为第一、二、三、四象限，坐标轴不属于任何象限。设平面上任意一点P的坐标为$P(x,y)$，若P在第一象限，则$x>0,y>0$；若P在第二象限，则$x<0,y>0$；若P在第三象限，则$x<0,y<0$；若P在第四象限，则$x>0,y<0$。横轴上的点的纵坐标为0，纵轴上的点的横坐标为0。

（二）线段的定比分点

设点$P_1\left(x_1,y_1\right),P_2\left(x_2,y_2\right)$是$xOy$内的两个点，$P\left(x,y\right)$是直线$P_1P_2$上异于$P_1$、$P_2$的任意

一点，如果存在实数λ，使$\overrightarrow{P_1P}=\lambda\overrightarrow{PP_2}$，则称$\lambda$为点$P$分$\overrightarrow{P_1P_2}$所成的比。此时，点$P=\dfrac{P_1+\lambda P_2}{1+\lambda}$，即设$P(x,y)$，则$x=\dfrac{x_1+\lambda x_2}{1+\lambda}$，$y=\dfrac{y_1+\lambda y_2}{1+\lambda}$。

特别地，当$\lambda=1$时，P是P_1、P_2的中点，其坐标为$P\left(\dfrac{x_1+x_2}{2},\dfrac{y_1+y_2}{2}\right)$。

（三）两点间距离

设点$P_1(x_1,y_1)$，$P_2(x_2,y_2)$是xOy内的两个点，则$|P_1P_2|=\sqrt{(x_2-x_1)^2+(y_2-y_1)^2}$。

二、直线方程

（一）直线的倾斜角

在平面直角坐标系中，如果直线l与x轴相交，则x轴绕着交点按逆时针方向旋转到和直线l重合时所转的最小正角为l的倾斜角，记为α。由定义可知，α取值范围是$0^\circ\leqslant\alpha<180^\circ$，特别地，当直线$l$与$x$轴平行时，规定$l$的倾斜角为$0^\circ$。

（二）直线的斜率

若直线l的倾斜角$\alpha\neq90^\circ$，则它的倾斜角的正切值叫作l的斜率，常用k表示，即$k=\tan\alpha$。当$\alpha\in(0^\circ,90^\circ)$时，$k>0$；当$\alpha\in(90^\circ,180^\circ)$时，$k<0$；当$\alpha=0^\circ$时，$k=0$。直线的斜率的绝对值反映了直线对$x$轴的倾斜程度，绝对值越大则直线越陡峭。

由定义可知，平面直角坐标系中过两点$P_1(x_1,y_1)$，$P_2(x_2,y_2)$$(x_1\neq x_2)$的直线，设其倾斜角为$\alpha$，则其斜率$k=\tan\alpha=\dfrac{y_2-y_1}{x_2-x_1}$。下表给出常见倾斜角及其对应的斜率：

倾斜角α	0	$\frac{\pi}{6}$	$\frac{\pi}{4}$	$\frac{\pi}{3}$	$\frac{\pi}{2}$	$\frac{2\pi}{3}$	$\frac{3\pi}{4}$	$\frac{5\pi}{6}$
斜率k	0	$\frac{\sqrt{3}}{3}$	1	$\sqrt{3}$	不存在	$-\sqrt{3}$	-1	$-\frac{\sqrt{3}}{3}$

可见，当两条直线的倾斜角互补时，其斜率互为相反数。

不同于直线的倾斜角，两条直线的夹角没有方向，两条相交直线构成的两对对顶角中不超过90°的角为这两条直线的夹角。设直线l_1、l_2的斜率分别为k_1、k_2，其夹角为α，则$\alpha\in\left[0,\dfrac{\pi}{2}\right]$，且$\tan\alpha=\left|\dfrac{k_1-k_2}{1+k_1k_2}\right|$。

（三）直线方程的五种形式

1.点斜式

过点$P\left(x_0,y_0\right)$，斜率为k的直线方程为$y-y_0=k\left(x-x_0\right)$。

证明：设$P\left(x,y\right)$是所求直线上的任意一点，则$K_{PP_0}=k$，所以$\frac{y-y_0}{x-x_0}=k$，所以$y-y_0=k\left(x-x_0\right)$。

2.斜截式

斜率为k，在y轴上的截距为b(即过点$P_0(0,b)$)的直线方程为$y=kx+b$。

证明：由点斜式可知$y-b=k(x-0)$，即$y=kx+b$。

3.两点式

过两个点$P_1\left(x_1,y_1\right),P_2\left(x_2,y_2\right)$的直线方程为$\frac{y-y_1}{y_2-y_1}=\frac{x-x_1}{x_2-x_1},\left(x_1\neq x_2,y_1\neq y_2\right)$。

证明：设$P\left(x,y\right)$是所求直线上的任意一点，则$K_{PP_1}=K_{P_1P_2}$，所以$\frac{y-y_1}{x-x_1}=\frac{y_2-y_1}{x_2-x_1}$，即$\frac{y-y_1}{y_2-y_1}=\frac{x-x_1}{x_2-x_1}$。

4.截距式

在x轴的截距为a(即过点$P_1(a,0)$)，在y轴上的截距为b(即过点$P_0(0,b)$)的直线方程为$\frac{x}{a}+\frac{y}{b}=1(a\neq 0,b\neq 0)$。

证明：截距式即特殊的两点式，由两点式易证。

5.一般式：$Ax+By+C=0\left(A,B\text{不同时为}0\right)$。

这五种形式中，一般式可以表达任意一条直线，而其他几种形式有适应范围。点斜率式和斜截式要求直线的斜率存在，不能表达竖直的直线；两点式和截距式适应于不平行于坐标轴的直线。

（四）点到直线的距离

设直线l的方程为：$Ax+By+C=0$，点$P\left(x_0,y_0\right)$，则点P到直线的距离为$d=\frac{\left|Ax_0+By_0+C\right|}{\sqrt{A^2+B^2}}$。

三、两条直线的位置关系

两条直线的位置关系有三种：相交、平行与重合。其中垂直是相交的一种特殊情况，而且不能把重合当作平行的特殊情况。

（一）两直线平行

设直线 $l_1{:}y = k_1x + b_1, l_2{:}y = k_2x + b_2$，则 $l_1 \parallel l_2 \Leftrightarrow k_1 = k_2$ 且 $b_1 \neq b_2$，这时方程组 $\begin{cases} y_1 = k_1x + b_1 \\ y_2 = k_2x + b_2 \end{cases}$ 无解。

设直线 $L_1{:}A_1x + B_1y + C_1 = 0$，$L_2{:}A_2x + B_2y + C_2 = 0$，则 $L_1 \parallel L_2 \Leftrightarrow \frac{A_1}{A_2} = \frac{B_1}{B_2} \neq \frac{C_1}{C_2}$。此时方程组 $\begin{cases} A_1x + B_1y + C_1 = 0 \\ A_2x + B_2y + C_2 = 0 \end{cases}$ 无解。

（二）两直线重合

设直线 $l_1{:}y = k_1x + b_1, l_2{:}y = k_2x + b_2$，则当 $k_1 = k_2$ 且 $b_1 = b_2$ 时它们重合。此时方程组 $\begin{cases} y_1 = k_1x + b_1 \\ y_2 = k_2x + b_2 \end{cases}$ 有无穷多解。

设直线 $L_1{:}A_1x + B_1y + C_1 = 0$，$L_2{:}A_2x + B_2y + C_2 = 0$，则 L_1 与 L_2 重合 $\Leftrightarrow \frac{A_1}{A_2} = \frac{B_1}{B_2} = \frac{C_1}{C_2}$。此时方程组 $\begin{cases} A_1x + B_1y + C_1 = 0 \\ A_2x + B_2y + C_2 = 0 \end{cases}$ 有无穷多解。

（三）两条直线相交

设直线 $l_1{:}y = k_1x + b_1, l_2{:}y = k_2x + b_2$，则当 $k_1 \neq k_2$ 时两直线相交。

设直线 $L_1{:}A_1x + B_1y + C_1 = 0, L_2{:}A_2x + B_2y + C_2 = 0$，则当 $\frac{A_1}{A_2} \neq \frac{B_1}{B_2}$ 时两直线相交。

当上述两直线相交时，设两条直线交于点 $P(x_0, y_0)$，则方程组 $\begin{cases} y_1 = k_1x + b_1 \\ y_2 = k_2x + b_2 \end{cases}$ 或 $\begin{cases} A_1x + B_1y + C_1 = 0 \\ A_2x + B_2y + C_2 = 0 \end{cases}$ 必有唯一解，其解为 $\begin{cases} x = x_0 \\ y = y_0 \end{cases}$。

（四）两条直线垂直

设直线$l_1:y=k_1x+b_1,l_2:y=k_2x+b_2$，则$l_1\perp l_2\Leftrightarrow k_1k_2=-1$。

设直线$L_1:A_1x+B_1y+C_1=0,L_2:A_2x+B_2y+C_2=0$，则$L_1\perp L_2\Leftrightarrow A_1A_2+B_1B_2=0$。

（五）平行线间的距离

设两条平行直线L_1：$Ax+By+C_1=0$，L_2：$Ax+By+C_2=0$，则它们之间的距离为$d=\frac{|C_1-C_2|}{\sqrt{A^2+B^2}}$。

四、直线系

直线系也称直线束或直线簇，是具有某一共同性质的直线的集合。常见的直线系有如下性质。

（1）有共同斜率的直线系方程：斜率为k的直线系方程为$y=kx+b$（b为参数）。

（2）在y轴上截距相同的直线系方程：截距为b的直线系方程为$y=kx+b$（k为参数）。

（3）与直线$Ax+By+C=0$平行的直线系方程为$Ax+By+C_1=0$（C_1为参数）。

（4）与直线$Ax+By+C=0$垂直的直线系方程为$Bx-Ay+C_1=0$（C_1为参数）。

（5）过已知点$P_0(x_0,y_0)$的直线系方程为$(y-y_0)=k(x-x_0)$（k为参数），不含直线$x=x_0$。

五、点和直线的对称

（一）点关于点对称

求点$P(x,y)$关于点$M(x_0,y_0)$对称时，利用中点坐标公式可知，对称点为$P(2x_0-x,$ $2y_0-y)$。

例1 求点$A(1,2)$关于点$M(1,-1)$的对称点。

解：设点A关于点M的对称点A'坐标为$A'(a,b)$，则M是A和A'的中点，所以$\begin{cases}1+a=2\\2+b=-2\end{cases}$，解得$a=1,b=-4$，所以所求对称点为$A'(1,-4)$。

（二）点关于直线对称

求点$P_0(x_0,y_0)$关于点$L:Ax+By+C=0(AB\neq0)$的对称点时，其对称点P'与P的连线的垂直平分线是L，所以$P'P\perp L$，且P与P'的中点在L上，故P'点的坐标$P'(x,y)$满足

方程组$\begin{cases}\dfrac{y-y_0}{x-x_0}\cdot\left(-\dfrac{A}{B}\right)=-1\\ A\cdot\dfrac{x+x_0}{2}+B\cdot\dfrac{y+y_0}{2}+C=0\end{cases}$，解得$\begin{cases}x=x_0+Am\\ y=y_0+Bm\end{cases}$，其中$m=-\dfrac{2\left(Ax_0+By_0+C\right)}{A^2+B^2}$。

例2 求点$P(2,1)$关于直线$l:x+2y+3=0$的对称点。

解：设所求对称点为$P'(x,y)$。由题意知$x_0=2,y_0=1,m=\dfrac{-2(2+2\times1+3)}{1^2+2^2}=-\dfrac{14}{5}$。所以，由对称点公式得$x=x_0+Am=2+1\times\left(-\dfrac{14}{5}\right)=-\dfrac{4}{5},y=y_0+Bm=1+2\times\left(-\dfrac{14}{5}\right)=-\dfrac{23}{5}$，故所求点的坐标为$P'\left(-\dfrac{4}{5},-\dfrac{23}{5}\right)$。

另外，当对称轴的斜率为±1时，可以用以下公式快速求对称点。

定理：点$A(a,b)$关于$x+y=c$的对称点为$A'(c-b,c-a)$。

定理：点$A(a,b)$关于$x-y=c$的对称点为$A'(c+b,a-c)$。

（三）线关于点对称

直线$L:Ax+By+C=0$关于点$P_0\left(x_0,y_0\right)$的对称线L'一定与L平行，且点$P_0\left(x_0,y_0\right)$到两条直线的距离相等，所以设$L':Ax+By+C_1=0$，由$\dfrac{\left|Ax_0+By_0+C_0\right|}{\sqrt{A^2+B^2}}=\dfrac{\left|Ax_0+By_0+C_1\right|}{\sqrt{A^2+B^2}}$可解得$C_1$，进而得到$L'$的方程。

例3 求直线$L:3x+4y-10=0$关于点$P(2,3)$的对称线。

解：设所求直线为$3x+4y+c=0$，则$\dfrac{|3\times2+4\times3-10|}{\sqrt{3^2+4^2}}=\dfrac{|3\times2+4\times3+c|}{\sqrt{3^2+4^2}}$，所以$|3\times2+4\times3-10|=|3\times2+4\times3+c|$，解得$c=-10$或$c=-26$，所以所求直线方程为$3x+4y-26=0$。

（四）线关于线对称

求直线$L_1:A_1x+B_1y+C_1=0$关于直线$L:Ax+By+C=0$的对称线$L_2:A_2x+B_2y+C_2=0$时，先求出两条直线的交点$P_0(x_0,y_0)$，然后一般有四种方法求直线方程。

（1）在L_1上取异于P_0的点P_1，求出P_1关于L的对称点P_1'，连接P_0与P_1'的直线即为所求直线。

（2）易知L_1、L_2与L的夹角相等，设L_1、L_2与L的斜率分别为k_1,k_2,k。由两条直线的夹角公式可知，$\left|\frac{k_1-k}{1+k_1k}\right|=\left|\frac{k_2-k}{1+k_2k}\right|$，由此可得$L_2$的斜率，再利用点斜式即可。

（3）通过点到直线的距离解决。

（4）通过直线系解决。

下面通过一道例题演示这4种方法。

例4 求直线L_1:$2x-y+3=0$关于直线L:$x-y+2=0$的对称直线L_2的方程。

解1：联立L_1与L得方程组$\begin{cases}2x-y+3=0\\x-y+2=0\end{cases}$，解得：$\begin{cases}x=-1\\y=1\end{cases}$，故直线$L_1$与$L$的交点为$P(-1,1)$，所以点$P(-1,1)$在直线$L_2$上。在直线$L_1$上令$x=0$得$y=3$，故点$M(0,3)$在直线$L_1$，易知$M(0,3)$关于直线$L$:$x-y+2=0$的对称点$M'(1,2)$，所以直线$PM'$即为$L_2$，所以$L_2$的方程为$x-2y+3=0$。

解2：联立L_1与L得方程组$\begin{cases}2x-y+3=0\\x-y+2=0\end{cases}$，解得：$\begin{cases}x=-1\\y=1\end{cases}$，故直线$L_1$与$L$的交点为$P(-1,1)$，所以点$P(-1,1)$在直线$L_2$上。易知$k_{L_1}=2,k_L=1$，由两条直线的夹角公式得：$\left|\frac{2-1}{1+2}\right|=\left|\frac{k-1}{1+k}\right|$，解得$k=2$或$k=\frac{1}{2}$，其中$k=2$对应直线$L_1$，所求直线$L_2$的斜率为$\frac{1}{2}$，所以$L_2$的方程为$x-2y+3=0$。

解3：联立L_1与L得方程组$\begin{cases}2x-y+3=0\\x-y+2=0\end{cases}$，解得：$\begin{cases}x=-1\\y=1\end{cases}$，故直线$L_1$与$L$的交点为$P(-1,1)$，所以点$P(-1,1)$在直线$L_2$上。设直线$L_2$的斜率为$k$，则其方程为$y-1=k(x+1)$，即：$kx-y+k+1=0$。因为直线$L_1$与$L_2$关于直线$L$对称，所以$L$上任意一点到$L_1$和$L_2$的距离相等。在直线$L$上任取一点$M(0,2)$，由点到直线的距离公式得$\frac{|k-1|}{\sqrt{k^2+1}}=\frac{1}{\sqrt{5}}$，解得：$k=\frac{1}{2}$或$k=2$（舍去）。故直线$L_2$的方程为：$\frac{1}{2}x-y+\frac{3}{2}=0$，化简得：$x-2y+3=0$。

解4：因为直线L_2经过直线L_1与L的交点，故可设直线L_2的方程为：$2x-y+3+k(x-y+2)=0$，化简得：$(2+k)x-(1+k)y+2k+3=0$。在直线L上任取一点$P(0,2)$，根据对称的性质，点$P(0,2)$到直线L_2、L_1的距离相等，所以$\frac{1}{\sqrt{(2+k)^2+(1+k)^2}}=\frac{1}{\sqrt{5}}$，

解得：$k=0$或$k=-3$。当$k=0$时，$(2+k)x-(1+k)y+2k+3=0$变为$2x-y+3=0$，即为直线L_1；当$k=-3$时得到直线L_2的方程为：$-x-2y-3=0$，化简得：$x-2y+3=0$。

第二节　圆

一、圆及其方程

（一）圆的定义

到定点$P\left(x_0,y_0\right)$的距离等于定长r的点的全体就是圆，其中P是圆心，r是半径。

（二）圆的方程

1.圆的标准方程

当圆心为$C(a,b)$，半径为r时，圆上的点$P\left(x,y\right)$满足：$(x-a)^2+(y-b)^2=r^2$，该约束条件称为圆的标准方程。特别地，当圆心在原点$O(0,0)$时，圆的标准方程为：$x^2+y^2=r^2$。

2.圆的一般方程

圆的一般方程为：$x^2+y^2+Dx+Ey+F=0$，其中$D^2+E^2-4F>0$。

圆的一般方程是关于x,y的二元二次方程，但是关于x,y的二元二次方程$Ax^2+By^2+Cxy+Dx+Ey+F=0$不一定表示圆。当且仅当①$A=B$；②$C=0$；③$D^2+E^2-4F>0$同时成立时，$Ax^2+By^2+Cxy+Dx+Ey+F=0$表示圆。

3.圆的参数

由配方法可知$x^2+y^2+Dx+Ey+F=\left(x+\dfrac{D}{2}\right)^2+\left(y+\dfrac{E}{2}\right)^2-\dfrac{D^2+E^2-4F}{4}$，故由$x^2+y^2+Dx+Ey+F=0$可得$\left(x+\dfrac{D}{2}\right)^2+\left(y+\dfrac{E}{2}\right)^2=\dfrac{D^2+E^2-4F}{4}$，可见圆心是$C\left(-\dfrac{D}{2},-\dfrac{E}{2}\right)$，半径$r=\dfrac{1}{2}\sqrt{D^2+E^2-4F}$。

二、圆的切线方程

与圆交于一点的直线是圆的切线，切线与圆的交点为切点，圆心和切点的连线与切线垂直。求过一点$P\left(x_0,y_0\right)$的圆C的切线方程一般使用点斜式，分点$P\left(x_0,y_0\right)$在圆C外和点$P\left(x_0,y_0\right)$在圆C上两种情况。

（一）过切点的切线

设切点为$P\left(x_0,y_0\right)$，只要求切线斜率即可，有两种方法求切线的斜率。

法一：先求圆心$C(a,b)$与切点$P\left(x_0,y_0\right)$的连线的斜率k，则切线的斜率为$-\frac{1}{k}$，所以过$P\left(x_0,y_0\right)$的切线方程为$y-y_0=-\frac{1}{k}\left(x-x_0\right)$。若圆心与切点的连线的斜率不存在，即连线竖直，则切线水平，其方程为$y=y_0$。

法二：设切线斜率为k，则切线方程为$y-y_0=k\left(x-x_0\right)$，由圆心$C(a,b)$到切线的距离为半径$r$，解得斜率$k$。

法二计算量稍大，一般用法一求切线。另外，可以通过以下定理快速求解。

定理：过圆$C:(x-a)^2+(y-b)^2=r^2$上一点$P\left(x_0,y_0\right)$的切线方程为$(x-a)\left(x_0-a\right)+(y-b)\left(y_0-b\right)=r^2$。

证明：设半径OP所在的直线和过P的切线的斜率都存在，分别为k_1和k，显然，$k=-\frac{1}{k_1}$。因为$k_1=\frac{y_0-b}{x_0-a}$，所以$k=-\frac{x_0-a}{y_0-b}$，故经过P点的切线方程是$y-y_0=-\frac{x_0-a}{y_0-b}\left(x-x_0\right)$，整理得$(x-a)\left(x_0-a\right)+(y-b)\left(y_0-b\right)=\left(x_0-a\right)^2+\left(y_0-b\right)^2$，又因为点$P$在圆上，所以$\left(x_0-a\right)^2+\left(y_0-b\right)^2=r^2$，故所求切线方程为$(x-a)\left(x_0-a\right)+(y-b)\left(y_0-b\right)=r^2$。

经验证，当OP或过P的切线的斜率不存在时，上述结论也成立。

例1 求过点$P(5,5)$，且与圆$C:(x-1)^2+(y-2)^2=25$相切的直线方程。

解1：圆C的圆心为$C(1,2)$，已知点$P(5,5)$在圆C上。因为$K_{PC}=\frac{5-2}{5-1}=\frac{3}{4}$，所以所求切线的斜率为$-\frac{4}{3}$，所以切线方程为$y-5=-\frac{4}{3}(x-5)$，化简得$4x+3y-35=0$。

解2：圆C的圆心为$C(1,2)$，半径$r=5$，设过$P(5,5)$的切线方程为$l:y-5=k(x-5)$，即$kx-y+5-5k=0$，故$C(1,2)$到l的距离为5，所以$\frac{|k-2+5-5k|}{\sqrt{k^2+1}}=5$，解得$k=-\frac{4}{3}$，所以切线方程为$y-5=-\frac{4}{3}(x-5)$，化简得$4x+3y-35=0$。

解3：已知点$P(5,5)$在圆C上，由过圆上的点的切线公式得，所求切线方程为：$(x-1)(5-1)+(y-2)(5-2)=25$，化简得：$4x+3y-35=0$。

（二）过圆外的点的切线

当点$P\left(x_0,y_0\right)$在圆C外时，设过$P\left(x_0,y_0\right)$的切线方程为$y-y_0=k\left(x-x_0\right)$，只要求出其斜率$k$即可，一般有以下两种方法。

法一：设切线方程为$y-y_0=k\left(x-x_0\right)$，则$kx-y-kx_0+y_0=0$，故$C(a,b)$到切线的距离等于半径$r$，从而可求得$k$，进而得切线方程。

法二：设切线方程为$y-y_0=k\left(x-x_0\right)$，则$y=kx-kx_0+y_0$，将其代入圆的方程得一个关于$x$的一元二次方程。因为切线与圆只有一个交点，所以这个一元二次方程只有一个实数解，故$\Delta=0$，由此可求得k，从而求出切线的方程。如果求出的k只有一个值，则说明有一条竖直的切线。

注：一般而言，法二的计算量比较大，推荐法一。

例2　求过点$P(1,2)$的圆$C:(x-2)^2+\left(y-3\right)^2=1$的切线方程。

解：易知$P(1,2)$在圆C外，故过P的切线有两条，设切线斜率为k，则切线方程为$l:y-2=k(x-1)$，即$l:kx-y+2-k=0$，故$C(2,3)$到l的距离$d=\frac{|2k-3+2-k|}{\sqrt{k^2+1}}=1$，两端平方得$k=0$，故切线方程为$y=2$。因为只有一个$k$值，说明过$P(1,2)$的竖线也是切线，故另一条切线是$x=1$。

三、点与圆的位置关系

设圆的方程为$C:(x-a)^2+\left(y-b\right)^2=r^2$，点$P\left(x_0,y_0\right)$到圆心$C(a,b)$　的距离为：$d=\sqrt{\left(x_0-a\right)^2+\left(y_0-b\right)^2}$。则当$d>r$时，点$P\left(x_0,y_0\right)$在圆$C$外；当$d=r$时，点$P\left(x_0,y_0\right)$在圆$C$上；当$d<r$时，点$P\left(x_0,y_0\right)$在圆$C$内。或者将点$P\left(x_0,y_0\right)$的坐标代入圆的方程，当$\left(x_0-a\right)^2+\left(y_0-b\right)^2>r^2$时，点$P\left(x_0,y_0\right)$在圆$C$外；当$\left(x_0-a\right)^2+\left(y_0-b\right)^2=r^2$时，点$P\left(x_0,y_0\right)$在圆$C$上；当$\left(x_0-a\right)^2+\left(y_0-b\right)^2<r^2$时，点$P\left(x_0,y_0\right)$在圆$C$内。

一般情形，当圆的方程为$C:x^2+y^2+Dx+Ey+F=0$时，若$x_0^2+y_0^2+Dx_0+Ey_0+$

$F>0$，则点$P_0(x_0,y_0)$在圆C外；若$x_0^2+y_0^2+Dx_0+Ey_0+F=0$，则点$P_0(x_0,y_0)$在圆$C$上；若$x_0^2+y_0^2+Dx_0+Ey_0+F<0$，则点$P_0(x_0,y_0)$在圆$C$内。

四、直线和圆的位置关系

直线和圆的位置有相离、相交和相切三种，可通过几何法或解析法加以判断。

（一）几何判别法

设直线$L:Ax+By+C=0$，圆$C:(x-a)^2+(y-b)^2=r^2$，圆心$C(a,b)$到直线L的距离为$d=\frac{|Aa+Bb+C|}{\sqrt{A^2+B^2}}$。则当$d<r$时，直线$L$和圆$C$相交；当$d=r$时，直线$L$和圆$C$相切；当$d>r$时，直线$L$和圆$C$相离。

（二）解析判别法

直线和圆的位置关系取决于直线和圆的交点的个数，因此可以联立直线的方程和圆的方程得到一个一元二次方程组，从这个方程组的解的个数的角度加以判别。

设直线$L:Ax+By+C=0$，圆$C:(x-a)^2+(y-b)^2=r^2$，将直线方程和圆的方程联立，得到方程组$\begin{cases}Ax+By+C=0\\(x-a)^2+(y-b)^2=r^2\end{cases}$。消元后得到一元二次方程，当$\Delta>0$时，方程组有两组不同的解，直线$L$和圆$C$相交；当$\Delta=0$时，方程组有两组相同的解，直线$L$和圆$C$相切；当$\Delta<0$时，方程组无解，直线$L$和圆$C$相离。

五、圆和圆的位置关系

设圆$C_1:(x-x_1)^2+(y-y_1)^2=r_1^2$与$C_2:(x-x_2)^2+(y-y_2)^2=r_2^2$，圆心分别为$O_1(x_1,y_1),O_2(x_2,y_2)$，圆心距$d=|O_1O_2|=\sqrt{(x_1-x_2)^2+(y_1-y_2)^2}$。圆$C_1$与圆$C_2$的位置关系取决于圆心距$d$与两个半径之间的关系，共有5种情况。

当$d>r_1+r_2$时，两圆相离，有两条外公切线，两条内公切线；

当$d=r_1+r_2$时，两圆外切，有两条外公切线，一条内公切线；

当$|r_1 - r_2| < d < r_1 + r_2$时，两圆相交，有两条外公切线，无内公切线；

当$d = |r_1 - r_2|$时，两圆内切，有一条外公切线，无内公切线；

当$d < |r_1 - r_2|$时，两圆内含，此时无公切线。

注：内公切线是指两个圆的公切线，且两个圆处于该切线的两侧；外公切线是两个圆处于该切线的同一侧的公切线。

六、两个相交圆的公共弦

当两个圆相交时，两个交点的连线称为公共弦，两圆心所在直线垂直平分公共弦。将两圆的方程相减即得公共弦所在直线的方程，这是因为两个圆的交点的坐标同时满足两个圆的方程，所以也满足两圆的方程相减所得的方程，而这个方程是二元一次方程，表示一条直线，这条直线过两圆交点，所以就是两圆公共弦所在的直线。

例3 已知圆C_1:$x^2 + y^2 - 4x + 2y - 11 = 0$和圆$C_2$:$x^2 + y^2 = 1$，求两圆公共弦所在直线方程。

解：设两圆交点分别为$A_1(x_1,y_1),A_2(x_2,y_2)$，所以$A_1,A_2$的坐标满足两个圆的方程，将$A_1$代入两个圆，得$\begin{cases} x_1^2 + y_1^2 - 4x_1 + 2y_1 - 11 = 0 \\ x_1^2 + y_1^2 = 1 \end{cases}$，两式相减得$-4x_1 + 2y_1 - 10 = 0$，即$A_1$在直线$-4x + 2y - 10 = 0$上。同理可证$A_2$也在直线$-4x + 2y - 10 = 0$上，而两点确定一条直线，所以直线$-4x + 2y - 10 = 0$就是所求直线。

例4 两圆$x^2 + y^2 = 9$和$(x + 3)^2 + (y + 3)^2 = 39$相交于$A,B$两点，则线段$AB$长度为（ ）。

（A）$2\sqrt{5}$ （B）$2\sqrt{7}$ （C）$2\sqrt{6}$ （D）$2\sqrt{3}$ （E）4

答案：B

解：相交弦AB所在的直线方程为$\left[(x + 3)^2 + (y + 3)^2 - 39\right] - (x^2 + y^2 - 9) = 0$，即$x + y - 2 = 0$，因为圆心$(0,0)$到直线$x + y - 2 = 0$的距离为$\sqrt{2}$，所以由垂径定理知$|AB| = 2\sqrt{9 - 2} = 2\sqrt{7}$。

题型归纳与方法技巧

题型一：对称问题

例1（2010-1-22）圆C_1是圆$C_2:x^2+y^2+2x-6y-14=0$关于直线$y=x$的对称圆。

（1）圆$C_1:x^2+y^2-2x-6y-14=0$　（2）圆$C_1:x^2+y^2+2y-6x-14=0$

答案：B

解：圆C_2的圆心为$(-1,3)$，关于$y=x$对称点为$(3,-1)$，所以C_1的解析式为$(x-3)^2+(y+1)^2=24$，化简后得$x^2+y^2+2y-6x-14=0$。

例2　圆$x^2+y^2-4x+3=0$关于直线$y=\frac{\sqrt{3}}{3}x$对称的圆的方程是（　）。

（A）$\left(x-\sqrt{3}\right)^2+\left(y-1\right)^2=1$　（B）$x^2+\left(y-2\right)^2=1$　（C）$x^2+\left(y-1\right)^2=1$

（D）$(x-1)^2+\left(y-\sqrt{3}\right)^2=1$　（E）$(x+1)^2+\left(y-\sqrt{3}\right)^2=1$

答案：D

解：由题意知，圆$x^2+y^2-4x+3=0$的圆心为$(2,0)$，半径为1。设与点$(2,0)$关于直线$y=\frac{\sqrt{3}}{3}x$对称的点为(a,b)，则$\begin{cases}\frac{b}{a-2}\times\frac{\sqrt{3}}{3}=-1\\ \frac{b}{2}=\frac{\sqrt{3}}{3}\times\frac{a+2}{2}\end{cases}$，解得$a=1$，$b=\sqrt{3}$，故所求圆的圆心为$\left(1,\sqrt{3}\right)$，半径为1，故其方程为$(x-1)^2+\left(y-\sqrt{3}\right)^2=1$。

例3（2008-1-24）$a=-4$。

（1）点$A(1,0)$关于直线$x-y+1=0$的对称点是$A'\left(\frac{a}{4},-\frac{a}{2}\right)$

（2）直线$l_1:(2+a)x+5y=1$与直线$l_2:ax+(2+a)y=2$垂直

答案：A

解：条件（1），因为$A(1,0)$和$A'\left(\frac{a}{4},-\frac{a}{2}\right)$的中点为$M\left(\frac{1}{2}+\frac{a}{8},-\frac{a}{4}\right)$，且$M$在$x-y+1=0$上，解得$a=-4$。条件（2），直线$l_1$与直线$l_2$垂直，所以$a(2+a)+5(2+a)=0$，解得$a=-5$或$a=-2$。

题型二：直线与直线、直线与圆的位置关系

例 4（2011-1-21）直线 $ax+by+3=0$ 被圆 $(x-2)^2+(y-1)^2=4$ 截得的线段长度为 $2\sqrt{3}$。

（1）$a=0,b=-1$　（2）$a=-1,b=0$

答案：B

解：易知圆心为 $(2,1)$，因为所截线段长度为 $2\sqrt{3}$，所以由垂径定理知，圆心到该直线的距离 $d=\dfrac{|2a+b+3|}{\sqrt{a^2+b^2}}=1$，故条件（1）不充分，条件（2）充分。

例 5（2009-10-11）曲线 $x^2-2x+y^2=0$ 上的点到直线 $3x+4y-12=0$ 的最短距离是（　　）。

（A）$\dfrac{3}{5}$　（B）$\dfrac{4}{5}$　（C）1　（D）$\dfrac{4}{3}$　（E）$\sqrt{2}$

答案：B

解：曲线 $x^2-2x+y^2=0$ 变形为 $(x-1)^2+y^2=1$，其圆心 $(1,0)$ 到 $3x+4y-12=0$ 的距离为 $\dfrac{|3\times1-4\times0-12|}{\sqrt{3^2+4^2}}=\dfrac{9}{5}$，所以该曲线上的点到直线的最短距离为 $\dfrac{9}{5}-1=\dfrac{4}{5}$。

例 6（2010-1-10）已知直线 $ax-by+3=0(a>0,b>0)$ 过圆 $x^2+4x+y^2-2y+1=0$ 的圆心，则 ab 的最大值为（　　）。

（A）$\dfrac{9}{16}$　（B）$\dfrac{11}{16}$　（C）$\dfrac{3}{4}$　（D）$\dfrac{9}{8}$　（E）$\dfrac{9}{4}$

答案：D

解：圆 $x^2+4x+y^2-2y+1=0$ 可整理成 $(x+2)^2+(y-1)^2=4$，其圆心为 $(-2,1)$。因为直线 $ax-by+3=0(a>0,b>0)$ 经过 $(-2,1)$，所以 $-2a-b+3=0$，得 $2a+b=3$，由均值不等式可知 $\dfrac{2a+b}{2}\geqslant\sqrt{2ab}$，由此可知 $ab\leqslant\dfrac{9}{8}$。

例 7（2009-1-24）圆 $(x-1)^2+(y-2)^2=4$ 和直线 $(1+2\lambda)x+(1-\lambda)y-3-3\lambda=0$ 相交于两点。

（1）$\lambda=\dfrac{2\sqrt{3}}{5}$　（2）$\lambda=\dfrac{5\sqrt{3}}{2}$

答案：D

解：将直线$(1+2\lambda)x+(1-\lambda)y-3-3\lambda=0$变形为$\lambda(2x-y-3)+(x+y-3)=0$，令$\begin{cases}2x-y-3=0\\x+y-3=0\end{cases}$，解得$x=2,y=1$，故直线簇过$P(2,1)$，又因为$P$在圆内，所以直线与圆相交。

例8 若直线$y=x+b$与曲线$x^2+y^2=4(y\geqslant 0)$有公共点，则b的取值范围是（　　）。

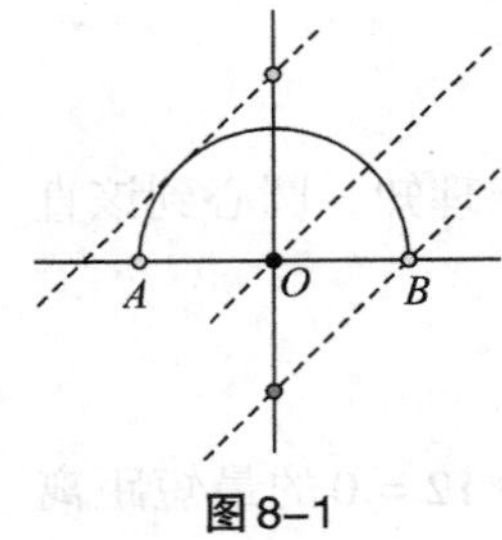

图8-1

（A）$[-2,2]$　（B）$[0,2]$　（C）$[2,2\sqrt{2}]$　（D）$[-2,2\sqrt{2}]$

（E）$[0,2\sqrt{2}]$

答案：D

解：如图8-1所示，易知直线$y=x+b$的截距b最小值为-2，最大值$2\sqrt{2}$。

题型三：光的反射问题

例9 有一条光线从点$A(-2,4)$射到直线$2x-y-7=0$后再反射到点$B(5,8)$，则这条光线从A到B走过的距离为（　　）。

（A）$2\sqrt{2}$　（B）$2\sqrt{3}$　（C）$2\sqrt{5}$　（D）$5\sqrt{5}$　（E）5

答案：D

解：易知$A(-2,4)$关于直线$2x-y-7=0$的对称点为$A'(10,-2)$，故光线走过的距离为$|A'B|=\sqrt{(10-5)^2+(-2-8)^2}=5\sqrt{5}$。

例10 光线从$A(1,1)$出发，经y轴反射到圆$C:(x-5)^2+(y-7)^2=4$的最短路程是（　　）。

（A）$5\sqrt{2}-2$　（B）$5\sqrt{2}+2$　（C）$6\sqrt{2}-2$　（D）$6\sqrt{2}+2$　（E）8

答案：C

解：易知，圆C的圆心为$C(5,7)$，点$A(1,1)$关于y轴的对称点为$A'(-1,1)$，A'到圆上的点的最短距离为$|A'C|-r=\sqrt{(-1-5)^2+(1-7)^2}=6\sqrt{2}-2$。

例11 一条光线从点$(2,-3)$射出，经y轴反射后与圆$(x-3)^2+(y-2)^2=1$相切，则反射光线所在直线的斜率为（　　）。

（A）$\frac{4}{3}$或$\frac{3}{4}$　（B）$\frac{5}{4}$或$\frac{4}{5}$　（C）$-\frac{4}{3}$或$-\frac{3}{4}$　（D）$-\frac{5}{4}$或$-\frac{4}{5}$　（E）$-\frac{3}{5}$或$-\frac{5}{3}$

答案：A

解：由于点$A(2,-3)$关于y轴的对称点$A'(-2,-3)$在其反射光线所在直线上，设反射光线所在直线的斜率为k，则其方程为：$y+3=k(x+2)$，即：$kx-y+2k-3=0$。由于圆$C:(x-3)^2+(y-2)^2=1$的圆心$C(3,2)$，半径$r=1$，由切线的性质可得：$\frac{|3k-2+2k-3|}{\sqrt{k^2+1}}=1$，化简为：$12k^2-25k+12=0$，解得$k=\frac{4}{3}$或$\frac{3}{4}$。

题型四：几何最值

例12　已知$a>0,b>0$，直线$\frac{x}{a}+y=b$在x轴上的截距为1，则$a+9b$的最小值为（　　）。

（A）3　（B）6　（C）9　（D）10　（E）12

答案：B

解：由题意知$ab=1$，又$a>0$，$b>0$，所以$a+9b\geqslant 2\sqrt{9ab}=6$，当且仅当$a=9b$，即$a=3,b=\frac{1}{3}$时等号成立。

例13　已知直线l的方程为$3x+4y-25=0$，则圆$x^2+y^2=1$上的点到直线l的距离的最小值是（　　）。

（A）3　（B）4　（C）5　（D）6　（E）7

答案：B

解：易知圆心为$O(0,0)$，半径$r=1$，圆心到直线的距离$d=\frac{25}{\sqrt{3^2+4^2}}=5$，故圆$x^2+y^2=1$上的点到直线$l$的距离的最小值是$d-r=4$。

例14　在平面直角坐标系xOy中，直线$l:\frac{x}{m}+\frac{y}{n}=1$过点$A(1,2)$且$x$轴、$y$轴正半轴分别交于$M$，$N$，则三角形$OMN$面积的最小值是（　　）。

（A）$2\sqrt{2}$　（B）3　（C）$\frac{5\sqrt{2}}{2}$　（D）4　（E）5

答案：D

解：由题意知$\frac{1}{m}+\frac{2}{n}=1$，所以$mn=mn\left(\frac{1}{m}+\frac{2}{n}\right)=n+2m=(n+2m)\left(\frac{1}{m}+\frac{2}{n}\right)=\frac{n}{m}+\frac{2m}{n}+4\geqslant 8$，故三角形$OMN$面积的最小值为4。

例15 若P是圆C：$(x+3)^2+(y-3)^2=1$上任一点，则点P到直线$y=kx-1$距离的最大值（ ）。

（A）4 （B）6 （C）$3\sqrt{2}+1$ （D）$1+\sqrt{10}$ （E）$\sqrt{10}$

答案：B

解：易知圆C的圆心为$C(-3,3)$，半径$r=1$，直线$y=kx-1$过定点$A(0,-1)$，所以当直线垂直于直线AC时，圆上的点到直线的最大距离为$|AC|+r=6$。

例16 设x,y满足$(x-2)^2+(y-2)^2\leqslant 1$，则$\sqrt{x^2+y^2+2x+1}$的最小值为（ ）。

（A）$\sqrt{13}+2$ （B）$\sqrt{13}+1$ （C）$\sqrt{13}$ （D）2 （E）$\sqrt{13}-1$

答案：E

解：由题意知点$A(x,y)$在圆$(x-2)^2+(y-2)^2=1$的圆周及内部，而$d=\sqrt{x^2+y^2+2x+1}=\sqrt{(x+1)^2+y^2}$，表示圆上的点$A(x,y)$到点$B(-1,0)$的距离。易知圆心$C(2,2)$到点$B$的距离为$\sqrt{13}$，所以$d$的最小值是$\sqrt{13}-1$。

例17 已知实数x，y满足方程$x^2+y^2-4x-1=0$，则$y-2x$的最小值和最大值分别为（ ）。

（A）-9，1 （B）-10，1 （C）-9，2 （D）-10，2 （E）-10，1

答案：A

解：设$k=y-2x$，则$y=2x+k$，故k可看作是直线$y=2x+k$在y轴上的截距，当直线与圆相切时，k达到最值。故$d=\frac{|2\times 2-0+k|}{\sqrt{5}}=\sqrt{5}$，解得$b=-9$或1，从而$y-2x$的最大值为1，最小值为$-9$。

例18 已知圆$(x-3)^2+y^2=4$和直线$y=mx$的交点分别为P,Q两点，O为坐标原点，则$|OP|\cdot|OQ|$的值为（ ）。

（A）$1+m^2$ （B）$\frac{5}{1+m^2}$ （C）5 （D）10 （E）$\frac{5}{1-m^2}$

答案：C

解：易知圆与x轴交于$A(1,0)$,$B(5,0)$，所以由割线定理知$|OP|\cdot|OQ|=|OA|\cdot|OB|=5$。

例19 已知实数x,y满足$3x^2+2y^2=6x$，则x^2+y^2的最大值为（ ）。

（A）$\frac{9}{2}$ （B）4 （C）5 （D）2 （E）6

答案：B

解：因为$3x^2+2y^2=6x$，所以$y^2=-\frac{3}{2}x^2+3x$，由$y^2=-\frac{3}{2}x^2+3x\geqslant 0$得$0\leqslant x\leqslant 2$，又因为$x^2+y^2=x^2-\frac{3}{2}x^2+3x=-\frac{1}{2}x^2+3x=-\frac{1}{2}(x-3)^2+\frac{9}{2}$，所以当$x=2$时，$x^2+y^2$的最大值为4。

题型五：曲线所围图形的面积

例20 由曲线$|x|+|2y|=4$所围图形的面积为（ ）。

（A）12 （B）14 （C）16 （E）8 （D）18

答案：C

解：令$|x|=0$，则$y=\pm 2$；令$|y|=0$，则$x=\pm 4$，故所围图形是以$(0,\pm 2),(\pm 4,0)$为顶点的菱形，所以面积为16。

例21（2009-10-12）曲线$|xy|+1=|x|+|y|$所围成图形的面积是（ ）。

（A）$\frac{1}{4}$ （B）$\frac{1}{2}$ （C）1 （D）2 （E）4

答案：E

解：由$|xy|+1=|x|+|y|$得$(|x|-1)(|y|-1)=0$，故$|x|=1$或$|y|=1$，所以该曲线所围成的图形是边长为2的正方形，面积为4。

例22（2009-1-13）直线$nx+(n+1)y=1$（n为正整数）与两坐标轴围成的三角形的面积为S_n，$n=1,2,\cdots,2009$，则$S_1+S_2+\cdots+S_{2009}=$（ ）。

（A）$\frac{1}{2}\times\frac{2009}{2008}$ （B）$\frac{1}{2}\times\frac{2008}{2009}$ （C）$\frac{1}{2}\times\frac{2009}{2010}$ （D）$\frac{1}{2}\times\frac{2010}{2009}$

（E）以上结论都不正确

答案：C

解：直线与x轴交点为$\left(\frac{1}{n},0\right)$，与$y$轴交点为$\left(0,\frac{1}{n+1}\right)$，所以$S_n=\frac{1}{2}\frac{1}{n(n+1)}$，故

$$S_1+S_2+\cdots+S_{2009}=\frac{1}{2}\left(1-\frac{1}{2}+\frac{1}{2}-\frac{1}{3}+\cdots+\frac{1}{2009}-\frac{1}{2010}\right)=\frac{1}{2}\times\frac{2009}{2010}。$$

例23 曲线$x^2+y^2=|2x|+|2y|$所围成的图形的面积为（ ）。

（A）4 （B）$4+\pi$ （C）$8+\pi$ （D）$8+4\pi$ （E）$4+8\pi$

答案：D

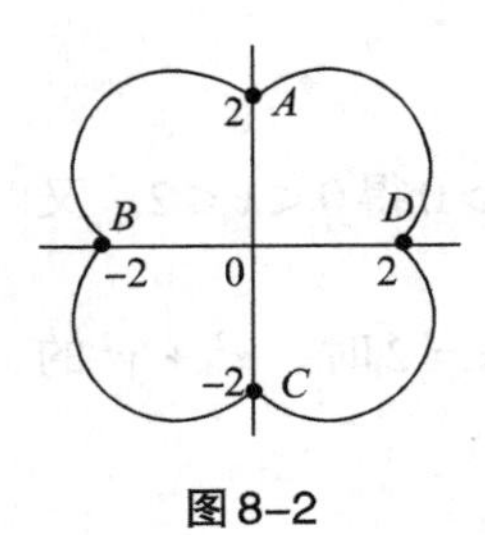

图8–2

解：由 $x^2+y^2=|2x|+|2y|$ 得 $(|x|-1)^2+(|y|-1)^2=2$。当 $x\geqslant0$，$y\geqslant0$ 时，解析式为 $(x-1)^2+(y-1)^2=2$；当 $x<0,y\geqslant0$ 时，解析式为 $(x+1)^2+(y-1)^2=2$；同理考虑另外两种情况，最后可得此曲线所围的图形如图8–2所示，是由一个边长为 $2\sqrt{2}$ 的正方形与四个半径为 $\sqrt{2}$ 的半圆组成，其面积是 $2\sqrt{2}\times2\sqrt{2}+4\times\frac{1}{2}\times\pi\times(\sqrt{2})^2=8+4\pi$。

第三节　基础通关

1.已知 ΔABC 的三个顶点是 $A(-3,0),B(6,2),C(0,-6)$，则边 AC 上的高所在的直线方程为（　　）。

（A）$x+2y-2=0$　（B）$x-2y-2=0$　（C）$x-2y-4=0$

（D）$2x+y-14=0$　（E）$2x+y-4=0$

答案：B

解：直线 AC 的斜率 $k_{AC}=\frac{-6-0}{0-(-3)}=-2$，所以边 AC 上的高所在的直线 l 的斜率为 $\frac{1}{2}$，又因为 l 经过 $B(6,2)$，所以 l 的方程为 $y-2=\frac{1}{2}(x-6)$，即 $x-2y-2=0$。

2.已知坐标原点到直线 $x+y+a=0$ 的距离小于 $\sqrt{2}$，则实数 a 的取值范围为（　　）。

（A）$(-2,2)$　（B）$[-2,2]$　（C）$[-\sqrt{2},\sqrt{2}]$　（D）$(-\sqrt{2},\sqrt{2})$　（E）$a<-2$ 或 $a>2$

答案：A

解：由点到直线的距离公式知 $d=\frac{|a|}{\sqrt{2}}$，故 $\frac{|a|}{\sqrt{2}}<\sqrt{2}$，解得 $-2<a<2$。

3.已知半径为2的圆经过点 $(1,0)$，则其圆心到直线 $3x-4y+12=0$ 的距离的最小值为（　　）。

（A）0　（B）1　（C）2　（D）3　（E）4

答案：B

解：点 $P(1,0)$ 到直线 $l:3x-4y+12=0$ 的距离 $d=\frac{|3+12|}{\sqrt{3^2+(-4)^2}}=3$，过 P 作 $PB\perp l$ 于 B，则当圆心处于 AB 之间时到 l 距离最小，最小值为 $3-2=1$。

4.已知点A的坐标为$(-4,4)$，直线l的方程为$x+y-2=0$，则点A关于l的对称点A'的坐标为（　　）。

（A）$\left(-\frac{2}{3},4\right)$　（B）$(-2,6)$　（C）$(2,4)$　（D）$(1,6)$　（E）$(-2,-6)$

答案：B

解1：设点$A(-4,4)$关于直线l的对称点A'的坐标为$A'(a,b)$，则$\begin{cases}\frac{b-4}{a+4}=1\\ \frac{a-4}{2}+\frac{b+4}{2}-2=0\end{cases}$，解得$a=-2,b=6$，故点$A'(-2,6)$。

解2：因为对称轴l的斜率为$k_l=-1$，故$x=-y+2=-4+2=-2,y=-x+2=-(-4)+2=6$，即所求对称点的坐标为$(-2,6)$。

5.不论m为何值，直线$(2m-1)x+(m+2)y+5=0$恒过定点（　　）。

（A）$(-1,-2)$　（B）$(1,-2)$　（C）$(-1,2)$　（D）$(1,2)$　（E）$\left(\frac{1}{2},-2\right)$

答案：B

解：按m重新整理得$(2x+y)m+(-x+2y+5)=0$，令$\begin{cases}2x+y=0\\ -x+2y+5=0\end{cases}$，解得$\begin{cases}x=1\\ y=-2\end{cases}$，即不管$m$为何值，点$(1,-2)$始终在直线$(2m-1)x+(m+2)y+5=0$上。

6.如果$AB<0$，且$BC<0$，那么直线$Ax+By+C=0$不通过（　　）。

（A）第一象限　（B）第二象限　（C）第三象限

（D）第四象限　（E）第二、四象限

答案：D

解：直线方程化为$y=-\frac{A}{B}x-\frac{C}{B}$，又$AB<0,BC<0$所以$-\frac{A}{B}>0,-\frac{C}{B}>0$，所以直线过一、二、三象限，不过第四象限。

7.已知直线$l:3x+y-6=0$和圆$C:x^2+y^2-2y-4=0$相交于A、B两点，则A、B两点之间的距离是（　　）。

（A）4　（B）$\sqrt{10}$　（C）$\sqrt{14}$　（D）5　（E）$2\sqrt{10}$

答案：B

解1：联立$\begin{cases}3x+y-6=0\\x^2+y^2-2y-4=0\end{cases}$，解得$\begin{cases}x=2\\y=0\end{cases}$，或$\begin{cases}x=1\\y=3\end{cases}$，所以$|AB|=\sqrt{(1-2)^2+(3-0)^2}=\sqrt{10}$。

解2：易知圆C的圆心为$C(0,1)$，半径$r=\sqrt{5}$，C到l的距离$d=\dfrac{|1-6|}{\sqrt{3^2+1}}$，所以由垂径定理知$|AB|=2\sqrt{r^2-d^2}=\sqrt{10}$。

8.将直线l:$x-y+1=0$绕着点$A(2,3)$逆时针方向旋转90°，得到直线l_1的方程是（　　）。

（A）$x-2y+4=0$　（B）$x+y-1=0$　（C）$x+y-5=0$

（D）$2x+y-7=0$　（E）$x+y-7=0$

答案：C

解：因为$k_l=1$，所以$k_{l_1}=-1$，又因为l_1过点$A(2,3)$，所以直线其方程是$y-3=-(x-2)$，即$x+y-5=0$。

9.直线$2(m+1)x+(m-3)y+7-5m=0$与直线$(m-3)x+2y-5=0$垂直的充要条件是（　　）。

（A）$m=-2$　（B）$m=3$　（C）$m=-1$或$m=3$　（D）$m=3$或$m=-2$

（E）$m=3$或$m=-2$或$m=-1$

答案：D

解：由题意得$2(m+1)(m-3)+2(m-3)=0$，解得$m=3$或$m=-2$。

10.将一张坐标纸折叠一次，使点$A(2,0)$与$B(-6,8)$重合，求折痕所在直线是（　　）。

（A）$x-y-6=0$　（B）$x+y+6=0$　（C）$x+y-6=0$

（D）$x-y+6=0$　（E）$x-y-3=0$

答案：D

解：由题意知折痕所在直线是线段AB的垂直平分线，因为$k_{AB}=-1$，所以折痕所在直线的斜率$k=1$，又因为线段AB的中点坐标为$(-2,4)$，所以折痕所在直线的方程为$y-4=x+2$，即$x-y+6=0$。

11.已知点P是曲线$x^2+4y^2=4$上的任意一点，曲线外一点$A(4,0)$，若M为线段PA的中点，则点M的轨迹方程是（　　）。

（A）$(x-2)^2+4y^2=1$　（B）$(x-4)^2+4y^2=1$　（C）$(x+2)^2+4y^2=1$

（D）$(x+4)^2+4y^2=1$　（E）$(x-2)^2-4y^2=1$

答案：A

解：设M和P的坐标为$M(x,y),P(x_1,y_1)$，因为M是线段PA中点，所以$\begin{cases}x_1+4=2x\\y_1=2y\end{cases}$，故$\begin{cases}x_1=2x-4\\y_1=2y\end{cases}$。因为点$P$在$x^2+4y^2=4$上，故满足曲线方程，将其代入$x^2+4y^2=4$得：$(2x-4)^2+4\cdot(2y)^2=4$，即$(x-2)^2+4y^2=1$。

12.已知直线$l:ax+by+c=0$的斜率大于零，其系数a、b、c是取自集合$\{-2,-1,0,1,2\}$中的3个不同的元素，那么这样的不重合的直线有（　　）。

（A）11条　（B）12条　（C）13条　（D）14条　（E）15条

答案：A

解：易知$k_l=-\frac{a}{b}>0$，故a、b异号，不妨设$a>0$、$b<0$，分情况讨论。若$c=0$，a有2种取法，b有2种取法，排除1个重复($2x-2y=0$与$x-y=0$为同一直线)，这样的直线有$2\times2-1=3$条。若$c\neq0$，则a有2种取法，b有2种取法，c有2种取法，且其中任两条直线均不重合，这样的直线有$2\times2\times2=8$条。从而符合要求的直线有11条。

13.点$M(0,1)$与圆$x^2+y^2-2x=0$上的动点P之间的最近距离为（　　）。

（A）$\sqrt{2}$　（B）2　（C）$\sqrt{2}+1$　（D）$\sqrt{2}-1$　（E）$2\sqrt{2}-1$

答案：D

解：易知圆心为$C(1,0)$，半径$r=1$，$|MC|=\sqrt{(1-0)^2+(0-1)^2}=\sqrt{2}$，所以点$M$与圆上的动点$P$之间的最近距离为$|MC|-r=\sqrt{2}-1$。

14.直线$l:x=my+2$与圆$M:(x+1)^2+(y+1)^2=2$相切。

（1）$m=1$　　（2）$m=-7$

答案：D

解：圆M的圆心为$(-1,-1)$，半径$r=\sqrt{2}$，直线l与圆M相切，所以M到l的距离$d=\frac{|m-3|}{\sqrt{1+m^2}}=\sqrt{2}$，故$m^2+6m-7=0$，解得：$m=1$或$m=-7$。

15.直线$Ax+By+C=0$与圆$x^2+y^2+2tx+ty-6=0$相交。

（1）$A,B,C(ABC\neq0)$成等差数列　　（2）$A,B,C(ABC\neq0)$成等比数列

答案：A

解：条件（1），设A,B,C公差为d，则$Ax+(A+d)y+(A+2d)=A(x+y+1)+$

$d(y+2)=0$，所以直线恒过定点$(1,-2)$，将其代入圆中得：$5+2t-2t-6=-1<0$，所以$(1,-2)$在圆$x^2+y^2+2tx+ty-6=0$内，故直线与圆相交，充分。条件（2），若A,B,C公比为2，则直线变为$x+2y+4=0$，若$t=-2$，则圆变为$x^2+y^2-4x-2y-6=0$，易知圆和直线相离，不充分。

第四节　高分突破

1.在平面直角坐标系中，正方形$ABCD$的中心坐标为$O(1,0)$，其一边AB所在直线的方程为l:$x-y+1=0$，则边CD所在直线的方程为（　　）。

（A）$x-y-1=0$　（B）$x-y-2=0$　（C）$x-y-3=0$

（D）$x-y-4=0$　（E）$x-y+3=0$

答案：C

解：设CD所在直线方程为：$x-y+m=0$，因为O到l的距离$d=\frac{|1-0+1|}{\sqrt{2}}=\sqrt{2}$，所以$O$到直线$CD$的距离也是$\sqrt{2}$，即$\frac{|1-0+m|}{\sqrt{2}}=\sqrt{2}$，解得$m=1$或$m=-3$。当$m=1$时，$x-y+1=0$即直线$l$；当$m=-3$时，$x-y-3=0$即为所求直线。

2.已知直线l的参数方程为$\begin{cases}x=1+3t,\\y=2+4t\end{cases}$（$t$为参数），则点$(1,0)$到直线$l$的距离是（　　）。

（A）$\frac{1}{5}$　（B）$\frac{2}{5}$　（C）$\frac{4}{5}$　（D）$\frac{6}{5}$　（E）$\frac{7}{5}$

答案：D

解：由$\begin{cases}x=1+3t\\y=2+4t\end{cases}$消去$t$得$4x-3y+2=0$，故点$(1,0)$到直线$l$的距离$d=\frac{|4\times1-3\times0+2|}{\sqrt{4^2+(-3)^2}}=\frac{6}{5}$。

3.在平面直角坐标系xOy中，过点$(3,4)$的直线l与x轴、y轴的正半轴分别交于A、B两点，则ΔAOB面积的最小值是（　　）。

（A）12　（B）16　（C）24　（D）36　（E）48

答案：C

解：设点$A(a,0),B(0,b)$，其中$a>0,b>0$，所以过A、B的直线方程为$\frac{x}{a}+\frac{y}{b}=1$，又因为直线过点$M(3,4)$，所以$\frac{3}{a}+\frac{4}{b}=1$，故$1=\frac{3}{a}+\frac{4}{b}\geqslant 2\sqrt{\frac{3\times 4}{ab}}$，所以$\frac{1}{4}\geqslant\frac{12}{ab}$，从而$ab\geqslant 48$；当且仅当$\frac{3}{a}=-\frac{4}{b}=\frac{1}{2}$，即$a=6,b=8$时等号成立。所以$S_{\Delta ABC}=\frac{1}{2}ab\geqslant\frac{1}{2}\times 48=24$，故$\Delta AOB$面积的最小值是24。

4.如图8–3所示，已知$A(3,0),B(0,3)$，从点$P(0,2)$射出的光线经x轴反射到直线AB上，又经过直线AB反射回到P点，则光线所经过的路程为（　　）。

（A）$2\sqrt{10}$　（B）6　（C）$3\sqrt{2}$　（D）$\sqrt{26}$　（E）$\sqrt{26}+3\sqrt{2}$

答案：D

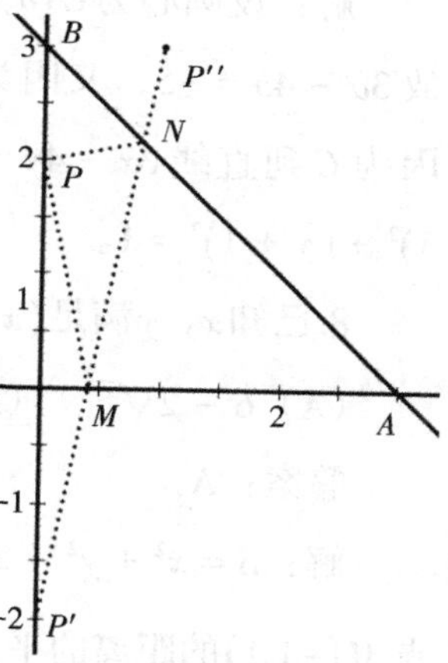

解：直线AB的方程为$l:x+y=3$，点$P(0,2)$关于x轴的对称点为$P'(0,-2)$，设P关于l的对称点为$P''(a,b)$，则$\begin{cases}\frac{b-2}{a-0}=1\\ \frac{a}{2}+\frac{b+2}{2}=3\end{cases}$，解得$a=1,b=3$。因为$|PM|=|P'M|$，$|PN|=|P''N|$，所以光线所经过的路程为$|PM|+|MN|+|NP|=|P'M|+|MN|+|NP''|=|P'P''|=\sqrt{26}$。

图8–3

5.如图8–4所示，$A(1,3),B(5,2)$，点M在x轴上使$|AM|-|BM|$最大，则M的坐标为（　　）。

（A）$(4,0)$　（B）$(13,0)$　（C）$(5,0)$

（D）$(1,0)$　（E）$(3,4)$

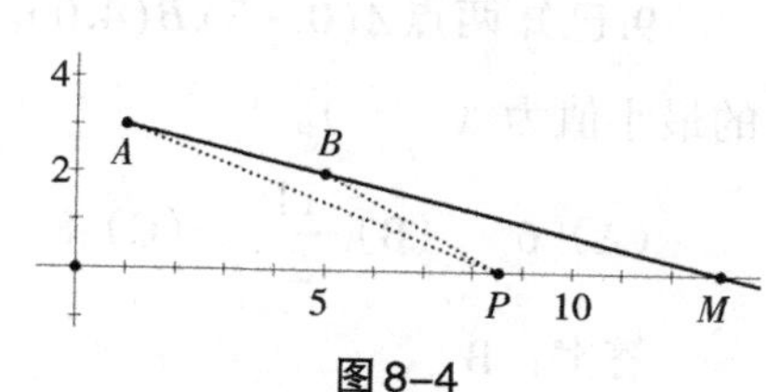

图8–4

答案：B

解：易知点A、B在x轴的同侧，直线AB与x轴交于M，易知$M(13,0)$，下证M即为所求。在x轴上任取异于M的一点P，则在ΔAPB中，$|AP|-|BP|<AB$，故$|AM|-|BM|=|AB|$最大。

6.若实数x,y满足$x^2+y^2+4x-2y-4=0$，则$\sqrt{x^2+y^2}$的最大值是（　　）。

（A）$\sqrt{5}+3$　（B）$6\sqrt{5}+14$　（C）$-\sqrt{5}+3$　（D）$-6\sqrt{5}+14$　（E）$2\sqrt{5}+3$

答案：A

解：将$x^2+y^2+4x-2y-4=0$配方得：$(x+2)^2+(y-1)^2=9$，它表示圆心在$(-2,1)$，

半径$r=3$的圆。$\sqrt{x^2+y^2}$表示圆上的点与原点之间的距离，因为原点到圆心的距离为$\sqrt{5}$，所以$\sqrt{x^2+y^2}$的最大值是$\sqrt{5}+3$。

7.已知圆C与直线$3x-4y=0$及$3x-4y+10=0$都相切，圆心在直线$y=-x-4$上，则圆C的方程为（　　）。

（A）$(x+3)^2+(y-1)^2=1$　（B）$(x-3)^2+(y+1)^2=1$

（C）$(x+3)^2+(y+1)^2=1$　（D）$(x-3)^2+(y-1)^2=4$

（E）$(x+3)^2+(y+1)^2=4$

答案：C

解：设圆心为$C(a,b)$，则C到两直线的距离都相等，所以$|3a-4b|=|3a-4b+10|$，故$3a-4b=-5$，又因为C在直线$y=-x-4$上，所以$b=-a-4$，故$a=-3,b=-1$。又因为C到直线$3x-4y=0$的距离为1，所以圆C的半径$r=1$，从而圆C的方程为$(x+3)^2+(y+1)^2=1$。

8.已知x、y满足$(x-1)^2+y^2=1$，则$S=x^2+y^2+2x-2y+2$的最小值是（　　）。

（A）$6-2\sqrt{5}$　（B）$\sqrt{5}-1$　（C）$\sqrt{2}$　（D）2　（E）$6+2\sqrt{5}$

答案：A

解：$S=x^2+y^2+2x-2y+2=(x+1)^2+(y-1)^2$，其几何意义是圆上的点$P(x,y)$到点$M(-1,1)$的距离的平方，由题意知最短距离为$\sqrt{(1+1)^2+1}-1$，其平方为$6-2\sqrt{5}$。

9.已知两点$A(0,-3),B(4,0)$，若点P是圆$C:x^2+y^2-2y=0$上的动点，则ΔABP面积的最小值为（　　）。

（A）6　（B）$\dfrac{11}{2}$　（C）8　（D）$\dfrac{21}{2}$　（E）$\dfrac{16}{5}$

答案：B

解：要使ΔABP面积最小，只要P到直线AB的距离最小即可，因为P在圆C上，所以到直线AB的最小距离等于圆心到直线AB的距离减去半径。直线AB的方程为$\dfrac{x}{4}+\dfrac{y}{-3}=1$，即$3x-4y-12=0$，圆$C$的圆心为$(0,1)$，半径$r=1$，圆心到直线$AB$的距离$d=\dfrac{|-4-12|}{5}=\dfrac{16}{5}$，所以$P$到直线$AB$的最短距离为$\dfrac{16}{5}-1=\dfrac{11}{5}$，又因为$|AB|=5$，所以$\Delta ABP$面积的最小值为$\dfrac{1}{2}\times5\times\dfrac{11}{5}=\dfrac{11}{2}$。

10.若直线$ax-4by-4=0(a>0,b>0)$被圆$x^2+y^2-4x+2y-4=0$截得的弦长为6，则$\frac{4b+a}{ab}$的最小值为（　　）。

（A）$3+\sqrt{2}$　（B）$3+2\sqrt{2}$　（C）5　（D）7　（E）8

答案：B

解：易知圆心坐标为$C(2,-1)$，半径$r=3$。因为弦长为6，所以直线过圆心，故$2a+4b=4$，所以$\frac{a}{2}+b=1$。又因为$a>0,b>0$，所以$\frac{4b+a}{ab}=\frac{4}{a}+\frac{1}{b}=\left(\frac{4}{a}+\frac{1}{b}\right)\left(\frac{a}{2}+b\right)=2+1+\left(\frac{4b}{a}+\frac{a}{2b}\right)\geqslant 3+2\sqrt{\frac{4b}{a}\cdot\frac{a}{2b}}=3+2\sqrt{2}$，当且仅当$\frac{4b}{a}=\frac{a}{2b}$，即$a=4-2\sqrt{2},b=\sqrt{2}-1$时等号成立。所以$\frac{4b+a}{ab}$的最小值为$3+2\sqrt{2}$。

11.若点$M(1,1)$是圆$C:x^2+y^2-4x=0$的弦AB的中点，则直线AB的方程是（　　）。

（A）$x-y-2=0$　（B）$x+y-2=0$　（C）$x-y=0$

（D）$x+y=0$　（E）$x-y-1=0$

答案：C

解：因为圆$x^2+y^2-4x=0$的圆心为$C(2,0)$，由题意知$k_{CM}=\frac{1-0}{1-2}=-1$，由垂径定理知$k_{AB}=1$，所以直线$AB$的方程是$x-y=0$。

12.圆$x^2+y^2-2x+4y-4=0$与直线$2tx-y-2-2t=0(t\in R)$相交。

（1）$t=\frac{\sqrt{3}}{5}$　　（2）$t=\frac{2\sqrt{3}}{5}$

答案：D

解：直线$2tx-y-2-2t=0$恒过$P(1,-2)$，而点P在圆内，所以过P的直线$2tx-y-2-2t=0$与圆$x^2+y^2-2x+4y-4=0$永远相交。

13.已知直线$y=kx+1$与圆$x^2-4x+y^2=0$相交于M,N两点，则$|MN|\geqslant 2\sqrt{3}$。

（1）$k\geqslant -\frac{4}{3}$　　（2）$k\leqslant 0$

答案：C

解：因为圆$x^2-4x+y^2=0$的半径$r=2$，所以当弦长$|MN|=2\sqrt{3}$时，弦心距$d=1$，若$|MN|\geqslant 2\sqrt{3}$，则$d\leqslant 1$，所以圆心$(2,0)$到直线$kx-y+2=0$的距离$d=\frac{|2k+1|}{\sqrt{1+k^2}}\leqslant 1$，

解得$k\in\left[-\frac{4}{3},0\right]$。

14.已知直线$l:ax+y-2=0$与圆心为C的圆$(x-1)^2+(y-a)^2=4$相交于A,B两点，则ΔABC为等边三角形。

（1）$a=4+\sqrt{15}$　　　　（2）$4-\sqrt{15}$

答案：D

解：圆$(x-1)^2+(y-a)^2=4$的圆心为$C(1,a)$，半径$R=2$，因为ΔABC是等边三角形，所以$AC=BC=AB=2$，故圆心到直线AB的距离为$\sqrt{3}$，即$d=\frac{|a+a-2|}{\sqrt{a^2+1}}=\frac{|2a-2|}{\sqrt{a^2+1}}=\sqrt{3}$，平方得$a^2-8a+1=0$，解得$a=4\pm\sqrt{15}$，所以条件（1）、（2）都充分。

第九章　立体几何

第一节　基础知识

一、柱面与柱体

（一）柱面

一条直线L沿着平面上的一条定曲线C平行移动所形成的曲面称为柱面，动直线L称为柱面的母线，定曲线C称为柱面的准线。特别地，当准线是圆时所得柱面称为圆柱面，可见曲线C的形状决定了柱面的形状。

（二）柱体

一个柱面被两个平行平面所截得到的封闭几何体即为柱体。比如圆柱面被两个平行平面所截得的几何体即为圆柱；准线是矩形的柱面被两个平行平面所截得到的几何体即为平行六面体。

二、长方体

长方体是平行六面体，它有6个面，每个面都是矩形，相对的两个面互相平行且全等，相邻的两个面互相垂直。相邻两个面的交线称为长方体的棱，长方体共有12条棱，相交于一点的三条棱的交点称为顶点，长方体共有8个顶点。相交于一个顶点的三条棱分别称为长方体的长、宽、高，长、宽、高相等的长方体称为正方体。

长方体的8个顶点中，距离最长的2个顶点的连线称为长方体的体对角线。长方体共有4条体对角线，所有的体对角线长度相等，一般用l表示。

设长方体的长、宽、高分别为a,b,c，则

（1）长方体的全面积：$S_{全} = 2(ab + bc + ca)$。

（2）长方体的体积：$V = abc$。

（3）长方体的体对角线：$l = \sqrt{a^2 + b^2 + c^2}$，特别地，正方体的体对角线为：$l = \sqrt{3}\,a$。

三、圆柱体

圆柱体是旋转体，它由矩形$ABCD$绕一边AB旋转一周而成，AB是它的高，记为h，BC是它的底面半径，记为r。用平行于底面的平面截圆柱体，截面都是与底面相同的圆，用平行于旋转轴的平面截圆柱体，截面都是矩形。特别地，过旋转轴的平面截圆柱体所得的截面都是相同的矩形，称为圆柱体的轴截面。

设圆柱体的高为h，底面半径为r，则：

（1）圆柱体的侧面积：$S_{侧} = 2\pi rh$。

（2）圆柱体的全面积：$S_{全} = 2\pi r(h + r)$。

（3）圆柱体的体积：$V = Sh = \pi r^2 h$。

四、球体

三维空间中，到定点P的距离不超过定长r的点的全体构成的几何体称为球体，点P称为球心，r称为半径。球体也是旋转体，它是一个半圆绕直径所在的直线旋转一周所成的空间几何体，这个半圆的圆心是球心，连接球心和球面上任意一点的线段称为球的半径，连接球面上两点并且经过球心的线段称为球的直径。

用一个平面截一个球，截面是圆，球面被经过球心的平面截得的圆叫作大圆，被不经过球心的截面截得的圆叫作小圆。在球面上，两点之间的最短连线的长度，就是经过这两点的大圆在这两点间的一段劣弧的长度，我们把这个弧长叫作两点的球面距离。

球心和截面圆心的连线垂直于截面，设球心到截面的距离为d，球的半径为R，截面的半径为r，则$r^2 = R^2 - d^2$。

设球的半径为r，则球的表面积$S = 4\pi r^2$，球的体积$V = \frac{4}{3}\pi r^3$。

题型归纳与方法技巧

题型一：线段长度

例1　一个长方体，有共同顶点的三条对角线长分别为a,b,c，则它的体对角线长是（　　）。

(A) $\sqrt{a^2+b^2+c^2}$　　(B) $\frac{1}{2}\sqrt{a^2+b^2+c^2}$　　(C) $\frac{1}{4}\sqrt{a^2+b^2+c^2}$

(D) $\sqrt{\frac{a^2+b^2+c^2}{2}}$　　(E) $\sqrt{\frac{a^2+b^2+c^2}{4}}$

答案：D

解：设共顶点的三条棱长分别为x,y,z，不妨设$\begin{cases}a=\sqrt{x^2+y^2}\\b=\sqrt{y^2+z^2}\\c=\sqrt{z^2+x^2}\end{cases}$，所以$a^2+b^2+c^2=2\left(x^2+y^2+z^2\right)$，所以体对角线长$l=\sqrt{x^2+y^2+z^2}=\sqrt{\frac{a^2+b^2+c^2}{2}}$。

例2　有两个半径为6厘米、8厘米，深度相等的圆柱形容器甲和乙，把装满容器甲里的水倒入容器乙里，水深比容器深度的$\frac{2}{3}$低1厘米，那么容器的深度为（　　）厘米。

(A) 9　(B) 9.6　(C) 10　(D) 12　(E) 以上均不正确

答案：B

解：设深度为h，由题意知$\pi\times6^2\times h=\pi\times8^2\times\left(\frac{2}{3}h-1\right)$，解得$h=9.6$厘米。

例3　如图9-1所示，正方体$ABCD-A'B'C'D'$的棱长为2，E、F分别是棱AD和$C'D'$的中点，位于E点处的一个小虫要在这个正方体的表面上爬到F处，它爬行的最短距离为（　　）。

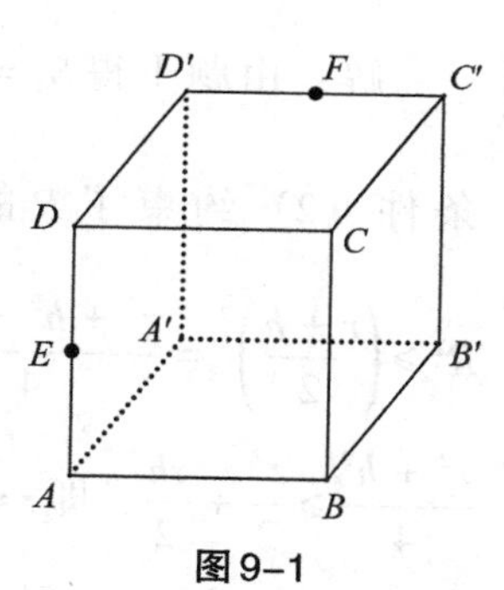

图9-1

(A) $\frac{5}{2}$　(B) 4　(C) $\sqrt{8}$　(D) $1+\sqrt{5}$　(E) $\sqrt{10}$

答案：C

解：将$CC'D'D$以DD'为旋转轴逆时针旋转90°，如图9-2所示，点F旋转至F'，过F'做DD'的平行线，交AD的延长线于G，则$EF'=\sqrt{EG^2+GF'^2}=\sqrt{8}=2\sqrt{2}$。

注：本题有三种展开方式，要进行比较找到最短的展开方式。

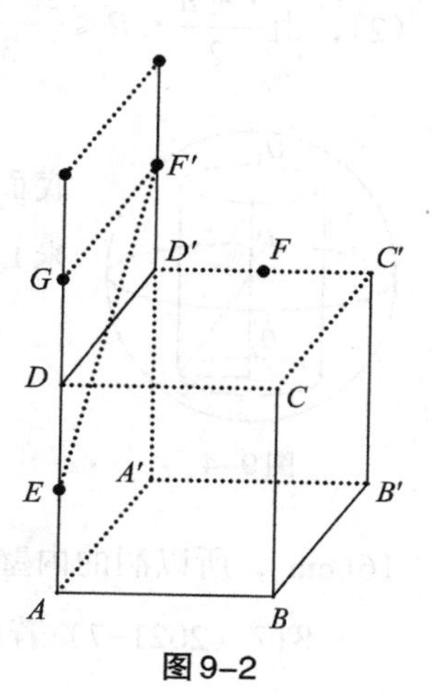

图9-2

例4　如图9-3所示，已知球的两个平行截面的面积分别为5π和8π，它们位于球心的同一侧，且相距为1，则这个球的半

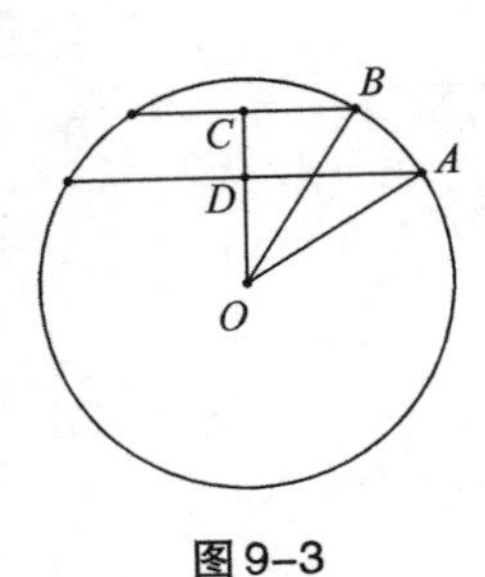

图9-3

径是（　　）。

（A）1　（B）2　（C）$\sqrt{2}$　（D）3　（E）$2\sqrt{2}$

答案：D

解：设该球的半径为r，两个平行平面的半径分别是$BC=r_1,AD=r_2$，则$r_1^2=5,r_2^2=8$。设$OD=d$，则在$\mathrm{Rt}\Delta AOD$和$\mathrm{Rt}\Delta BOC$中，$d^2+8=r^2,(d+1)^2+5=r^2$，联立解得$d=1,r=3$。

题型二：几何体的表面积

例5（2015-1-25）底面半径为r，高为h的圆柱体表面积记为S_1，半径为R的球体表面积记为S_2，则$S_1\leqslant S_2$。

（1）$R\geqslant\dfrac{r+h}{2}$　（2）$R\leqslant\dfrac{2h+r}{3}$

答案：C

解：由题干得$S_1=2\pi r^2+2\pi rh,S_2=4\pi R^2$，欲使得$S_1\leqslant S_2$，只要$R^2\geqslant\dfrac{r^2}{2}+\dfrac{rh}{2}$即可。条件（2）约束了$R$的上界，未约束下界，不充分；条件（1），由$R\geqslant\dfrac{r+h}{2}$得$R^2\geqslant\left(\dfrac{r+h}{2}\right)^2=\dfrac{r^2+h^2+2rh}{4}=\dfrac{rh}{2}+\dfrac{r^2+h^2}{4}$，要使得$R^2\geqslant\dfrac{r^2}{2}+\dfrac{rh}{2}$成立，尚须条件$\dfrac{rh}{2}+\dfrac{r^2+h^2}{4}\geqslant\dfrac{r^2}{2}+\dfrac{rh}{2}$，即$r\leqslant h$，但$r,h$的大小关系不确定，所以不充分。联合考察条件（1）、（2），由$\dfrac{r+h}{2}\leqslant R\leqslant\dfrac{2h+r}{3}$得$\dfrac{r+h}{2}\leqslant\dfrac{2h+r}{3}$，故$r\leqslant h$，从而充分。

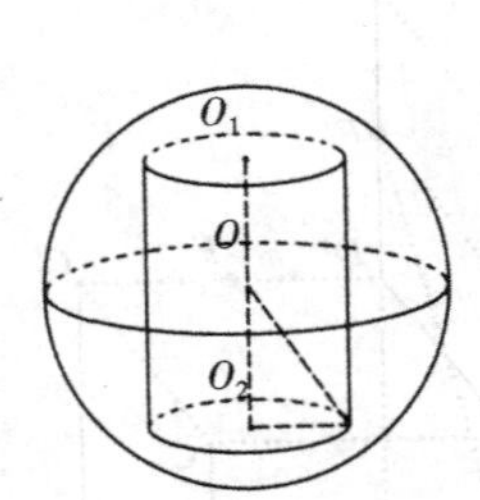

图9-4

例6（2016-15）如图9-4所示，在半径为10厘米的球体上开一个底面半径是6厘米的圆柱形洞，则洞的内壁面积为（　　）（平方厘米）。

（A）48π　（B）288π　（C）96π　（D）576π　（E）192π

答案：E

解：由图可知$|OO_2|=\sqrt{10^2-6^2}=8(\mathrm{cm})$，圆柱体的高$h=|O_1O_2|=16(\mathrm{cm})$，所以洞的内壁面积$S=2\pi\times6\times16=192\pi(\mathrm{cm}^2)$。

例7（2021-7）若球体的内接正方体的体积为$8\mathrm{m}^3$，则该球体的表面积为（　　）。

（A）$4\pi m^2$　（B）$6\pi m^2$　（C）$8\pi m^2$　（D）$12\pi m^2$　（E）$24\pi m^2$

答案：D

解：由题意知，球的内接正方体的体对角线为球的直径，故 $\sqrt{3}a = 2R$，因为正方体的体积为 $8m^3$，所以正方体的棱长 $a = 2$，所以 $R = \sqrt{3}$，所以该球的表面积为 $4\pi R^2 = 12\pi m^2$。

例 8（2019-12）如图 9-5 所示，六边形 $ABCDEF$ 是平面与棱长为 2 的正方体所截得到的，若 A,B,C,D,E,F 分别是相应棱的中点，则六边形 $ABCDEF$ 的面积为（　　）。

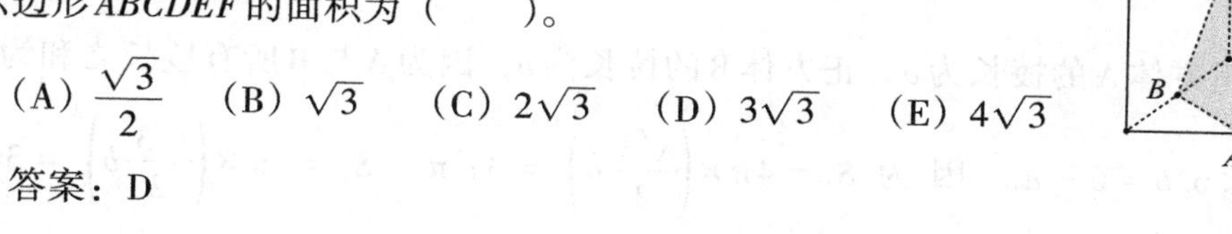

（A）$\dfrac{\sqrt{3}}{2}$　（B）$\sqrt{3}$　（C）$2\sqrt{3}$　（D）$3\sqrt{3}$　（E）$4\sqrt{3}$

答案：D

图 9-5

解：如图，易知 $ABCDEF$ 为正六边形，其边长 $AB = \sqrt{2}$，设其对角线交点为 O，则正六边形面积 $S = 6S_{\triangle AOB} = 6 \times \dfrac{\sqrt{3}}{4} \times AB^2 = 3\sqrt{3}$。

例 9（2022-6）如图 9-6 所示，在棱长为 2 的正方体中，A,B 是顶点，C,D 是所在棱的中点，则四边形 $ABCD$ 的面积为（　　）。

（A）$\dfrac{9}{2}$　（B）$\dfrac{7}{2}$　（C）$\dfrac{3\sqrt{2}}{2}$　（D）$\sqrt[2]{5}$　（E）$3\sqrt{2}$

答案：A

图 9-6

解：易知 $DC \parallel AB$，$CD = \sqrt{2}, AB = 2\sqrt{2}, AD = BC = \sqrt{5}$，$ABCD$ 是等腰梯形（图 9-7）。易知 $AE = FB = \dfrac{AB - CD}{2} = \dfrac{\sqrt{2}}{2}$，所以 $DE = \sqrt{\dfrac{9}{2}}$，故 $ABCD$ 的面积 $S = \dfrac{(CD + AB) \times DE}{2} = \dfrac{9}{2}$。

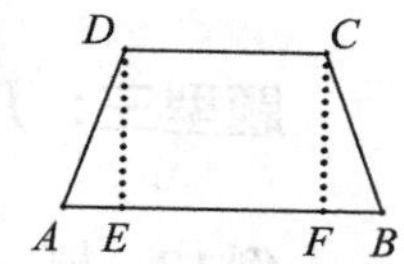

图 9-7

例 10（2019-9）如图 9-8 所示，正方体位于半径为 3 的球内，且其中一面位于球的大圆上，则正方体表面积最大为（　　）。

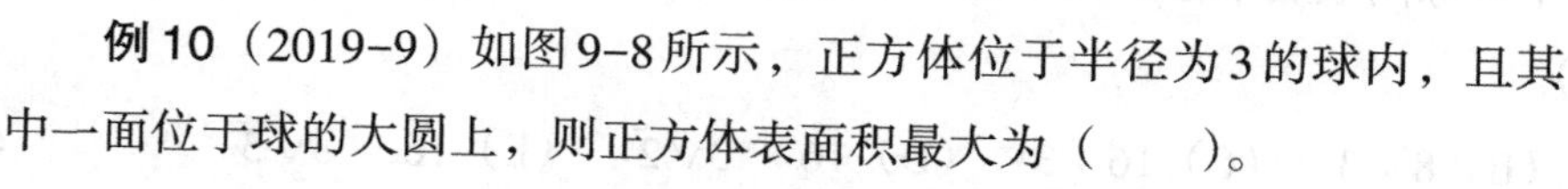

（A）12　（B）18　（C）24　（D）30　（E）36

答案：E

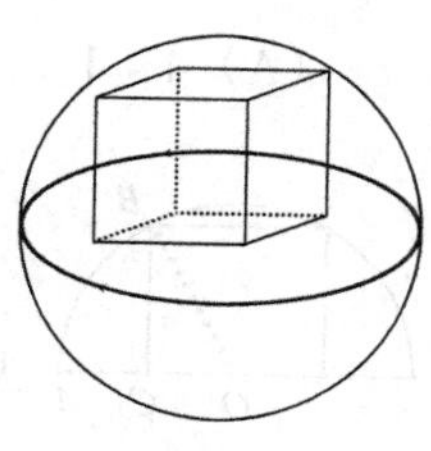

图 9-8

解：当正方体底面中心与球心重合时，正方体表面积最大，其轴截面如图 9-9 所示。设正方体棱长为 a，B 是球面上正方体的顶点，

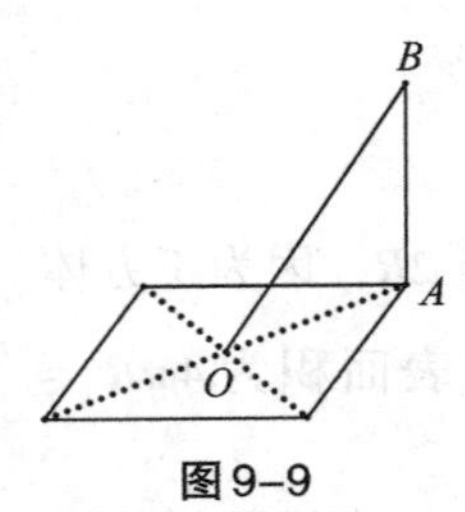

图9-9

$OB=r$，则$OB^2=OA^2+AB^2$，故$r^2=\left(\frac{\sqrt{2}}{2}a\right)^2+a^2=\frac{3}{2}a^2$，所以正方体表面积$S=6a^2=4r^2=36$。

例11 已知正方体A的外接球的表面积为S_1，正方体B的外接球的表面积为S_2，若这两个正方体的所有棱长之和为72，则S_1+2S_2的最小值为（　　）。

（A）64π　（B）72π　（C）80π　（D）84π　（E）86π

答案：B

解：设正方体A的棱长为a，正方体B的棱长为b，因为A与B所有棱长之和为72，所以$0<a<6, b=6-a$。因为$S_1=4\pi\times\left(\frac{\sqrt{3}}{2}a\right)^2=3a^2\pi$，$S_2=4\pi\times\left(\frac{\sqrt{3}}{2}b\right)^2=3(6-a)^2\pi$，所以$S_1+2S_2=3a^2\pi+6(6-a)^2\pi=[9(a-4)^2+72]\pi$，故当$a=4$时，$S_1+2S_2$取得最小值，且最小值为$72\pi$。

例12 已知圆柱的侧面积为2π，其外接球的表面积为S，则S的最小值为（　　）。

（A）3π　（B）4π　（C）6π　（D）9π　（E）10π

答案：B

解：设圆柱的底面半径为r，高为h，则圆柱的侧面积为$2\pi rh=2\pi$，所以$rh=1$。圆柱的外接球的半径$R=\frac{1}{2}\sqrt{4r^2+h^2}$，外接球的表面积$S=4\pi R^2=4\pi\left(\frac{1}{2}\sqrt{4r^2+h^2}\right)^2=(4r^2+h^2)\pi\geqslant 2\sqrt{4r^2h^2}\pi=4\pi$，当且仅当$r=\frac{\sqrt{2}}{2}$，$h=\sqrt{2}$时，外接球的表面积取得最小值$4\pi$。

题型三：几何体的体积

例13 把一个半球削成底半径为球半径一半的最大的圆柱，则半球体积和圆柱体积之比等于（　　）。

（A）4∶1　（B）8∶3　（C）16∶3　（D）16∶$3\sqrt{2}$　（E）16∶$3\sqrt{3}$

答案：E

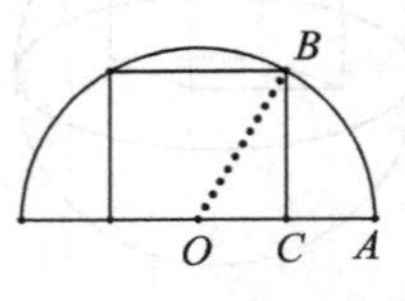

图9-10

解：当圆柱下底面的圆心与半球的球心重合时圆柱的体积最大，此时轴截面如图9-10所示。设$OC=r, OA=OB=2r$，所以$BC=\sqrt{3}r$，故圆柱体积$V_1=\pi\cdot OC^2\cdot BC=\sqrt{3}\pi r^3$，半球体积$V_2=\frac{2}{3}\pi\cdot OA^3=\frac{16}{3}\pi r^3$，所

以$\dfrac{V_2}{V_1}=\dfrac{16}{3\sqrt{3}}$。

例 14 体积相等的正方体、等边圆柱（轴截面是正方形）和球、他们的表面积分别为S_1,S_2,S_3，则有（ ）。

（A）$S_3<S_1<S_2$ （B）$S_1<S_3<S_2$ （C）$S_2<S_3<S_1$

（D）$S_1<S_2<S_3$ （E）$S_3<S_2<S_1$

答案：E

解：设体积均为V，正方体的棱长为a，等边圆柱的底面半径为r，球的半径为R，则由题意知：由$a^3=V$，解得$a=\sqrt[3]{V}$，所以正方体表面积$S_1=6a^2=6\sqrt[3]{V^2}$。由$\pi r^2\cdot 2r=V$，解得$r=\sqrt[3]{\dfrac{V}{2\pi}}$，所以等边圆柱的表面积$S_2=2\pi r\cdot 2r+2\pi r^2=6\pi r^2=6\pi\cdot\sqrt[3]{\dfrac{V^2}{4\pi^2}}=6\sqrt[3]{\dfrac{\pi}{4}\cdot V^2}$。由$\dfrac{4\pi}{3}R^3=V$，解得$R=\sqrt[3]{\dfrac{3V}{4\pi}}$，所以球的表面积$S_3=4\pi R^2=4\pi$，$\sqrt[3]{\dfrac{9V^2}{16\pi^2}}=6\sqrt[3]{\dfrac{\pi}{6}\cdot V^2}$。因为$\dfrac{\pi}{6}<\dfrac{\pi}{4}<1$，所以$S_3<S_2<S_1$。

注：当体积相等时，越对称的几何体的表面积越小，故球的表面积最小，正方体的表面积最大。反之，当表面积相等时，越对称的几何体的体积越大。

例 15 平面图形由一个等边三角形ABC与半圆CDB组成（图9-11），其面积为$2\pi+4\sqrt{3}$，若将此图形绕其对称轴旋转180°，则得到的旋转体的体积是（ ）。

（A）$\left(\dfrac{32}{3}+8\sqrt{3}\right)\pi$ （B）$2\pi+8\sqrt{3}$ （C）$\left(\dfrac{16}{3}+\dfrac{8\sqrt{3}}{3}\right)\pi$

（D）$2\pi+\dfrac{8\sqrt{3}}{3}$ （E）$4\pi+\dfrac{4}{3}$

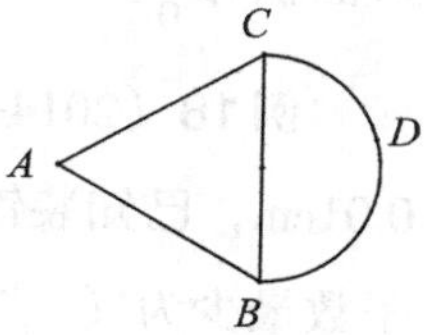

图9-11

答案：C

解：如图9-12所示，做BC中点O，连接AO，则$AO\perp BC$，设$OC=r$，由题意得$\dfrac{\sqrt{3}}{4}\cdot(2r)^2+\dfrac{1}{2}\pi r^2=2\pi+4\sqrt{3}$，解得$r=2$。绕对称轴旋转得到的几何体由圆锥和半球组成，其体积为$\dfrac{1}{3}\pi\cdot r^2\cdot AO+\dfrac{1}{2}\cdot\dfrac{4}{3}\pi r^3=\dfrac{16+8\sqrt{3}}{3}\pi$。

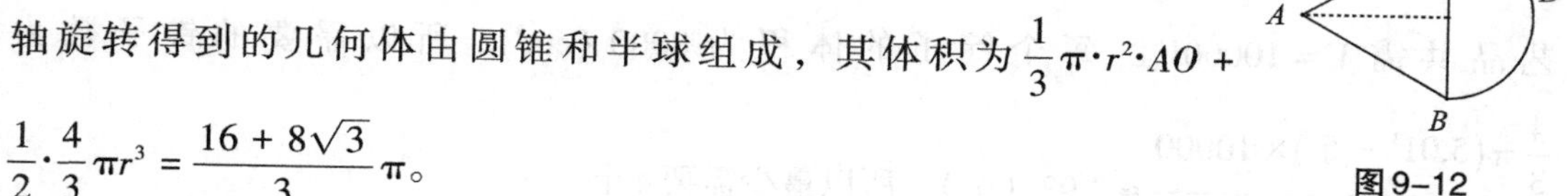

图9-12

例 16（1999-1-5）一个两头密封的圆柱形水桶，水平横放时桶内有水部分占水桶一头圆周长的$\frac{1}{4}$，则水桶直立时水的高度和桶的高度之比值是（　　）。

（A）$\frac{1}{4}$　（B）$\frac{1}{4}-\frac{1}{\pi}$　（C）$\frac{1}{4}-\frac{1}{2\pi}$　（D）$\frac{1}{8}$　（E）$\frac{\pi}{4}$

答案：C

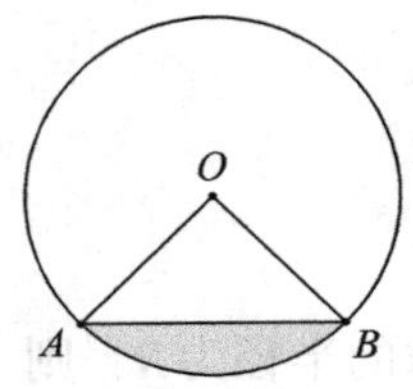

图9-13

解：如图9-13所示，由题意知劣弧$\widehat{AB}$长度是圆周长的$\frac{1}{4}$，所以$\angle AOB=\frac{\pi}{2}$，故阴影部分面积$S_1=\frac{1}{4}\pi\cdot OA^2-\frac{1}{2}\cdot OA^2$，圆的面积为$S=\pi\cdot OA^2$，所以水的体积与桶的体积之比为$\frac{S_1}{S}=\frac{1}{4}-\frac{1}{2\pi}$，所以水桶直立时水的高度和桶的高度之比值是$\frac{1}{4}-\frac{1}{2\pi}$。

例17（2004-14）矩形周长为2，将它绕其一边旋转一周，所得圆柱体积最大时的矩形的面积为（　　）。

（A）$\frac{4\pi}{27}$　（B）$\frac{2}{3}$　（C）$\frac{2}{9}$　（D）$\frac{27}{4}$　（E）以上都不对

答案：C

解：设矩形长为x，则宽为$1-x$，绕长旋转得到的圆柱体的体积$V=\pi x^2(1-x)=4\pi\cdot\frac{x}{2}\cdot\frac{x}{2}\cdot(1-x)$，由均值不等式知，当且仅当$\frac{x}{2}=1-x$，即$x=\frac{2}{3}$时体积最大，此时矩形面积为$\frac{2}{9}$。

例18（2014-1-14）某工厂在半径为5cm的球形工艺品上镀一层装饰金属，厚度为0.01cm，已知装饰金属的原材料是棱长为20cm的正方体锭子，则加工该工艺品需要的锭子数最少为（　　）。（不考虑加工损耗，$\pi=3.14$）

（A）2　（B）3　（C）4　（D）5　（E）20

答案：C

解：每个球形工艺品需要装饰材料的体积为$V_0=\frac{4}{3}\pi(5.01^3-5^3)\ (\text{cm}^3)$，10000个工艺品共需$V=10000V_0$。每个锭子的体积为8000（cm³），所以需要的锭子数为$\frac{\frac{4}{3}\pi(5.01^3-5^3)\times 10000}{8000}\approx 3.93$（个），所以最少需要4个。

注：工艺品上所镀的金属厚度远小于球的半径，所以所镀金属的体积可以近似看成

是球的表面积厚度之积。因此需要的锭子数为$\frac{4\pi R^2\times0.01\times10000}{8000}\approx3.93$（个），故至少需要4个。

例19（2015-1-7）有一根圆柱形铁管，管壁厚度为0.1m，内径为1.8m，长度为2m。若将该铁管融化后浇铸成长方体，则该长方体的体积为（　　）m^3。（$\pi\approx3.14$）

（A）0.38　（B）0.59　（C）1.19　（D）5.09　（E）6.28

答案：C

解：该圆柱形铁管为一个空心圆柱体，底面为一个环形，内圆半径$r=0.9$，外圆半径$R=0.9+0.1=1$，高度$h=2$，所以其体积$V=\pi R^2h-\pi r^2h\approx1.19\text{m}^3$。

例20（2017-12）如图9-14所示，一个铁球沉入水池中，则能确定铁球的体积。

（1）已知铁球露出水面的高度

（2）已知水深及铁球与水面交线的周长

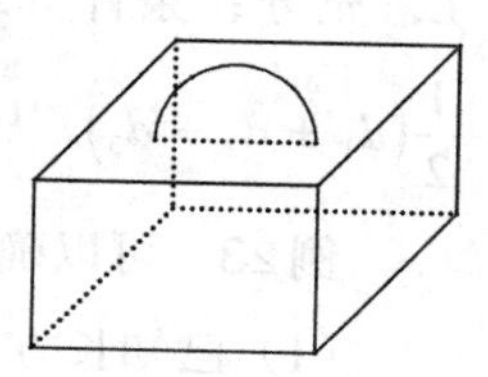

图9-14

答案：B

解：条件（1），如图9-15所示，两个圆弧露出水面的高度相等，但半径不等，不充分。

条件（2），因为铁球与水面交线的周长已知（图9-16），所以AC已知，设$AC=a$，半径$OA=r$，水深$BC=b$，所以$OC=b-r$，故在ΔAOC内$OC^2=OA^2-AC^2=r^2-a^2=(b-r)^2$，解得$r=\frac{a^2+b^2}{2b}$，充分。

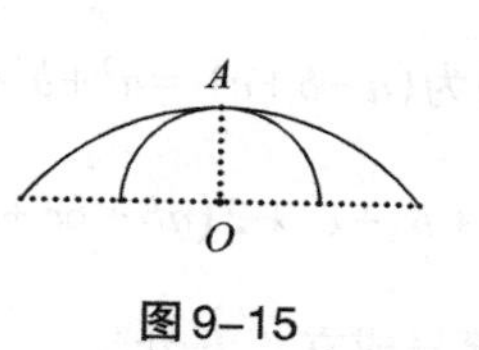

图9-15

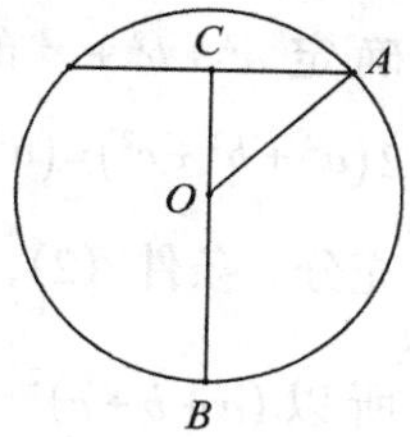

图9-16

例21（2018-14）如图9-17所示，圆柱体的底面半径为2，高为3，垂直于底面的平面截圆柱体所得截面为矩形$ABCD$。若弦AB所对的圆心角是$\frac{\pi}{3}$，则截掉部分（较小部分）的体积为（　　）。

（A）$\pi-3$　（B）$2\pi-6$　（C）$\pi-\frac{3\sqrt{3}}{2}$

（D）$2\pi-3\sqrt{3}$　（E）$\pi-\sqrt{3}$

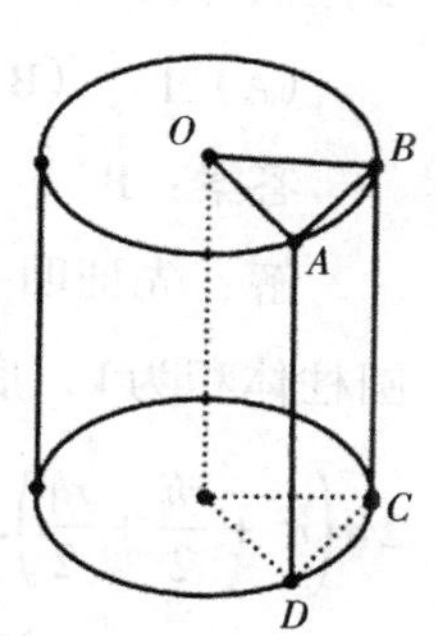

图9-17

答案：D

解：被截掉的部分是一个柱体，其体积是底面积与高的乘积。底面积为扇形AOB与三角形AOB之差，所以体积为$\left(S_{扇形AOB}-S_{\Delta AOB}\right)\times$

$BC=\left(\frac{1}{6}\pi\times2^2-\frac{\sqrt{3}}{4}\times2^2\right)\times3=2\pi-3\sqrt{3}$。

例22（2020-21）能确定长方体的体对角线。

（1）已知长方体一个顶点的三个面的面积

（2）已知长方体一个顶点的三个面的面对角线

答案：D

解：设长方体的长宽高分别为a、b、c，则体对角线$L=\sqrt{a^2+b^2+c^2}$。条件（1），已知$ab=d_1,bc=d_2,ac=d_3$，故$abc=\sqrt{d_1d_2d_3}$，从而可求出a、b、c的值，所以可以确定L，充分；条件（2），由题意设$a^2+b^2=d_1,b^2+c^2=d_2,a^2+c^2=d_3$，所以$a^2+b^2+c^2=\frac{1}{2}\left(d_1+d_2+d_3\right)$，从而$L=\sqrt{a^2+b^2+c^2}$可以确定，充分。

例23　可以确定长方体外接球的体积的最小值。

（1）已知长方体的全面积　（2）已知长方体的棱长之和

答案：D

解：设长方体三条棱长分别为a,b,c，外接球半径为R，则$2R=\sqrt{a^2+b^2+c^2}$，因此只要能确定$a^2+b^2+c^2$的最小值即可。条件（1），长方体的全面积$S=2(ab+bc+ca)$，故$2\left(a^2+b^2+c^2\right)=\left(a^2+b^2+b^2+c^2+c^2+a^2\right)\geqslant2(ab+bc+ca)=2S$，当且仅当$a=b=c$时等号成立。充分。条件（2），因为$(a+b+c)^2=a^2+b^2+c^2+2(ab+bc+ca)$，而$2(ab+bc+ca)\leqslant2\left(a^2+b^2+c^2\right)$，所以$(a+b+c)^2=a^2+b^2+c^2+2(ab+bc+ca)\leqslant3\left(a^2+b^2+c^2\right)$，所以$a^2+b^2+c^2\geqslant\frac{1}{3}(a+b+c)^2$，当且仅当$a=b=c$时等号成立。充分。

例24　某高校学生到工厂劳动实践，利用3D打印技术制作模型。某学生准备做一个体积为16π的圆柱形模型，当模型的表面积最小时，其底面半径为（　　）。

（A）1　（B）2　（C）3　（D）4　（E）5

答案：B

解：先证明一个结论：所有圆柱体中，当体积一定时，等边圆柱的表面积最小。设圆柱体积为V，底面半径为r，高为h，则$V=\pi r^2h,V^2=\pi^2r^4h^2$，表面积$S=2\pi r^2+2\pi rh=2\pi\left(r^2+\frac{rh}{2}+\frac{rh}{2}\right)$，由均值不等式得$r^2+\frac{rh}{2}+\frac{rh}{2}\geqslant3\sqrt[3]{r^2\cdot\frac{rh}{2}\cdot\frac{rh}{2}}=3\sqrt[3]{\frac{V^2}{4\pi^2}}$，故$S\geqslant6\pi\sqrt[3]{\frac{V^2}{4\pi^2}}$，当且仅当$r^2=\frac{r^2h}{2}$，即$h=2r$时等号成立，此时圆柱体是等边圆柱，其轴截面是正方形。

设模型底面半径为R，由结论知高$H = 2R$，故$\pi R^2 H = 2\pi R^3 = 16\pi$，解得$R = 2$。

例25 如图9-18所示，已知最底层正方体的棱长为a，上层正方体下底面的四个顶点是下层正方体上底面各边的中点，依此方法一直继续下去，则所有这些正方体的体积之和等于（ ）。

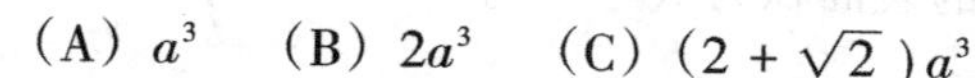

（A）a^3 （B）$2a^3$ （C）$(2+\sqrt{2})a^3$

（D）$(2+2\sqrt{2})a^3$ （E）$\dfrac{8+2\sqrt{2}}{7}a^3$

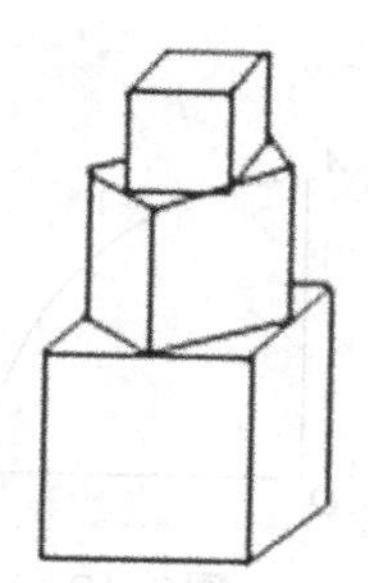

图9-18

答案：D

解：最底层正方体的棱长$a_1 = a$，体积$V_1 = a^3$。设第n层正方体的棱长为a_n，则体积$V_n = a_n{}^3$，则第$n+1$层正方体的棱长$a_{n+1} = \dfrac{\sqrt{2}}{2}a_n$，体积$V_{n+1} = \dfrac{\sqrt{2}}{4}a_n{}^3$，因为$\dfrac{V_{n+1}}{V_n} = \dfrac{\sqrt{2}}{4}$，所以数列$\{V_n\}$是以$V_1 = a^3$为首项，以$\dfrac{\sqrt{2}}{4}$为公比的等比数列，因此，所有这些正方体的体积之和等于$\dfrac{a^3}{1-\dfrac{\sqrt{2}}{4}} = \dfrac{8+2\sqrt{2}}{7}a^3$。

注：这些正方体相似，相似比是$\dfrac{\sqrt{2}}{2}$，所以体积之比是$\left(\dfrac{\sqrt{2}}{2}\right)^3 = \dfrac{\sqrt{2}}{4}$，因此它们的体积形成公比为$\dfrac{\sqrt{2}}{4}$的等比数列。

例26 将一个边长为a的正方形铁片的四角截去四个相等的小正方形，上折做成一个无盖方盒，若该方盒的体积为2，则a的最小值为（ ）。

（A）1 （B）2 （C）3 （D）$3\sqrt[3]{2}$ （E）4

答案：C

解：设截去的四个小正方形的边长为x，则无盖方盒底面是边长为$a-2x$的正方形，高为x，所以方盒的体积为$V = (a-2x)^2 x$，$x \in \left(0, \dfrac{a}{2}\right)$。由均值不等式知$V = (a-2x)^2 x = (a-2x)(a-2x)\cdot 4x \cdot \dfrac{1}{4} \leqslant \dfrac{1}{4}\cdot\left(\dfrac{(a-2x)+(a-2x)+4x}{3}\right)^3 = \dfrac{2}{27}a^3$，当且仅当$a-2x = 4x$，即$x = \dfrac{a}{6}$时达到最大值。由$\dfrac{2}{27}a^3 = 2$得$a = 3$。

第二节　基础通关

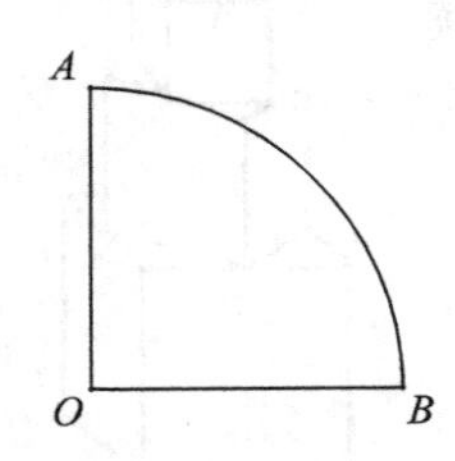

图9–19

1.如图9–19所示，扇形OAB中，$OA\perp OB, OA=1$，将扇形绕OA所在直线旋转一周所得几何体的表面积为（　　）。

(A) $\frac{2\pi}{3}$　(B) $\frac{5\pi}{3}$　(C) 2π　(D) 3π　(E) 6π

答案：D

解：将扇形绕OB所在直线旋转一周得到半径为1的半球，其表面积$S=2\pi\times1^2+\pi\times1^2=3\pi$。

2.已知圆柱的上、下底面的中心分别为O_1,O_2，过直线O_1O_2的平面截该圆柱所得的截面是面积为8的正方形，则该圆柱的侧面积为（　　）。

(A) 8π　(B) $8\sqrt{2}\pi$　(C) 12π　(D) $10\sqrt{2}\pi$　(E) $8\sqrt{3}\pi$

答案：A

解：由题意知，圆柱的轴截面是面积为8的正方形，所以圆柱的高为$2\sqrt{2}$，圆柱的底面圆的直径为$2\sqrt{2}$，所以底面圆的周长为$2\sqrt{2}\pi$，故侧面积$S=2\sqrt{2}\times2\sqrt{2}\pi=8\pi$。

3.一个长方体的长宽高分别是6、5、4，若把它切割成三个体积相等的小长方体，这三个小长方体表面积的和最大是（　　）。

(A) 208　(B) 228　(C) 248　(D) 268　(E) 288

答案：D

解：长方体切割成三个小长方体，只要切割两次，从而表面积比原来增加4个截面的面积，因为沿长、宽、高任意方向都能切割成三个全等的小长方体，所以要使得三个小长方体表面之和最大，只要截面的面积最大即可，故最大的表面积之和为$(6\times5+4\times5+6\times4)\times2+6\times5\times4=268$，同理，最小的表面积之和为$(6\times5+4\times5+6\times4)\times2+4\times5\times4=228$。

4.圆柱的侧面展开图是一个边长为2的正方形，那么这个圆柱的体积是（　　）。

(A) $\frac{2}{\pi}$　(B) $\frac{1}{\pi}$　(C) $\frac{2}{\pi^2}$　(D) $\frac{1}{\pi^2}$　(E) $\frac{\pi}{2}$

答案：A

解：由题意知，圆柱的高$h=2$，底面圆的周长为$2\pi r=2$，解得$r=\frac{1}{\pi}$，所以圆柱的体积$V=\pi r^2h=\pi\cdot\left(\frac{1}{\pi}\right)^2\cdot 2=\frac{2}{\pi}$。

5.若圆柱的轴截面是一个正方形，其面积为$4S$，则它的一个底面面积是（　　）。

（A）$4S$　（B）πS　（C）$2\pi S$　（D）$2\sqrt{2}\pi S$　（E）$4\pi S$

答案：B

解：由题意知，正方形的边长为$2\sqrt{S}$，故此圆柱的底面直径为$2\sqrt{S}$，所以此圆柱的底面半径为$\sqrt{S}$，故圆柱的底面面积为πS。

6.以边长为1的正方形的一边所在的直线为旋转轴，将该正方形旋转一周所得圆柱的侧面积等于（　　）。

（A）2π　（B）π　（C）2　（D）1　（E）$\frac{\pi}{4}$

答案：A

解：所得圆柱体底面半径为1，高为1，所以其侧面积$S=2\pi rh=2\pi$。

7.圆柱轴截面的周长为12，则圆柱体积最大值为（　　）。

（A）6π　（B）8π　（C）9π　（D）10π　（E）12π

答案：B

解：由题意知，设圆柱底面的直径为x，则圆柱的高为$6-x$，故圆柱的体积$V=\pi\cdot\frac{x^2}{4}\cdot(6-x)=\pi\cdot\frac{x}{2}\cdot\frac{x}{2}\cdot(6-x)$，因为$\frac{1}{2}x+\frac{1}{2}x+(6-x)=6$，故当$\frac{1}{2}x=6-x$，即$x=4$时，体积最大，最大值为$V=8\pi$。

8.在半径为R的半球内有一内接圆柱，则这个圆柱的体积的最大值是（　　）。

（A）$\frac{2\sqrt{3}}{9}\pi R^3$　（B）$\frac{4\sqrt{3}}{9}\pi R^3$　（C）$\frac{2\sqrt{3}}{3}\pi R^3$　（D）$\frac{4}{9}\pi R^3$　（E）$\frac{4}{27}\pi R^3$

答案：A

解：设这个圆柱的高为h，底面半径为r，则$h^2+r^2=R^2$，所以这个圆柱的体积$V=\pi\cdot r^2\cdot h, V^2=\pi^2\cdot r^4\cdot h^2=\pi^2\cdot r^2\cdot r^2\cdot h^2=\frac{1}{2}\pi^2\cdot r^2\cdot r^2\cdot 2h^2$，因为$r^2+r^2+2h^2=2R^2$，所以当$r^2=2h^2$，即$h=\frac{\sqrt{3}}{3}R, r=\frac{\sqrt{6}}{3}R$时，体积达到最大值，最大值是$\frac{2\sqrt{3}}{9}\pi R^3$。

9.长方体容器内装满水，现有大、中、小三个铁球，第一次把小球沉入水中，第二次把小球取出，把中球沉入水中，第三次把中球取出，把小球和大球一起沉入水中。已知每次从容器中溢出的水量情况是：第二次是第一次的3倍，第三次是第一次的2.5倍，则大球的体积是小球的（　　）倍。

（A）3.5　（B）4　（C）4.5　（D）5　（E）5.5

答案：E

解：设容器体积是V，大、中、小三个铁球分别是V_3、V_2、V_1，则第一次从容器中溢出的水量等于V_1，容器中的水量为$V-V_1$；取出小球再放入中球时，溢出的水量为$V-V_1+V_2-V=V_2-V_1$，容器中有水$V-V_2$；取出中球再放入大球时，溢出的水量为$V-V_2+V_1+V_3-V=V_3+V_1-V_2$。所以$V_2-V_1=3V_1, V_2=4V_1, V_3+V_1-V_2=2.5V_1$，所以$V_3=5.5V_1$。

10.棱长为a的正方体内切球、外接球、外接半球的半径分别为（　　）。

（A）$\frac{a}{2},\frac{\sqrt{2}}{2}a,\frac{\sqrt{3}}{2}a$　（B）$\sqrt{2}a,\sqrt{3}a,\sqrt{6}a$　（C）$a,\frac{\sqrt{3}}{2}a,\frac{\sqrt{6}}{2}a$

（D）$\frac{a}{2},\frac{\sqrt{2}}{2}a,\frac{\sqrt{6}}{2}a$　（E）$\frac{a}{2},\frac{\sqrt{3}}{2}a,\frac{\sqrt{6}}{2}a$

答案：E

解：由题意知，内切球的半径$r_1=\frac{a}{2}$，外接球的半径$r_2=\frac{\sqrt{3}}{2}a$。外接半球的半径

$r_3=OE=\sqrt{OD^2+DE^2}=\sqrt{\left(\frac{\sqrt{2}}{2}a\right)^2+a^2}=\frac{\sqrt{6}}{2}a$。

11.把一根长方体木料锯成体积相等的两个长方体，则它的表面积最多增加9.6平方米，最少增加1.44平方米。

（1）长方体的长、宽、高分别为4米、1.2米、0.6米

（2）长方体的长、宽、高分别为6米、0.8米、0.9米

答案：D

解：条件（1），长方体截成相等的两块后，面积增加两个截面的面积，所以最多增加$2\times4\times1.2=9.6$（平方米），最少增加$2\times1.2\times0.6=1.11$（平方米），充分。同理可知，条件（2）充分。

12.体积$V=18\pi$。

（1）长方体的三个相邻面的面积分别为2、3、6，这个长方体的顶点都在同一球面上，则这个球的体积为V

（2）半球内有一个内接正方体，正方体的一个面在半球的底面圆内，正方体的棱长为$\sqrt{6}$，半球的体积为V

答案：B

解：条件（1），设共顶点的三条棱长分别为a,b,c，不妨设$\begin{cases}ab=2\\bc=3\\ac=6\end{cases}$，解得$a=2,b=1,c=3$，故体对角线$d=\sqrt{a^2+b^2+c^2}=14$，设球的半径为$r$，则$2r=\sqrt{14},r=\frac{\sqrt{14}}{2}$，故球的体积$V=\frac{4}{3}\pi r^3=\frac{7\sqrt{14}}{3}\pi$，不充分。条件（2），设正方体棱长为$a$，外接半球的半径为$r$，则$r=OE=\sqrt{OD^2+DE^2}=\sqrt{\left(\frac{\sqrt{2}}{2}a\right)^2+a^2}=\frac{\sqrt{6}}{2}a=3$，所以半球体积$V=\frac{1}{2}\cdot\frac{4}{3}\cdot\pi\cdot 3^3=18\pi$。充分。

13. 三个球中，最大球的体积是另两个球体积和的3倍。

（1）三个球的半径之比为1：2：3

（2）大球的半径是另两个球的半径之和

答案：E

解：条件（1），设三球半径分别为$r,2r,3r$，则体积分别为$\frac{4}{3}\pi r^3,\frac{4\times 8}{3}\pi r^3,\frac{4\times 27}{3}\pi r^3$，不充分。条件（2），设三球半径分别为$r,2r,3r$，满足条件（2），构成反例，不充分。同理知联合也不充分。

14. 圆柱的全面积与侧面积的比是$\frac{2\pi+1}{2\pi}$。

（1）展开图是正方形　　　　（2）展开图是长宽比为2：1的矩形

答案：A

解：条件（1），设圆柱底面积半径为r，由题意知其展开图是长为$2\pi r$的正方形，所以圆柱的高为$2\pi r$，故全面积$S_{全}=\left[(2\pi r)^2+2\pi r^2\right]$，侧面积$S_{侧}=(2\pi r)^2$，所以全面积与侧面积之比为$\frac{2\pi+1}{2\pi}$。所以条件（1）充分，条件（2）不充分。

15. 圆柱体的体积与正方体的体积之比为$\frac{4}{\pi}$。

（1）圆柱体和正方体的高相等

（2）圆柱体和正方体的侧面积相等

答案：C

解：显然两个条件单独均不充分，考察联合情况。因为圆柱体与正方体的高与侧面积均相等，所以圆柱体与正方体的底面周长相等。设正方体的棱长为a，则其高为a，底面周长为$4a$，体积为a^3，所以圆柱体的高为a，底面周长为$4a$，故圆柱体的底面半径$r=\frac{4a}{2\pi}=\frac{2a}{\pi}$，所以圆柱体的体积为$\pi\cdot\left(\frac{2a}{\pi}\right)^2\cdot a=\frac{4a^3}{\pi}$，所以圆柱体的体积与正方体的体积比值为$\frac{4a^3}{\pi}:a^3=4:\pi$。

第三节　高分突破

1.已知一个体积为8的圆柱，其底面半径为r，当其表面积最小时，$r=$（　　）。

（A）$\sqrt[3]{\frac{2}{\pi}}$　（B）$\sqrt[3]{\frac{4}{\pi}}$　（C）$\sqrt[3]{\frac{6}{\pi}}$　（D）$\sqrt[3]{\frac{8}{\pi}}$　（E）$\sqrt{\frac{4}{\pi}}$

答案：B

解：设底面半径为r，高为h，由$\pi r^2h=8$，解得$h=\frac{8}{\pi r^2}$，圆柱的表面积$S=2\pi r^2+2\pi rh=2\pi r^2+\frac{16}{r}=2\pi r^2+\frac{8}{r}+\frac{8}{r}\geqslant 3\sqrt[3]{2\pi r^2\cdot\frac{8}{r}\cdot\frac{8}{r}}=12\sqrt[3]{2\pi}$，当且仅当$2\pi r^2=\frac{8}{r}$，即$r=\sqrt[3]{\frac{4}{\pi}}$时，等号成立。

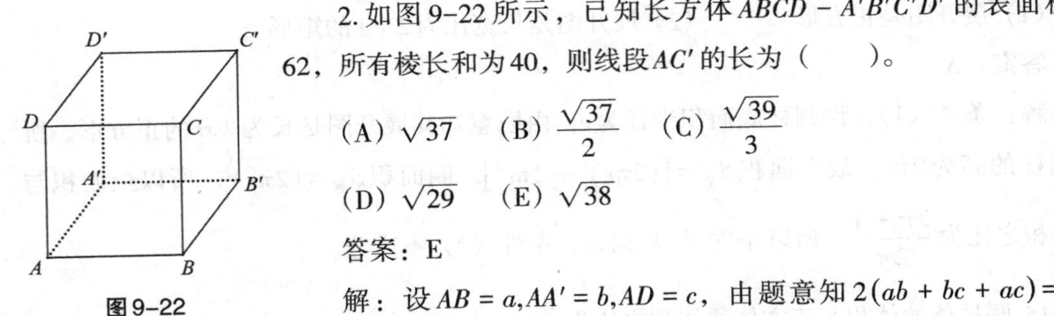

图9-22

2.如图9-22所示，已知长方体$ABCD-A'B'C'D'$的表面积为62，所有棱长和为40，则线段AC'的长为（　　）。

（A）$\sqrt{37}$　（B）$\frac{\sqrt{37}}{2}$　（C）$\frac{\sqrt{39}}{3}$

（D）$\sqrt{29}$　（E）$\sqrt{38}$

答案：E

解：设$AB=a,AA'=b,AD=c$，由题意知$2(ab+bc+ac)=62$，$a+b+c=10$，故$(a+b+c)^2=a^2+b^2+c^2+2(ab+bc+ac)=100$，所以$a^2+b^2+c^2=38$，故体对角线$AC'=\sqrt{a^2+b^2+c^2}=\sqrt{38}$。

3.圆柱形金属饮料罐的体积一定，要使生产这种金属饮料罐所用的材料最省，它的高与底面半径之比为（　　）。

（A）2 : 1　（B）1 : 2　（C）1 : 4　（D）4 : 1　（E）9 : 1

答案：A

解：设圆柱的底面半径 r，高 h，容积为 V，则 $V=\pi r^2h$，故 $h=\dfrac{V}{\pi r^2}$，用料 $S=2\pi r^2+2\pi rh=2\pi\left(r^2+\dfrac{V}{\pi r}\right)=2\pi\left(r^2+\dfrac{V}{2\pi r}+\dfrac{V}{2\pi r}\right)\geqslant 2\pi\cdot 3\sqrt[3]{r^2\cdot\dfrac{V}{2\pi r}\cdot\dfrac{V}{2\pi r}}=6\pi\sqrt[3]{\dfrac{V^2}{4\pi^2}}$，当且仅当 $r^2=\dfrac{V}{2\pi r}$，即 $r=\sqrt[3]{\dfrac{V}{2\pi}}$ 时 S 最小即用料最省，此时 $h=\dfrac{V}{\pi r^2}=\sqrt[3]{\dfrac{4V}{\pi}}$，所以 $\dfrac{h}{r}=2$。

4. 已知圆柱的上、下底面的中心分别为 O_1,O_2，过直线 O_1O_2 的平面截该圆柱所得的截面是面积为8的正方形，则该圆柱的侧面积为（　　）。

（A）8π　（B）$8\sqrt{2}\pi$　（C）12π　（D）$10\sqrt{2}\pi$　（E）$16\sqrt{2}\pi$

答案：A

解：因为圆柱的轴截面是面积为8的正方形，所以圆柱的高为 $2\sqrt{2}$，圆柱底面圆的直径为 $2\sqrt{2}$，故底面圆的周长为 $2\sqrt{2}\pi$，所以侧面积 $S=2\sqrt{2}\times 2\sqrt{2}\pi=8\pi$。

5. 圆柱形玻璃杯中盛有高度为10cm的水，若放入一个玻璃球（球的半径与圆柱形玻璃杯内壁的底面半径相同）后，水恰好淹没了玻璃球，则玻璃球的半径为（　　）。

（A）$\dfrac{20}{3}$cm　（B）15cm　（C）$10\sqrt{3}$ cm　（D）20cm　（E）24cm

答案：B

解：设玻璃球的半径为 r，则圆柱形玻璃杯的底面半径为 r，故玻璃球的体积 $V_1=\dfrac{4\pi r^3}{3}$，圆柱的底面面积为 πr^2。若放入一个玻璃球后，水恰好淹没玻璃球，所以水面的高度为 $2r$，从而水面比放入玻璃球前上涨 $2r-10$，故 $V_1=\pi r^2(2r-10)$，解得 $r=15$cm。

6. 若球的半径为10cm，一个截面圆的面积是 $36\pi \text{cm}^2$，则球心到截面圆心的距离是（　　）。

（A）5cm　（B）6cm　（C）8cm　（D）10cm　（E）12cm

答案：C

解：由于球的半径为10，截面圆的面积为 36π，所以截面圆的半径为6；故球心到截面圆心的距离 $d=\sqrt{10^2-6^2}=8$（cm）。

7. 已知球的内接圆柱（圆柱的底面圆周在球面上）的高恰好是球的半径，则圆柱侧面积与球的表面积之比为（　　）。

（A）$\frac{\sqrt{3}}{3}$ （B）$\frac{\sqrt{3}}{4}$ （C）$\frac{9}{16}$ （D）$\frac{3\sqrt{3}}{8}$ （E）$\frac{5\sqrt{3}}{8}$

答案：B

解：由题意知，设圆柱的高与球的半径为R，则圆柱底面直径为$\sqrt{4R^2-R^2}=\sqrt{3}R$，所以圆柱的侧面积为$\sqrt{3}\pi R^2$，球的表面积为$4\pi R^2$，故圆柱的侧面积与球的表面积之比为$\frac{\sqrt{3}}{4}$。

8.做一个无盖的圆柱形水桶，若要使其容积为27π，且用料最省，则水桶底面圆的半径为（　　）。

（A）1 （B）2 （C）3 （D）5 （E）7

答案：C

解：设圆柱的高为h，底面半径为r，则$\pi r^2h=27\pi$，所以$h=\frac{27}{r^2}$，故全面积$S=\pi r^2+2\pi rh=\pi r^2+2\pi r\cdot\frac{27}{r^2}=\pi r^2+\frac{54\pi}{r}=\pi r^2+\frac{27\pi}{r}+\frac{27\pi}{r}\geqslant 3\sqrt[3]{\pi r^2\cdot\frac{27\pi}{r}\cdot\frac{27\pi}{r}}=27\pi$，当且仅当$\pi r^2=\frac{27\pi}{r}$，即$r=3$时取等号。

9.长方体$ABCD-A_1B_1C_1D_1$的8个顶点都在同一球面上，$AB=3,AD=4,AA_1=5$，则该球的表面积为（　　）。

（A）200π （B）100π （C）50π （D）25π （E）$\frac{50}{3}\pi$

答案：C

解：由题意知，长方体的体对角线等于外接球的直径，设球半径为r，则$2r=\sqrt{3^2+4^2+5^2}=5\sqrt{2}$，$r=\frac{5\sqrt{2}}{2}$，所以，外接球的表面积$S=4\pi r^2=50\pi$。

10.用平面α截一个球，所得的截面面积为π，若α到该球球心的距离为1，则球的体积为（　　）。

（A）$\frac{8\pi}{3}$ （B）$\frac{8\sqrt{2}\pi}{3}$ （C）$8\sqrt{2}\pi$ （D）$\frac{16\sqrt{2}\pi}{3}$ （E）$\frac{32\pi}{3}$

答案：B

解：由题意知，截面圆的半径为1，又因为球心到该截面的距离为1，所以球的半径为$r=\sqrt{2}$，故球的体积$V=\frac{4}{3}\pi r^3=\frac{8\sqrt{2}\pi}{3}$。

11. 将一个半径$R=3$厘米的木质球体，刨成一个正方体，则正方体的最大体积为（　）立方厘米。

（A）1　（B）$12\sqrt{3}$　（C）$12\sqrt{3}\pi$　（D）$24\sqrt{3}$　（E）$24\sqrt{3}\pi$

答案：D

解：当该球是正方体的外接球时，正方体的体积最大，设正方体棱长为a，则$\sqrt{3}a=2R=6, a=2\sqrt{3}$，正方体的体积为$a^3=24\sqrt{3}$立方厘米。

12. 能确定长方体所有棱长之和。

（1）已知长方体体对角线的长度　　（2）已知长方体的表面积

答案：C

解：设长方体的长宽高分别是a,b,c，长方体所有棱长之和为$4(a+b+c)$。条件（1），长方体体对角线的长度为$\sqrt{a^2+b^2+c^2}$，无法确定$4(a+b+c)$的值。条件（2），长方体的表面积是$2(ab+bc+ca)$，无法确定$4(a+b+c)$的值。易知，联合充分。

13. 已知两个圆柱体的侧面积相等，则其体积之比为$3:2$。

（1）两个圆柱体的底面半径分别是6和4

（2）两个圆柱体的底面半径分别是3和2

答案：D

解：因为圆柱体的侧面积与底面半径成正比，与高成正比，所以由底面半径之比为$3:2$且侧面积相等，知其高的比为$2:3$，所以体积之比为$\left(\frac{3}{2}\right)^2\cdot\frac{2}{3}=\frac{3}{2}$，两个条件都充分。

14. 圆柱的体积是$\frac{2}{\pi}$。

（1）圆柱的侧面展开图是一个边长为2的正方形

（2）圆柱的侧面展开图是一个面积为4的正方形

答案：D

解：条件（1），由题意知，圆柱的高$h=2$，底面圆的周长$2\pi r=2$，解得$r=\frac{1}{\pi}$，所以圆柱的体积$V=\pi r^2h=\pi\cdot\left(\frac{1}{\pi}\right)^2\cdot 2=\frac{2}{\pi}$。充分。条件（2），由（1）知其充分。

15. 设一个球的表面积为S_1，正方体的表面积为S_2，则$\frac{S_1}{S_2}=\frac{\pi}{2}$。

（1）正方体内接于球　　（2）球内切于正方体

答案：A

解：条件（1），设正方体的棱长为1，所以其表面积$S_2=6$。正方体的体对角线的长为$\sqrt{3}$，故球的半径为$\frac{\sqrt{3}}{2}$，所以球的表面积$S_1=4\pi\left(\frac{\sqrt{3}}{2}\right)^2=3\pi$，所以$\frac{S_1}{S_2}=\frac{3\pi}{6}=\frac{\pi}{2}$。条件（2），设正方体的棱长为2，则其表面积$S_2=24$，其内切球的半径为1，故内切球的表面积$S_1=4\pi$，故$\frac{S_1}{S_2}=\frac{\pi}{6}$，不充分。

第十章　排列组合

第一节　基础知识

一、两个计数原理

（一）加法原理

完成一件事情有n类办法，在第一类办法中有m_1种不同的方法，在第二类办法中有m_2种不同的方法……在第n类办法中有m_n种不同的方法，那么完成这件事共有：$N = m_1 + m_2 + \cdots + m_n$种不同的方法。

例1　书架的第1层放有4本不同的计算机书，第2层放有3本不同的文艺书，第3层放有2本不同的体育书，从书架上任取1本书，有多少种不同的取法？

解：分情况讨论。如果从第1层取1本书，有4种方法；从第2层取1本书，有3种方法；从第3层取1本书，有2种方法。由加法原理知，从书架上任取1本书，共有$4 + 3 + 2 = 9$种方法。

（二）乘法原理

完成一件事情需要分成n个步骤，第一步有m_1种不同的方法，第二步有m_2种不同的方法……第n步有m_n种不同的方法，那么完成这件事有$N = m_1 \times m_2 \times \cdots \times m_n$种不同的方法。

例2　有四位同学参加三项不同的比赛。

（1）每位同学必须报名参加一项竞赛，有多少种不同的报名方式？

解：因为每位同学都可以报名任何一项比赛，所以每位同学都有3种报名方式，由乘法原理知，四位同学共有$3 \times 3 \times 3 \times 3 = 81$种报名方式。

（2）每项竞赛只许一位学生参加，有多少种不同的结果？

解：因为每项竞赛都允许任何一位学生报名，因此3个项目共有$4\times4\times4=64$种报名方式。

（三）加法原理与乘法原理的区别

加法原理和乘法原理都是计数的基本原理，其中加法原理又称分类计数原理，是指“完成一件事，有n类办法”，即按照某个标准分n种情况讨论，其中每种办法“互斥”且都能独立地完成这件事。使用加法原理时要根据题目选择合适的标准，只要分类时做到既不重复也不遗漏即可。

乘法原理也称分步计数原理，是指“完成一件事，需要分成n个步骤”，即当且仅当所有步骤都完成时这件事才完成，各个步骤之间有关联，解题时要设计好每步的目标是什么，要做到彼此间既不能重复也不能遗漏。

二、排列与排列数公式

（一）排列

从n个不同的元素中，任取$m(m\leqslant n)$个元素并按照一定的顺序排成一列，叫做从n个不同元素中取出m个元素的一个排列。

比如，从a,b,c中取2个元素的排列为ab,ba；ac,ca；bc,cb。

（二）排列数

从n个不同的元素中，任取$m(m\leqslant n)$个元素的所有排列的个数叫做从n个元素中取出m个元素的排列数，用符号A_n^m或P_n^m表示。当$m=n$时，即n个不同的元素全部排序的排列数为A_n^n，称为这n个不同元素的全排列，此时可简记为$n!$。

（三）排列数公式

从n个不同的元素中任取$m(m\leqslant n)$个元素并排序，需分m步进行：第1步，从n个元素中取1个，有n种方法；第2步，从$n-1$个元素中取1个，有$n-1$种方法；…；第m步，从$n-(m-1)$个元素中取1个，有$n-m+1$种。所以从n个不同的元素中任取m个元素的排列数为

$$A_n^m=n(n-1)(n-2)\cdots(n-m+1)=\frac{n!}{(n-m)!}\ (m,n\in N^*,m\leqslant n)$$

规定$A_n^0 = 1, 0! = 1$，由排列数公式可知，$A_n^m = A_n^k A_{n-k}^{m-k} (k \leqslant m)$。

例3（2008-1-25）公路AB上各站之间共有90种不同的车票。

（1）公路AB上有10个车站，每两站之间都有往返车票

（2）公路AB上有9个车站，每两站之间都有往返车票

答案：A

解：条件（1），因为每张车票有1个起点和1个终点，故从10个车站中任取2个并排列顺序，一个顺序即为一张车票，所以共有$A_{10}^2 = 90$种车票，充分。条件（2），同理可知，有$A_9^2 = 72$种车票。不充分。

三、组合与组合数公式

（一）组合

从n个不同的元素中取出$m(m \leqslant n)$个元素并成一组，叫作从n个不同元素中取出m个元素的一个组合。

比如，从a,b,c中取2个元素的组合为$(a,b),(a,c),(b,c)$，由定义可知，两个不同的组合中至少有1个元素不同，即从集合的角度看，每个组合中所有的元素构成的集合都不同。

（二）组合数

从n个不同的元素中取出$m(m \leqslant n)$个元素的所有组合的个数，叫作从n个不同元素中取出m个元素的组合数，用符号C_n^m表示。

组合数的计算可通过组合数与排列数的关系得出，从n个不同的元素中，任取$m(m \leqslant n)$个元素并进行排序共有A_n^m种，由乘法原理知，$A_n^m = C_n^m A_m^m$，所以

$$C_n^m = \frac{A_n^m}{A_m^m} = \frac{n(n-1)(n-2)\cdots(n-m+1)}{m!} = \frac{n!}{m!(n-m)!}(n,m \in N^*, m \leqslant n)$$

因为规定$0! = 1$，所以$C_n^0 = 1, C_n^n = 1$。由组合数的计算可知，组合数有以下性质：

（1）$C_n^m = C_n^{n-m}$；

（2）$C_n^0 + C_n^1 + C_n^2 + \cdots + C_n^n = 2^n$

（3）$C_n^1 + C_n^3 + C_n^5 + \cdots = C_n^0 + C_n^2 + C_n^4 + \cdots = 2^{n-1}$

例4　计算$C_{2n}^{17-n} + C_{13+n}^{3n}$的值。

解：由组合数定义可知，$\begin{cases} 17 - n \leqslant 2n \\ 3n \leqslant 13 + n \end{cases}$，解得$n = 6$，故$C_{2n}^{17-n} + C_{13+n}^{3n} = C_{12}^{11} + C_{19}^{18} = 31$。

四、计数问题四大方法

（一）方法一：加法原理和乘法原理

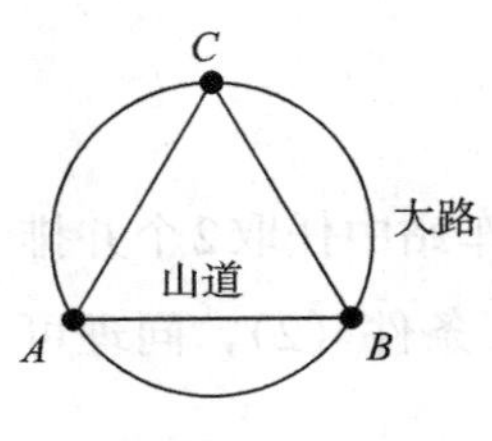

图10-1

例5（2013-1-15）要确定两人从A地出发经过B、C，沿逆时针方向行走一圈回到A地的方案（图10-1）。若从A地出发时，每人均可选大路或者山道，经过B、C时，至多有1人可以更改道路，则不同的方案有（　　）。

（A）16种　（B）24种　（C）36种　（D）48种　（E）64种

答案：C

解：分三步进行。第一步，甲乙两人从A到B，共有$2\times2=4$种；第二步，甲乙两人从B到C，分为“甲换乙不换、乙换甲不换、甲乙都不换”，共3种；同理，第三步，两人从C到A也是3种。从而不同的方案有$4\times3\times3=36$种。

例6（2013-1-24）三个科室的人数分别为6、3、2，因工作需要，每晚需要安排3人值班，则在两个月中每晚的值班人员不完全相同。

（1）值班人员不能来自同一科室

（2）值班人员来自三个不同科室

答案：A

解：条件（1），值班人员不能来自同一科室有$C_{11}^3-C_6^3-C_3^3=144$种组合，可以保证两个月内每晚值人员不完全相同，充分。条件（2），值班人员来自三个不同科室，由乘法原理知，有$C_6^1C_3^1C_2^1=36$种，只能保证36个晚上值班人员不完全相同，不能保证两个月中每晚的值班人员不完全相同，不充分。

例7（2013-10-12）在某次比赛中有6名选手进入决赛。若决赛设有1个一等奖，2个二等奖，3个三等奖，则可能的结果共有（　　）种。

（A）16　（B）30　（C）45　（D）60　（E）120

答案：D

解：分三步进行，先选1人得一等奖，再选2人得二等奖，最后剩下的3人得三等奖。由乘法原理，可能的结果共有$C_6^1C_5^2C_3^3=60$种。

例8（2015-1-15）平面上有5条平行直线，与另一组n条平行线垂直，若两组平行线共构成280个矩形，则$n=$（　　）。

（A）5　（B）6　（C）7　（D）8　（E）9

答案：D

解：每组平行线各取两条，它们相交部分可以构成一个矩形，反之任何一个矩形必然由两组平行线中各取两条相交而成，所以矩形的个数就是每组平行线各取两条的取法总数。故$C_5^2C_n^2 = 280$，即$n^2 - n - 56 = 0$，解得$n = 8$。

例9（2016-5）某委员会由三个不同专业的人员组成，三个专业的人数分别是2，3，4，从中选派2位不同专业的委员外出调研，则不同的选派方式有（ ）。

（A）36种 （B）26种 （C）12种 （D）8种 （E）6种

答案：B

解：按照2位委员的专业分3类讨论，由加法原理知，不同的选派方式有$C_2^1C_3^1 + C_2^1C_4^1 + C_3^1C_4^1 = 6 + 8 + 12 = 26$种。

例10（2016-14）某学生要在4门不同的课程中选修2门课程，这4门课程中的2门各开设一个班，另外2门各开设2个班，该学生不同的选课方式共有（ ）。

（A）6种 （B）8种 （C）10种 （D）13种 （E）15种

答案：D

解1：设课程A,B各开1个班，C,D各开两个班，班名分别为A,B,C_1,C_2,D_1,D_2。按照学生选课程情况分6类，若选AB课程，有1种；若选AC课程，有2种；若选AD课程，有2种；若选BC课程，有2种；若选BD课程，有2种；若选CD课程，有4种。共有13种。

解2：设课程A,B各开1个班，C,D各开两个班，共开6个班，班名分别为A,B,C_1,C_2,D_1,D_2。从中选2个班，共$C_6^2 = 15$种，其中选C_1,C_2或D_1,D_2不满足要求，所以满足题意的共有$15 - 2 = 13$种。

例11（2018-11）羽毛球队有4名男运动员和3名女运动员，从中选出两对混双选手比赛，则不同的选派方式有（ ）。

（A）9种 （B）18种 （C）24种 （D）36种 （E）72种

答案：D

解：按照先选后排的原则分两步进行。第一步：先选两名男运动员，有C_4^2种；再选两名女运动员，有C_3^2种；第二步：选出的2名男运动员和2名女运动员搭配成组，有A_2^2种搭配方式。由乘法原理知有$C_4^2C_3^2A_2^2 = 36$种。

例12（2019-14）某中学的五个学科各推荐了2名教师作为支教候选人，若从中选派来自不同学科的2人参加支教工作，则不同的选派方式有（ ）。

（A）20种 （B）24种 （C）30种 （D）40种 （E）45种

答案：D

解1：设五个学科为A,B,C,D,E。分情况讨论，若选AB学科，然后从每门学科的2位教师中选1位，有$C_2^1C_2^1=4$种，同理，选$AC,AD,AE,BC,BD,BE,CD,CE,DE$的情况各有4种。所以共有40种。

解2：分两步进行，第一步先选学科，第二步从学科中再选教师。第一步，5个学科里选两个学科，有C_5^2种；第二步，从选出的每个学科的2位教师中各选1人，有$C_2^1C_2^1=4$种。由乘法原理知，共有$C_5^2C_2^1C_2^1=40$种。

例13（2021-8）甲、乙两组同学中，甲组有3名男同学，3名女同学，乙组有4名男同学，2名女同学，从甲、乙两组中各选出2名同学，这4人中恰有1名女同学的选法有（　　）种。

（A）26　（B）54　（C）70　（D）78　（E）105

答案：D

解：按照女同学的组别分类。若这名女同学在甲组，则在甲组男同学中选1名，在甲组女同学中选1名，然后在乙组中选2名，有$C_3^1C_3^1C_4^2=54$种；若这名女同学在乙组，则在甲组男同学中选2名，乙组女同学中选1名，乙组男同学中选1名，有$C_3^2C_2^1C_4^1=24$种。所以共有78种。

例14（2022-10）一个自然数的各位数字都是105的质因数，且每个质因数最多出现一次，这样的自然数有（　）个。

（A）6　（B）9　（C）12　（D）15　（E）27

答案：D

解：将105分解为$105=3\times5\times7$。若这个自然数只含一位因数，有3种；若含2位因数，有$A_3^2=6$种；若含3个因数，有$A_3^3=6$种。所以共有15种。

例15（2022-12）甲，乙两支足球队进行比赛，比分为4：2，且在比赛过程中乙队没有领先过，则不同的进球顺序有（　　）。

（A）6种　（B）8种　（C）9种　（D）10种　（E）12种

答案：C

解1：比分为4：2，说明共进了6个球，其中甲进了4个，乙进了2个，本题转化为哪4个位置是甲进的球，哪2个位置是乙进的球。因为比赛过程中乙队没有领先过，所以第一球是甲进的。若第二个球也是甲进的，则后4个球无论怎样安排甲的2个进球，都能保证乙没有领先过，有C_4^2种。若第二个球是乙进的，为保证乙队从未领先，则第3个球必须是甲进的，之后甲的另外2个进球可以在后面的3个位置中任意安排，有C_3^2种。所以共有$C_4^2+C_3^2=9$种。

解2：一共进行了6个球，第一个球是甲进的，后面5个球中甲进3个乙进2个，问题转化为在后面5个球中安排乙进的2个球，使乙队从未领先过。乙进球情况共有$C_5^2=10$种，其中如果第2个球和第3个球是乙进的话将导致乙领先甲，所以去掉这种情况，从而共有9种。

（二）方法二：分组问题

例16（2000-10-8）三位教师分配到6个班级任教，若其中一人教一个班，一人教二个班，一人教三个班，则分配方法有（　　）。

（A）720种　（B）360种　（C）120种　（D）60种

答案：B

解1：分三步进行。第一步，先选1位教师让他教1个班，有$C_3^1C_6^1$种；第二步，再选1个教师让他教2个班，有$C_2^1C_5^2$种；第三步，最后一位教师教剩余的三门，$C_1^1C_3^3$。由乘法原理，共有$C_3^1C_6^1C_2^1C_5^2C_1^1C_3^3=A_3^3C_6^1C_5^2C_3^3=360$种。

解2：分两步进行。第一步，将6个班分成"1个班1组，2个班1组，3个班1组"，共有$C_6^1C_5^2C_3^3$种分法；第二步，将3个组再分配给3位教师，有A_3^3种。所以共有$C_6^1C_5^2C_3^3A_3^3=360$种。

例17　三位教师分配到6个班级任教，每人教两个班，则有分配方法（　　）。

（A）60种　（B）90种　（C）270种　（D）360种　（E）540种

答案：B

解1：分三步进行。第一位教师分配2个班，有C_6^2种；然后第二位教师分配2个班，有C_4^2种；最后第三位教师分配2个班，有C_2^2种。由乘法原理知，共有$C_6^2C_4^2C_2^2=90$种。

解2：分两步进行，先分组后分配。第一步，将6个班级均分3组，有$\frac{C_6^2C_4^2C_2^2}{A_3^3}=15$种；第二步，将3组分配给3位教师，有$A_3^3$种。所以共有$\frac{C_6^2C_4^2C_2^2}{A_3^3}\times A_3^3=90$种。

注：分组时，如果某些组的元素数相同，要注意消序。比如将A,B,C,D,E,F六个班均分3组，对于$(AB),(CD),(EF)$这个分组方式，任意调整它们的顺序都是同一种分组方式，而$C_6^2C_4^2C_2^2$是每步取2个班的种数，分步操作有先后顺序，分组只关心哪两个班在一组，不关心先后顺序，所以要除以A_3^3消序。

例18（2010-1-11）某大学分配5名志愿者到西部4所中学支教，若每所中学至少有一名志愿者，则不同的分配方案共有（　　）。

（A）240种　（B）144种　（C）120种　（D）60种　（E）24种

答案：A

解1：由题意知，其中一所学校分2人，另外3所各分一人，故分两步进行。第一步从4所学校选1所，然后为其分配2名志愿者，有$C_4^1C_5^2$种；第二步，剩余的3名志愿者分配到其余的3所学校，每所学校分配1名，有A_3^3种。所以共有$C_4^1C_5^2A_3^3=240$种。

解2：分两步进行，先分组后分配。第一步，将5人分成1，1，1，2四组，由快速分组法知，有C_5^2种；第二步，将4组分配到4所学校，每所学校分配1组，有A_4^4种。所以共有$C_5^2A_4^4=240$种。

例19（2017-3）将6人分为3组，每组2人，则不同的分组方式共有（　　）。

（A）12种　（B）15种　（C）30种　（D）45种　（E）90种

答案：B

解：6人均分3组，由分组公式得，不同的分组方式共有$\frac{C_6^2C_4^2C_2^2}{A_3^3}=15$种。

例20（2020-15）某科室有4名男职员，2名女职员，若将这6名职员分为3组，每组2人，且女职员不同组，一共有（　　）种分法。

（A）4　（B）6　（C）9　（D）12　（E）15

答案：D

解：第一步，因为2名女职员不同组，故将其分到2组中，有1种分法；第二步，4名男职员分为1，1，2三组，有C_4^2种分法；第三步，两个只有1位男职员的组与两个只有1位女职员的组搭配，有A_2^2种。所以共有$C_4^2A_2^2=12$种。

例21（2018-8）将6张不同的卡片2张一组分别装入甲、乙、丙3个袋中，若指定的两张卡片要在同一个袋子，则不同的装法有（　　）。

（A）12种　（B）18种　（C）24种　（D）30种　（E）36种

答案：B

解1：先将指定的两张投入一个袋子，有3种；此时还剩2个袋子，不妨设剩乙丙，再从剩余的4张卡片中选2张投到乙袋中，有C_4^2种；最后将2张卡片投到丙种。所以共有$3C_4^2=18$种。

解2：分两步进行，先分组后分配。第一步，按要求将6张卡片均分3组，但是指定的两张卡片在同一组，所以只要将剩余的4张分2组即可，有$\frac{C_4^2C_2^2}{A_2^2}$种；第二步，把3组分配到入甲、乙、丙3个袋中，有A_3^3种。所以共有$\frac{C_4^2C_2^2}{A_2^2}A_3^3 = 18$种。

（三）方法三：特殊优先

例22（2012-1-11）在两队进行的羽毛球对抗赛中，每对派出3男2女共5名运动员进行5局单打比赛，如果女子比赛安排在第二局和第四局进行，则每队队员的不同出场顺序有（　　）。

（A）12种　（B）10种　（C）8种　（D）6种　（E）4种

答案：A

解：先安排2名女运动员，在第二局和第四局，有A_2^2种；再统一安排其余3名男运动员，有A_3^3种。所以不同的出场顺序有$A_2^2A_3^3 = 12$种。

例23（2014-10-12）用0，1，2，3，4，5组成没有重复数字的四位数，其中千位数字大于百位数字且百位数字大于十位数字的四位数的个数是（　　）。

（A）36　（B）40　（C）48　（D）60　（E）72

答案：D

解：先从6个数字中选3个作为千、百、十位上的数字，因为千位数字大于百位数字且百位数字大于十位数字，所以千位不为0，因此将选出的3个数字从大到小安排在千位、百位、十位即可，有C_6^3种；然后从剩余的数字中选1个安排在个位，有C_3^1种。所以共有$C_6^3C_3^1 = 60$种。

（四）方法四：正难则反

例24（2009-1-10）湖中有四个小岛，它们的位置恰好近似构成正方形的四个顶点，若要修建三座桥将这四个小岛连接起来，则不同的建桥方案有（　　）种。

（A）12　（B）16　（C）18　（D）20　（E）24

答案：B

解：假设4个小岛恰在正方形的顶点位置，在任意两个小岛间修建一座桥，共修建$C_4^2 = 6$座，任取其中3座，共有$C_6^3 = 20$种取法。其中取1条对角和两条边构成的等腰直角三角形的3座桥只能连接3座小岛，所以能连接4个岛的三座桥共有16种建法。

例25 现有12张不同的卡片，其中红色、黄色、蓝色、绿色卡片各3张，从中任取3张，要求这3张卡片不能是同一种颜色，且红色卡片至多1张，不同的取法种数是（　　）。

（A）135　（B）172　（C）189　（D）162　（E）196

答案：C

解：从12张卡片中任取3张，有C_{12}^3种情况。其中如果取出的3张为同一种颜色，有$4C_3^3$种情况；如果取出的3张有2张红色的卡片，有$C_3^2C_9^1$种情况。所以满足条件的取法有$C_{12}^3-4C_3^3-C_3^2C_9^1=189$种。

这四个方法是解决计数问题最重要的方法，尤其加法原理和乘法原理，这是计数问题的根本依据，考生们一定要多加体会。实际问题经常是这四个方法结合使用。灵活运用这四个方法能解决大部分计数问题，后续具体题型的学习中要体会这四大方法的综合运用。

题型归纳与方法技巧

题型一：排列数和组合数的计算

例1（2008-10-19）$C_n^4>C_n^6$。

（1）$n=10$　（2）$n=9$

答案：B

解：条件（1），$n=10$，所以$C_{10}^4=C_{10}^6$，不充分。条件（2），$n=9$，$C_9^4=\frac{A_9^4}{A_4^4}=\frac{9\times8\times7\times6}{4\times3\times2\times1}=126$，$C_9^6=C_9^3=\frac{A_9^3}{A_3^3}=84$，充分。

注：在组合数$C_n^k(k\leqslant n)$中，当k在$1,2,3,\cdots,n$的中间位置时，C_n^k最大。比如$C_{10}^5\geqslant C_{10}^k(k\leqslant10),C_9^4=C_9^5\geqslant C_9^k(k\leqslant9)$，利用这个结论可快速判断条件（2）。

例2（2010-10-24）$C_{31}^{4n-1}=C_{31}^{n+7}$。

（1）$n^2-7n+12=0$　（2）$n^2-10n+24=0$

答案：E

解：由$C_{31}^{4n-1}=C_{31}^{n+7}$得$4n-1=n+7$或者$4n-1+n+7=31$，又因为$n$为整数，所

以$n=5$。条件（1），由$n^2-7n+12=0$解得$n=3,4$，不充分。条件（2）由$n^2-10n+24=0$解得$n=4,6$，不充分。联合也不充分。

例3（2012-1-5）某商店经营15种商品，每次在橱窗内陈列5种，若每两次陈列的商品不完全相同，则最多可陈列（　　）。

（A）3000次　（B）3003次　（C）4000次　（D）4003次　（E）4300次

答案：B

解：因为两次陈列的商品不完全相同，即两次陈列的商品中至少有一种不同，故由组合数定义可知，可陈列次数为$C_{15}^5=\frac{A_{15}^5}{A_5^5}=\frac{15!}{10!5!}=3003$次。

例4（2010-10-16）12支篮球队进行单循环比赛，完成全部比赛共需11天。

（1）每天每队比赛1场　　（2）每天每队比赛2场

答案：A

解：12支篮球队进行单循环赛，总共要进行$C_{12}^2=66$场。条件（1），因为每天每队赛一场，所以12支队中的每2队赛1场，每天赛6场，完成比赛共需11天，充分。条件（2），不充分。

题型二：相邻问题

例5（2011-1-10）三个3口之家一起观看演出，他们购买了同一排的9张连座票，则每家的人都坐在一起的不同坐法有（　　）。

（A）$(3!)^2$种　（B）$(3!)^3$种　（C）$3(3!)^3$种　（D）$(3!)^4$种　（E）$9!$种

答案：D

解：先将每个3口之家的3个人捆绑视为"捆绑家"，3个"捆绑家"全排列，有A_3^3种；再让3个"捆绑家"内部排序，有$A_3^3A_3^3A_3^3$种。所以共有$A_3^3\left(A_3^3A_3^3A_3^3\right)=(3!)^4$种。

例6　今有A,B,C,D,E五人并排站成一排，且B在A的右边，那么不同排法有（　）种。

（A）24　（B）60　（C）90　（D）120　（E）140

答案：B

解：因为B在A的右边，故按照特殊优先的原则先安排A,B，从5个位置中取2个安排即可，有C_5^2种；还剩下3个位置安排其他3个人，有A_3^3种。所以共有$C_5^2A_3^3=60$种。

注：本题要注意不能使用捆绑法，因为题目没要求A、B相邻。

题型三：不相邻问题

例7 今有3个教师和5个同学一起照相，教师不能坐在最左端，任何两位教师不能相邻，则不同的坐法种数是（　　）。

（A）A_8^8　（B）$A_5^5A_3^3$　（C）$A_5^5A_5^3$　（D）$A_5^5A_8^3$　（E）$A_5^3A_3^3$

答案：C

解：不相邻问题要分三步进行。第一步，让不相邻的元素出列，本题让3个教师出列；第二步，余下的元素全排列，有A_5^5种；第三步，为保证教师不相邻，让3个教师插空返回，又因为教师不能在最左端，所以从5个同学形成的6个空中选择第1个之外的5个空中的3个，有A_5^3种。所以共有$A_5^5A_5^3$种。

例8 某校乒乓球协会举办乒乓球比赛，共有4场单打比赛和3场双打比赛，在安排比赛顺序时，3场双打比赛中任何2场不能连在一起，则不同的安排方案有（　　）。

（A）2880种　（B）1440种　（C）720种　（D）240种　（E）120种

答案：B

解：因为双打比赛任何2场不能连在一起，故先安排4场单打比赛，有A_4^4种方法；之后3场双打比赛插空返回，有A_5^3种方法。因此不同的安排方案有$A_4^4 \times A_5^3 = 1440$种。

注：如果视单打比赛为一种对象A，双打比赛为一种对象B，问题转化为A,B两类对象的排列问题，且B类对象的元素不相邻，从而使用插空法。

例9 一排6张椅子上坐3人，每2人之间至少有一张空椅子，共有（　　）种不同的坐法。

（A）6　（B）12　（C）18　（D）24　（E）36

答案：D

解：把有人的3椅子视为对象A，没人的3把椅子视为对象B，问题转化成对象A,B的排列问题，要求A类对象的3个元素互不相邻，故采取插空法。先安排B类对象3把空椅子，有1种，产生4个空；让A类对象的3个元素插空返回，有A_4^3种。所以共有$A_3^3 = 24$种坐法。

例10 马路上有一排20只路灯，为节约用电，先要求把其中的5只灯关掉，但不能同时关掉相邻的2只或3只，也不能关掉两端的路灯，则满足条件的关灯方法共有（　　）种。

（A）A_{20}^5　（B）C_{20}^5　（C）A_{14}^5　（D）C_{14}^5　（E）以上都不对

答案：D

解：把5只关掉的灯视为A类对象，其余15只灯视为B类对象，问题转换成A,B两类对象排列，且A类对象既不能在两端也不能相邻。先安排B类对象中的15个元素，有1种，产生16个空位；然后去掉两端2个空位后，选5个安排A类对象的5个元素。所以共C_{14}^{5}种。

注：B类对象中的15个元素排列时没有顺序的差别，A类对象的5个元素插入时只要不相邻的插入即可，也没有顺序差别，所以用组合数而不是排列数。

题型四：定序问题

例11　有4个男生，3个女生，高矮互不相等，现将他们排成一行，要求女生从左到右从高到矮排列，有（　　）种排法。

（A）240　（B）360　（C）600　（D）840　（E）960

答案：D

解：定序问题只关心位置，分两步进行。第一步，先在7个位置中选3个位置将女生按从高到低排列，有C_7^3种；第二步，然后在剩下的4个位置安排男生，有A_4^4种。所以共有$C_7^3A_4^4=840$。

注：n个不同的元素排列，其中$m(m\leqslant n)$个元素定序，共有$C_n^mA_{n-m}^{n-m}=C_n^{n-m}A_{n-m}^{n-m}=A_n^{n-m}=\dfrac{A_n^n}{A_m^m}$种排列方式。例如，7个元素排列，其中某3个定序，则有$\dfrac{A_7^7}{A_3^3}=A_7^4$种排列方式。$n$个不同的元素排列，其中$m_1$个元素定序，另有$m_2\left(m_1+m_2\leqslant n\right)$个元素定序，则有$\dfrac{A_n^n}{A_{m_1}^{m_1}A_{m_2}^{m_2}}=\dfrac{n!}{(m_1)!\cdot(m_2)!}$种排列方式。例如，3个男生4个女生排成一排，其中男生和女生按照从左向右从高到矮的顺序排列，共有$\dfrac{A_7^7}{A_3^3A_4^4}$种排列方式。

例12（2014-10-12）用0，1，2，3，4，5组成没有重复数字的四位数，其中千位数字大于百位数字且百位数字大于十位数字的四位数的个数是（　　）。

（A）36　（B）40　（C）48　（D）60　（E）72

答案：D

解：首先从6个数字中选4个数字，有C_6^4种；因为千、百、十位上的数字按照从大到小的顺排列，且千位不是0，所以问题相当于选出的4个数字全排列，且千、百、十位上的数字定序，故选3个并按照大小顺序安排在千、百、十位即可，有C_4^3种。所以共有$C_6^4C_4^3=60$种。

例13 一次演出，原计划要排4个节目，因临时有变化，拟再添加2个小品节目，若保持原有4个节目的相对顺序不变，则这6个节目不同的排列方法有（ ）。

（A）20种 （B）25种 （C）30种 （D）32种 （E）35种

答案：C

解1：添加2个小品节目之后，原来的4个节目相对顺序不变，相当于6个节目的排列，其中原来的4个节目定序，所以有$A_6^2 = 30$种。

解2：若新添加的两个节目放在相邻的位置，有$C_5^1A_2^2 = 10$种方法；若新添加的两个节目不相邻，则从原来4个节目形成的5个空中选2个空排列，共有$A_5^2 = 20$种方法。根据分类计数原理知，共有30种结果。

解3：原来的4个节目保持固定顺序，分两步安排两个新节目。先插入1个小品，有5种方法；再插入另一个小品，有6种，所以共有30种。

例14 某次研讨会上有A,B,C,D,E,F,G共7项成果要汇报，如果B成果不能最先汇报，而A,C,D按先后顺序汇报，那么不同的汇报安排种数为（ ）。

（A）840 （B）800 （C）680 （D）440 （E）720

答案：E

解：先排B，有$C_6^1 = 6$种方式，之后其余6个成果排列且A,C,D定序，有A_6^3种。所以共有$C_6^1A_6^3 = 720$种。

例15 在一次射击比赛中，8个泥制的靶子挂成三列（图10-2），其中有两列各挂3个，一列各挂2个，一位射手按照下列规则去击碎靶子：先挑选一列，然后必须击碎这列中尚未击碎的靶子中最低的一个，则击碎全部8个靶子的不同方法有（ ）种。

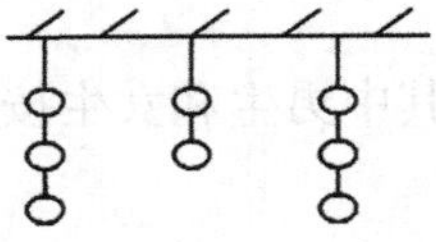

图10-2

（A）560 （B）320 （C）650 （D）360 （E）520

答案：A

解1：因为每列必须先击碎下面的靶子才能击碎上面的靶子，故每列靶子在排列中定序，所以共有$\dfrac{A_8^8}{A_3^3A_2^2A_3^3} = 560$种。

解2：将8个靶子按击碎顺序排成一排，先挑3个位置安排第一列的3个靶子，有C_8^3种，按照射击规则，第一列的3个靶子定序，3个靶子在安排只有1种；再从剩余的5个位置中挑2个位置安排第二列的2个靶子，有C_5^2种；最后3个位置安排第三列的3个靶子，有1种。所以共有$C_8^3C_5^2 = 560$种。

题型五：机会均等问题

例16 今有7人排成一队，其中甲一定要在乙的左边，丙一定要在乙的右边，共有（ ）种排法。

（A）20 （B）360 （C）480 （D）600 （E）840

答案：E

解1：7人排队，共有A_7^7种，对于任何一个排列，当甲乙丙之外的4个人固定位置及顺序时，甲乙丙有A_3^3种排列方式，其中满足“甲一定要在乙的左边，丙一定要在乙的右边”的排列只有1种，即“甲一定要在乙的左边，丙一定要在乙的右边”的排列数是7人排列数的$\frac{1}{6}$，所以共有$\frac{A_7^7}{6}=840$种排法。

解2：7人排队，其中“甲一定要在乙的左边，丙一定要在乙的右边”，相当于甲乙丙3人定序，所以共有$A_7^4=840$种。

例17 将三个相同的红球和三个相同的黑球排成一排，然后从左向右依次给它们编号为1，2，3，4，5，6，则红球的编号之和小于黑球的编号之和的排法种数为（ ）。

（A）10 （B）11 （C）15 （D）18 （E）20

答案：A

解1：因为3个红球相同，3个黑球相同，所以6个球共有$\frac{A_6^6}{A_3^3\times A_3^3}=20$种排列。因为$1+2+3+4+5+6=21$，所以任何3数之和与剩余的3数之和不等，故红球编号之和与黑球编号之和不相等。把6个球排好次序并编号后，依次交换队列中第1个红球和第1个黑球，第2个红球和第2个黑球，第3个红球和第3个黑球，则在红球的编号之和小于黑球的编号之和的排列和红球的编号之和大于黑球的编号之和的排列之间建立了一一对应关系，所以红球的编号之和小于黑球的编号之和的排列占所有排列的一半，所以共有10种。

解2：全部编号之和为21，因为红球编号之和小于黑球编号之和，所以红球编号和大于5小于11。若编号为6，只能安排在1,2,3三个位置；若编号为7，只能安排在1,2,4三个位置；若编号为8，可以安排在1,2,5或1,3,4；若编号为9可以安排在1,2,6或1,3,5或2,3,4；若编号为10可以安排在1,3,6或1,4,5或2,3,5。所以共有10种。

题型六：名额分配问题

例18（2009-10-14）若将10只相同的球随机放入编号为1、2、3、4的四个盒子中，则每个盒子不空的投放方法有（　　）种。

（A）72　（B）84　（C）96　（D）108　（E）120

答案：B

解：因为10只球完全相同，因此只关心每个盒子内有几个球。把10个球排成一排，在中间9个空档位置选3个并插入3个板，就把10个球分成了4组，且每组至少1个；反之，满足要求的每一种分法，都相当于一种插板方法。于是在分法和插板方法之间形成一一对应关。所以分法数等于插板方式数，共有$C_9^3=84$种。

注：隔板法要求球完全相同，然后分配到不同的盒子中，因为球完全相同，所以我们只要关心各个盒子中有几个球即可。这就相当于把n个名额分配给$m(m \leqslant n)$个不同的组，只要确定每个组分几个名额即可，因此称为名额分配问题。由隔板法知，共有C_{n-1}^{m-1}种名额分配方式。注意，名额分配的标准模式还要求每组至少1个，不满足这个要求的情况要转化为标准情况。

例19　某运输公司有7个车队，每个车队都有不少于5辆车且全部相同，现从这7个车队中抽出10辆车，且每个车队至少抽1辆，组成一个运输队，则不同的抽法有（　　）种。

（A）84　（B）120　（C）63　（D）301　（E）360

答案：A

解：因为每队至少出1辆，满足名额分配标准形的要求，由隔板法知，共有$C_9^6=84$种不同的抽法。

例20　将10个相同的小球放入编号为1，2，3的三个盒子中，每个盒子中所放的球数不少于2个，则不同的放法有（　　）种。

（A）10　（B）12　（C）15　（D）35　（E）45

答案：C

解：采取“给予法”将问题转化为名额分配的标准型。先在每个盒子中放1个球，问题转化为“将剩余的7个球分到3个盒子中，每个盒子至少1个”，由隔板法知，有$C_6^2=15$种。

例21　将10个相同的小球放入编号为1，2，3的三个盒子中，每个盒子中所放的球数不少于盒子的编号数，则不同的放法有（　　）种。

(A) 10 (B) 12 (C) 15 (D) 35 (E) 45

答案：C

解：先在1，2，3号盒子中分别放0，1，2个球，问题转化为“将剩余的7个球分到3个盒子中，每个盒子至少1个”，由隔板法知，有$C_6^2=15$种。

例22 将10个相同的小球放入编号为1，2，3的三个盒子中，则不同的放法有（ ）种。

(A) C_{10}^3 (B) C_9^2 (C) C_{12}^2 (D) C_{13}^3 (E) 以上都不对

答案：C

解：问题的完整描述为“将10个相同的小球放入编号为1，2，3的三个盒子中，每盒至少0个，则有多少种不同的放法”，仍然采取“给予法”。先给每个盒子-1个，问题转化为“将剩余的13个球放入编号为1，2，3的三个盒子中，且每盒至少1个”，由隔板法知，共有$C_{12}^2=66$种。

例23 方程$x_1+x_2+x_3+x_4=10$共有（ ）组非负整数解。

(A) A_{10}^4 (B) A_{13}^4 (C) A_{13}^3 (D) C_{13}^3 (E) C_{13}^4

答案：D

解：问题相当于10个名额分配给4个组，每组至少0个名额，由隔板法知，有C_{13}^3种。

题型七：不对应问题

例24 将数字1，2，3，4填入标号1，2，3，4的四个方格里，每格填一个数，则每个方格的标号与所填数字均不同的填法有（ ）种。

(A) 2 (B) 3 (C) 5 (D) 7 (E) 9

答案：E

解：用(a,b)表示数字a填入格子b中。第一格不能填1，分为填2、3、4三种情况，若第一格填2，枚举可知有$(1,2)(2,1)(3,4)(4,3)$；$(1,2)(2,3)(3,4)(4,1)$；$(1,2)(2,4)(4,3)(3,1)$这三种。同理第一格填3或4也各有3种。所以共有9种。

注：不对应问题是由数学家约翰·伯努利（Johann Bernoulli，1667—1748）的儿子丹尼尔·伯努利（Danid Bernoulli，1700—1782）提出来的，瑞士著名的数学家莱昂哈德·欧拉（Leonhard Euler，1707—1783）给出了一般解，并称之为“装错信封问题”。n个元素完全不对应共有$n!\left[\frac{1}{0!}-\frac{1}{1!}+\frac{1}{2!}-\frac{1}{3!}+\frac{1}{4!}+\cdots+(-1)^n\times\frac{1}{n!}\right]$种，考生只需要记

住$n=2,3,4,5$的情况，分别是1,2,9,44种。

例25（2014-1-15）某单位决定对4个部门的经理进行轮岗，要求每位经理必须轮换到4个部门中的其他部门任职，则不同的轮岗方案有（　）。

（A）3种　（B）6种　（C）8种　（D）9种　（E）10种

答案：D

解：完全不对应问题，4个元素有9种方式。

例26（2018-13）某单位为检查3个部门的工作，由这3个部门的主任和外聘的3名人员组成检查组。分2人一组检查工作，每组有1名外聘成员，规定本部门主任不能检查本部门，则不同的安排方式有（　）。

（A）6种　（B）8种　（C）12种　（D）18种　（E）36种

答案：C

解1：第一步，安排三个外聘人员检查三个部门，有A_3^3种；第二步，三个主任都不检查自己的部门，3个元素完全错排，有2种。所以共有$2A_3^3=12$种。

解2：先分组后分配。第一步，把3个主任和3名外聘人员分3组，每组1位主任1位外聘人员，有A_3^3种；第二步，上述3组分别检查3个部门，每个主任所在的组不能检查本部门，有2种。所以共有$2A_3^3=12$种。

题型八：全能元问题

例27　男运动员6名，女运动员4名，其中男女队长各一人，选派5人外出比赛，既要有队长，又要有女运动员，有（　）种不同的选法。

（A）96　（B）121　（C）180　（D）191　（E）235

答案：D

解：女队长满足所有要求，称为全能元，按照女队长是否参加分类。有女队长时，其他人选法任意，共有C_9^4种；不选女队长时，必选男队长，共有C_8^4种，其中不含女运动员的选法有C_5^4种，所以不选女队长时共有$C_8^4-C_5^4$种。所以既有队长又有女运动员的选法共有$C_9^4+C_8^4-C_5^4=191$种。

例28　一个杂技团有11名演员，其中5人只会表演魔术，4人只会表演口技，2人都会表演，今从演员中选3人，一人表演口技，两人表演魔术，共有（　）种选法。

（A）90　（B）94　（C）96　（D）114　（E）120

答案：D

解：按全能元分类。不选全能元，有$C_4^1C_5^2=40$种；选1个全能元，若全能元演口技，有$C_2^1C_5^2=20$种，若全能元演魔术，有$C_2^1C_5^1C_4^1=40$种；选2个全能元，若1人演口技1人演魔术，有$C_2^2P_2^2C_5^1=10$种，若2人演魔术，有$C_2^2C_4^1=4$。所以由加法原理知，共有$40+20+40+10+4=114$种。

例29　一个杂技团有8名会表演魔术或口技的演员，其中有6人会表演口技，有5人会表演魔术。今从这8名演员中选出2人，一人表演口技，一人表演魔术，则有（　　）种选法。

（A）12　（B）18　（C）24　（D）27　（E）36

答案：D

解：由容斥原理知，有3人既会演口技又会演魔术，有3人只会口技，有2人只会魔术。若全能元不出场，有$C_3^1C_2^1$种；若有1个全能元，当他表演口技时，从3个全能元中取1个演口技，再从2个魔术演员中取1个演魔术，有$C_3^1C_2^1$种；当他表演魔术时，有$C_3^1C_3^1$种；若有2个全能元出场，则1人演口技1人演魔术，有A_3^2种。所以共有$C_3^1C_2^1+C_3^1C_2^1+C_3^1C_3^1+A_3^2=27$种。

题型九：涂色问题

例30（2022-15）如图10-3所示，用4种颜色对图中五块区域进行涂色，每块区域涂一种颜色，且相邻的两块区域颜色不同，不同的涂色方法有（　　）种。

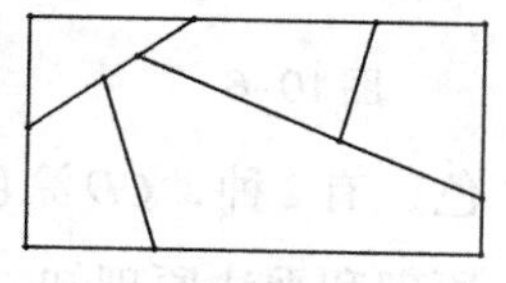
图10-3

（A）12　（B）24　（C）32　（D）48　（E）96

答案：E

解1：将5块区域标记为A,B,C,D,E，分步进行。先涂A区，有4种；再涂E区，有3种；再涂D区，有2种；再涂B区，有2种；再涂C区，有2种（图10-4）。所以共有$4\times3\times2\times2\times2=96$种。

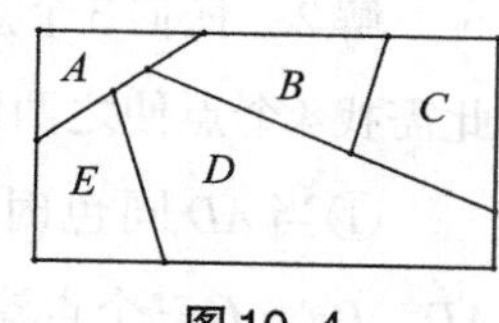

图10-4

解2：将5块区域标记为A,B,C,D,E，因为D区与A区和C区相邻，按照A区与C区是否同色分为两种情况。若A区与C区同色：先涂A区，有4种；再涂B区，有3种；再涂C区，有1种；再涂D区，有2种；最后涂E区，有2种。共$4\times3\times1\times2\times2=48$种。若$A$区与$C$区不同色：先涂$A$区，有4种；再涂$B$区，有3种；再涂$C$区，有2种；再涂$D$区，有1种；最后涂$E$区，有2种。共$4\times3\times2\times1\times2=48$种。所以共有96种。

解3：将5块区域标记为A,B,C,D,E，因为A,B,D三块相邻，所以最少用三种颜色，按所需颜色数量分类。若用4种颜色，则可以AC同色或者BE同色或者CE同色，每种情况都是$4!=24$种，所以用4种颜色共有72种方法。若只用3种颜色，则必然AC同色且BE同色，有$3!\times C_4^3=24$种。所以共有24+72=96种涂色方法。

例31 如图10–5所示，由四个全等的直角三角形与一个小正方形拼成一个大正方形，现在用四种颜色给这四个直角三角形区域涂色，规定每个区域只涂一种颜色，相邻区域颜色不相同，则有（　　）种不同的涂色方法。

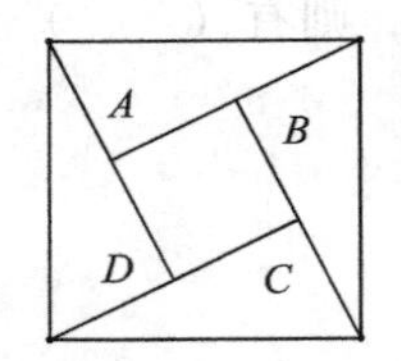

图10–5

（A）24种　（B）72种　（C）84种　（D）120种　（E）132种

答案：C

解：按照AC同否同色分两种情况讨论。若A,C不同色，涂A有4种，涂B有3种，涂C有2种，涂D有2种，共有$4\times3\times2\times2=48$种；若$A,C$同色，涂$A$有4种，涂$B$有3种，涂$C$有1种，涂$D$有3种，共有$4\times3\times1\times3=36$种。所以共有84种。

例32 如图10–6所示，正五边形$ABCDE$中，若把顶点A,B,C,D,E染上红、黄、绿、三种颜色中的一种，使得相邻顶点所染颜色不相同，则不同的染色方法共有（　　）。

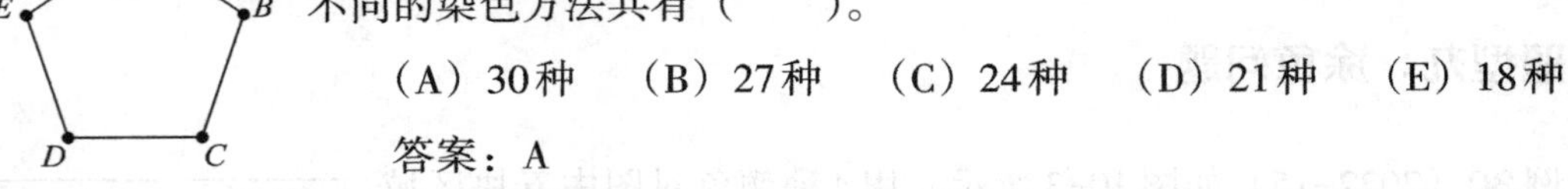

图10–6

（A）30种　（B）27种　（C）24种　（D）21种　（E）18种

答案：A

解1：先涂A点，有3种，之后按照BE两点是否同色分类。若BE同色，有2种，CD涂色有2种；若BE不同色，为BE涂色有2种，CD涂色有3种。由加法原理和乘法原理知，共有$3(2\times2+2\times3)=30$种。

解2：任何3个点中必有2个相邻，所以不可能有3个点同色，故需要3种颜色，因此需找4个点使之两两同色。可以同色的只有AD、AC、BD、BE、CE共5种可能。

①当AD同色时，另一组同色的只能是BE或CE。若AD同色、BE同色，相当于AD、BE、C三个点涂色，共A_3^3种；同理，若AD同色、CE同色，有A_3^3种；

②当AC同色时，另一组同色的只能是BD或BE，同理知有$2A_3^3$种；

③当BD同色时，另一组同色的只能是AE，同理知有A_3^3种。

所以共有30种涂色方式。

例33 甲、乙、丙、丁四位同学的成绩均来自集合$\{82,85,86,88,90,92\}$，则四位同学的成绩至少有40种情况。

（1）四位同学的成绩满足甲$\leqslant$乙$<$丙$<$丁

（2）四位同学的成绩满足甲 < 乙 ≤ 丙 ≤ 丁

答案：B

解：条件（1），若选4个数，必然是四人成绩互不相同且按小到大排序；若选3个数，必然是甲乙取最小的数，然后从小到大排序。故有 $C_6^4 + C_6^3 = 35$ 种，不充分。条件（2），若选4个数，必然是四人成绩互不相同且按小到大排序；若选3个数，必然是乙丙相等或者丙丁相等；若取2个数，必然是乙丙丁相等。故 $C_6^4 + 2C_6^3 + C_6^2 = 75$ 种，充分。

题型十：鞋子配对问题

例34 有5双尺码不同的鞋子，从中抽取4只，则4只均不配对的方法有（ ）种。

（A）24 （B）36 （C）60 （D）80 （E）89

答案：D

解：先在5双里面取4双，有 C_5^4 种取法；再从每双里面各取1只，每双都有2种取法，有 $2\times2\times2\times2$ 种取法。所以共有 $C_5^4\times2^4 = 80$ 种。

例35 现有10双不同的鞋子混装在一只口袋里，从中任意取出4只，试求出现下列情况各有多少种可能。

（1）4只鞋子没有成双的

解：从10双鞋子中选取4双，有 C_{10}^4 种，然后每双鞋子中各取一只，分别有2种取法。根据乘法原理，共有 $C_{10}^4\times2^4 = 3360$ 种。

（2）4只鞋子恰成两双

解：从10双鞋子中选取2双，有 C_{10}^2 种，所以共有45种。

（3）4只鞋子有两只成双，另两只不成双

解1：先选取一双，有 C_{10}^1 种；再从余下的9双鞋中选取2双，有 C_9^2 种；然后每双鞋各取1只，各有两种取法。根据乘法原理，共有 $C_{10}^1C_9^2\times2^2 = 1140$ 种。

解2：两只成双，另两只不成双，所以来源于3双鞋，故先取出3双鞋，然后取其中一双的2只鞋，再从剩余的2双鞋中各取1只。共 $C_{10}^3\times C_3^1\times2\times2 = 1140$ 种。

例36 某课外辅导小组由三个不同学科的教师组成，每个学科各有3个教师，从中选派2位不同学科的教师成立一个临时小组，则不同的选派方式有（ ）。

（A）18种 （B）27种 （C）36种 （D）48种 （E）60种

答案：B

解：把三个学科当作三双鞋子即可转化为鞋子配对问题。先取两门学科，有C_3^2种；再从每门学科的3位老师中选1位教师，有$3\times3=9$种。所以共有$9C_3^2=27$种。

例37（2019-14）某中学的五个学科各推荐了2名教师作为支教候选人，若从中选派来自不同学科的2人参加支教工作，则不同的选派方式有（　　）。

（A）20种　（B）24种　（C）30种　（D）40种　（E）45种

答案：D

解：把学科当作鞋子即可。分两步进行，第一步先学科，第二步从学科中再选教师。第一步，5个学科里选两个学科，有C_5^2种；第二步，从选出的每个学科的2位教师中各选1人，有$C_2^1C_2^1=4$种。由乘法原理知，共有$C_5^2C_2^1C_2^1=40$种。

第二节　基础通关

1.现有5幅不同的国画，2幅不同的油画，7幅不同的水彩画，从这些画中选出2幅不同种类的画布置房间，则不同的选法共有（　　）。

（A）245种　（B）35种　（C）45种　（D）59种　（E）72种

答案：D

解：从3类画中选2幅不同种类的画，先确定种类，再选具体的画，可分为3类：国画与油画、国画与水彩画、油画与水彩画，所以选法有$C_5^1C_2^1+C_5^1C_7^1+C_2^1C_7^1=59$种。

2.现有5名运动员争夺3个项目的冠军，每个项目只设1个冠军，则不同的冠军得法有（　　）。

（A）15种　（B）30种　（C）125种　（D）250种　（E）64种

答案：C

解：因为每个项目的冠军可以是5名运动员中任何一人，所以由乘法原理知，不同的得奖方法有$5^3=125$种。

3.学校体育场南侧有4个大门，北侧有3个大门，西侧有2个大门，某学生到该体育场训练，但必须是从南或北门进入，从西门或北门出去，则他进出门的方案有（　　）。

（A）7个　（B）12个　（C）24个　（D）30个　（E）35个

答案：E

解：由题意知，进出校门分两步完成：进校有7种方法，出校有5种方法，由乘法原理知，他进出门的方案有$7\times5=35$（个）。

4. 十字路口来往的车辆，如果不允许掉头，则不同的行车路线有（　　）。

（A）24种　（B）16种　（C）12种　（D）10种　（E）9种

答案：C

解：根据题意，车的行驶路线起点有4种，行驶方向有3种，所以行车路线共有12种。

5. 用$1,4,5,x$四个不同的数字组成四位数，每个数字只用1次，所有这些四位数中的数字的总和为288，则$x=$（　　）。

（A）0　（B）2　（C）3　（D）6　（E）7

答案：B

解：若$x=0$，组成的每个4位数字的各位数字之和是$1+4+5+0=10$，所以所有数字的各位数字之和是10的倍数，而288不能被10整除，不符合题意。若$x\neq0$，由题意可知，组成无重复数字的四位数有A_4^4个，每个四位数的数字之和为$1+4+5+x$，所以$A_4^4(1+4+5+x)=288$，解得$x=2$。

6. 从-2，-1，0，1，2，3这六个数字中任选3个不重复的数字作为二次函数$y=ax^2+bx+c$的系数a、b、c，则可以组成顶点在第一象限且过原点的抛物线（　　）条。

（A）6　（B）20　（C）100　（D）120　（E）140

答案：A

解：因为抛物线过原点，所以$c=0$。又因为顶点坐标为$\left(-\frac{b}{2a},\frac{4ac-b^2}{4a}\right)$，顶点在第一象限，所以$b\neq0,a<0,b>0$。第一步确定$c$，只有1种方法；第二步确定$a$，从$-2$、$-1$中选一个，有2种方法；第三步确定$b$，从1、2、3中选一个，有3种方法。根据乘法计数原理得，共有$1\times2\times3=6$种不同的方法。

7. 两排座位，第一排3个座位，第二排5个座位，若8位学生坐（每人一个座位），则不同的坐法种数是（　　）。

（A）C_8^3　（B）$2!\times6!$　（C）$C_2^1\times3!\times5!$　（D）$8!$　（E）$3!\times5!$

答案：D

解：第1位学生有8种选择；第2位学生有7种选择，…，第8位学生有1种选择，由乘法原理知，共有$8!$种坐法。

8. 从$\{1,2,3,\cdots,20\}$中任取3个不同的数，使得这三个数成为等差数列，这样的等差数列有（　）。

（A）180个　（B）121个　（C）102个　（D）132个　（E）165个

答案：A

解1：当公差为1时，数列可以是1，2，3；2，3，4；…；18，19，20，共18种情况；当公差为2时，数列可以是1，3，5；2，4，6；16，18，20，共16种情况；以此类推，当公差为9时，数列可以是1，10，19；2，11，20，有2种情况。所以，共有$2+4+6+\cdots+18=90$种，又因为倒置等差数列3个数的顺序也构成等差数列，所以共有180个。

解2：按照等差中项分类。以2为中项的等差数列有1，2，3和3，2，1，共2个；以3为中项的等差数列有1，3，5；5，3，1；2，3，4；4，3，2，共4个；以此类推，以10为中项的等差数列有18个。所以共有$(2+4+6+\cdots+18)\times 2=180$个。

9.从4名男生和3名女生中选出4人参加某个座谈会，若这4人中既有男生又有女生，则不同的选法共有（　）。

（A）140种　（B）120种　（C）34种　（D）24种　（E）18种

答案：C

解：从4名男生和3名女生中选4人，共有$C_7^4=35$种，其中4人都是男生有1种，所以满足要求的选法有34种。

10.把1，2，3，4，5这五个数随机排成一列，组成一个数列，要求该数列恰好先减后增，则这样的数列有（　）。

（A）13个　（B）14个　（C）15个　（D）16个　（E）17个

答案：B

解：该数列先减后增，则1一定是分界点，且1前面的数字递减排列，1后的数字递增排列，即定序。当1前面只有一个数时，有4种情况；当1前面只有2个数时，从2,3,4,5中挑两个放在1前面，而且这2个只能按降序排列，有$C_4^2=6$种情况；当1前面有3个数时，有$C_4^3=4$种情况。故一共有$4+6+4=14$个数列。

11.有5个成人带领2个小孩排队上山，小孩不排在一起也不排在头尾，则不同的排法有（　　）种。

（A）$A_5^5\cdot A_4^2$　（B）$A_5^5\cdot A_5^2$　（C）$A_5^5\cdot A_6^2$　（D）$A_7^7-4A_6^6$　（E）$A_4^2\cdot A_5^2$

答案：A

解：第一步，安排5个成人，有A_5^5种；第二步，安排2个小孩，5个成人形成的6个空，从去掉首尾的4个空中选2个安排小孩，有A_4^2种。由乘法原理知，共有$A_5^5 \cdot A_4^2$种。

12.三名男歌唱家和两名女歌唱家联合举行一场音乐会，演出的出场顺序要求两名女歌唱家之间恰有一名男歌唱家，其出场方案共有（　　）。

（A）36种　（B）18种　（C）12种　（D）24种　（E）16种

答案：A

解：第一步，选1名男歌唱家放在两名女歌唱家中间形成小团体，C_3^1种；第二步，小团体和另外2名男歌唱家全排列，A_3^3种；第三步，小团体内2名女歌唱家调整顺序，A_2^2种。共有$C_3^1A_3^3A_2^2 = 36$种。

13.从1至9这9个整数中，任取两个不同的整数，分别作为一个对数的底数和真数，则可以组成（　　）个不同的对数值。

（A）51　（B）52　（C）53　（D）54　（E）55

答案：C

解：若1既不做真数也不做底数，从2–9这8个数中任取两个分别做真数和底数，共有$A_8^2 = 56$种，其中$\log_2 4 = \log_3 9, \log_4 2 = \log_9 3, \log_2 3 = \log_4 9, \log_9 4 = \log_3 2$，去掉重复，共有52种；若1做真数，只有1个。所以共有53个。

14.设有编号为1，2，3，4，5的5个小球和编号为1，2，3，4，5的5个盒子，现将这5个小球放入这5个盒子内，要求每个盒子内放一个球，且恰好有1个球的编号与盒子的编号相同，则这样的投放方法的总数为（　　）种。

（A）20　（B）30　（C）45　（D）60　（E）130

答案：C

解：第一步，选1个球放入编号相同的盒子中，有5种；第二步，剩余的4个球在放入盒子时，完全不对应，有9种。所以，共有45种。

15.由1，2，3，4，5这五个数字所组成的没有重复数字的三位数共有12个。

（1）各个数字之和为6　　　（2）各个数字之和为9

答案：B

解：条件（1），各个数字之和为6，故这个三位数由1，2，3构成，有A_3^3个，不充分。条件（2），各个数字之和为9，所以这个三位数可以由1，3，5或2，3，4构成，共有$2A_3^3$个，充分。

第三节　高分突破

1.在二项式$\left(x^2-\dfrac{1}{x}\right)^5$的展开式中含$x^4$的项的系数是（　　）。

（A）-10　（B）10　（C）-5　（D）5　（E）0

答案：B

解1：由二项式定理知，其展开式通项为$T_{r+1}=C_5^r(x^2)^{5-r}\left(-\dfrac{1}{x}\right)^r=(-1)^rC_5^rx^{10-3r}$，由$10-3r=4$得$r=2$，故$x^4$的项的系数是$C_5^2(-1)^2=10$。

解2：因为$\left(x^2-\dfrac{1}{x}\right)^5=\left(x^2-\dfrac{1}{x}\right)\left(x^2-\dfrac{1}{x}\right)\left(x^2-\dfrac{1}{x}\right)\left(x^2-\dfrac{1}{x}\right)\left(x^2-\dfrac{1}{x}\right)$，要使得某项为$x^4$，则必须从5个因式中取3个因式，并从每个因式中取$x^2$，然后在剩余的2个因式中取$-\dfrac{1}{x}$，故$x^4$项为$C_5^3(x^2)^3\left(-\dfrac{1}{x}\right)^2=10x^4$，所以其系数是10。

2.某市运动会的组委会要从小张、小赵、小李、小罗、小王五名志愿者中选派四人分别从事翻译、导游、礼仪、司机四项不同的工作，若其中小张和小赵只能从事前两项工作，其余三人均能从事这四项工作，则不同的选派方案共有（　　）。

（A）12种　（B）18种　（C）36种　（D）48种　（E）60种

答案：C

解：分两类讨论。若小张入选小赵不入选，有选法$C_2^1A_3^3=12$种；若小赵入选小张不入选，也有12种；若小张、小赵都入选，有$A_2^2A_3^2=12$种。所以共有36种选法。

3.从正方体的6个面中选取3个面，其中有2个面不相邻的选法共有（　　）。

（A）8种　（B）12种　（C）16种　（D）20种　（E）36种

答案：B

解：正方体的6个面只有两种位置关系，平行或垂直，而且相邻的面都垂直，所以有2个面不相邻，即有一组对面，所以先选一组对面，然后从剩下的4个面中再选1个面，有$C_3^2\cdot C_4^1=12$种选法。

4.某市为保证运动会顺利进行，组委会需要提前把各项工作安排好。现要把甲、乙、丙、丁四名志愿者安排到七天中服务，若甲去两天，乙去三天，丙和丁各去一天，则不同的安排方法有（　　）。

（A）840种　（B）140种　（C）420种　（D）210种　（E）360种

答案：C

解：依题意，分3步进行。甲的安排方法为C_7^2，乙的安排方法为C_5^3，剩余的两天安排丙丁，有A_2^2种方法，所以共有$C_7^2C_5^3A_2^2 = 420$种安排方法。

5.将长为15的木棒截成长为整数的三段，使它们构成一个三角形的三边，则得到的不同的三角形的个数为（　）。

（A）8　（B）7　（C）6　（D）5　（E）4

答案：B

解：若最短边为1，则另两条边的和为14，枚举可知三边长只能是1，7，7；同理可知，其他情况分别为2，6，7；3，5，7；3，6，6；4，5，6；4，4，7；5，5，5，共有7种情况。

6.一个生产过程有4道工序，每道工序需要安排一人照看。现从甲、乙、丙等6名工人中安排4人分别照看一道工序，第一道工序只能从甲、乙两名工人中安排1人，第四道工序只能从甲、丙两工人中安排1人，则不同的安排方案共有（　）。

（A）24种　（B）36种　（C）48种　（D）72种　（E）80种

答案：B

解：若第一道工序由甲来完成，则第四道工序必由丙来完成，故完成方案共有$A_4^2 = 12$种；若第一道工序由乙来完成，则第四道工序必由甲、丙二人之一来完成，故完成方案共有$A_2^1 \cdot A_4^2 = 24$种。所以，不同的安排方案共有12+24=36（种）。

7.要排一个有3个歌唱节目和4个舞蹈节目的演出节目单，要求甲乙两个舞蹈节目相邻，丙丁两个舞蹈节目不相邻，则有（　）种不同的排法。

（A）840　（B）860　（C）920　（D）960　（E）980

答案：D

解：先将甲乙两个捆绑，跟3个歌唱节目一起排列，再将丙丁两个节目插入空位，共有$2! \times 4! \times C_5^2 \times 2! = 960$（种）。

8.三个人坐在一排8个座位上，若每人的两边都要有空位，则不同的坐法有（　）。

（A）12种　（B）24种　（C）36种　（D）48种　（E）60种

答案：B

解：让三个人带着座位离开，剩下的5个座位形成6个空，然后让三个人带着座位从中间4个空位中选3个插入，所以不同的坐法有$A_4^3 = 24$（种）。

9. 将0，1，2，3，4，5，6，7，8九个数字写在九张卡片上，从中任取三张卡片，若6可当9来用，则可组成不同的三位数的个数为（　　）。

（A）600　（B）602　（C）604　（D）608　（E）610

答案：B

解：以是否含6分为两类：不含6的三位数有$C_7^1C_7^2\cdot 2!$个；含6的三位数按是否有0分类，含6不含0的有$2C_7^2\cdot 3!$个；含6同时又含0的有$2C_7^1C_2^1\cdot 2!$个。所以，符合条件的三位数有$C_7^1C_7^2\cdot 2!+2C_7^2\cdot 3!+2C_7^1C_2^1\cdot 2!=602$。

10. 从10个不同的文艺节目中选出6个编排成一个节目单，如果某女演员的独唱节目一定不能排在第二个节目的位置上，则共有（　　）种不同的排法。

（A）36000　（B）72000　（C）96380　（D）136080　（E）152000

答案：D

解1：第二个位置不能是女演员的独唱，可以安排其余9个节目，有C_9^1种；再从剩下的9个节目选5个安排在5个位置，有A_9^5种。所以，一共有$C_9^1A_9^5=136080$种。

解2：如果不选某女演员的独唱节目，有A_9^6种；若选女演员的独唱节目，则从其余9个节目中再选5个节目，有C_9^5种，然后先安排独唱节目，有5种，其余5个节目安排方式有A_5^5种，共有$C_9^5\cdot 5\cdot A_5^5$种。所以，共有$A_9^6+C_9^5\cdot 5\cdot A_5^5=136080$种安排方式。

11. 若一个三位数的十位数比个位数和百位数都大，则称这个数为“凸数”，现从1,2,3,4,5这五个数字中任取3个数，组成无重复数字的三位数，其中“凸数”有（　　）。

（A）120个　（B）80个　（C）40个　（D）20个　（E）0个

答案：D

解：当十位数字为3时，百位、个位的数字为1,2，有A_2^2种选法；当十位数字为4时，百位、个位的数字在1,2,3中选，有A_3^2种选法；当十位数字为5时，百位、个位的数字在1,2,3,4中选，有A_4^2种选法。故凸数的个数为$A_2^2+A_3^2+A_4^2=20$。

12. 满足$x_1+x_2+x_3+x_4=12$的正整数解有（　　）组。

（A）P_{12}^4　（B）C_{12}^4　（C）P_{11}^3　（D）C_{11}^3　（E）以上都不对

答案：D

解：这是名额分配问题，相当于把12个名额分配给4个班，每个班至少1个名额，由隔板法知，共有C_{11}^3组解。

13. 共有10级台阶，某人一步可跨一级台阶，也可跨两级台阶或三级台阶，则他恰好6步上完台阶的方法种数是（　　）。

（A）30　（B）42　（C）75　（D）60　（E）90

答案：B

解：设有x步每步一阶，有y步每步两阶，有z步每步三阶，则$\begin{cases}x+y+z=6\\x+2y+3z=10\end{cases}$，两式相减得$y+2z=4$，枚举得$x=4,y=0,z=2$或$x=3,y=2,z=1$或$x=2,y=4,z=0$。分3种情况讨论：$x=4,y=0,z=2$时有$C_6^2=15$种方法；$x=3,y=2,z=1$时，有$C_6^3C_3^2=60$种方法；$x=2,y=4,z=0$时，有$C_6^2=15$种方法。由加法原理知，共有90种方法。

14.有2个a,3个b,4个c共九个字母排成一排，有（　）种排法。

（A）1160　（B）1280　（C）1220　（D）1240　（E）1260

答案：E

解1：定序问题。先将9个字母看成不同的，进行全排列，共有$A_9^9=9!$种，再除以相同字母的排序，从而得到$\frac{A_9^9}{A_2^2A_3^3A_4^4}=\frac{9!}{2!3!4!}=1260$种。

解2：从9个位置中取2个位置安排a，有C_9^2种；从剩余的7个位置中取3个位置安排b，有C_7^3种；最后安排c，有C_4^4种。所以，共有$C_9^2C_7^3C_4^4=1260$种。

15.从1，2，3，4，5中随机取3个数（允许重复）组成一个三位数，则可组成19个不同的三位数。

（1）取出的三位数的各位数字之和等于9

（2）取出的三位数的各位数字之和等于7

答案：A

解：条件（1），满足条件的3个数有$(3,3,3)(1,4,4)(2,2,5)(1,3,5)(2,3,4)$这5组，然后考虑各组的顺序，共有$N=1+2\times3+2\times3!=19$个不同的三位数，充分。条件（2），满足条件的3个数有$(1,3,3)(2,2,3)(1,1,5)(1,2,4)$，考虑顺序，共有$N=3\times3+3!=15$个不同的三位数，不充分。

第十一章 初等概率

第一节 基础知识

一、概率论基本概念

（一）随机试验

若一个试验满足以下三个条件：

（1）重复性：可以在同一条件下重复进行。

（2）明确性：每次试验的可能结果不止一个，但试验之前能事先明确所有可能的结果。

（3）随机性：进行一次试验之前无法确定哪一个结果会出现。

这样的试验叫作随机试验，简称试验，常记为E。

（二）样本空间与样本点

随机试验E的所有可能的结果组成的集合称为E的样本空间，记为Ω。样本空间的元素，即试验E的每一个基本结果，称为样本点，记为ω。样本点和样本空间是概率论中的两个基本概念，根据讨论问题的不同，同一个试验可以有不同的样本空间。

例1 口袋中装有3个红球，3个白球和4个黑球，从中任取1球。样本空间$\Omega_1 = \{$取得一个红球,取得一个白球,取得一个黑球$\}$。若把红球编为1～3号，白球编为4～6号，黑球编为7～10号，令$\omega_i = \{$取得第i号球$\}, i = 1,2,\cdots,10$，则可取样本空间$\Omega_2 = \{\omega_1,\omega_2,\cdots,\omega_{10}\}$。

例2 抛掷一枚硬币，观察字面国徽面出现的情况。样本空间$\Omega_1 = \{$正面,反面$\}$，若令0表示“正面向上”，令1表示“反面向上”，则样本空间$\Omega_2 = \{0,1\}$。

例3 新冠疫情期间，记录某城市120急救电话台一昼夜接到的呼唤次数，则$\Omega=\{0,1,2,\cdots\}$。

（三）基本事件、随机事件、必然事件、不可能事件

由一个样本点组成的事件称为基本事件，也称为样本点。在一定条件下可能发生也可能不发生的事件称为随机事件，一个随机事件就是随机试验E的样本空间Ω的一个子集，随机事件通常记为$A,B,C\cdots$。

样本空间Ω是自身的子集，它是一个随机事件，它又包含了所有样本点，在每次试验中总是发生，称为必然事件。

Φ是样本空间Ω的子集，它也是一个随机事件，它不包含样本点，在每次试验中都不发生，称为不可能事件。

在一次试验中，若一个事件中的一个样本点出现，则称该事件发生。例如，抛掷一枚质地均匀的骰子，$\omega_i=$点数为i，则$\Omega=\{\omega_i|i=1,2,3,4,5,6\}$为样本空间，也是必然事件。$\omega_i(i=1,2,3,4,5,6)$是6个样本点，也是6个基本事件。$A=\{$点数小于3$\}$是$\Omega$的一个子集，它是一个随机事件，如果向上点数是2则事件A发生，如果点数是3，4，5，6之一则事件A没有发生。

二、事件之间的关系与运算

（一）事件关系

（1）包含与相等。若事件A发生必然导致事件B发生，则称事件B包含事件A（或事件A包含于事件B），记为$A\subset B$（或$B\supset A$）。如果$A\subset B$且$B\subset A$，则称事件A与事件B相等，记为$A=B$。

（2）和事件。事件A与事件B至少有一个发生，这一事件称为事件A与事件B的和，记为$A\cup B$或$A+B$。

（3）积事件。事件A与事件B同时发生，这一事件称为事件A与事件B的积，记为$A\cap B$或AB。

（4）事件的差。事件A发生而事件B不发生，这一事件称为事件A与事件B的差，记为$A-B$。

（5）互不相容事件。事件A与事件B不能同时发生，即$AB=\Phi$，则称事件A与事件B互不相容（互斥）。

（6）对立事件。若事件A与事件B互斥且$A\cup B$为必然事件，即A与事件B既不能同时发生也不能同时不发生，则称事件A与事件B互逆，它们互为对立事件。记为$B=\overline{A}$。

（二）事件运算的性质

（1）交换律：$A\cup B=B\cup A$，$AB=BA$。

（2）结合律：$A\cup(B\cup C)=(A\cup B)\cup C$，$(AB)C=A(BC)$。

（3）分配律：$(A\cup B)C=AC\cup BC$，$(AB)\cup C=(A\cup C)(B\cup C)$。

（4）对偶律（De morgan律）：$\overline{A\cup B}=\overline{A}\cap\overline{B}$，$\overline{AB}=\overline{A}\cup\overline{B}$。

三、概率及计算公式

随机事件A发生的可能性的大小的度量值，叫作事件A的概率，记为$P(A)$。

（一）概率性质

（1）非负性：对于任意的$A\subset\Omega,0\leqslant P(A)\leqslant 1$。

（2）规范性：$P(\Phi)=0,P(\Omega)=1$。

（3）有限可加性：若$A_iA_j=\Phi,i,j=1,2,3,\cdots,n$，则$P(A_1\cup A_2\cup\cdots\cup A_n)=P(A_1)+P(A_2)+\cdots+P(A_n)$。

（4）单调不减性：若事件$A\subset B$，则$P(A)\leqslant P(B)$。

（二）计算公式

（1）加法公式：$P(A+B)=P(A)+P(B)-P(AB)$，$P(A\cup B\cup C)=P(A)+P(B)+P(C)-P(AB)-P(BC)-P(AC)+P(ABC)$；特别地，当$AB=\Phi$时，$P(A+B)=P(A)+P(B)$。

（2）求逆公式：$P(A+\overline{A})=P(\Omega)=P(A)+P(\overline{A})=1$，所以$P(\overline{A})=1-P(A)$。

（3）乘法公式：若事件A与事件B相互独立，则$P(AB)=P(A)P(B)$。

四、条件概率

（一）条件概率

设A,B是两个随机事件，且$P(A)>0$，则称$\dfrac{P(AB)}{P(A)}$为事件A发生的条件下事件B发生

的概率，记为$P(B|A)$。

例如，一个袋子中有3个红球，5个黄球，不放回地从袋中随机抽一个球。事件A表示第一次抽到红球，事件B表示第二次抽到红球，则$P(B|A)=\frac{2}{7}$。

（二）乘法公式

由条件概率定义可知，当$P(A)>0$，$P(AB)=P(A)P(B|A)$，称为事件A和B的乘法公式。如果$P(AB)=P(A)P(B)$，即$P(B|A)=P(B)$，则称事件A和事件B独立，通俗地说事件A不影响事件B的概率。

由独立性定义可知，如果$P(A)=0$或$P(A)=1$，则事件A与任何事件独立。如果事件A和事件B独立，则$A,\overline{A}$中任意一个事件与$B,\overline{B}$中的任何一个事件独立。

（三）全概率公式

若事件$A_1,A_2,A_3,\cdots$构成互斥的完备集且概率非0，即$A_iA_j=\Phi,A_1\cup A_2\cup\cdots\cup A_n=\Omega,P\left(A_i\right)>0,i,j=1,2,3,\cdots$，则对任意一个事件B，都有：

$$P(B)=\left(BA_1\right)+P\left(BA_2\right)+\cdots+P\left(BA_n\right)=\sum_{i=1}^{n}P\left(B|A_i\right)P\left(A_i\right)$$

特别地，对于任意两个随机事件A和B，都有：$P(B)=P(B|A)P(A)+P(B|\bar{A})P(\bar{A})$，其中$A$和$\bar{A}$为对立事件。

例4　已知甲袋中有6只红球，4只白球；乙袋中有8只红球，6只白球，随机取一袋，再从该袋中随机取一球，该球是白球的概率为（　　）。

（A）$\frac{3}{7}$　（B）$\frac{4}{7}$　（C）$\frac{29}{70}$　（D）$\frac{41}{70}$　（E）$\frac{3}{29}$

答案：C

解：设事件$B=$“取出的球是白球”，事件$A_1=$“该球来自甲袋”，事件$A_2=$“该球来自乙袋”，所以$P\left(A_1\right)=P\left(A_2\right)=\frac{1}{2}$，$P\left(B|A_1\right)=\frac{4}{6+4}=\frac{2}{5}$，$P\left(B|A_2\right)=\frac{6}{8+6}=\frac{3}{7}$，由全概率公式得：$P(B)=P\left(B|A_1\right)P\left(A_1\right)+P\left(B|A_2\right)P\left(A_2\right)=\frac{1}{2}\times\frac{2}{5}+\frac{1}{2}\times\frac{3}{7}=\frac{29}{70}$。

五、古典概型

（一）古典概型

如果随机试验具有如下特征：

（1）有限性：试验有有限个基本事件。

（2）等可能性：每个基本事件的发生都是等可能的。

称这样的随机试验为古典概型，又称为等可能概型。

（二）古典概率计算公式

如果试验的样本空间的样本点数为n，随机事件A所包含的样本点数为m，则事件A发生的概率$P(A)=\frac{m}{n}=\frac{\text{事件}A\text{中包含的样本点数}}{\text{样本空间}\Omega\text{中包含的样本点数}}$。

六、独立重复实验

（一）伯努利试验

在相同条件下，重复地、各次之间相互独立地进行的实验叫独立重复实验。如果随机实验满足：试验可重复进行n次；每次试验只有两个结果；各次试验相互独立，即任何一次试验的结果不影响其他次实验的结果，则称该随机实验为伯努利试验。

例如，将一枚质地均匀的硬币抛掷10次，统计正面出现的次数，这是10重贝努利试验。

（二）二项分布公式

如果在一次试验中事件A的概率是p，则n重贝努利试验中事件A发生k次的概率为：

$$P_n(k)=C_n^k p^k(1-p)^{n-k}$$

该公式称为二项分布公式。

例如，将一枚质地均匀的硬币抛掷10次，恰有5次正面向上的概率为$C_{10}^5\cdot\left(\frac{1}{2}\right)^5\cdot\left(\frac{1}{2}\right)^5\approx0.25$。

题型归纳与方法技巧

题型一：古典概型

例1（1997-10-13）一种编码由6位数字组成，其中每位数字可以是0，1，2，…，

9中的任意一个，则编码的前两位数字不超过5的概率是（　　）。

（A）0.36　（B）0.37　（C）0.38　（D）0.46　（E）0.39

答案：A

解：由题意，6位可重复数字的编码共有10^6个，前两位数字不超过5，则前2位各有6种情况，后4位各有10种情况，共有$6^2 \times 10^4$种。所以概率为$P = \frac{6^2 \times 10^4}{10^6} = 0.36$。

例2（2001-10-12）一只口袋中有5只同样大小的球，编号分别为1，2，3，4，5，今从中随机抽取3只球，则取到的球中最大号码是4的概率为（　　）。

（A）0.3　（B）0.4　（C）0.5　（D）0.6

答案：A

解：5只球任取3只共有C_5^3种取法。要使取得球的最大号码是4，那么另外2只球需从1，2，3号球中任选2只，有C_3^2种。所以所求概率为$P = \frac{C_3^2}{C_5^3} = 0.3$。

例3（2001-10-13）从集合$\{0,1,3,5,7\}$中先任取一个数记为a，放回集合后再任取一个数记为b，若$ax + by = 0$能表示一条直线，则该直线的斜率等于-1的概率是（　　）。

（A）$\frac{4}{25}$　（B）$\frac{1}{6}$　（C）$\frac{1}{4}$　（D）$\frac{1}{15}$

答案：B

解：方程$ax + by = 0$表示一条直线，所以a,b不同时为0，共有$C_5^1C_5^1 - 1 = 24$种。当且仅当$a = b \neq 0$时，直线斜率等于-1，共有4种。所以所求概率为$\frac{4}{24} = \frac{1}{6}$。

例4（2002-10-12）从6双不同的鞋子中任取4只，则其中没有成双鞋子的概率是（　　）。

（A）$\frac{4}{11}$　（B）$\frac{5}{11}$　（C）$\frac{16}{33}$　（D）$\frac{2}{3}$

答案：C

解：从6双鞋子中任取4只共有C_{12}^4种取法。4只不成双，由鞋子配对模型知，先从6双鞋中任取4双，再从取出的4双鞋中每双取一只，有$C_6^4C_2^1C_2^1C_2^1C_2^1$种取法。所以所求概率为$P = \frac{C_6^4C_2^1C_2^1C_2^1C_2^1}{C_{12}^4} = \frac{16}{33}$。

例5（2009-1-22）点(s,t)落入圆$(x - a)^2 + (y - a)^2 = a^2$内的概率是$\frac{1}{4}$。

（1）s,t是连续掷一枚骰子两次所得到的点数，$a=3$

（2）s,t是连续掷一枚骰子两次所得到的点数，$a=2$

答案：B

解：连续掷一枚骰子两次共有36种可能。条件（1），$a=3$，圆的方程为$(x-3)^2+(y-3)^2=3^2$，当$s=1$，$t=1,2,3,4,5$时，对应的点$(1,t)$均在圆内；当$s=2$，$t=1,2,3,4,5$时，对应的点$(2,t)$均在圆内，这样至少有10个点落入圆内，所以概率超过$\frac{1}{4}$，不充分。条件（2），$a=2$，圆的方程为$(x-2)^2+(y-2)^2=2^2$，枚举可知，只有$(1,1),(1,2),(1,3),(2,1),(2,2),(2,3),(3,1),(3,2),(3,3)$这9个点落入圆内，从而所求概率$P=\frac{9}{36}=\frac{1}{4}$，充分。

例6（2010-1-6）某商店举行店庆活动，顾客消费达到一定数量后，可以在4种赠品中随机选取2种不同的赠品各一件，任意两位顾客所选赠品中，恰有1件品种相同的概率是（　　）。

（A）$\frac{1}{6}$　（B）$\frac{1}{4}$　（C）$\frac{1}{3}$　（D）$\frac{1}{2}$　（E）$\frac{2}{3}$

答案：E

解：两位顾客每人任选2种赠品，共有$C_4^2 \cdot C_4^2=36$种选法。要让甲乙只有1件赠品相同，先让甲选择赠品，有C_4^2种选法；再让乙从甲选的2种赠品中选1种，从甲未选的2种赠品中选1种，有$C_2^1C_2^1$种选法，共有$C_4^2C_2^1C_2^1$种选法。所以所求概率$P=\frac{C_4^2C_2^1C_2^1}{36}=\frac{2}{3}$。

例7（2011-1-6）现从5名管理专业，4名经济专业和1名财会专业的学生中随机派出一个3人小组，则该小组中3个专业各有1名学生的概率为（　　）。

（A）$\frac{1}{2}$　（B）$\frac{1}{3}$　（C）$\frac{1}{4}$　（D）$\frac{1}{5}$　（E）$\frac{1}{6}$

答案：E

解：从10人中抽3人，有C_{10}^3种选法，3个专业各抽1名学生，有$C_5^1C_4^1C_1^1$种选法，所以所求概率$P=\frac{C_5^1C_4^1C_1^1}{C_{10}^3}=\frac{1}{6}$。

例8（2011-1-8）将2个红球与1个白球随机地放入甲、乙、丙三个盒子中，则乙盒中至少有1个红球的概率为（　　）。

(A) $\frac{1}{9}$　(B) $\frac{8}{27}$　(C) $\frac{4}{9}$　(D) $\frac{5}{9}$　(E) $\frac{17}{27}$

答案：D

解：将3个球随机放入3个盒子，共有3^3种放法；乙盒至少有1个红球分两种情况：若乙盒中有1个红球，则另1个红球在甲盒或丙盒，白球在任意1个盒子中，有$C_2^1C_2^1C_3^1$种放法；若乙盒中有2个红球，有C_3^1种放法。所以所求概率$P=\frac{C_2^1C_2^1C_3^1+C_3^1}{3^3}=\frac{5}{9}$。

例9（2012-1-4）在一次商品促销活动中，主持人出示一个9位数，让顾客猜测商品的价格，商品的价格是该9位数中从左到右相邻的3个数字组成的3位数，若主持人出示的是513535319，则顾客一次猜中价格的概率是（　　）。

(A) $\frac{1}{7}$　(B) $\frac{1}{6}$　(C) $\frac{1}{5}$　(D) $\frac{2}{7}$　(E) $\frac{1}{3}$

答案：B

解：从513535319中从左到右选相邻的3个数字共有513，135，353，535，531，319这6个，所以一次猜中的概率为$\frac{1}{6}$。

例10（2012-10-6）如图11-1所示是一个简单电路图，S_1,S_2,S_3表示开关，随机闭合S_1,S_2,S_3中的2个，灯泡⊗发光的概率是（　　）。

(A) $\frac{1}{6}$　(B) $\frac{1}{4}$　(C) $\frac{1}{3}$　(D) $\frac{1}{2}$　(E) $\frac{2}{3}$

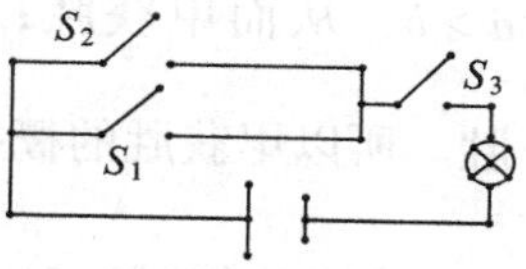

图11-1

答案：E

解：随机闭合S_1,S_2,S_3中的2个，有$\{S_1,S_2\},\{S_1,S_3\},\{S_2,S_3\}$三种，能使灯泡发光的有$\{S_1,S_3\},\{S_2,S_3\}$两种，从而所求概率$P=\frac{2}{3}$。

例11（2013-10-13）将一个白木质的正方体的六个表面都涂上红漆，再将它锯成64个小正方体。从中任取3个，其中至少有1个三面是红漆的小正方体的概率是（　　）。

(A) 0.665　(B) 0.578　(C) 0.563　(D) 0.482　(E) 0.335

答案：E

解：3面都有红漆的小正方体称为角块，位于原正方体的8个顶点，共有8个。任取3个至少1个角块的反面是没有角块，有C_{56}^3种取法。所以所求概率$P=1-\frac{C_{56}^3}{C_{64}^3}\approx0.335$。

例12（2014-1-23）已知袋中装有红、黑、白三中颜色的球若干个，则红球最多。

（1）随机取出的一球是白球的概率为$\frac{2}{5}$

（2）随机取出的两球中至少有一个黑球的概率小于$\frac{1}{5}$

答案：C

解：易知两个条件单独不成立，联合考察。假设共有10个球，由条件（1）知，白球有4个，红球和黑球共6个。若黑球有2个，则红球有4个，则随机取出的两球中至少有一个黑球的概率$P = 1 - \frac{C_8^2}{C_{10}^2} = \frac{17}{45} > \frac{1}{5}$，与条件（2）矛盾，所以黑球少于2个，红球多于4个，所以红球最多。

例13（2017-1）甲从1，2，3中抽取一个数，记为a，乙从1，2，3，4中抽取一个数，记为b。规定当$a > b$或$a + 1 < b$时获胜，则甲获胜的概率为（　　）。

（A）$\frac{1}{6}$　（B）$\frac{1}{4}$　（C）$\frac{1}{3}$　（D）$\frac{5}{12}$　（E）$\frac{1}{2}$

答案：E

解：甲、乙共有$C_3^1C_4^1 = 12$种抽法。当$a = 2, b = 1; a = 3, b = 1; a = 3, b = 2$时，满足$a > b$，从而甲获胜；当$a = 1, b = 3; a = 1, b = 4; a = 2, b = 4$时，满足$a + 1 < b$，甲也获胜。所以甲获胜的概率$P = \frac{3 + 3}{C_3^1C_4^1} = \frac{1}{2}$。

例14（2019-6）在分别标注了数字1、2、3、4、5、6的6张卡片中，甲随机抽取1张后，乙从余下的卡片中再随机抽取2张，乙的卡片数字之和大于甲的卡片数字的概率为（　　）。

（A）$\frac{11}{60}$　（B）$\frac{13}{60}$　（C）$\frac{43}{60}$　（D）$\frac{47}{60}$　（E）$\frac{49}{60}$

答案：D

解：甲随机抽取1张后，乙从余下的卡片中再随机抽取2张，由乘法原理知，共有$C_6^1 \cdot C_5^2 = 60$种抽法。考虑乙的卡片数字之和不大于甲的卡片数字的情况，若甲选3，乙选1、2，有1种；甲选4，乙选1、2；1、3，有2种；甲选5，乙选1、2；1、3；1、4；2、3，有4种；甲选6，乙选1、2；1、3；1、4；1、5；2、3；2、4，有6种。所以所求概率$P = \frac{60 - 13}{60} = \frac{47}{60}$。

例15（2020-19）某商场有甲乙两种品牌的手机共20部，从中任选2部，恰有1部甲手机的概率为p，则$p>\frac{1}{2}$。

（1）甲手机不少于8部（2）乙手机多于7部

答案：C

解：条件（1），若甲手机19部，乙手机1部，则概率超过$\frac{1}{2}$，不充分。条件（2），若乙手机19部，甲手机1部，则概率少于$\frac{1}{2}$，不充分。设甲手机有x部$(0\leqslant x\leqslant 20)$，则乙手机共有$(20-x)$部，任选2部，恰有1部甲手机的概率$P=\frac{C_x^1\cdot C_{20-x}^1}{C_{20}^2}=\frac{x(20-x)}{190}>\frac{1}{2}$，解得$10-\sqrt{5}<x<10+\sqrt{5}$，联合条件（1）与条件（2），可得$8\leqslant x\leqslant 12$，因为$[8,12]\subseteq\left(10-\sqrt{5},10+\sqrt{5}\right)$，所以充分。

例16（2021-11）某商场利用抽奖方式促销，100个奖券中设有3个一等奖，7个二等奖，则一等奖先于二等奖抽完的概率为（　　）。

（A）0.3　（B）0.5　（C）0.6　（D）0.7　（E）0.73

答案：D

解：因为一等奖先于二等奖抽完，这说明一等奖和二等奖共10个奖中，一等奖分布在前9个位置，所以所求概率$P=\frac{C_9^3}{C_{10}^3}=0.7$。

例17（2021-14）从装有1个红球，2个白球，3个黑球的袋中随机取出3个球，则这三个球的颜色至多有两种的概率为（　　）。

（A）0.3　（B）0.4　（C）0.5　（D）0.6　（E）0.7

答案：E

解："三个球的颜色至多有两种"的反面是"3个球的颜色恰有三种"，即每种颜色的球取1个，有$C_1^1C_2^1C_3^1$种取法。所以所求概率$P=1-\frac{C_1^1C_2^1C_3^1}{C_6^3}=\frac{14}{20}=0.7$。

例18（2022-5）如图11-2所示，已知相邻的圆都相切，则从这6个圆中随机取2个，这2个圆不相切的概率为（　　）。

（A）$\frac{8}{15}$　（B）$\frac{7}{15}$　（C）$\frac{3}{5}$　（D）$\frac{2}{5}$　（E）$\frac{2}{3}$

答案：A

解：两圆相切必有切点，图中共有7个切点，所以有7种相切

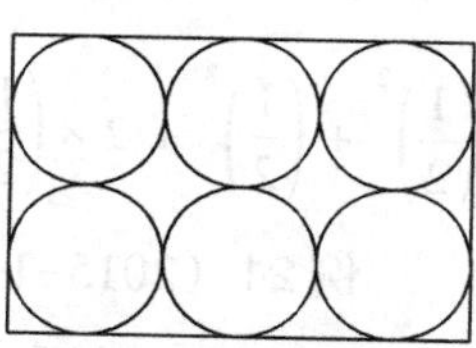

图11-2

的情况。6个圆任取2个圆，有$C_6^2=15$种取法，所以不相切的情况共有8种，所以所求概率为$\frac{8}{15}$。

例19（2022-13）4名男生和2名女生随机站成一排，女生既不在两端也不相邻的概率为（　　）。

(A) $\frac{1}{2}$　(B) $\frac{5}{12}$　(C) $\frac{3}{8}$　(D) $\frac{1}{3}$　(E) $\frac{1}{5}$

答案：E

解：4名男生2名女生排队，共有A_6^6种排法。要使得女生既不在两端也不相邻，先安排男生，有A_4^4种，再让女生插空，有A_3^2种。所以所求概率为$\frac{A_4^4A_3^2}{A_6^6}=\frac{1}{5}$。

题型二：事件间的关系

例20（2010-1-15）一次竞猜活动，设有5关，如果连续通过2关就算闯关成功，小王通过每关的概率都是$\frac{1}{2}$，则他闯关成功的概率为（　　）。

(A) $\frac{1}{8}$　(B) $\frac{1}{4}$　(C) $\frac{3}{8}$　(D) $\frac{4}{8}$　(E) $\frac{19}{32}$

答案：E

解：按照小王闯关成功的位置分为4种情况：

(1) 第一、二关连胜，即“胜胜”，概率为$\left(\frac{1}{2}\right)^2$；(2) 若第二、三关连胜，则第一关败，即“败胜胜”，概率为$\left(\frac{1}{2}\right)^3$；(3) 若第三、四关连胜，则第二关败，即“胜败胜胜，败败胜胜”，概率为$2\times\left(\frac{1}{2}\right)^4$；(4) 若第四、五关连胜，则第三关败且前两关不能连胜，即“胜败败胜胜，败胜败胜胜，败败败胜胜”，概率为$3\times\left(\frac{1}{2}\right)^5$。所以闯关成功的概率为$\left(\frac{1}{2}\right)^2+\left(\frac{1}{2}\right)^3+2\times\left(\frac{1}{2}\right)^4+3\times\left(\frac{1}{2}\right)^5=\frac{19}{32}$。

例21（2015-1-14）某次网球比赛的四强对阵为甲对乙，丙对丁，两场比赛的胜者将争夺冠军。选手之间相互获胜的概率如下表，则甲获得冠军的概率为（　　）。

（A）0.165　（B）0.245　（C）0.275　（D）0.315　（E）0.330

	甲	乙	丙	丁
甲获胜概率		0.3	0.3	0.8
乙获胜概率	0.7		0.6	0.3
丙获胜概率	0.7	0.4		0.5
丁获胜概率	0.2	0.7	0.5	

答案：A

解：甲要获得冠军，首先要战胜乙，其次再战胜丙丁之间的胜者，共有两种情况：（1）甲胜乙，丙胜丁，甲胜丙，概率为$0.3\times0.5\times0.3=0.045$；（2）甲胜乙，丁胜丙，甲胜丁，概率为$0.3\times0.5\times0.8=0.12$。所以甲获得冠军的概率为0.165。

例22（1998-10-13）甲乙丙三人进行定点投篮比赛，已知甲的命中率为0.9，乙的命中率为0.8，丙的命中率为0.7，现每人各投一次，求：

（1）三人中至少有两人投进的概率是（　　）。

（A）0.802　（B）0.812　（C）0.832　（D）0.842　（E）0.902

答案：E

解：三人中至少两人投进有4种情况：甲乙进丙不进、甲丙进乙不进、乙丙进甲不进、甲乙丙三人都投进，因此所求概率为$P=0.9\times0.8\times0.3+0.9\times0.2\times0.7+0.1\times0.8\times0.7+0.9\times0.8\times0.7=0.902$。

（2）三人中至多有两人投进的概率是（　　）。

（A）0.396　（B）0.416　（C）0.426　（D）0.496　（E）0.506

答案：D

解："三人中至多两人投进"的反面是"三人都投进"，概率为$0.9\times0.8\times0.7$，因此所求概率$P=1-0.9\times0.8\times0.7=0.496$。

例23（2019-17）有甲、乙两袋奖券，获奖率分别为p和q，某人从两袋中各随机抽取1张奖券，则此人获奖的概率不小于$\frac{3}{4}$。

（1）已知$p+q=1$　　（2）已知$pq=\frac{1}{4}$

答案：D

解：从两袋中各随机抽取1张奖券，则此人获奖的概率为$p+q-pq$。条件（1），因为$p+q=1$，由均值不等式得$pq\leqslant\frac{1}{4}$，故$p+q-pq\geqslant\frac{3}{4}$，充分。条件（2），因为$pq=\frac{1}{4}$，所以由均值不等式得$p+q\geqslant1$，所以$p+q-pq\geqslant\frac{3}{4}$，充分。

题型三：条件概率

例24（1998-1-14）甲、乙两选手进行乒乓球单打比赛，甲选手发球成功后，乙选手回球失误的概率为0.3，若乙选手回球成功，甲选手回球失误的概率为0.4，若甲选手回球成功，乙选手再次回球失误的概率为0.5，试计算这几个回合中乙选手输掉1分的概率是（　　）。

（A）0.36　（B）0.43　（C）0.49　（D）0.51　（E）0.57

答案：D

解：乙选手输掉1分有两种情况：（1）甲第一次发球后乙回球失误，概率为0.3；（2）甲第一次发球之后乙回球成功，甲第二次发球后乙回球失败，概率为$(1-0.3)\times(1-0.4)\times0.5=0.21$。所以，上述几个回合中乙选手输掉1分的概率是0.51。

例25（2000-1-10）某人忘记三位号码锁（每位均有0~9十个数码）的最后一个数码，因此在正确拨出前两个数码后，只能随机地试拨最后一个数码，每拨一次算作一次试开，则他在第4次试开时才将锁打开的概率是（　　）。

（A）$\frac{1}{4}$　（B）$\frac{1}{6}$　（C）$\frac{2}{5}$　（D）$\frac{1}{10}$

答案：D

解：第4次试开时才将锁打开等价于前三次都没开而且第4次打开，其概率为$P=\frac{9}{10}\times\frac{8}{9}\times\frac{7}{8}\times\frac{1}{7}=\frac{1}{10}$。

例26（2001-1-14）甲文具盒内装有2支蓝色笔和3支黑色笔，乙文具盒内也有2支蓝色笔和3支黑色笔。现从甲文具盒中任取2支笔放入乙文具盒，然后再从乙文具盒中任取2支笔。求最后取出的2支笔都是黑色笔的概率（　　）。

（A）$\frac{23}{70}$　（B）$\frac{27}{70}$　（C）$\frac{29}{70}$　（D）$\frac{3}{7}$

答案：A

解：按照从甲盒取的2支笔的颜色分类。（1）从甲盒取2支蓝色笔，概率为$\frac{C_2^2}{C_5^2}=\frac{1}{10}$，再从乙盒取2支笔，2支都是黑色的概率为$\frac{C_3^2}{C_7^2}$；从甲盒取蓝色笔和黑色笔各1支，概率为$\frac{C_2^1C_3^1}{C_5^2}=\frac{6}{10}$，再从乙盒取2支笔，2支都是黑色的概率为$\frac{C_4^2}{C_7^2}$；从甲盒取2支黑色笔，概率为$\frac{C_3^2}{C_5^2}=\frac{3}{10}$，再从乙盒取2支笔，2支都是黑色的概率为$\frac{C_5^2}{C_7^2}$。所以所求概率$P=\frac{1}{10}\times\frac{C_3^2}{C_7^2}+\frac{6}{10}\times\frac{C_4^2}{C_7^2}+\frac{3}{10}\times\frac{C_5^2}{C_7^2}=\frac{23}{70}$。

题型四：独立事件与乘法公式

例27（1999-1-10）如图11-3所示，字母代表元件种类，字母相同但下标不同的为同一类元件，已知A,B,C,D各类元件正常工作的概率依次为p,q,r,s，且各元件的工作是相互独立的，则此系统正常工作的概率为（　　）。

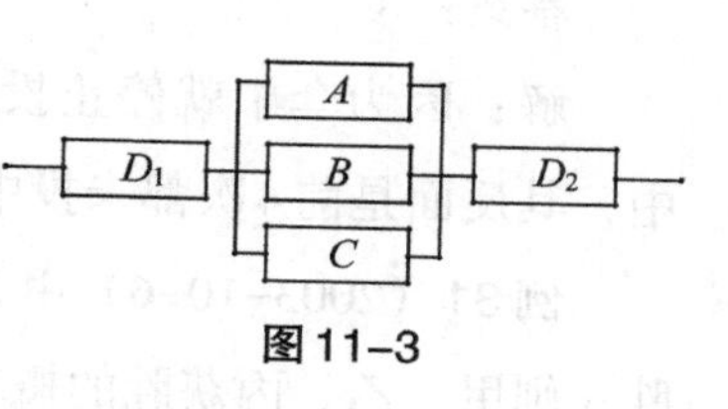

图11-3

（A）s^2pqr　（B）$s^2(p+q+r)$　（C）$s^2(1-pqr)$　（D）$1-(1-pqr)(1-s)^2$

（E）$s^2[1-(1-p)(1-q)(1-r)]$

答案：E

解：系统由A、B、C构成的并联电路和D_1、D_2串联而成，因为各元件的工作相互独立，所以系统正常工作的概率为$P(A\cup B\cup C)P(D_1)P(D_2)=\left[1-P(\overline{A}\,\overline{B}\,\overline{C})\right]P(D_1)P(D_2)=\left[1-(1-p)(1-q)(1-r)\right]s^2$。

例28（2009-10-25）命中来犯敌机的概率是99%。

（1）每枚导弹命中率为0.6　　（2）至多同时向来犯敌机发射4枚导弹

答案：E

解：易知条件（1）和（2）单独都不充分，考虑联合情况。假设4枚导弹同时发射，每枚导弹命中率为0.6，因为每枚导弹是否击中目标是独立的，所以4枚导弹都未击中的概率为0.4^4，所以击中来犯敌机的概率$P=1-0.4^4=0.9744<99\%$，不充分。

例29（2000-1-11）假设实验室器皿中产生A类细菌与B类细菌的机会相等，且每个细菌的产生是相互独立的，若某次发现产生了n个细菌，则其中至少一个A类细菌的概率是（　　）。

（A）$1-\left(\frac{1}{2}\right)^n$　（B）$1-C_n^1\left(\frac{1}{2}\right)^n$　（C）$\left(\frac{1}{2}\right)^n$　（D）$1-\left(\frac{1}{2}\right)^{n-1}$

答案：A

解："至少一个A类细菌"的反面是"n个细菌全是B类细菌"，因为每次产生B类细菌的概率为$\frac{1}{2}$，所以n个细菌全是B类细菌的概率为$\left(\frac{1}{2}\right)^n$。所以所求概率为$1-\left(\frac{1}{2}\right)^n$。

例30（2000-10-12）某人将5个铁环一一投向一个木柱，直到有一个套中为止。若每次套中的概率为0.1，则至少剩下一个铁环未投的概率是（　　）。

（A）$1-0.9^4$　（B）$1-0.9^3$　（C）$1-0.9^5$　（D）$1-0.1\times0.9^4$

答案：A

解：因为套中就停止投铁环，所以至少剩下一个铁环未投说明前4次至少有1次投中，其反面是前4次都未投中，概率为0.9^4，所以所求概率$P=1-0.9^4$。

例31（2003-10-6）甲、乙、丙依次轮流投掷一枚均匀的硬币，若先投出正面者为胜，则甲、乙、丙获胜的概率分别为（　　）。

（A）$\frac{1}{3},\frac{1}{3},\frac{1}{3}$　（B）$\frac{4}{8},\frac{2}{8},\frac{1}{8}$　（C）$\frac{4}{8},\frac{3}{8},\frac{1}{8}$　（D）$\frac{4}{7},\frac{2}{7},\frac{1}{7}$　（E）以上都不对

答案：D

解：甲获胜的情况有：正，反反反正，反反反反反反正，…，即第一轮中甲投出正面，或者第一轮都投出反面且第二轮甲投出正面，依次类推，概率分别为$\frac{1}{2},\left(\frac{1}{2}\right)^3\times\frac{1}{2},\left(\frac{1}{2}\right)^6\times\frac{1}{2},\cdots$，所以甲获胜的概率为$P_1=\frac{1}{2}+\left(\frac{1}{2}\right)^3\times\frac{1}{2}+\left(\frac{1}{2}\right)^6\times\frac{1}{2}+\cdots=\frac{\frac{1}{2}}{1-\frac{1}{8}}=\frac{4}{7}$。类似地可以得到乙、丙各自获胜的概率分别为$P_2=\frac{2}{7}$，$P_3=\frac{1}{7}$。

例32（2007-10-29）若王先生驾车从甲到单位必须经过三个有红绿灯的十字路口，则他没有遇到红灯的概率为0.125。

（1）他在每一个路口遇到红灯的概率都是0.5

（2）他在每一个路口遇到红灯的事件相互独立

答案：C

解：条件（1），设$A=$第一个路口没遇到红灯，$B=$第二个路口没遇到红灯，$C=$第

三个路口没遇到红灯，则$P(A)=P(B)=P(C)=1-0.5=0.5$，则ABC=三个路口均没有遇到红灯，所以由乘法公式得$P(ABC)=P(A)P(B|A)P(C|AB)$，如果每个路口遇到红灯并非相互独立，则$P(B|A),P(C|AB)$这两个条件概率的值均无法确定，不充分。条件（2），未提供各路口红灯的概率信息，不充分。联合两个条件，因为A,B,C相互独立，所以$P(ABC)=P(A)P(B)P(C)=0.5^3=0.125$，充分。

例33（2010-10-15）在10道备选试题中，甲能答对8题，乙能答对6题。若某次考试从这10道备选题中随机抽出3道作为考题，至少答对2题才算合格，则甲乙两人考试都合格的概率是（　　）。

（A）$\frac{28}{45}$　（B）$\frac{2}{3}$　（C）$\frac{14}{15}$　（D）$\frac{26}{45}$　（E）$\frac{8}{15}$

答案：A

解：甲合格的概率$P_1=\frac{C_8^3+C_8^2C_2^1}{C_{10}^3}$，乙合格的概率$P_2=\frac{C_6^3+C_6^2C_4^1}{C_{10}^3}$，所以甲乙都合格的概率为$P_1P_2=\frac{28}{45}$。

例34（2012-1-19）某产品由两道独立工序加工完成，则该产品是合格品的概率大于0.8。

（1）每道工序的合格率为0.81　　（2）每道工序的合格率为0.9

答案：B

解：产品合格的充分必要条件是两道工序都合格，因为两道工序独立加工，易知每道工序的合格率为0.81时，该产品是合格品的概率为$0.81\times0.81<0.8$，所以条件（1）不充分；每道工序的合格率为0.9时，该产品是合格品的概率为$0.9\times0.9=0.81$，条件（2）充分。

例35（2013-1-20）档案馆在一个库房中安装了n个烟火感应报警器，每个报警器遇到烟火成功报警的概率为p。则该库房遇烟火发出报警的概率达到0.999。

（1）$n=3,p=0.9$　　（2）$n=2,p=0.97$

答案：D

解：只要有1个烟火感应器正常工作，库房遇烟火时就会发出报警，其反面是所有的报警都失效。条件（1），3个报警器都失效的概率为0.1^3，所以库房遇烟火发出报警的概率为0.999，充分。条件（2），2个报警器都失效的概率为0.03^2，所以库房遇烟火发出报警的概率为0.9991，充分。

例36（2015-1-16）信封中装有10张奖券，只有一张有奖。从信封中同时抽取2张，中奖概率为P；从信封中每次抽取1张奖券后放回，如此重复抽取n次，中奖概率为Q，则$P < Q$。

（1）$n = 2$　　（2）$n = 3$

答案：B

解：易知$P = \frac{C_1^1 C_9^1}{C_{10}^2} = 0.2$。有放回地抽取时，每次中奖概率都是0.1，重复抽取n次都不中奖的概率为0.9^n，所以有放回地抽n次，中奖的概率为$1 - 0.9^n$。条件（1），$Q = 1 - 0.9^2 = 0.19 < P$，不充分。条件（2），$Q = 1 - 0.9^3 = 0.271 > P$，充分。

例37（2017-12）某试卷由15道选择题组成，每道题有4个选项，只有一项是符合试题要求的，甲有6道能确定正确选项，有5道题能排除2个错误选项，有4道题能排除1个错误选项。若从每道题排除后剩余的选项中选1个作为答案，则甲得满分的概率为（　　）。

（A）$\frac{1}{2^4} \cdot \frac{1}{3^5}$　（B）$\frac{1}{2^5} \cdot \frac{1}{3^4}$　（C）$\frac{1}{2^5} + \frac{1}{3^4}$　（D）$\frac{1}{2^4} \cdot \left(\frac{3}{4}\right)^5$　（E）$\frac{1}{2^4} + \left(\frac{3}{4}\right)^5$

答案：B

解：有6道题一定做对，有5道题猜对的概率为$\frac{1}{2}$，有4道题猜对的概率为$\frac{1}{3}$。因此15道题全对的概率为$\left(\frac{1}{2}\right)^5 \times \left(\frac{1}{3}\right)^4$。

例38（2018-9）甲、乙两人进行围棋比赛，约定先胜2盘者赢得比赛，已知每盘棋甲获胜的概率是0.6，乙获胜的概率是0.4，若乙在第一盘获胜，则甲赢得比赛的概率为（　　）。

（A）0.144　（B）0.288　（C）0.36　（D）0.4　（E）0.6

答案：C

解：因为乙胜第一盘，如果乙胜第二盘，则乙获胜，故甲要赢得比赛必须胜第二盘和第三盘，因此甲获胜的概率为$0.6^2 = 0.36$。

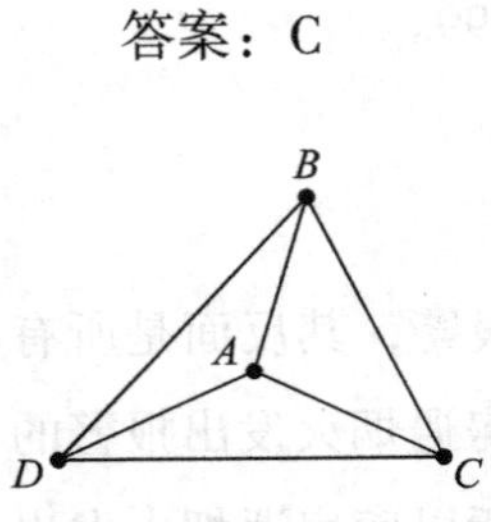

例39（2020-14）如图11-4所示，节点A,B,C,D两两相连，从一个节点沿线段到另一个节点当作1步，若机器人从节点A出发，随机走了3步，则机器人从未到达C的概率为（　　）。

图11-4

（A）$\frac{4}{9}$ （B）$\frac{11}{27}$ （C）$\frac{10}{27}$ （D）$\frac{19}{27}$ （E）$\frac{8}{27}$

答案：E

解：因数每个节点都与另外3个节点相连，所以从任何一个节点出发，都有3种走法，走3步共有27种走法。机器人从未到达C点，说明C点对于机器人而言不存在，将C点从图上去掉，则每个节点与2个节点相连，所以3步共有8种走法。所以所求概率为$\frac{8}{27}$。

例40（2021-6）如图11-5所示，由P到Q的电路中有三个元件，分别标有T_1、T_2、T_3，电流通过T_1、T_2、T_3的概率分别是0.9，0.9，0.99，假设电流能否通过三个元件是相互独立的，则电流在PQ之间通过的概率是（ ）。

（A）0.8019 （B）0.9989 （C）0.999 （D）0.9999 （E）0.99999

答案：D

解：由于T_1,T_2,T_3是并联结构，所以只有T_1,T_2,T_3都没有电流通过时，PQ才没有电流通过，概率为$(1-0.9)\times(1-0.9)\times(1-0.99)=0.0001$，所以$PQ$之间有电流通过的概率是0.9999。

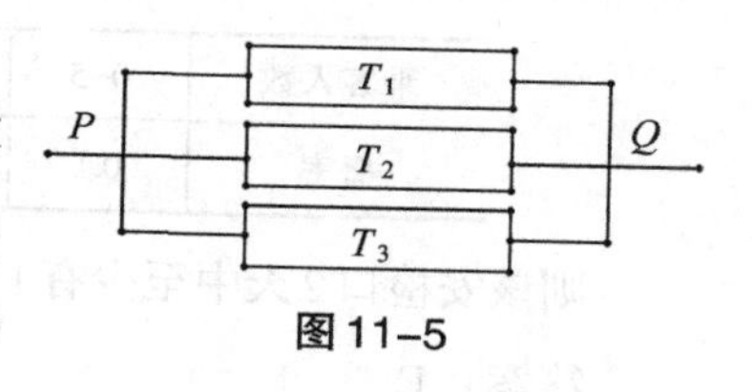

图11-5

例41 小王开车上班需经过4个交通路口，若经过每个路口遇到红灯的概率分别为0.1，0.2，0.25，0.4，则他上班经过4个路口至少有一处没遇到红灯的概率是（ ）。

（A）0.899 （B）0.988 （C）0.989 （D）0.998 （E）0.999

答案：D

解："没遇到红灯"换质推理为"遇到绿灯"，"至少有一处没遇到红灯"等价于"至少有一处遇到绿灯"，其反面是"没有遇到绿灯"，换质推理为"全部是红灯"，即所求事件的反面是"都是红灯"，从而所求概率是$1-0.1\times0.2\times0.25\times0.4=0.998$。

题型五：贝努里概型

例42（2007-1-7）一个人的血型为O,A,B,AB型的概率分别为0.46，0.40，0.11，0.03。现任选5人，则至多一人血型为O型的概率为（ ）。

（A）0.045 （B）0.196 （C）0.201 （D）0.241

答案：D

解：设O=血型为O型，则$P(O)=0.46,P(\overline{O})=0.54$，“任选5人，至多一人血型为O型”分为5人中没有O型或者有1个O型。由二项分布式知，所求概率为$0.54^5+C_5^1\cdot 0.46\cdot 0.54^4=0.241$。

例43（2011-10-16）某种流感在流行。从人群中任意找出3人，其中至少有1人患该种流感的概率为0.271。

（1）该流感的发病率为0.3　　　　（2）该流感的发病率为0.1

答案：B

解：设该流感发病率为p，3人中至少1人患该流感的反面是无人患该流感，概率为$(1-p)^3$，所以所求概率为$1-(1-p)^3=0.271$，解得$p=0.1$，所以条件（2）充分。

例44（2012-1-7）经统计，某机场的一个安检口每天中午办理安检手续的乘客人数及相应的概率如下表：

乘客人数	0~5	6~10	11~15	16~20	21~25	25以上
概率	0.1	0.2	0.2	0.25	0.2	0.05

则该安检口2天中至少有1天中午办理安检手续的乘客人数超过15人的概率是（　　）。

答案：E

解1：设A=每天中午办理安检手续的乘客数超过15人，则$P(A)=0.25+0.2+0.05=0.5$。则该安检口2天中至少有1天中午办理安检手续的乘客人数超过15人相当于2重贝努里实验，所求概率为$C_2^1\cdot 0.5\cdot 0.5+0.5^2=0.75$。

解2：设A=每天中午办理安检手续的乘客数超过15人，则$P(A)=0.25+0.2+0.05=0.5,P(\overline{A})=0.5$。2天中至少有1天中午办理安检手续的乘客人数超过15人的反面是每天都不超过15人，概率为$0.5^2=0.25$，所以所求概率为$1-0.25=0.75$。

例45（2012-1-22）在某次考试中，3道题中答对2道题即为及格，假设某人答对各题的概率相同，则此人及格的概率是$\frac{20}{27}$。

（1）答对各题的概率为$\frac{2}{3}$　　　　（2）3道题全部答错的概率为$\frac{1}{27}$

答案：D

解：条件（1），答对各题的概率为$\frac{2}{3}$，所以3道题中答对2道题或3道题的概率为$C_3^2\left(\frac{2}{3}\right)^2\frac{1}{3}+C_3^3\left(\frac{2}{3}\right)^3=\frac{20}{27}$，充分。条件（2），3道题全部答错的概率为$\frac{1}{27}$，所以答错每题

的概率为$\frac{1}{3}$，所以答对每题的概率为$\frac{2}{3}$，与条件（1）等价，充分。

例46（2017-24）某人参加资格考试，有A类和B类可选择，A类的合格标准是抽3道题至少会做2道，B类的合格标准是抽2道题都会做，则此人参加A类合格的机会大。

（1）此人A类的题中有60%的会做　　　　（2）此人B类的题中有80%的会做

答案：C

解：两个条件单独均不充分。联合条件（1）和（2），A类合格的概率为$C_3^2\left(\frac{3}{5}\right)^2\cdot\frac{2}{5}+\left(\frac{3}{5}\right)^3=\frac{81}{125}$，B类合格的概率为$\left(\frac{4}{5}\right)^2=\frac{80}{125}$，所以参加A类考试合格的机会大，联合充分。

例47（1999-1-11）进行一系列独立的试验，每次试验成功的概率为p，则在成功2次之前已经失败3次的概率为（　　）。

（A）$4p^2(1-p)^3$　（B）$4p(1-p)^3$　（C）$10p^2(1-p)^3$　（D）$p^2(1-p)^3$

（E）$(1-p)^3$

答案：A

解："成功2次前失败3次"说明进行到第5次时累计成功2次，所以第5次成功，前4次有3次失败1次成功。根据二项分布公式，所求概率为$P=C_4^3p(1-p)^3p=4p^2(1-p)^3$。

例48（2008-1-15）某乒乓球男子单打决赛在甲乙两选手间进行，比赛用7局4胜制。已知每局比赛甲选手战胜乙选手的概率为0.7，则甲选手以4：1战胜乙选手的概率为（　　）。

（A）0.84×0.7^3　（B）0.7×0.7^3　（C）0.3×0.7^3　（D）0.9×0.7^3

（E）以上都不对

答案：A

解：甲4：1取胜说明共比了5局，第5局时甲累计胜4局，所以第5局甲胜且前4局甲胜3局负1局，所以所求概率$P=C_4^3\times0.7^3\times0.3\times0.7=0.84\times0.7^3$。

例49（2008-10-28）张三以卧姿射击10次，命中靶子7次的概率是$\frac{15}{128}$。

（1）张三以卧姿打靶的命中率是0.2　　　　（2）张三以卧姿打靶的命中率是0.5

答案：B

解：条件（1），射击10次，击中7次的概率为$P=C_{10}^7\cdot0.2^7\cdot0.8^3\neq\frac{15}{128}$，不充分。条

件（2），射击10次，击中7次的概率为$P = C_{10}^{3}\left(\frac{1}{2}\right)^{3}\left(\frac{1}{2}\right)^{7} = \frac{15}{128}$，充分。

题型六：几何概率

例50 某公司的班车在7:30，8:00，8:30发车，小明在7:50~8:30到达车站乘坐班车，且到达发车站的时间是随机的，则他等车时间不超过10分钟的概率是（　　）。

(A) $\frac{1}{3}$ (B) $\frac{1}{2}$ (C) $\frac{2}{3}$ (D) $\frac{3}{4}$ (E) $\frac{5}{6}$

答案：B

解：小明在7:50~8:30的长度为40分钟的时间内候车，只能等到8:00和8:30的车，而小明等车时间不超过10分钟是指小明在7:50~8:00或8:20~8:30到达发车站，此两种情况下的时间长度之和为20分钟，故所求概率$P = \frac{20}{40} = \frac{1}{2}$。

例51 在$[-1,1]$上随机取一个数k，则事件"直线$y = kx$与圆$(x-13)^2 + y^2 = 25$相交"发生的概率为（　　）。

(A) $\frac{1}{2}$ (B) $\frac{5}{13}$ (C) $\frac{5}{12}$ (D) $\frac{3}{4}$ (E) $\frac{4}{5}$

答案：C

解：直线$y = kx$与圆$(x-13)^2 + y^2 = 25$相交可得$d = \frac{|13k|}{\sqrt{1+k^2}} < 5$，解得$-\frac{5}{12} < k < \frac{5}{12}$，所以直线和圆相交的概率为$\frac{5}{12}$。

例52 甲、乙两名同学打算在16:00~17:00之间找杨老师问问题。预计解答完一个学生的问题需要15分钟。若甲乙两人在16:00~17:00内的任意时刻去问问题是相互独立的，则两人独自去时不需要等待的概率是（　　）。

(A) $\frac{3}{16}$ (B) $\frac{5}{16}$ (C) $\frac{7}{16}$ (D) $\frac{9}{16}$ (E) $\frac{5}{8}$

答案：D

解：设甲到达时刻为x，乙到达时刻为y，则试验包含的所有事件是$\Omega = \{(x,y)|16 < x < 17, 16 < y < 17\}$。要想两人都不需要等待，则两人到达时间差超过15分钟即可。故事件对应的集合表示的面积是$S = 1 \times 1 = 1$，满足条件的事件是$A =$

$\left\{(x,y)|16<x<17,16<y<17,|x-y|\geqslant\frac{15}{60}\right\}$，事件对应的集合表示的面积是$S_1=2\times\frac{1}{2}\times\frac{3}{4}\times\frac{3}{4}=\frac{9}{16}$，所以两人独自去时不需要等待的概率$P=\frac{S_1}{S}=\frac{9}{16}$。

注：可放大60倍变为$0<x<60,0<y<60,|x-y|\geqslant 15$。

题型七：综合问题

例53　若以连续扔两枚骰子分别得到的点数a与b作为点M的坐标，则点M落入圆$x^2+y^2=18$内的概率是（　　）。

（A）$\frac{7}{36}$　（B）$\frac{2}{9}$　（C）$\frac{1}{4}$　（D）$\frac{5}{18}$　（E）$\frac{11}{36}$

答案：D

解：扔两枚骰子一共有$6\times6=36$种情况，其中落在圆内的情况为$a=1,b=1$；$a=1,b=2$；$a=1,b=3$；$a=1,b=4$；$a=2,b=1$；$a=2,b=2$；$a=2,b=3$；$a=3,b=1$；$a=3,b=2$；$a=4,b=3$；$a=4,b=2$，一共有10种情况，所以落在圆内的概率为$\frac{10}{36}=\frac{5}{18}$。

例54　已知关于x的一元二次方程$x^2+2ax+b^2=0$，若a是从-4，-3，-2，-1中任取的一个数，b是从1，2，3中任取的一个数，则方程有实根的概率是（　　）。

（A）$\frac{4}{5}$　（B）$\frac{3}{4}$　（C）$\frac{1}{3}$　（D）$\frac{2}{3}$　（E）$\frac{1}{2}$

答案：B

解：方程$x^2+2ax+b^2=0$有实根，所以$\Delta=4a^2-4b^2\geqslant0$，由于$a<0$，$b>0$，于是得$a+b\leqslant0$。基本事件共12个，而使$a+b\leqslant0$的基本事件共9个，它们是：$(-4,1)$，$(-4,2)$，$(-4,3)$，$(-3,1)$，$(-3,2)$，$(-3,3)$，$(-2,1)$，$(-2,2)$，$(-1,1)$，故所求概率$p=\frac{9}{12}=\frac{3}{4}$。

例55　甲、乙两枚骰子先后各抛一次，a，b分别表示抛掷甲、乙两枚骰子所出现的点数，当点$P(a,b)$落在直线$x+y=m$（m为常数）上的概率最大时，m的值为（　　）。

（A）6　（B）5　（C）9　（D）8　（E）7

答案：E

解：基本事件总数$n=6\times6=36$。当$m=2$时，只有$(1,1)$在直线$x+y=2$上，点$P(a,b)$落在直线$x+y=m$的概率为$\frac{1}{36}$；同理可知，$m=3$的概率为$\frac{2}{36}$，$m=4$的概率为

$\frac{3}{36}$，$m=5$的概率为$\frac{4}{36}$，$m=6$的概率为$\frac{5}{36}$，$m=7$的概率为$\frac{6}{36}$，$m=8$的概率为$\frac{5}{36}$，$m=9$的概率为$\frac{4}{36}$，$m=10$的概率为$\frac{3}{36}$，$m=11$的概率为$\frac{2}{36}$，$m=12$的概率为$\frac{1}{36}$。所以，当点$P(a,b)$落在直线$x+y=m$（m为常数）上的概率最大时，m的值为7。

注：$2=1+1;3=1+2;4=1+3=2+2;5=1+4=2+3;6=1+5=2+4=3+3,7=1+6=2+5=3+4;8=2+6=3+5=4+4;9=3+6=4+5$，可见只有7的组合方式最多。

第二节　基础通关

1.现有6张卡片，分别写有数字1，2，3，4，5，6，从这6张卡片中随机抽取2张，则取出的2张卡片上的数字之和为偶数的概率为（　　）。

(A) $\frac{1}{3}$　(B) $\frac{1}{2}$　(C) $\frac{2}{5}$　(D) $\frac{3}{4}$　(E) $\frac{4}{5}$

答案：C

解：从6张卡片中取2张，共有15种结果，每种结果等可能出现，记取出的2张卡片上的数字之和为偶数为事件A，枚举可知事件A包含$(1,3),(1,5),(2,4),(2,6),(3,5),(4,6)$共6种结果，所以所求概率为$\frac{6}{15}=\frac{2}{5}$。

2.从2至8的7个整数中随机取2个不同的数，则这2个数互质的概率为（　　）。

(A) $\frac{1}{6}$　(B) $\frac{1}{3}$　(C) $\frac{1}{2}$　(D) $\frac{2}{3}$　(E) $\frac{3}{4}$

答案：D

解：从2至8的7个整数中任取两个数共有$C_7^2=21$种方式，其中互质的有：23,25,27；34,35,37,38；45,47；56,57,58；67,78，共14种，故所求概率为$\frac{14}{21}=\frac{2}{3}$。

3.从1，2，…，9这9个数中，随机抽取3个不同的数，则这3个数的和为偶数的概率是（　　）。

(A) $\frac{5}{9}$　(B) $\frac{4}{9}$　(C) $\frac{11}{21}$　(D) $\frac{10}{21}$　(E) $\frac{3}{10}$

答案：C

解：从9个数中抽3个数，有C_9^3种抽法。3数之和为偶数，分为3个偶数或1个偶数2个奇数两种情况，前者有C_4^3种抽法，后者有$C_4^1C_5^2$种抽法。所以所求概率为$\frac{C_4^3+C_4^1C_5^2}{C_9^3}=\frac{11}{21}$。

4.三位同学乘同一列火车，火车有10节车厢，则至少有2位同学上了同一车厢的概率为（　　）。

（A）$\frac{29}{100}$　（B）$\frac{7}{125}$　（C）$\frac{7}{18}$　（D）$\frac{7}{25}$　（E）$\frac{7}{30}$

答案：D

解：三位同学乘同一列火车，所有的乘车方式有$10^3=1000$种，任何两位同学都不在同一节车厢的乘车方式有$A_{10}^3=10\times9\times8=720$种，任何两位同学都不在同一节车厢的概率为$\frac{720}{1000}=\frac{16}{25}$，所以至少有2位同学上了同一车厢的概率为$1-\frac{18}{25}=\frac{7}{25}$。

5.盒中装有6件产品，其中4件一等品，2件二等品，从中不放回地取两次，每次取一件，已知第二次取得一等品，则第一次取得的是二等品的概率是（　　）。

（A）$\frac{3}{10}$　（B）$\frac{3}{5}$　（C）$\frac{1}{2}$　（D）$\frac{2}{5}$　（E）$\frac{1}{5}$

答案：D

解：第二次取得的是一等品分为“第一次取到一等品第二次取到一等品”和“第一次取到二等品第二次取到一等品”两种情况，故总的情况数$n=4\times3+2\times4=20$种，其中“第一次取到二等品第二次取到一等品”的情况数是$m=2\times4=8$处。所以第一次取得的是二等品的概率$P=\frac{m}{n}=\frac{8}{20}=\frac{2}{5}$。

6.甲、乙、丙三名志愿者被随机地分到A,B,C,D四个不同的岗位服务，则

（1）甲、乙两人同时参加A岗位服务的概率为（　　）。

（A）$\frac{1}{8}$　（B）$\frac{1}{4}$　（C）$\frac{1}{16}$　（D）$\frac{3}{16}$　（E）$\frac{5}{32}$

答案：C

解：三名志愿者随机分配到四个岗位，有4^3种分配方式，甲乙同时参加A岗位，丙有4种分配方式，所以概率为$\frac{4}{4^3}=\frac{1}{16}$。

（2）甲、乙两人不在同一个岗位服务的概率为（　　）。

（A）$\frac{1}{2}$　（B）$\frac{3}{4}$　（C）$\frac{3}{8}$　（D）$\frac{1}{8}$　（E）$\frac{3}{16}$

答案：B

解：解：三名志愿者随机分配到四个岗位，有4^3种分配方式。甲乙两人不在同一岗位，从4个岗位中选2个安排甲乙，有$A_4^2=12$种，丙有4种分配方式，所以所求概率为$\frac{12\times4}{4^3}=\frac{3}{4}$。

7.一个袋中有4个红球，3个黑球，小明从袋中随机取球，设取到一个红球得2分，取到一个黑球得1分，从袋中任取4个球，则小明得分大于6分的概率是（　　）。

（A）$\frac{13}{35}$　（B）$\frac{14}{35}$　（C）$\frac{18}{35}$　（D）$\frac{22}{35}$　（E）$\frac{26}{35}$

答案：A

解：设小明得分为X，则X的可能取值为5，6，7，8。$P(X=7)=\frac{C_4^3C_3^1}{C_7^4}=\frac{12}{35}$，$P(X=8)=\frac{C_4^4C_3^0}{C_7^4}=\frac{1}{35}$，所以小明得分大于6分的概率$P(X>6)=P(X=7)+P(X=8)=\frac{12}{35}+\frac{1}{35}=\frac{13}{35}$。

8.编号为1，2，…，10的10个大小相同的球中任取4个，则所取4个球的最大号码是6的概率为（　　）。

（A）$\frac{1}{84}$　（B）$\frac{3}{5}$　（C）$\frac{2}{5}$　（D）$\frac{1}{21}$　（E）$\frac{1}{20}$

答案：D

解：总的取法有C_{10}^4种，最大号码是6，则6号球必取，此外从1~5号球中取3个，有C_5^3种取法，所以所求概率为$\frac{C_5^3}{C_{10}^4}=\frac{1}{21}$。

9.第24届冬奥会奥运村有智能餐厅A、人工餐厅B，运动员甲第一天随机地选择一个餐厅用餐，如果第一天去A餐厅，那么第二天去A餐厅的概率为0.7；如果第一天去B餐厅，那么第二天去A餐厅的概率为0.8。那么，运动员甲第二天去A餐厅用餐的概率为（　　）。

（A）0.75　（B）0.7　（C）0.25　（D）0.3　（E）0.72

答案：A

解：设A_i表示第i天甲去A餐厅用餐，$(i=1,2)$，设B_1表示甲第一天去B餐厅用餐，则$\Omega=A_1\cup B_1$，且A_1,B_1互斥。由题意得$P(A_1)=P(B_1)=0.5,P(A_2|A_1)=0.7,P(A_2|B_1)=0.8$，所以，由全概率公式得运动员甲第二天去A餐厅用餐的概率为：$P(A_2)=P(A_1)P(A_2|A_1)+P(B_1)P(A_2|B_1)=0.5\times0.7+0.5\times0.8=0.75$。

10. 设O为正方形$ABCD$的中心，在O,A,B,C,D中任取3点，则取到的3点共线的概率为（　　）。

（A）$\frac{1}{5}$　（B）$\frac{2}{5}$　（C）$\frac{3}{5}$　（D）$\frac{4}{5}$　（E）$\frac{1}{2}$

答案：A

解：从5个点中任取3点，共有10种取法，其中3点共线只有A,O,C和B,O,D两种，故取到的3点共线的概率为$P=\frac{2}{10}=\frac{1}{5}$。

11. 一名工人维护3台独立的机器，一天内3台机器需要维护的概率分别为0.9,0.8,0.6，则一天内至少有一台机器不需要维护的概率为（　　）。

（A）0.568　（B）0.432　（C）0.46　（D）0.54　（E）0.5

答案：A

解：一天内3台机器都需要维护的概率为$0.9\times0.8\times0.6$，所以一天内至少有一台机器不需要维护的概率$P=1-0.9\times0.8\times0.6=0.568$。

12. 某人提出一个问题，甲先回答，答对的概率为0.4，如果甲答错，由乙回答，答对的概率为0.5，则问题由乙答对的概率为（　　）。

（A）0.2　（B）0.3　（C）0.4　（D）0.8　（E）0.6

答案：B

解：甲答错的概率为$1-0.4=0.6$，由题意知，乙答对是指甲回答错误而且乙回答正确，所以概率$P=0.6\times0.5=0.3$。

13. 如图11-6所示，在矩形$ABCD$中，$AB=5,AD=7$，现在向该矩形内随机投一点P，则$\angle APB>90°$的概率为（　　）。

（A）$\frac{5}{36}$　（B）$\frac{5}{56}\pi$　（C）$\frac{1}{8}\pi$　（D）$\frac{1}{8}$　（E）$\frac{\pi}{6}$

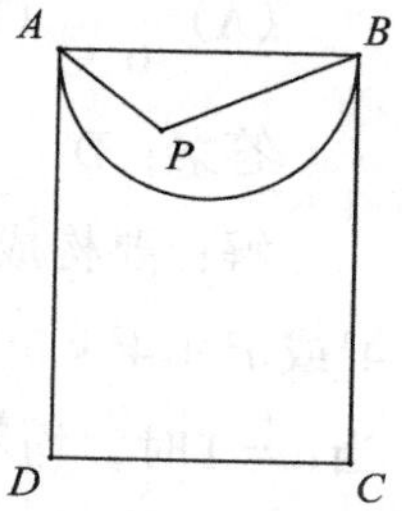

A B P D C

图11-6

答案：B

解：由圆周角定理知，当P在半圆内时$\angle APB>90°$，$S_{矩}=5\times7=35$，$S_{半圆}=\frac{1}{2}\pi\times\left(\frac{5}{2}\right)^2=\frac{25\pi}{8}$，所以所求概率$P=\frac{S_{半圆}}{S_{矩}}=\frac{\frac{25\pi}{8}}{35}=\frac{5\pi}{56}$。

14. 若以连续掷同一枚骰子两次得到的点数a和b作为点P的坐标，则点$P(a,b)$落在区域Ω内的概率为$\frac{5}{18}$。

（1）Ω是直线$x+y=6$下方的区域　　（2）Ω是第一象限

答案：C

解：扔两次骰子一共有$6\times6=36$种情况。两个条件显然单独均不成立，考虑联合情况，区域Ω是直线$x+y=6$和两个坐标轴围成的三角形，枚举知(a,b)为$(1,1)(1,2)(1,3)(1,4)$；$(2,1)(2,2)(2,3)$；$(3,1)(3,2)$；$(4,1)$时满足要求，所以落在三角形内的概率为$\frac{10}{36}=\frac{5}{18}$。

15.从数组中随机取出三个数，则数字2是这三个不同数字的平均数的概率是$\frac{1}{4}$。

（1）数组是1，2，3，6　　（2）数组是0，1，5，9

答案：D

解：条件（1），在1，2，3，6这组数据中随机取出三个数，基本事件总数有4个，分别为：$(1,2,3),(1,2,6),(1,3,6),(2,3,6)$，满足要求的三个数是$(1,2,3)$，所以概率$P=\frac{1}{4}$，充分。条件（2），同理可知也充分。

第三节　高分突破

1.先后两次抛掷同一个骰子，将得到的点数分别记为a,b，则长度为$a,b,4$的3条线段能够构成钝角三角形的概率是（　　）。

（A）$\frac{1}{6}$　（B）$\frac{1}{2}$　（C）$\frac{5}{6}$　（D）$\frac{2}{9}$　（E）$\frac{7}{9}$

答案：D

解：要构成三角形需要两边之和大于第三边，要构成钝角三角形需要满足$a^2+b^2<4^2$或$a^2+4^2<b^2$或$4^2+b^2<a^2$。由乘法原理知，基本事件总数是36，结合已知条件可知：当$a=1$时，均不符合要求，有0种情况；当$a=2$时，$b=3,5$，符合要求，有2种情况；当$a=3$时，$b=2,6$，符合要求，有2种情况；当$a=4$时，$b=6$，符合要求，有1种情况；当$a=5$时，$b=2$符合要求，有1种情况；当$a=6$时，$b=3,4$符合要求，有2种情况。所以能够构成钝角三角形的概率$P=\frac{8}{36}=\frac{2}{9}$。

2.数学多选题A,B,C,D四个选项，在给出的选项中，有多项符合题目要求。全都选对的得5分，部分选对的得2分，有选错的得0分。已知某道数学多选题正确答案为BCD，小明同学不会做这道题目，他随机地填涂了1个，或2个，或3个选项，则他能得分的概率为（　　）。

（A）$\frac{1}{2}$　（B）$\frac{2}{5}$　（C）$\frac{3}{5}$　（D）$\frac{7}{16}$　（E）$\frac{9}{16}$

答案：A

解：随机地填涂了1个或2个或3个选项，共有$C_4^1+C_4^2+C_4^3=14$种涂法，能得分的涂法为(BCD),(BC),(BD),(CD),B,C,D，共7种，故他能得分的概率为$\frac{7}{14}=\frac{1}{2}$。

3.从分别写有1，2，3，4，5，6的6张卡片中无放回随机抽取2张，则抽到的2张卡片上的数字之积是4的倍数的概率为（　　）。

（A）$\frac{1}{5}$　（B）$\frac{1}{3}$　（C）$\frac{2}{5}$　（D）$\frac{2}{3}$　（E）$\frac{4}{5}$

答案：C

解：根据题意，从6张卡片中无放回地随机抽取2张，有$C_6^2=15$种取法，其中抽到的2张卡片上的数字之积是4的倍数有$(1,4),(2,4),(2,6),(3,4),(4,5),(4,6)$，共6种情况，所以所求概率$P=\frac{6}{15}=\frac{2}{5}$。

4.将3个1和5个0随机排成一行，则3个1中任意两个都不相邻的概率为（　　）。

（A）$\frac{1}{336}$　（B）$\frac{1}{72}$　（C）$\frac{5}{84}$　（D）$\frac{5}{14}$　（E）$\frac{5}{7}$

答案：D

解：先考虑总的情况，8个位置选3个放1，有C_8^3种。再考虑任意两个1都不相邻的情况，将3个1插入5个0形成的6个空中，有C_6^3种。故概率为$P=\frac{C_6^3}{C_8^3}=\frac{5}{14}$。

5.甲和乙两个箱子中各装有10个球，其中甲箱中有5个红球、5个白球，乙箱中有8个红球、2个白球。掷一枚质地均匀的骰子，如果点数为1或2，从甲箱子随机摸出1个球；如果点数为3,4,5,6，从乙箱子中随机摸出1个球。则摸到红球的概率为（　　）。

（A）$\frac{1}{2}$　（B）$\frac{3}{5}$　（C）$\frac{7}{10}$　（D）$\frac{13}{10}$　（E）$\frac{2}{5}$

答案：C

解：按点数情况分为两类，一类是点数为1或2，概率为$\frac{1}{3}$，此时必须从甲箱中摸球，甲箱中红球概率是$\frac{5}{10}$，故该情况下摸到红球的概率是$\frac{2}{6}\times\frac{5}{10}$；第二种情况点数为3，4，5，6，同理可知，该情况下摸到红球的概率是$\frac{4}{6}\times\frac{8}{10}$。故摸到红球的概率为$\frac{2}{6}\times\frac{5}{10}+\frac{4}{6}\times\frac{8}{10}=\frac{7}{10}$。

6.已知正方体$ABCD-A'B'C'D'$的棱长为1，则在该正方体内任取一点M，则其到顶点A的距离小于1的概率为（　　）。

（A）$\frac{\pi}{24}$　（B）$\frac{\pi}{12}$　（C）$\frac{3\pi}{32}$　（D）$\frac{\pi}{6}$　（E）$\frac{5\pi}{6}$

答案：D

解：正方体的体积为1，与点A距离等于1的点的轨迹是八分之一个球面，其体积$V_1=\frac{\pi}{6}$，所以所求概率$P=\frac{\frac{\pi}{6}}{1^3}=\frac{\pi}{6}$。

7.5名身高各不相同的医护人员站成一排合影留念，若从中间往两边看都依次变矮的概率为（　　）。

（A）$\frac{1}{10}$　（B）$\frac{1}{20}$　（C）$\frac{3}{10}$　（D）$\frac{1}{5}$　（E）$\frac{4}{5}$

答案：B

解：5人排队共有$n=A_5^5=120$种顺序，欲使从中间往两边看都依次变矮，则最高的在中间，然后两边各安排2人且定序，有$m=C_4^2C_2^2=6$种安排方式，所以所求概率$p=\frac{m}{n}=\frac{6}{120}=\frac{1}{20}$。

8.电子钟一天显示的时间是从00:00到23:59，每一时刻都由4个数字组成，则一天中任一时刻显示的四个数字之和为22的概率为（　　）。

（A）$\frac{1}{120}$（B）$\frac{1}{160}$（C）$\frac{7}{180}$（D）$\frac{1}{720}$　（E）$\frac{1}{1440}$

答案：B

解：一天显示的时间总共有$24\times60=1440$种。分钟数字之和最大是14，所以小时数字之和最少是8，枚举可知共有9种：08:59,09:49,09:58,17:59,18:49,18:58；19:39；19:

48；19:57。故所求概率$P=\frac{9}{1440}=\frac{1}{160}$。

9.甲、乙两人进行围棋比赛，约定先连胜两局者直接赢得比赛，若赛完5局仍未出现连胜，则判定获胜局数多者赢得比赛。假设每局甲获胜的概率为$\frac{1}{3}$，乙获胜的概率为$\frac{2}{3}$，各局比赛结果相互独立，则甲在4局以内（含4局）赢得比赛的概率为（　　）。

（A）$\frac{17}{81}$　（B）$\frac{25}{81}$　（C）$\frac{56}{81}$　（D）$\frac{64}{81}$　（E）$\frac{17}{64}$

答案：A

解：甲在4局以内（含4局）赢得比赛包含3种情况：（1）甲胜第1，2局；（2）乙胜第1局，甲胜第2局和第3局；（3）第1局甲胜，第2局乙胜，第3局、第4局甲胜。故所求概率$P=\left(\frac{1}{3}\right)^2+\frac{2}{3}\times\left(\frac{1}{3}\right)^2+\frac{1}{3}\times\left(\frac{2}{3}\right)\times\left(\frac{1}{3}\right)^2=\frac{17}{81}$。

10.在试制牙膏时，需要选用两种不同的添加剂。现有芳香度分别为0，1，2，3，4，5的六种添加剂可供选用，根据试验原理，通常要随机选取两种不同的添加剂进行搭配试验.则

（Ⅰ）所选用的两种不同的添加剂的芳香度之和等于4的概率为（　　）。

（A）$\frac{2}{15}$　（B）$\frac{1}{5}$　（C）$\frac{2}{5}$　（D）$\frac{4}{15}$　（E）$\frac{1}{3}$

答案：A

解：芳香度之和等于4的取法有2种：$(0,4)(1,3)$，总得取法有C_6^2种，故概率$P=\frac{2}{15}$。

（Ⅱ）所选用的两种不同的添加剂的芳香度之和不小于3的概率为（　　）。

（A）$\frac{2}{15}$　（B）$\frac{1}{5}$　（C）$\frac{2}{5}$　（D）$\frac{4}{15}$　（E）$\frac{13}{15}$

答案：E

解：从反面思考，芳香度之和等于1的取法为$(0,1)$，芳香度之和等于2的取法为$(0,2)$，故所求概率$P=1-\left(\frac{1}{C_6^2}+\frac{1}{C_6^2}\right)=\frac{13}{15}$。

11.某光学仪器厂生产的透镜，第一次落地打破的概率为0.3；第一次落地没有打破，第二次落地打破的概率为0.4；前两次落地均没打破，第三次落地打破的概率为0.9。则

透镜落地3次以内（含3次）被打破的概率是（　　）。

（A）0.378　（B）0.3　（C）0.58　（D）0.958　（E）0.1

答案：D

解：第一次落地打破的概率$P_1 = 0.3$，第一次落地没破第二次落地打破的概率$P_2 = 0.7 \times 0.4 = 0.28$，前两次落地没破第三次落地打破的概率$P_3 = 0.7 \times 0.6 \times 0.9 = 0.378$，所以落地3次以内被打破的概率$P = P_1 + P_2 + P_3 = 0.958$。

12.有4位同学参加某智力竞赛，竞赛规定：每人从甲、乙两类题中各随机选一题作答，且甲类题目答对得3分，答错扣3分，乙类题目答对得1分，答错扣1分，若每位同学答对与答错相互独立，且概率均为$\frac{1}{2}$，那么这4位同学得分之和为0的概率为（　　）。

（A）$\frac{11}{64}$　（B）$\frac{3}{4}$　（C）$\frac{3}{8}$　（D）$\frac{11}{16}$　（E）$\frac{13}{16}$

答案：A

解：每个人选题以及得分情况有4种，即选甲且对、选甲且错、选乙且对、选乙且错，故4人选题及对错情况共有$4^4 = 256$种，若他们得分之和为0，分为4类：

（1）4人全选甲类题目且两对两错，从4人中选2人做对，另两人做错，有C_4^2种。

（2）4人全选乙类题目且两对两错，同理知，有6种。

（3）4人中1人选甲类且做对，得3分，同时另3人选乙类且全错，得-3分，将选甲类且做对的人选出即可，有4种。

（4）4人中2人选甲类且一对一错，有$C_4^2 A_2^2$种；同时另2人选乙类且一错一对，有A_2^2种，共有$C_4^2 A_2^2 A_2^2 = 24$种可能。

所以，这4位同学得分之和为0的概率$P = \frac{6+6+8+24}{256} = \frac{11}{64}$。

13.$P\left(x + y > \frac{7}{4}\right) = \frac{23}{32}$。

（1）实数x,y，$x \in (0,1), y \in (1,2)$　（2）实数x,y，$x \in [0,1], y \in [1,2]$

答案：D

解：条件（1），实验的所有结果构成区域为$\Omega = \left\{(x,y) \middle| 0 < x < 1, 1 < y < 2\right\}$，其面积为$S_\Omega = 1$，设事件$A$表示两数之和大于$\frac{7}{4}$，则构成的区域$A = \left\{(x,y) | 0 < x < 1, 1 < y < 2, x + y > \frac{7}{4}\right\}$，易知其面积$S_A = 1 - \frac{1}{2} \times \frac{3}{4} \times \frac{3}{4} = \frac{23}{32}$，所以$P(A) = \frac{S_A}{S_\Omega} = \frac{23}{32}$，充分。同理知条件（2）也充分。

14. 从甲地到乙地不堵车的概率为0.8。

（1）从甲地到乙地共有A、B、C三条路线可走，堵车的概率分别为0.1、0.3、0.2

（2）选任何一条路是等可能的

答案：C

解：两个条件单独不充分，考察联合情况。走A、B、C三条路的概率均为$\frac{1}{3}$，由全概率公式知，堵车的概率$P = \frac{1}{3} \times 0.1 + \frac{1}{3} \times 0.3 + \frac{1}{3} \times 0.2 = 0.2$，所以不堵车的概率$P = 1 - 0.2 = 0.8$。

15. 甲乙两艘轮船都要在某个泊位停靠，假定他们在一昼夜的时间段中随机到达，则这两艘船停靠泊位时都不需要等待的概率为$\frac{181}{288}$。

（1）甲停靠的时间为4小时　　　　（2）乙停靠的时间为6小时

答案：C

解：两个条件单独均不成立，考察联合情况。设甲x点停靠泊位，乙y点停靠泊位，若甲先到乙不需要等待需满足$x + 4 < y$，若乙先到甲不需要等待需满足$y + 6 < x$。可行域$\Omega = \{(x, y) | 0 < x < 24, 0 < y < 24\}$，其面积$S_\Omega = 576$，区域$x + 4 < y$或$y + 6 < x$的面积为$\frac{1}{2} \times 20 \times 20 + \frac{1}{2} \times 18 \times 18 = 362$。所以，这两艘船停靠泊位时都不需要等待的概率为$\frac{362}{576} = \frac{181}{288}$，充分。

第十二章　数据描述

第一节　基础知识

一、平均值

一般地，对数组 $X:x_1,x_2,\cdots,x_n$，称 $\bar{x}=\frac{1}{n}\sum_{i=1}^{n}x_i=\frac{1}{n}\left(x_1+x_2+\cdots+x_n\right)$ 为作这 n 个数的平均数，记为 $\bar{x}$，读作 x 拔。数组 X 的平均值也叫数学期望，用 $E(X)$ 表示。

二、方差与标准差

（一）方差与标准差的定义

在一组数据 $X:x_1,x_2,\cdots,x_n$，中，各数据与它们的平均数 $\bar{x}$ 的差的平方和的平均数，叫作这组数据的方差。简言之，方差是离心差的平方和的平均值，通常用 S^2 表示。当两组数据平均值相同时，常用方差比较两组数据的稳定性。样本容量相同时，方差越大，说明数据的波动性越大，越不稳定，方差越小，说明数据的波动性越小，越稳定。

方差的算术平方根叫作这组数据的标准差，用 S 表示，即 $S=\sqrt{S^2}$。

（二）方差的计算公式

一组数据 $X:x_1,x_2,\cdots,x_n$，称 $\frac{1}{n}\sum_{i=1}^{n}\left(x_i-\bar{x}\right)^2=\frac{1}{n}\left[\left(x_1-\bar{x}\right)^2+\left(x_2-\bar{x}\right)^2+\cdots+\left(x_n-\bar{x}\right)^2\right]$ 为数组 X 的方差，记作 S^2 或 $D(X)$。可以证明，$\frac{1}{n}\sum_{i=1}^{n}\left(x_i-\bar{x}\right)^2=\frac{1}{n}\sum_{i=1}^{n}x_i^2-\left(\frac{\sum_{i=1}^{n}x_i}{n}\right)^2$，即平方的均值与均值的平方之差。

例1　已知样本数据 $1,2,x,4,5$ 的均值为 4，则数据 $X:5,11,7,x,10,6,9$ 的标准差等于（　　）。

（A）1　（B）2　（C）3　（D）4　（E）5

答案：B

解：由题意知，$\frac{1}{5}(1+2+x+4+5)=4$，解得 $x=8$，所以 $E(X)=8, D(X)=\frac{1}{7}[(5-8)^2+(11-8)^2+(7-8)^2+(8-8)^2+(10-8)^2+(6-8)^2+(9-8)^2]=4$。所以标准差为2。

（三）平均值与方差的性质

已知数组 $X:x_1,x_2,\cdots,x_n$ 的的均值为 $E(X)$，方差为 $D(X)$，则对 $\forall c,k\in R$ 都有：

（1）$E(X+c)=E(X)+c, E(kX)=kE(X)$

（2）$D(X+c)=D(X), D(kX)=k^2D(X)$

证明：（1）$E(X+c)=\frac{1}{n}\sum_{i=1}^{n}(x_i+c)=\frac{1}{n}\sum_{i=1}^{n}x_i+c=E(X)+c$，$E(kx)=\frac{1}{n}\sum_{i=1}^{n}(kx_i)=k\cdot\frac{1}{n}\sum_{i=1}^{n}x_i=kE(X)$。

（2）$D(X+c)=\frac{1}{n}\sum_{i=1}^{n}\left((x_i+c)-(\bar{x}+c)\right)^2=\frac{1}{n}\sum_{i=1}^{n}(x_i-\bar{x})^2=D(X)$，$D(kX)=\frac{1}{n}\sum_{i=1}^{n}(kx_i-k\bar{x})^2=k^2\cdot\frac{1}{n}\sum_{i=1}^{n}(x_i-\bar{x})^2=k^2D(X)$。

例2　已知数组 $X:x_1,x_2,\cdots,x_n$ 的平均数是 a，方差是 b，标准差 c，则

（1）数据 $x_1+3,x_2+3,\cdots,x_n+3$ 的平均数是 $a+3$，方差是 b，标准差是 c。

（2）数据 $x_1-3,x_2-3,\cdots,x_n-3$ 的平均数是 $a-3$，方差是 b，标准差是 c。

（3）数据 $9x_1,9x_2,\cdots,9x_n$ 的平均数是 $9a$，方差是 $81a$，标准差是 $9c$。

（4）数据 $2x_1-3,2x_2-3,\cdots,2x_n-3$ 的平均数是 $2a-3$，方差是 $4a$，标准差是 $2c$。

例3　求数组 $X:96,97,98,99,100$ 的方差。

解：由方差性质知，$D(X)=D(X-98)=\frac{(4+1+0+1+1)}{5}-0^2=2$。

注：5个相邻整数的方差为2，反之方差为2的5个整数必相邻。

三、数据的图表表示

（一）频数分布直方图

通过长方形的高表示对应组的频数，这样的统计图称为频数分布直方图。它能清晰

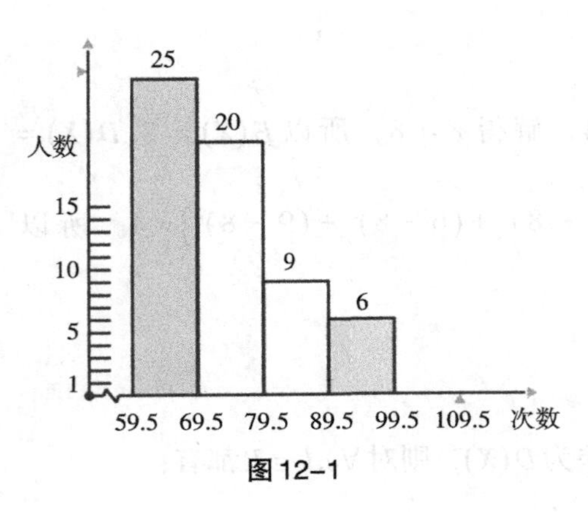

图 12-1

地显示各组频数分布情况以及各组之间频数的差别，从而对整组数据从整体上加以把握。

如图 12-1 所示，某班60名同学的一次体检中每分钟心跳次数的频数分布直方图。60个数据分成4组，每一组两个端点的距离称为组距，落在不同小组中的数据个数为该组的频数，各组的频数之和等于这组数据的总数。

图中可以看出，心跳在[59.5,69.5)内的有25人，心跳在[89.5,99.5]之间的有6人。

（二）频率分布直方图

如图12-2所示，某种棉花纤维长度的频率分布直方图。在直角坐标系中，横轴表示样本数据，纵轴表示频率与组距的比值，将频率分布表中各组频率的大小用相应矩形面积的大小来表示，由此画成的统计图叫作频率分布直方图。

频数与数据总数的比为频率，频率大小反映了各组频数在数据总数中所占的份量，频率直方图中各矩形面积等于各组的频率，各组频率之和等于1。

图中可以看出，纤维长度在[30,40]内有频率是50%。

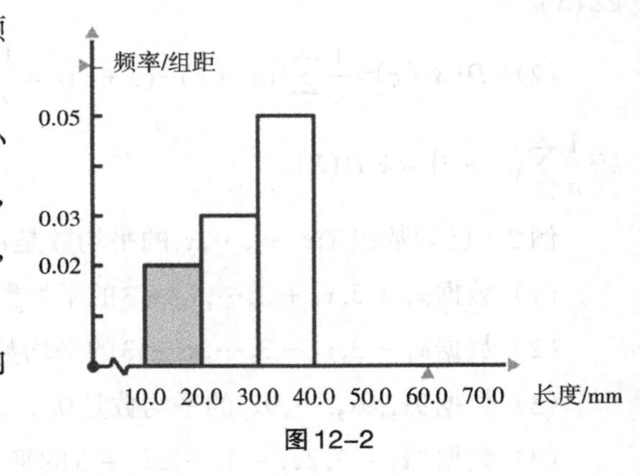

图 12-2

（三）饼图

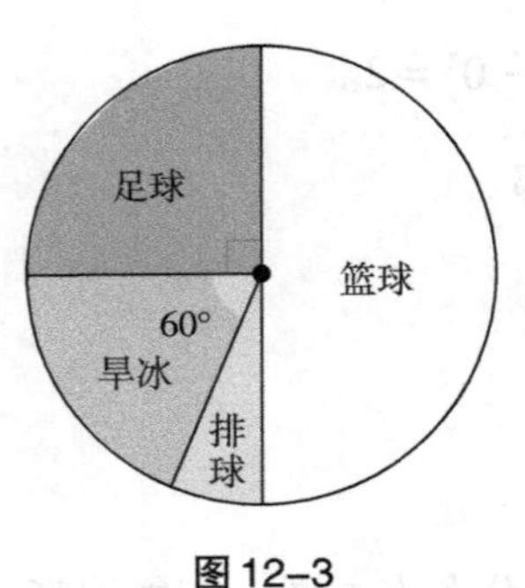

图 12-3

也称比例图、扇形图或者饼状图，主要用来描述量之间的相对比例关系。

某校学生会调查60名同学体育爱好的统计图（图 12-3），根据图中信息，可知爱好不同体育项目的人数各是多少。

（四）数表

数表是一些数字集合在一起，要从中能找到一般的规律，特别注意暗藏等差、等比数列。

例如：将全体正整数排成一个三角形数表：

1

2 3

4 5 6

7 8 9 10

…… …… ……

按照以上排列的规律，第n行$(n \geqslant 3)$从左向右的第3个数是多少？

解：前$n-1$行共有$1+2+3+\cdots+(n-1)=\frac{n(n-1)}{2}$个数字，所以第$n$行从左向右的第3个数是$\frac{n(n-1)}{2}+3$。

四、众数，中位数

（一）众数

在一组数据中，出现次数最多的数据叫做这组数据的众数。由定义可知，一组数的众数可能不唯一。

（二）中位数

一组数据按大小依次排列，把处在最中间位置的一个数据（或最中间两个数据的平均数）叫做这组数据的中位数。

题型归纳与方法技巧

题型一：数字特征

例1（2013-10-14）福彩中心发行彩票的目的是筹措资金资助福利事业。现在福彩中心准备发行一种面值为5元的福利彩票刮刮卡，方案设计如下：（1）该福利彩票的中奖率为50%；（2）每张中奖彩票的中奖奖金有5元和50元两种。假设购买一张彩票获得50元奖金的概率为p，且福彩中心筹得资金不少于发行彩票面值总和的32%，则（　　）。

（A）$p \leqslant 0.005$　（B）$p \leqslant 0.01$　（C）$p \leqslant 0.015$　（D）$p \leqslant 0.02$　（E）$p \leqslant 0.025$

答案：D

解：设彩票发行量为x，由题意知中奖50元的概率为p，中奖5元的概率为$50\% - p$，所以中奖50元的彩票有px张，中奖5元的彩票有中心$(50\% - p)x$张，所以$5x - p \cdot x \cdot 50 - (50\% - p)x \cdot 5 \geqslant 5x \cdot 32\%$，解得$p \leqslant 0.02$。

例2（2014-1-24）已知$M = \{a,b,c,d,e\}$是一个整数集合，则能确定集合M。

（1）a,b,c,d,e的平均值为10　　（2）a,b,c,d,e的方差为2

答案：C

解：条件（1），$a + b + c + d + e = 50$，有无穷多组解，不充分。条件（2），任何相邻的5个整数的方差与-2，-1，0，1，2的方差相同，易知其方差为2，不充分。考察联合情况，由$S^2 = \frac{1}{5}\left[(a-10)^2 + (b-10)^2 + (c-10)^2 + (d-10)^2 + (e-10)^2\right] = 2$得$(a-10)^2 + (b-10)^2 + (c-10)^2 + (d-10)^2 + (e-10)^2 = 10$。因为5个完全平方数的和等于10（小于10的完全平方数为0,1,4,9），所以这五个完全平方数可能是：0，1，1，4，4或者0，0，0，1，9，若为0，0，0，1，9，说明a,b,c,d,e中有3个数都是10，这与集合元素不可重复性矛盾，所以这5个完全平方数只能为：0，1，1，4，4。对应的$\{a,b,c,d,e\}$为$\{8,9,10,11,12\}$。

例3（2015-1-6）在某次考试中，甲、乙、丙三个班的平均成绩为80，81和81.5，三个班的学生分数之和为6952，三个班共有学生（　　）。

（A）85名　（B）86名　（C）87名　（D）88名　（E）90名

答案：B

解：设三班总平均分为x，则$80 < x < 81.5$，设三班总人数为y，所以$80y < 6952 < 81.5y$，故$85.3 \approx \frac{6952}{81.5} < y < \frac{6952}{80} = 86.9$，所以$y = 86$。

例4（2016-19）设有两组数据S_1:3,4,5,6,7和S_2:4,5,6,7,a，则能确定a的值。

（1）S_1与S_2的均值相等　　（2）S_1与S_2的方差相等

答案：A

解：条件（1），因为均值相等，所以5数之和相等，所以$a = 3$，充分。条件（2），易知$D(S_1)=2$，当$a=3$或8时，$D(S_2)=2$，所以充分。

例5（2017-4）甲、乙、丙三人每轮各投篮10次，投了三轮，投中数如下表：

	第一轮	第二轮	第三轮
甲	2	5	8
乙	5	2	5
丙	8	4	9

记$\sigma_1,\sigma_2,\sigma_3$分别为甲、乙、丙投中数的方差，则（ ）。

（A）$\sigma_1>\sigma_2>\sigma_3$ （B）$\sigma_1>\sigma_3>\sigma_2$ （C）$\sigma_2>\sigma_1>\sigma_3$ （D）$\sigma_2>\sigma_3>\sigma_1$

（E）$\sigma_3>\sigma_2>\sigma_1$

答案：B

解：甲、乙、丙的平均数分别为5,4,7，将其投中数分别减去各自的平均数得到的数组的平均数都是0。甲：-3，0，3，方差为$\sigma_1=\frac{9+9}{3}=6$；乙：1，-2，1，方差$\sigma_2=\frac{1+4+1}{3}=2$；丙：1，-3，2，方差$\sigma_3=\frac{1+9+4}{3}=\frac{14}{3}$，所以$\sigma_1>\sigma_3>\sigma_2$。

例6（2018-2）为了解某公司员工的年龄结构，按男、女人数的比例进行了随机选择，结果如下：

男员工年龄(岁)	23	26	28	30	32	34	36	38	41
女员工年龄(岁)	23	25	27	27	29	31			

根据表中数据估计，该公司男员工的平均年龄与全体员工的平均年龄分别是（ ）。（单位：岁）

（A）32，30 （B）32，29.5 （C）32，27 （D）30，27 （E）29.5，27

答案：A

解：将所有数据减去30后计算得男员工平均年龄为32，总平均为30。

例7（2019-8）10名同学的语文和数学的成绩如表：

语文成绩	90	92	94	88	86	95	87	89	91	93
数学成绩	94	88	96	93	90	85	84	80	82	98

语文和数学成绩的均值分别为E_1和E_2，标准差分别为σ_1和σ_2，则（ ）。

（A）$E_1>E_2,\sigma_1>\sigma_2$ （B）$E_1>E_2,\sigma_1<\sigma_2$ （C）$E_1>E_2,\sigma_1=\sigma_2$

（D）$E_1<E_2,\sigma_1>\sigma_2$ （E）$E_1<E_2,\sigma_1<\sigma_2$

答案：B

解：语文成绩排序得：86，87，88，89，90，91，92，93，94，95，构成等差数列，所以平均值$E_1=\frac{86+95}{2}=90.5$。数学成绩排序得：80，82，84，85，88，90，93，94，96，98，将85和93分为86和92，也成等差数列，所以平均值$E_2=\frac{80+98}{2}=89$。另外，观察可知数学成绩的波动性更大，所以$\sigma_1<\sigma_2$。

例8（2019-23）某校理学院五个系每年的录取人数如表：

系别	数学系	物理系	化学系	生物系	地学系
录取人数	60	120	90	60	30

今年与去年相比，物理系的录取平均分没变，则理学院的录取平均分升高了。

（1）数学系的录取平均分升高了3分，生物系的录取平均分降低了2分

（2）化学系的录取平均分升高了1分，地学系的录取平均分降低了4分

答案：C

解：条件（1）、（2）显然均不充分。考察联合情况，录取总分数比去年多了$60\times3-60\times2+90\times1-30\times4>0$，故平均分提高了，充分。

例9（2020-3）总成绩=甲成绩×30%+乙成绩×20%+丙成绩×50%，考试通过的标准是：每部分不少于50分，且总成绩不少于60分，已知某人甲成绩70分，乙成绩75分，且通过了这项考试，则此人的丙成绩的分数至少是（　　）。

（A）48　（B）50　（C）55　（D）60　（E）62

答案：B

解：由题意知：$70\times30\%+75\times20\%+$丙成绩$\times50\%\geqslant60$，故丙成绩$\geqslant48$，又因为每部分不少于50分，所以丙成绩至少50分。

例10（2020-9）某人在同一观众群体中调查了对五部电影的看法，得到如下数据：

	第一部	第二部	第三部	第四部	第五部
好评率	0.25	0.5	0.3	0.8	0.4
差评率	0.75	0.5	0.7	0.2	0.6

则观众分歧最大的两部电影是（　　）。

（A）第一部和第三部　（B）第二部和第三部　（C）第二部和第五部

（D）第四部和第一部　（E）第四部和第二部

答案：C

解1：因为对一部电影的好评率和差评率差越接近则意见越分歧，所以分歧最大的是第二部，其次是第五部。

解2：设1表示好评，-1表示差评，假设调查了10个人。因为第二部好评率和差评率都是50%，故其数据为-1，-1，-1，-1，-1，1，1，1，1，1，其方差为1；第五部数据为-1，-1，-1，-1，-1，-1，1，1，1，1，其平均数是-0.2，方差是$1-(-0.2)^2$。可见当好评率和差评率越接近时，平均数的绝对值越小，从而方差越大，故分歧最大的是第二部，其次是第五部。

例11（2023-12）跳水比赛中，裁判给某选手的一个动作打分，其平均值为8.6，方差为1.1，若去掉一个最高得分9.7和一个最低得分7.3，则剩余得分的（　　）。

（A）平均值变小，方差变大　　（B）平均值变小，方差变小

（C）平均值变小，方差不变　　（D）平均值变大，方差变大

（E）平均值变大，方差变小

答案：E

解：因为$9.7+7.3=17<8.6\times2=17.2$，所以去掉的两个数的平均值小于目前所有数的平均值，所以平均值变大了。因为方差是离心差的平方和的平均值，所以去掉最高分和最低分就去掉了离心差的平方最大的两项，因此方差减小了。

例12　某学生在军训时进行打靶测试，共射击10次。他的第6、7、8、9次射击分别射中9.0环、8.4环、8.1环、9.3环，他的前9次射击的平均环数高于前5次的平均环数。若要使10次射击的平均环数超过8.8环，则他第10次射击至少应该射中多少环？（打靶成绩精确到0.1环）

（A）9.0　（B）9.2　（C）9.4　（D）9.5　（E）9.9

答案：E

解：设前五次平均值为x，因为前9次射击所得的平均环数高于前5次的平均环数，所以$(5x+9+8.4+8.1+9.3)\div9>x$，故$x<8.7$，从而前5次总成绩小于43.5，前9次总成绩小于78.3，最多是78.2环，要使得10次射击的平均环数超过8.8环，则10次总成绩大于88，最少是88.1环，所以第10次射击成绩最少是9.9环。

例13　已知一组数据共10个数，方差为s_1^2，增加一个数后得到一组新数据，新数据的平均数不变，方差为s_2^2，则$\frac{s_1^2}{s_2^2}=$（　　）。

（A）$\frac{10}{11}$　（B）1　（C）$\frac{11}{10}$　（D）$\frac{10}{9}$　（E）$\frac{9}{10}$

答案：C

解：一组数据共10个数，设其离心差的平方和为Z，则方差$s_1^2=\frac{Z}{10}$，增加一个数后得到一组新数据，新数据的平均数不变，说明新增的数据等于平均数，故离心差的平方和仍然为Z，所以方差$s_2^2=\frac{Z}{11}$，故$\frac{s_1^2}{s_2^2}=\frac{s_1^2}{\frac{10\times s_1^2}{11}}=\frac{11}{10}$。

例14　已知一组数据：a、b、1、2，则可以确定a^2+b^2的值。

（1）已知这组数据的中位数为3　　　（2）已知这组数据的平均数为4

答案：C

解：条件（1），数组1，2，4，5或1，2，4，6的中位数都是3，构成反例。条件(2)，平均数为4，只能确定$a+b=13$，也不充分。联合考察，因为中位数是3，故将4个数从小到大排序后，2不能处于3和4两个位置，否则中位数必然小于3，故2只能在2号位置，即4个数排序只能是$1,2,a,b$或$1,2,b,a$，因为中位数3都是，所以$a=4$或$b=4$，又因为平均数为4，所以$a+b=13$，故$a=4,b=9$或$b=4,a=9$，从而a^2+b^2的值可以确定。

题型二：图表分析

例15（2013-10-9）如图12-4所示，某市3月1日至14日的空气指数趋势图，空气质量指数小于100表示你空气质量优良，空气质量指数大于200表示空气重度污染。某人随机选择3月1日至3月13日中的某一天到达该市，并停留2天。此人停留期间空气质量是优良的概率为（　　）。

（A）$\frac{2}{7}$　（B）$\frac{4}{13}$　（C）$\frac{5}{13}$　（D）$\frac{6}{13}$　（E）$\frac{1}{2}$

答案：B

解：此人到达该市一共有13个日期可以选择。其中1、2日，2、3日，12、13日，13、14日满足连续两天空气质量指数小于100，所以此人选择1日、2日、12日、13日这4天到达该市都满足题意，故所求概率为$\frac{4}{13}$。

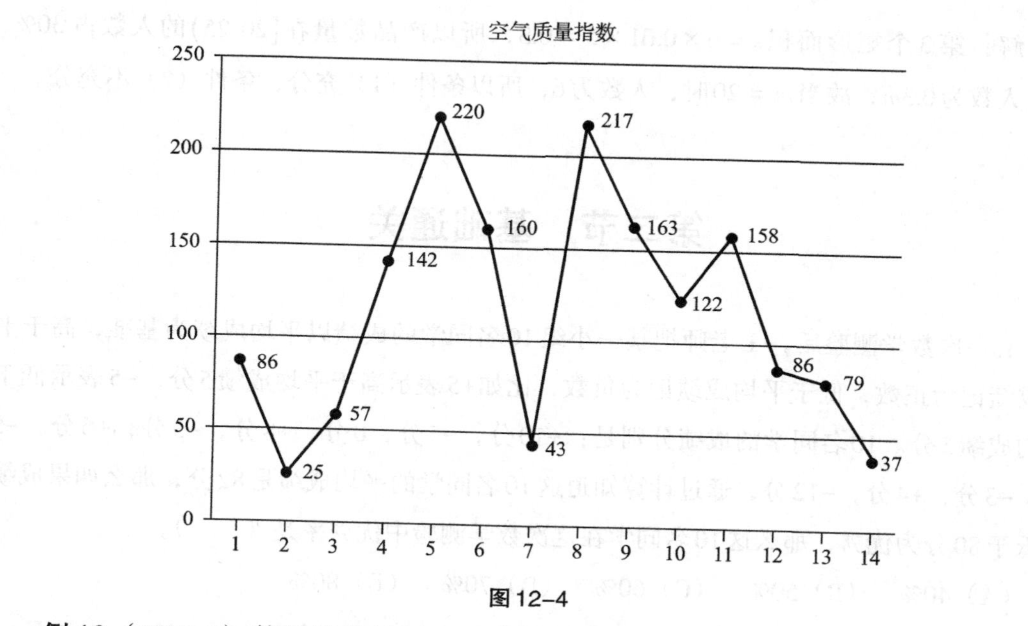

图 12–4

例 16（2019–3）某影城统计了一季度的观众人数（单位：万人），如图 12–5 所示，则一季度的男、女观众人数之比为（　　）。

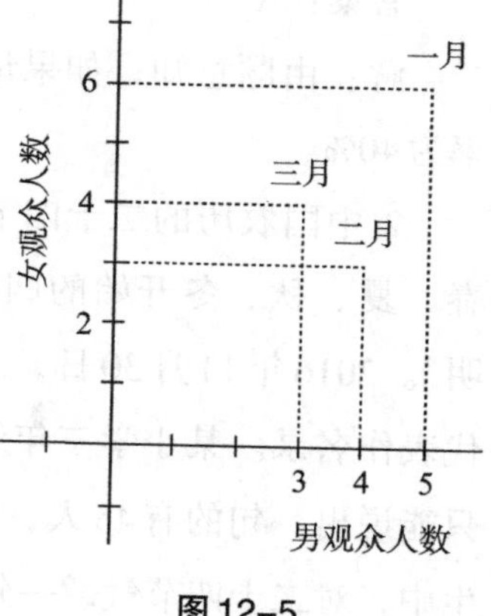

图 12–5

（A）3 : 4　（B）5 : 6　（C）12 : 13

（D）13 : 12　（E）4 : 3

答案：C

解：由图可知1月、2月、3月，男士观众分别为5万、4万、3万人，一季度共12万人，女士观众一季度有3 + 4 + 6 = 13（万人），所以男女之比为12 : 13。

例 17　为了调查某厂2000名工人生产

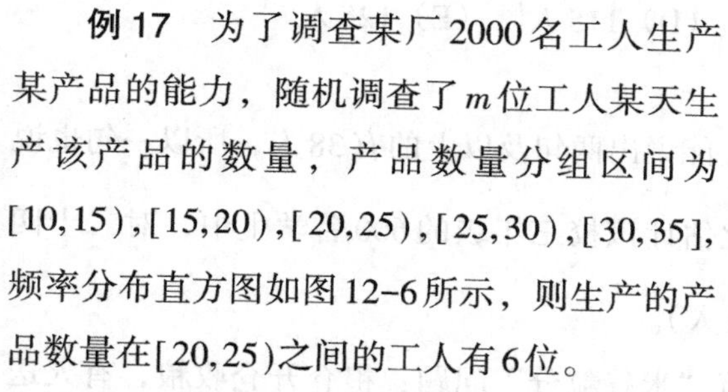

某产品的能力，随机调查了m位工人某天生产该产品的数量，产品数量分组区间为$[10,15)$，$[15,20)$，$[20,25)$，$[25,30)$，$[30,35]$，频率分布直方图如图 12–6 所示，则生产的产品数量在$[20,25)$之间的工人有6位。

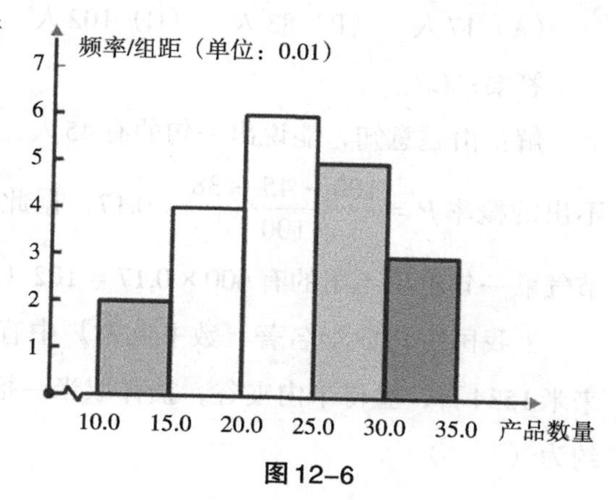

图 12–6

（1）$m = 20$　（2）$m = 30$

答案：A

解：第3个矩形面积$s = 6 \times 0.01 \times 5 = 0.3$，所以产品数量在$[20,25)$的人数占30%，所以人数为$0.3m$，故当$m = 20$时，人数为6，所以条件（1）充分，条件（2）不充分。

第二节　基础通关

1.一次数学测验后，王老师把某一小组10名同学的成绩以平均成绩为基准，高于平均成绩记为正数，低于平均成绩记为负数，比如+5表示高于平均成绩5分，−5表示低于平均成绩5分。10名同学的成绩分别是：+10分，−5分，0分，+8分，−3分，+6分，−5分，−3分，+4分，−12分，通过计算知道这10名同学的平均成绩是82分，那么如果成绩不低于80分为优秀，那么这10名同学在这次数学测验中优秀率是（　　）。

（A）40%　（B）50%　（C）60%　（D）70%　（E）80%

答案：A

解：由题意知，如果记分不低于−2分，则实际成绩不低于优秀，共有4个，故优秀率为40%。

2.中国农历的二十四节气是中华民族的智慧与传统文化的结晶，二十四节气歌是以春、夏、秋、冬开始的四句诗，在国际气象界，二十四节气被誉为“中国的第五大发明”。2016年11月30日，二十四节气被正式列入联合国教科文组织人类非物质文化遗产代表作名录。某小学三年级共有学生600名，随机抽查100名学生并提问二十四节气歌，只能说出一句的有45人，能说出两句及以上的有38人，据此估计该校三年级的600名学生中，对二十四节气歌一句也说不出的有（　　）。

（A）17人　（B）83人　（C）102人　（D）115人　（E）125人

答案：C

解：由题意知，能说出一句的有45人，能说出两句及以上的有38人，所以一句也说不出的概率$P = \dfrac{100 - 45 - 38}{100} = 0.17$，据此估计该校三年级的600名学生中，对二十四节气歌一句也说不出的有$600 \times 0.17 = 102$（人）。

3.我国古代数学名著《数书九章》中有“米谷粒分”问题：粮仓开仓收粮，有人送来米1534石，验得米内夹谷，抽样取米一把，数得254粒内夹谷28粒，则这批米内夹谷约为（　　）。

（A）134石　（B）156石　（C）236石　（D）238石　（E）169石

答案：E

解：设这批米内夹谷约为x石，则$\frac{28}{254}=\frac{x}{1534}$，解得$x\approx 169$。

4. 设样本数据$1,3,m,n,9$的平均数为5，方差为8，则此样本的中位数为（　　）。

（A）3　（B）4　（C）5　（D）6　（E）7

答案：C

解：由题意知，$\bar{x}=\frac{1}{5}(1+3+m+n+9)=5$，$s^2=\frac{1}{5}\left[(1-5)^2+(3-5)^2+(m-5)^2+(n-5)^2+(9-5)^2\right]=8$，整理可得$\begin{cases}m+n=12\\(m-5)^2+(n-5)^2=4\end{cases}$，解得$\begin{cases}m=5\\n=7\end{cases}$或$\begin{cases}m=7\\n=5\end{cases}$，所以该样本数据为1，3，5，7，9，故中位数为5。

5. 在某次数学测试中6名同学的成绩分别为91，100，95，92，x，92，且$91<x<95$，x为正整数，若6名同学的数学成绩的中位数与众数相等，则这6名同学的数学成绩的平均数是（　　）。（结果保留一位小数）

（A）93.0　（B）92.5　（C）94.5　（D）93.5　（E）93.7

答案：E

解：将成绩按从小到大排列为：91，92，92，95，100，又x的值必定在92，93，94之中，若x为92，则众数为92，中位数也是92，符合题意；若x为93，则中位数是92.5，不可能与众数92相等，不符合题意；若x为94，则中位数为93，与众数92不相等，不符合题意。故x为92，所以这6名同学的数学成绩的平均数是为$\frac{91+92+92+92+95+100}{6}\approx 93.7$。

6. 给出两组数据，甲组为20，21，23，24，26；乙组为100，101，103，104，106。甲组、乙组的方差分别为s_1^2、s_2^2，那么下列结论正确的是（　　）。

（A）$s_1^2>s_2^2$　（B）$s_1^2<s_2^2$　（C）$s_1^2=s_2^2$　（D）$s_1>s_2$　（E）$s_1<s_2$

答案：C

解：由方差的性质知，一组数据减去一个数之后方差不变，所以甲乙两组数据的方差都与0，1，3，4，6的方差相等。

7. 已知一组数据$X:a_1,a_2,\cdots,a_n$的平均数为A，方差为s^2，另一组数据$Y:b_1,b_2,\cdots,b_n$满足$b_i=pa_i+q(p<0,i=1,2,\cdots,n)$，若$b_1,b_2,\cdots,b_n$的平均数为$A$，方差为$4s^2$，则（　　）。

（A）$q=A$　（B）$q=2A$　（C）$q=3A$　（D）$q=4A$　（E）$q=5A$

答案：C

解：因为$b_i = pa_i + q$，所以$D(Y) = p^2 D(X)$，故$p^2 = 4$，又因为$p < 0$，所以$p = -2$；又因为$E(Y) = pE(X) + q$，所以$-2A + q = A$，故$q = 3A$。

8.某人参加了4门功课考试，平均分是82分，若他计划下一门功课考完后，5门功课的平均分至少达到92分（每门功课均为150分总分），则他下门功课至少应得（　　）分。

（A）122　（B）126　（C）128　（D）130　（E）132

答案：E

解：由题意知，5门功课总分至少460分，所以第5门课至少$460 - 4 \times 82 = 132$分。

9.数组$X:x_1,x_2,x_3,\cdots,x_m$的平均数为$\bar{x}$，数组$Y:y_1,y_2,y_3,\cdots,y_n$的平均数为$\bar{y}$，则数据Z:$x_1,x_2,x_3,\cdots,x_m,y_1,y_2,y_3,\cdots,y_n$的平均数为（　　）。

（A）$\frac{\bar{x}}{n} + \frac{\bar{y}}{m}$　（B）$\frac{\bar{x}}{m} + \frac{\bar{y}}{n}$　（C）$\frac{n\bar{x} + m\bar{y}}{m + n}$　（D）$\frac{m\bar{x} + n\bar{y}}{m + n}$　（E）$\frac{m\bar{x} + m\bar{y}}{m + n}$

答案：D

解：因为$E(X) = \bar{x}, E(Y) = \bar{y}$，所以$x_1 + x_2 + x_3 + \cdots + x_m = m\bar{x}, y_1 + y_2 + y_3 + \cdots + y_n = n\bar{y}$，所以$E(Z) = \frac{m\bar{x} + n\bar{y}}{m + n}$。

10.为了调查某一路口某时段的汽车流量，记录了15天同一时段通过该路口的车辆数，其中有2天是142辆，2天是145辆，6天是156辆，5天是157辆。那么这15天在该时段通过该路口的汽车平均辆数为（　　）。

（A）146　（B）150　（C）153　（D）500　（E）510

答案：C

解：由题意知，15天内通过的汽车总数是$2 \times 142 + 2 \times 145 + 6 \times 156 + 5 \times 157 = 2295$，所以平均辆数为153。

11.在某项体育比赛中一位同学被评委所打出的分数为：90，89，90，95，93，94，93。去掉一个最高分和一个最低分后，所产生的数据的平均值和方差分别为（　　）。

（A）92，2　（B）92，2.8　（C）93，2　（D）93，2.5　（E）93，2.8

答案：B

解：数组为90，90，93，93，94，减去93为-3，-3，0，0，1，其均值为-1，所以原数据平均值为92，方差$S^2 = \frac{9 + 9 + 0 + 0 + 1}{5} - (-1)^2 = 2.8$。

12.在方差计算公式$s^2 = \frac{1}{10}\left[\left(x_1 - 20\right)^2 + \cdots + \left(x_{10} - 20\right)^2\right]$中，数字10和20分别表示（　　）。

（A）数据的个数和方差　　（B）平均数和数据的个数　　（C）数据的个数和平均数

（D）数据的方差和平均数　　（E）以上结论不正确

答案：C

解：由方差的计算公式可知10是数据个数，20是数组的平均数。

13.有两所中学A和B，A校的男生占全校总人数的50%，B校的女生占全校总人数的50%，则两校男生人数（　　）。

（A）A校多于B校　（B）A校少于B校　（C）A校是B校的2倍

（D）A校与B校一样多　（E）无法确定

答案：E

解：由题意知，两校男生占本校总人数的50%，因为不知道两校各自的总人数，所以无法确定两校男生数。

14.在由160个数据绘制的频数分布直方图中，有11个小长方形，若中间一个小长方形的面积等于其他10个小长方形面积的和的$\frac{1}{4}$，则中间一组的频数为（　　）。

（A）32　（B）0.2　（C）40　（D）0.25　（E）80

答案：A

解：由题意知，中间一组面积是所有矩形面积总和的$\frac{1}{5}$，所以频数是$160 \times \frac{1}{5} = 32$。

15.为了解中学生的身高情况，某部门随机抽取了某学校的学生，将他们的身高数据（单位：cm）按$[150,160)$，$[160,170)$，$[170,180)$，$[180,190]$分组，绘制成如图12-7所示的频率分布直方图，其中身高在区间$[170,180)$内的人数为300，身高在区间$[160,170)$内的人数为180，则a的值为（　　）。

（A）0.03　（B）0.3　（C）0.035

（D）0.35　（E）0.05

答案：A

解析：身高在区间$[70,180)$内的频率为$0.05 \times 10 = 0.5$，$\therefore$总人数为$\frac{300}{0.5} = 600$人，$\therefore$身高在区间$[160,170)$内的频率为$\frac{180}{600} = 0.3$，$\therefore a$的值为$\frac{0.3}{10} = 0.03$。

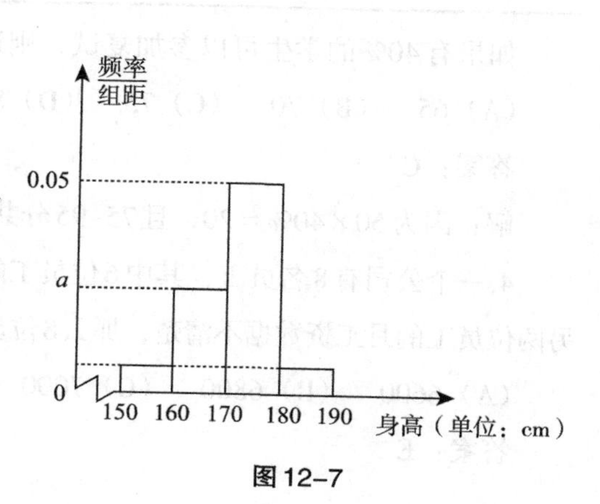

图12-7

第三节 高分突破

1.某商场一天中售出李宁牌运动鞋10双，其中各种尺码的鞋的销售量如下表所示，则这10双鞋的尺码组成的一组数据中，众数和中位数分别为（　　）。

鞋的尺寸(单位:厘米)	23.5	24	24.5	25	26
销售量(单位:双)	1	2	2	4	1

（A）25，25　（B）24.5，25　（C）26，25　（D）25，24.75　（E）25，26

答案：D

解：由题意知，10双鞋的尺寸从小到大排序后，第5个数是24.5，第6个数是25，所以中位数是24.75。易知众数是25。

2.小明同学本学期5次数学测验中，最高分为90分，最低分为70分，中位数为85分，则这5次数学测验的平均分不可能是（　　）。

（A）80分　（B）81分　（C）83分　（D）84分　（E）85分

答案：E

解：由题意知小明在5次数学测验中有3次的成绩为：90，85，70；设另外2次成绩为$x,y(x\leqslant y)$，则$70\leqslant x\leqslant 85\leqslant y\leqslant 90$，故$155\leqslant x+y\leqslant 175$，所以平均分$\frac{x+y+90+85+70}{5}\leqslant 84$，故不可能达到85分。

3.某中学举办知识竞赛，共50人参加初试，成绩如表：

成绩(分)	95	90	85	80	75	70	65	60	60以下
人数	1	4	6	5	4	6	7	8	9

如果有40%的学生可以参加复试，则进入复试的分数线可以为（　　）。

（A）65　（B）70　（C）75　（D）80　（E）85

答案：C

解：因为$50\times 40\%=20$，且75~95分共有20人，所以进入复试的分数线可以定为75。

4.一个公司有8名员工，其中6位员工的月工资分别为6200,6300,6500,7100,7500,7600，另两位员工的月工资数据不清楚，那么8位员工月工资的中位数不可能是（　　）。

（A）6600　（B）6800　（C）7000　（D）7200　（E）7400

答案：E

解：由题意知，如果其余两名员工的工资都不大于6200，则中位数为(6300 + 6500)÷2 = 6400；如果其余两名员工的工资都不小于7600，则中位数为(7100 + 7500)÷2 = 7300，所以8位员工月工资的中位数的取值区间为[6400,7300]，因此中位数不可能是7400。

5.在一次化学测试中，高一某班50名学生成绩的平均分为82分，方差为8.2，则下列四个数中不可能是该班化学成绩的是（　　）。

（A）60　（B）70　（C）80　（D）100　（E）90

答案：A

解：因为方差$s^2 = \frac{\sum_{i=1}^{n}\left(x_i - \bar{x}\right)^2}{n} = 8.2$，$n = 50$，所以$\sum_{i=1}^{50}\left(x_i - \bar{x}\right)^2 = 8.2 \times 50 = 410$。若有一名学生成绩$x_0 = 60$，则$\left(x_0 - \bar{x}\right)^2 = 484 > 410$，所以$\sum_{i=1}^{50}\left(x_i - \bar{x}\right)^2 > 410$，则方差必然大于8.2，不符合题意，所以60不可能是所有成绩中的一个样本。

6.在冬奥会花样滑冰的比赛中，由9位评委分别给参赛选手评分，评定该选手的成绩时，从9个原始评分中去掉1个最高分、1个最低分，得到7个有效评分，7个有效评分与9个原始评分相比，一定不变的数字特征是（　　）。

（A）众数　（B）平均数　（C）方差　（D）中位数　（E）无法确定

答案：D

解：去掉最高分和最低分之后的7个有效评分的中位数就是原来9个数字从小到大排序后的第5个数，所以中位数不变。

7.某校为调查学生参加研究性学习的情况，从全校学生中随机抽取100名学生，其中参加“数学类”的有80名，既参加“数学类”又参加“理化类”的有60名，“数学类”和“理化类”都没有参加的有10名，则该校参加“理化类”研究性学习的学生人数与该校学生总数的比值的估计值是（　　）。

（A）0.5　（B）0.6　（C）0.7　（D）0.8　（E）0.9

答案：C

解：由题意，只参加“数学类”的学生人数为80 − 60 = 20，只参加“理化类”的学生人数为100 − 20 − 60 − 10 = 10，故所有参加“理化类”的学生人数为60 + 10 = 70，则该校参加“理化类”研究性学习的学生人数与该校学生总数的比值的估计值是$\frac{70}{100} = 0.7$。

8.已知甲、乙、丙参加某次数学考试，试题共有5题，每题20分，做对1、2题的有甲、乙；做对2、3题的有乙、丙，做对3、4题的有乙，只做对三题的有两位同学，则三位同学的平均分是（　）。

（A）40　（B）30　（C）10　（D）20　（E）$\frac{200}{3}$

答案：E

解：由题意知，乙做对了1、2、3、4题，又因为只做对三题的有两位同学，故甲、乙每人做对3题，所以3人共做对10道题，所以三位同学的平均分为$\frac{200}{3}$分。

9.某射箭运动员在一次训练中射出了10支箭，命中的环数分别为：7，8，7，9，5，4，9，10，7，4，设这组数据的平均数为$\bar{x}$，则从这10支箭中任选一支，其命中的环数大于或等于$\bar{x}$的概率为（　　）。

（A）0.4　（B）0.5　（C）0.6　（D）0.7　（E）0.8

答案：D

解：$\bar{x}=\frac{1}{10}(7+8+7+9+5+4+9+10+7+4)=7$，其中命中的环数大于或等于$\bar{x}$的有7种情况，故命中的环数大于或等于$\bar{x}$的概率为0.7。

10.某城市2023年1月到10月中每月空气质量为中度污染的天数分别为$1,4,7,9,a,b,13,14,15,17$，且$9\leqslant a\leqslant b\leqslant 13$。已知样本的中位数为10，则该样本的方差的最小值为（　　）。

（A）21.4　（B）22.6　（C）22.9　（D）23.5　（E）23.6

答案：B

解：由题意得，$a+b=20$，故这组数据的平均数为$\frac{1+4+7+9+20+13+14+15+17}{10}=10$，方差$s^2=\frac{9^2+6^2+3^2+1^2+(a-10)^2+(b-10)^2+3^2+4^2+5^2+7^2}{10}$，当且仅当$a=b=10$时，方差最小，且最小值为22.6。

11.某班共有48名学生，某次数学考试的成绩经计算得到的平均分为70分，标准差为S，后来发现成绩记录有误，甲得分为80分却记为50分，乙得分为70分却记为100分，更正后计算的标准差为S_1，则（　　）。

（A）$S_1=S$　（B）$S_1>S$　（C）$S_1<S$　（D）$S_1=\sqrt{2}S$　（E）无法比较

答案：C

解：由题意知，更正前后平均分都是70，更改前50、100两个数的离心差的绝对值为20、30，更改后80、70的离心差为20、10，所以方差变小了。

12. 小张一星期的总开支分布如图12–8（a）所示，一星期的食品开支如图12–8（b）所示，则小张一星期的肉类开支占总开支的百分比约为（　　）。

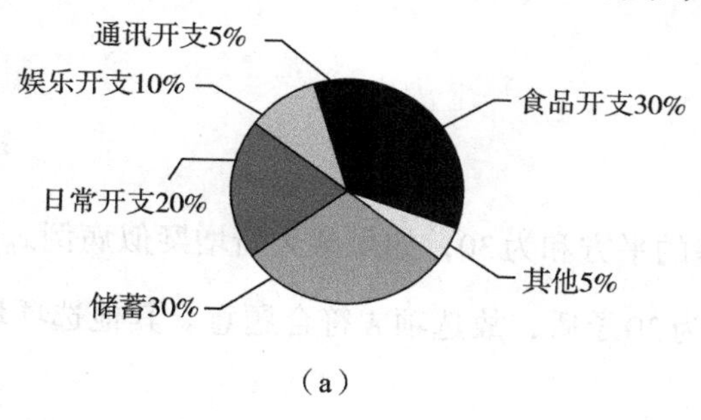

（a）

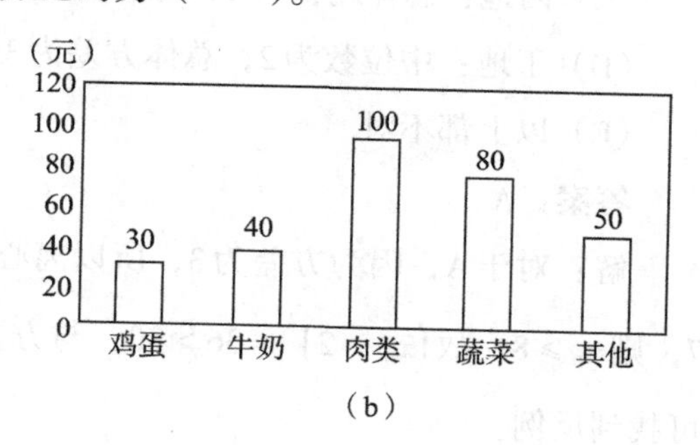

（b）

图12–8

（A）2%　（B）4%　（C）5%　（D）8%　（E）10%

答案：E

解：由图12–8（b）知，小张一星期的食品开支为 $30+40+100+80+50=300$（元），其中肉类开支为100元，占食品开支的 $\frac{1}{3}$，而食品开支占总开支的30%，所以小张一星期的肉类开支占总开支的百分比为 $30\% \times \frac{1}{3} = 10\%$。

13. 200辆汽车通过某一段公路时的时速的频率分布直方图如图12–9所示，则时速的众数、中位数的估计值为（　　）。

（A）62，62.5　（B）65，62　（C）65，63.5

（D）65，65　（E）65，62.5

答案：D

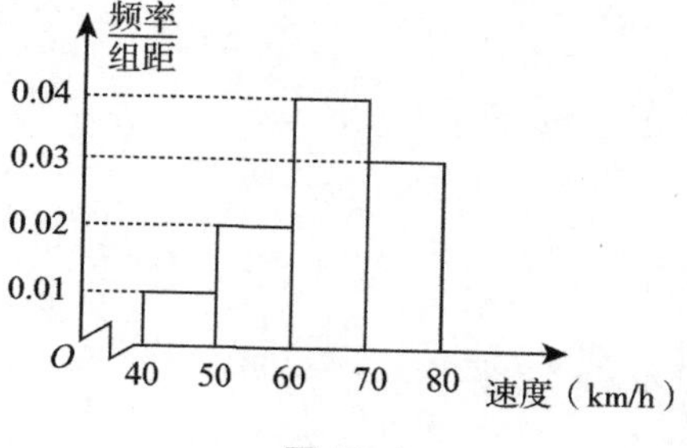

图12–9

解：由频率直方图可知第三组数据矩形最高，所以众数为 $\frac{60+70}{2}=65$。因为前两组数据频率和为 $(0.01+0.02)\times 10 = 0.3$，第三组数据的频率为0.4，所以中位数在第三组数据，设中位数为 x，则 $0.3+(x-60)\times 0.04 = 0.5$，解得 $x=65$。

14. 在发生某公共卫生事件期间，有专业机构认为该事件在一段时间没有发生规模群体感染的标志为“连续10天，每天新增疑似病例不超过7人”，根据过去10天甲、乙、丙、丁四地新增病例数据，一定符合该标志的是（　　）。

（A）甲地：总体均值为2，总体方差为3

（B）乙地：总体均值为3，中位数为4

（C）丙地：总体均值为1，总体方差大于0

（D）丁地：中位数为2，总体方差为3

（E）以上都不对

答案：A

解：对于A，因为方差为3，所以离心差的平方和为30，如果某天新增疑似病例$x_0 > 7$，则$x_0 \geqslant 8$，故$\left(x_0 - 2\right)^2 \geqslant 36 > 30$，与方差为30矛盾，故选项A符合题意。其他选项均可找到反例。

15.样本中共有五个个体，其值分别为$a,0,1,2,3$，则样本方差为2。

（1）若该样本的平均值为2　　（2）若该样本的平均值为1

答案：D

解：条件（1），由题意知$a = 4$，所以$0,1,2,3,4$是连续的5个整数，故方差为2，充分。条件（2），由题意知$a = -1$，所以$-1,0,1,2,3$是连续的5个整数，故方差为2，充分。